U0793740

普通高等教育人工智能专业系列教材

人工智能

第2版

史忠植　编著

机械工业出版社

本书系统地介绍了人工智能的基本原理、方法和应用技术，全面反映了国内外人工智能研究领域的最新进展和发展方向。全书共 12 章。第 1 章简要介绍了人工智能的概况。第 2～6 章阐述了人工智能的基本原理和方法，重点论述了知识表示、自动推理、不确定性推理、机器学习和神经网络等。第 7 章和第 8 章介绍了专家系统、自然语言处理等应用技术。第 9～11 章阐述了当前人工智能的研究热点，包括分布式人工智能与智能体、智能机器人和互联网智能等。第 12 章探讨了类脑智能，展望人工智能的发展。

本书力求科学性、实用性和先进性，可读性强。内容由浅入深、循序渐进，条理清晰，让学生在有限的时间内掌握人工智能的基本原理与应用技术，提高对人工智能习题的求解能力。

本书可以作为高等院校计算机科学与技术、自动化、智能科学与技术等相关专业的研究生和高年级本科生的人工智能课程教材，也可以供从事人工智能研究与应用的科技人员学习参考。

图书在版编目（CIP）数据

人工智能/史忠植编著．—2 版．—北京：机械工业出版社，2024.1（2025.1 重印）
普通高等教育人工智能专业系列教材
ISBN 978-7-111-74268-5

Ⅰ.①人…　Ⅱ.①史…　Ⅲ.①人工智能-高等学校-教材
Ⅳ.①TP18

中国国家版本馆 CIP 数据核字（2023）第 222142 号

机械工业出版社（北京市百万庄大街 22 号　邮政编码 100037）
策划编辑：汤　枫　　　责任编辑：汤　枫
责任校对：曹若菲　梁　静　　责任印制：郜　敏
北京富资园科技发展有限公司印刷
2025 年 1 月第 2 版第 3 次印刷
184mm×260mm・23.75 印张・620 千字
标准书号：ISBN 978-7-111-74268-5
定价：89.00 元

电话服务　　网络服务
客服电话：010-88361066　　机　工　官　网：www.cmpbook.com
010-88379833　　机　工　官　博：weibo.com/cmp1952
010-68326294　　金　书　网：www.golden-book.com
封底无防伪标均为盗版　　机工教育服务网：www.cmpedu.com

第2版前言

《人工智能》自2016年出版以来，广受读者欢迎，出版社已经第9次印刷。在此期间，人工智能飞速发展。党的二十大报告指出，推动战略性新兴产业融合集群发展，构建新一代信息技术、人工智能、生物技术、新能源、新材料、高端装备、绿色环保等一批新的增长引擎。为了反映该领域的最新成果和进展，本书在第1版基础上做了重要补充和修改，修改内容如下：

1）第1章重写了人工智能发展史，将人工智能的发展史划分为形成期、符号智能和数据智能3个时期。

2）第5章增加了联邦学习。联邦学习是一种分布式机器学习技术，其核心思想是通过在多个拥有本地数据的数据源之间进行分布式模型训练，在不需要交换本地个体或样本数据的前提下，仅通过交换模型参数或中间结果的方式，构建基于虚拟融合数据下的全局模型，从而实现数据隐私保护和数据共享计算的平衡。联邦学习是最有可能解决数据孤岛问题的技术。

3）第8章增加了大语言模型。大语言模型通常指包含数千亿（或更多）参数的语言模型，使用大量文本数据训练，可以生成自然语言文本或理解语言文本的含义。大语言模型代表着人工智能领域的重大进步，这部分重点介绍美国OpenAI聊天机器人程序ChatGPT的关键技术。

4）第10章智能机器人，增加了基于GENISAMA通用图灵机模型的发育机器人的介绍。与传统图灵机不同，发展网络（Development Networks，DN）学习图灵机是一种超级图灵机。GENISAMA即为接地性（Grounded）、涌现性（Emergent）、自然性（Natural）、增量性（Incremental）、技巧性（Skilled）、专注性（Attentive）、动机性（Motivated）和抽象性（Abstractive）。

5）第12章类脑智能，删去了认知计算的有关内容，增加了中国脑科学计划的介绍。中国脑科学计划以阐释人类认知的神经基础（认识脑）为主体和核心（一体），同时展现“两翼”：其中一翼是大力加强预防、诊断和治疗脑重大疾病的研究（保护脑）；另一翼是在大数据快速发展的时代背景下，受大脑运作原理及机制的启示，通过计算和系统模拟推进人工智能的研究（模拟脑）。

自从2022年12月OpenAI发布ChatGPT以来，以通用人工智能为代表的人工智能技术变革进入了加速发展的快车道。通用人工智能（Artificial General Intelligence，AGI）指具有像人类一样的思考能力，可以从事多种工作的机器智能，以区别于当下已取得显著进展的单一能力人工智能，如语音识别、机器视觉、机器翻译等，以及近期最为火爆的ChatGPT。大模型被普遍认为是通往通用人工智能的重要途径。随着具备更优“思考”和“辨别”能力的多模态GPT-4上线，通用人工智能再次引起社会广泛关注和热烈探讨。根据目前展示出来的能力，我们离通用人工智能时代并不遥远，下一步要多考虑让大模型连接现实世界，通过自身学习、跨模态学习等，让大模型与现实世界“对齐”。虽然人工智能大模型的演进速度和智能表现令人欣喜，市场需求和投资热情空前高涨，但依然存在算法优化、算力突破、数据安全、隐私保护、伦理规范等技术和社会方面的问题，通用人工智能带来的这场变革既是挑战也是机遇，我们应积极探索通用人工智能的可能性和潜力，同时也应警惕通用人工智能带来的风险和挑战。

编　者

第1版前言

人工智能（Artificial Intelligence，AI）是采用人工的方法和技术，通过研制智能机器或智能系统来模仿、延伸和扩展人的智能，实现智能行为。人工智能自1956年诞生以来，历经艰辛与坎坷，取得了举世瞩目的成就，特别是机器学习、数据挖掘、计算机视觉、专家系统、自然语言处理、模式识别、机器人等相关的应用带来了良好的经济效益和社会效益。广泛使用的互联网也正在探索应用知识表示和推理，构建语义Web，提高互联网信息的效率。2015年7月4日，国务院发布《关于积极推进“互联网+”行动的指导意见》，明确未来三年以及十年的发展目标，提出包括“互联网+”创业创新、“互联网+”协同制造、“互联网+”现代农业、“互联网+”智慧能源、“互联网+”普惠金融、“互联网+”益民服务、“互联网+”高效物流、“互联网+”电子商务、“互联网+”便捷交通、“互联网+”绿色生态和“互联网+”人工智能11项重点行动。2017年7月8日，国务院发布《新一代人工智能发展规划》，指出人工智能成为国际竞争的新焦点。人工智能是引领未来的战略性技术，成为经济发展的新引擎。牢牢把握人工智能发展的重大历史机遇，充分发挥智能科学与技术的作用，带动国家竞争力整体跃升和跨越式发展。

人工智能的长期目标是建立达到人类智力水平的人工智能，智能科学指明了其实现的途径，发达国家都在积极开展探索。2013年1月28日，欧盟启动了旗舰“人类大脑计划”，未来10年将投入10亿欧元的研发经费，目标是用超级计算机多段多层完全模拟人脑，帮助理解人脑功能。2013年4月2日，美国总统宣布一项重大计划，将进行历时10年左右、总额10亿美元的研究计划——运用先进创新型神经技术的大脑研究BRAIN，目标是研究大脑中数十亿神经元的功能，探索人类感知、行为和意识，希望找出治疗阿尔茨海默病（老年性痴呆）等与大脑有关疾病的方法。我国也在积极酝酿开展类脑智能的研究。

数字化、网络化和智能化是信息社会发展的必然趋势，智能革命将开创人类后文明史。如果说蒸汽机创造了工业社会，那么智能机也一定能奇迹般地创造出智能社会，实现社会生产的自动化和智能化，促进知识密集型经济的大发展，在这方面人工智能将发挥重大作用。

本书是作者在多年的科研与教学实践基础上，吸取国内外多种人工智能教材的优点，参考国际上最新的研究成果编写而成的，具有下列特点：

1）科学性。全面阐述人工智能的基础理论，力求概念正确，有效结合求解智能问题的数据结构以及实现的算法。

2）实用性。根据人工智能实际应用需求，安排知识表示、自动推理、机器学习、神经网络、专家系统和自然语言处理等内容，并通过大量的例题讲解解题方法。

3）先进性。尽可能吸收国际上最新的研究成果，反映人工智能领域在分布式人工智能、机器人、互联网智能和类脑智能等方面的最先进水平。

4）可读性。文字表述力求通俗易懂，文笔流畅，使读者易于理解所学内容。在内容安排上力求由浅入深，循序渐进。

全书共12章。第1章简要介绍人工智能的基本概念、研究发展的状况以及各个学派的观点，并对其研究与应用领域进行了必要的讨论。第2章介绍基本的知识表示方法，包括产生式系统、语义网络、框架理论和状态空间，并介绍概念依赖、脚本和本体等方法。第 3 章讨论自动推理，对各种搜索技术、博弈问题、产生式系统、归结推理规则和归结原理，以及非单调推理等进行讨论。第 4 章是不确定性推理，讨论主观贝叶斯方法、确定性理论、证据理论，以及模糊逻辑和模糊推理等内容。第 5 章是机器学习，介绍归纳学习、ID3 算法、类比学习、统计学习和 SVM、强化学习、进化计算和群体智能等。第 6 章讨论神经网络，重点介绍感知机、前馈神经网络、Hopfield 网络、随机神经网络、深度学习和自组织神经网络。第 7 章介绍专家系统，主要介绍专家系统的基本原理、典型的专家系统和开发工具。第 8 章是自然语言处理，主要阐述自然语言词法、句法、语义分析、真实文本语料库和语用分析等方面，介绍自然语言处理所涉及的关键技术。第 9 章讨论分布式人工智能与智能体。第 10 章论述智能机器人，探讨智能机器人的体系结构、视觉系统、自动规划，列举智能机器人的重要应用。第 11 章是互联网智能，介绍语义 Web、本体知识管理、Web 技术、Web 挖掘、搜索引擎和集体智能等。最后一章探讨类脑智能，展望类脑智能发展的路线图。

在本书的每章后面都附有一定数量的习题，以巩固所学知识。为了加强课程的实践环节，书后列出了课程习题，使读者能够应用所学内容解决实际问题。在最后列出了参考文献，读者可以从中进一步学习。

本书内容力求做到由浅入深、循序渐进、条理清晰、前后一致，既强调基本原理和工程应用，又要反映国内外研究和应用的最新进展，具有科学性、先进性和实用性。本书包含了作者多年的科研和教学实践，也吸取了国内外同类教材和有关文献的精华，在此谨向这些教材和文献的作者表示感谢，也向提供帮助的许多老师和学生表示感谢。

本书研究工作得到国家重点基础研究发展计划（973）“脑机协同的认知计算模型”（项目编号：2013CB329502）、国家自然科学基金重点项目“基于云计算的海量数据挖掘”（批准号：61035003）、国家科技支撑项目“颌面部组织缺损和畸形重建相关技术研究”（批准号：2012BA107B02）等的支持。在本书编写和出版过程中，得到了机械工业出版社的大力支持，在此谨表诚挚的谢意。

本书可以作为高等院校计算机科学与技术、自动化、智能科学与技术等相关专业的研究生和高年级本科生的人工智能课程教材，也可以供从事人工智能研究与应用的科技人员学习参考。在教学过程中老师可以根据实际需要对内容进行取舍。

由于编者水平有限，加之人工智能发展迅速，书中不妥和错误之处在所难免，诚恳地希望专家和读者提出宝贵意见，以帮助本书改进和完善。

编　者

目　录

第1章　绪　　论

人工智能（Artificial Intelligence，AI）主要研究用人工的方法和技术，模仿、延伸和扩展人的智能，实现机器智能。人工智能的长期目标是实现达到人类智力水平的人工智能。人工智能自1956年诞生以来，取得了许多令人兴奋的成果，在很多领域得到了广泛的应用。本章将对人工智能学科做一简要的介绍，包括发展历史、研究内容、研究方法以及主要的应用领域。

1.1　什么是人工智能

人工智能是极具挑战性的领域。伴随着大数据、云计算、深度学习和类脑智能等技术的发展，人工智能的浪潮又一次掀起。目前信息技术、互联网等领域几乎所有主题和热点，如搜索引擎、智能硬件、机器人、无人机和工业4.0，其发展突破的关键环节都与人工智能有关。

1956年四位年轻学者：麦卡锡（McCarthy J.）、明斯基（Minsky M.）、罗彻斯特（Rochester N.）和香农（Shannon C.）共同发起和组织召开了用机器模拟人类智能的夏季专题讨论会。会议邀请了包括数学、神经生理学、精神病学、心理学、信息论和计算机科学领域的10名学者参加，为期两个月。此次会议是在美国的新罕布什尔州的达特茅斯（Dartmouth）学院召开的，也称为达特茅斯夏季讨论会。

会议上，科学家运用数理逻辑和计算机的成果，提供关于形式化计算和处理的理论，模拟人类某些智能行为的基本方法和技术，构造具有一定智能的人工系统，让计算机去完成需要人的智力才能胜任的工作。其中明斯基的神经网络模拟器、麦卡锡的搜索法、西蒙（Simon H.）和纽厄尔（Newell A.）的“逻辑理论家”成为讨论会的三个亮点。

在达特茅斯夏季讨论会上，麦卡锡提议用“Artificial Intelligence”（人工智能）作为这一交叉学科的名称，定义为制造智能机器的科学与工程，标志着人工智能学科的诞生。半个多世纪来，人们从不同的角度、不同的层面给出对人工智能的定义。下面介绍4种对人工智能的定义。

1. 类人行为方法

库兹韦勒（Kurzweil R.）提出人工智能是一种创建机器的技艺，这种机器能够执行需要人的智能才能完成的功能（Kurzweil，1990）。这与图灵测试的观点很吻合，是一种类人行为定义的方法。1950年，图灵（Turing A.）提出图灵测试，并将“计算”定义为：应用形式规则，对未加解释的符号进行操作（Turing，1950）。图1.1给出了图灵测试的示意图，将一个人与一台机器置于一间房间中，而与另外一个人分隔开来，并把后一个人称为询问者。询问者不能直接见到屋中任一方，也不能与他们说话，因此他不知道到底哪一个实体是机器，只可以通过一个类似终端的文本设备与他们联系。然后让询问者仅根据通过这个仪器提问收到的答案辨别出哪个是计算机，哪个是

图1.1　图灵测试

人。如果询问者不能区别出机器和人，那么根据图灵的理论，就可以认为这个机器是智能的。

图灵测试具有直观上的吸引力，成为许多现代人工智能系统评价的基础。如果一个系统已经有可能在某个专业领域实现智能，那么就可以通过把它对一系列给定问题的反馈与人类专家的反馈相比较来对其进行评估。

图灵测试也引发了很多争议，其中最著名的是塞尔（Searle J.）的“中文屋论证”（Searle，1980）。塞尔设想自己被锁在一间屋子里，给了他大批的中文文本，塞尔本人对中文一窍不通，既不会写也不会说，甚至也不能将中文文本与日文中的汉字和平假名/片假名一样的图形相区别。这时他又得到了与这个中文文本相联系的英文规则书，由于塞尔的母语是英文，所以他认为自己可以轻易地理解并把握这本规则书。接下来塞尔将接收到屋外传来的英文指令和中文问题，指令教他怎样将规则书与中文文本联系起来，得到答案。当塞尔对规则书和脚本足够熟悉的时候，他就可以熟练地输出处理编写后的中文答案。一般人也难以区分塞尔与母语讲中文的人，但是事实上，塞尔认为整个过程中他根本不懂、不理解中文，只是执行规则书上的“程序”。这种行为在中国人看来与计算机用中文作答没有什么区别，但却成功地通过了图灵测试，并不具有理解中文的智能。基于这一点，塞尔认为即使机器通过了图灵测试，也不一定说明机器就真的能像人一样有思维和意识。

2. 类人思维方法

1978年，贝尔曼（Bellman R. E.）提出人工智能是那些与人的思维、决策、问题求解和学习等有关活动的自动化（Bellman，1978），主要采用的是认知模型的方法——关于人类思维工作原理的可检测的理论。为确定人类思维的内部是怎样工作的，可以有两种方法：通过内省或者通过心理学实验。一旦有了关于人类思维足够精确的理论，就可能把这种理论用计算机程序实现。如果该程序的输入/输出和实时行为与人的行为相一致，就证明该程序可能是按照人类模式运行的。例如，纽厄尔和西蒙开发了“通用问题求解器”GPS（Newell et al.，1961）。他们并不满足于仅让程序能够正确地求解问题，而是更关心对程序的推理步骤轨迹与人对同一个问题的求解步骤的比较。作为交叉学科的认知科学，把来自人工智能的计算机模型与来自心理学的实验技术相结合，试图创立一种精确而且可检验的人类思维工作方式理论。

20世纪50年代末，人们在对神经元的模拟中提出了用一种符号来标记另一些符号的存储结构模型，这是早期的记忆块（Chunks）概念。20世纪80年代初，纽厄尔认为，通过获取任务环境中关于模型问题的知识，可以改进系统的性能，记忆块可以作为对人类行为进行模拟的模型基础。通过观察问题求解过程，获取经验记忆块，用其代替各个子目标中的复杂过程，可以明显提高系统求解的速度。由此奠定了经验学习的基础。1987年，纽厄尔、莱尔德（Laird J.）和罗森布鲁姆（Rosenbloom P. S.）提出了一个通用解题结构SOAR（Newell et al.，1987），并希望该解题结构能实现各种弱方法。SOAR是“State，Operator and Result”的缩写，即状态、算子和结果之意，意味着实现弱方法的基本原理是不断地用算子作用于状态，以得到新的结果。SOAR是一种理论认知模型，它既从心理学角度对人类认知建模，又从知识工程角度提出一个通用解题结构。SOAR的学习机制是由外部专家的指导来学习一般的搜索控制知识。外部指导可以是直接劝告，也可以是给出一个直观的简单问题。系统把外部指导给定的高水平信息转化为内部表示，并学习搜索记忆块。

3. 理性思维方法

1985年，查尼艾克（Charniak E.）和麦克德莫特（McDermott D.）提出人工智能是用计算模型研究智力能力（Charniak et al.，1985）。这是一种理性思维方法。一个系统如果能够在它所知范围内正确行事，它就是理性的。古希腊哲学家亚里士多德（Aristotle）是首先试图严格定义“正确思维”的人之一，他将其定义为不能辩驳的推理过程。他的三段论方法给出了一种推理模式，当已知前提正确时总能产生正确的结论。例如，专家系统是推理系统，所有的推理系统都是智能系统，所以专家系统是智能系统。这些思维法则被认为支配着心智活动，对它们的研究创立了“逻辑学”研究领域。

19 世纪后期至 20 世纪早期发展起来的形式逻辑给出了描述事物的语句以及事物之间关系的精确的符号。到了 1965 年，原则上已经有程序可以求解任何用逻辑符号描述的可解问题。在人工智能领域中，传统上所谓的逻辑主义希望通过编制逻辑程序来创建智能系统。

这种逻辑方法有两个主要问题。首先，把非形式的知识用形式的逻辑符号表示是不容易做到的，特别是当这些知识不是 100%确定的时候。其次，“原则上”可以解决一个问题与实际解决问题之间有很大的不同。甚至对于仅有几十条事实的问题进行求解，如果没有一定的指导来选择合适的推理步骤，都可能耗尽任何计算机的资源。

4. 理性行为方法

尼尔森（Nilsson N. J.）认为人工智能关心的是人工制品中的智能行为（Nilsson，1998）。这种人工制品主要指能够动作的智能体（Agent）。行为上的理性指的是已知某些信念，执行某些动作以达到某个目标。智能体看作是可以进行感知和执行动作的某个系统。在这种方法中，人工智能可以认为就是研究和建造理性智能体。

在“理性思维”方法中，它所强调的是正确的推理。做出正确的推理有时被作为理性智能体的一部分，因为理性行动的一种方法是逻辑地推出结论。另外，正确的推理并不是理性的全部，因为在有些情景下，往往没有某个行为一定是正确的，而其他的是错误的，也就是说没有可以证明是正确的应该做的事情，但是还必须要做某件事情。

当知识是完全的，并且资源是无限的时候，就是所谓的逻辑推理。当知识是不完全的，或者资源有限时，就是理性的行为。理性思维和行为常常能够根据已知的信息（知识、时间和资源等）做出最合适的决策。

简言之，人工智能主要研究用人工的方法和技术，模仿、延伸和扩展人的智能，实现机器智能。人工智能的长期目标是实现达到人类智力水平的人工智能。

1.2　人工智能的发展史

人类对智能机器的梦想和追求可以追溯到三千多年前。早在我国西周时代（公元前 1046—公元前 771 年），就流传有关巧匠偃师献给周穆王艺伎的故事。东汉（公元 25—公元 220 年）张衡发明的指南车是世界上最早的机器人雏形。

古希腊的亚里士多德（公元前 384 年—公元前 322 年）所著的《工具论》，为形式逻辑奠定了基础。布尔（Boole）创立的逻辑代数系统，用符号语言描述了思维活动中推理的基本法则，被后世称为“布尔代数”。这些理论基础对人工智能的创立发挥了重要作用。

1936 年，图灵创立了理想计算机模型的自动机理论，提出了以离散量的递归函数作为智能描述的数学基础，给出了基于行为主义的测试机器是否具有智能的标准，即图灵测试。

1943 年，心理学家麦克洛奇（McCulloch W. S.）和数理逻辑学家皮兹（Pitts W.）在《数学生物物理公报》（*Bulletin of Mathematical Biophysics*）上发表了关于神经网络的数学模型（McCulloch et al.，1943）。这个模型，现在一般称为 M-P 神经网络模型。他们总结了神经元的一些基本生理特性，提出神经元形式化的数学描述和网络的结构方法，从此开创了神经计算的时代。

1956年，在美国的达特茅斯学院召开了为期两个月的学术研讨会，提出了“人工智能”这一术语，标志着这门学科的正式诞生。

60多年中，人工智能的发展经历了形成期、符号智能和数据智能时期。

1. 人工智能的形成期（1956—1976年）

这一时期的主要贡献包括：

1）1956年，西蒙和纽厄尔的“逻辑理论家”程序，该程序模拟了人们用数理逻辑证明定理时的思维规律。

2）1956年，乔姆斯基（Chomsky N.）提出形式语言的理论。这种理论对计算机科学有着深刻的影响，特别是在程序设计语言的设计、编译方法和计算复杂性等方面发挥着重大的作用。

3）1958年，麦卡锡提出表处理语言LISP，它不仅可以处理数据，而且可以方便地处理符号，成为人工智能程序设计语言的重要里程碑。目前，LISP语言仍然是人工智能系统重要的程序设计语言和开发工具。

4）1965年，鲁宾孙（Robinson J. A.）提出归结法，被认为是一个重大的突破，也为定理证明的研究带来了又一次高潮。

5）1965年，斯坦福大学的费根鲍姆（Feigenbaum E. A.）和化学家勒德贝格（Lederberg J.）合作开始研制化学分析专家系统DENDRAL，并于1968年研制成功。1972—1976年，费根鲍姆开发成功医疗专家系统MYCIN。

2. 符号智能时期（1976—2006年）

1）1975年，西蒙和纽厄尔荣获计算机科学最高奖——图灵奖。1976年，因在获奖演讲中提出了“物理符号系统假说”，他们成为人工智能中影响最大的符号主义学派的创始人和代表人物。

2）1977年，美国斯坦福大学的计算机科学家费根鲍姆在第五届国际人工智能联合会议上提出知识工程的新概念。20世纪80年代，专家系统的开发趋于商业化，创造了巨大的经济效益。知识工程是一门以知识为研究对象的学科，使人工智能的研究从理论转向应用，从基于推理的模型转向知识的模型。

3）1981年，日本宣布了第五代电子计算机的研制计划。其研制的计算机的主要特征是具有智能接口、知识库管理、自动解决问题的能力，并在其他方面具有人的智能行为（史忠植，1988）。

4）1984年，莱斯利·瓦伦特（Leslie Valiant）在计算科学和数学领域的远见及认知理论与其他技术结合后，提出可学习理论，开创了机器学习和通信的新时代（Valiant，1984）。

5）1993年，肖哈姆（Shoham Y.）提出面向智能体的程序设计（史忠植，2000）。

6）1995年，罗素（Russell S.）和诺维格（Norvig P.）出版了《人工智能》一书，提出“将人工智能定义为对从环境中接收感知信息并执行行动的智能体的研究”（Russell et al.，1995）。

7）2011年，朱迪亚·珀尔（Judea Pearl）获得图灵奖，奖励他在人工智能领域的基础性贡献：提出概率和因果性推理演算法，彻底改变了人工智能基于规则和逻辑的方向（Pear，2000）。

3. 数据智能时期（2006 年至今）

1）2006 年，杰弗里·辛顿（Geoffrey Hinton）等发表深度信念网络，开创了深度学习的新阶段。

2）2016 年，AlphaGo 采用深度强化学习，击败最强的人类围棋选手之一李世石，推动了人工智能的发展和普及。

3）2016 年，寒武纪推出了国际上首个稀疏深度学习处理器 Cambricon-X，在速度（响应时间）和功耗两个最重要指标上都远远超过了当时的 CPU 和 GPU。

4）2018 年，图灵奖被颁给杰弗里·辛顿（Geoffrey Hinton）、杨立昆（Yann LeCun）、约书亚·本吉奥（Yoshua Bengio），他们开创了深度神经网络，为深度学习算法的发展和应用奠定了基础。

5）2022 年 11 月 30 日，美国 OpenAI 发布聊天机器人程序 ChatGPT。2023 年 3 月 16 日，百度文心一言正式发布。大语言模型吸引企业和机构客户使用 API 和基础设施，共同搭建 AI 模型、开发应用，实现产业 AI 普惠。

我国的人工智能研究起步较晚。智能模拟纳入国家计划的研究始于 1978 年。1984 年召开了智能计算机及其系统的全国学术讨论会。1986 年起把智能计算机系统、智能机器人和智能信息处理（含模式识别）等重大项目列入国家高技术研究“863 计划”。1997 年起，又把智能信息处理、智能控制等项目列入国家重大基础研究“973 计划”。进入 21 世纪后，在《国家中长期科学和技术发展规划纲要（2006—2020 年）》中，“脑科学与认知科学”已列入八大科学前沿问题之一。2017 年 7 月 8 日，国务院正式发布《新一代人工智能发展规划》，部署有关研究计划。信息技术将继续向高性能、低成本、普适计算和智能化等主要方向发展，寻求新的计算与处理方式和物理实现是未来信息技术领域面临的重大挑战。

1981 年起，我国相继成立了中国人工智能学会（CAAI）、全国高校人工智能研究会、中国计算机学会人工智能与模式识别专业委员会、中国自动化学会模式识别与机器智能专业委员会、中国软件行业协会人工智能协会、中国智能机器人专业委员会、中国计算机视觉与智能控制专业委员会以及中国智能自动化专业委员会等学术团体，1989 年首次召开了中国人工智能联合会议（CJCAI），1987 年创刊了《模式识别与人工智能》杂志，2006 年创刊了《智能系统学报》和《智能技术》杂志，2011 年创刊了国际刊物 *International Journal of Intelligence Science*。

中国的科技工作者已在人工智能领域取得了具有国际领先水平的创造性成果，其中，尤以吴文俊院士关于几何定理的机器证明的“吴方法”最为突出，已在国际上产生重大影响，并荣获 2000 年国家科学技术最高奖励。现在，我国已有数以万计的科技人员和大学师生从事不同层次的人工智能研究与学习。人工智能研究已在我国深入开展，它必将为促进其他学科的发展和我国的现代化建设做出新的重大贡献。

1.3　人工智能研究的基本内容

人工智能是一门新兴的边缘学科，是自然科学和社会科学的交叉学科，它吸取了自然科学和社会科学的最新成果，以智能为核心，形成了具有自身研究特点的新的体系。人工智能的研究涉及广泛的领域，包括知识表示、搜索技术、机器学习、求解数据和知识不确定问题的各种方法等。人工智能的应用领域包括专家系统、博弈、定理证明、自然语言理解、图像理解和机器人等。人工智能也是一门综合性的学科，它是在控制论、信息论和系统论的基础上诞生的，涉及哲学、心理学、认知科学、计算机科学、数学以及各种工程学方法，这些学科为人工智能的研究提供了丰富的知识和研究方法。图 1.2 给出了和人工智能有关的学科及人工智能的研究和应用领域的简单图示。

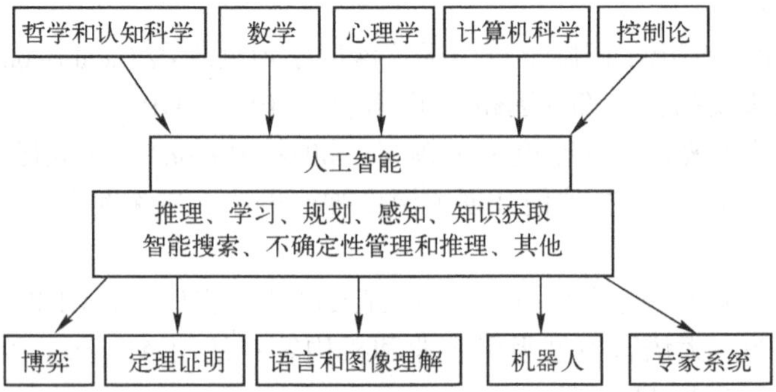

图 1.2 和人工智能有关的学科及人工智能的研究和应用领域

1.3.1 认知建模

美国心理学家休斯敦（Houston P. T.）等把认知归纳为如下 5 种类型：

1）认知是信息的处理过程。

2）认知是心理上的符号运算。

3）认知是问题求解。

4）认知是思维。

5）认知是一组相关的活动，如知觉、记忆、思维、判断、推理、问题求解、学习、想象、概念形成和语言使用等。

人类的认知过程是非常复杂的，建立认知模型的技术常称为认知建模，目的是从某些方面探索和研究人的思维机制，特别是人的信息处理机制，同时也为设计相应的人工智能系统提供新的体系结构和技术方法。认知科学用计算机研究人的信息处理机制时表明，在计算机的输入和输出之间存在着由输入分类、符号运算、内容存储与检索、模式识别等方面组成的实在的信息处理过程。尽管计算机的信息处理过程和人的信息处理过程有实质性差异，但可以由此得到启发，认识到人在刺激和反应之间也必然有一个对应的信息处理过程，这个实在的过程只能归结为意识过程。计算机的信息处理和人的信息处理在符号处理这一点上的相似性是人工智能名称由来和它赖以实现和发展的基点。信息处理也是认知科学与人工智能的联系纽带。

1.3.2 知识表示

人类的智能活动过程主要是一个获得并运用知识的过程，知识是智能的基础。人们通过实践，认识到客观世界的规律性，经过加工整理、解释、挑选和改造而形成知识。为了使计算机具有智能，使它能模拟人类的智能行为，就必须使它具有适当形式表示的知识。知识表示是人工智能中一个十分重要的研究领域。

所谓知识表示实际上是对知识的一种描述，或者是一组约定，一种计算机可以接受的用于描述知识的数据结构。知识表示是研究机器表示知识的可行的、有效的、通用的原则和方法。知识表示问题一直是人工智能研究中最活跃的部分之一。目前，常用的知识表示方法有逻辑模式、产生式系统、框架、语义网络、状态空间、面向对象和连接主义等。

1.3.3 自动推理

从一个或几个已知的判断（前提）逻辑地推论出一个新的判断（结论）的思维形式称为推理，这是事物的客观联系在意识中的反映。自动推理是知识的使用过程，人解决问题就是利用以往的知识，通过推理得出结论。自动推理是人工智能研究的核心问题之一。

按照新的判断推出的途径来划分，自动推理可分为演绎推理、归纳推理和反绎推理。演绎推理是一种从一般到个别的推理过程。演绎推理是人工智能中的一种重要的推理方式，目前研制成功的智能系统中，大多是用演绎推理实现的。

与演绎推理相反，归纳推理是一种从个别到一般的推理过程。归纳推理是机器学习和知识发现的重要基础，是人类思维活动中最基本、最常用的一种推理形式。

顾名思义，反绎推理是由结论倒推原因。在反绎推理中，我们给定规则 $p \rightarrow q$ 和 q 的合理信念，然后希望在某种解释下得到谓词 p 为真。反绎推理是不可靠的，但由于 q 的存在，它又被称为最佳解释推理。

按推理过程中推出的结论是否单调地增加，推理又分为单调推理和非单调推理。其单调含义是指已知为真的命题数目随着推理的进行而严格地增加。在单调逻辑中，新的命题可以加入系统，新的定义可以被证明，并且这种加入和证明绝不会导致前面已知的命题或已证的命题变成无效。在本质上人类的思维及推理活动并不是单调的。人们对周围世界中的事物的认识、信念和观点，总是处于不断的调整之中。比如，根据某些前提推出某一结论，但当人们又获得另外一些事实后，却又取消这一结论。在这种情况下，结论并不会随着条件的增加而增加，这种推理过程就是非单调推理。非单调推理是人工智能自动推理研究的成果之一。1978 年，赖特（Reiter R.）首先提出了非单调推理方法封闭世界假设（CWA）（Reiter，1978），并提出了默认推理（Reiter，1980）。1979 年，杜伊尔（Doyle）建立了真值维护系统 TMS（Doyle，1979）。1980 年，麦卡锡提出了限定逻辑（McCarthy，1980）。

在现实世界中存在大量不确定问题。不确定性来自人类的主观认识与客观实际之间存在差异。事物发生的随机性，人类知识的不完全、不可靠、不精确和不一致，自然语言中存在的模糊性和歧义性都反映了这种差异，都会带来不确定性。针对不同的不确定性的起因，人们提出了不同的理论和推理方法。在人工智能中，有代表性的不确定性理论和推理方法有 Bayes 理论、Dempster-Shafer 证据理论和 Zadeh 模糊集理论等。

搜索是人工智能的一种问题求解方法，搜索策略决定着问题求解的一个推理步骤中知识被使用的优先关系，可分为无信息导引的盲目搜索和利用经验知识导引的启发式搜索。启发式知识常由启发式函数来表示，启发式知识利用得越充分，求解问题的搜索空间就越小，解题效率越高。典型的启发式搜索方法有 A^*、AO^* 算法等。近几年的搜索方法研究开始注意那些具有百万节点的超大规模的搜索问题。

1.3.4 机器学习

机器学习是研究计算机怎样模拟或实现人类的学习行为，以获取新的知识或技能，重新组织已有的知识结构使之不断改善自身的性能。只有让计算机系统具有类似人的学习能力，才有可能实现人类水平的人工智能。机器学习是人工智能研究的核心问题之一，是当前人工智能理论研究和实际应用非常活跃的研究领域。

常见的机器学习方法有归纳学习、类比学习、分析学习、强化学习、遗传算法和连接学习等。深度学习是机器学习研究中的一个新的领域，其概念由辛顿（Hinton G. E.）等于2006年提出（Hinton et al.，2006），它模仿人脑神经网络进行分析学习的机制来解释图像、声音和文本的数据。2015年，百度利用超级计算机Minwa在测试ImageNet中取得了世界最好成绩，错误率仅为4.58%，刷新了图像识别的纪录。机器学习研究的任何进展，都将促进人工智能水平的提高。

1.4 人工智能研究的主要学派

在人工智能60多年的研究过程中，由于人们对智能本质的理解和认识不同，形成了人工智能研究的多种不同的途径。不同的研究途径具有不同的学术观点，采用不同的研究方法，形成了不同的研究学派。目前在人工智能界主要的研究学派有符号主义、连接主义和行为主义等。符号主义方法以物理符号系统假设和有限合理性原理为基础；连接主义方法以人工神经网络模型为核心；行为主义方法侧重研究感知-行动的反应机制。

1.4.1 符号主义

符号主义学派，亦称为功能模拟学派，主要观点认为智能活动的基础是物理符号系统，思维过程是符号模式的处理过程。

西蒙和纽厄尔在1976年的美国计算机学会（ACM）图灵奖演说中，对物理符号系统假设进行了总结（Newell et al.，1976），他们指出：展现一般智能行为的物理系统其充要条件是它是一个物理符号系统。充分性表明智能可以通过任意合理组织的物理符号系统来得到。必要性表明一个有一般智能的主体必须是一个物理符号系统的一个实例。物理符号系统假设的必要性要求一个智能体，不管它是人、外星人还是计算机，都必须通过在符号结构上操作的物理实现来获得智能。

一般智能行为表示人类活动中的相同的动作和行为。在物理极限内，系统将展示适合于其目的的行为，并适应于它所在环境的要求。

在后来的许多年中，人工智能和认知科学都在这个假设所描绘的领域中进行了大量的研究。物理符号系统假设导致了三个重要的方法论方面的保证：① 符号的使用以及符号系统作为描述世界的中介；② 搜索机制的设计，尤其是启发式搜索，用来探索这些符号系统能够支持的可能推理的空间；③ 认知体系结构的分离，这里的意思是假定一个合理设计的符号系统能够提供智能的完整的因果理由，不考虑其实现的方法。基于这样的观点，最后人工智能变成为经验式和构造式的学科，它试图通过建立智能的工作模型来理解智能。

以符号主义的观点看，知识表示是人工智能的核心，认知就是处理符号，推理就是采用启发式知识及启发式搜索对问题求解的过程，而推理过程又可以用某种形式化的语言来描述。符号主义主张用逻辑的方法来建立人工智能的统一理论体系，但是存在“常识”问题以及不确定性事物的表示和处理问题，因此，受到其他学派的批评。

通常被称为“经典的人工智能”是在符号主义观点指导下开展研究的。经典的人工智能研究中又可以分为认知学派和逻辑学派。认知学派以西蒙、明斯基和纽厄尔等为代表，从人的思维活动出发，利用计算机进行宏观功能模拟。逻辑学派以麦卡锡和尼尔森等为代表，主张用逻辑来研究人工智能，即用形式化的方法描述客观世界。

1.4.2　连接主义

基于神经元和神经网络的连接机制和学习算法的人工智能学派是连接主义（Connectionism），亦称为结构模拟学派。这种方法研究能够进行非程序的、可适应环境变化的、类似人类大脑风格的信息处理方法的本质和能力。这种学派的主要观点认为，大脑是一切智能活动的基础，因而从大脑神经元及其连接机制出发进行研究，搞清楚大脑的结构以及它进行信息处理的过程和机理，有望揭示人类智能的奥秘，从而真正实现人类智能在机器上的模拟。

该方法的主要特征表现在：以分布式的方式存储信息，以并行方式处理信息，具有自组织、自学习能力，适合于模拟人的形象思维，可以比较快地得到一个近似解。正是这些特点，使得神经网络为人们在利用机器加工处理信息方面提供了一个全新的方法和途径。但是这种方法不适合于模拟人们的逻辑思维过程，并且人们发现，已有的模型和算法也存在一定的问题，理论上的研究也有一定的难点，因此单靠连接机制解决人工智能的全部问题也是不现实的。

连接主义的代表性成果是 1943 年麦克洛奇和皮兹提出的一种神经元的数学模型，即 M-P 模型，并由此组成一种前馈网络。可以说 M-P 是人工神经网络最初的模型，开创了神经计算的时代，为人工智能创造了一条用电子装置模拟人脑结构和功能的新的途径。从此之后，神经网络理论和技术研究的不断发展，并在图像处理、模式识别等领域的重要突破，为实现连接主义的智能模拟创造了条件。

1.4.3　行为主义

行为主义学派，亦称为行为模拟学派，认为智能行为的基础是“感知-行动”的反应机制，基于智能控制系统的理论、方法和技术，研究拟人的智能控制行为。

1991 年，布鲁克斯（Brooks R. A.）提出了无须知识表示的智能和无须推理的智能（Brooks，1991），他认为智能只是在与环境交互作用中表现出来，不应采用集中式的模式，而是需要具有不同的行为模块与环境交互，以此来产生复杂的行为。他认为任何一种表达方式都不能完善地代表客观世界中的真实概念，因而用符号串表示智能过程是不妥当的。这在许多方面是行为心理学在人工智能中的反映。基于行为的基本观点可以概括为：

1）知识的形式化表达和模型化方法是人工智能的重要障碍之一。

2）智能取决于感知和行动，应直接利用机器对环境作用后，以环境对作用的响应为原型。

3）智能行为只能体现在世界中，通过与周围环境交互而表现出来。

4）人工智能可以像人类智能一样逐步进化，分阶段发展和增强。

布鲁克斯这种基于行为（进化）的观点开辟了人工智能研究的新途径。以这些观点为基础，布鲁克斯研制出了一种机器虫，用一些相对独立的功能单元，分别实现避让、前进和平衡等基本功能，组成分层异步分布式网络，取得了一定的成功，特别是为机器人的研究开创了一种新的方法。

行为主义思想提出后引起了人们广泛的关注，有人认为布鲁克斯的机器虫在行为上的成功并不能产生高级控制行为，指望让机器从昆虫的智能进化到人类的智能只是一种幻想。尽管如此，行为主义学派的兴起，表明了控制论和系统工程的思想将进一步影响人工智能的发展。

上述三种研究方法从不同的侧面研究了人的自然智能，与人脑的思维模型有着对应的关系。粗略地划分，可以认为符号主义研究抽象思维，连接主义研究形象思维，而行为主义研究感知思维（Shi，1992）。研究人工智能的三大学派、三条途径各有所长，要取长补短，综合集成。

1.5　人工智能的应用

当前，几乎所有的科学与技术的分支都在共享着人工智能领域所提供的理论和技术。这里列举一些人工智能经典的、有代表性和有重要影响的应用领域。

1. 专家系统

专家系统（Expert System）是一类具有专门知识和经验的计算机智能程序系统，通过对人类专家的问题求解能力的建模，采用人工智能中的知识表示和知识推理技术来模拟通常由专家才能解决的复杂问题，达到具有与专家同等解决问题能力的水平。这种基于知识的系统设计方法是以知识库和推理机为中心而展开的，即

专家系统=知识库+推理机

它把知识从系统中与其他部分分离开来。专家系统强调的是知识而不是方法。很多问题没有基于算法的解决方案，或算法方案太复杂，采用专家系统可以利用人类专家拥有的丰富知识，因此专家系统也称为基于知识的系统（Knowledge-Based Systems）。一般来说，一个专家系统应该具备以下 3 个要素：

1）具备某个应用领域的专家级知识。

2）能模拟专家的思维。

3）能达到专家级的解题水平。

20 世纪 80 年代以来，在知识工程的推动下，涌现出了不少专家系统开发工具，如 EMYCIN、CLIPS（OPS5、OPS83）、G2、KEE、OKPS 等。

2. 数据挖掘

数据挖掘是人工智能领域中一个令人激动的成功应用，它能够满足人们从大量数据中挖掘出隐含的、未知的、有潜在价值的信息和知识的要求。对数据拥有者而言，在他的特定工作或生活环境里，自动发现隐藏在数据内部的、可被利用的信息和知识。要实现这些目标，需要有大量的原始数据、明确的挖掘目标、相应的领域知识、友善的人-机界面，以及寻找合适的开发方法。挖掘结果供数据拥有者决策使用，必须得到拥有者的支持、认可和参与。

目前，数据挖掘在市场营销、银行、制造业、保险业、计算机安全、医药、交通和电信等领域已经有许多成功案例。目前具有代表性的数据挖掘工具或平台有美国 SAS 公司的 SAS Enterprise Miner、IBM 公司的 Intelligent Miner、Solution 公司的 Clementine、加拿大 Cognos 公司的 Scenario、美国大数据公司的 Palantir、中国科学院计算技术研究所智能信息处理重点实验室开发的大数据挖掘云引擎 CBDME 等。

3. 自然语言处理

自然语言处理研究计算机通过人类熟悉的自然语言与用户进行听、说、读、写等交流技术，是一门与语言学、计算机科学、数学、心理学和声学等学科相联系的交叉性学科。自然语言处理研究内容主要包括：语言计算（语音与音位、词法、句法、语义和语用等各个层面上的计算）、语言资源建设（计算词汇学、术语学、电子词典、语料库和知识本体等）、机器翻译或机器辅助翻译、汉语和少数民族语言文字输入输出及其智能处理、中文手写和印刷体识

别、中文语音识别及文语转换、信息检索、信息抽取与过滤、文本分类、中文搜索引擎和以自然语言为枢纽的多媒体检索等。

中文信息处理（包括对汉语以及少数民族语言的信息处理）在我国信息领域科学技术进步与产业发展中占有特殊位置，推动着我国信息科技与产业的发展。如王选的汉字激光照排（两次获得国家科技进步奖一等奖）、联想汉卡（获国家科技进步奖一等奖）、刘迎建的汉王汉字输入系统（获国家科技进步奖一等奖）、陈肇雄的机器翻译系统（获国家科技进步奖一等奖）、丁晓青的清华文通汉字OCR系统（获国家科技进步奖二等奖）等。这些体现着鲜明的自主创新精神的成果，既是我国中文信息处理事业发展历程的见证，同时也将为该学科未来的继续蓬勃发展提供宝贵的精神财富。

我们已经进入以互联网为主要标志的海量信息时代。一个与此相关的严峻事实是，数字信息有效利用已成为制约信息技术发展的一个全局性瓶颈问题。自然语言处理无可避免地成为信息科学技术中长期发展的一个新的战略制高点。《国家中长期科学和技术发展规划纲要（2006—2020年）》指出，我国将促进“以图像和自然语言理解为基础的‘以人为中心’的信息技术发展，推动多领域的创新”。

4. 智能机器人

智能机器人是一种自动化的机器，具有相当发达的“大脑”，具备一些与人或生物相似的智能能力，如感知能力、规划能力、动作能力和协同能力，是一种具有高度灵活性的自动化机器。随着人们对机器人技术智能化本质认识的加深，机器人技术开始向人类活动的各个领域渗透。结合这些领域的应用特点，人们发展了各式各样的具有感知、决策、行动和交互能力的特种机器人和各种智能机器，如移动机器人、微机器人、水下机器人、医疗机器人、军用机器人、空间机器人和娱乐机器人等。

智能机器人具有广阔的发展前景，尽管国内外对智能机器人的研究已经取得了很多成果，但是智能化水平还不是很高，因此必须加快智能机器人的发展。智能机器人的作业环境是相当复杂的，要想机器人有比较好的发展，则要解决现在面临的许多问题，那么我们人类应该多向自然界学习，通过对自然界生物的学习、模仿、复制和再造，从中发现相关的理论和技术方法，应用到机器人中，使得机器人在功能和技术水平上不断地有所突破，从而生产出更先进、更智能的机器人。

机器人世界杯足球赛（RoboCup）是当前引人注目的比赛，有利于推动机器人的研究和开发。有人预言由机器人组成的足球队将在2050年世界杯足球赛中打败专业足球队。当然，目前研制的这些机器人，仍然只具有部分智能，它们与真正意义的生命智能还相距甚远，机器人视觉和自然语言交流是其中的两个主要难点。

5. 模式识别

模式识别（Pattern Recognition）是指对表征事物或现象的各种形式的信息进行处理和分析，以便对事物或现象进行描述、辨认、分类和解释的过程。模式是信息赖以存在和传递的形式，诸如波谱信号、图形、文字、物体的形状、行为的方式和过程的状态等都属于模式的范畴。人们通过模式感知外部世界的各种事物或现象，这是获取知识、形成概念和做出反应的基础。

早期的模式识别研究强调仿真人脑形成概念和识别模式的心理和生理过程。20世纪50年代，罗森布拉特（Roseblatt F.）提出的感知器既是一个模式识别系统，也是把它作为人脑的数学模型来研究的。但随着实际应用的需要和计算技术的发展，模式识别研究多采用不同于生物控制论、生理学和心理学等方法的数学技术方法。1957年，周绍康首先提出用决策理论方法对模式进行识别。1962年，纳拉西曼（Narasimhan R.）提出模式识别的句法方法，此后美籍华人学者傅京孙深入地开展了这方面的研究，并于1974年出版了第一本专著《句法模式识别及其应用》（Fu，1974）。现代发展的各种模式识别方法基本上都可以归纳为决策理论方法和结构方法两大类。

随着信息技术应用的普及，模式识别呈现多样性和多元化趋势，可以在不同的概念粒度上进行，其中生物特征识别成为模式识别研究活跃的领域，包括语音识别、文字识别、图像识别和人物景象识别等。生物特征的身份识别技术，如指纹（掌纹）身份识别、人脸身份识别、签名识别、虹膜识别和行为姿态身份识别也成为研究的热点，通过小波变换、模糊聚类、遗传算法、贝叶斯（Bayesian）理论、支持向量机等方法进行图像分割、特征提取、分类、聚类和模式匹配，使得身份识别成为确保经济安全、社会安全的重要工具。

6. 分布式人工智能

分布式人工智能（Distributed Artificial Intelligence）研究一组分布的、松散耦合的智能体（Agent）如何运用它们的知识、技能和信息，为实现各自的或全局的目标协同工作。20世纪90年代以来，互联网的迅速发展为新的信息系统、决策系统和知识系统的发展提供了极好的条件，它们在规模、范围和复杂程度上增加极快，分布式人工智能技术的开发与应用越来越成为这些系统成功的关键。

分布式人工智能的研究可以追溯到20世纪70年代末期。早期分布式人工智能的研究主要是分布式问题求解，其目标是创建大粒度的协作群体，它们之间共同工作以对某一问题进行求解。1983年，休伊特（Hewitt C.）和他的同事们研制了基于ACTOR模型的并发程序设计系统（Hewitt et al.，1983）。ACTOR模型提供了分布式系统中并行计算理论和一组专家或ACTOR获得智能行为的能力。1991年，Hewitt提出开放信息系统语义（Hewitt，1991），指出竞争、承诺、协作和协商等性质应作为分布式人工智能的科学基础，试图为分布式人工智能的理论研究提供新的基础。1983年，马萨诸塞大学的莱塞（Lesser V. R.）等研制了分布式车辆监控测试系统DVMT（Lesser et al.，1983）。1987年，加瑟（Gasser L.）等研制了MACE系统，这是一个实验型的分布式人工智能系统开发环境（Gasser et al.，1988）。MACE中每一个计算单元都称作智能体，它们具有知识表示和推理能力，智能体之间通过消息传送进行通信。

20世纪90年代以来，智能体和多智能体系统成为分布式人工智能研究的主流。智能体可以看作一个自动执行的实体，它通过传感器感知环境，通过效应器作用于环境。智能体的BDI模型，是基于智能体的思维属性建立的一种形式模型，其中B表示Belief（信念），D表示Desire（愿望），I表示Intention（意图）。多智能体系统即由多个智能体组成的系统，研究的核心是如何在一群自主的智能体之间进行行为的协调。多智能体系统可以构成一个智能体的社会，其形式包括群体、团队、组织和联盟等，具有更大的灵活性和适应性，更适合开放和动态的世界环境，成为当今人工智能研究的热点。

7. 互联网智能

如果说计算机的出现为人工智能的实现提供了物质基础，那么互联网的产生和发展则为人工智能提供了更加广阔的空间，成为当今人类社会信息化的标志。互联网已经成为越来越多人的“数字图书馆”，人们普遍使用Google、百度等搜索引擎，为自己的日常工作和生活服务。

语义Web（Semantic Web）追求的目标是让Web上的信息能够被机器可理解，从而实现Web信息的自动处理，以适应Web信息资源的快速增长，更好地为人类服务（Berners-Lee et al.，2001)。语义 Web 提供了一个通用的框架，允许跨越不同应用程序、企业和团体的边界共享和重用数据。语义 Web 是 W3C 领导下的协作项目，有大量研究人员和业界伙伴参与。语义 Web 以资源描述框架（RDF）为基础。RDF 以 XML 作为语法、URI 作为命名机制，将各种不同的应用集成在一起。

语义 Web 成功地将人工智能的研究成果应用到互联网，包括知识表示、推理机制等。人们期待未来的互联网是一本按需索取的百科全书，可以定制搜索结果，可以搜索隐藏的 Web 页面，可以考虑用户所在的位置，可以搜索多媒体信息，甚至可以为用户提供个性化服务。

8. 博弈

博弈（Game Playing）是人类社会和自然界中普遍存在的一种现象，如下棋、打牌、战争等。博弈的双方可以是个人、群体，也可以是生物群或智能机器，各方都力图用自己的智慧获取成功或击败对方。博弈过程可能产生惊人庞大的搜索空间。要搜索这些庞大而且复杂的空间需要使用强大的技术来判断备择状态、探索问题空间，这些技术被称为启发式搜索。博弈为人工智能提供了一个很好的实验场所，可以对人工智能的技术进行检验，以促进这些技术的发展。

在人工智能发展史上，1956 年塞缪尔研制了跳棋程序，打败了自己。1997 年 5 月 11 日，IBM“深蓝”计算机战胜了国际象棋大师卡斯帕罗夫（Kasparov G.）。2006 年 8 月 9 日，在北京举办的首届中国象棋人机大赛中，计算机以 3 胜 5 平 2 负的微弱优势战胜人类象棋大师。

下棋是一个典型的智力问题，求解过程通常是一个启发式搜索过程。下棋博弈中，以棋盘的全部格局作为状态，以合法的走步为操作，以启发式知识作导航，在一个状态空间内寻找到达获胜的路径。博弈中的棋局易于在计算机中表示，根本不需要表征更复杂问题所必需的复杂格式。博弈的简单性使测试博弈程序没有任何经济和道德上的负担。状态空间搜索是大多数博弈研究的基础。

1.6 小结和展望

本章首先讨论了什么是人工智能的问题。人工智能是研究可以理性地进行思考和执行动作的计算模型的学科，它是人类智能在计算机上的模拟。人工智能作为一门学科，经历了形成、符号智能和数据智能等几个阶段，并且还在不断地发展。尽管人工智能也创造出了一些实用系统，但我们不得不承认这些系统仍然远未达到人类的智能水平。

知识表示、推理、学习、智能搜索和数据与知识的不确定性处理是人工智能的基本研究领域，人工智能的典型应用领域包括专家系统、数据挖掘、自然语言处理、智能机器人、模式识别、分布式人工智能、互联网智能和博弈等。

人工智能的研究途径主要有以符号处理为核心的方法、以网络连接为主的连接机制方法，以及以感知和动作为主的行为主义方法等，这些方法的集成和综合已经成为当今人工智能研究的一个趋势。

进入 21 世纪，互联网的普及和大数据的兴起又一次将人工智能推向新的高峰。基于大数据、信息空间（Cyberspace）的知识自动化将开拓人类向人工世界进军，深度开发大数据和智力资源，深化农业和工业的智能革命。脑科学、认知科学和人工智能等学科交叉研究的智能科学将指引类脑计算的发展，实现人类水平的人工智能（Shi，2012）。

习题

1. 什么是人工智能？它的研究目标是什么？
2. 什么是图灵测试？讨论图灵关于计算机软件“智能”标准的不足。
3. 描述一下你自己的计算机软件“智能”标准。
4. 人工智能程序和传统的计算机程序之间有什么不同？
5. 人工智能研究有哪些主要的学派？各有什么特点？
6. 人工智能学科已创建 60 多年，列举你所知道的成功应用，以及失败的教训。
7. 未来人工智能的可能突破有哪些方面？
8. 人工智能的长期目标是人类水平的人工智能，我们应该如何努力实现这个目标？

第2章　知识表示

知识表示研究用机器表示知识的可行的、有效的、通用的原则和方法，即把人类知识形式化为机器能处理的数据结构，是一组对知识的描述和约定。本章主要介绍几种常用的知识表示方法：谓词逻辑、产生式表示法、语义网络、框架、状态空间、面向对象、脚本和本体等。

2.1　知识表示概述

知识是人类在实践中认识客观世界（包括人类自身）的规律性的东西。知识是经过加工的信息，包括事实、信念和规则。知识一般可分为陈述性知识、程序性知识和控制性知识。

1. 陈述性知识

陈述性知识，也称为描述性知识，是描述客观事物的特点及其关系的知识。陈述性知识主要包括三个层次：符号表征、概念和命题。

符号表征是最简单的陈述性知识。所谓符号表征是指代表一定事物的符号。例如，学生所学习的英语单词的词形、数学中的数字、物理公式中的符号、化学元素的符号等，都是符号表征。

概念是对一类事物本质特征的反映，是较为复杂的陈述性知识。

命题是指一个陈述的语义，是对事物之间关系的陈述。我们把用语言、符号或式子表达的，可以判断真假的陈述句叫作命题。其中判断为真的语句叫作真命题，判断为假的语句叫作假命题。例如，“北京是中国的首都”。

2. 程序性知识

程序性知识，也称为过程性知识，是关于问题求解的操作步骤和过程的知识。这类知识主要用来解决“做什么”和“如何做”的问题，可用来进行操作和实践。

程序性知识与陈述性知识的区别主要有以下几个方面：①陈述性知识是“是什么”的知识，以命题及其命题网络来表征；程序性知识是“怎样做”的知识，以产生式等来表征。②陈述性知识是一种静态的知识，它的激活是输入信息的再现；而程序性知识是一种动态的知识，它的激活是信息的变形和操作。③陈述性知识激活的速度比较慢，是一个有意的过程，需要学习者对有关事实进行再认或再现；而程序性知识激活的速度很快，是一种自动化了的信息变形的活动。

3. 控制性知识

控制性知识，也称为控制策略，是有关各种处理过程的策略和结构的知识，用于选择问题求解的方法和技巧，协调整个问题求解的过程。

从计算机程序组织来看，一般智能系统可以看成是三级结构，即数据级、知识库级和控制级。数据级是关于求解的特殊问题及其当前状态的陈述性知识。知识库级是具体领域问题求解的知识，它常常是一种过程，说明怎样操纵数据来达到问题求解，反映动作的过程。控制级是过程性知识的控制策略，相应于控制性知识或元知识。

对于多数大型而复杂的基于知识的系统，常常包含多种不同的问题求解活动，不同的活动往往需要不同的知识，是以统一的方式表示所有的知识，还是以不同的方式表示不同的知识，这是建造基于知识的系统时所面临的一个选择。统一的知识表示方法在知识获取和知识库维护上具有简易性，但是处理效率较低。而不同的知识表示方法处理效率较高，但是知识难以获取，知识库难以维护。那么在实际中如何来选择和建立合适的知识表示方法呢？这可以从以下几个方面来考虑：

1）表示能力，要求能够正确、有效地将问题求解所需要的各类知识都表示出来。

2）可理解性，所表示的知识应易懂、易读。

3）便于知识的获取，使得智能系统能够渐进地增加知识，逐步进化。同时在吸收新知识的同时应便于消除可能引起新老知识之间的矛盾，便于维护知识的一致性。

4）便于搜索，表示知识的符号结构和推理机制应支持对知识库的高效搜索，使得智能系统能够迅速地感知事物之间的关系和变化；同时很快地从知识库中找到有关的知识。

5）便于推理，要能够从已有的知识中推出需要的答案和结论。

目前常用的知识表示方法有谓词逻辑、产生式表示法、语义网络、框架、状态空间、面向对象的知识表示、脚本和本体等，下面将分别予以介绍。

2.2　谓词逻辑

逻辑在知识的形式化表示和机器自动定理证明方面发挥了重要的作用，其中最常用的逻辑是谓词逻辑，命题逻辑可以看作谓词逻辑的一种特殊形式。本节主要介绍与谓词逻辑相关的定义和定理，以及基于谓词逻辑的知识表示。

定义 2.1　命题

命题是具有真假意义的语句。

命题逻辑就是研究命题和命题之间关系的符号逻辑系统。通常用大写字母 P、Q、R、T 等来表示命题。如

$$P\text{：今天天气好}$$

P 就是表示“今天天气好”这个命题的名。表示命题的符号称为命题标识符，P 就是命题标识符。如果一个命题标识符表示确定的命题，就称为命题常量；如果命题标识符只表示任意命题的位置标志，就称为命题变元。因为命题变元可以表示任意命题，所以它不能确定真值，故命题变元不是命题。当命题变元 P 用一个特定的命题取代时，P 才能确定真值，这时也称为对 P 进行指派。当命题变元表示原子命题时，该变元称为原子变元。

用命题逻辑可以表示简单的逻辑关系和推理。例如，用 R 表示“今天天气好”，用 S 表示“去旅游”，则命题公式“$R \to S$”表示“如果今天天气好，就去旅游”，即如果前提条件 R“今天天气好”成立，则可以得到结论 S“去旅游”。

命题逻辑的表示方法非常简单，但具有一定的局限性，只能表示由事实组成的世界，无法表示不同对象的相同特征。1879 年，德国弗雷格（Frege F. L. G.）出版的《概念语言》，建立了量词理论，给出了第一个严密的逻辑公理体系。1884 年，他又出版了《算术基础》等著作，试图把数学建立在逻辑的基础上，把谓词和量词引入逻辑系统形成谓词逻辑，大大扩展了逻辑的表达能力。

在谓词逻辑中，命题是用谓词来表示的。谓词形如 $P(x_1, x_2, \cdots, x_n)$，其中 P 是谓词符号，表示个体的属性、状态或关系；x_1，x_2，$\cdots$，x_n 称为谓词的参量或项，通常表示个体对象。有

n个参量的谓词称为n元谓词。例如，Student(x)是一元函数，表示“x是学生”；Less(x,y)是二元谓词，表示“x小于y”。一般一元谓词表达了个体的性质，而多元谓词表达了个体之间的关系。

如果谓词P中的所有个体都是个体常量、变元或函数，则称该谓词为一阶谓词。如果某个个体本身又是一个一阶谓词，则称P为二阶谓词。依次类推。

个体变元的取值范围称为个体域。个体域可以是无限的，也可以是有限的。把各种个体域综合在一起作为讨论范围的域称为全总个体域。

下面对一阶谓词逻辑中常用的概念给予定义。

定义2.2 项

1）个体常量和个体变量都是项。

2）若f是n元函数符号，而t_1，t_2，…，t_n是项，则$f(t_1,t_2,\cdots,t_n)$是项。

3）只有有限次使用1）、2)得到的符号串才是项。

可见，项是把个体常量、个体变量和函数统一起来的概念。

定义2.3 原子公式

设P为n元谓词符号，t_1，t_2，…，t_n都是项，则称$P(t_1,t_2,\cdots,t_n)$为原子谓词公式，简称原子公式或者原子。

为了刻画谓词和个体之间的关系，在谓词逻辑中引入了两个量词：

1）全称量词（$\forall x$），它表示“对个体域中所有（或任意一个）个体x”，读为“对所有的x”“对每个x”或“对任一x”。

2）存在量词（$\exists x$），它表示“在个体域中存在个体x”，读为“存在x”“对某个x”或“至少存在一个x”。$\forall$和$\exists$后面跟着的x叫作量词的指导变元或作用变元。

谓词逻辑可以由原子和5种逻辑连接词（否定：$\neg$、合取：$\wedge$、析取：$\vee$、蕴含：$\rightarrow$、等价：$\leftrightarrow$），再加上量词来构造复杂的符号表达式。这就是谓词逻辑中的公式。

定义2.4 一阶谓词逻辑的合式公式（简称为公式）可递归定义如下：

1）原子谓词是合式公式（也称为原子公式）。

2）若P、Q是公式，则（$\neg P$）、$(P\wedge Q)$、$(P\vee Q)$、$(P\rightarrow Q)$、$(P\leftrightarrow Q)$都是合式公式。

3）若P是合式公式，x是任一个体变元，则$(\forall x)P$、$(\exists x)P$也都是合式公式。

4）任何合式公式都由有限次应用1)~3)来产生。

在谓词逻辑中，由于公式中可能含有个体常量、个体变元以及函数，因此不能像命题公式那样直接通过真值指派给出解释，必须首先考虑个体常量和函数在个体域中的取值，然后才能针对常量和函数的具体取值为谓词分别指派真值。

在给出一阶逻辑公式的一个解释时，需要规定两件事情：公式中个体的定义域和公式中出现的常量、函数符号、谓词符号的定义。

定义2.5 设D为谓词公式P的非空个体域，若对P中的个体常量、函数和谓词按如下规定赋值：

1）为每个个体常量指派D中的一个元素。

2）为每个n元函数指派一个从D^n到D的映射，其中

$$D^n=\{(x_1,x_2,\cdots,x_n)\mid x_1,x_2,\cdots,x_n\in D\}$$

3）为每个n元谓词指派一个从D^n到$\{T,F\}$的映射。

则称这些指派为公式P在D上的一个解释。

定义 2.6　合取范式

若干个互不相同的析取项的合取称为一个合取范式。设 A 为如下形式的谓词公式：

$$Q_1 \wedge Q_2 \wedge \cdots \wedge Q_n$$

其中，$Q_i(i=1,2,\cdots,n)$ 是形如 $L_1 \vee L_2 \vee \cdots \vee L_m$ 的析取式，$L_j(j=1,2,\cdots,m)$ 为原子公式或其否定，则 A 称为合取范式。

例如：

$$(P \vee Q \vee \neg R) \wedge (\neg P \vee Q \vee R) \wedge (\neg P \vee \neg Q \vee R) \wedge (\neg P \vee \neg Q \vee \neg R)$$

就是一个合取范式。

定义 2.7　析取范式

若干个互不相同的合取项的析取称为一个析取范式。设 A 为如下形式的谓词公式：

$$Q_1 \vee Q_2 \vee \cdots \vee Q_n$$

其中，$Q_i(i=1,2,\cdots,n)$ 是形如 $L_1 \wedge L_2 \wedge \cdots \wedge L_m$ 的合取式，$L_j(j=1,2,\cdots,m)$ 为原子公式或其否定，则 A 称为析取范式。

例如：

$$(\neg P \wedge \neg Q \wedge R) \vee (\neg P \wedge Q \wedge R) \vee (P \wedge Q \wedge \neg R) \vee (P \wedge Q \wedge R)$$

就是一个析取范式。

例 2.1　设个体域 $D=\{1,2\}$，求公式 $G=(\forall x)(\exists y)P(x,y)$ 在 D 上的解释，并指出在每一种解释下公式 G 的真值。

解　由于公式 G 没有包含个体常量和函数，因此可以直接为谓词指派真值，设

$P(1,1)$	$P(1,2)$	$P(2,1)$	$P(2,2)$
T	F	T	F

这就是公式 G 在 D 上的一个解释。从这个解释可以看出：

当 $x=1$，$y=1$ 时，$P(x,y)$ 的真值为 T；

当 $x=2$，$y=1$ 时，$P(x,y)$ 的真值也为 T。

即对 x 在 D 上的任意取值，都存在 $y=1$，使得 $P(x,y)$ 的真值为 T。因此在该解释下，公式 G 的真值为 T。

需要注意的是，一个谓词公式在其个体域上的解释不是唯一的。例如，对于公式 G，若给出另一组真值指派如下：

$P(1,1)$	$P(1,2)$	$P(2,1)$	$P(2,2)$
T	T	F	F

这也是公式 G 在 D 上的一个解释。从这个解释可以看出：

当 $x=1$，$y=1$ 时，$P(x,y)$ 的真值为 T；

当 $x=2$，$y=1$ 时，$P(x,y)$ 的真值为 F。

同样，当 $x=1$，$y=2$ 时，$P(x,y)$ 的真值为 T；

当 $x=2$，$y=2$ 时，$P(x,y)$ 的真值为 F。

即对 x 在 D 上的任意取值，不存在一个 y，使得 $P(x,y)$ 的真值为 T。因此在该解释下，公式 G 的真值为 F。

实际上，G 在 D 上共有 16 种解释，这里就不全部列举了。

一个公式的解释的个数通常有任意多个，由于个体域 D 可以随意规定，而对一个给定的个体域 D，对公式中出现的常量、函数符号和谓词符号的定义也是随意的，因此谓词公式的真值都是针对某一个解释而言的，它可能在某一个解释下为真，而在另一个解释下为假。

谓词逻辑适合于表示事物的状态、属性和概念等事实性知识，也可以用来表示事物间具有确定因果关系的规则性知识。对于事实性知识，可以使用谓词公式中的析取符号与合取符号连接起来的谓词公式来表示，如对于下面句子：

张三是一名计算机系的学生，他喜欢编程序

可以用谓词公式表示为

$$\text{Computer}(\text{张三}) \wedge \text{Like}(\text{张三}, \text{Programming})$$

其中，$\text{Computer}(x)$表示 x 是计算机系的学生，$\text{Like}(x,y)$表示 x 喜欢 y，都是谓词。

对于规则性知识，通常使用由蕴含符号连接起来的谓词公式来表示。例如，对于

如果 x，则 y

用谓词公式表示为

$$x \rightarrow y$$

在使用谓词逻辑表示知识时，一般可以基于下面几步来进行：

1）定义谓词及个体，确定每个谓词及个体的确切含义。

2）根据所要表达的事物或概念，为每个谓词中的变元赋予特定的值。

3）根据所要表达的知识的语义，用适当的连接符号将各个谓词连接起来，形成谓词公式。

例 2.2 化下述自然数公理为公式：

1）每个数都存在一个且仅存在一个直接后继数。

2）每个数都不以 0 为直接后继数。

3）每个不同于 0 的数都存在一个且仅存在一个直接前启数。

解 首先定义谓词和函数。

设函数 $f(x)$ 和 $g(x)$ 分别表示 x 的直接后继数和 x 的直接前启数，谓词 $E(x,y)$ 表示“x 等于 y”。那么上述公理可表示为

1）$(\forall x)(\exists y)(E(y,f(x)) \wedge (\forall z)(E(z,f(x)) \rightarrow E(y,z)))$。

2）$\neg((\exists x)E(0,f(x)))$。

3）$(\forall x)(\neg E(x,0) \rightarrow ((\exists y)(E(y,g(x)) \wedge (\forall z)(E(z,g(x)) \rightarrow E(y,z)))))$。

例 2.3 如图 2.1 所示为一个数字电路图 C_1，有三个输入、两个输出，包含两个 XOR 门、两个 AND 门和一个 OR 门。用谓词逻辑对该电路进行描述和分析。

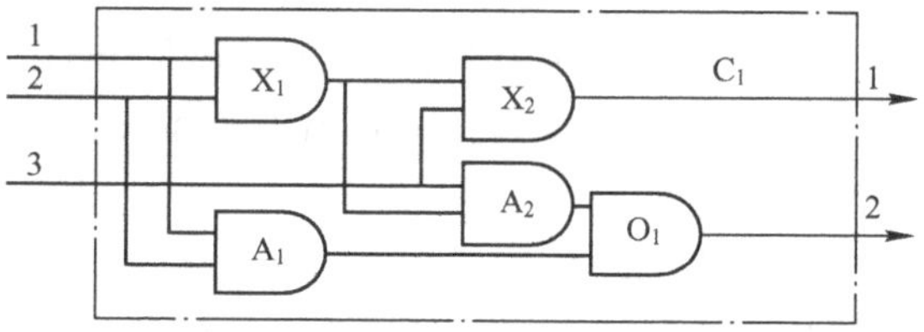

图 2.1 数字电路 C_1

首先定义谓词和函数如下。

$\text{Type}(x)$：表示门的类型的函数，这里其值域为{XOR,AND,OR}。

$\text{Out}(x,\text{Gate})$、$\text{In}(x,\text{Gate})$：表示门 Gate 的第 x 个输入或输出端口的函数。

Connected(Terminal 1,Terminal 2)：两个端口连接性的谓词。

Signal(Terminal)：端口 Terminal 的信号值，其值域为{ON,OFF}。

基于上面谓词和函数的定义，需要给出关于电路的领域性知识，可用下述通用性规则

描述。

R_1：如果两个端口相连，那么它们具有相同的信号值。

$$\forall t_1 \forall t_2(\text{Connected}(t_1,t_2) \rightarrow \text{Signal}(t_1)=\text{Signal}(t_2))$$

R_2：每个端口的信号或者是 ON 或者是 OFF（但不会既是 ON，又是 OFF）。

$$\forall t\ (\text{Signal}(t)=\text{ON} \vee \text{Signal}(t)=\text{OFF})$$

$$\text{ON} \neq \text{OFF}$$

R_3：连接性是可交换的。

$$\forall t_1 \forall t_2(\text{Connected}(t_1,t_2) \leftrightarrow \text{Connected}(t_2,t_1))$$

R_4：OR 门输出为 ON 当且仅当其至少一个输入为 ON。

$$\forall g\ (\text{Type}(g)=\text{OR} \rightarrow \text{Signal}(\text{Out}(1,g))=\text{ON} \leftrightarrow \exists n\ \text{Signal}(\text{In}(n,g))=\text{ON})$$

R_5：AND 门的输出为 OFF 当且仅当其至少一个输入为 OFF。

$$\forall g\ (\text{Type}(g)=\text{AND} \rightarrow \text{Signal}(\text{Out}(1,g))=\text{OFF} \leftrightarrow \exists n\ \text{Signal}(\text{In}(n,g))=\text{OFF})$$

R_6：XOR 门输出为 ON 当且仅当其输入是不同的。

$$\forall g\ (\text{Type}(g)=\text{XOR} \rightarrow \text{Signal}(\text{Out}(1,g))=\text{ON} \leftrightarrow \text{Signal}(\text{In}(1,g)) \neq \text{Signal}(\text{In}(2,g)))$$

这样图 2.1 的电路 C_1 可以描述如下：

门的分类为

$$\text{Type}(X_1)=\text{XOR},\quad \text{Type}(X_2)=\text{XOR},\quad \text{Type}(A_1)=\text{AND}$$

$$\text{Type}(A_2)=\text{AND},\quad \text{Type}(O_1)=\text{OR}$$

门之间的连接性描述为

$$\text{Connected}(\text{Out}(1,X_1),\text{In}(1,X_2)),\quad \text{Connected}(\text{In}(1,C_1),\text{In}(1,X_1))$$

$$\text{Connected}(\text{Out}(1,X_1),\text{In}(2,A_2)),\quad \text{Connected}(\text{In}(1,C_1),\text{In}(1,A_1))$$

$$\text{Connected}(\text{Out}(1,A_2),\text{In}(1,O_1)),\quad \text{Connected}(\text{In}(2,C_1),\text{In}(2,X_1))$$

$$\text{Connected}(\text{Out}(1,A_1),\text{In}(2,O_1)),\quad \text{Connected}(\text{In}(2,C_1),\text{In}(2,A_1))$$

$$\text{Connected}(\text{Out}(1,X_2),\text{Out}(1,C_1)),\quad \text{Connected}(\text{In}(3,C_1),\text{In}(2,X_2))$$

$$\text{Connected}(\text{Out}(1,O_1),\text{Out}(2,C_1)),\quad \text{Connected}(\text{In}(3,C_1),\text{In}(1,A_2))$$

基于上面的描述，就可以对电路进行分析。例如，电路 C_1 的输入是什么的情况下，电路的第 1 个输出为 OFF，第 2 个输出为 ON。

这个问题可表示为

$$\exists i_1 \exists i_2 \exists i_3(\text{Signal}(\text{In}(1,C_1))=i_1 \wedge \text{Signal}(\text{In}(2,C_1))=i_2 \wedge \text{Signal}(\text{In}(3,C_1))=i_3 \wedge \text{Signal}(\text{Out}(1,C_1))=\text{OFF} \wedge \text{Signal}(\text{Out}(2,C_1))=\text{ON})$$

答案为

$$(i_1=\text{ON} \wedge i_2=\text{ON} \wedge i_3=\text{OFF}) \vee (i_1=\text{ON} \wedge i_2=\text{OFF} \wedge i_3=\text{ON}) \vee (i_1=\text{OFF} \wedge i_2=\text{ON} \wedge i_3=\text{ON})$$

逻辑知识表示的主要特点是建立在形式化的逻辑基础上，并利用了逻辑方法研究推理的规律，即条件和结论之间的蕴含关系。逻辑表示方法的主要优点如下：

1）严格性。一阶谓词逻辑具有完备的逻辑推理算法，可以保证其推理过程和结果的正确性，可以比较精确地表达知识。

2）通用性。命题逻辑和谓词逻辑是通用的形式逻辑系统，具有通用的知识表示方法和推理规则，有很广泛的应用领域。

3）自然性。命题逻辑和谓词逻辑采用的是一种接近于自然语言的形式语言表达知识并进行推理，易于被人所接受。

4）明确性。逻辑表示法对如何由简单陈述句构造复杂的陈述句有明确的规定，各个语法单元（如连接词、量词等）和合式公式定义严格。对于用逻辑方法表示的知识，可以按照一种标准的方法进行解释，因此这种知识表示方法明确、易于理解。

5）模块性。在逻辑表示法中，各条知识都是相互独立的，它们之间不直接发生关系，便于知识的模块化表示，具有易于计算机实现的推理算法。

谓词逻辑知识表示方法具有充分的表示能力，但是也有不足的地方：

1）形式推理使推理的过程太冗长，效率低。在推理过程中可能会出现“组合爆炸”。

2）灵活性差，不便于表达启发式知识和不精确的知识。

2.3 产生式表示法

产生式（Production）的概念，最早是由帕斯特（Post E.）于1943年提出的产生式规则得来的。他用这种规则对符号串做替换运算。1965年，美国学者纽厄尔和西蒙利用这种原理建立了人类的认知模型。同年，斯坦福大学设计第一个专家系统DENDRAL时，就采用了产生式系统的结构。产生式系统是目前已建立的专家系统中知识表示的主要手段之一，如MYCIN、CLIPS/JESS系统等。在产生式系统中，把推理和行为的过程用产生式规则表示，所以又称为基于规则的系统。

1. 事实的表示

事实可以看作断言一个语言变量的值或者多个语言变量间的关系的陈述句，语言变量的值或语言变量间的关系可以是一个词，不一定是数字。

单个的事实在专家系统中常用〈特性-对象-取值〉(Attribute-Object-Value）三元组表示，这种相互关联的三元组正是LISP语言中特性表的基础，在谓词演算中关系谓词也常以这种形式表示。显然，以这种三元组来描述事物以及事物之间的关系是很方便的。

例如，在(AGE ZHAO-LING 43)中，ZHAO-LING为对象，43为值，它们都是语言变量；AGE为特性，表示语言变量之间的关系。

在大多数专家系统中，经常还需加入关于事实确定性程度的数值度量，如MYCIN中用可信度来表示事实的可信程度。于是每一个事实变成了四元组。

例如，(AGE ZHAO-LING 43 0.8)，表示上述事实的可信度为0.8。

一般在专家系统中，常常以网状或树状结构将知识组织在一起。在专家系统PROSPECTOR中，整个静态知识以语义网络的结构表示，它实际上是特性、对象和取值表示法的推广。如图2.2所示的网络表示“方铅矿是硫化铅的成员，硫化铅是硫化矿的子集，而硫化矿又是矿石的子集”。同样的关系也存在于岩石之间。其中s表示子集关系，e表示成员关系。

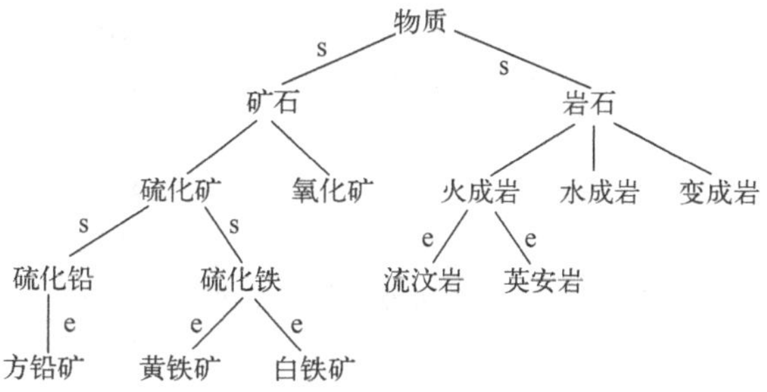

图2.2 子集与成员关系网络

2. 规则的表示

一般地，一个规则由前项和后项两部分组成。前项表示前提条件，各个条件由逻辑连接词（合取、析取等）组成各种不同的组合。后项表示当前提条件为真时，应采取的行为或所得的结论。产生式系统中每条规则是一个“条件→动作”或“前提→结论”的产生式，其简单形式为

IF <前提> THEN <结论>

为了严格地描述产生式，下面用巴科斯范式给出它的形式描述和语义：

<规则>::=<前提>→<结论>
<前提>::=<简单条件>|<复合条件>
<结论>::=<事实>|<动作>
<复合条件>::=<简单条件> AND <简单条件> [(AND <简单条件>)…]
　　　　　　|<简单条件> OR <简单条件> [(OR <简单条件>)…]
<动作>::=<动作名>[(<变元>,…)]

例 2.4　动物识别系统的规则库。

这是一个用以识别虎、金钱豹、斑马、长颈鹿、企鹅、鸵鸟和信天翁 7 种动物的产生式系统。为了实现对这些动物的识别，该系统建立了如下规则库。

R_1:	IF	该动物有毛发	THEN	该动物是哺乳动物
R_2:	IF	该动物有奶	THEN	该动物是哺乳动物
R_3:	IF	该动物有羽毛	THEN	该动物是鸟
R_4:	IF	该动物会飞	AND	会下蛋
			THEN	该动物是鸟
R_5:	IF	该动物吃肉	THEN	该动物是食肉动物
R_6:	IF	该动物有犬齿	AND	有爪
			AND	眼盯前方
			THEN	该动物是食肉动物
R_7:	IF	该动物是哺乳动物	AND	有蹄
			THEN	该动物是有蹄类动物
R_8:	IF	该动物是哺乳动物	AND	是嚼反刍动物
			THEN	该动物是有蹄类动物
R_9:	IF	该动物是哺乳动物	AND	是食肉动物
			AND	是黄褐色
			AND	身上有暗斑点
			THEN	该动物是金钱豹
R_{10}:	IF	该动物是哺乳动物	AND	是食肉动物
			AND	是黄褐色
			AND	身上有黑色条纹
			THEN	该动物是虎
R_{11}:	IF	该动物是有蹄类动物	AND	有长脖子
			AND	有长腿
			AND	身上有暗斑点
			THEN	该动物是长颈鹿

R_{12}:	IF	该动物是有蹄类动物	AND	身上有黑色条纹
			THEN	该动物是斑马
R_{13}:	IF	该动物是鸟	AND	有长脖子
			AND	有长腿
			AND	不会飞
			AND	有黑白二色
			THEN	该动物是鸵鸟
R_{14}:	IF	该动物是鸟	AND	会游泳
			AND	不会飞
			AND	有黑白二色
			THEN	该动物是企鹅
R_{15}:	IF	该动物是鸟	AND	善飞
			THEN	该动物是信天翁

例2.4中，R_1、R_2、…、R_{15}分别是对各产生式规则所做的编号，以便于对它们的引用。由上述产生式规则可以看出，虽然该系统是用来识别7种动物的，但它并没有简单地只设计7条规则，而是设计了15条。其基本想法是，首先根据一些比较简单的条件，如“有毛发”“有羽毛”“会飞”等对动物进行比较粗略的分类，如“哺乳动物”“鸟”等，然后随着条件的增加，逐步缩小分类范围，最后给出分别识别7种动物的规则。这样做有下列好处：①当已知的事实不完全时，虽不能推出最终结论，但可以得到分类结果；②当需要增加对其他动物（如牛、马等）的识别时，规则库中只需增加关于这些动物个性方面的知识，如R_9 ~ R_{15}那样，而对R_1 ~ R_8可直接利用，这样增加的规则就不会太多；③由上述规则很容易形成各种动物的推理链，例如，虎及长颈鹿的推理过程如图2.3所示。

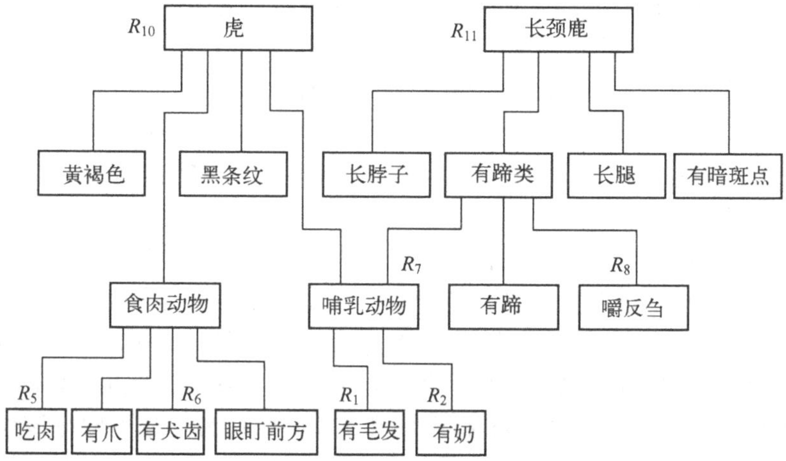

图2.3 虎及长颈鹿的推理过程

在MYCIN专家系统中，典型规则的定义为

```
<rule>=(IF<antecedent> THEN <action>(ELSE<action>))
<antecedent>=(AND{<condition>})
<condition>=(OR{<condition>}|(<predicate> <associative_triple>)
```

<associative_triple>=(<attribute><object><value>)

<action>={<consequent>}|{<procedure>}

<consequent>=(<associative_triple><certainty_factor>)

此外，每条规则的后项有一项可信度（Certainty-Factor），用来表明由规则的前提导致结论的可信程度。这一点在多数专家系统中都需要加以考虑，以便反映在不完全知识的条件下推理的不确定性，至于采用何种度量方法为宜，与具体的应用领域有关。有了规则的具体定义，再进一步看一个具体的 MYCIN 规则及其在机器中的表示。

规则的内容如下。

前提条件：1）细菌革氏染色阴性。

2）形态杆状。

3）生长需氧。

结论：该细菌是肠杆菌属，可信度 CF=0.8。

```
PREMISE:(SAND (SAME CNTXT GRAM GRAMNEG)
              (SAME CNTXT MORPH ROD)
              (SAME CNTXT AIR AEROBIC))
ACTION:(CONCLUDE CNTXT CLASS ENTEROBACTERIACEAE
                 TALLY 0.8)
```

在这里，规则的前提和结论均以谓词+关联三元组的形式表示，三元组中元素的顺序有所不同，为 <Object-Attribute-Value>。如 <CNTXT GRAM GRAAMNEG>表示某个细菌的革氏染色特性的值是阴性，这里 CNTXT 是上下文（即对象）Context 的缩写，表示一个变量，可为某一具体对象，例如细菌。

SAND、SAME、CONCLUDE 等为 MYCIN 中自定义函数，其中 SAME(C,P,LST)为三个自变量的特殊谓词函数，三个自变量分别是上下文 C、临床参数（特性）P 和 LST，LST 是 P 的可能取值。SAME 函数的取值不是简单的 T 和 NIL，而是根据其自变量<对象-特性-取值>所表达内容的可信度，或取 0.2~1.0 之间任一数值，或取 NIL（当置信度 CF≤0.2 时）。

SAND <condition>…<condition> 也是特殊的谓词函数，其取值范围与 SAME 函数类似。TALLY 是规则的置信度。

完全独立的规则集虽然增删、修改容易，但寻找可用规则时只能顺序进行，效率很低。在实际专家系统中，由于规则较多，所以总是按某种方式把有关规则连接起来，形成某种结构。

下面以 MYCIN 系统为例来说明。在 MYCIN 中每一项特性（临床参数）都设有一种专门的特性表，表中设置一些属性。其中有两个属性涉及规则。属性 LOOKAHEAD 指明哪些规则的前提涉及该参数；属性 UPDATED-BY 指出从哪些规则的行为部分可取得该参数。显然，通过临床参数的特性表将有关的规则组织在一起。MYCIN 系统在工作过程中不断地对临床参数求值，为得到参数值，就必须通过特性表寻找与该临床参数有关的规则，从而实现对可用规则的调用。

现以临床参数 FEBRILE（发烧）和 IDENT（细菌类别）为例，说明特性表怎样起规则分类的作用。

特性表 1

FEBRILE：<属病人（PERSON）的属性 PROP-PT>

EXPECT：(Y N)
LOOKAHEAD：(RULE149,RULE109,RULE045)
PROMPT：(IS * FEBRILE?)
TRANS：(* IS FEBRILE)

特性表 2

IDENT：<属细菌属性 PROP-ORG>
CONTAINED-IN：(RULE 030)
EXPECT：(ONE OF (ORGANISMS))
LABDATA：T
LOOKAHEAD：(RULE004,RULE054,…,RULE168)
PROMPT：(Enter the identity (genus) of *)
TRANS：(THE IDENTITY OF *)
UPDATED-BY：(RULE021,RULE003,…,RULE166)

特性表中列出与该临床参数有关的一些信息。EXPECT 属性，指该参数的取值范围，如（YN）指只取“是”“否”值；(ONE OF <list>)指只能取 <list>表中的某一元素。

PROMPT 属性，为 MYCIN 向用户显示的提示符，其中符号 * 在提问过程中将以当前涉及的上下文替代。例如，MYCIN 为了向用户索取目前所涉及细菌（设为细菌-1）的类别时，机器终端将显示如实际情况提示符：

Enter the identity (genus) of organism-1.

LABDATA：指出该参数是否为实验的原始数据，若为 T，则当机器不能从规则的推理中得到该参数时，可以向用户提问，以索取该参数。

LOOKAHEAD：指出哪些规则的前提涉及该参数。

UPDATED-BY：指出从哪些规则的 ACTION 或 ELSE 部分可得到该参数。

TRANS：为了便于人机对话，在此属性中指出如何将此参数翻译成英语。

产生式系统是目前在人工智能中应用最广泛的知识表示方法，主要原因在于产生式规则最适合表示各种启发式的经验性关联规则，领域专家无须知识工程工具就能够把自己的知识转换为 IF-THEN 规则形式。产生式系统由三大部分组成：规则库、综合数据库或工作区，以及控制系统。产生式系统的基本控制流是识别-动作循环，对规则搜索和匹配，从问题的初始状态到达目标状态。这可能是一种最简单的表示和利用领域知识的策略。这种方法的优点如下：

1）模块化。规则使得知识容易封装并不断扩充。

2）解释机制。通过规则容易建立解释机，这是因为一个规则的前件指明了激活这个规则的条件。通过跟踪已触发的规则，解释机可以得到推出某个结论的推理链。

3）类似人类认知过程。规则似乎是一种模拟人类怎样解决问题的自然方法。

因此，产生式方式是当今最流行的专家系统设计模式。

但是随着要解决的问题越来越复杂，规则库越来越大，产生式系统问题也会越来越多。主要的问题有：

1）难以扩展。尽管规则形式上相互独立，但实际问题中往往彼此是相关的。这样当知识库不断扩大时，要保证新的规则和已有的规则没有矛盾就会越来越困难，知识库的一致性越来越难以实现。

2）规则选择效率较低。在推理过程中，每一步都要和规则库中的规则进行匹配检查。如果知识库中规则数目很大，显然效率会降低。

3）控制策略不灵活。产生式系统往往采用单一的控制策略，如顺序考查规则库中的每一条规则，这同样会降低系统的效率。

4）知识表示形式单一。产生式系统比较适合于表示非结构化的知识，对于结构化的知识可能用语义网络或框架或面向对象的表示方式更为合适。

以纯粹的产生式系统表示复杂的知识结构比较困难，因此发展了一系列知识的结构化表示方法，如框架和语义网络等。知识以这类形式表示的系统，称为基于知识的系统。

2.4 语义网络

语义网络第一次在计算机上实现是20世纪60年代初期，用于开发机器翻译系统。1961年，马斯特曼（Masterman）定义了100种基本概念类型，并使用这种方式定义了一个包含15000个概念的词典。1967年，奎廉（Quillian M. R.）编写了一个很有影响的程序，演示了早期语义网络的很多特征（Quillian，1967）。在奎廉的网络中每个节点对应于一个单词概念，并带有相关的连接指向组成其定义的其他单词。他把知识库组织为多个平面，每个平面是定义一个单词的图。1969年，柯林斯（Collins）和奎廉用语义网络对人类的信息存储和管理进行了建模。1970年，西蒙斯（Simmons R. F.）将语义网络用在自然语言理解的研究中。尽管各系统中用的语义网络模式不尽相同，但其结构与组成部分基本类似。

2.4.1 语义网络的概念和结构

语义网络由节点和连接节点的弧组成，其中节点表示领域中的物体、概念或势态，而弧则表示它们之间的关系。节点和弧都可以拥有标号。图2.4给出了语义网络的基本网元。

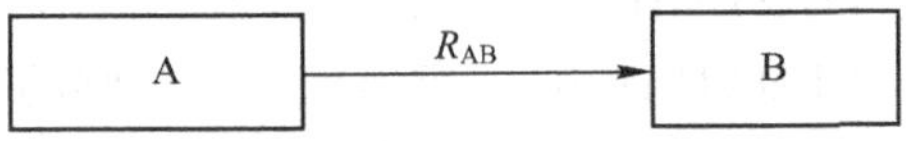

图2.4 语义网络的基本网元

内容组织上，语义网络表示由下列4个相关部分组成。

1）词法部分：决定表示词汇表中允许有哪些符号，它涉及各个节点和弧线。

2）结构部分：叙述符号排列的约束条件，指定各弧线连接的节点对。

3）过程部分：说明访问过程，这些过程能用来建立和修正描述，以及回答相关问题。

4）语义部分：确定与描述相关的（联想）意义的方法，即确定有关节点的排列及其占有物和对应弧线。

下面以一所大学人员状况为例，说明语义网络的基本描述格式。如“一切教师都是教职员”这一事实，可以用两个节点和连接该节点的ISA弧表示，如图2.5所示。

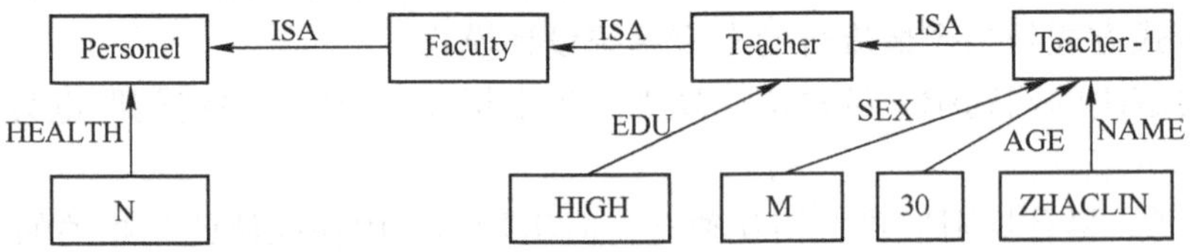

图2.5 表示事物特性的网络

从图 2.5 可见，通过追踪 ISA 链，根据特性的继承关系，可以从语义网络中实现演绎推理。如从图 2.5 可得“一切教师身体必须健康”的结论。

2.4.2　复杂知识的表示

为了扩大语义网络所能表示的知识范围，1968 年费尔蒙（Fillmore C. J.）引入格的概念。1972 年，西蒙斯和斯洛卡蒙（Slocum J.）将语义网络用于自然语言理解系统，把节点表示事物集进一步扩充为表示动作和势态。每个势态节点可以拥有一组外指的弧，称为一个格框架，后者用来说明势态节点。这样扩充的语义网络所能表达的内容可包括逻辑中的多元谓词。这里弧可以代表各种关系。

图 2.6 中用 EDU-1 势态节点来表现某人受教育的状态，从这一节点出发引出一组弧，表明受教育的是谁、从哪所大学接受教育、毕业的时间以及学习的专业等，而这些内容又相应地通过 ISA 链与其他有关的内容相联系。

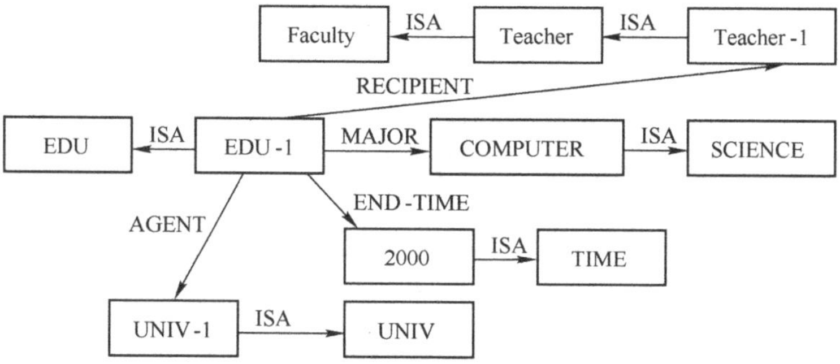

图 2.6　扩充语义网络

除了要考虑多元谓词以外，还要解决量词的表现问题，在这方面有不少研究者做了研究，取得一些进展，提出一些解决的办法，不过目前这些办法都存在缺点，有待改进。

采用得比较多的方法是把语义网络分割为一组具有层次结构的空间，每个空间对应于一个或几个变量的辖域，称为分块语义网络（Partitioned Semantic Net），以解决量词的表示问题。如图 2.7 所示为一般语义网络，说明邮递员与狗的关系。假如要表示陈述句“Every dog has bitten a postman”，即

$$\forall x(\mathrm{Dog}(x)\rightarrow\exists y(\mathrm{Postman}(y)\wedge\mathrm{Bite}(x,y))$$

Every dog has bitten a postman

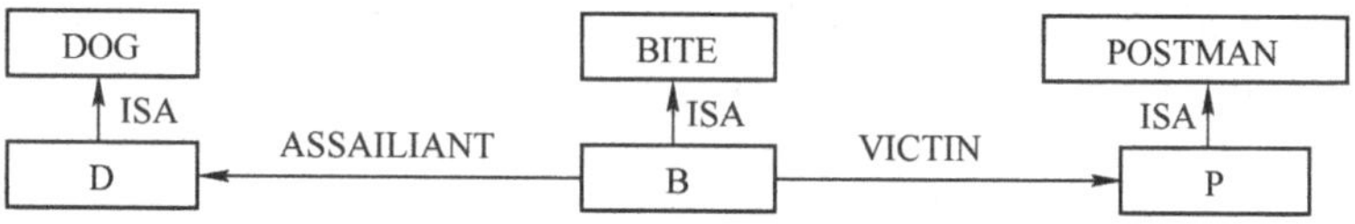

图 2.7　存在量词的语义网络表示

其分块语义网络如图 2.8 所示，其中节点 G 代表整个陈述句，它是一般陈述句 GS 的一个实例。GS 中的每一个元素至少有两个特性：FORM，即句中的关系，和全称量词 ∀。在这个例子中只有一个变量 D 具有全称量词，FORM 中其余两个变量 B、P 看成具有存在量词。

另一个例子：

Every dog has bitten every postman

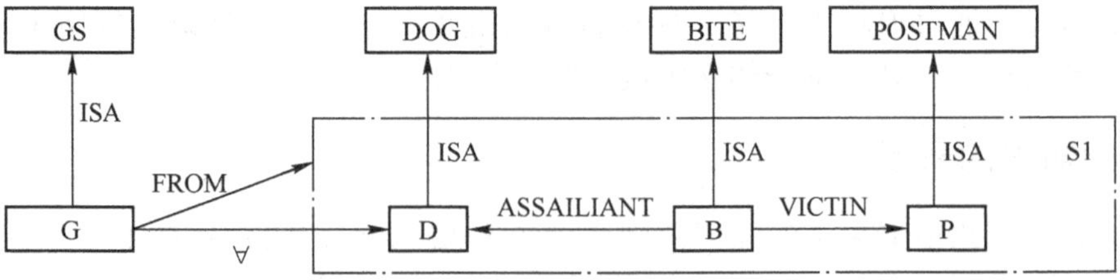

图 2.8　分块语义网络

只需对图 2.8 做简单的修改，唯一要做的是用∀链与节点 P 相连。这样做的含义是每条狗咬了每个邮递员，如图 2.9 所示。

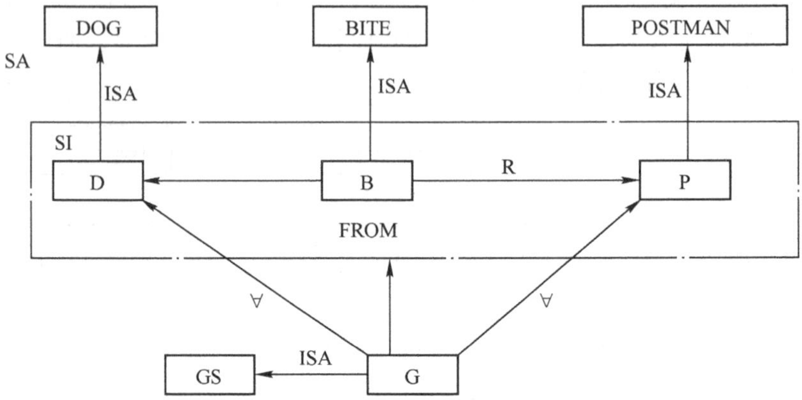

图 2.9　全称量词在语义网络中的表示

分块语义网络中各空间之间存在包含的层次关系，如图 2.9 所示，空间 SI 包含在 SA 中。分块语义网络的搜索原则是，当在某个空间中搜索它的节点和弧时，只能搜索该空间以及包含它的高层次的空间，而不能向下搜索比它低层次的空间。要搜索比它层次低的空间，必须通过专门的弧进入，譬如通过 FROM 弧进入 SI 空间。仍以图 2.9 为例，如果从节点 DOG 出发，沿 ISA 链试图搜索 DOG 的所有已知实例，不能找到 D，因为 D 在低层空间 SI 中。这是很重要的，因为 D 并不是表示某个特定的 DOG，它仅仅是可以由每个 DOG 例化的变量。分块语义网络在自然语言理解中还有其他用处，这里就不详细介绍了。

2.4.3　常用的语义联系

语义网络可以描述事物间多种复杂的语义关系。在实际使用中，人们可根据自己的实际需要进行定义。下面给出一些经常使用的、已普遍为大家所接受的语义联系。

1. 类属关系

类属关系是指具有共同属性的不同事物间的分类关系、成员关系或实例关系。它体现的是“具体与抽象”“个体与集体”的层次分类。在类属关系中，最主要特征是属性的继承性，处在具体层的节点可以继承抽象层节点的所有属性。常用的类属关系有 ISA，含义为“是一个(IS-A)”，表示一个事物是另一个事物的一个实例。有时也用 AKO(A-Kind-Of)、AIO(A-Instance-Of)等。

在类属关系中，具体层节点除具有抽象层节点的所有属性外，还可以增加一些自己的个性，甚至还能够对抽象层节点的某些属性加以更改。例如，所有的动物都具有能运动、会吃等属性。而鸟类作为动物的一种，除具有动物的这些属性外，还具有会飞、有翅膀等个性。

2. 聚集关系

聚集关系，也称为包含关系，是指具有组织或结构特征的“部分与整体”之间的关系。它和类属关系的最主要区别是聚集关系一般不具备属性的继承性。常用的聚集关系有 Part-of、Member-of，含义为“是一部分”，表示一个事物是另一个事物的一部分。

3. 相似关系

相似关系是指不同事物在形状、内容等方面相似或接近。常用的相近关系有 Similar-to，含义为“相似”，表示某一事物与另一事物相似。

4. 推论关系

推论关系是指从一个概念推出另一个概念的语义关系。常用的推论关系有 Reasoning-to，含义为“推出”，表示某一事物推出另一事物。例如，“成绩好”可推出“学习努力”。

5. 因果关系

因果关系是指由于某一事件的发生而导致另一事件的发生，通常用 Causality 联系，表示两个节点间的因果关系。

6. 占有关系

占有关系是指事物或属性之间的“具有”关系。常用的占有关系有 Have，含义为“有”，表示一个节点拥有另一个节点所表示的事物。

7. 组成关系

组成关系是一种一对多联系，用于表示某一事物由其他一些事物构成，通常用 Composed-of 联系表示。Composed-of 联系所连接的节点间不具有属性继承性。

8. 时空关系

在描述一个事物时，经常需要指出它发生的时间、位置等。时间关系是指不同事件在其发生时间方面的先后次序关系，节点间的属性不具有继承性。位置关系是指不同事物在位置方面的关系，节点间的属性不具有继承性。

语义网络中最灵活的因素是 ISA 链。这里只列出了 8 种类型的语义联系，在使用语义网络进行知识表示时，可根据需要随时对事物间的各种联系进行人为定义，这里就不再列举了。

2.5 框架

心理学的研究结果表明，在人类日常的思维和理解活动中，当分析和解释遇到的新情况时，要使用到过去经验中积累的知识。这些知识规模巨大而且以很好的组织形式保留在人们的记忆中。这种组织形式称为框架。1975 年，美国麻省理工学院明斯基提出了框架理论，作为理解视觉、自然语言对话以及其他复杂行为的一种基础（Minsky，1975）。框架提供了一个结构，一种组织。在这个结构或组织中，新的资料可以用从过去的经验中得到的概念来分析和解释。因此，框架是一种结构化表示法。

相互关联的框架连接起来组成框架系统，或称框架网络。不同的框架网络又可通过信息检索网络组成更大的系统，代表一块完整的知识。框架理论把知识看作相互关联的成块组织，它与把知识表示为独立的简单模块有很大的不同。

2.5.1 框架结构

框架是一种表示显式组织的数据结构，它的顶层是固定的，表示某个固定的概念、对象或事件，其下层由一些称为槽（Slot）的结构组成。每个槽可以按实际情况被一定类型的实例或数据所填充（或称赋值），所填写的内容称为槽值。每个槽值一般都预先规定赋值的条件，例如，规定其值是人物、符合一定条件的事物、指向某类子框架的指针等。还可规定不同槽的槽值之间应满足的条件。所以框架是一种层次的数据结构，框架下层的槽可以看成是一个子框架，子框架本身还可以进一步分层次。

框架有一个框架名，指出所表达知识的内容，下一个层次设若干个槽，用来说明该框架的具体性质。每个槽设有槽名，槽名下面有对应的取值，称为槽值，即表示该特性的值。在较为复杂的框架中，槽的下面还可进一步区分层次，槽的下面可设几个侧面，每个侧面又可以有各自的取值。一般框架结构如下：

```
FRAME <框架名>
槽名_1：侧面名_11    值_11
       侧面名_12    值_12
         ⋮           ⋮
       侧面名_1m    值_1m
槽名_2：侧面名_21    值_21
       侧面名_22    值_22
         ⋮           ⋮
       侧面名_2m    值_2m
         ⋮           ⋮
槽名_n：侧面名_n1    值_n1
       侧面名_n2    值_n2
         ⋮           ⋮
       侧面名_nm    值_nm
约束：  约束条件_1
       约束条件_2
         ⋮
       约束条件_n
```

槽或侧面的取值可以是二值逻辑的真或假，可以是实数值，也可以是文字或其他形式的定义域，还可以是一组子程序，称为框架的程序附件。例如，说明在填槽过程中需干些什么（即 IF-ADDED 程序）、填槽时应如何计算槽值（IF-NEEDED）。

对于一所大学的人员情况，可以用框架来描述如下：

（1）关于教职工的框架

```
FRAME：PERSONNEL
AGE：INTEGER [18 60]
HEALTH：ONE OF (E G N P)(DEFAULT=N)
RETIRE：IF-NEEDED
  (COND((OR (AND(EQ(SLOT-VAL x 'SEX)MALE)
                 (GREATERP (SLOT-VAL x 'AGE)60))
            (AND(EQ(SLOT-VAL x 'SEX)FEMALE)
                 (GREATERP (SLOT-VAL x 'AGE)55)))
            (REMOVE x))
```

（2）关于教师的框架

```
FRAME FACULTY-TEACHER
  ISA: FACULTY
  AGE: IF-NEEDED
    (COND ((SLOT-VAL x 'YEAR)(PLUS (SLOT-VAL x 'YEAR)23))(T 23))
  EDU: H
  LAN: RANGE A SUBSET OF (E J F G R )
       DEFAULT E
       LEVEL ONE OF (E G F P)
ADDRESS:  AN ADDRESS (DEFAULT=BUILDING-3)
```

（3）具体教师的框架

```
FRAME TEACHER-1
ISA: FACULTY-TEACHER
NAME: ZHAO-LING
SEX: MALE
AGE: NIL
YEAR:20
EDU: NIL
LAN: RANGE E
     LEVEL G
WORK: TEACHING
ADDRESS: BUILDING-4
RELATION: FACULTY-CADRE
```

从上述例子可以看出，框架中槽的取值是多样化的，如槽 ISA、RELATION 的取值分别为其他框架的名字 PERSONNEL、FACULTY-TEACHER 等；槽 HEALTH（健康状态）则为某个表（E G N P）（即优、良、正常、差）中的元素；槽 LAN（外语状态）又分成几个侧面，分别表示掌握的语种（RANGE），可以是英（E）、日（J）、法（F）、德（G）、俄（R）中的任何子集，以及外语水平（LEVEL）；槽 RETIRE（退休制度）和 AGE（年龄规律）则是以 LISP 语言表示的子程序，说明当需要时（IF-NEEDED）可由该程序推导出所需的结果，如该教职工是否已经退休、该教师的年龄等。

槽 RELATION 表示教师（TEACHER-1）与学院干部（FACULTY-CADRE）框架的关系，例如，如果该教师还担任某行政职务，那么他也可能具有 FACULTY-CADRE 框架的许多属性。

2.5.2 框架网络

框架之间相互有联系，主要表现在以下两方面。首先是层次的结构，即各个框架之间通过 ISA 链表现了框架之间特殊与一般的继承关系。除了纵向联系之外，框架中的槽值还可以表示框架之间的关系，形成框架之间的横向联系。图 2.10 给出了宾馆房间的框架描述。

图 2.10 中，把宾馆房间较高层结构直接表示为语义网络，组织为多个独立网络的汇集，每个网络表示一种典型的情况。框架（以及面向对象系统）为我们提供了一种组织工具，利用其可以将实体表示为结构化的对象，对象可以带有命名槽和相应的值。因此可以把框架或模

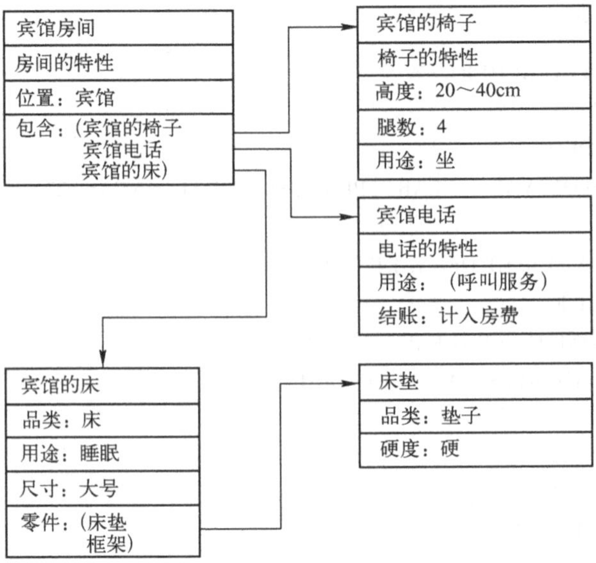

图 2.10　宾馆房间的框架描述（部分）

式看成是一种简单的复合体。框架在很多重要方面扩展了语义网络。通过框架更容易层次化地组织知识。在网络中，所有概念被表示为同一个层上的节点和边。

过程性附件是框架的一个重要特征，通过这一特征可以把特定的代码片段与框架表示中的适当实体联系起来。例如，我们可能希望知识库具有产生图片图像的能力。这方面图形语言比网络语言更合适。我们也用过程性附件来创建守护程序（Demons）。守护程序是作为某个其他动作的副作用被调用的过程。例如，每当槽值改变时，我们可能希望系统进行类型检查或一致性检验。

框架系统支持类继承。一个类框架的槽和默认值可以通过类/子类和类/成员层次继承。例如，宾馆电话是常规电话的子类，除了拨打所有外线要通过宾馆总机外（为了记账），可以直接拨打宾馆的服务。只要没有其他的信息可以使用，那么默认值便被赋给所选择的槽，例如，宾馆房间中有床，因此是睡眠的合适地方；如果不知道如何拨打宾馆的前台，那么可以试一下拨“0”。

当创建类框架的实例时，系统会尽可能填写它的各个槽，采用的方法可以通过向用户查询、从类框架中接受默认值，或者执行某个过程或守护程序来得到实例值。和语义网络的情况一样，槽和默认值可以跨类/子类层次继承。

图 2.11 给出了教职工的框架网络。其中 FACULTY-TEACHER 是一般教师的框架，它通过 ISA 链与 FACULTY 相连，表示它是 FACULTY 的一个实例。FACULTY 通过 ISA 链与 PERSONNEL 相连，表示它是学校人员（PERSONNEL）的特殊情况。这是纵向的继承关系。

框架的层次结构不仅有利于查询、检索，而且可以节省大量的存储量，因为它避免存储重复的内容，譬如有关教职员的共同信息如年龄、健康状况及退休制度等均存储在 FACULTY 框架中，那么除特殊例外需专门说明外，在它下面层次的框架中，如 FACULTY-TEACHER，TEACHER-1，就不必重复存储这些共同的信息。这些信息可以通过继承链（ISA 链）的关系得到。

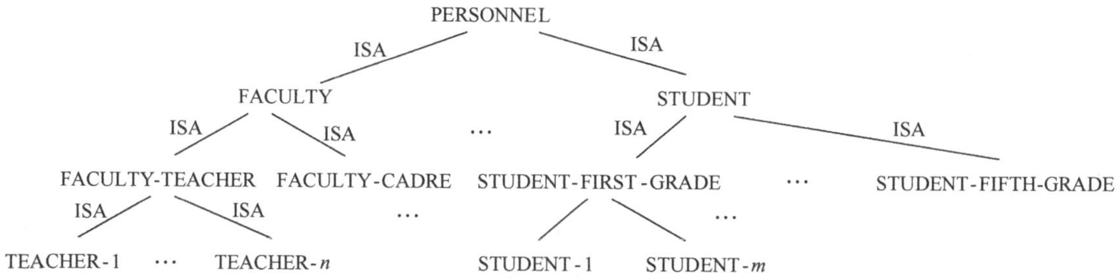

图 2.11 教职工的框架网络

2.5.3 推理方法

在框架表示的知识库中，主要有两种活动。一是填槽，即框架中未知内容的槽需要填写；二是“匹配”，根据已知事件寻找合适的框架，并将该内容填入槽中。上述两种操作均将引起推理，其主要推理形式有如下两种。

1. 默认推理

如同上述，在框架网络中各框架之间通过 ISA 链（槽）构成半序的继承关系。在填槽过程中，如果没有特别的说明，子框架的槽值将继承父框架相应的槽值，称为默认推理。

如果赵林这位老师（TEACHER 1）的年龄（AGE 槽）大小，没有进一步的信息，即 AGE 槽为空（NIL），那就应该默认他具有一般教师（FACULTY-TEACHER）的年龄规律。因此他的年龄应按 FACULTY-TEACHER 框架的 AGE 槽中 IFNEEDED 的特殊性来推理。这样在填 TEACHER-1 的 AGE 槽时，就引起如下的推理过程：从 FACULTY-TEACHER 的 AGE 槽所提供的信息，以及 TEACHER-1 中 YEAR 槽的内容，已知该教师工龄为 20 年，则推出其年龄在 43 岁以上。

显然，上述的推理过程可以追溯到更高层次的框架，如从 PERSONNEL 框架获得某些信息。

2. 匹配

由框架所构成的知识库，当利用它进行推理、形成概念和做出决策、判断时，其过程往往是根据已知的信息，通过与知识库中预先存储的框架进行匹配，找出一个或几个与该信息所提供情况最适合的预选框架，形成初步假设，即由输入信息激活相应的框架。然后在该假设框架引导下，收集进一步的信息。按某种评价原则，对预选的框架进行评价，以决定最后接受或者放弃预选的框架，即在框架引导下的推理。这个过程可以用来模拟人类利用已有的经验进行思考、决策，及形成概念、假设的过程。

框架的匹配是一个逐槽比较的过程，设框架 FRAME-2 与框架 FRAME-1 相应槽的取值没有矛盾。由于框架之间的继承关系，匹配过程复杂化了，不仅涉及两个直接有关框架的比较，还涉及其父框架以及更高层次的框架。此外，框架各槽取值要求也不一样，有的有严格要求不能违背，有的要求则可松动。由于各槽取值要求不一样，一般情况下，还要给出一种评分的准则，作为框架之间匹配程度的数值度量。

以前面大学人员的部分框架为例，假设需找一位男性，年龄 40 岁左右，身体健康，主要做教学工作的教师。显然，我们要求在已知知识库中找到一个（或几个）符合下述条件的框架 TEACHER A。

```
FRAME TEACHER-A
    HEALTH : N
    SEX    : MALE
    AGE    : ≈40
    WORK   : TEACHING
```

显见，教师框架 TEACHER-1 的 SEX、WORK 槽取值与要求一致。但 HEALTH 和 AGE 槽在 TEACHER-1 中没有具体说明。不过根据 ISA 的继承关系，TEACHER-1 应同时具有 FACULTY-TEACHER、FACULTY 框架所具有的性质。那么从 FACULTY 框架中得知 HEALTH 的槽值为 N，即一般教职员身体应是健康的。又从 FACULTY-TEACHER 的 AGE 槽 IF-NEEDED 性质下经过推理得到 TEACHER-1 AGE 值应为 43。其余槽值没有要求，因此最后找到 ZHAO-LIN（赵林）是满足条件的教师。

框架表示法有以下特点：

1）结构性。框架表示法最突出的特点是善于表达结构性的知识，能够把知识的内容结构关系及知识间的联系表示出来，因此它是一种经组织起来的结构化的知识表示方法。这一特点是产生式表示所不具备的，产生式系统中的知识单位是产生式规则，这种知识单位由于太小而难于处理复杂问题，也不能把知识间的结构关系显式地表示出来。框架表示法的知识单位是框架，而框架是由槽组成，槽又可分为若干侧面，这样就可把知识的内部结构显式地表示出来。

2）继承性。框架表示法通过使槽值为另一个框架的名字来实现框架间的联系，建立起表示复杂知识的框架网络。在框架网络中，下层框架可以继承上层框架的槽值，也可以进行补充和修改，这样不仅减少了知识的冗余，而且较好地保证了知识的一致性。

3）自然性。框架表示法体现了人们在观察事物时的思维活动，当遇到新事物时，通过从记忆中调用类似事物的框架，并将其中某些细节进行修改、补充，形成了对新事物的认识，这与人们的认识活动是一致的。

框架表示法提出后得到广泛的应用，因为它在一定程度上体现了人的心理反应，又适用于计算机处理。1976 年莱纳特（Lenat）开发的数学专家系统 AM、1980 年斯特菲克（Stefik）开发的专家系统 UNITS、1985 年田中等开发的 PROLOG 医学专家系统开发工具 Apes 等，都采用框架作为知识表示的基础。

框架允许把复杂的对象表示成一个框架，而不是表示为庞大的网络结构，因此它大大增强了语义网的表达能力。它也为表示典型实体、类、继承和默认值提供了一种自然的方式。这项 20 世纪 70 年代 MIT 的研究成果，导致了“面向对象”编程范型的产生，并开创了重要的编程语言 Smalltalk、Java、C++以及 CLOS。

2.6 状态空间

状态空间表示法是知识表示的基本方法之一，是对问题求解框架的一种图形表示。在这种表示形式下，问题的求解过程就是在图中搜索操作序列的过程，控制性知识体现在搜索策略中。

1. 状态

状态（State）描述陈述性知识，描述一个问题在开始、结束或中间的某一时刻所处的状况或状态，通常表示成

$$Q=\{q_1,q_2,\cdots,q_n\}$$

当给每一个分量以确定的值时，就得到一个具体的状态，每一个状态都是一个节点。

2. 操作

操作（Operator），也称算符，是对应过程性知识，即状态转换规则，把问题从一种状态变为另一种状态的手段。操作可以是一个机械步骤、一个运算、一条规则或一个过程。操作可理解为状态集合上的一个函数，它描述了状态之间的关系。通常可表示为

$$F=\{f_1,f_2,\cdots,f_m\}$$

3. 状态空间

状态空间（State Space）是由问题的全部及一切可用算符（操作）所构成的集合，称为问题的状态空间。用三元组表示为

$$(\{Q_s\},\{F\},\{Q_g\})$$

其中，Q_s为初始状态，Q_g为目标状态，F为操作（或规则）。

4. 状态空间图

状态空间也可以用一个赋值的有向图来表示，该有向图称为状态空间图。在状态空间图中包含了操作和状态之间的转换关系，节点表示问题的状态，有向边表示操作。

例 2.5 钱币翻转问题。

设有三枚硬币，其初始状态为（反，正，反），允许每次只翻转一个硬币（必须翻一个硬币），必须连翻三次。问是否可以达到目标状态（正，正，正）或（反，反，反）。

问题求解过程如下：采用数组来表示，显然每一硬币需占一维空间，则用三维数组状态变量表示这个知识：$Q=(q_1,q_2,q_3)$，取 $q=0$ 表示硬币的正面，$q=1$ 表示硬币的反面，构成的问题状态空间显然为 $Q_0=(0,0,0)$，$Q_1=(0,0,1)$，$Q_2=(0,1,0)$，$Q_3=(0,1,1)$，$Q_4=(1,0,0)$，$Q_5=(1,0,1)$，$Q_6=(1,1,0)$，$Q_7=(1,1,1)$。

引入操作：f_1：把 q_1翻一面。f_2：把 q_2翻一面。f_3：把 q_3翻一面。显然，$F=\{f_1,f_2,f_3\}$。目标状态：（找到的答案）$Q_g=(0,0,0)$或$(1,1,1)$。

2.7 面向对象的知识表示

面向对象的知识表示法的研究起源于20世纪70~80年代。1980年施乐公司推出了面向对象编程语言Smalltlak-80，推动了各种不同风格和不同用途的面向对象的研究和问世，尤其是C++和Java，其已发展成为应用最为广泛的主流编程语言，面向对象技术也已成为面向对象的编程方法学。面向对象程序设计方法是以信息隐藏和抽象数据类型概念为基础，既提供了一般到特殊的演绎手段，又提供了从特殊到一般的归纳形式（如类等），是目前主要的软件（特别是基于知识的人工智能软件）开发方法。面向对象方法学的主要观点如下：

1）认为世界由各种“对象”组成，任务事物都是对象，是某对象类的元素；复杂的对象可由相对比较简单的对象以某种方法组成。甚至整个世界也可从一些最原始的对象开始，经过层层组合而成。从这个意义上讲，整个世界可认为是一个最复杂的对象。

2）所有对象被分成各种对象类，每个对象类都定义了所谓“方法”（Method），它们实际上可视为允许作用于该类对象上的各种操作。对该类中的对象的操作都可由应用相应的“方法”于该对象来实现。这种操作在面向对象的方法学中被称为“送一个消息（Message）给某对象”。

3）对象之间除了互递消息的联系之外，不再有其他联系，一切局部于对象的信息和实现方法等都被封装在相应对象类的定义中，在外面是不可见的，即所谓“封装”的概念。所以对象类是模块化的，它们具有类间联系少、相对独立性和类中凝聚力大的优点，这正是符合软件工程的基本原则的。

4）对象类将按“类”“子类”与“超类”等概念构成一种层次关系（或树形结构）。在这种层次结构中，上一层对象所具有的一些属性或特征可被下一层对象继承，除非在下一层对象中对相应的属性做了重新描述（这时以新属性值为准），从而避免了描述中的信息冗余。这称为对象类之间的属性继承关系。

从本质上看，面向对象知识表示方法与框架表示方法有许多相似之处，如层次分类和特性继承机制等。但由于应用目标不同，实现和使用方式有较大区别。框架表示法旨在支持知识的陈述性表示，强调事物的结构化描述和对人思维方式的模拟。面向对象表示法则强调信息的结构化处理，注重信息和信息处理的封装和程序设计的模块化。

另外，一般来说，对象是作用者（Objects Act），而框架是被作用者（Frames Are Acted Upon）。即对象是自解释的，而框架是被解释的。对象包含程序层，对外部进来的数据进行缓冲。在传统上框架是不含有封装思想的。框架在专家系统中作为内部的存储结构。专家系统的推理机对框架进行推理，而对象可以执行其自己的动作。

由于面向对象相关的理论和技术已有大量的文献加以介绍，本节不再做进一步阐述。

2.8　脚本

脚本（Script）是一种结构化的表示，被用来描述特定上下文中固定不变的事件序列。脚本最先是由香克（Schank R. C.）和他的研究小组设计的（Schank et al.，1977），用来作为一种把概念依赖结构组织为典型情况描述的手段。自然语言理解系统使用脚本来根据系统要理解的情况组织知识库。

2.8.1　脚本描述

脚本一般由以下几部分组成：

1）进入条件（Entry Conditions），也就是要调用这个脚本必须满足的条件描述。例如，营业的饭店和有一些钱的饥饿顾客。

2）结局（Results），也就是脚本一旦终止就成立的事实。例如，顾客吃饱了同时钱少了，饭店老板的钱增多了。

3）道具（Props），也就是支持脚本内容的各种“东西”。这可能包括桌子、服务员，以及菜单。道具集合支持合理的默认假定：饭店被假定为拥有桌子和椅子，除非特别说明。

4）角色（Roles），也就是各个参与者所执行的动作。服务员拿菜单、上菜以及拿账单，顾客点菜、食用以及付账。

5）场景（Scenes），香克把脚本分解成一系列场景，每一场景呈现脚本的一段。在饭店中有进入、点菜和食用等场景。

脚本就像一个电影剧本一样，一场一场地表示一些特定事件的序列。一个脚本建立起来后，如果该脚本适合于某一给定的事件，则通过脚本可以预测没有明显提及的事件的发生，并能给出已明确提到的事件之间的联系。

2.8.2 概念依赖关系

作为脚本要素的语义含义的基本“片段”，是用概念依赖关系来表示的。1972 年，香克提出了概念依赖理论（Schank，1972），作为表示短语和句子的意思，为计算机提供常识知识以利于推理，从而达到对语言的自动理解。概念依赖理论的基本原理如下：

1）对于任何两个意思相同的句子，不管语言如何，都应仅有一种概念依赖意思的表示。

2）概念依赖表示由非常少量的语义原构成，语义原包括原动作和原状态（与属性值有关）。

3）隐式句子中的任何信息必须形成表示这个句子意思的显式表示。

概念依赖理论有以下三个层面：

1）概念依赖层面→动作基元，包括

物理世界的基本动作 = {抓 GRASP，移动 MOVE，传递 TRANS，去 GO，推 PROPEL，吸收 INGEST，撞击 HIT}；

精神世界的基本动作 = {心传 MTRANS，概念化 CONCEPTUALIZE，心建 MBUILD}；

手段或工具的基本动作 = {闻 SMELL，看 LOOK-AT，听 LISTEN-TO，说 SPEAK}。

2）剧本→描写常见场景中的一些基本固定的成套动作（由动作基元构成）。

3）计划→其每一步由剧本构成。

下面介绍香克的概念依赖关系，他把概念分为下列范畴。

1）PP：一种概念名词，只用于物理对象，也叫图像生成者。例如，人物、物体等都是 PP，还包括自然界的风雨雷电和思维着的人类大脑（把大脑看成一个产生式系统）。

2）PA：物理对象的属性，它和它的值合在一起描述物理对象。

3）ACT：一个物理对象对另一个物理对象实施的动作，也可能是一个物理对象自身的动作，包括物理动作和精神动作（如批评）。

4）LOC：一个绝对位置（按“宇宙坐标”确定），或相对位置（相对于一个物理对象）。

5）TIME：一个时间点或时间片，也分绝对或相对时间两种。

6）AA：一个动作（ACT）的属性。

7）VAL：各类属性的值。

香克采用下列方法形成新的概念体（Conceptualization）。

1）一个演员（能动的物理对象），加上一个动作（ACT）。

2）上述概念加上任选的下列修饰：

① 一个对象（若 ACT 为物理动作，则为一个物理对象；若 ACT 为精神动作，则为另一个概念）。

② 一个地点或一个接收者（如 ACT 发生在两个物理对象之间，则表示有某个物理对象或概念体传到了另一个物理对象那里；如 ACT 发生在两个地点之间，则表示对象的新地点）。

③ 一个手段（本身也是一个概念）。

3）一个对象加上此对象的某一属性的值。

4）概念和概念之间以某种方式组合起来，形成新的概念，例如，用因果关系组合起来。

本来，香克的目标是要把所有的概念都原子化，但事实上，他只做了对动作（ACT）的原子化。他将 ACT 分为 11 种。

1）PROPEL：应用物理力量于一对象，包括推、拉、打和踢等。

2）GRASP：一个演员抓起一个物理对象。

3）MOVE：演员身体的一部分变换空间位置，如抬手、踢腿、站起和坐下等。

4）PTRANS：物理对象变换位置，如走进、跑出、上楼和跳水等。

5）ATRANS：抽象关系的改变，如传递（持有关系改变）、赠送（所有关系改变）和革命（统治关系改变）等。

6）ATTEND：用某个感觉器官获取信息，如用目光搜索、竖起耳朵听等。

7）INGEST：演员把某个东西吸入体内，如吃、喝和服药等。

8）EXPEL：演员把某个东西送出体外，如呕吐、落泪、便溺和吐痰等。

9）SPEAK：演员产生一种声音，包括唱歌、奏乐、号啕大哭和尖叫等。

10）MTRANS：信息的传递，如交谈、讨论和打电话等。

11）MBUILD：由旧信息形成新信息，如眉头一皱、计上心来之类。

在定义这 11 种原子动作时，香克有一个基本的思想，这些原子概念主要不是用于表示动作本身，而是表示动作的结果，并且是本质的结果，因此也可以认为是这些概念的推理，例如，“X 通过 ATRANS 把 Y 从 W 处转到 Z 处”包含着如下推论：

1）Y 原来在 W 处。

2）Y 现在到了 Z 处（不再在 W 处）。

3）通过 ATRANS 实现了 X 的某种目的。

4）如果 Y 是一种好的东西，则意味着事情向有利于 Z，而不利于 W 的方向变化，否则相反。

5）如果 Y 是一种好的东西，则意味着 X 做此动作是为了 Z 的利益，否则相反。

一类重要的句子是因果链，香克和他的同事制订了一些用于概念依赖理论的规则。5 种重要规则如下：

1）动作可以导致状态的改变。

2）状态可以启动动作。

3）状态可以消除动作。

4）状态（或者动作）可以启动精神事件。

5）精神事件可以是动作的原因。

这些是关于世界的知识的基本部分，概念依赖包括每种（和组合）称为因果连接的速记表示。在概念依赖理论中，隐式句子中的任何信息必须形成表示这个句子意思的显式表示。例如，句子“John eats the ice cream with a spoon（John 用汤匙吃冰淇淋）”的概念依赖表示为图 2.12。图中 D 和 I 矢量分别表示方向和使用说明依赖。注意，这个例子中，嘴是作为概念化部分进入图中，即使它没有出现在原来句子中。这是概念依赖和句子语法分析产生的导出树之间的基本差别。

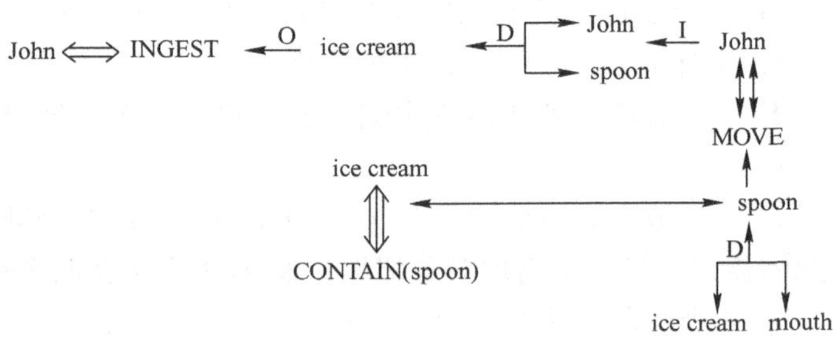

图 2.12　隐式信息的表示

2.9 本体

本体（Ontology）原是一个哲学术语，称作本体论，意义为“关于存在的理论”，特指哲学的分支学科，研究自然存在以及现实的组成结构。它试图回答“什么是存在”“存在的性质是什么”等。从这个观点出发，本体论是指这样一个领域，它确定客观事物总体上的可能的状态，确定每个客观事物的结构所必须满足的个性化的需求。本体论可以定义为有关存在的一切形式和模式的系统。

在信息科学领域，美国斯坦福大学知识系统实验室（KSL）的格鲁伯（Gruber T. R.）在1993年指出：“本体是概念化的一个显式的规范说明或表示。”这是第一个在信息科学领域广泛接受的本体的正式定义。博斯特（Borst W.）对格鲁伯的本体定义稍微做了一点修改，认为本体可定义为“被共享的概念化的一个形式的规格说明”。

本体是用于描述或表达某一领域知识的一组概念或术语。它可以用来组织知识库较高层次的知识抽象，也可以用来描述特定领域的知识。把本体看作描述某个领域的知识实体，而不是描述知识的途径。例如，Cyc常将它对某个领域知识的表示称为本体。也就是说，表示词汇提供了一套用于描述领域内事实的术语，而使用这些词汇的知识实体是这个领域内事实的集合。但是，它们之间的这种区别并不明显。本体被定义为描述某个领域的知识，通常是一般意义上的知识领域，它使用上面提到的表示性词汇。这时，一个本体不仅仅是词汇表，而是整个上层知识库（包括用于描述这个知识库的词汇）。这种定义的典型应用是Cyc工程，它以本体定义其知识库，为其他知识库系统所用。Cyc是一个超大型的、多关系型知识库和推理引擎。

在人工智能领域，本体研究特定领域知识的对象分类、对象属性和对象间的关系，它为领域知识的描述提供术语，本体应该包含如下的含义：

1）本体描述的是客观事物的存在，代表了事物的本质。

2）本体独立于对本体的描述。任何对本体的描述，包括人对事物在概念上的认识、人对事物用语言的描述，都是本体在某种媒介上的投影。

3）本体独立于个体对本体的认识。本体不会因为个人认识的不同而改变，它反映的是一种能够被群体所认同的一致的“知识”。

4）本体本身不存在与客观事物的误差，因为它就是客观事物的本质所在。但对本体的描述，即以任何形式或自然语言写出的本体，作为本体的一种投影，可能会与本体本身存在误差。

5）描述的本体代表了人们对某个领域的知识的公共观念。这种公共观念能够被共享和重用，进而消除不同人对同一事物理解的不一致性。

6）对本体的描述应该是形式化的、清晰的和无二义的。

根据本体在主题上的不同层次，将本体分为顶层本体（Top-level Ontology）、领域本体（Domain Ontology）、任务本体（Task Ontology）和应用本体（Application Ontology），如图2.13所示。其中，顶层本体研究通用的概念，如空间、时间、事件和行为等，这些概念独立于特定的领域，可以在不同的领域中共享和重用。处于第二层的领域本体则研究特定领域（如图书、医学等）下的词汇和术语，对该领域进行建模。与其同层的任务本体则主要研究可共享的问题求解方法，其定义了通用的任务和推理活动。领域本体和任务本体都可以

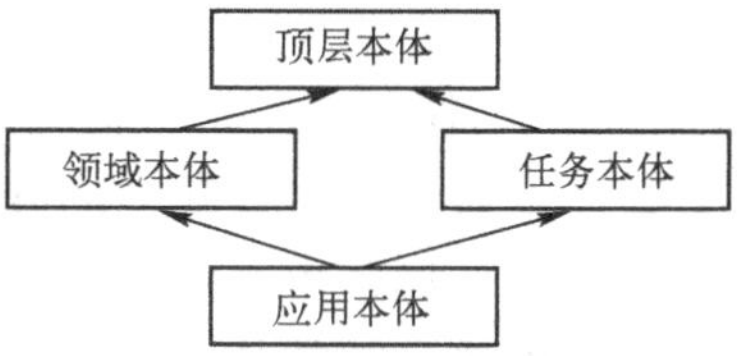

图2.13 本体的层次模型

引用顶层本体中定义的词汇来描述自己的词汇。处于第三层的应用本体描述具体的应用，它可以同时引用特定的领域本体和任务本体中的概念。

2.10 小结

知识是有关信息关联在一起形成的信息结构，具有相对正确性、不确定性、可表示性和可利用性等特点。对知识的表示可以分为符号表示法和连接机制表示法。本章讨论的知识表示法都是面向符号的知识表示方法。在这些表示方法中，谓词逻辑、产生式表示法和状态空间表示法属于非结构化的知识表示范畴，语义网络、框架、面向对象和脚本属于结构化的知识表示范畴。这些表示方法各有其长处，分别适用于不同的情况。

目前的知识表示一般都是从具体应用中提出的，后来虽然不断发展变化，但是仍然偏重于实际应用，缺乏系统的知识表示理论。而且由于这些知识表示方法都是面向领域知识的，对于常识性知识的表示仍没有取得大的进展，这是一个亟待解决的问题。

知识表示对专家系统十分重要。知识可以用许多种方法来分类，如先验知识和后验知识，过程的、陈述的和默认的知识。谓词逻辑、产生式表示法、语义网络和框架是专家系统中常用的知识表示方法。脚本和本体是自然语言理解中常用的方法。状态空间法常用于控制系统和机器人系统中。面向对象的知识表示方法是一种综合的方法。每一种知识表示方法都有其优缺点，在设计一个基于知识的系统前，应决定选用哪种方法可以更好地解决问题，对特定的问题选用最合适的工具。

习题

1. 什么是知识？它有什么特性？

2. 人工智能对知识表示有什么要求？

3. 用一阶谓词逻辑表示下面句子：

1）并不是所有的学生选修了历史和生物。

2）历史考试中只有一个学生不及格。

3）只有一个学生历史和生物考试都不及格。

4）历史考试的最高分比生物考试的最高分要高。

5）星期六，所有的学生或者去了舞会，或者去工作，但是没有两者都去的。

6）只有两个学生去了舞会。

7）每个力都存在一个大小相等、方向相反的反作用力。

4. Hanoi 塔问题表示：已知三个柱子 1、2、3，三个盘子 A、B、C（A 比 B 大，B 比 C 大）。初始状态时，A、B、C 依次放在柱子 1 上。目标状态是 A、B、C 依次放在柱子 3 上。条件是每次可移动一个盘子，盘子上方为空时可以移动，而且任何时候都不允许大盘子在小盘子的上面。请使用一阶谓词逻辑对这一问题进行描述。

5. 产生式系统由哪几个部分组成？它们的作用是什么？

6. 可以从哪些角度对产生式系统进行分类？阐述各类产生式系统的特点。

7. 产生式系统的基本形式是什么？它与谓词逻辑的蕴含式有什么共同和不同之处？

8. 对三枚硬币问题给出产生式系统描述。

设有三枚硬币，其排列处在“正、正、反”状态，现允许每次可翻动其中任意一枚硬币，问只允许操作三次的情况下，如何翻动硬币使其变成“正、正、正”或“反、反、反”状态。

9. 给定知识库KB包含下面的子句：

$a \leftarrow b \wedge d$

$b \leftarrow e \wedge f$

$c \leftarrow h \wedge e$

$d \leftarrow e$

$d \leftarrow b \wedge g$

$e \leftarrow h$

$g \leftarrow c \wedge d$

h

1）根据从底向上的证明过程，给出每个阶段工作区中的值，并给出知识库中所有的逻辑结论。

2）a不是KB的逻辑结论，为什么？

3）g是KB的逻辑结论，为什么？为查询g，给出从顶向下的推导过程。

10. 用谓词逻辑和语义网络分别表示“每个学生均掌握一门外语”以及“所有教师掌握所有外语”。

11. 用语义网络表示：

1）每个学生都有一支笔。

2）雪地上留下一串串脚印，有的大，有的小，有的深，有的浅。

3）李明的父亲给了李明的每个朋友一份礼物。

12. 用一个语义网络表示下面的知识：

1）知更鸟是鸟，所有的鸟都有翅膀。

2）Clyde是一只知更鸟，并且有一个叫Nest-1的巢。

13. 把下列命题用一个语义网络表示出来：

1）树和草都是植物。

2）树和草都是有根有叶的。

3）水草是草，且生长在水中。

4）果树是树，且会结果。

5）苹果树是果树的一种，它结苹果。

14. 在基于语义网络的推理系统中，一般有几种推理方法？简述它们的推理过程。

15. 框架表示法有什么特点？试构造一个描述你的卧室的框架系统。

16. 用逻辑方法表示下面的知识，然后转换成框架表示：

John gave the book to Mary

Bill gave the pen to the person whom John gave the book

17. 下面是一段关于汽车的描述，用框架表示：世界上汽车主要可分为Sedan、Sports和Convertible等类型，当然还有其他的类型。汽车的制造厂商主要是GM、Ford和Chrysler等，还包括其他的厂商。汽车一般都有四个车轮；其传动装置分为自动和手动两种；发动机有汽油发动机和柴油发动机。一般情况下，如果没有说明，那么每辆汽车都是政府的，但是我们也可以通过一定的查询找到每辆汽车的归属。（注意对默认、IF-ADDED和IF-NEEDED过程的使用。）

第3章　自动推理

自动推理是人工智能的核心内容之一，是专家系统、程序推导、程序正确性证明和智能机器人等研究领域的重要基础。自动推理早期的工作主要集中在机器定理证明。1930 年，埃尔布朗（Herbrand）为定理证明建立了一种重要方法，他的方法奠定了机器定理证明的基础。机器定理证明的主要突破是 1965 年由鲁宾孙取得的，他建立了所谓归结原理，使机器定理证明达到了应用阶段。本章首先讨论三段论推理和搜索策略，然后讨论归结演绎推理和产生式系统，最后讨论非单调推理。

3.1　自动推理概述

从一个或几个已知的判断（前提）逻辑地推论出一个新的判断（结论）的思维形式称为推理，这是事物的客观联系在人的意识中的反映。人解决问题就是利用以往的知识，通过推理得出结论。自动推理的理论和技术是程序推导、程序正确性证明、专家系统和智能机器人等研究领域的重要基础。

自动推理早期的工作主要集中在机器定理证明。机器定理证明的中心问题是寻找判定公式是否是有效的（或者不一致的）通用程序。对于命题逻辑公式，由于解释的个数是有限的，总可以建立一个通用判定程序，使得在有限时间内判定出一个公式是有效的或者无效的。对于一阶逻辑公式，其解释的个数通常是任意多个，丘奇（Church A.）和图灵（Turing A. M.）在 1936 年证明了不存在判定公式是否有效的通用程序。但是，他们证明了如果一阶逻辑公式是有效的，则存在通用程序可以验证它是有效的，对于无效的公式这种通用程序一般不能终止。

1930 年，埃尔布朗为定理证明建立了一种重要方法，他的方法奠定了机器定理证明的基础。开创性的工作是西蒙和纽厄尔的 Logic Theorist。机器定理证明的主要突破是 1965 年由鲁宾孙取得的，他建立了所谓归结原理，使机器定理证明达到了应用阶段。归结法推理规则简单，而且在逻辑上是完备的，因而成为逻辑式程序设计语言 Prolog 的计算模型。后来又出现了自然演绎法和等式重写式等。这些方法在某些方面优于归结法，但它们本质上都存在组合问题，都受到难解性的制约。

从任何一个实用系统来说，总存在着很多非演绎的部分，因而导致了各种各样推理算法的兴起，并削弱了企图为人工智能寻找一个统一的基本原理的观念。从实际的观点来看，每一种推理算法都遵循其特殊的、与领域相关的策略，并倾向于使用不同的知识表示技术。从另一方面来说，如果能找到一个统一的推理理论，当然是很有用的。人工智能理论研究的一个很强的推动力就是要设法寻找更为普遍的、统一的推理算法。

若按推理过程中推出的结论是否单调地增加，或者说推出的结论是否越来越接近最终目标来划分，推理又可以分为单调推理和非单调推理。所谓单调推理是指在推理过程中随着推理的向前推进以及新知识的加入，推出的结论呈单调增加的趋势，并且越来越接近最终目标，在推理过程中不会出现反复的情况，即不会由于新知识的加入否定了前面推出的结论，从而使推理又退回到前面的某一步。本章讨论的基于经典逻辑的归结推理过程就属于单调性推理。

所谓非单调推理是指在推理过程中由于新知识的加入，不仅没有加强已推出的结论，反而要否定它，使得推理退回到前面的某一步，重新开始。非单调推理是在知识不完全被掌握的情况下发生的。由于知识不完全被掌握，为使推理进行下去，就要先做某些假设，并在此基础上进行推理，当以后由于新知识的加入发现原先的假设不正确时，就需要推翻该假设以及基于此假设而推出的一切结论，再用新知识重新进行推理。显然前面所说的默认推理是非单调推理，在日常生活和社会实践中，很多情况下进行的推理也都是非单调推理，这是人们常用的一种思维方式。非单调推理是人工智能研究的重要成果之一，将在本章最后讨论。

在现实世界中存在大量不确定问题。不确定性来自人类的主观认识与客观实际之间存在差异。事物发生的随机性，人类知识的不完全、不可靠、不精确和不一致，自然语言中存在的模糊性和歧义性都反映了这种差异，都会带来不确定性。针对不同的不确定性的起因，人们提出了不同的理论和推理方法。在人工智能和知识工程中，有代表性的不确定性理论和推理方法有如下几种：

概率论被广泛地用于处理随机性以及人类知识的不可靠性。贝叶斯理论被成功地用在PROSPECTOR专家系统中，但是，它要求给出假设的先验概率。在MYCIN中采用确信度方法是一种简单有效的方法。它采用了一些简单直观的证据合并规则，其缺点是缺乏良好的理论基础。

德姆斯特（Dempster A. P.）和莎弗（Shafer G.）提出了证据理论（Shafer，1976；Dempster，2008）。该理论引进了信任函数的概念，对经典概率加以推广，规定信任函数满足比概率函数的公理更弱的公理，因此信任函数可以用作概率函数的超集。利用信任函数，人们无须给出具体的概率值，而只需要根据已有的领域知识就能对事件的概率分布加以约束。证据理论有坚实的理论基础，但是它的定义和计算过程比较复杂。近年来，证据理论逐步引起人们的注意，出现了一些更加深入的研究成果和实用系统。例如，扎德（Zadeh L. A.）把证据理论的信任函数解释为二阶关系，并在关系数据库中找到了它的应用。

1965年，扎德提出模糊集理论，以此为基础出现了一系列研究成果，主要有模糊逻辑、模糊决策和可能性理论。扎德为了运用自然语言进行推理，对自然语言中的模糊概念进行了量化描述，提出了语言变量、语言值和可能性分布的概念，建立了可能性理论和近似推理方法，引起了许多人的研究兴趣。模糊数学已广泛应用于专家系统和智能控制中，人们还研制出模糊计算机。我国学者在理论研究和应用方面均做了大量工作，引起国际学术界的关注。同时，这一领域仍然有许多理论问题没有解决，而且也存在不同的看法和争议，例如，模糊数学的基础是什么？模糊逻辑的一致性和完全性问题。今后不确定推理的研究重点可能会集中在以下3个方面：一是解决现有处理不确定性的理论中存在的问题；二是大力研究人类高效、准确的识别能力和判断机制，开拓新的处理不确定性的理论和方法；三是探索可以综合处理多种不确定性的方法和技术。

证明定理是人类特殊的智能行为，不仅需要根据假设进行逻辑演绎，而且需要某些直觉技巧。机器定理证明就是把人证明定理的过程通过一套符号体系加以形式化，变成一系列能在计算机上自动实现的符号演算过程，也就是把具有智能特点的推理演绎过程机械化。中国科学院系统科学研究所吴文俊教授提出的平面几何及微分几何的判定法，得到了国内外高度评价。

3.2　三段论推理

三段论是一种常用的推理形式，它由三个性质命题组成，其中两个性质命题是前提，另一个性质命题是结论。例如：

1）所有的推理系统都是智能系统。

2）专家系统是推理系统。

3）所以，专家系统是智能系统。

这就是一个三段论推理的例子。它由三个简单性质命题1）、2）和3）组成。1）与2）是前提，3）是结论。三段论包含三个不同的概念，分别称为大项、小项与中项。大项就是作为结论的谓项的那个概念，用P表示。小项就是作为结论的主项的那个概念，用S表示。中项就是在两个前提中都出现的那个概念，用M表示。上例中“智能系统”是大项，“专家系统”是小项，“推理系统”是中项。

由于大项、中项与小项在前提中位置不同而形成各种不同的三段论形式，称为三段论的格；也可以认为是由于中项在前提中位置不同而形成的各种三段论形式。任何一个三段论推理都有其自身的格、式结构。在古典三段论中，四种可能的格见表3.1。前面所举的例子属于第一格的三段论。

表3.1　古典三段论推理中四种可能的格

第　一　格	第　二　格	第　三　格	第　四　格
M-P	P-M	M-P	P-M
S-M	S-M	M-S	M-S
所以，S-P	所以，S-P	所以，S-P	所以，S-P

三段论的式是指构成前提和结论的命题的质、量的不同而形成的不同形式的三段论。命题的质是指该命题的肯定或否定的性质；命题的量是指命题中的量项是全称的还是特称的。所谓全称是指对某项进行界定时包含事物的全部；所谓特称是指对某项进行界定时只包含事物的部分。由质和量的结合就构成4种命题形式：

1）全称肯定命题，通常用字母A来表示，其语言表达形式为“所有的……都是……”。

2）全称否定命题，通常用字母E表示，其语言表达形式为“所有的……都不是……”。

3）特称肯定命题，通常用字母I表示，其语言表达形式为“有些……是……”。

4）特称否定命题，通常用字母O来表示，其语言表达形式为“有些……不是……”。

上述A、E、I、O这4种命题在2个前提、1个结论中的各种不同组合的形式就称为三段论的式。比如，大小前提和结论都是由全称肯定命题所构成，则这种三段论就是AAA式三段论；如果大前提是全称肯定命题，小前提和结论是特称肯定命题，就叫作AII式三段论。

在三段论中，大小前提以及结论都可能是A、E、I、O这4种命题。因此，按前提和结论的质、量不同排列，可有$4\times4\times4=64$种式。每种式又可能有4种不同的格。结合式和格，则共有$64\times4=256$种可能的三段论推理格、式的结合。但是，根据形式逻辑的有关定理，能推出正确结论的格、式只有24种。根据现代逻辑理论，去掉弱式（指能得出全称结论却得出特称结论的三段论推理）和考虑反映空类和全类等因素，则只有15种有效式。如果推理者在推理时，认为无效的推理格、式中所推出的结论是正确的，就要犯逻辑推理错误。

3.3　盲目搜索

在人工智能中，对于给定的问题，智能系统的行为一般是找到能够达到所希望目标状态的动作序列，并使其所付出的代价最小，性能最好。基于给定的问题，问题求解的第一步是目标的表示，搜索就是找到动作序列的过程。搜索算法的输入是给定的问题，输出是表示为动作序列的方案。一旦有了该方案，就可以执行该方案所给出的动作了。这一阶段称为执行阶段。因此，求解一个问题主要包括三个阶段：目标表示、搜索和执行。

一般给定问题就是确定该问题的一些基本信息，一个问题由以下 4 部分组成。

1）初始状态集合：定义了初始的环境。

2）操作符集合：把一个问题从一个状态变换为另一个状态的动作。

3）目标检测函数：用来确定一个状态是否为目标。

4）路径费用函数：对每条路径赋予一定费用的函数。

其中初始状态集合和操作符集合定义了问题的搜索空间。

搜索问题一般包括两个重要的问题：搜索什么和在哪里搜索。搜索什么通常指的就是目标，而在哪里搜索就是“搜索空间”。搜索空间通常是指一系列状态的汇集，因此称为状态空间。和通常的搜索空间不同，人工智能中大多数问题的状态空间在问题求解之前不是全部知道的。所以，人工智能中的搜索可以分成两个阶段：状态空间的生成阶段；在该状态空间中对所求解问题状态的搜索。由于一个问题的整个空间可能会非常大，在搜索之前生成整个空间会占用太大的存储空间。为此，状态空间一般是逐渐扩展的，“目标”状态是在每次扩展的时候进行搜索的。

一般搜索可以根据是否使用启发式信息分为盲目搜索和启发式搜索，也可以根据问题的表示方式分为状态空间搜索和与或树搜索。状态空间搜索是指用状态空间法来求解问题所进行的搜索。与或树搜索是指用问题归约方法来求解问题时所进行的搜索。状态空间法和问题归约法是人工智能中最基本的两种问题求解方法，状态空间表示法和与或树表示法则是人工智能中最基本的两种问题表示方法。

盲目搜索一般是指从当前的状态到目标状态需要走多少步或者每条路径的花费并不知道，所能做的只是可以区分出哪个是目标状态。因此，它一般是按预定的搜索策略进行搜索。由于这种搜索总是按预定的路线进行，没有考虑到问题本身的特性，所以这种搜索具有很大的盲目性，效率不高，不便于复杂问题的求解。启发式搜索是在搜索过程中加入了与问题有关的启发性信息，用于指导搜索朝着最有希望的方向前进，加速问题的求解并找到最优解。显然盲目搜索不如启发式搜索效率高，但是由于启发式搜索需要和问题本身特性有关的信息，而对于很多问题这些信息很少，或者根本就没有，或者很难抽取，所以盲目搜索仍然是很重要的搜索策略。

在搜索问题中，主要的工作是找到正确的搜索策略。一般搜索策略可以通过下面 4 个准则来评价。

1）完备性：如果存在一个解答，该策略是否保证能够找到？

2）时间复杂性：需要多长时间可以找到解答？

3）空间复杂性：执行搜索需要多大存储空间？

4）最优性：如果存在不同的几个解答，该策略是否可以发现最高质量的解答？

搜索策略反映了状态空间或问题空间扩展的方法，也决定了状态或问题的访问顺序。搜索策略的不同，人工智能中的搜索问题的命名也不同。例如，考虑一个问题的状态空间为一棵树的形式。如果根节点首先扩展，然后扩展根节点生成的所有节点，再就是这些节点的后继，如此反复下去，这种策略称为宽度优先搜索。另一种方法是，在树的最深一层的节点中扩展一个节点。只有当搜索遇到一个死亡节点（非目标节点并且是无法扩展的节点）的时候，才返回上一层选择其他的节点搜索，这种策略称为深度优先搜索。无论是宽度优先搜索还是深度优先搜索，遍历节点的顺序一般都是固定的，即一旦搜索空间给定，节点遍历的顺序就固定了。这种类型的遍历称为“确定性”，也就是盲目搜索。而对于启发式的搜索，在计算每个节点的参数之前无法确定先选择哪个节点扩展，这种搜索一般也称为非确定的[㊀]。

3.3.1 深度优先搜索

深度优先搜索生成节点并与目标节点进行比较是沿着树的最大深度方向进行的，只有当上次访问的节点不是目标节点，而且没有其他节点可以生成的时候，才转到上次访问节点的父节点。转移到父节点后，该算法会搜索父节点的其他子节点。因此深度优先搜索也称为回溯搜索，它总是首先扩展树的最深层次上的某个节点，只有当搜索遇到一个死亡节点（非目标节点而且不可扩展），搜索方法才会返回并扩展浅层次的节点。上述原理对树中每一节点是递归实现的，实现该递归过程的比较简单的一种方法是采用栈。下面的方法就是基于栈实现的深度优先搜索算法。

算法 3.1　深度优先搜索算法

```
Procedure Depth First Search
    Begin
        1) 将初始节点压入栈,并设置栈顶指针。
        2) While 栈不空 do
            Begin
            弹出栈顶元素;
            If  栈顶元素=goal,成功返回并结束;
            Else 以任意次序把栈顶元素的子女压入栈中;
        End while
    End.
```

在上述算法中，初始节点放到栈中，栈指针指向栈的最上边的元素。为了对该节点进行检测，需要从栈中弹出该节点，如果是目标，该算法结束；否则把其子节点以任何顺序压入栈中。该过程运行直到栈变为空为止。

（1）空间复杂性

深度优先搜索对内存的需求是比较适中的。它只需要保存从根到叶的单条路径，包括在这条路径上每个节点的未扩展的兄弟节点。当搜索过程到达最大深度时，所需要的内存最大。假定每个节点的分支系数为 b，当考虑一个深度为 d 的节点时，保存在内存中的节点的数量包括到达深度 d 时所有未扩展的节点以及正在被考虑的节点。因此，在每个层次上都有（$b-1$）个未扩展的节点，总的内存需要量为 $d(b-1)+1$。因此，深度优先搜索的空间复杂度是 b 的线性函数 $O(bd)$，而宽度优先搜索的空间复杂度是 b 的指数函数。事实上，这也是深度优先搜索最有用的一个方面。

（2）时间复杂性

如果搜索在 d 层最左边的位置找到了目标，则检查的节点数为$(d+1)$。另外，如果只是搜

㊀ 还有第三种情况：随机搜索，其中随机数是用来选择状态空间中状态访问的顺序的。

索到 d 层，而在 d 层的最右边找到了目标，则检查的节点包括了树中所有的节点，其数量为

$$1+b+b^2+\cdots+b^d=(b^{d+1}-1)/(b-1)$$

所以，平均来说，检查的节点数量为

$$(b^{d+1}-1)/2(b-1)+(1+d)/2\approx b(b^d+d)/2(b-1)$$

上式就是深度优先搜索的平均时间复杂度。

深度优先搜索的优点是比宽度优先搜索算法需要更少的空间，该算法只需保存搜索树的一部分，它由当前正在搜索的路径和该路径上还没有完全展开的节点标志所组成。因此，深度优先搜索的存储器要求是深度约束的线性函数。但是其主要问题是可能搜索到了错误的路径上。很多问题可能具有很深甚至是无限的搜索树，如果不幸选择了一个错误的路径，则深度优先搜索会一直搜索下去，而不会回到正确的路径上。这样对于这些问题，深度优先搜索要么陷入无限的循环而不能给出一个答案，要么最后找到一个答案，但路径很长而且不是最优的答案。这就是说深度优先搜索既不是完备的，也不是最优的。

3.3.2 宽度优先搜索

宽度优先搜索算法是沿着树的宽度遍历树的节点的，它从深度为 0 的层开始，直到最深的层次。它可以很容易地用队列实现。宽度优先算法可以表示如下。

算法 3.2 宽度优先搜索算法

```
Procedure Breadth First Search
  Begin
      1) 把初始节点放入队列。
      2) Repeat
          取得队列最前面的元素为 current;
          If current = goal
            成功返回并结束;
          Else do
            Begin
                如果 current 有子女,则把 current 的子女
                以任意次序添加到队列的尾部;
            End
          Until 队列为空
End.
```

上面给出的宽度优先搜索算法依赖于简单的原理：如果当前的节点不是目标节点，则把当前节点的子女以任意次序添加到队列的尾部，并把队列的前端元素定义为 current；如果目标发现，则算法终止。

（1）时间复杂度

为了便于分析，我们考虑一棵树，其每个节点的分支系数都为 b，最大深度为 d。其中分支系数是指一个节点可以扩展产生的新的节点数目。因此搜索树的根节点在第一层会产生 b 个节点，每个节点又产生 b 个新的节点，这样在第二层就会有 b^2 个节点。因为目标不会出现在深度为（$d-1$）层，失败搜索的最小节点数目为

$$1+b+b^2+\cdots+b^{d-1}=(b^d-1)/(b-1),\quad b\gg1$$

而在找到目标节点之前可能扩展的最大节点数目为

$$1+b+b^2+\cdots+b^{d-1}+b^d=(b^{d+1}-1)/(b-1)$$

对于 d 层，目标节点可能是第一个状态，也可能是最后一个状态。因此，平均需要访问的 d 层节点数目为 $(1+b^d)/2$。

所以，平均总的搜索的节点数目为

$$(b^d-1)/(b-1)+(1+b^d)/2\approx b^d(b+1)/2(b-1)$$

因此，宽度优先搜索的时间复杂度和搜索的节点数目成正比。

（2）空间复杂度

宽度优先搜索中，空间复杂度和时间复杂度一样，需要很大的空间，这是因为树的所有的叶节点都需要同时存储起来。根节点扩展后，队列中有 b 个节点。第一层的最左边节点扩展后，队列中有 $(2b-1)$ 个节点。而当 d 层最左边的节点正在检查是否为目标节点时，在队列中的节点数目最多，为 (b^d)。该算法的空间复杂度和队列长度有关，在最坏的情况下约为指数级 $O(b^d)$。

表 3.2 给出了宽度优先搜索的时间和空间需求情况，其中分支系数 $b=10$，每秒处理 1000 个节点，每个节点需要 100 个字节。

表 3.2　宽度优先搜索的时间和空间需求

深　度	节　点　数	时　　间	空　　间	深　度	节　点　数	时　　间	空　　间
0	1	1 μs	100 B	8	10^8	31 h	11 GB
2	111	1 s	11 KB	10	10^{10}	128 d	1 TB
4	11111	11 s	1 MB	12	10^{12}	35 a	111 TB
6	10^6	18 min	111 MB	14	10^{14}	3500 a	11111 TB

宽度优先搜索是一种盲目搜索，时间和空间复杂度都比较高，当目标节点距离初始节点较远（即 d 较大）时会产生许多无用的节点，搜索效率较低。从表 3.2 可以看出，宽度优先搜索中，时间需求是一个很大的问题，特别是当搜索的深度比较大时，尤为严重，然而空间需求是比执行时间更为严重的一个问题。

但是宽度优先搜索也有其优点：目标节点如果存在，用宽度优先搜索算法总可以找到该目标节点，而且是 d 最小（即最短路径）的节点。

3.3.3　迭代加深搜索

对于深度 d 比较大的情况，深度优先搜索需要很长的运行时间，而且还可能得不到解答。一种比较好的问题求解方法是对搜索树的深度进行控制，即有界深度优先搜索方法。有界深度优先搜索过程总体上按深度优先搜索方法进行，但对搜索深度需要给出一个深度限制 d_m，当深度达到 d_m 时，如果还没有找到解答，就停止对该分支的搜索，转到另外一个分支进行搜索。

对于有界深度搜索策略，有下面几点需要说明：

1）在有界深度搜索算法中，深度限制 d_m 是一个很重要的参数。当问题有解，且解的路径长度小于或等于 d_m 时，则搜索过程一定能够找到解，但是和深度优先搜索一样，这并不能保证最先找到的是最优解，即这时有界深度搜索是完备的但不是最优的。但是当 d_m 取得太小，解的路径长度大于 d_m 时，则搜索过程就找不到解，即这时搜索过程甚至是不完备的。

2）深度限制 d_m 不能太大。当 d_m 太大时，搜索过程会产生过多的无用节点，既浪费了计算机资源，又降低了搜索效率。有界深度搜索的时间和空间复杂度和深度优先搜索类似，空间是线性复杂度，为 $O(bd_m)$，时间是指数复杂度，为 $O(b^{d_m})$。

3）有界深度搜索的主要问题是深度限制值 d_m 的选取。该值也被称为状态空间的直径，如果该值设置得比较合适，则会得到比较有效的有界深度搜索。但是对于很多问题，我们并不知道该值到底为多少，直到该问题求解完成了，才可以确定出深度限制 d_m。为了解决上述问题，可采用如下的改进方法：先任意给定一个较小的数作为 d_m，然后按有界深度算法搜索，若在此深度限制内找到了解，则算法结束；如在此限制内没有找到问题的解，则增大深度限制 d_m，继续搜索。这就是迭代加深搜索的基本思想。

迭代加深搜索是一种回避选择最优深度限制问题的策略，它试图尝试所有可能的深度限制：首先深度为0，然后深度为1，再为2，如此一直进行下去。如果初始深度为0，则该算法只生成根节点，并检测它。如果根节点不是目标，则深度加1，通过典型的深度优先搜索算法，生成深度为1的树。同样当深度限制为 m 时，树的深度也为 m。

迭代加深搜索看起来会很浪费资源，因为很多节点都可能要扩展多次。然而对于很多问题，这种多次的扩展负担实际上很小。可以想象，如果一棵树的分支系数很大，几乎所有的节点都在最底层上，则对于上面各层节点扩展多次对整个系统来说影响不是很大。

我们知道搜索深度为 h 时，由深度优先搜索方法生成的节点数为

$$(b^{h+1}-1)/(b-1)$$

由迭代加深搜索过程中的失败搜索所产生的节点数量的总和为

$$[1/(b-1)]\sum_{h=0}^{d-1}(b^{h+1}-1) \approx b(b^d-d)/(b-1)^2$$

该算法的最后一次搜索在深度 d 找到了成功节点，则该次搜索的平均时间复杂度为典型的深度有限搜索：$b(b^d+d)/2(b-1)$。则总的平均时间复杂度为

$$b(b^d-d)/(b-1)^2+b(b^d+d)/2(b-1) \approx (b+1)b^{d+1}/2(b-1)^2$$

则迭代深度搜索和深度优先搜索的时间复杂度的比率为

$$\{(b+1)b^{d+1}/[2(b-1)^2]\}:\{b(b^d+d)/[2(b-1)]\}$$

对于比较大的 d，上式可简化为

$$\{(b+1)b^{d+1}/[2(b-1)^2]\}:\{b^{d+1}/[2(b-1)]\}=(b+1):(b-1)$$

迭代深度搜索和宽度优先搜索的时间复杂度的比率为

$$\{(b+1)b^{d+1}/[2(b-1)^2]\}:\{b^d(b+1)/[2(b-1)]\}=b:(b-1)$$

对于一个分支系数 $b=10$ 的深度目标，迭代深度搜索比深度优先搜索增加20%左右的节点，而只比宽度优先搜索增加了11%左右的额外节点。而且，分支系数越大，重复搜索所产生的额外节点比率越少。因此迭代加深搜索和深度优先搜索方法以及宽度优先搜索方法相比并没有增加很多的时间复杂度。这就是说，迭代加深搜索的时间复杂度为 $O(b^d)$，空间复杂度为 $O(bd)$，它既满足深度优先搜索的线性存储要求，同时又能保证发现最小深度的目标。

算法3.3 迭代加深搜索算法

Procedure Iterative Deepening

Begin

1）设置当前深度限制=1。

2）把初始节点压入栈,并设置栈顶指针。

3）**While** 栈不空并且深度在给定的深度限制之内 **do**

```
        Begin
        弹出栈顶元素;
        If 栈顶元素=goal,返回并结束;
        Else 以任意的顺序把栈顶元素的子女压入栈中;
      End
    End while
  4) 深度限制加1,并返回2)。
End.
```

宽度优先搜索、深度优先搜索和迭代加深搜索都可以用于生成和测试算法中。然而，宽度优先搜索需要指数级数量的空间，深度优先搜索的空间复杂度和最大搜索深度呈线性关系。迭代加深搜索对一棵深度受控的树采用深度优先的搜索，它结合了宽度优先和深度优先搜索的优点。和宽度优先搜索一样，它是最优的，也是完备的，但对空间要求和深度优先搜索一样是适中的。表3.3给出了宽度优先搜索、深度优先搜索、有界深度搜索和迭代加深搜索简单的比较。

表3.3 搜索策略的比较

标 准	宽度优先	深度优先	有界深度	迭代加深
时间	b^d	b^m	b^l	b^d
空间	b^d	bm	bl	bd
最优	是	否	否	是
完备	是	否	如果 $l>d$，是	是

注：b 是分支系数，d 是解答的深度，m 搜索树的最大深度，l 是深度限制。

3.4 回溯策略

回溯过程是控制策略的一种方法。选择一条规则，如果不能得出一个解，那么忘掉参与的各步，并选择另一条规则代之。从形式上看不管有多少知识对选择规则有用，都可采用回溯的策略。如果没有有用的知识，那么规则可根据任意的方法选取，最后控制将退回，以便选择合适的规则。

一个简单的递归过程抓住了回溯控制下的产生式系统的运行本质。这个递归过程叫作BACKTRACK，它取单个自变量DATA，最初设置为产生式系统的综合数据库。在过程结束时，返回一张规则表。这张表如果依次应用于初始数据库，则产生一个满足结束条件的数据；如果过程找不到规则表就返回FAIL（失败）。BACKTRACK过程定义如下。

算法3.4 递归回溯算法

```
Recursive Procedure BACKTRACK(DATA)
1) if  TERM(DATA),return NIL; /* TERM是一个谓词,对满足产生式系统结束条件的变量来说其
       取值为真。在成功结束时,返回空表NIL */
2) if  DEADEND(DATA),return FAIL; /* DEADEND是一个谓词,对已经知道不在一条解路上的自
       变量来说其取值为真。在这种情况下,过程返回符号FAIL */
3) RULES ←APPRULUES(DATA); /* APPRULUES是一个函数,它计算可应用于其自变量的规则
       并排列这些规则(任意排列或者按照启发式准则排列) */
```

4) LOOP: if NULL(RULES), return FAIL; /* 如果不再有可应用的规则,那么过程失败 */
5) R ←FIRST(RULES); /* 选出最好的一条可应用规则 */
6) RULES ←TAIL(RULES); /* 删去刚才选用的一条规则,缩小可应用的规则表 */
7) RDATA ←R(DATA); /* 应用规则 R 产生一个新的数据库 */
8) PATH ←BACKTRACK(RDATA); /* 在新数据库上递归调用 BACKTRACK */
9) if PATH=FAIL, go LOOP; /* 若递归调用失败,则试另一条规则 */
10) return CONS(R,PATH); /* 否则,通过把 R 加到表的前面,向上走一遍成功的规则表 */

现在对这个过程做几点解释。首先，只有在过程产生一个满足结束条件的数据库时，才能在第 1)步成功结束。用于产生这个数据库的规则表在第 10)步建成。不成功的结束出现在第 2)步和第 4)步。在递归调用期间出现失败而退出时，过程会回溯到较高的一层。第 2)步执行的测试是根据问题的数据库检验一下是否正好可能有一个解。在第 4)步如果所有可应用的规则都已经试完，那么过程失败。

过程 BACKTRACK 可能永远结束不了，这是因为可能无限地生成出新的非终结的数据库，或者可能循环不止。这两种情况可以通过把深度范围加在递归的方法上，适当地加以避免。当深度超出这个范围时，任何的递归调用均失败。避免循环则更简单，办法是保留迄今为止产生的数据库表，并不断检验新的数据库，看是否和表上的任一数据库相吻合。

3.5 启发式搜索

前面讨论的各种搜索方法都是按事先规定的路线进行搜索，没有用到问题本身的特征信息，具有较大的盲目性，产生的无用节点较多，搜索空间较大，效率不高。如果能够利用搜索过程所得到的问题自身的一些特征信息来指导搜索过程，则可以缩小搜索范围，提高搜索效率。像这样利用问题自身特征信息来引导搜索过程的方法称为启发式方法。

启发式搜索通常用于两种不同类型的问题：正向推理和反向推理。正向推理一般用于状态空间的搜索，在正向推理中，推理是从预选定义的初始状态出发向目标状态方向执行。反向推理一般用于问题归约中，在反向推理中，推理是从给定的目标状态向初始状态执行。在前一类使用启发式函数的搜索算法中，包括通常所谓的 OR 图算法、最好优先算法，以及根据启发式函数的不同而得到的其他一些算法，如 A^* 算法等。另外，启发式反向推理算法通常称为 AND-OR 图搜索算法，AO^* 算法就是其中的一种算法。

3.5.1 启发性信息和评估函数

在搜索过程中，关键的一步就是如何选择下一个要考查的节点，选择的方法不同就形成了不同的搜索策略。如果在选择节点时能充分利用与问题有关的特征信息，估计出节点的重要性，就能在搜索时选择重要性较高的节点，以利于求得最优解。我们称这个过程为启发式搜索。“启发式”实际上代表了“大拇指准则（Thumb Rules）”：在大多数情况下是成功的，但不能保证一定成功的准则。

用来评估节点重要性的函数称为评估函数。评估函数 $f(x)$ 定义为从初始节点 S_0 出发，约束地经过节点 x 到达目标节点 S_g 的所有路径中最小路径代价的估计值。其一般形式为

$$f(x)=g(x)+h(x)$$

其中，$g(x)$ 表示从初始节点 S_0 到节点 x 的实际代价；$h(x)$ 表示从 x 到目标节点 S_g 的最优路径

的评估代价，它体现了问题的启发式信息，其形式要根据问题的特性确定，$h(x)$称为启发式函数。因此，启发式方法把对问题状态的描述转换成对问题解决程度的描述，这一程度用评估函数的值来表示。如对八数码问题（见图3.1），评估函数可以表示为

$$f(x)=d(x)+W(x)$$

其中，$d(x)$表示节点x在搜索树中的深度，$W(x)$表示节点x中不在目标状态中相应位置的数码个数。则$W(x)$就包含了问题的启发式信息。

S_0=

2	8	3
1	6	4
7		5

S_g=

1	2	3
8		4
7	6	5

图3.1　八数码问题

一般来说，某节点$W(x)$越大，即“不在目标位置”的数码个数越多，说明它离目标节点越远。对初始节点S_0，由于$d(S_0)=0$，$W(S_0)=4$，因此，$f(S_0)=4$。

这里只是说明了评估函数的含义及如何选择评估函数和计算评估函数值。在搜索过程中除了需要计算初始节点的评估函数外，更多的是需要计算新生成节点的评估函数。

大多数前向推理问题可以表示为OR图，其中，图中的节点表示问题的状态，弧表示应用于当前状态的规则，该规则引起状态的转换。当有多个规则可用于当前状态时，可以从该状态的各个子状态中选择一个比较好的状态作为下一个状态。

下面介绍爬山算法、模拟退火算法、最好优先算法、通用图搜索算法、A^*算法和迭代加深A^*算法。

3.5.2　爬山算法

爬山算法是一种局部择优的方法，是采用启发式方法，对深度优先搜索的一种改进。前面讲述的“生成与测试”搜索只是扩展搜索空间，并且在该空间中检测目标是否出现。这种方法几乎是一种耗尽式搜索，效率很低。于是人们考虑是否可以利用反馈信息以帮助决定生成什么样的解，这就是爬山算法。爬山算法采用了前面定义的评估函数$f(x)$来估计目标状态和当前状态的“距离”。当一个节点被扩展以后，对节点x进行评估得到$f(x)$，按$f(x)$的升序排列这些函数值，并把这些节点按$f(x)$的升序压入栈。所以，栈顶元素具有最小的$f(x)$值。弹出栈顶元素并和目标节点比较，如果栈顶元素不是目标，则扩展栈顶元素，并计算其所有子状态的f值，并按升序把这些子状态压入栈中。如果栈顶元素是目标，则算法退出；否则该过程会循环下去，直到栈为空。下面给出它的搜索过程。

算法3.5　爬山算法

```
Procedure Hill Climbing
  Begin
    1）确定可能的开始状态并测量它们和目标节点的距离（f）；
       以f升序排列把这些节点压入栈。
    2）Repeat
       弹出栈顶元素；
       If 栈顶元素=goal；返回并结束；
       Else 把该元素的子女以f升序排列压入栈中；
    Until 栈为空；
  End.
```

爬山算法一般有下面三个问题：

1）局部最大。由于爬山算法每次选择 f 值最小的节点都是从子节点范围内选择，选择范围较窄，因此爬山算法是一种局部择优的方法。局部最大一般比状态空间中全局最大要小，一旦到达了局部最大，算法就会停止，即便该答案可能并不能让人满意。

2）平顶（Plateau）。平顶是状态空间中评估函数值基本不变的一个区域，也称为高地，在某一局部点周围 $f(x)$ 为常量。一旦搜索到达了一个平顶，搜索就无法确定要搜索的最佳方向，会产生随机走动，这使得搜索效率降低。

3）山脊（Ridge）。山脊可能具有陡峭的斜面，所以搜索可以比较容易地到达山脊的顶部，但是山脊的顶部到山峰之间可能倾斜得很平缓。除非正好有合适的操作符直接沿着山脊的顶部移动，否则该搜索可能会在山脊的两面来回振荡，搜索的前进步伐会很小。

在每种情况中，算法都会到达一个点，使得算法无法继续前进。如果出现这种情况，可以从另外一个点重新启动该算法，这称为随机重启爬山算法。爬山算法是否成功和状态空间“表面”的形状有很大的关系：如果只有很少的局部最大，随机重启爬山算法将会很快地找到一个比较好的解答。如果该问题是 NP 完全的，则该算法不可能好于指数时间。这是因为一定具有指数级数量的局部最大值。然而，通常经过比较少的步骤，爬山算法一般可以得到比较合理的解答。

3.5.3　模拟退火算法

“退火（Annealing）”是金属铸造的一个过程，它是指金属首先在高温下熔化，然后让它冷却下来直到成为固态。因此，在退火的物理过程中，温度很高的材料的能量逐渐丢失，最终达到能量最小的状态。一般情况下，大多数物理过程是从高温状态转换到低温状态，但是仍然有比较小的概率，可以跨越能量状态的低谷，上升到另一个能量状态。例如，考虑一个滚动的球，从一个高能量状态滚动到一个低谷，然后滚到高一点的能量状态（参见图 3.2）。然而滚动到高能量状态的概率非常小，一般为

$$p=\exp[-\Delta E/(KT)]$$

其中，p 是从低能量状态转换到高能量状态的概率，ΔE 表示能量正的改变，K 是 Boltzman 常量，T 是当前状态的温度。对于很小的 ΔE，p 的值比 ΔE 很大时的 p 值要大。

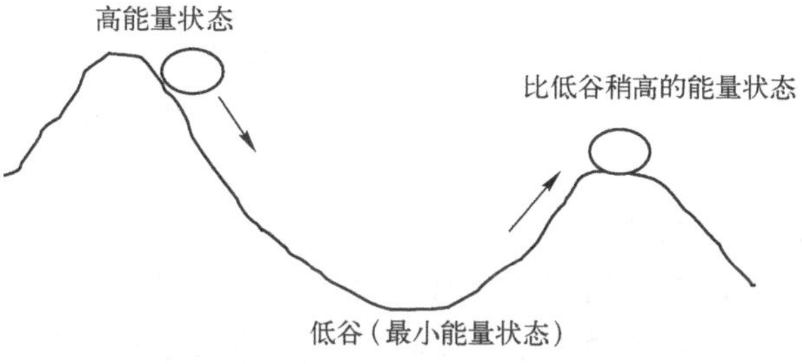

图 3.2　滚动的球的能量状态变化

这样自然就会有一个问题：如何在搜索中实现退火？在这个阶段，应该记住：需要模拟退火算法在函数 f 产生了没有比当前状态更好的下一个状态时，指出搜索的方向。这样，对所有可能的下一个合理状态计算 ΔE，并用下式计算 p'：

$$p'=\exp(-\Delta E/T)$$

在闭区间[0,1]中随机得到一个数字，然后和 p' 比较。如果 p' 大，则选择它作为下一个转

换状态。参数 T 在搜索程序中是逐渐降低的。这时由于 T 降低，p' 也降低，从而使得算法终止在一个稳定的状态。模拟退火算法可表示如下。

算法 3.6　模拟退火算法

```
Procedure Simulated Annealing
Begin
1）确定可能的开始状态并测量它们和目标节点的距离(f)；
   以f升序排列把这些节点压入栈。
2）Repeat
      弹出栈顶元素；
      If 栈顶元素=goal ；结束并返回；
      Else do
         Begin
           2.1）产生栈顶元素N的子女并计算每个子女的f值。
           2.2）If 如果至少有一个子女的f测量值得到改善；
                  Then 以f升序排列把这些子女压入栈中。
           2.3）If  N的子女的f值没有一个变好
                  Then do
                  Begin
                     2.3.1）从其中随机选择一个，计算其p'值并测量p'是否超过在[0,1]中
                            随机生成的数字；如果是，选择该状态为下一个状态；如果不是，生成
                            另外一个可选的合理的后续状态并且用这种方法进行检测，直到选择
                            了一个可以走动的后续状态；用该状态代替栈顶元素。
                     2.3.2）细微地降低T，如果降低的值为负，则设置为0。
                  End
         End
      Until 栈为空；
   End.
```

如果总是存在一个比现在状态更好的下一个状态，并且该状态就是栈顶指针指向的状态，则该算法和爬山算法类似。如果不是这种情况，则会调用算法最后的 Begin-End 部分。这一部分就是模拟退火部分。它逐一检测合理的后续状态，查看该状态出现的概率是否大于[0,1]之间的随机值。如果是，则选择该状态，否则检测下一个可能的状态。我们希望的是至少有一个状态出现的概率大于随机生成的概率。

需要说明的是，算法中没有包括 ΔE 的计算。它是取下一个可能状态的能量值和当前状态能量值的差。另一个问题是一旦选择了希望比较小的新的状态时，T 应该是下降的。T 总是非负的。当 T 为零时，p' 也会为零，这样转换到其他状态的概率都为零。

3.5.4　最好优先算法

在上面所讨论的各种算法中，主要问题是如何选择下一个状态来考查。爬山算法是按希望的大小来排列初始状态，然后检测位于列表中第一个位置的状态。如果它是目标，则算法终止；如果它不是目标，则该状态由其子女替代，这些子女以某种顺序放入列表的前面。因此爬山算法还是没有脱离深度优先法的基本思想。在下面介绍的最好优先算法中，搜索是从最有希

望的节点开始，并且生成其所有的子女节点。然后计算每个节点的性能（合适性），基于该性能选择最有希望的节点扩展。注意，这里是对所有的节点进行检测，然后选择最有希望的节点进行扩展，而不是仅仅从当前节点所生成的子节点中进行选择。因此和爬山算法不同，如果在早期选择了一个错误的节点，最好优先算法提供了一个修改的余地。这是最好优先算法相比于爬山算法较好之处。

算法 3.7 最好优先算法

```
Procedure Best First Search
  Begin
    1) 确定可能的开始状态并测量它们和目标节点的距离(f);
       把这些节点插入表 L 中。
    2) While 表 L 不空
       Begin
       2.1) 取出 L 中 f 值最小的节点;如果有多个节点具有最小的值,
            则从中任选一个节点(假设为 n)。
       2.2) If  n=goal;
            Then 返回 n 以及从初始节点开始的路径,并结束;
            Else 从 L 中删除节点 n,把该节点的所有子女放入表 L 中,
                 并标记从初始节点开始的路径。
    End while;
End.
```

最好优先搜索算法是一个通用的算法，但是，该算法并没有显式地给出如何定义启发式函数，并且不能保证当存在从起始节点到目标节点的最短路径时，一定能够找到它。为此需要对启发式函数等进行限制，A^*算法就是对启发式函数等问题加上限制后得到的一种启发式搜索算法。

3.5.5 通用图搜索算法

在讨论 A^*算法之前，首先讨论通用的图搜索算法。在回溯策略中，控制系统实际上忘掉了引起失败的任何试探路径，只有当前要扩展的路径才明确地被保留下来。在图搜索策略中，则明确保存所有的试探路径，使得任何一条路径可被候选作为进一步的扩展。在图搜索算法记录状态空间中那些被搜索过的状态，它们组成一个搜索图，记为 G。G 由两种节点组成。

定义 3.1 一个节点称为 open，如果该节点已经生成，而且启发式函数值 $h(x)$ 已经计算出来，但是它还没有扩展。这些节点也称为未考查节点。

定义 3.2 一个节点称为 closed，如果该节点已经扩展并生成了其子女。closed 节点是已经考查过的节点。

因此可以给出两个数据结构 OPEN 和 CLOSED 表，分别存放 open 节点和 closed 节点。

根据前面的讨论，节点 x 总的费用函数 $f(x)$ 是 $g(x)$ 和 $h(x)$ 之和。生成费用 $g(x)$ 可以比较容易地得到，例如，如果节点 x 是从初始节点经过 m 步得到的，则 $g(x)$ 应该和 m 成正比（或者就是 m）。但是如何计算 $h(x)$ 呢？显然 $h(x)$ 只是一个预测值。

算法 3.8 图搜索算法

```
Procedure Graph Search
  Begin
```

建立一个只含有初始节点 S_0 的搜索图 G,把 S_0 放入 OPEN 表中;计算 $f(S_0)=g(S_0)+h(S_0)$;假定初始时 CLOSED 表为空。

While OPEN 表不空 **do**

Begin

从 OPEN 表中取出 f 值最小的节点（第一个节点），并放入 CLOSED 表中。假设该节点的编号为 n。

If n 是目标，则停止；返回 n，并根据 n 的反向指针指出从初始节点到 n 的路径。

Else do

Begin

扩展节点 n;

If 节点 n 有后继节点

Begin

1）生成 n 的子节点集合 $\{m_i\}$,把 m_i 作为 n 的后继节点加入 G 中,并计算 $f(m_i)$。

2）**If** m_i 未曾在 G 中出现过(即未曾在 OPEN 和 CLOSED 表中出现过),**Then** 将它们配上刚计算的 f 值,设置返回到 n 的指针,并把它们放入 OPEN 表中。

3）**If** m_i 已经在 OPEN 表中,**Then** 该节点一定有多个父节点。在这种情况下,计算当前的路径 g 值,并和原有路径的 g 值相比较:若前者大于后者,则不做任何更改;如果前者小于后者,则将 OPEN 表中该节点的 f 值更改为刚计算的 f 值,返回指针更改为 n。

4）**If** m_i 已经存在于 CLOSED 表中,**Then** 该节点一样也有多个父节点。在这种情况下,同样计算当前路径的 g 值和原来路径的 g 值。如果当前的 g 值小于原来的 g 值,则将表中该节点的 g、f 值及返回指针进行类似 3)步的修改,并要考虑修改表中通过该节点的后继节点的 g、f 值及其返回指针。

5）按 f 值从小到大的次序,对 OPEN 表中的节点进行重新排序。

End if;

End else;

End while;

End.

上述图搜索算法生成一个明确的图 G（称为搜索图）和一个 G 的子集 T（称为搜索树），图 G 中的每个节点也在树 T 上。搜索树是由返回指针确定的。G 中的每一个节点（除了初始节点 S_0 外）都有一个指向 G 中一个父辈节点的指针。该父辈节点就是树中那个节点的唯一父辈节点。

算法中 3)、4）步保证对于每一个扩展的新节点，其返回指针的指向是已产生的路径中代价最小的，这可用图 3.3 来说明。

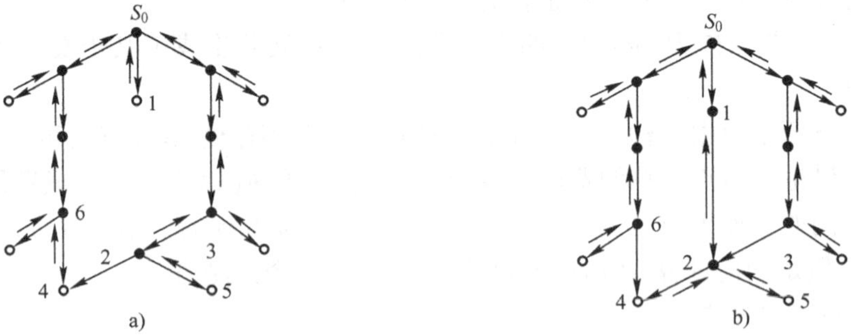

图 3.3　搜索图和搜索树

a）节点 1 扩展之前　b）节点 1 扩展之后

设搜索算法已生成如图 3.3a 所示的搜索图和搜索树（带返回指针的部分）。图中实心圆点表示在 CLOSED 表中的节点，空心圆点表示在 OPEN 表中还未扩展的节点。图 3.3a 是扩展节点 1 之前的搜索图和搜索树，而图 3.3b 是扩展节点 1 之后的搜索图和搜索树。

当节点 1 扩展时，产生节点 2。而节点 2 是 CLOSED 表中的节点，但节点 2 的新 $g(2)$ 为 2（设相邻两节点之间的代价均为 1），而原来 $g(2)$ 为 4，故将节点 2 的指针指向节点 1，将原来指向节点 3 的指针断开。同时要考虑修改 2 的后继节点 4 的返回指针和 $g(4)$ 的值，将节点 4 指向节点 2，并把原来指向 6 的指针断开。

对于初始状态和目标状态如图 3.4 所示的八数码问题，$d(x)$ 表示节点 x 在搜索树中的深度，$w(x)$ 表示节点 x 中不在目标状态中相应位置的数码个数，则根据 $f(x)=d(x)+w(x)$，可以得到如图 3.4 所示的搜索过程。

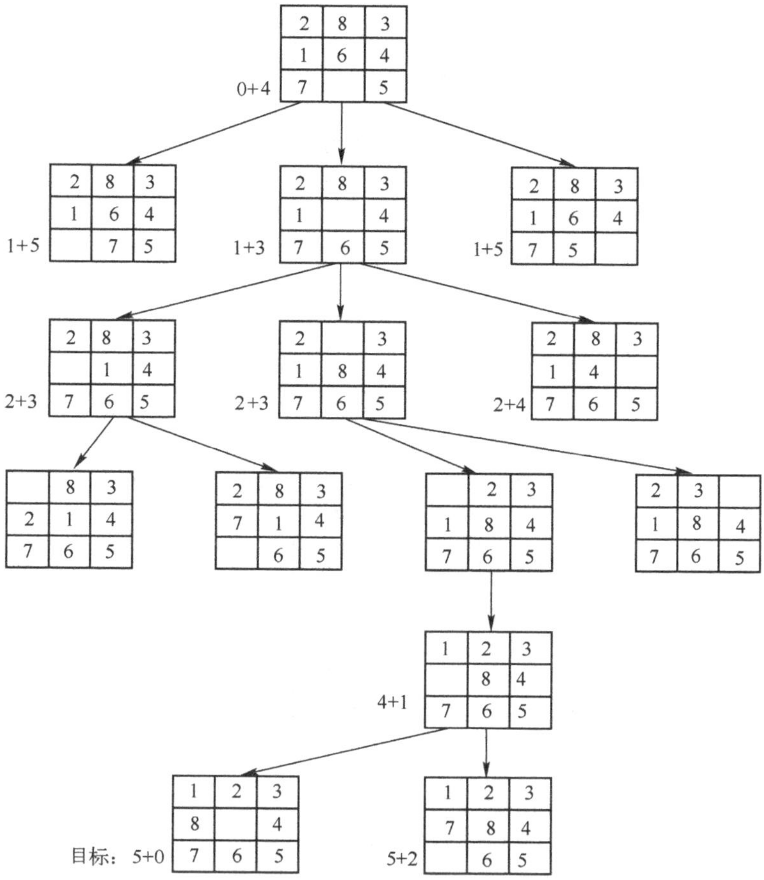

图 3.4　八数码问题搜索过程

下面再通过一个例子来说明该算法的使用问题。

例 3.1　给定 4 L 和 3 L 的水壶各一个，水壶上没有刻度，可以向水壶中加水，如何在 4 L 的壶中准确地得到 2 L 水？

这里用 (x,y) 表示 4 L 壶里的水有 x 升和 3 L 壶里的水有 y 升，n 表示搜索空间中的任一节点。则给出下面的启发式函数：

$h(n)=2$，　如果 $0<x<4$ 并且 $0<y<3$

$\quad\;\;=4$，　如果 $0<x<4$ 并且 $0<y<3$

$=10$，　如果 i) $x=0$ 并且 $y=0$

或者 ii) $x=4$ 并且 $y=3$

$=8$，　如果 i) $x=0$ 并且 $y=3$

或者 ii) $x=4$ 并且 $y=0$

假定 $g(n)$ 表示搜索树中搜索的深度，则根据图搜索策略可以得到如图 3.5 所示的搜索空间。

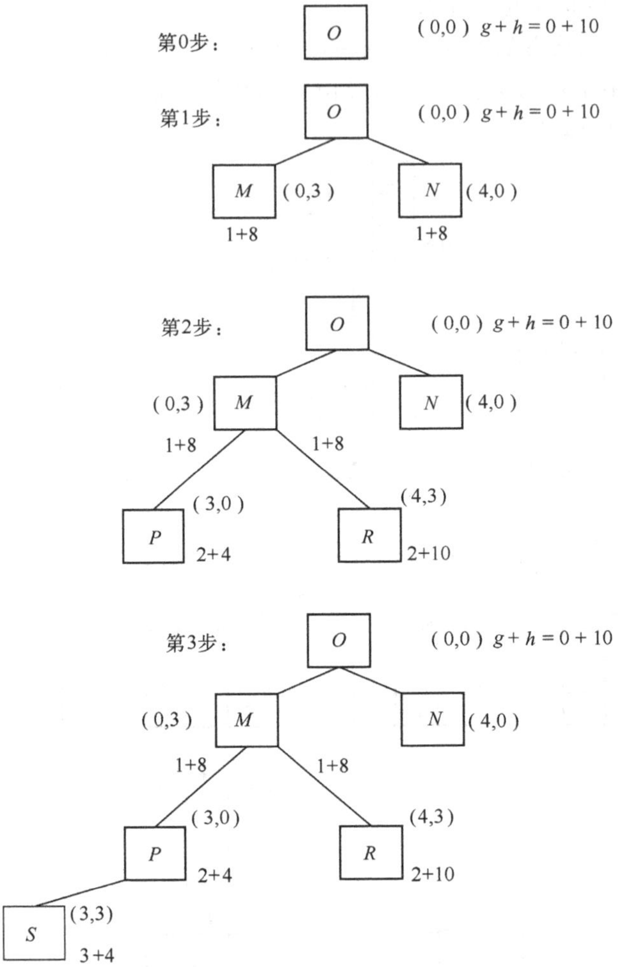

图 3.5　水壶问题的搜索空间

在第 0 步，由节点 O 可以得到 $g+h=10$。在第 1 步，得到两个节点 M 和 N，其估价函数值都为 $1+8=9$，因此可以任选一个节点进行扩展。假定选择了节点 M，在第 2 步扩展 M 得到两个后继节点 P 和 R，对于 P 有 $2+4=6$，对于 R 有 $2+10=12$。现在，在节点 P、R、N 中，节点 P 具有最小的估价函数值，所以选择节点 P 进行扩展。在第 3 步，可以得到节点 S，其中 $3+4=7$。现在，在节点 S、R、N 中，节点 S 的估价函数值最小，所以下一步就会选择 S 节点进行扩展。该过程一直进行下去，直到到达目标节点。

3.5.6　A* 算法

在图搜索策略的基础上，下面给出 A* 算法。

定义评估函数 f^* 如下：

$$f^*(n)=g^*(n)+h^*(n)$$

其中，$g^*(n)$ 为起始节点到节点 n 的最短路径的代价，$h^*(n)$ 是从节点 n 到目标节点的最短路径的代价。这样 $f^*(n)$ 就是从起始节点出发通过节点 n 到达目标节点的最佳路径的总代价估值。

把估价函数 $f(n)$ 和 $f^*(n)$ 相比较，$g(n)$ 是对 $g^*(n)$ 的估计，$h(n)$ 是对 $h^*(n)$ 的估计。在这两个估计中，尽管 $g(n)$ 容易计算，但它不一定就是从起始节点 S_0 到节点 n 的真正最短路径的代价，很可能从初始节点 S_0 到节点 n 的真正最短路径还没有找到，所以一般都有 $g(n)\geqslant g^*(n)$。

有了 $g^*(n)$ 和 $h^*(n)$ 的定义，如果对最好优先的启发式搜索算法中的 $g(n)$ 和 $h(n)$ 做如下的限制：

1）$g(n)$ 是对 $g^*(n)$ 的估计，且 $g(n)>0$。

2）$h(n)$ 是 $h^*(n)$ 的下界，即对任意节点 n 均有 $h(n)\leqslant h^*(n)$。

则称这样得到的算法为 A^* 算法。

$h(n)\leqslant h^*(n)$ 的限制十分重要，它保证 A^* 算法能够找到最优解。

在图3.4所示的八数码问题中，假定 $h(n)=w(n)$。尽管我们并不知道 $h^*(n)$ 具体为多少，但当采用单位代价时，通过对“不在目标状态中相应位置的数码个数”的估计，可以得出至少需要移动 $w(n)$ 步才能够到达目标，显然 $w(n)\leqslant w^*(n)$。因此它满足 A^* 算法的要求，所以图3.4所示的路径是最短路径。

应当指出，同一问题启发函数 $h(n)$ 可以有多种设计方法。在八数码问题中，还可以定义启发函数 $h(n)=p(n)$ 为节点 n 的每一数码与其目标位置之间的距离总和。显然有 $w(n)\leqslant p(n)\leqslant w^*(n)$，相应的搜索过程也是 A^* 算法。然而，$p(n)$ 比 $w(n)$ 有更强的启发性信息，因为由 $h(n)=p(n)$ 构造的启发式搜索树，比 $h(n)=w(n)$ 构造的启发式搜索树节点数要少。这一点可在后面关于 A^* 算法特性的讨论中看出。

下面来讨论 A^* 算法的特性。首先定义下面的符号。

$C(n_i,n_j)$：从节点 n_i 到节点 n_j 的费用。

$K(n_i,n_j)$：从节点 n_i 到节点 n_j 最小代价路径的费用。

g：一个目标节点。

G：目标节点的集合。

P_{n_g}：从节点 n 到 g 的路径。

P_{n_G}：从节点 n 到目标节点集合 G 的路径集合。

$g^*(n)$：从起始节点（根节点）s 到节点 n 所有路径的最小费用，即

$$g^*(n)=K(s,n)$$

$h^*(n)$：从节点 n 到 G 的路径中最小的费用，即

$$h^*(n)=\min K(n,g),\quad 对所有的\ g\in G$$

C^*：从节点 s 到 G 的所有路径中最小代价路径的费用，即

$$C^*=h^*(s)$$

现在给出下面一些定义。

1）完备性：一个算法是完备的，如果存在解答，则它一定能找到该解答，并结束。

2）可纳性：一个算法是可纳的，如果解答存在，则一定能够找到最优的解答。

3）优越性（Dominance）：如果由算法 A_1 扩展的每个节点也必然会被 A_2 扩展，那么称算法 A_1 优越于 A_2。

4）最优性：在一组算法中，如果某算法比其他算法都优越，那么该算法称为最优的。

性质 3.1　对最优路径 $P^*_{s_G}$上的任何节点 n^* 都满足下面的等式：

$$f^*(n^*)=C^*$$

证明

$$\begin{aligned} f^*(n^*)&=g^*(n^*)+h^*(n^*)\\ &=K(s,n^*)+\min K(n^*,g), \quad \forall g\in G\\ &=\min K(s,g)\\ &=C^* \end{aligned}$$

从性质 3.1 可以直接得到下面的结论：

1）$f^*(s)=C^*$。

2）$f^*(g)=C^*$。

性质 3.2　对于任何节点 n，如果不在任何一条最优路径上，则有

$$f^*(n)>C^*$$

证明　该性质可以直接从上面的性质得到。

关于启发式函数，给出下面的定义。

定义 3.3　如果有 $h(n)\leqslant h^*(n)$，则称启发式函数 h 是可纳的。

性质 3.3　在 A^* 算法结束之前，在 $P^*_{s_G}$上存在 open 节点 n'，有 $f(n')\leqslant C^*$。

证明　考虑 $P^*_{s_G}$中的一条最优路径 $P^*_{s\_g}$。假设 $P^*_{s\_g}=s,n_1,n_2,\cdots,n',\cdots,g$，并令 n'是 P'_{s_G}上深度最浅的 open 节点。因为在算法结束前 g 并不是 closed 的，n'是 open 的。另外，因为 n'的所有祖先都是 closed 的，所以 $s,n_1,n_2,\cdots,n'$是最优路径，因此，n'的指针一定是沿着路径 $P^*_{s_n'}$的。故有 $g(n')=g^*(n')$。

这样：

$$\begin{aligned} f(n')&=g^*(n')+h(n')\\ &\leqslant g^*(n')+h^*(n') \quad \text{（根据启发式函数可纳性的定义）}\\ &=f^*(n')\\ &=C^* \end{aligned}$$

性质 3.4　A^* 算法是可纳的。

证明　假设 A^* 算法终止在目标节点 $t\in G$ 上，并且 $f(t)=g(t)>C^*$。

然而在 A^* 算法中，如果 t 被选择作为扩展节点，则对所有 open 节点 n，有

$$f(t)\leqslant f(n)$$

这说明在算法终止之前，OPEN 表中任何节点 n 都有

$$f(n)>C^*$$

然而这与性质 3.3 相矛盾。因此如果算法终止在节点 t，则一定有 $g(t)=C^*$，即 A^* 找到的是最优路径。

下面讨论启发式算法的单调性和一致性。

一般来说，一致性是指 A^* 算法不会重新选择扩展已经放入 CLOSED 表中的节点。在 A^* 算法中，每当扩展一个节点 n 时，都需要检查其子节点是否已经在 OPEN 表或 CLOSED 表中。对于那些已经在 OPEN 表中的子节点，需要决定是否调整其指向父节点的指针；对于那些已经在 CLOSED 表中的子节点，除了需要决定是否调整其指向父节点的指针外，还要决定是否调整

其子节点的后继节点的父指针，这就增加了搜索的代价。如果能够保证，每当扩展一个节点时就已经找到了通往这个节点的最佳路径，就没有必要再检查其后继节点是否已在 CLOSED 表中，因为 CLOSED 表中的节点都已经找到了通往该节点的最佳路径。为此需要讨论 A^* 算法的一致性和单调性问题。根据性质 3.1 和性质 3.2 可以看出，约束通过节点 n 的最优路径的费用不会小于没有该约束的最优路径的费用，即

对所有的节点 n：

$$g^*(n)+h^*(n) \geqslant h^*(s)$$

$$\Rightarrow K(s,n)+h^*(n) \geqslant h^*(s)$$

如果节点 n' 是节点 n 派生的任一节点，则应有

$$h^*(n) \leqslant K(n,n')+h^*(n'),\quad 对所有的(n,n')$$

现在，如果把 $h(n)$ 作为 $h^*(n)$ 的一个测量值，则有

$$h(n) \leqslant K(n,n')+h(n')$$

这就是一致性条件。它说明从节点 n 到目标节点的最小代价的估值不会超过从节点 n 到其子节点 n' 的代价，加上从 n' 到目标节点的最小代价估值。

定义 3.4 一个启发式函数称为单调的，如果满足：

$$h(n) \leqslant C(n,n')+h(n'),\quad 对所有的 n,n'$$

其中，n' 是 n 的后继。

性质 3.5 每个一致的启发式函数都是可纳的。

证明 由于 $h(n)$ 是一致的，则有

$$h(n) \leqslant K(n,n')+h(n')$$

用 g 代替 n'，则有

$$h(n) \leqslant K(n,g)+h(g)$$

$$\Rightarrow h(n) \leqslant h^*(n)$$

这就是可纳性条件。

下面不加证明地给出性质 3.6。

性质 3.6 如果 $h(n)$ 满足单调限制，则 A^* 算法扩展的节点序列的 f 值是非递减的，即

$$f(n_i) \leqslant f(n_{i+1})$$

A^* 算法的搜索效率很大程度上取决于启发式函数 $h(n)$。一般来说，在满足 $h(n) \leqslant h^*(n)$ 的前提下，$h(n)$ 的值越大越好。$h(n)$ 的值越大说明它携带的启发式信息越多，A^* 算法搜索时扩展的节点就越少，搜索效率就越高。A^* 算法的这一特征也称为信息性。

性质 3.7 设有两个 A^* 算法 A_1^* 和 A_2^*，它们有

$$A_1^*: f_1(n)=g_1(n)+h_1(n)$$

$$A_2^*: f_2(n)=g_2(n)+h_2(n)$$

如果 A_2^* 比 A_1^* 有更多的启发性信息，即对所有非目标节点均有

$$h_2(n)>h_1(n)$$

则在搜索过程中，被 A_2^* 扩展的节点也必然被 A_1^* 扩展。

证明从略。

下面讨论 A^* 算法的复杂性问题。

A^* 算法是完备的、最优的并且是有效的。但是，这并不是说 A^* 算法能够满足我们所有对搜索问题的需求。对大多数搜索问题，搜索目标时的搜索空间的节点数仍然是目标节点深度的指数。从这个结果可以看到搜索过程中的复杂性仍然会出现指数的增长，除非启发式函数中差

值的增长比实际路径费用的对数小。在数学上，亚指数（Subexponential）增长的条件为

$$|h(n)-h^*(n)| \leqslant O(\log h^*(n))$$

这里 $h^*(n)$ 是从节点 n 到目标节点的实际费用。对大多数在实际中使用的启发式函数来说，差值至少和路径的费用成正比，并且指数增长最终会使得任何一台计算机无法承受其巨大的计算量。当然，和盲目搜索相比，好的启发式函数仍然能够节省很大的空间。

在 A* 算法中计算时间不是主要的问题。由于 A* 算法把所有生成的节点保存在内存中，A* 算法在耗尽计算时间之前一般早已经把空间耗尽了。因此，目前开发了一些新的算法，它们的目的是克服空间问题，但是一般不满足最优性或完备性，如迭代加深 A* 算法（IDA*）、简化内存受限 A* 算法（SMA*）等。下面简单介绍 IDA* 算法。

3.5.7　迭代加深 A* 算法

前面已经讨论了迭代加深搜索算法，它以深度优先的方式在有限制的深度内搜索目标节点。该算法在每个深度上检查目标节点是否出现，如果出现则停止，否则该深度加 1 继续搜索。而 A* 算法是选择具有最小估价函数值的节点扩展。下面给出的迭代加深 A* 搜索算法（IDA*）是上述两种算法的结合。这里启发式函数用作深度的限制，而不是选择扩展节点时的排序。IDA* 算法如下。

算法 3.9　迭代加深 A* 算法

```
Procedure   IDA*
Begin
  1) 初始化当前的深度限制 c=1。
  2) 将初始节点压入栈;并假定 c'=∞ 。
  3) While 栈不空 do
    Begin
      弹出栈顶元素 n;
      If n=goal,Then 结束,返回 n 以及从初始节点到 n 的路径。
      Else do
      Begin
            For n 的每个子节点 n'
              If f(n')≤c,Then 把 n'压入栈
                      Else c'=min{c',f(n')}
            End for
        End
    End while
  4) If 栈为空并且 c'=∞ ，Then 停止并退出。
  5) If 栈为空并且 c'≠∞ ，Then c=c'，并返回 2)。
End.
```

上述算法涉及了两个深度限制。如果栈中所含节点的所有子节点的 f 值小于限制值 c，则把这些子节点压入栈中以满足迭代加深算法的深度优先准则；否则，如果节点 n 的一个或多个子节点 n' 的 f 值大于限制值 c，则节点 n 的 c' 值设置为 $\min\{c', f(n')\}$。该算法终止的条件为：①找到目标节点（成功结束）；②栈为空并且限制值 $c'=\infty$。

IDA* 算法和 A* 算法相比，主要优点是对于内存的需求。A* 算法需要指数级数量的存储

空间，因为它没有深度方面的限制。而 IDA* 算法只有当节点 n 的所有子节点 n' 的 $f(n')$ 小于限制值 c 时才扩展它，这样就可以节省大量的内存。

当启发式函数是最优时，IDA* 算法和 A* 算法扩展相同的节点，并且可以找到最优路径。

3.6　与或图启发式搜索

与或（AND-OR）图的反向推理过程可以看作一个问题归约过程。在问题求解过程中，将一个大的问题变换成若干个子问题，子问题又可以分解成更小的子问题，这样一直分解到可以直接求解为止，全部子问题的解就是原问题的解。原问题称为初始问题，可直接求解的问题称为本原问题。问题归约法不同于状态空间法，是另一种问题描述和求解的方法。

3.6.1　问题归约的描述

一般来说，问题归约可以用三元组表示：(S_0, O, P)，其中，S_0 是初始问题，即要求解的问题；P 是本原问题集，其中的每一个问题是不用证明的，它们自然成立，如公理、已知事实等，或已证明过的问题；O 是操作算子集，它是一组变换规则，通过一个操作算子把一个问题化成若干个子问题。

这样，问题归约表示方法就是由初始问题出发，运用操作算子产生一些子问题，对子问题再运用操作算子产生子问题的子问题，这样一直进行到产生的问题均为本原问题，则问题得解。

例如，对于符号积分问题：

初始问题：$\int f(x)\,\mathrm{d}x$。

变换规则：积分规则。

本原问题：可直接求原函数的积分，如 $\int \sin x\,\mathrm{d}x$、$\int \cos x\,\mathrm{d}x$ 等。

所有问题归约的最终目的是产生本原问题。

3.6.2　与或图表示

用与或图可以方便地把问题归约为子问题替换集合。例如，假设问题 A 既可通过问题 C_1 与 C_2，也可通过问题 C_3、C_4 和 C_5，或者由单独求解问题 C_6 来解决，如图 3.6 所示。图中各节点表示要求解的问题或子问题。

问题 C_1 和 C_2 构成后继问题的一个集合，问题 C_3、C_4 和 C_5 构成另一后继问题集合；而问题 C_6 则为第三个集合。对应于某个给定集合的各节点，用一个连接它们的圆弧来标记。图 3.7 中连接 C_1、C_2 和 C_3、C_4、C_5 的圆弧分别叫作 2 连接弧和 3 连接弧。一般而言，如果某种弧叫 K 连接弧，则表示对问题 A 由某个操作算子作用后产生 K 个子问题。

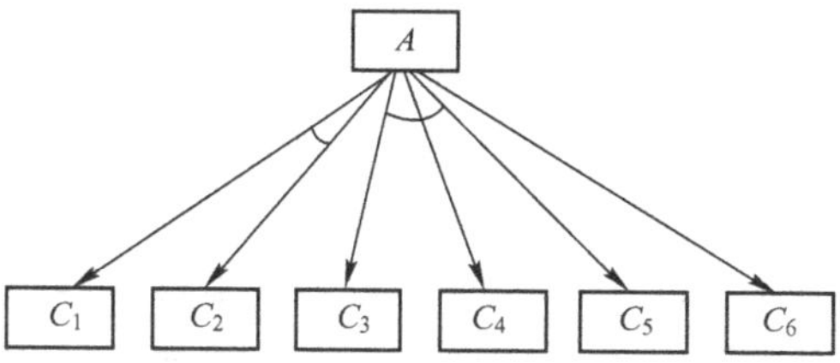

图 3.6　子问题替换集合的结构

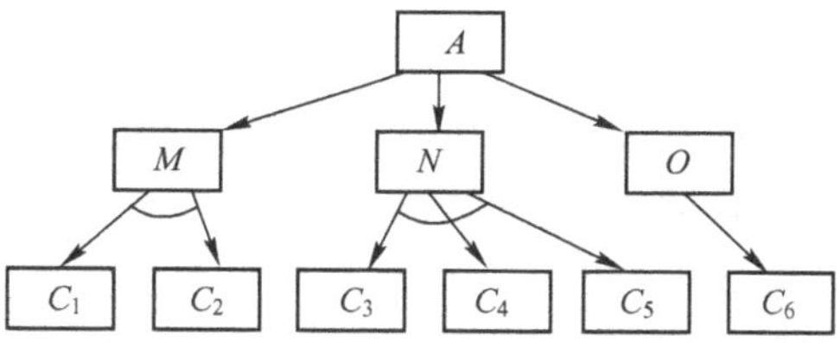

图 3.7　各节点后继只含一个连接弧的与或图

由节点及 K 连接弧组成的图，称为与或图，当所有 K 均为 1 时，就变为普通的或图。可以对图 3.6 所示的与或图进行变换，引进某些附加节点，以便使含有一个以上后继问题的每个集合能够聚集在它们各自的父辈节点下。这样图 3.6 就变为图 3.7 所示的结构，每个节点的后继只包含一个 K 连接弧。弧连接的子节点叫作与节点，如 C_1、C_2及 C_3、C_4、C_5。$K=1$ 的连接弧连接的子节点叫作或节点。

在下面的讨论中，假设与或图中每个节点只包含一个 K 连接弧的子节点。

将问题求解归约为与或图搜索时，将初始节点表示初始问题描述，对应于本原问题的节点称为叶节点。

在与或图上执行搜索过程，其目的在于表明初始节点是有解的，与或图中一个可解节点可递归地定义如下：

1）叶节点是可解节点。

2）如果某节点为或子节点，那么该节点可解当且仅当至少有一个子节点为可解节点。

3）如果某节点为与子节点，那么该节点可解当且仅当所有子节点均为可解节点。

不可解节点可递归定义如下：

1）没有后裔节点的非叶节点是不可解节点。

2）或节点是不可解节点，当且仅当它的所有子节点都是不可解节点。

3）与节点是不可解节点，当且仅当它的子节点中至少有一个是不可解节点。

能导致初始节点可解的那些可解节点及有关连线组成的子图称为该与或图的解图。

对或图搜索，若搜索到某个节点 n 时，不论 n 是否生成了后继节点，n 的费用是由其本身状态决定的，但对于与或图则不同，其费用计算规则为：

1）n 未生成后继节点，则费用由 n 本身决定。

2）n 已经生成了后继节点，则费用由 n 的后继节点的费用决定。因为后继节点代表了分解的子问题，子问题的难易程度决定原问题求解的难易程度，所以不再考虑 n 本身的难易程度。因此当决定了某个路径时，要将后继节点的估计值往回传送。假设当前节点 n 到目标集 S_g的费用估计为 $h(n)$。节点 n 的费用可以按下面的方法计算。

3）如果 $n \in S_g$，则 $h(n)=0$。

4）若 n 有一组由“与”弧连接的后继节点$\{n_1,n_2,\cdots,n_m\}$，则

$$h(n)=c_1+c_2+\cdots+c_m+h(n_1)+h(n_2)+\cdots+h(n_m)$$

其中，c_i为 n 到 n_i弧的费用。

5）若 n 有一组由“或”弧连接的后继节点$\{n_1,n_2,\cdots,n_m\}$，则 $h(n)$为其后继节点中费用最小者的费用。

6）若 n 是既有“与”弧又有“或”弧连接的后继节点，则整个“与”弧作为一个“或”弧后继来考虑。

3.6.3 AO* 算法

为了在与或图中找到解，需要一个类似于 A* 的算法，尼尔森（Nilsson）把它称为 AO* 算法，它和 A* 算法是不同的。

A* 算法不能搜索与或图。可以考查图 3.8a，扩展顶点 A 产生两个子节点集合，一个为节点 B，另一个由节点 C、D 组成。在每个节点旁边的数表示该节点 f 值。为简单起见，假定每一操作的耗费是一致的。设带一个后继节点的耗费为 1。若查看节点并从中挑选一个带最低 f

值的节点进行扩展，则要挑选 C。但根据现有信息，最好开发穿过 B 的那条路径，因扩展 C 也得扩展 D，其总耗费为 9，即($D+C+2$)；而穿过 B 的耗费为 6。问题在于下一步要扩展节点的选择不仅依赖于那一节点的 f 值，而且取决于那一节点是否属于从初始节点出发的当前最短路径的一部分。对此，图 3.8b 更加清楚。按 A^* 算法，最有希望的节点是 G，其 f 值为 3。G 节点是 C 的后继。C 也是 B、C、D 中最有希望的节点，其总耗费为 9。但 C 节点不是当前最短路径的一部分，因用 C 得用 D，而 D 的耗费为 27。因此不应扩展 G，而应考查 E 和 F。

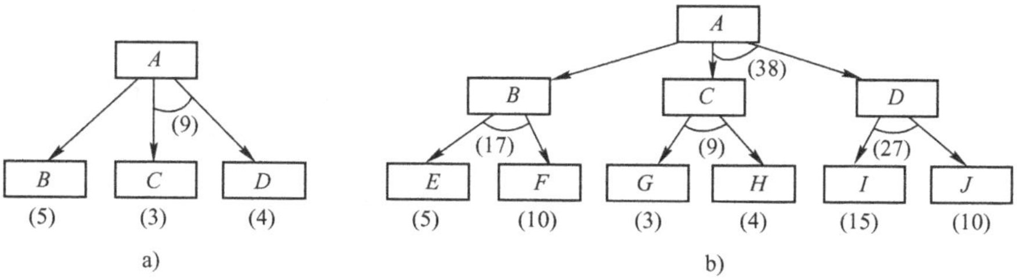

图 3.8 与或图

由此可见，在扩展搜索一与或图时，每步需做三件事：

1）遍历图，从初始节点开始，顺沿当前最短路径，积累在此路径上但未扩展的节点集。

2）从这些未扩展节点中选择一个并扩展之。将其后继节点加入图中，计算每一后继节点的 f 值（只需计算 h，不管 g）。

3）改变最新扩展节点的 f 估值，以反映由其后继节点提供的新信息。将这种改变往后回传至整个图。在图中往后回走时，每到一节点就判断其后继路径中哪一条最有希望，并将它标记为目前最短路径的一部分。这样可能引起目前最短路径的变动。这种图的往后回走传播修正耗费估计的工作在 A^* 算法中是不必要的，因为它只需考查未扩展节点。但现在必须考查已扩展节点以便挑选目前最短路径。于是，其值是目前最佳估计这一点很重要。

下面通过图 3.9 中的例子来说明此过程：

1）A 是唯一节点，因此它在目前最短路径的末端。

2）扩展 A 后得节点 B、C 和 D，因为 B 和 C 的耗费为 9，到 D 的耗费为 6，所以把到 D 的路径标志为出自 A 的最有希望的路径（被标志的路径在图中用箭头指出）。

3）选择 D 扩展，从而得到 E 和 F 的与弧，其复合耗费估计为 10，故将 D 的 f 值修改为 10。往回退一层发现，A 到 B、C 与节点集的耗费为 9，所以，从 A 到 B、C 是当前最有希望的路径。

4）扩展 B 节点，得到节点 G、H，且它们的耗费分别为 5、7。往回传其 f 值后，B 的 f 值修改为 6（因为 G 的弧最佳）。往回上一层后，A 到 B、C 与节点集的耗费修改为 12，即（6+4+2）。此后，D 的路径再次成为更好的路径，所以将它作为目前最短路径。

最后求得的耗费为

$$f(A)=\min\{12,4+4+2+1\}=11$$

从上述可以看出，与或图搜索由以下两个过程组成：

1）自顶向下，沿着最优路径产生后继节点，判断节点是否可解。

2）自底向上，传播节点是否可解，作估值修正，重新选择最优路径。

由上可以看出，AO^* 算法与 A^* 算法不同，其主要区别在于：

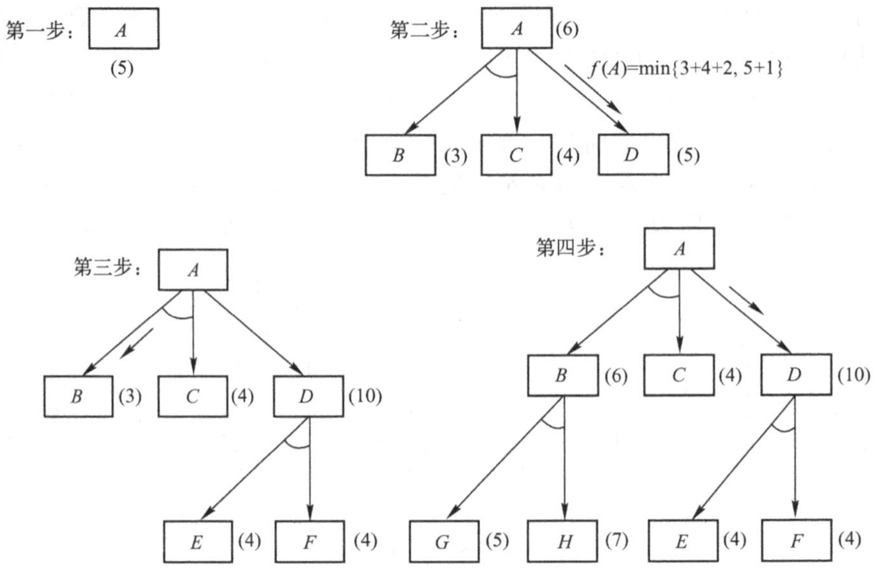

图 3.9　一个与或图的搜索过程

1）AO^* 算法要能处理与或图，它应找出一条路径，即从该图的开始节点出发到达代表解状态的一组节点。

2）如果有些路径通往的节点是其他路径上的“与”节点扩展出来的节点，那么不能像“或”节点那样只考虑从节点到节点的个别路径，有时候路径长一些可能会更好。

考虑图 3. 10a 中的例子。图中节点已按生成它们的顺序给定了序号。现假定下步要扩展节点 10，其后继节点之一为节点 5，扩展后的结果如图 3. 10b 所示。到节点 5 的新路径比通过节点 3 到节点 5 的先前路径长。但因为要穿过节点 3 的路径通向解，还必须要走节点 4，而节点 4 不可能通向解，所以穿过节点 10 的路径好一些。

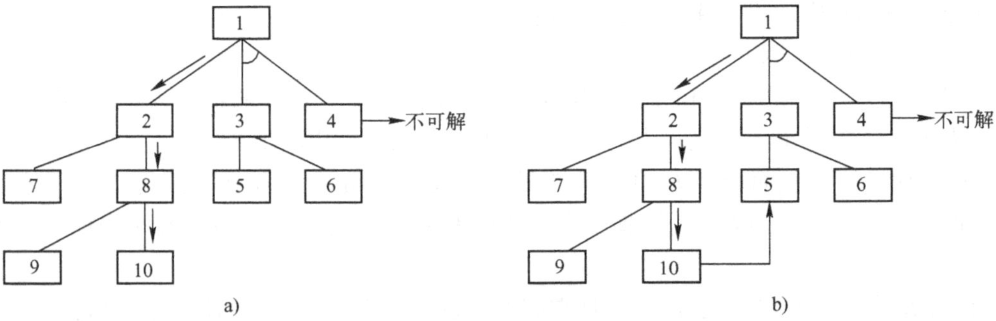

图 3. 10　长路径和短路径

3）AO^* 算法仅对保证不含任何回路的图进行操作。做这种保证是因为存储一条回路路径绝无必要。这样的路径代表了一条循环推理链。例如，在证明数学定理时会出现这样的问题，如图 3. 11 所示，能证明 Y 就能证明 X；再显示，能证明 X 就能证明 Y。

但这样的循环路径不可能构造出证明。所以，从图中省掉回路路径不会有漏掉解的可能性。虽然在搜索图中没有回路能简化搜索算法的某些部分，但它又把另一部分复杂化了。当生成一节点并发现它已在图中时，就要检查已在图中的那个节点是否为正扩展节点的祖先。仅当不是祖先时（于是回路不会建立），才把最近发现的到此节点的路径加到图中。

现在具体描述 AO* 算法。在 A* 算法中用到了两张表：OPEN 表和 CLOSED 表。AO* 算法只用一个结构 G，它表达了至今已明显生成的部分搜索图。图中每一节点向下指向其直接后继节点，向上指向其直接前趋节点。同图中每一节点有关的还有 h 值，它估计了从该节点至一组解节点那条路径上的耗费。

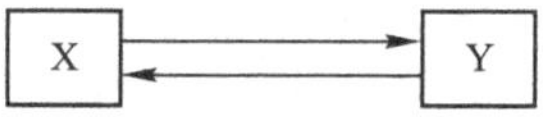

图 3.11　循环推理

AO* 算法还需用一个称为 FUTILITY 的值。若一解的估计耗费变得大于 FUTILITY 的解，则要放弃该搜索。FUTILITY 应选得相当于一个阈值，使得大于耗费 FUTILITY 的任一解即使能找到也因为昂贵而无法应用。

算法 3.10　AO* 算法

Procedure AO*

Begin

1）设 G 仅由代表开始状态的节点组成(称此节点为 INIT)，计算 h(INIT)。

2）**Repeat**

2.1）跟踪从 INIT 开始的已带标记的弧，如果存在，则挑选出现在此路径上但未扩展的节点之一进行扩展，称新挑选的节点为 NODE。

2.2）生成 NODE 的后继节点；

If NODE 没有后继节点，**Then** 令 h(NODE) = FUTILITY，说明该节点不可解；

Else 后继节点称为 successor，对每个不是 NODE 节点祖先的后继节点 **do**

Begin

2.2.1）把 successor 加到图 G 中。

2.2.2）如果 successor 是一叶节点，那么将其标记为 SOLVED，并令 h(successor) = 0。

2.2.3）若 successor 不是叶节点，则计算它的 h 值。

End

2.3）将最新发现的信息向图的上部回传，具体做法为：设 S 为一节点集，S 包括已经做了 SLOVED 标记的节点，以及 h 已经做了改变，需要回传至其先辈节点的那些节点。初始 S 只包含节点 NODE。

2.4）**Repeat**

2.4.1）从 S 中挑选一个节点，该节点在 G 中的子孙均不在 S 中出现(也就是说，保证对于每一正在处理的节点，是在处理其任一祖先之前来处理该节点的)，称此节点为 CURRENT 并把它从 S 中去掉。

2.4.2）计算始于 CURRENT 的每条弧的耗费。每条弧的耗费等于在该弧末端每一节点的 h 值之和加上该弧本身的耗费。从刚刚计算过的始于 CURRENT 的所有弧的耗费中选出极小耗费作为 CURRENT 的新 h 值。

2.4.3）把在上一步计算出来的带极小耗费的弧标记为始于 CURRENT 的最佳路径。

2.4.4）**If** 穿过新的带标记弧与 CURRENT 连接的所有节点均标为 SOLVED，**Then** 把 CURRENT 标为 SOLVED。

2.4.5）**If** CURRENT 已标为 SOLVED，或 CURRENT 的耗费刚才已经改变，**Then** 应把其新状态往回传。因此，要把 CURRENT 的所有祖先加到 S 中。

Until S 为空；

Until INIT 标为 SOLVED(成功)，或 INIT 的 h 值变得大于 FUTILITY(失败)；

End.

从上面可以看出，AO*算法主要由两个循环组成。外循环包括 2.1）和 2.2），自顶向下地进行图的生长操作。它根据标记得到最佳的局部解图，挑选一个非叶节点进行扩展，并对它的后继节点计算耗散值及进行标记。内循环是自底向上的操作 2.3）和 2.4），进行修改耗散值、标记连接符、标记 SOLVED 操作。它修改被扩展节点的耗散值，对该节点发出的连接符进行标记，并修改该节点祖先节点的耗散值。2.4）中的操作 2.4.1）考查的节点 CURRENT 在 G 中的子女都不在 S 中，以保证修改过程是自底向上的。

下面根据图 3.12 说明 AO*算法。

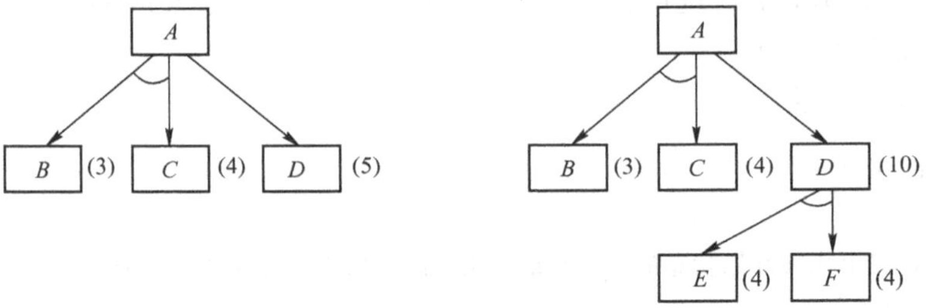

图 3.12　AO*算法耗散值估计的向上传递

开始时，在 2.4.1）步可以得到 $S=\{A\}$，在 2.4.2）步可以得到 CURRENT=A。

从图中可以看出，由于有 A 到 B 和 C 的弧，CURRENT 的费用为 $1+1+h(B)+h(C)=9$，另外有 A 到 D 的弧，CURRENT 的费用为 $1+h(D)=6$，所以 A 的费用为 6。

然后，可以得到 NODE=D，所以扩展后得到 successor=$\{E,F\}$，D 的耗散值为 10，向上回传，则 A 的耗散值为 9，所以最优路径又成为 A 到 BC 的弧。

对于 AO*算法，需要注意的是：

1）在算法 3.10 中的 2.4.5）步，需要将费用已改变的某一节点的所有祖先加入 S 中，然后修改祖先的费用。

如图 3.13 所示，从 E 往回传递耗散值时，如果实际上从 A 到 B 这条路径确实不好时，则从 E 到 B 的回传是无用的回传，所以“将费用已改变的某一节点的所有祖先加入 S 中，然后修改祖先的费用”这一操作的费用太大。但是如果仅沿着已标记的路径回传，又可能找不到最优解，如图 3.14 所示。

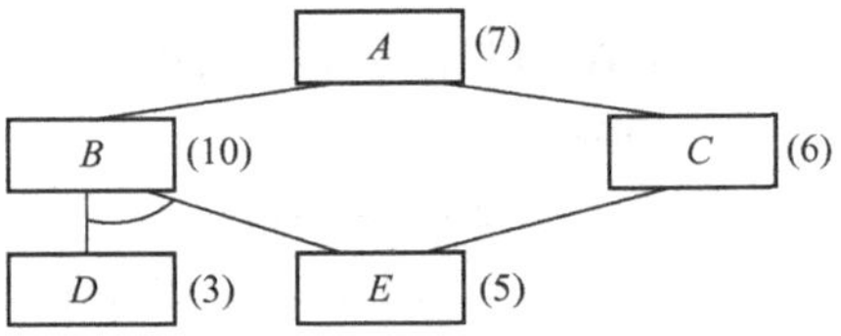

图 3.13　一次无用回传

由 $H \to G$ 回传时，若仅沿着原来的“→”上传至 C，不回传至 E，则 E 的值仍为 6，而实际上应为 11。而 B 仍为 13，实际上应为 18。这样导致 A 将选择 A 到 B 这一路径，实际上这条路径比 A 到 C 这条路径更差。所以仅仅顺路径标记往上传递修正，AO*算法可能会漏掉最优解。

2）算法没有考虑子目标之间的相互依赖关系。考虑图 3.15，从节点 C 看应选 D 节点，但从总体上看应选 B 节点，因为 B 节点是从 A 到 BC 弧的一部分，所以 B 节点总是被选择的，而且只选 B 节点就足够了。但是按 AO*算法，则要求选择 D 节点。

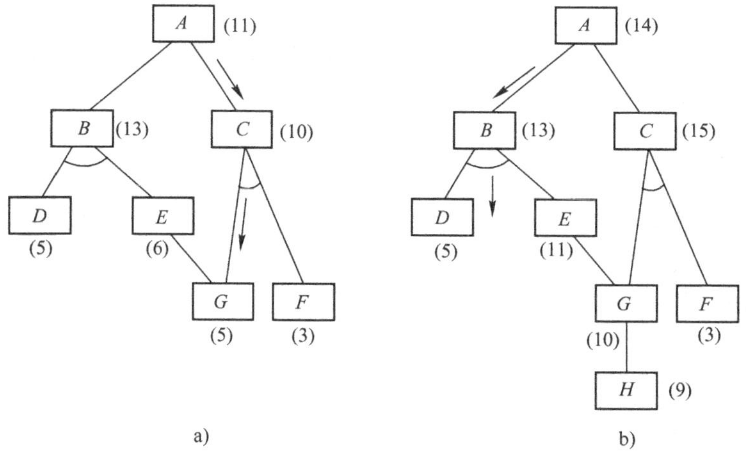

图 3.14　必要的回传

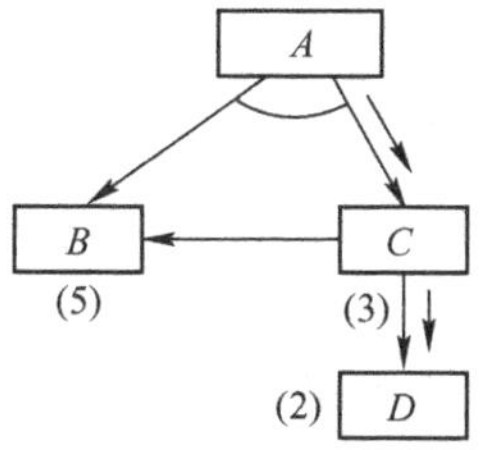

图 3.15　子目标的相互依赖

3.7　博弈搜索

博弈一向被认为是富有挑战性的智力活动，如下棋、打牌、作战和游戏等。博弈的研究不断为人工智能提出新的课题，可以说博弈是人工智能研究的起源和动力之一。博弈之所以是人们探索人工智能的一个很好的领域，一方面是因为博弈提供了一个可构造的任务领域，在这个领域中，具有明确的胜利和失败；另一方面是因为博弈问题对人工智能研究提出了严峻的挑战，例如，如何表示博弈问题的状态、博弈过程和博弈知识等。

这里讲的博弈是二人博弈，二人零和、全信息、非偶然博弈，博弈双方的利益是完全对立的：

1）对垒的双方 MAX 和 MIN 轮流采取行动，博弈的结果只能有三种情况：MAX 胜，MIN 败；MAX 败，MIN 胜；和局。

2）在对垒过程中，任何一方都了解当前的格局和过去的历史。

3）任何一方在采取行动前都要根据当前的实际情况，进行得失分析，选择对自己最为有利而对对方最不利的对策，不存在“碰运气”的偶然因素，即双方都很理智地决定自己的行动。

这类博弈如一字棋、象棋和围棋等。

另外一种博弈是机遇性博弈，是指不可预测性的博弈，如掷币游戏等。对于机遇性博弈，由于不具备完备信息，所以在此不做讨论。

先来看一个例子，假设有七枚硬币，任一选手只能将已分好的一堆硬币分成两堆个数不等的硬币，两位选手轮流进行，直到每一堆都只有一个或两个硬币，不能再分为止，哪个选手遇到不能再分的情况，则为输。

用数字序列加上一个说明表示一个状态，其中数字表示不同堆中硬币的个数，说明表示下一步由谁来分，如（7，MIN）表示只有一个由七枚硬币组成的堆，由 MIN 走，MIN 有三种可供选择的分法，即（6，1，MAX）、（5，2，MAX）、（4，3，MAX），其中 MAX 表示另一选手，不论哪一种方法，MAX 在它的基础上再做符合要求的划分，整个过程如图 3.16 所示。在图中已将双方可能的分法完全表示出来了，而且从中可以看出，无论 MIN 开始时怎么走法，

MAX 总可以获胜，取胜的策略用双箭头表示。

实际的情况没有这么简单，任何一种棋都不可能将所有情况列尽，因此，只能模拟人“向前看几步”，然后做出决策，决定自己走哪一步最有利，也就是说，只能给出几层走法，然后按照一定的估算方法，决定走哪一步棋。

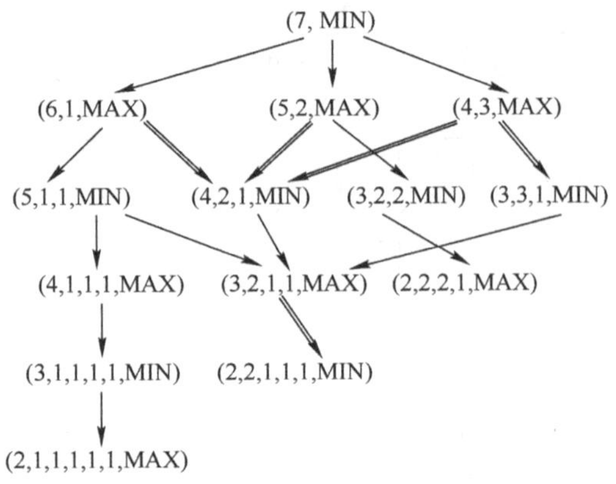

图 3.16 分硬币的博弈

在双人完备信息博弈过程中，双方都希望自己能够获胜。因此当一方走步时，都是选择对自己最有利，而对对方最不利的走法。假设博弈双方为 MAX 和 MIN。在博弈的每一步，可供他们选择的方案都有很多种。从 MAX 的观点看，可供自己选择的方案之间是“或”的关系，原因是主动权在自己手里，选择哪个方案完全由自己决定，而对那些可供 MIN 选择的方案之间是“与”的关系，这是因为主动权在 MIN 手中，任何一个方案都可能被 MIN 选中，MAX 必须防止那种对自己最不利的情况出现。

图 3.16 把双人博弈过程用图的形式表示出来，这样就可以得到一棵与或树，这种与或树称为博弈树。在博弈树中，那些下一步该 MAX 走的节点称为 MAX 节点，而下一步该 MIN 走的节点称为 MIN 节点。博弈树具有如下的特点：

1）博弈的初始状态是初始节点。

2）博弈树的“与”节点和“或”节点是逐层交替出现的。

3）整个博弈过程始终站在某一方的立场上，所以能使自己一方获胜的终局都是本原问题，相应的节点也是可解节点，所有使对方获胜的节点都是不可解节点。

在人工智能中可以采用搜索方法来求解博弈问题，下面讨论博弈中两种最基本的搜索方法。

3.7.1 极大极小过程

极大极小（MAXMIN）过程是考虑双方对弈若干步之后，从可能的走法中选一步相对好的走法来走，即在有限的搜索深度范围内进行求解。

为此需要定义一个静态估价函数 f，以便对棋局的态势做出评估。这个函数可以根据棋局的态势特征进行定义。假定对弈双方分别为 MAX 和 MIN，规定：

1）有利于 MAX 方的态势，$f(p)$取正值。

2）有利于 MIN 方的态势，$f(p)$取负值。

3）态势均衡时，$f(p)$取零。

其中，p 代表棋局。

MAXMIN 的基本思想是：

1）当轮到 MIN 走步的节点时，MAX 应考虑最坏的情况（即 $f(p)$取极小值）。

2）当轮到 MAX 走步的节点时，MAX 应考虑最好的情况（即 $f(p)$取极大值）。

3）评价往回倒推时，相应于两位棋手的对抗策略，交替使用 1）和 2）两种方法传递倒推值。

所以这种方法称为极大极小过程。图 3.17 表示了向前看两步，共四层的博弈树，用□表示 MAX，用○表示 MIN，端节点上的数字表示它对应的估价函数的值。在 MIN 处用圆弧连接，0 用以表示其子节点取估值最小的格局。

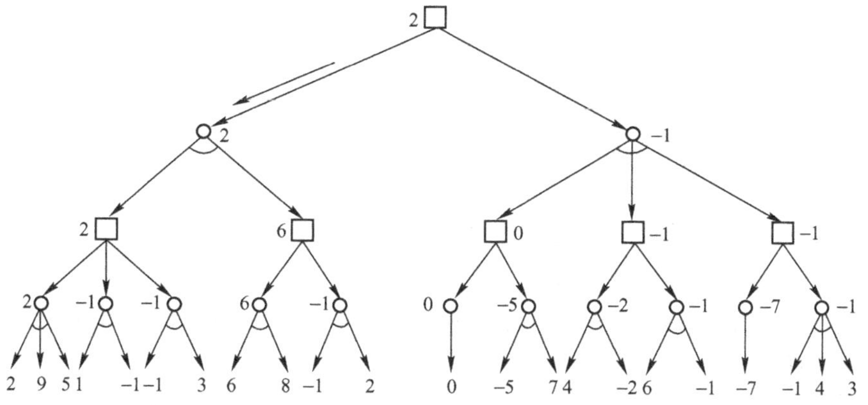

图 3.17　四层博弈树

图 3.17 中节点处的数字，在端节点是估价函数的值，称它为静态值，在 MIN 处取最小值，在 MAX 处取最大值，最后 MAX 选择箭头方向的走步。

利用一字棋来具体说明一下极大极小过程（见图 3.18）。不失一般性，设只进行两层，即每方只走一步（实际上，多看一步将增加大量的计算和存储）。

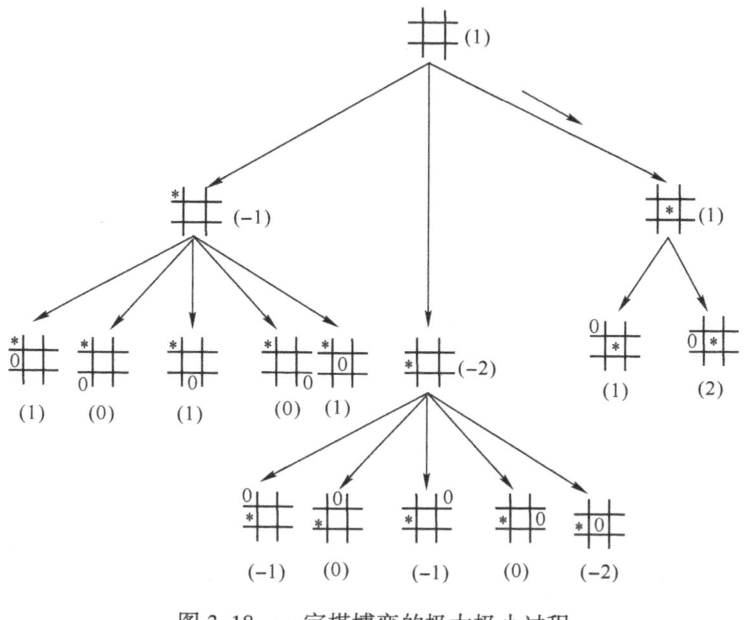

图 3.18　一字棋博弈的极大极小过程

估价函数 $e(p)$ 规定如下：

1）若格局 p 对任何一方都不是获胜的，则

$e(p)$ =（所有空格都放上 MAX 的棋子之后三子成一线的总数）-
（所有空格都放上 MIN 的棋子后三子成一线的总数）

2）若 p 是 MAX 获胜，则

$$e(p)=+\infty$$

3）若 p 是 MIN 获胜，则

$$e(p)=-\infty$$

因此，若 p 为

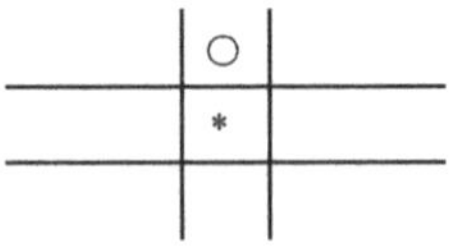

就有 $e(p)=6-4=2$，其中 * 表示 MAX 方，○表示 MIN 方。

在生成后继节点时，可以利用棋盘的对称性，省略从对称上看是相同的格局。

图 3.18 给出了 MAX 最初一步走法的搜索树，由于 * 放在中间位置有最大的倒推值，故 MAX 第一步就选择它。

MAX 走了箭头指向的一步，假如 MIN 将棋子走在 * 的上方，得到

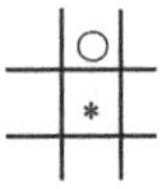

下面 MAX 就从这个格局出发选择一步，做法与图 3.17 类似，直到某方取胜为止。

3.7.2　α-β 过程

上面讨论的极大极小过程先生成一棵博弈搜索树，而且会生成规定深度内的所有节点，然后进行估值的倒推计算，这样使得生成博弈树和估计值的倒推计算两个过程完全分离，因此搜索效率较低。如果能在生成博弈树的同时进行估值的计算，则可能不必生成规定深度内的所有节点，以减少搜索的次数，这就是下面要讨论的 α-β 过程。

α-β 过程就是把生成后继和倒推值估计结合起来，及时剪掉一些无用分枝，以此来提高算法的效率。

下面仍然用一字棋进行说明。现将图 3.18 的左侧一部分重画在图 3.19 中。

前面的过程实际上类似于宽度优先搜索，将每层格局均生成，现在用深度优先搜索来处理，比如在节点 A 处，若已生成五个子节点，并且 A 处的倒推值等于 -1，将此下界称为 MAX 节点的 α 值，即 $\alpha \geqslant -1$。现在轮到节点 B，产生它的第一个后继节点 C，C 的静态值为 -1，可知 B 处的倒推值 $\leqslant -1$，此为上界 MIN 节点的 β 值，即 B 处 $\beta \leqslant -1$，这样 B 节点最终的倒推值可能小于 -1，但绝不可能大于 -1。因此，B 节点的其他后继节点的静态值不必计算，自然不必再生成，反正 B 绝不会比 A 好，所以通过倒推值的比较，就可以减少搜索的工作量，在图 3.19 中即作为 MIN 节点 B 的 β 值小于或等于 B 的先辈 MAX 节点 S 的 α 值，则 B 的其他后继节点可以不必

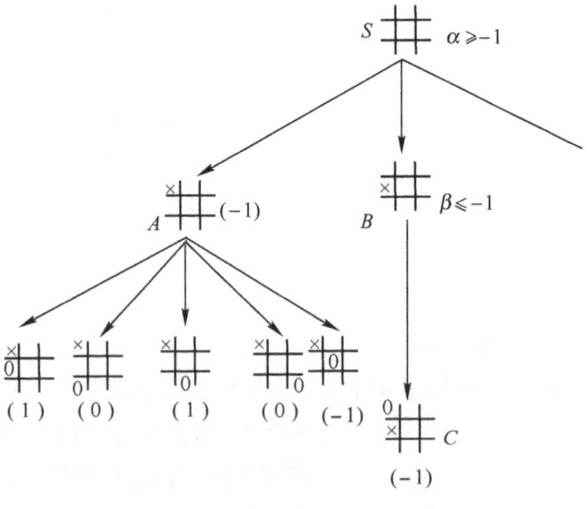

图 3.19　一字棋博弈的 α-β 过程

再生成。

图 3.19 表示β值小于或等于父节点的α值的情况，实际上当某个 MIN 节点的β值不大于它先辈的 MAX 节点（不一定是父节点）的α值时，则 MIN 节点就可以终止向下搜索。同样，当某个节点的α值大于或等于它的先辈 MIN 节点的β值时，则该 MAX 节点就可以终止向下搜索。

通过上面的讨论可以看出，α-β过程首先使搜索树的某一部分达到最大深度，这时计算出某些 MAX 节点的α值，或者某些 MIN 节点的β值。随着搜索的继续，不断修改个别节点的α或β值。对任一节点，当其某一后继节点的最终值给定时，就可以确定该节点的α或β值。当该节点的其他后继节点的最终值给定时，就可以对该节点的α或β值进行修正。注意α、β值修改有如下规律：

1）MAX 节点的α值永不下降。

2）MIN 节点的β值永不增加。

因此可以利用上述规律进行剪枝，一般来说可把停止对某个节点搜索，即剪枝的规则表述如下：

1）若任何 MIN 节点的β值小于或等于任何它的先辈 MAX 节点的α值，则可停止该 MIN 节点以下的搜索，这个 MIN 节点的最终倒推值即为它已得到的β值。该值与真正的极大极小的搜索结果的倒推值可能不相同，但是对开始节点而言，倒推值是相同的，使用它选择的走步也是相同的。

2）若任何 MAX 节点的α值大于或等于它的 MIN 先辈节点的β值，则可以停止该 MAX 节点以下的搜索，这个 MAX 节点处的倒推值即为它已得到的α值。

当满足规则 1）而减少了搜索时，称进行了α剪枝；而当满足规则 2）而减少了搜索时，称进行了β剪枝。保存α和β值，并且当可能的时候就进行剪枝的整个过程通常称为α-β过程，当初始节点的全体后继节点的最终倒推值全都给出时，上述过程便结束。在搜索深度相同的条件下，采用这个过程所获得的走步总与简单的极大极小过程的结果是相同的，区别在于α-β过程通常只用少得多的搜索便可以找到一个理想的走步。

图 3.20 给出了一个α-β过程的应用例子。图中节点 A、B、C、D 处都进行了剪枝，剪枝处用两横杠标出。实际上，凡剪去的部分，搜索时是不生成的。

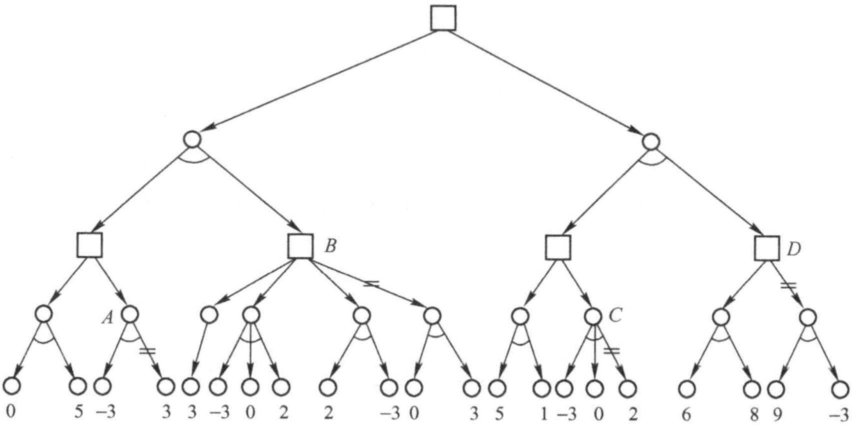

图 3.20　α-β剪枝

α-β 过程的搜索效率与最先生成的节点的 α、β 值和最终倒推值之间的近似程度有关。初始节点最终倒推值将等于某个叶节点的静态估值。如果在深度优先的搜索过程中，第一次就碰到了这个节点，则剪枝数最大，搜索效率最高。

假设一棵树的深度为 d，且每个非叶节点的分枝系数为 b。对于最佳情况，即 MIN 节点先扩展出最小估值的后继节点，MAX 节点先扩展出最大估值的后继节点，这种情况可使得修剪的枝数最大。设叶节点的最少个数为 N_{d}，则有

$$N_{\mathrm{d}}=\begin{cases}2b^{\frac{d}{2}}-1, & d\text{ 为偶数}\\ b^{\frac{d+1}{2}}+b^{\frac{d-1}{2}}-1, & d\text{ 为奇数}\end{cases}$$

由此可见，在最佳情况下，α-β 搜索生成深度为 d 的叶节点数目大约相当于极大极小过程所生成的深度为 $d/2$ 的博弈树的节点数。也就是说，为了得到最佳的走步，α-β 过程只需要检测 $O(b^{d/2})$ 节点，而不是极大极小过程的 $O(b^{d})$。这样有效的分枝系数是 $\sqrt{b}$，而不是 b。假设国际象棋可以有 35 种走步的选择，则现在可以是 6 种。从另一个角度看，在相同的代价下，α-β 过程向前看的走步数是极大极小过程向前看走步数的两倍。

3.8 归结演绎推理

归结演绎推理本质上就是一种反证法，它是在归结推理规则的基础上实现的。为了证明一个命题 P 恒真，它证明其反命题¬ P 恒假，即不存在使得¬ P 为真的解释。由于量词，以及嵌套的函数符号，使得谓词公式往往有无穷的指派，不可能一一测试¬ P 是否为真或假。那么如何来解决这个问题呢？幸运的是存在一个域，即 Herbrand 域，它是一个可数无穷的集合，如果一个公式基于 Herbrand 解释为假，则在所有的解释中取假值。基于 Herbrand 域，埃尔布朗（Herbrand D.）给出了重要的定理，为不可满足的公式判定过程奠定了基础。Robinson 给出了用于从不可满足的公式推出 F 的归结推理规则（Robinson，1965），为机器定理证明取得了重要的突破，使其达到了应用的阶段。

3.8.1 子句型

归结证明过程是一种反驳程序，即不是证明一个公式是有效的，而是证明公式之非是不一致的。这完全是为了方便，并且不失一般性。归结推理规则所应用的对象是命题或谓词合式公式的一种特殊的形式，称为子句。因此在使用归结推理规则进行归结之前需要把合式公式化为子句式。

在数理逻辑中，我们知道如何把一个公式化成前束标准型 $(Q_1x_1)\cdots(Q_nx_n)M$，由于 M 中不含量词，因此总可以把它变换成合取范式。无论是前束标准型还是合取范式都是与原来的合式公式等值的。

对于前束范式

$$(Q_1x_1)\cdots(Q_nx_n)M(x_1,\cdots,x_n)$$

其中，$M(x_1,\cdots,x_n)$ 表示 M 中含有变量 x_1，…，x_n，并且 M 是合取标准型。使用下述方法可以消去前缀中的所有存在量词：

令 Q_r 是 $(Q_1x_1)\cdots(Q_nx_n)$ 中出现的存在量词（$1\leqslant r\leqslant n$）。

1）若在 Q_r 之前不出现全称量词，则选择一个与 M 中出现的所有常量都不相同的新常量

c，用 c 代替 M 中出现的所有 x_r，并且由前缀中删去（Q_rx_r）。

2）若 Q_{s1}，…，Q_{sm}是在 Q_r之前出现的所有全称量词（$1\leqslant s1\leqslant s2\leqslant\cdots\leqslant sm<r$），则选择一个与 M 中出现的任一函数符号都不相同的新 m 元函数符号 f，用 $f(x_{s1},\cdots,x_{sm})$代替 M 中的所有 x_r，并且由前缀中删去（Q_rx_r）。

按上述方法删去前缀中的所有存在量词之后得出的公式称为合式公式的 Skolem 标准型。替代存在量化变量的常量 c（视为 0 元函数）和函数 f 称为 Skolem 函数。

例 3.2 化公式

$$\exists x\ \forall y\ \forall z\ \exists u\ \forall v\ \exists wP(x,y,z,u,v,w)$$

为 Skolem 标准型。

在公式中，（$\exists x$）的前面没有全称量词，在（$\exists u$）的前面有全称量词（$\forall y$）和（$\forall z$），在（$\exists w$）的前面有全称量词（$\forall y$）、（$\forall z$）和（$\forall v$）。所以，在 $P(x,y,z,u,v,w)$ 中，用常数 a 代替 x，用二元函数 $f(y,z)$代替 u，用三元函数 $g(y,z,v)$代替 w，去掉前缀中的所有存在量词之后得出 Skolem 标准型：

$$\forall y\ \forall z\ \forall v\ P(a,y,z,f(y,z),v,g(y,z,v))$$

Skolem 标准型的一个重要性质如下：

定理 3.1 令 S 为公式 G 的 Skolem 标准型，则 G 是不一致的，当且仅当 S 是不一致的。

证明 不妨假定 G 已经是前束范式，即

$$G=(Q_1x_1)\cdots(Q_nx_n)M\ (x_1,\cdots,x_n)$$

设 Q_rx_r为前缀中的第一个存在量词。令

$$G_1=(\forall x_1)\cdots(\forall x_{r-1})(Q_{r+1}x_{r+1})\cdots(Q_nx_n)M(x_1,\cdots,x_{r-1},f(x_1,\cdots,x_{r-1}),x_{r+1},\cdots,x_n)$$

其中，$f(x_1,\cdots,x_{r-1})$是对应 x_r的 Skolem 函数。我们希望证明 G 是不一致的，当且仅当 G_1是不一致的。

设 G 是不一致的。若 G_1是一致的，则存在某定义域 D 上的解释 I 使 G_1按 I 为真。即对任意 $x_1\in D,\cdots,x_{r-1}\in D$

$$(Q_{r+1}x_{r+1})\cdots(Q_nx_n)M(x_1,\cdots,x_{r-1},f\ (x_1,\cdots,x_{r-1}),x_{r+1},\cdots,x_n)$$

按 I 为真，所以，对任意 $x_1\in D,\cdots,x_{r-1}\in D$，都存在元素 $f\ (x_1,\cdots,x_{r-1})=x_r\in D$ 使

$$(Q_{r+1}x_{r+1})\cdots(Q_nx_n)M\ (x_1,\cdots,x_{r-1},x_r,x_{r+1},\cdots,x_n)$$

按 I 为真，那么 G 按 I 为真。这与 G 是不一致的假设相矛盾。所以 G_1必是不一致的。

另外，设 G_1是不一致的。若 G 是一致的，则存在某定义域 D 上的解释 I 使 G 按 I 为真。即对任意 $x_1\in D,\cdots,x_{r-1}\in D$，存在元素 $x_r\in D$ 使

$$(Q_{r+1}x_{r+1})\cdots(Q_nx_n)M(x_1,\cdots,x_{r-1},x_r,x_{r+1},\cdots,x_n)$$

按 I 为真。扩充解释 I，使得包括对任意 $x_1\in D,\cdots,x_{r-1}\in D$，把$(x_1,\cdots,x_{r-1})$映射成 $x_r\in D$ 的函数 f，即

$$f(x_1,\cdots,x_{r-1})=x_r$$

扩充后的解释用 I_1表示。显然，对任意 $x_1\in D,\cdots,x_{r-1}\in D$

$$(Q_{r+1}x_{r+1})\cdots(Q_nx_n)M\ (x_1,\cdots,x_{r-1},f\ (x_1,\cdots,x_{r-1}),x_{r+1},\cdots,x_n)$$

按 I_1为真。即 $G_1\mid I_1=T$，这与 G_1是不一致的假设相矛盾。所以 G 必是不一致的。

假设 G 中有 m 个存在量词。令 $G_0=G$。设 G_k是在 G_{k-1}中用 Skolem 函数代替其中第一个存在量词所对应的所有变量，并且去掉第一个存在量词而得出的公式($k=1,\cdots,m$)。显然 $S=G_m$。与上面的证明相似，可以证明 G_{k-1}是不一致的，当且仅当 G_k是不一致的（$k=1$，…，m）。所

以可以断定，G 是不一致的，当且仅当 S 是不一致的。

例 3.3　将合式公式化为子句形

$$\forall x[P(x)\rightarrow[\forall y[P(y)\rightarrow P(f(x,y))]\wedge\neg\forall y[Q(x,y)\rightarrow P(y)]]]$$

解　1）消去蕴含符号。利用等价式：

$$P\rightarrow Q\Leftrightarrow\neg P\vee Q$$

得到

$$\forall x[\neg P(x)\vee[\forall y[\neg P(y)\vee P(f(x,y))]\wedge\neg\forall y[\neg Q(x,y)\vee P(y)]]]$$

2）减少否定符号的辖域，把“¬”移到紧靠谓词的位置上。可以利用下述等价式：

$$\neg(\neg P)\Leftrightarrow P$$

$$\neg(P\wedge Q)\Leftrightarrow\neg P\vee\neg Q\qquad\neg(P\vee Q)\Leftrightarrow\neg P\wedge\neg Q$$

$$\neg(\forall x)P\Leftrightarrow(\exists x)\neg P\qquad\neg(\exists x)P\Leftrightarrow(\forall x)\neg P$$

这样有

$$\forall x[\neg P(x)\vee[\forall y[\neg P(y)\vee P(f(x,y))]\wedge\exists y[Q(x,y)\wedge\neg P(y)]]]$$

3）变量标准化。重新命名变元名，使不同量词约束的变元有不同的名字。

$$\forall x[\neg P(x)\vee[\forall y[\neg P(y)\vee P(f(x,y))]\wedge\exists w[Q(x,w)\wedge\neg P(w)]]]$$

4）消去存在量词。

$$\forall x[\neg P(x)\vee[\forall y[\neg P(y)\vee P(f(x,y))]\wedge[Q(x,g(x))\wedge\neg P(g(x))]]]$$

5）化为前束形。

$$\forall x\forall y[\neg P(x)\vee[[\neg P(y)\vee P(f(x,y))]\wedge[Q(x,g(x))\wedge\neg P(g(x))]]]$$

6）把母式化为合取范式。

$$\forall x\forall y[[\neg P(x)\vee\neg P(y)\vee P(f(x,y))]\wedge[\neg P(x)\vee Q(x,g(x))]$$
$$\wedge[\neg P(x)\vee\neg P(g(x))]]$$

7）消去全称量词和连接词∧。

$$[\neg P(x)\vee\neg P(y)\vee P(f(x,y))]$$
$$[\neg P(x)\vee Q(x,g(x))]$$
$$[\neg P(x)\vee\neg P(g(x))]$$

8）更改变量名，有时称为变量分离标准化。于是有

$$\neg P(x_1)\vee\neg P(y)\vee P(f(x_1,y))$$
$$\neg P(x_2)\vee Q(x_2,g(x_2))$$
$$\neg P(x_3)\vee\neg P(g(x_3))$$

必须指出，一个子句内的文字可以含有变量，但这些变量总是被理解为全称量词量化了的变量。

若 $G=G_1\wedge\cdots\wedge G_n$，假设 G 的子句集为 S_G。用子句集合 S_i 表示公式 $G_i(1\leqslant i\leqslant n)$ 的 Skolem 标准型，令 $S=S_1\cup\cdots\cup S_n$，与定理 3.1 的证明方法相似，可以证明 G 是不一致的，当且仅当 S 是不一致的。这样对 S_G 讨论可以用较为简单的 S 来代替，为了方便也称 S 为 G 的子句集。

例 3.4　用 Skolem 标准型表达下述定理：

若对群 G 中的所有 x 有 $x\cdot x=e$，则 G 是交换群，其中“·”为二元运算符，e 为 G 中的幺元。

解　首先与群论中的某些基本公理一起对上述定理进行符号化。群 G 满足下述 4 个公理。

A_1：$x,y\in G$，则 $x\cdot y\in G$（封闭性）。

A_2：$x,y,z\in G$，则 $x\cdot(y\cdot z)=(x\cdot y)\cdot z$（结合律）。

A_3：对所有的 $x\in G$，$x\cdot e=e\cdot x=x$（幺元的性质）。

A_4：对任意的 $x\in G$，存在元素 $x^{-1}\in G$，使得 $x\cdot x^{-1}=x^{-1}\cdot x=e$（逆元的性质）。

令 $P(x,y,z)$ 表示 $x\cdot y=z$，$i(x)$ 表示 x^{-1}，则上述公式可表示为

A_1：$\forall x\ \forall y\ \exists z\ P(x,y,z)$

A_2：$\forall x\ \forall y\ \forall z\ \forall u\ \forall w[(P(x,y,u)\wedge P(y,z,v)\wedge P(u,z,w)\rightarrow P(x,v,w))$

$\wedge(P(x,y,u)\wedge P(y,z,v)\wedge P(x,v,w)\rightarrow P(u,z,w))]$

A_3：$\forall x\ P(x,e,x)\wedge\ \forall x\ P(e,x,x)$

A_4：$\forall x\ P(x,i(x),e)\wedge\ \forall x\ P(i(x),x,e)$

用 B 表示"若对所有 $x\in G$ 有 $x\cdot x=e$，则 G 是可交换的，即对所有 u，$v\in G$，$u\cdot v=v\cdot u$"。B 可表示为

B：$\forall xP(x,x,e)\rightarrow(\forall u\forall v\forall w(P(u,v,w)\rightarrow P(v,u,w)))$

这样所要证明的定理就是

$$A_1\wedge A_2\wedge A_3\wedge A_4\rightarrow B$$

那么首先求出 $A_i(i=1,2,3,4)$ 和 $\neg B$ 的子句形，再求它们的并，便得到子句集合 S。

S_1：$\{P(x,y,f(x,y))\}$

S_2：$\{\neg P(x,y,u)\vee\neg P(y,z,v)\vee\neg P(u,z,w)\vee P(x,v,w)$,

$\neg P(x,y,u)\vee\neg P(y,z,v)\vee\neg P(x,v,w)\vee P(u,z,w)\}$

S_3：$\{P(x,e,x),P(e,x,x)\}$

S_4：$\{P(x,i(x),x),P(i(x),x,x)\}$

$S_{\neg B}$：$\{P(x,x,e),P(a,b,c),\neg P(b,a,c)\}$

那么子句集 $S=S_1\cup S_2\cup S_3\cup S_4\cup S_{\neg B}$。

3.8.2 置换和合一

置换和合一是为了处理谓词逻辑中子句之间的模式匹配而引进的。

定义 3.5 置换是具有以下形式

$$\{t_1/v_1,t_2/v_2,\cdots,t_n/v_n\}$$

的有限集合，其中，$v_1,\cdots,v_n$ 是互不相同的变量，t_i 是不同于 v_i 的项（可以为常量、变量或函数）$(1\leqslant i\leqslant n)$。$t_i/v_i$ 表示用 t_i 置换 v_i，不允许 t_i 与 v_i 相同，也不允许 v_i 循环地出现在另一个 t_j 中。

不含任何元素的置换称为空转换，用 ε 表示。

定义 3.6 令 $\theta=\{t_1/v_1,\cdots,t_n/v_n\}$ 为置换，E 为表达式。设 $E\theta$ 是用项 t_i 同时代换 E 中出现的所有变量 $v_i(1\leqslant i\leqslant n)$ 而得出的表达式。称 $E\theta$ 为 E 的特例或例。

例 3.5 令 $\theta=\{a/x,f(b)/y,g(c)/z\}$，$E=P(x,y,z)$，则有 $E\theta=P(a,f(b),g(c))$。

定义 3.7 令 $\theta=\{t_1/x_1,\cdots,t_n/x_n\}$，$\lambda=\{u_1/y_1,\cdots,u_m/y_m\}$ 为两个置换。θ 和 λ 复合也是一个置换，用 $\theta\circ\lambda$ 表示，它由在集合

$$\{t_1\lambda/x_1,\cdots,t_n\lambda/x_n,u_1/y_1,\cdots,u_m/y_m\}$$

中删除下面两类元素得到：

$$u_i/y_i，当\ y_i\in\{x_1,\cdots,x_n\}$$

$$t_i\lambda/v_i，当\ t_i\lambda=v_i$$

例 3.6　令 $\theta=\{f(y)/x,z/y\}$，$\lambda=\{a/x,b/y,y/z\}$。在构造 $\theta\circ\lambda$ 时，首先建立集合

$$\{f(y)\lambda/x,z\lambda/y,a/x,b/y,y/z\}$$

由于 $z\lambda=y$，所以要删除 $z\lambda/y$。上述集合的第三、四元素中的变量 x，y 都出现在 $\{x, y\}$ 中，所以还应删除 a/x 和 b/y。最后得出

$$\theta\circ\lambda=\{f(b)/x,y/z\}$$

不难验证置换有下述性质：

1）空置换 ε 是左幺元和右幺元，即对任意置换 θ 恒有 $\varepsilon\circ\theta=\theta\circ\varepsilon=\theta$。

2）对任意表达式 E，恒有 $E(\theta\circ\lambda)=(E\theta)\lambda$。

3）若对任意表达式 E 恒有 $E\theta=E\lambda$，则 $\theta=\lambda$。

4）对任意置换 θ、λ、μ，恒有

$$(\theta\circ\lambda)\circ\mu=\theta\circ(\lambda\circ\mu)$$

即置换的合成满足结合律。

5）设 A 和 B 为表达式集合，则

$$(A\cup B)\theta=A\theta\cup B\theta$$

注意，置换的合成不满足交换律。

定义 3.8　若表达式集合 $\{E_1,\cdots,E_k\}$ 存在一个置换 θ，使得

$$E_1\theta=\cdots=E_k\theta$$

则称集合 $\{E_1,\cdots,E_k\}$ 是可合一的，置换 θ 称为合一置换。

例 3.7　集合 $\{P(a,y),P(x,f(b))\}$ 是可合一的，因为 $\theta=\{a/x,f(b)/y\}$ 是它的合一置换。

例 3.8　集合 $\{P(x),P(f(y))\}$ 是可合一的，因为 $\theta=\{f(a)/x,a/y\}$ 是它的合一置换。另外，$\theta'=\{f(y)/x\}$ 也是一个合一置换。所以合一置换是不唯一的。但是 θ' 比 θ 更一般，因为用任意常量置换 y 都可以得到无穷个基置换。

定义 3.9　表达式集合 $\{E_1,\cdots,E_k\}$ 的合一置换 σ 是最一般的合一置换（MGU），当且仅当对该集合的每个合一置换 θ 都存在置换 λ 使得 $\theta=\sigma\circ\lambda$。

例如，在例 3.8 中，MGU $\sigma=\theta'=\{f(y)/x\}$，但 $\theta=\{f(a)/x,a/y\}$ 不是 MGU，并存在置换 $\lambda=\{a/y\}$，有 $\sigma\circ\lambda=\{f(a)/x,a/y\}=\theta$。

在人工智能中，合一起着非常重要的作用，它是区别专家系统和简单的判定树的特征之一。没有合一，规则的条件元素只能匹配常数，这样就必须为每一个可能的事实写一条专门的规则。

3.8.3　合一算法

本节将对有限非空可合一的表达式集合给出求取最一般合一置换的合一算法。当集合不可合一时，算法也能给出不可合一的结论，并且结束。

研究集合 $\{P(a),P(x)\}$。集合中的两个表达式是不同的，差别是在 $P(a)$ 中出现 a，而在 $P(x)$ 中出现 x。为了求出该集合的合一置换，我们首先找出两个表达式的不一致之处而后试图消除之。对于 $P(a)$ 和 $P(x)$，不一致之处可用集合 $\{a,x\}$ 表示。由于 x 是变量，可以取 $\theta=\{a/x\}$，于是有

$$P(a)\ \theta=P(x)\ \theta=P(a)$$

即 θ 是 $\{P(a),P(x)\}$ 的合一置换。这就是合一算法所依据的思想。在讨论合一算法之前先讨论差异集的概念。

定义 3.10 表达式的非空集合 W 的差异集是按下述方法得出的子表达式的集合：

1）在 W 的所有表达式中找出对应符号不全相同的第一个符号（自左算起）。

2）在 W 的每个表达式中，提取出占有该符号位置的子表达式。这些子表达式的集合便是 W 的差异集 D。

例 3.9 研究

$$W=\{P(x,f(y,z)),P(x,a),P(x,g(h(k(x))))\}$$

在 W 的三个表达式中，前四个对应符号——“$P(x)$”是相同的，第五个符号不全相同，所以 W 的不一致集合为

$$\{f(y,z),a,g(h(k(x)))\}$$

假设 D 是 W 的差异集，显然有下面的结论：

1）若 D 中无变量符号，则 W 是不可合一的。

例如：$W=\{P(a),P(b)\}$

$D=\{a,b\}$

2）若 D 中只有一个元素，则 W 是不可合一的。

例如：$W=\{P(x),P(x,y)\}$

$D=\{y\}$

3）若 D 中有变量符号 x 和项 t，且 x 出现在 t 中，则 W 是不可合一的。

例如：$W=\{P(x),P(f(x))\}$

$D=\{x,f(x)\}$

下面给出合一算法。

算法 3.11 合一算法

1）置 $k=0,W_k=W,\sigma_k=\varepsilon$。

2）若 W_k 中只有一个元素，终止，并且 σ_k 为 W 的最一般合一；否则求出 W_k 的差异集 D_k。

3）若 D_k 中存在元素 v_k 和 t_k，并且 v_k 是不出现在 t_k 中的变量，则转向第4）步，否则终止，并且 W 是不可合一的。

4）置 $\sigma_{k+1}=\sigma_k\circ\{t_k/v_k\},W_{k+1}=W_k\{t_k/v_k\}$（注意 $W_{k+1}=W\sigma_{k+1}$）。

5）置 $k=k+1$，转向第2）步。

注意：在第3）步，要求 v_k 不出现在 t_k 中，这称为 occur 检查，算法的正确性依赖于它。例如，假设 $W=\{P(x,x),P(y,f(y))\}$，执行合一算法：

1）$D_0=\{x,y\}$。

2）$\sigma_1=\{y/x\},W\sigma_1=\{P(y,y),P(y,f(y))\}$。

3）$D_1=\{y,f(y)\}$，因为 y 出现在 $f(y)$ 中，S 不可合一。但是如果不做 occur 检查，则算法不能停止。

但是由于 occur 检查，使上述合一算法在最坏的情况下运行时间是输入长度的指数函数，因此在多数逻辑程序设计语言 Prolog 的实现中都省略了 occur 检查。

例 3.10 求出

$$W=\{P(a,x,f(g(y))),P(z,f(z),f(u))\}$$

的最一般合一。

1）$\sigma_0=\varepsilon,W_0=W$。

2）W_0 未合一，差异集合为 $D_0=\{a,z\}$。

3）D_0 中存在变量 $v_0=z$ 和常量 $t_0=a$。

4）令 $\sigma_1=\sigma_0\circ\{a/z\}=\{a/z\}$。

4.1）$W_1=\{P(a,x,f(g(y))),P(z,f(z),f(u))\}\{a/z\}$
$=\{P(a,x,f(g(y))),P(a,f(a),f(u))\}$

4.2）W_1未合一，差异集合为 $D_1=\{x,f(a)\}$。

4.3）D_1 中存在元素 $v_1=x,t_1=f(a)$，并且变量 x 不出现在 $f(a)$ 中。

4.4）令 $\sigma_2=\sigma_1\circ\{f(a)/x\}=\{a/z,f(a)/x\}$。

4.4.1）$W_2=\{P(a,x,f(g(y))),P(a,f(a),f(u))\}\{f(a)/x\}$
$=\{P(a,f(a),f(g(y))),P(a,f(a),f(u))\}$

4.4.2）W_2未合一，差异集合为 $D_2=\{g(y),u\}$。

4.4.3）D_2 中的变量 $v_2=u$ 不出现在 $t_2=g(y)$ 中。

4.4.4）令 $\sigma_3=\sigma_2\circ\{g(y)/u\}=\{a/z,f(a)/x,g(y)/u\}$。

4.4.4.1）$W_3=\{P(a,f(a),f(g(y))),P(a,f(a),f(u))\}\{g(y)/u\}$
$=\{P(a,f(a),f(g(y)))\}$

4.4.4.2）W_3 中只含一个元素，所以

$$\sigma_3=\{a/z,f(a)/x,g(y)/u\}$$

是 W 的最一般合一，终止。

注意，上述合一算法对任意有限非空的表达式集合总是能终止的。否则将会产生出有限非空表达式集合的一个无穷序列 $\sigma_0,W\sigma_1,W\sigma_2,\cdots$，该序列中的任一集合 $W\sigma_{k+1}$都比相应的集合 $W\sigma_k$ 少含一个变量（即，$W\sigma_k$ 含有 v_k 但 $W\sigma_{k+1}$不含 v_k）。由于 W 中只含有限个不同的变量，所以上述情况不会发生。这里不加证明地给出下述定理。

定理 3.2　若 W 为有限非空可合一表达式集合，则合一算法总能终止在第2）步上，并且最后的 σ_k 便是 W 的最一般合一（MGU）。

3.8.4　归结式

定义 3.11　若由子句 C 中的两个或多个文字构成的集合存在最一般合一置换 σ，则称 $C\sigma$ 为 C 的因子。若 $C\sigma$ 是单位子句，则称它为 C 的单位因子。

例 3.11　令 $C=P(x)\vee P(f(y))\vee\neg Q(x)$。由 C 中前两个文字构成的集合$\{P(x),P(f(y))\}$存在最一般合一置换 $\sigma=\{f(y)/x\}$，所以

$$C\sigma=P(f(y))\vee\neg Q(f(y))$$

是 C 的因子。

定义 3.12　令 C_1 和 C_2 为两个无公共变量的子句，L_1 和 L_2 分别为 C_1 和 C_2 中的两个文字。若集合$\{L_1,\neg L_2\}$存在最一般合一置换 σ，则子句

$$(C_1\sigma-\{L_1\sigma\})\cup(C_2\sigma-\{L_2\sigma\})$$

称为 C_1 和 C_2 的二元归结式。文字 L_1 和 L_2 称为被归结的文字。

例 3.12　令

$$C_1=P(x)\vee Q(x),\qquad C_2=\neg P(a)\vee R(x)$$

因为 C_1 和 C_2 中都出现变量 x，所以重新命名 C_2 中的变量，取

$$C_2:\neg P(a)\vee R(y)$$

选择 $L_1=P(x)$，$L_2=\neg P(a)$，则$\{L_1,\neg L_2\}=\{P(x),P(a)\}$存在最一般合一置换 $\sigma=\{a/x\}$。

于是有

$$
\begin{aligned}
&(C_1\sigma-\{L_1\sigma\})\cup(C_2\sigma-\{L_2\sigma\})\\
=&(\{P(a),Q(a)\}-\{P(a)\})\cup(\{\neg P(a),R(y)\}-\{\neg P(a)\})\\
=&\{Q(a)\}\cup\{R(y)\}\\
=&\{Q(a),R(y)\}
\end{aligned}
$$

$Q(a)\vee R(y)$便是C_1和C_2的二元归结式。$P(x)$和$\neg P(x)$称为被归结的文字。

定义 3.13 子句C_1和C_2的归结式是下述某个二元归结式：

1）C_1和C_2的二元归结式。

2）C_1的因子和C_2的二元归结式。

3）C_2的因子和C_1的二元归结式。

4）C_1的因子和C_2的因子的二元归结式。

例 3.13 令 $C_1=P(x)\vee P(f(y))\vee R(g(y))$

$C_2=\neg P(f(g(a)))\vee Q(b)$

$C_1'=P(f(y))\vee R(g(y))$是C_1的因子，C_1'和C_2的二元归结式为$R(g(g(a)))\vee Q(b)$，所以C_1和C_2的归结式为$R(g(g(a)))\vee Q(b)$。

此外，若取C_1中的文字$L_1=P(x)$，C_2中的文字$L_2=\neg P(f(g(a)))$，则$\{L_1,\neg L_2\}$存在最一般合一置换

$$\sigma=\{f(g(a))/x\}$$

于是$P(f(y))\vee R(g(y))\vee Q(b)$也是$C_1$和$C_2$的归结式。

3.8.5 归结反演

谓词逻辑的归结反演是仅有一条推理规则的问题求解方法，为证明$-A\to B$，其中A、B是谓词公式。使用反演过程，先建立合式公式：

$$G=A\wedge\neg B$$

进而得到相应的子句集S，只需证明S是不可满足的即可。

例 3.14 证明“由梯形的对角线形成的内错角是相等的”，如图3.21所示。

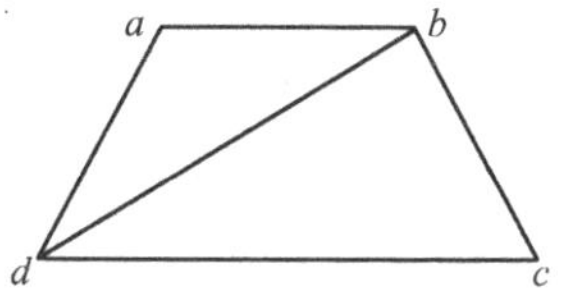

图 3.21 梯形

首先定义谓词，并描述该问题所包含的知识。

定义：用谓词$T(x,y,u,v)$表示“$xyuv$是左上顶点为x，右上顶点为y，右下顶点为u，左下顶点为v的梯形”；用谓词$P(x,y,u,v)$表示“线段xy平行于线段uv”；用谓词$E(x,y,z,u,v,w)$表示“角xyz等于角uvw”。

于是由几何知识，有下述公理：

A_1：$(\forall x)(\forall y)(\forall u)(\forall v)[T(x,y,u,v)\to P(x,y,u,v)]$ （由梯形的定义）

A_2：$(\forall x)(\forall y)(\forall u)(\forall v)[P(x,y,u,v)\to E(x,y,v,u,v,y)]$ （由平行线性质）

A_3：$T(a,b,c,d)$

由上述公理应该能够断定$E(a,b,d,c,d,b)$为真，即

$$A_1\wedge A_2\wedge A_3\to E(a,b,d,c,d,b)$$

为有效的公式。根据归结反演过程，否定该结论并且证明

$$A_1\wedge A_2\wedge A_3\wedge\neg E(a,b,d,c,d,b)$$

是不可满足的。把它化成下述子句集：

$$S=\{\neg T(x,y,u,v) \lor P(x,y,u,v),\ \neg P(x,y,u,v) \lor E(x,y,v,u,v,y),\ T(a,b,c,d),\ \neg E(a,b,d,c,d,b)\}$$

现在用归结证明 S 是不可满足的：

1) $\neg T(x,y,u,v) \lor P(x,y,u,v)$
2) $\neg P(x,y,u,v) \lor E(x,y,v,u,v,y)$
3) $T(a,b,c,d)$
4) $\neg E(a,b,d,c,d,b)$

（1)～4) 为 S）

5) $\neg P(a,b,c,d)$　　2)和 4)的归结式
6) $\neg T(a,b,c,d)$　　5)和 1)的归结式
7) □　　3)和 6)的归结式

最后一个子句是由 S 导出的空子句，可以断定 S 是不可满足的。

例 3.15　“有些患者喜欢任一医生。没有任一患者喜欢任一庸医。所以没有庸医的医生。”

定义谓词为：$P(x)$：“x 是患者”，$D(x)$：“x 是医生”，$Q(x)$：“x 是庸医”，$L(x,y)$：“x 喜欢 y”。前提和结论可以符号化为

A_1：$(\exists x)(P(x) \land (\forall y)(D(y) \to L(x,y)))$

A_2：$(\forall x)(P(x) \to (\forall y)(Q(y) \to \neg L(x,y)))$

G：$(\forall x)(D(x) \to \neg Q(x))$

目的是证明 G 是 A_1 和 A_2 的逻辑结论，即证明 $A_1 \land A_2 \land \neg G$ 是不可满足的。首先求出子句集合：

A_1：$(\exists x)(P(x) \land (\forall y)(D(y) \to L(x,y)))$

$=>(\exists x)(\forall y)(P(x) \land (\neg D(y) \lor L(x,y)))$

$=>(\forall y)(P(a) \land (\neg D(y) \lor L(a,y)))$

A_2：$(\forall x)(P(x) \to (\forall y)(Q(y) \to \neg L(x,y)))$

$=>(\forall x)(\neg P(x) \lor (\forall y)(\neg Q(y) \lor \neg L(x,y)))$

$=>(\forall x)(\forall y)(\neg P(x) \lor (\neg Q(y) \lor \neg L(x,y)))$

$\neg G$：$\neg(\forall x)(D(x) \to \neg Q(x))$

$=>(\exists x)(D(x) \land Q(x))$

$=>(D(b) \land Q(b))$

因此 $A_1 \land A_2 \land \neg G$ 的子句集合 S 为

$$S=\{P(a),\neg D(y) \lor L(a,y),\neg P(x) \lor \neg Q(y) \lor \neg L(x,y),D(b),Q(b)\}$$

归结证明 S 是不可满足的：

1) $P(a)$
2) $\neg D(y) \lor L(a,y)$
3) $\neg P(x) \lor \neg Q(y) \lor \neg L(x,y)$
4) $D(b)$
5) $Q(b)$

（1)～5) 为 S）

6) $L(a,b)$　　2)和 4)

7) $\neg Q(y) \vee \neg L(a,y)$ 1)和3)

8) $\neg L(a,b)$ 5)和7)

9) □ 6)和8)

注意，有的时候在两个子句中会同时出现两组可以进行归结的文字，例如：

$$\{P \vee \neg Q \vee M, \neg P \vee Q \vee N\}$$

这一般称为双归结问题。对上述子句使用两次归结规则，得到 $M \vee N$，这是不正确的。

可以把上述子句表示成蕴含形式：

$$Q \rightarrow P \vee M, \quad P \rightarrow Q \vee N$$

把第二个子句代入第一个子句得到

$$Q \rightarrow Q \vee N \vee M$$

这说明 Q 为真，则或者 Q 或者 M 或者 N 为真，这并不说明仅仅 $M \vee N$ 为真。

3.8.6 答案的提取

归结反演不仅可以用于定理证明，而且可以用来求取问题的答案，其思想与定理证明类似。方法是在目标公式的否定形式中加上该公式否定的否定，得到重言式；或者再定义一个新的谓词 ANS，加到目标公式的否定中，把新形成的子句加到子句集中进行归结。

例 3.16 已知张和李是同班同学，如果 x 和 y 是同班同学，则 x 的教室也是 y 的教室。现在张在 J1-3 上课，问李在哪里上课？

解 首先定义谓词：

$C(x,y)$： x 和 y 是同班同学

$\mathrm{At}(x,u)$： x 在 u 教室上课

则已知前提可表示为

$$C(\mathrm{Zhang},\mathrm{Li})$$

$$\forall x \forall y \forall u(C(x,y) \wedge \mathrm{At}(x,u) \rightarrow \mathrm{At}(y,u))$$

$$\mathrm{At}(\mathrm{Zhang},\mathrm{J1\text{-}3})$$

目标公式的否定为$\neg \exists v \mathrm{At}(\mathrm{Li},v)$。

目标采用重言式的方式，得到子句集合：

$$S=\{C(\mathrm{Zhang},\mathrm{Li}), \neg C(x,y) \vee \neg \mathrm{At}(x,u) \vee \mathrm{At}(y,u), \mathrm{At}(\mathrm{Zhang},\mathrm{J1\text{-}3}), \neg \mathrm{At}(\mathrm{Li},v) \vee \mathrm{At}(\mathrm{Li},v)\}$$

归结过程如下：

1) $C(\mathrm{Zhang},\mathrm{Li})$

2) $\neg C(x,y) \vee \neg \mathrm{At}(x,u) \vee \mathrm{At}(y,u)$

3) $\mathrm{At}(\mathrm{Zhang},\mathrm{J1\text{-}3})$

4) $\neg \mathrm{At}(\mathrm{Li},v) \vee \mathrm{At}(\mathrm{Li},v)$

（1)～4) 为 S）

5) $\mathrm{At}(\mathrm{Li},v) \vee \neg C(x,\mathrm{Li}) \vee \neg \mathrm{At}(x,v)$ 2)和4) $\{\mathrm{Li}/y, v/u\}$

6) $\mathrm{At}(\mathrm{Li},v) \vee \neg \mathrm{At}(\mathrm{Zhang},v)$ 1)和5) $\{\mathrm{Zhang}/x\}$

7) $\mathrm{At}(\mathrm{Li},\mathrm{J1\text{-}3})$ 3)和6) $\{\mathrm{J1\text{-}3}/v\}$

最后就是所得到的答案：李在 J1-3。

另外，如果定义一个新的谓词：$\mathrm{Ans}(x)$，则子句集合可为

$$S'=\{C(\mathrm{Zhang},\mathrm{Li}), \neg C(x,y) \vee \neg \mathrm{At}(x,u) \vee$$

$\mathrm{At}(y,u)$，At(Zhang,J1-3)，$\neg$ $\mathrm{At}(\mathrm{Li},v) \vee \mathrm{Ans}(v)\}$

采用同样的归结方法最后得到：Ans(J1-3)。

例 3.17　给定下面一段话：

Tony、Mike 和 John 都是 Alpine Club 的会员。每个会员或者是一个滑雪爱好者，或者是一个登山爱好者，或者都是。没有一个登山爱好者喜欢下雨，所有的滑雪爱好者都喜欢雪。Tony 喜欢的所有东西 Mike 都不喜欢，Tony 不喜欢的所有东西 Mike 都喜欢。Tony 喜欢雨和雪。

用谓词演算表达上述信息。把问题“谁是该俱乐部的会员，他是一个登山爱好者，但不是滑雪爱好者”表达为一个谓词表达式，用归结反驳提取答案。

解　首先定义谓词：

$\mathrm{Member}(x,y)$：x 是 y 俱乐部的会员；

$\mathrm{Skier}(x)$：x 是滑雪爱好者；

$\mathrm{MC}(x)$：x 是登山爱好者；

$\mathrm{Likes}(x,y)$：x 喜欢 y。

将上述段落转换为句子：

Member(Tony,Alpineclub)

Member(Mike,Alpineclub)

Member(John,Alpineclub)

$(\forall x)[\mathrm{Member}(x,\mathrm{Alpineclub}) \rightarrow (\mathrm{Skier}(x) \vee \mathrm{MC}(x))]$

$\neg(\exists x)[\mathrm{MC}(x) \wedge \mathrm{Likes}(x,\mathrm{Rain})]$

$(\forall x)[\mathrm{Skier}(x) \rightarrow \mathrm{Likes}(x,\mathrm{Snow})]$

$(\forall x)[\mathrm{Likes}(\mathrm{Tony},x) \leftrightarrow \neg \mathrm{Likes}(\mathrm{Mike},x)]$

$\mathrm{Likes}(\mathrm{Tony},\mathrm{Rain}) \wedge \mathrm{Likes}(\mathrm{Tony},\mathrm{Rain})$

所求解的问题表示为

$(\exists x)[\mathrm{Member}(x,\mathrm{Alpineclub}) \wedge \mathrm{MC}(x) \wedge \neg \mathrm{Skier}(x)]$

将上述句子转换为子句形式，得到

1）Member(Tony,Alpineclub)

2）Member(Mike,Alpineclub)

3）Member(John,Alpineclub)

4）$\neg \mathrm{Member}(x,\mathrm{Alpineclub}) \vee \mathrm{Skier}(x) \vee \mathrm{MC}(x)$

5）$\neg[\mathrm{MC}(x) \vee \neg \mathrm{Likes}(x,\mathrm{Rain})]$

6）$\neg \mathrm{Skier}(x) \vee \mathrm{Likes}(x,\mathrm{Snow})$

7a）$\neg \mathrm{Likes}(\mathrm{Tony},x) \vee \neg \mathrm{Likes}(\mathrm{Mike},x)$

7b）$\mathrm{Likes}(\mathrm{Tony},x) \vee \mathrm{Likes}(\mathrm{Mike},x)$

8a）Likes(Tony,Rain)

8b）Likes(Tony,Rain)

目标的否定，加上 Ans 谓词后得到

9）$\neg \mathrm{Member}(x,\mathrm{Alpineclub}) \vee \neg \mathrm{MC}(x) \vee \mathrm{Skier}(x) \vee \mathrm{Ans}(x)$

归结过程如下：

10）$\neg \mathrm{Member}(x,\mathrm{Alpineclub}) \vee \mathrm{Skier}(x) \vee \mathrm{Ans}(x)$　　9)和 4)归结

11）$\mathrm{Skier}(\mathrm{Mike}) \vee \mathrm{Ans}(\mathrm{Mike})$　　10)和 2)归结

12) Likes(Mike,Snow) ∨ Ans(Mike)　　　11)和 6)归结

13) ¬ Likes(Tony,Snow) ∨ Ans(Mike)　　　12)和 7a)归结

14) Ans(Mike)　　　13)和 8a)归结

因此可以知道 Mike 是该俱乐部会员，他是登山爱好者，但不是滑雪爱好者。

3.8.7　归结反演的搜索策略

归结反演过程可以很容易地被描述为“运用归结规则直到产生空子句为止”，但是对子句集进行归结时，一个关键问题是决定选取哪两个子句做归结。如果对任意一对可以归结的子句都做归结，这样不仅消耗很多的时间，而且会产生许多无用的归结式，占用了很多空间，降低了效率。为此需要研究有效的归结控制或搜索策略。

1. 排序策略

按什么序列执行归结，这个问题与在状态空间中下一步将要扩展哪个节点的问题类似。例如，可以使用宽度优先或者深度优先策略。

在这里，把原始子句（包括待证明合式公式的否定的子句形）叫作 0 层归结式。$(i+1)$ 层的归结式是一个 i 层归结式和一个 j $(j \leqslant i)$ 层归结式进行归结所得到的归结式。

宽度优先就是先生成第 1 层所有的归结式，然后是第 2 层所有的归结式，依次类推，直到产生空子句结束，或不能再进行归结为止。深度优先是产生一个第 1 层的归结式，然后用第 1 层的归结式和第 0 层的归结式进行归结，得到第 2 层的归结式，依次类推，直到产生空子句结束，或者不能归结，则回溯到其他的上层子句继续归结。

排序策略的另一个策略是单元优先（Unit Preference）策略，即在归结过程中优先考虑仅由一个文字构成的子句，这样的子句称为单元子句。

2. 精确策略

精确策略不涉及被归结子句的排序，它们只允许某些归结发生。这里主要介绍三种精确归结策略。

（1）支持集（Set of Support）策略

支持集策略就是指，每次归结时，参与归结的子句中至少应有一个是由目标公式的否定所得到的子句，或者是它们的后裔。

所谓后裔是指，如果（Ⅰ）α_2 是 α_1 与另外某子句的归结式，或者（Ⅱ）α_2 是 α_1 的后裔与其他子句的归结式，则称 α_2 是 α_1 的后裔，α_1 是 α_2 的祖先。

支持集策略是完备的，即假如对一个不可满足的子句集合运用支持集策略进行归结，那么最终会导出空子句。

在图 3.22 中，如果将子句 $P \vee Q$ 作为目标公式的否定所得到的子句，则该图所示的归结过程满足支持集策略。

（2）线性输入（Linear Input）策略

线性输入策略是指，参与归结的两个子句中至少有一个是原始子句集中的子句（包括那些待证明的合式公式的否定）。

线性输入策略是不完备的。例如，对于子句集合 $\{P \vee Q, P \vee \neg Q, \neg P \vee Q, \neg P \vee \neg Q\}$。该集合是不可满足的，但是无法用线性输入归结得到结果。

（3）祖先过滤（Ancestry Filtering）策略

由于线性输入策略是不完备的，改进该策略则得到祖先过滤策略：参与归结的两个子句中

至少有一个是初始子句集中的句子，或者是另一个子句的祖先。该策略是完备的。对于上面的子句集合，可以有如图 3. 22 所示的归结反演树。

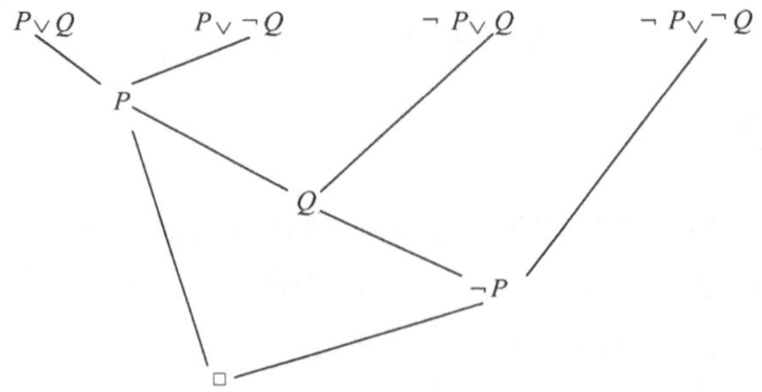

图 3. 22　归结反演树

3. 9　产生式系统

产生式系统是人工智能系统中最典型最普遍的一种推理形式，可以用它来模拟人类求解问题时的思维过程。目前大多数的专家系统都采用产生式系统的结构来建造。

3. 9. 1　产生式系统的基本结构

产生式系统的基本结构由综合数据库、产生式规则库和控制系统构成。综合数据库也称为语境，是人工智能产生式系统所使用的主要数据结构，它用来表述问题状态或有关事实，即它含有所求解问题的信息，其中有些部分可以是不变的，有些部分则可能只与当前问题的解有关。规则库中每条产生式左侧所提的条件必须出现在语境数据结构中，产生式才能发生动作。语境数据结构可以是简单的表、非常大的数组，或者更典型的是具有本身某种内部结构的中等大小的缓冲器。现代产生式系统的一个工作循环通常包含匹配、选择和动作三个阶段。匹配通过的产生式组成一个竞争集，必须根据选优策略在其中选用一条，被选的产生式规则除了执行规定动作外，还要修改全局数据库的有关条款。

产生式规则库中每条规则是一个“条件-动作”的产生式，且各规则之间的相互作用（调用关系）不大。产生式规则的一般形式为

　　　　条件——→动作

或　　　前提——→结论

即表示为

IF　<触发事实 1 是真>
　　<触发事实 2 是真>
　　⋮
　　<触发事实 n 是真>

THEN　<结论事实 1>
　　<结论事实 2>

⋮

<结论事实 n>

一条产生式规则满足了应用的先决条件之后，就可对综合数据库进行操作，使其发生变化。如综合数据库代表当前状态，则应用规则后就使状态发生转换，生成出新状态。

控制系统或策略是规则的解释程序。它规定了如何选择一条可应用的规则对数据库进行操作，即决定了问题求解过程的推理路线。当数据库满足结束条件时，系统就应停止运行，还要使系统在求解过程中记住应用过的规则序列，以便最终能给出解的路径。

下面以传教士和野人问题为例，说明如何用产生式系统来描述或表示求解的问题，即如何对具体的问题建立起产生式系统的描述，以及用产生式系统求解问题的基本思想。

有 N 个传教士和 N 个野人来到河边准备渡河，河岸有一条船，每次最多可供 k 人乘渡。问为了安全起见，应如何规划摆渡方案，使得任何时刻河两岸以及船上的野人数目总是不超过传教士的数目。即求解传教士和野人从左岸全部摆渡到右岸的过程中，任何时刻满足 M（传教士数）$\geqslant C$（野人数）和 $M+C\leqslant k$ 的摆渡方案。

设 $N=3$，$k=2$，则给定的问题可用图 3.23 表示，图中 L 和 R 表示左岸和右岸，$B=1$ 或 0 分别表示有船或无船。约束条件是：两岸上 $M\geqslant C$，船上 $M+C\leqslant 2$。

	L	R
M	3	0
C	3	0
B	1	0

初始状态

⇒

	L	R
M	0	3
C	0	3
B	0	1

目标状态

图 3.23　M-C 问题实例

1）综合数据库，用三元组表示，即

(M_L, C_L, B_L)， 其中，$0\leqslant M_L, C_L\leqslant 3, B_L\in\{0,1\}$

此时问题描述简化为

$$(3,3,1)\longrightarrow(0,0,0)$$

$N=3$ 的 M-C 问题，状态空间的总状态数为 $4\times4\times2=32$，根据约束条件的要求，可以看出只有 20 个合法状态。进一步分析后，又发现有 4 个合法状态实际上是不可能达到的。因此实际的问题空间仅由 16 个状态构成。下面列出分析的结果：

(M_L, C_L, B_L)	(M_L, C_L, B_L)	(M_L, C_L, B_L)	(M_L, C_L, B_L)
(0 0 1)达不到	(0 0 0)	(0 1 1)	(0 1 0)
(0 2 1)	(0 2 0)	(0 3 1)	(0 3 0)达不到
(1 0 1)不合法	(1 0 0)不合法	(1 1 1)	(1 1 0)
(1 2 1)不合法	(1 2 0)不合法	(1 3 1)不合法	(1 3 0)不合法
(2 0 1)不合法	(2 0 0)不合法	(2 1 1)不合法	(2 1 0)不合法
(2 2 1)	(2 2 0)	(2 3 1)不合法	(2 3 0)不合法
(3 0 1)达不到	(3 0 0)	(3 1 1)	(3 1 0)
(3 2 1)	(3 2 0)	(3 3 1)	(3 3 0)达不到

2）规则集：由摆渡操作组成。该问题主要有两种操作，p_{mc} 操作（规定为从左岸划向右岸）和 q_{mc} 操作（从右岸划向左岸）。每次摆渡操作，船上人数有 5 种组合，因而组成有 10 条规则的集合。

IF $(M_L, C_L, B_L=1)$ THEN (M_L-1, C_L, B_L-1)；　　(p_{10}操作)

IF $(M_L, C_L, B_L=1)$ THEN (M_L, C_L-1, B_L-1)；　　(p_{01}操作)

IF $(M_L, C_L, B_L=1)$ THEN (M_L-1, C_L-1, B_L-1)；　　(p_{11}操作)

IF $(M_L, C_L, B_L=1)$ THEN (M_L-2, C_L, B_L-1)；　　(p_{20}操作)

IF　$(M_L, C_L, B_L=1)$　THEN　(M_L, C_L-2, B_L-1);　　（p_{02}操作）
IF　$(M_L, C_L, B_L=0)$　THEN　(M_L+1, C_L, B_L+1);　　（q_{10}操作）
IF　$(M_L, C_L, B_L=0)$　THEN　(M_L, C_L+1, B_L+1);　　（q_{01}操作）
IF　$(M_L, C_L, B_L=0)$　THEN　(M_L+1, C_L+1, B_L+1);　　（q_{11}操作）
IF　$(M_L, C_L, B_L=0)$　THEN　(M_L+2, C_L, B_L+1);　　（q_{20}操作）
IF　$(M_L, C_L, B_L=0)$　THEN　(M_L, C_L+2, B_L+1);　　（q_{02}操作）

3）初始和目标状态：即（3，3，1）和（0，0，0）。建立了产生式系统描述之后，就可以通过控制策略对状态空间进行搜索，求得一个摆渡操作序列，使其能够实现目标状态。

在讨论用产生式系统求解问题时，引入状态空间图的概念很有帮助。状态空间图是一个有向图，其节点可表示问题的各种状态（综合数据库），节点之间的弧线代表操作（产生式规则），它们可把一种状态导向另一种状态。这样建立起来的状态空间图，描述了问题所有可能出现的状态及状态和操作之间的关系，因而可以较直观地看出问题的解路径及其性质。实际上只有问题空间规模较小的问题才可能画出状态空间图，如 $N=3$ 的 M-C 问题，其状态空间图如图 3.24 所示。由于每个摆渡操作都有对应的逆操作，即 p_{mc}对应 q_{mc}，所以该图也可表示成具有双向弧的形式。

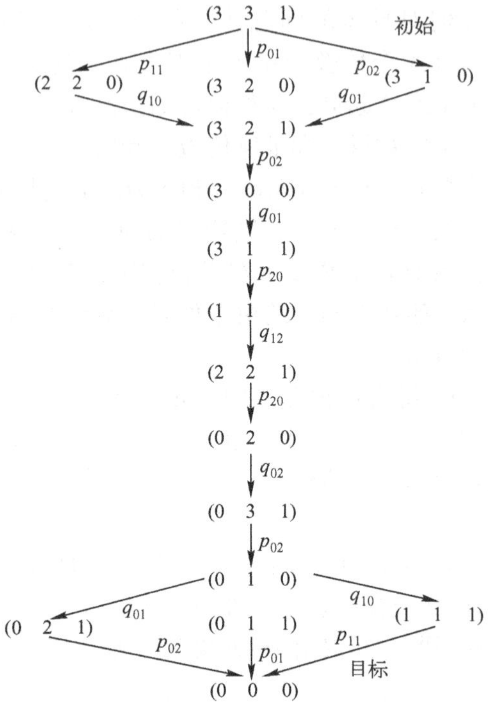

图 3.24　M-C 问题状态空间图

从状态空间图可以看出解序列相当多，但最短解序列只有 4 个，均由 11 次摆渡操作构成。若给定其中任意两个状态分别作为初始和目标状态，就可立即找出对应的解序列。在一般情况下，求解过程就是对状态空间搜索出一条解路径的过程。

上述例子说明了建立产生式系统描述的过程，也就是所谓问题的表示。对问题表示的好坏，往往对求解过程的效率有很大影响。一种较好的表示法会简化状态空间和规则集表示，例如，M-C 问题中，用 3×2 的矩阵给出左、右岸的情况来表示一种状态当然可以，但显然仅用描述左岸的三元组描述就足以表示出整个情况，因此必须十分重视选择较好的问题表示法，提高求解的效率。

推理的控制策略主要包括搜索策略、求解策略和限制策略、推理方向等。搜索策略在本章中已做了专门的讨论。关于推理的求解策略是指，推理是只求一个解，还是求所有解以及最优解等。限制策略是指为了防止无穷的推理过程，以及由于推理过程太长增加时间及空间的复杂性，可在控制策略中指定推理的限制条件，以对推理的深度、宽度、时间和空间等进行限制。推理方向用于确定推理的驱动方式，分为正向推理、反向推理和混合推理等。

3.9.2　正向推理

正向推理又称为数据驱动推理，是从初始状态出发，使用规则，到达目标状态。正向推理的基本思想是，从用户提供的初始已知事实出发，在规则集 RS 中选出一条可适用的规则进行推理，并将推出的新事实加入数据库中作为下一步推理的已知事实。在此之后再在规则集中选取可适用规则进行推理，如此重复进行这一过程，直到求得了所要求的解或者规则集中再无可适用的规则为止。其推理过程可用如下算法描述。

算法 3.12 产生式正向推理算法

Procedure Production Forward
1）DATA←初始数据库
2）**Until** DATA 满足结束条件以前，**do**
3） **Begin**
4）   在规则集中，选出一条可适用于 DATA 的规则 R
5）   DATA←R 应用到 DATA 得到的结果
6） **End.**

在以上推理过程中要从规则集中选出可适用的规则，这就要用规则集中的规则与数据库中的已知事实进行匹配，为此需要确定匹配的方法。另外，匹配通常都难以做到完全一致，因此还需要解决怎样才算是匹配成功的问题。其次，为了进行匹配，要查找规则，这就涉及按什么路线进行查找的问题，即按什么策略搜索规则集。再有，如果适用的知识只有一条，这比较简单，系统可立即用它进行推理，并将推出的新事实送入数据库 DB 中。但是，如果当前适用的知识有多条，应该先用哪一条？这是推理中的一个重要问题，称为冲突消解策略。

3.9.3 反向推理

反向推理是以某个假设目标作为出发点的一种推理，又称为目标驱动推理。反向推理的基本思想是，首先选定一个假设目标，然后寻找支持该假设的证据，若所需的证据都能找到，则说明原假设是成立的；若无论如何都找不到所需要的证据，则说明原假设不成立，此时需要另做新的假设。其推理过程可用如下算法描述。

算法 3.13 产生式反向推理算法

Procedure Production Backward Verify
Begin
1）提出要求证的目标 G(假设)。
2）检查该目标 G 是否已在数据库 DATA 中，若在，则该目标 G 成立，成功地退出推理或者对下一个假设目标进行验证；否则，转下一步。
3）判断该目标 G 是否是证据，即它是否为应由用户证实的原始事实 F，若是，则询问用户；否则转下一步。
4）在知识库中找出所有能导出该目标 G 的规则，形成适用规则集 RS，然后转下一步。
5）从 RS 中选出一条规则，并将该知识的运用条件作为新的假设目标 G，然后转步骤 2）。
End.

与正向推理相比，反向推理更复杂一些。如何判断一个假设是否是证据？当导出假设的知识有多条时，如何确定先选哪一条？另外，一条知识的运用条件一般都有多个，当其中的一个经验证成立后，如何自动地换为对另一个的验证？其次，在验证一个运用条件时，需要把它当作新的假设，并查找可导出该假设的知识，这样就又会产生一组新的运用条件，如此不断地向纵深方向发展，就会产生处于不同层次上的多组运用条件，形成一个树状结构，当到达叶节点

（即数据库中有相应的事实或者用户可肯定相应事实存在等）时，又需逐层向上返回，返回过程中有可能又要下到下一层，这样上上下下重复多次，才会导出原假设是否成立的结论。这是一个比较复杂的推理过程。

反向推理的主要优点是不必使用与目标无关的知识，目的性强，同时它还有利于向用户提供解释。其主要缺点是初始目标的选择有盲目性，若不符合实际，就要多次提出假设，影响到系统的效率。

3.9.4 混合推理

正向推理具有盲目、效率低等缺点，推理过程中可能会推出许多与问题求解无关的子目标；反向推理中，若提出的假设目标不符合实际，也会降低系统的效率。为解决这些问题，可把正向推理与反向推理结合起来，使其各自发挥自己的优势，取长补短，像这样既有正向又有反向的推理称为混合推理。另外，在下述几种情况下，通常也需要进行混合推理。

1）已知的事实不充分。当数据库中的已知事实不够充分时，若用这些事实与知识的运用条件进行匹配来正向推理时，可能连一条适用知识都选不出来，这就使推理无法进行下去。此时，可通过正向推理先把其运用条件不能完全匹配的知识都找出来，并把这些知识可导出的结论作为假设，然后分别对这些假设进行反向推理。由于在反向推理中可以向用户询问有关证据，这就有可能使推理进行下去。

2）由正向推理推出的结论可信度不高。用正向推理进行推理时，虽然推出了结论，但可信度可能不高，达不到预定的要求。此时为了得到一个可信度符合要求的结论，可用这些结论作为假设，然后进行反向推理，通过向用户询问进一步的信息，有可能会得到可信度较高的结论。

3）希望得到更多的结论。在反向推理过程中，由于要与用户进行对话，有针对性地向用户提出询问，这就有可能获得一些原来不掌握的有用信息，这些信息不仅可用于证实要证明的假设，同时还可能有助于推出一些其他结论。因此，在用反向推理证实了某个假设之后，可以再用正向推理推出另外一些结论。例如，在医疗诊断系统中，先用反向推理证实了某病人患有某种病，然后利用反向推理过程中获得的信息进行正向推理，就有可能推出该病人还患有其他什么病。

由以上讨论可以看出，混合推理分为两种情况：一种情况是先进行正向推理，帮助选择某个目标，即从已知事实演绎出部分结果，然后用反向推理证实该目标或提高其可信度；另一种情况是先假设一个目标进行反向推理，然后利用反向推理中得到的信息进行正向推理，以推出更多的结论。

3.10 自然演绎推理

自然演绎推理是从一组已知为真的事实出发，直接运用经典逻辑的推理规则，推出结论的过程。其中，基本的推理规则有 P 规则、T 规则、假言推理和拒取式推理等。P 规则是指在推理的任何步骤上都可以引入前提，继续进行推理。T 规则是指在推理时，如果前面步骤中有一个或多个公式永真蕴含 S，则可以把 S 引入推理过程中。

假言推理的一般形式是

$$P, P \rightarrow Q \Rightarrow Q$$

它表示：由 $P \to Q$ 及 P 为真，可推出 Q 为真。例如，由“如果 x 是水果，则 x 能吃”及“苹果是水果”可推出“苹果能吃”的结论。

拒取式推理的一般形式是

$$P \to Q, \sim Q \Rightarrow \sim P$$

它表示：由 $P \to Q$ 为真及 Q 为假，可推出 P 为假。例如，由“如果下雨，则地上湿”及“地上不湿”可推出“没有下雨”的结论。

这里，应注意避免如下两类错误：一是肯定后件（Q）的错误；另一是否定前件（P）的错误。所谓肯定后件是指，当 $P \to Q$ 为真时，希望通过肯定后件 Q 为真来推出前件 P 为真，这是不允许的。例如，伽利略在论证哥白尼的日新说时，曾使用了如下推理：

1）如果行星系统是以太阳为中心的，则金星会显示出位相变化。

2）金星显示出位相变化。

3）所以，行星系统是以太阳为中心的。

这就是使用了肯定后件的推理，违反了经典逻辑的逻辑规则，他为此曾遭到非难。所谓否定前件是指，当 $P \to Q$ 为真时，希望通过否定前件 P 来推出后件 Q 为假，这也是不允许的。例如，下面的推理就是使用了否定前件的推理，违反了逻辑规则：

1）如果上网，则能知道新闻。

2）没有上网。

3）所以，不知道新闻。

这显然是不正确的，因为通过收听广播，也会知道新闻。事实上，只要仔细分析关于 $P \to Q$ 的定义，就会发现当 $P \to Q$ 为真时，肯定后件或否定前件所得的结论既可能为真，也可能为假，不能确定。

一般来说，由已知事实推出的结论可能有多个，只要其中包含了待证明的结论，就认为问题得到了解决。自然演绎推理的优点是定理证明过程自然，容易理解；拥有丰富的推理规则，推理过程灵活，便于在推理规则中嵌入领域启发式知识。其缺点是容易产生组合爆炸，推理过程中得到的中间结论一般呈指数形式递增，这对于一个大的推理问题来说是十分困难的，甚至是不可能实现的。

3.11 非单调推理

传统的人工智能系统一般是建立在经典逻辑（特别是指谓词逻辑，或者是指一阶谓词逻辑加上归结原理）基础上的，经典逻辑将其拥有的关于问题领域的信息表示为一个一阶谓词演算的有限集 Δ，也称为基本信念集。为了求解问题，系统首先必须确定某个公式 φ 是否可以从 Δ 推导出来。虽然经典逻辑为推动人工智能的发展起到了很大的作用，但它的表达和推理能力毕竟有限，在现实世界中仍然有很多的局限性，例如：

1）信念只有非真即假这两种情况，无法表示不确定性的信息。

2）基本信念集合必须是一致的，新的信念的加入不应引起矛盾，不能对有新知识加入时进行知识库修正。

3）不能进行看似不合理，但是有可能的演绎推理。

在日常生活中，人们通常并不是在掌握了所有证据的完全信息之后才开始解决问题的，而是可以在有些信息未知的情况下，做出一些合理的假设，这常常需要进行默认或限制等形式的推理，非单调推理就是针对这类问题而提出的。

3.11.1 默认推理

在非单调推理中，默认逻辑是一种应用比较广泛的逻辑，它是在信息不完全和前提默认的情况下，默认一些先决条件而进行的推理。默认是表达非单调强有力的手段，为此赖特（Reiter R.）把默认概念引入逻辑中设计了默认逻辑，其基本思想是，传统的逻辑是从已知的事实推出新的事实，在推理时，知识库的丰富程度决定了能推出多少事实（Reiter，1980）。而在非单调推理中，知识库不够丰富，难以支持系统所需要的推理，因此需要对知识库进行扩充，这些扩充的知识就是默认的知识。

默认知识并不十分可靠，只是在目前看来不和知识库的其他部分发生矛盾，所以推出来的不能算是事实，只是对现实世界的一种猜测。赖特把原来的知识库称为不完备的理论，把扩充看作理论的完备化。而默认逻辑则提供了一组元公理，作为理论完备化的手段。赖特为此做了两方面的研究：首先对不完备理论的扩充给出了形式化的定义；其次是探讨了默认逻辑的证明论问题，即在什么条件下可以推断一个命题是否属于某个不完备理论的一个扩充。

赖特的默认逻辑是另一种形式的非单调逻辑，它包括一阶的语句以及一个或多个默认假设。形式地说，默认逻辑 DL 是对基本的知识库 KB 扩充一组非标准的、非单调的推理规则 D 实现的。扩充了 D 的 KB 包括标准逻辑所具有的结论加上应用 D 于 KB 所得到的结论。

DL 系统 D 中的默认规则形式为

$$\frac{\alpha(\bar{x}):M\beta_1(\bar{x}),\cdots,M\beta_m(\bar{x})}{W(\bar{x})}$$

或者表示为线性形式如下：

$$\alpha(\bar{x}):M\beta_1(\bar{x}),\cdots,M\beta_m(\bar{x})\rightarrow W(\bar{x})$$

其中，$\bar{x}$是由 x_i构成的参数向量；$\alpha(\bar{x})$是命题的前提；$W(\bar{x})$是命题的结论；$\beta_i(\bar{x})$是默认条件；M 为默认算子，表示相容性，即前提和默认条件相容或不矛盾，就可以推出结论。所以默认规则 D 可以读为：如果没有信息表明 $\beta_1(\bar{x}),\cdots,\beta_m(\bar{x})$ 中任何一项不成立（或与现有的知识相矛盾），则可从前提 $\alpha(\bar{x})$ 推出结论 $W(\bar{x})$。例如，对于默认规则：

$$\frac{\text{bird}(x):M\ \text{flies}(x)}{\text{flies}(x)}$$

它表示：如果 x 是鸟，并且如果认为 x 会飞不会引起矛盾，则可以相信 x 就会飞。默认规则在表达通常情况下是正确的，但并非绝对是正确的信念时非常有用。如果默认规则中不含有自由变元，即 α、$M\beta_i$、W 都是命题，那么该规则称为闭规则。

3.11.2 限制推理

限制推理是研究得最早的非单调推理之一，是由人工智能的创始人之一麦卡锡提出的（McCarthy，1980）。该理论也许是非单调推理研究中最富有成果的一个方面。限制理论的核心思想是，如果一个句子叙述一个命题，那么它叙述的仅仅是这个命题，一点都不能扩张和延伸，任何多余的东西都要删除掉。这就是所谓的“Occam 剃刀原理”，麦卡锡称之为极小模型。它试图最小化谓词的解释，以减少非单调的影响范围。

在早期，限制理论的概念是论域限制，它的含义是，只有那些存在的事物才是已知的，未知的事物都是不知道的。

设 Φ 为一阶公式，设个体域为$\{x \mid P(x)\}$，Δ 为一个命题，$\Phi(x)$为带有自由变量 x 的一阶公式，与 Δ 同属于一个谓词演算系统，则令

$$\Delta^{\Phi}=\Delta\ \{\forall x\ (\Phi(x)\to B(x))/\forall x\ B(x),\ \exists x(\Phi(x)\wedge B(x))\ /\exists x\ B(x)\}$$

是对 Δ 中子命题$\forall x\ B(x)$和$\exists x\ B(x)$的一个置换，是对 Δ 中量词的改变。则对 Δ 中的 P 做限制为

$$\Delta^{\Phi}\to\forall x\Phi(x)$$

这称为 Δ 的论域限制。

例如，如果个体域为渡河工具，公式 Δ 为$\forall xB(x)$，则置换为$\forall x\ (P(x)\to B(x))$，表示一切足够大的，比重小于水的东西都可以用于渡船。当对 P 用 $\Phi(x)$（x 是船）做限制时，得到

$$\forall x\ (\Phi(x)\to B(x))\to\forall x\ \Phi(x)$$

意思为：当只是说“船可用以渡河”时，隐含着“只有船可以渡河，没有其他东西可以渡河了”。即其他任何可能的渡河工具都要被剃刀剔除。

设公式 Δ 为$\exists x\ B(x)$，表示 x 为黑颜色的船。则有

$$\exists x(\Phi(x)\wedge B(x))\to\forall x\ \Phi(x)$$

令 $\Phi(x)=B(x)$，则得到$\exists x\ B(x)\to\forall xB(x)$。即从存在一只黑颜色的船推出所有的对象都是黑颜色的船。

论域限制是针对一个谓词的外延做出的，限制还可以从个体所具有的性质角度来讨论，这样的限制称为性质限制，或者谓词限制。

限制推理存在两个主要的问题：一个问题是麦卡锡等是用最小模型概念来描述谓词限制和领域限制的，但是最小模型并不一定总是存在的；另一个问题是限制谓词的选择，限制理论并没有指出应当选择哪个谓词进行限制，而对谓词的不同限制往往会得到不同的结果。

3.12　小结

自动推理是人工智能领域重要的研究问题，搜索算法是自动推理的重要基础。本章首先介绍了三段论推理，它是一种常用的推理形式，反映了人们推理的本质过程。然后讨论了重要的搜索算法，并分析了它们的复杂性。在应用盲目搜索进行推理的过程中，一般是盲目地穷举，不运用特别信息。当状态空间比较大时，由于宽度优先需要很大的存储空间，所以宽度优先是不合适的。在很多典型的人工智能问题中，深度优先有着很多的应用。但是深度优先方法不完备，人们常常也不是要沿着某一分枝不断地扩展下去。因此在这种情况下迭代加深搜索更适合一些。和 A^*算法结合，迭代加深搜索得到 IDA^*算法，该方法已经有了很多的研究，并且在并行结构上实现。

最流行的启发式方法是 A^*和 AO^*算法。A^*算法用于或（OR）图，而 AO^*算法用于与或（AND-OR）图。A^*算法用于状态空间中寻找目标，以及从起始节点到目标节点的最优路径问题。AO^*算法用于确定实现目标的最优路径。最近，有人通过机器学习的方法增强状态空间中节点的启发式信息，对 A^*算法进行扩展。本章还介绍了博弈搜索问题，这可以看作一种特殊的与或搜索问题，并给出了极大极小方法和 α-β 剪枝技术。

归结演绎推理、产生式系统和自然演绎推理是自动推理中常用的方法。归结演绎推理是通

过运用经典逻辑规则，从已知事实中演绎出逻辑上蕴含的结论的过程，通过引入新的归结推理规则，实现基于该规则的演绎推理。归结推理过程实际上是一种反证法，它的理论基础是 Herbrand 定理和 Robinson 归结原理。

产生式系统是人工智能系统中最典型最普遍的一种推理形式，可以用它来模拟人类求解问题时的思维过程。目前大多数的专家系统都采用产生式系统的结构来建造。产生式系统的推理分为正向推理和反向推理。正向推理指的是从现有条件出发，自底向上地进行推理（条件的综合），直到预期目标实现。反向推理则从预期目标出发，自顶向下地进行推理（目标的分析），直到符合当前的条件。运用反向推理时，后件而不是前件引导产生式的搜索工作，因此按推理方向可将产生式系统分为数据（前件）驱动和目标（后件）驱动两种类型。

本章还讨论了非单调推理。非单调推理的基本思想是允许引入假设（不确保正确的信念）来进行尝试性推理，这样当一个假设被发现错误而撤销时，一系列基于该假设的推理结果都要删除，因此非单调推理比单调推理处理难得多。

限制理论试图最小化谓词的解释，以减少非单调的影响范围，其基本思想是，在当前已知的有限条件下，进行推理并得出有关结果，不考虑当前那些尚未明确的限制条件，一旦限制条件变化了，再重做另外的考虑。默认推理是一种在知识不完全的情况下使得推理得以进行下去的非单调推理系统，它广泛应用于无法获取完全信息的场合。其基本思想是，在没有足够的证据表明某事物不存在时就默认或假设它是存在的。在非单调推理方面，国内外提出了大量的理论和方法，希望未来能够出现一个有用的、有效的非单调理论和自动推理系统。

习题

1. 状态空间法和问题规约法的要点是什么？它们有什么异同？

2. 用熟悉的语言实现深度优先、宽度优先和迭代加深算法。

3. 一个农夫带着一只狼、一只羊和一筐菜，欲从河的左岸坐船到右岸，由于船太小，农夫每次只能带一样东西过河，并且，没有农夫看管的话，狼会吃羊，羊会吃菜。试设计一个方案使农夫可以无损失地渡过河。画出相应的状态图。

4. 对于八数码问题，设启发函数 $h(n)$ 为节点 n 的每一数码与其目标位置之间的距离总和，初始状态和目标状态如图 3.1 所示，试用局部择优和全局择优方法分别画出启发式搜索图。

5. 对于具有图 3.25 所示初始结构的滑动积木游戏：

B	B	B	W	W	W	E

图 3.25　滑动积木游戏

图中，B 为黑将牌，W 为白将牌，E 为空格。此游戏的走法如下：

1）一个将牌可以单位费用移入相邻的空格。

2）一个将牌最多跳过两个其他的将牌进入一个空格，其费用在数值上等于跳过将牌的数目。

游戏的目标是将所有白色将牌都放到黑色将牌的左边（不考虑空格的位置）。试设计一个启发式函数，并利用 A^* 算法生成搜索树。

6. 对于图 3.26 所示的博弈树，其中最后一行的数字是假设的估计值。

1）计算各节点的倒推值。

2）利用剪枝剪去不必要的分枝。

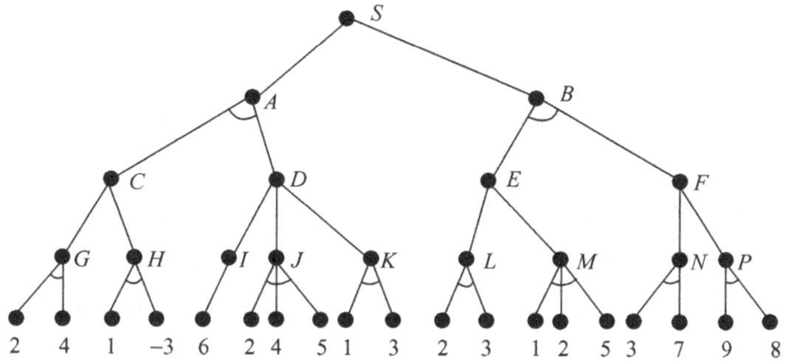

图 3.26　博弈树

7. 什么是推理的控制策略？有哪几种主要的推理驱动模式？

8. 什么是完备的归结策略？哪些规则策略是完备的？

9. 考虑下面不可满足的子句集合：

$$P\vee Q, P\vee \sim Q, \sim P\vee Q, \sim P\vee \sim Q$$

1）对下面每一种策略求其归结反驳：

① 支持集策略（其中支持集是上述子句列表的最后一个子句）。

② 祖先过滤策略。

③ 一种既违反支持集也违反祖先过滤的策略。

2）说明不存在这种不可满足的子句集合的线性输入归结反驳。

10. 把下面的表达式转换成子句形式：

1）$((\exists x)[P(x)]\vee(\exists x)[Q(x)])\rightarrow(\exists x)[P(x)\vee Q(x)]$。

2）$(\forall x)[P(x)]\rightarrow(\exists x)[(\forall z)[Q(x,z)]\vee(\forall z)[R(x,y,z)]]$。

3）$(\forall x)[P(x)\rightarrow(\forall y)[(\forall z)[Q(x,y)]\rightarrow\sim(\forall z)[R(y,x)]]]$。

11. 判断下列表达式对是否可以合一，如果可以合一，给出 MGU。

1）$P(x,b,b), P(a,y,z)$。

2）$P(x,f(x)), P(y,y)$。

3）$2+3=x, x=3+3$。

12. 在谓词逻辑的归结推理过程中，为什么要做变量置换和合一处理？在合一过程中，为什么要求出差异集？什么情况下，可以从差异集知道两个子句不可合一？

13. 求证 G 是 F_1 和 F_2 的逻辑推论。

F_1: $(\forall x)(P(x)\rightarrow(\forall y)(Q(y)\rightarrow\sim L(x,y)))$

F_2: $(\exists x)(P(x)\wedge(\forall y)(R(y)\rightarrow L(x,y)))$

G: $(\forall x)(R(x)\rightarrow\sim Q(x))$

14. 对所有的 x、y、z 来说，如果 y 是 x 的父亲，z 是 y 的父亲，则 z 是 x 的祖父。又知道每个人都有父亲，试问是否会有这样的个人 X 和 Y，使得 X 是 Y 的祖父？

15. 用标准逻辑（经典逻辑、谓词逻辑）的子句集表示下述刑侦知识，并用反演归结的支持集策略证明结论。

1）用子句集表示下述知识：

① John 是学生。

② Paul 喜欢酒（Wine）。

③ Paul（也）喜欢奶酪（Cheese）。

④ 如果 Paul 喜欢某物，则 John 也喜欢。

⑤ 如果某人是学生，而且喜欢人工智能，则他就可能会购买《人工智能》。

2）求证结论：John 可能会购买什么？

16. 如图 3.27 所示的逻辑电路有 4 条线：W_1、W_2、W_3和 W_4。它有一个“与门”A 和一个“反相器”B。输入线 W_1和 W_2可以是“ON”或者是“NOT”。对于与门 A，如果它运行 OK，线 W_3为“ON”当且仅当 W_1和 W_2都是“ON”。对于反相器 B，如果它运行 OK，线 W_4为“ON”当且仅当 W_3不是“ON”。

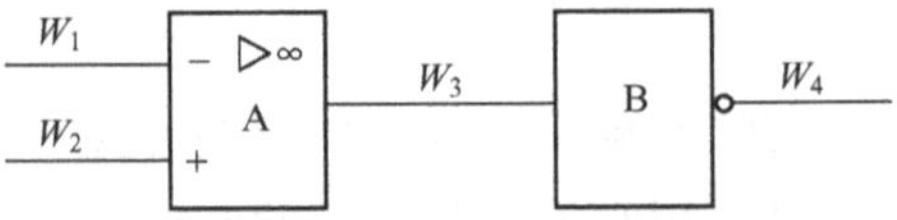

图 3.27　逻辑电路

1）用形如 OK(A)、ON(W_1)的表达式描述所定义的电路的功能。

2）用所描述电路功能的公式，假定所有元件运行都是正确的，并且 W_1和 W_2是“ON”，用归结法证明 W_4不是“ON”。

3）再次使用所描述电路功能的公式，假定 W_1和 W_2是“ON”，W_4也是“ON”，用归结法证明或者与门或者反相器工作是不正常的。

17. 传统逻辑的局限性是什么？什么是非单调推理？非单调推理主要应用于哪些场合？

18. 在默认理论中，默认规则是如何表示的，有哪几种表示形式？

19. 用默认理论表示下面的句子，并给出 D 和 W 集合。

1）有些软体动物（Molluscs）是有壳动物（Shell-Bearers）。

2）头足类动物（Cephalopods）是软体动物。

3）头足类动物不是有壳动物。

20. 已知 $\Delta=<D,W>$，其中

$$D=\left\{\frac{:MA}{B},\frac{:MB}{C},\frac{:MC}{F}\right\}$$

1）$W=\Phi$，求 Δ 的扩张 E。

2）$W=\{\neg B\vee(\neg A\wedge\neg C)\}$，求 Δ 的扩张 E。

第 4 章　不确定性推理

第 3 章介绍了确定性自动推理。本章将介绍不确定性推理，讨论处理数据的不精确和知识的不确定所需要的一些工具和方法，主要包括：在经验基础上抽象得到的可信度方法、基于贝叶斯（Bayes）理论的概率推理、基于信任测度函数的证据理论和基于模糊集合论的模糊推理等技术。尽管这些技术大多数是从实践中总结出来的工程性方法，对不确定性的处理往往不够严格，使用上也有很多局限性，但是它们却能解决一些问题，其结果能够给出令人满意的解释，符合人类认识世界的规律。

4.1　不确定性推理概述

不确定性是智能问题的本质特征，无论是人类智能还是人工智能，都离不开不确定性的处理。可以说，智能主要反映在求解不确定性问题的能力上。因此，不确定推理模型是人工智能和专家系统的一个核心研究课题。

4.1.1　不确定性知识分类

在现实生活中，大量的实际问题都包含一定的不确定性。要解决这些问题仅仅采用确定性推理是不够的。例如，一个病人发高烧，可能是流感，也可能是肺炎，或其他疾病，这就是不确定性问题。对于不确定性问题必须采用不确定性推理方法。

根据不确定性产生的原因及表现形式，可以将不确定性大致分为以下 5 种类型。

1. 随机不确定性

最常见的不确定性是随机性。随机性使世界及我们的生活充满了未知的魅力，是创造性不可缺少的因素，为我们提供了种种机遇。具有随机性的事件有以下一些特点：①事件可以在基本相同的条件下重复进行，如以同一门炮向同一目标多次射击。只有单一的偶然过程而无法判定它的可重复性则不称为随机事件。②在基本相同条件下某事件可能以多种方式表现出来，事先不能确定它以何种特定方式发生，如不论怎样控制炮的射击条件，在射击前都不能毫无误差地预测弹着点的位置。只有唯一可能性的过程不是随机事件。③事先可以预见该事件以各种方式出现的所有可能性，预见它以某种特定方式出现的概率，即在重复过程中出现的频率，如大量射击时炮弹的弹着点呈正态分布，每个弹着点在一定范围内有确定的概率。在重复发生时没有确定概率的现象不是同一过程的随机事件。对随机事件、随机变量、随机抽样和随机函数的研究是现代数学的概率论与数理统计的重要内容，并被广泛应用于自然科学、社会科学和工程技术中。

2. 模糊不确定性

另一种不确定性是模糊性。模糊性能够用较少的代价，传送足够的信息，并能对复杂事物做出高效率的判断和处理。也就是说，模糊性有助于提高效率。1951 年，法国数学家加斯蒙日（Monge G.）提出了模糊集合这个术语。1965 年，扎德（Zadeh L. A.）的论文 Fuzzy Sets 正式创立了模糊集合理论（Zadeh，1965）。扎德深入分析了模糊性、近似性、随机性和含混性，主张用模糊性（Fuzzness）作为基本的研究对象，提出了隶属度、隶属函数和模糊集合等基本概念。1996年，扎德又提出了词计算的理论（Zadeh，1996）。

模糊性使我们的生活简单而有效，借助模糊性能对复杂事物做出高效率的判断和处理，如人类可以轻易看懂不同人的字迹，听懂不完整的语言，识别出久未见面的朋友；画家不用精确的测量计算就能画出栩栩如生的风景人物；医生可以根据病人的模糊症状做出正确的诊断等。

3. 不完备性

不确定性推理还来自知识的不完备性、不协调性和非恒常性（李德毅等，2005）。知识的不完备性包括知识内容的不完整、知识结构的不完备等。内容的不完整，可能来源于获取知识时观测不充分、设备不精确，只获取了局部信息，因此对部分信息内容根本不知道，或者知道应该有某一个具体的信息值，但不清楚其大小。知识结构的不完备，可能因为人的认识能力、获取手段的限制等，造成对解决某个特定问题的背景和结构认识不全，忽略了一些重要因素。

4. 不协调性

不协调性是不确定性推理的另一种表现。知识的不协调是指知识内在的矛盾，不协调的程度可以依次为冗余、干扰和冲突等。不协调性是知识不确定性的重要体现，人们不可能、也没必要在一切场合下都试图消除知识的不协调性，固执地去追求知识的一致性，要把不协调看作知识的一种常态，允许包容、并蓄，允许折中、调和。

5. 非恒常性

非恒常性主要是指知识随时间的变化而变化。人类对自然、社会乃至自身的认识都是一个由不知到知、由不深刻到深刻、不断更新的过程，是一个否定之否定的过程。人类的知识是无限发展的，永远不可能停留在某个水平上。

4.1.2 不确定性推理的基本问题

推理是运用知识求解问题的过程，是证据和规则相结合得出结论的过程。由于知识的不确定性，导致了所产生的结论的不确定性。在基于规则的专家系统中，不确定性表现在证据、规则和推理三个方面，需要对专家系统中的事实（证据）与知识（规则）给出不确定性描述，并在此基础上建立不确定性的传递计算方法。因此要实现对不确定性知识的处理，必须要解决不确定知识的表示问题、不确定信息的计算问题，以及不确定性表示和计算的语义解释问题。

1. 表示问题

表示问题指的是采用什么方法描述不确定性，这是解决不确定推理的关键一步。通常有数值表示和非数值的语义表示方法。两者都不够完善。数值表示便于计算、比较，而非数值表示是一种定性的描述，以便较好地解决不确定性问题。

在专家系统中不确定性分为两类：一类是知识的不确定性；另一类是证据的不确定性。

1）知识不确定性（$E \rightarrow H, f(H,E)$），表示相应知识的不确定性程度，称为知识或规则强度。

2）证据不确定性（命题 E，$C(E)$），表示证据 E 为真的程度。它有两种来源：初始证据（由用户给出）；前面推出的结论作为当前证据（通过计算得到）。

一般来说，证据不确定性的表示方法应与知识不确性表示方法保持一致，证据的不确定性通常也是一个数值表示，它代表相应证据的不确定性程度，称为动态强度。

2. 计算问题

计算问题主要指不确定性的传播与更新，也即获得新信息的过程。它是在领域专家给出的规则强度和用户给出的原始证据的不确定性的基础上，定义一组函数，求出结论的不确定性度量。它主要包括以下 3 个方面。

（1）不确定性的传递算法

1）在每一步推理中，如何把证据及知识的不确定性传递给结论。

2）在多步推理中，如何把初始证据的不确定性传递给结论。

也就是说，已知规则的前提 E 的不确定性 $C(E)$ 和规则强度 $f(H,E)$，求假设 H 的不确定性 $C(H)$，即定义函数 f_1，使得

$$C(H)=f_1(C(E),f(H,E)) \tag{4.1}$$

（2）结论不确定性合成

推理中有时会出现这样的一种情况，用不同的知识进行推理，得到了相同结论，但不确定性的程度却不相同。

即已知由两个独立的证据 E_1 和 E_2 求得的假设 H 的不确定性度量 $C_1(H)$ 和 $C_2(H)$，求证据 E_1 和 E_2 的组合导致的假设 H 的不确定性 $C(H)$，即定义函数 f_2，使得

$$C(H)=f_2(C_1(H), C_2(H)) \tag{4.2}$$

（3）组合证据的不确定性算法

已知证据 E_1 和 E_2 的不确定性度量 $C(E_1)$ 和 $C(E_2)$，求证据 E_1 和 E_2 的析取和合取的不确定性，即定义函数 f_3 和 f_4，使得

$$C(E_1 \wedge E_2)=f_3(C(E_1),C(E_2)) \tag{4.3}$$

$$C(E_1 \vee E_2)=f_4(C(E_1),C(E_2)) \tag{4.4}$$

目前关于组合证据的不确定性计算已经提出了多种方法，用得最多的是如下 3 种。

1）最大最小法。

$$C(E_1 \wedge E_2)=\min\{C(E_1),C(E_2)\} \tag{4.5}$$

$$C(E_1 \vee E_2)=\max\{C(E_1),C(E_2)\} \tag{4.6}$$

2）概率方法。

$$C(E_1 \wedge E_2)=C(E_1) \cdot C(E_2) \tag{4.7}$$

$$C(E_1 \vee E_2)=C(E_1)+C(E_2)-C(E_1) \cdot C(E_2) \tag{4.8}$$

3）有界方法。

$$C(E_1 \wedge E_2)=\max\{0,C(E_1)+C(E_2)-1\} \tag{4.9}$$

$$C(E_1 \vee E_2)=\min\{1,C(E_1)+C(E_2)\} \tag{4.10}$$

3. 语义问题

语义问题指上述表示和计算的含义是什么？即对它们进行解释。如对 $C(H,E)$ 可理解为当前提 E 为真时，对结论 H 为真的一种影响程度，$C(E)$ 可理解为 E 为真的程度。

目前，在人工智能中，处理不确定性问题的主要数学工具有概率论和模糊数学。概率论与模糊数学所研究和处理的是两种不同的不确定性。概率论研究和处理随机现象，事件本身有明确的含义，只是由于条件不充分，使得在条件和事件之间不能出现决定性的因果关系（随机性）。模糊数学研究和处理模糊现象，概念本身就没有明确的外延，一个对象是否符合这个概念是难以确定的（属于模糊的）。无论采用什么数学工具和模型，都需要对知识和证据的不确定性给出度量。

知识的不确定性度量$f(H,E)$，需要定义下述3个典型情况下的取值：

1）若E为真，则H为真，这时$f(H,E)=?$

2）若E为真，则H为假，这时$f(H,E)=?$

3）E对H没有影响，这时$f(H,E)=?$

对于证据的不确定性度量$C(E)$，需要定义下述3个典型情况下的取值：

1）E为真，$C(E)=?$

2）E为假，$C(E)=?$

3）对E一无所知，$C(E)=?$

对于一个专家系统，一旦给定了上述不确定性的表示、计算及其相关的解释，就可以从最初的观察证据出发，得出相应结论的不确定性程度。专家系统的不确定性推理模型指的就是证据和规则的不确定性的测度方法以及不确定性的组合计算模式。

4.1.3　不确定性推理方法分类

关于不确定性推理方法的研究主要沿着以下两条不同的路线发展。

1. 控制方法

在控制策略级处理不确定性的方法，其特点是通过识别领域中引起不确定性的某些特征及相应的控制策略来限制或减少不确定性对系统产生的影响。这类方法没有处理不确定性的统一模型，其效果极大地依赖于控制策略，我们把这类方法统称为控制方法。目前常用的控制方法有启发式搜索、相关性制导回溯和机缘控制等。

2. 模型方法

在推理一级上扩展不确定性推理的方法，其特点是把不确定证据和不确定的知识分别与某种量度标准对应起来，并且给出更新结论不确定性算法，从而建立不确定性推理模式。我们把这一类方法统称为模型方法。

模型方法又分为数值方法及非数值方法两类。数值方法是对不确定性的一种定量表示和处理方法，是本章研究的重点。非数值方法是指除数值方法外的其他各种处理不确定性的方法，如古典逻辑方法和非单调推理方法等，这些在相关的章节中已有介绍。

在数值方法中，概率方法是重要的方法之一。概率论有着完善的理论和方法，而且具有现成的公式实现不确定性的合成和传递，因此可以用作度量不确定性的重要手段。

纯概率方法虽然有严格的理论依据，但通常要求给出事件的先验概率和条件概率，而这些数据又不易获得，因此其应用受到限制。为了解决这个问题，人们在概率论的基础上发展起来了一些新的方法和理论，主要有可信度方法、证据理论和主观概率论（又称为主观贝叶斯方法）等。

1）可信度方法：它是MYCIN专家系统中使用的不确定推理模型，以确定性理论为基础，方法简单、易用。

2）主观贝叶斯方法：它是PROSPECTOR专家系统中使用的不确定推理模型，是对贝叶斯公式修正后形成的一种不确定推理方法，为概率论在不确定推理中的应用提供了一条途径。

3）证据理论：它通过定义信任函数和似然函数，把知道的和不知道的区别开来。这些函数满足比概率函数的公理要弱的公理，因此，概率函数是信任函数的一个子集。

基于概率的方法虽然可以表示和处理现实世界中存在的某些不确定性，在人工智能的不确定推理方面占有重要地位，但它们没有把事物自身所具有的模糊性反映出来，也不能对其客观存在的模糊性进行有效推理。扎德等提出的模糊集理论以及在此基础上发展起来的可能性理论弥补了这一缺憾。概率论处理的是由随机性引起的不确定性，可能性理论处理的是由模糊性引起的不确定性。可能性理论对由模糊性引起的不确定性的表示及处理开辟了一种新的解决途径，并得到了广泛的应用。

4.2　可信度方法

美国斯坦福大学肖特里菲（Shortliffe E. H.）等于 1975 年提出了一种不确定性推理模型（Shortliffe et al.，1975），并于 1976 年首次在血液病诊断专家系统 MYCIN 中得到了成功应用（Shortliffe，1976）。它是不确定性推理中非常简单且又十分有效的一种推理方法。尽管该方法未建立在严格的理论推导基础上，但对于许多应用领域，仍可以得到比较合理和令人满意的结果。目前，有许多成功的专家系统都是基于这一方法建立起来的。

4.2.1　建造医学专家系统时的问题

1. 贝叶斯方法的问题

由于微生物的数量巨大，医疗诊断可能的疾病假设会有很多。贝叶斯定理在医学上很有用，但是它的准确性和我们事先知道有多少种可能性有关。例如，给定一些症状，使用贝叶斯定理来确定某种疾病的概率：

$$P(D_i \mid E)=\frac{P(E \mid D_i)P(D_i)}{P(E)}=\frac{P(E \mid D_i)P(D_i)}{\sum_j P(E \mid D_j)P(D_j)} \tag{4.11}$$

式中，D_i是第 i 种疾病；E 是证据；$P(D_i)$是在已知任何证据之前病人得这种病的先验概率；$P(E \mid D_i)$是在已知患有 D_i疾病的情况下，病人出现症状 E 的条件概率；j 是对所有疾病求和。

一般来说，要给出所有这些概率一致的、完整的值往往是不可能的。实际上这些概率或统计是在数据或信息不断积累的基础上得到的，并且随着证据的一点一点积累，又会增加新的概率需要计算或统计，以确定证据积累时病人患某种疾病的可能性。这时又需要更多的概率，问题就会更多。

2. 可信与不信任问题

信任与不信任问题是设计医学诊断专家系统时所面临的又一个问题。可信度是对信任的一种度量，是指人们根据以往经验对某个事物或现象为真的程度的一个判断，或者说是人们对某个事物或现象为真的相信程度。根据概率论，我们知道：

$$P(H)+P(\neg H)=1$$

于是有 $P(H)=1-P(\neg H)$。

对于基于证据 E 的后验假设有

$$P(H \mid E)=1-P(\neg H \mid E)$$

把上式用于医学专家系统中，如对于 MYCIN 中的规则：

规则 4.1　IF ①生物体的染色呈革兰氏阳性，并且②生物体的形态为球形，并且③生物体生长构造是链状；

THEN 有证据表明（0.7）这种生物是链球菌。

也就是说，如果三个前提条件都满足，则有 70%的可能确定它是一种链球菌：

$$P(H \mid E_1 E_2 E_3)=0.7$$

医学专家认为上式是可以接受的，但是医生认为下式是不正确的：

$$P(\neg H \mid E_1 E_2 E_3)=1-0.7=0.3$$

这说明 0.7 和 0.3 反映的不是信任的概率，而只是一种似然性。这就是说信任和不信任是不一致的。

出现这个问题的根本原因在于，尽管 $P(H)$ 表明 E 和 H 存在一种因果关系，但 $\neg H$ 和 E 之间可能没有因果关系。但是 $P(H \mid E)=1-P(\neg H \mid E)$ 却暗示如果 E 和 H 之间有因果关系，则 E 和 $\neg H$ 之间也有因果关系。

正是由于概率论上的这些问题使得 MYCIN 专家系统的开发者需要建立新的模型来处理不确定性问题。这种模型和基于重复事件出现频率有关的普通概率不同，它基于利用某些证据来证实假设的方法，因此称为基于认知概率或确认度的确定性理论。

4.2.2 可信度模型

可信度模型是 Shortliffe 等在开发血液病诊断专家系统 MYCIN 中提出的一种不确定性推理模型，它是基于确定性理论、结合概率论和模糊集合论等方法提出的一种推理方法。该方法采用可信度 CF（Certainty Factor）作为不确定性的测度，通过对 $\mathrm{CF}(H,E)$ 的计算，探讨证据 E 对假设 H 的定量支持程度，因此，该方法也称为 C-F 模型。

下面首先讨论在可信度模型中，关于信任与不信任的处理方法。

1. 可信度的定义

在可信度模型中，可信度最初定义为信任与不信任的差，即 $\mathrm{CF}(H,E)$ 定义为

$$\mathrm{CF}(H,E)=\mathrm{MB}(H,E)-\mathrm{MD}(H,E) \tag{4.12}$$

式中，CF 是由证据 E 得到假设 H 的可信度；MB（Measure Belief，MB）称为信任增长度，它表示因为与前提条件 E 匹配的证据的出现，对结论 H 为真的信任的增长程度，$\mathrm{MB}(H,E)$ 定义为

$$\mathrm{MB}(H,E)=\begin{cases}1, & P(H)=1\\ \dfrac{\max\{P(H \mid E),P(H)\}-P(H)}{1-P(H)}, & \text{其他}\end{cases} \tag{4.13}$$

MD（Measure Disbelief，MD）称为不信任增长度，它表示因为与前提条件 E 匹配的证据的出现，对结论 H 的不信任的增长程度，$\mathrm{MD}(H,E)$ 定义为

$$\mathrm{MD}(H,E)=\begin{cases}1, & P(H)=0\\ \dfrac{\min\{P(H \mid E),P(H)\}-P(H)}{-P(H)}, & \text{其他}\end{cases} \tag{4.14}$$

在式（4.13）和式（4.14）中，$P(H)$ 表示 H 的先验概率；$P(H,E)$ 表示在前提条件 E 所对应的证据出现的情况下，结论 H 的条件概率。由 MB 与 MD 的定义可以看出：

当 $\mathrm{MB}(H,E)>0$ 时，有 $P(H,E)>P(H)$，这说明由于 E 所对应的证据的出现增加了 H 的信任程度但不信任程度没有变化。

当 $\mathrm{MD}(H,E)>0$ 时，有 $P(H,E)<P(H)$，这说明由于 E 所对应的证据的出现增加了 H 的不信任程度，而不改变对其信任的程度。

根据前面对 $\mathrm{CF}(H,E)$、$\mathrm{MB}(H,E)$ 和 $\mathrm{MD}(H,E)$ 的定义，可得到 $\mathrm{CF}(H,E)$ 的计算公式：

$$\mathrm{CF}(H,E)=\begin{cases}\mathrm{MB}(H,E)-0=\dfrac{P(H|E)-P(H)}{1-P(H)}, & P(H|E)>P(H)\\ 0, & P(H|E)=P(H)\\ 0-\mathrm{MD}(H,E)=-\dfrac{P(H)-P(H|E)}{P(H)}, & P(H|E)<P(H)\end{cases} \tag{4.15}$$

从式（4.15）可以看出：

若 $\mathrm{CF}(H,E)>0$，则 $P(H|E)>P(H)$。这说明由于前提条件 E 所对应证据的出现增加了 H 为真的概率，即增加了 H 的可信度，$\mathrm{CF}(H,E)$ 的值越大，增加 H 为真的可信度就越大。

若 $\mathrm{CF}(H,E)<0$，则 $P(H|E)<P(H)$。这说明由于前提条件 E 所对应证据的出现减少了 H 为真的概率，即增加了 H 为假的可信度，$\mathrm{CF}(H,E)$ 的值越小，增加 H 为假的可信度就越大。

根据以上对 CF、MB 和 MD 的定义，可得到它们的如下性质。

1）互斥性。对于同一证据，它不可能既增加对 H 的信任程度，又同时增加对 H 的不信任程度，这说明 MB 与 MD 是互斥的。即有如下互斥性：

当 $\mathrm{MB}(H,E)>0$ 时，$\mathrm{MD}(H,E)=0$；

当 $\mathrm{MD}(H,E)>0$ 时，$\mathrm{MB}(H,E)=0$。

2）值域。

$$0\leqslant \mathrm{MB}(H,E)\leqslant 1$$
$$0\leqslant \mathrm{MD}(H,E)\leqslant 1$$
$$-1\leqslant \mathrm{CF}(H,E)\leqslant 1$$

3）典型值。

① 当 $\mathrm{CF}(H,E)=1$ 时，有 $P(H|E)=1$，说明由于 E 所对应证据的出现使 H 为真。此时，$\mathrm{MB}(H,E)=1$，$\mathrm{MD}(H,E)=0$。

② 当 $\mathrm{CF}(H,E)=-1$ 时，有 $P(H|E)=0$，说明由于 E 所对应证据的出现使 H 为假。此时，$\mathrm{MB}(H,E)=0$，$\mathrm{MD}(H,E)=1$。

③ 当 $\mathrm{CF}(H,E)=0$ 时，则 $P(H|E)=P(H)$，表示 H 与 E 独立，即 E 所对应的证据的出现对 H 没有影响。

4）对 H 的信任增长度等于对非 H 的不信任增长度。

根据 MB、MD 的定义及概率的性质，有

$$\begin{aligned}\mathrm{MD}(\neg H,E)&=\frac{P(\neg H|E)-P(\neg H)}{-P(\neg H)}=\frac{(1-P(H|E))-(1-P(H))}{-(1-P(H))}\\&=\frac{-P(H|E)+P(H)}{-(1-P(H))}=\frac{-(P(H|E)-P(H))}{-(1-P(H))}\\&=\frac{P(H|E)-P(H)}{1-P(H)}=\mathrm{MB}(H,E)\end{aligned}$$

再根据 CF 的定义及 MB、MD 的互斥性，有

$$\begin{aligned}\mathrm{CF}(H,E)+\mathrm{CF}(\neg H,E)&=(\mathrm{MB}(H,E)-\mathrm{MD}(H,E))+\\&\quad(\mathrm{MB}(\neg H,E)-\mathrm{MD}(\neg H,E))\\&=(\mathrm{MB}(H,E)-0)+(0-\mathrm{MD}(\neg H,E))\\&=\mathrm{MB}(H,E)-\mathrm{MD}(\neg H,E)=0\end{aligned}$$

该公式说明了以下 3 个问题：

① 对 H 的信任增长度等于对非 H 的不信任增长度。

② 对 H 的可信度与对非 H 的可信度之和等于 0。

③ 可信度不是概率。

对概率有

$$P(H)+P(\neg H)=1 \quad \text{且} \quad 0\leqslant P(H), P(\neg H)\leqslant 1$$

而可信度不满足此条件。

5）对同一前提 E，若支持若干个不同的结论 $H_i(i=1,2,\cdots,n)$，则

$$\sum_{i=1}^{n} \mathrm{CF}(H_i,E) \leqslant 1$$

因此，如果发现专家给出的知识有如下情况：

$$\mathrm{CF}(H_1,E)=0.7, \quad \mathrm{CF}(H_2,E)=0.4$$

则因 0.7+0.4=1.1>1 为非法，应进行调整或规范化。

2. 可信度的计算

（1）规则不确定性的表示

在可信度模型中，规则是用产生式规则表示的，其一般形式为

$$\text{IF} \quad E \quad \text{THEN} \quad H \quad (\mathrm{CF}(H,E))$$

式中，E 是规则的前提条件；H 是规则的结论；$\mathrm{CF}(H,E)$ 是规则的可信度，也称为规则强度或知识强度，它描述的是知识的静态强度。这里前提和结论都可以是由复合命题组成的。

（2）证据不确定性的表示

在可信度模型中，证据 E 的不确定性也是用可信度因子 $\mathrm{CF}(E)$ 来表示的，其取值范围同样是［-1，1］，其典型值为：

当证据 E 肯定为真时，$\mathrm{CF}(E)=1$；

当证据 E 肯定为假时，$\mathrm{CF}(E)=-1$；

当证据 E 一无所知时，$\mathrm{CF}(E)=0$。

证据可信度的来源有以下两种情况：如果是初始证据，则其可信度是由提供证据的用户给出的；如果是先前推出的中间结论又作为当前推理的证据，则其可信度是原来在推出该结论时由不确定性的更新算法计算得到的。

$\mathrm{CF}(E)$ 所描述的是证据的动态强度。尽管它和知识的静态强度在表示方法上类似，但两者的含义却完全不同。知识的静态强度 $\mathrm{CF}(H,E)$ 表示的是规则的强度，即当 E 所对应的证据为真时对 H 的影响程度，而动态强度 $\mathrm{CF}(E)$ 表示的是证据 E 当前的不确定性程度。

（3）组合证据不确定性的计算

对证据的组合形式可分为"合取"与"析取"两种基本情况。当组合证据是多个单一证据的合取时，即

$$E=E_1 \text{ AND } E_2 \text{ AND } \cdots \text{ AND } E_n$$

时，若已知 $\mathrm{CF}(E_1)$，$\mathrm{CF}(E_2),\cdots,\mathrm{CF}(E_n)$，则

$$\mathrm{CF}(E)=\min\{\mathrm{CF}(E_1),\mathrm{CF}(E_2),\cdots,\mathrm{CF}(E_n)\} \tag{4.16}$$

当组合证据是多个单一证据的析取时，即

$$E=E_1 \text{ OR } E_2 \text{ OR } \cdots \text{ OR } E_n$$

时，若已知 $\mathrm{CF}(E_1)$，$\mathrm{CF}(E_2),\cdots,\mathrm{CF}(E_n)$，则

$$\mathrm{CF}(E)=\max\{\mathrm{CF}(E_1),\mathrm{CF}(E_2),\cdots,\mathrm{CF}(E_n)\} \tag{4.17}$$

另外，规定 $CF(\neg E)=\neg CF(E)$。

（4）不确定性的推理算法

C-F 模型中的不确定性推理实际上是从不确定性的初始证据出发，不断运用相关的不确定性知识（规则），逐步推出最终结论和该结论的可信度的过程。而每一次运用不确定性知识，都需要由证据的不确定性和规则的不确定性来计算结论的不确定性。

1）证据肯定存在（$CF(E)=1$）时，其计算公式如下：

$$CF(H)=CF(H,E)$$

这说明，规则强度 $CF(H,E)$ 实际上就是在前提条件对应的证据为真时结论 H 的可信度。

2）证据不是肯定存在（$CF(E)\neq 1$）时，其计算公式如下：

$$CF(H)=CF(H,E)\cdot \max\{0,CF(E)\} \tag{4.18}$$

由式（4.18）可以看出，若 $CF(E)<0$，即相应证据以某种程度为假，则

$$CF(H)=0$$

这说明，在该模型中没有考虑证据为假时对结论 H 所产生的影响。

3）证据是多个条件组合的情况。即如果有两条规则推出一个相同结论，并且这两条规则的前提相互独立，结论的可信度又不相同，则可用不确定性的合成算法求出该结论的综合可信度。

设有如下规则：

$$\text{IF}\quad E_1\quad \text{THEN}\quad H\qquad (CF(H,E_1))$$

$$\text{IF}\quad E_2\quad \text{THEN}\quad H\qquad (CF(H,E_2))$$

则结论 H 的综合可信度可分以下两步计算：

第一步：分别对每条规则求出其 $CF(H)$，即

$$CF_1(H)=CF(H,E_1)\cdot \max\{0,CF(E_1)\}$$

$$CF_2(H)=CF(H,E_2)\cdot \max\{0,CF(E_2)\}$$

第二步：用如下公式求 E_1 与 E_2 对 H 的综合可信度：

$$CF(H)=\begin{cases} CF_1(H)+CF_2(H)-CF_1(H)CF_2(H), & CF_1(H)\geqslant 0 \text{ 且 } CF_2(H)\geqslant 0 \\ CF_1(H)+CF_2(H)+CF_1(H)CF_2(H), & CF_1(H)<0 \text{ 且 } CF_2(H)<0 \\ CF_1(H)+CF_2(H), & CF_1(H)\text{ 与 }CF_2(H)\text{ 异号} \end{cases} \tag{4.19}$$

在后来基于 MYCIN 基础上形成的 EMYCIN 中，对式（4.19）做了如下修改：

如果 $CF_1(H)$ 和 $CF_2(H)$ 异号，则

$$CF(H)=\frac{CF_1(H)+CF_2(H)}{1-\min\{|CF_1(H)|,|CF_2(H)|\}} \tag{4.20}$$

其他情况不变。

如果可由多条知识推出同一个结论，并且这些规则的前提相互独立，结论的可信度又不相同，则可以将上述合成过程推广应用到多条规则支持同一条结论，且规则前提可以包含多个证据的情况。这时合成过程是先把第一条与第二条合成，然后用该合成后的结论与第三条合成，依次进行下去，直到全部合成完为止。

例 4.1　设有如下一组规则：

R_1：IF　E_1　THEN　H　（0.9）

R_2：IF　E_2　THEN　H　（0.6）

R_3: IF E_3 THEN H (−0.5)

R_4: IF E_4 AND (E_5 OR E_6) Then E_1 (0.8)

已知 $CF(E_2)=0.8$，$CF(E_3)=0.6$，$CF(E_4)=0.5$，$CF(E_5)=0.6$，$CF(E_6)=0.8$，求 $CF(H)$。

解 由 R_4 得到

$$\begin{aligned}CF(E_1)&=0.8\times\max\{0, CF(E_4 \text{ AND}(E_5 \text{ OR } E_6))\}\\&=0.8\times\max\{0,\min\{CF(E_4), CF(E_5 \text{ OR } E_6)\}\}\\&=0.8\times\max\{0,\min\{CF(E_4),\max\{CF(E_5), CF(E_6)\}\}\}\\&=0.8\times\max\{0,\min\{0.5,0.8\}\}\\&=0.8\times\max\{0,0.5\}\\&=0.4\end{aligned}$$

由 R_1 得到

$$\begin{aligned}CF_1(H)&=CF(H,E_1)\cdot\max\{0,CF(E_1)\}\\&=0.9\times\max\{0,0.4\}\\&=0.36\end{aligned}$$

由 R_2 得到

$$\begin{aligned}CF_2(H)&=CF(H,E_2)\cdot\max\{0,CF(E_2)\}\\&=0.6\times\max\{0,0.8\}\\&=0.48\end{aligned}$$

由 R_3 得到

$$\begin{aligned}CF_3(H)&=CF(H,E_3)\cdot\max\{0,CF(E_3)\}\\&=-0.5\times\max\{0,0.6\}\\&=-0.3\end{aligned}$$

根据结论不确定性的合成算法得到

$$\begin{aligned}CF_{1,2}(H)&=CF_1(H)+CF_2(H)-CF_1(H)CF_2(H)\\&=0.36+0.48-0.36\times0.48\\&=0.84-0.17=0.67\end{aligned}$$

$$\begin{aligned}CF_{1,2,3}(H)&=\frac{CF_{1,2}(H)+CF_3(H)}{1-\min\{|CF_{1,2}(H)|,|CF_3(H)|\}}\\&=\frac{0.67-0.3}{1-\min\{0.67,0.3\}}=\frac{0.37}{0.7}\\&=0.53\end{aligned}$$

这就是所求出的综合可信度，即 $CF(H)=0.53$。

4.2.3 确定性方法的说明

1. 可信度的计算问题

在前面已经说明 CF 的原始定义为

$$CF=MB-MD$$

该定义有一个困难之处。因为一个反面证据的影响可以抑制很多正面证据的影响，反之亦然。例如，如果 $MB=0.999$，$MD=0.799$，则有 $CF=0.200$。

后来，MYCIN 中 CF 的定义修改为

$$CF=\frac{MB-MD}{1-\min\{MB,MD\}}$$

这样可以削弱一个反面证据对多个正面证据的影响。例如，对于上面的 MB、MD 值，有

$$CF=\frac{0.999-0.799}{1-\min\{0.999,0.799\}}=0.995$$

另外，在 MYCIN 中，一个规则前件的 CF 值必须大于 0.2，这样该规则的前件才能认为为真并激活该规则。在 CF 理论中，0.2 这个阈值不是作为一个基本公理，而是作为一个处理方法来减少所激活的仅仅弱支持的规则数目。如果没有这个阈值，许多 CF 值很小甚至没有值的规则将被激活，这将大大降低系统的效率。

2. 可信度方法的特点

可信度方法具有简洁、直观的优点。通过简单的计算，不确定性就可以在系统中传播，并且计算具有线性的复杂度，推理的近似效果也比较理想。另外，可信度方法也很容易理解，并且将不信任和信任清楚地区分开来。

虽然 MYCIN 系统在诊断方面是成功的，但确定因子方法也有其不足之处。

1）CF 值可能与条件概率得出的值相反。例如：

$$P(H_1)=0.8,\quad P(H_2)=0.2$$

$$P(H_1\mid E)=0.9,\quad P(H_2\mid E)=0.8$$

则

$$CF(H_1,E)=0.5,\quad CF(H_2,E)=0.75$$

如果一种疾病具有很高的条件概率，但却有很低的 CF 值，则可能会产生矛盾。

2）通常

$$P(H\mid E)\neq P(H\mid S)P(S\mid E)$$

其中 S 是基于证据 E 的某些中间假设。但在推理链中的两条规则的确定因子确是作为独立概率计算的：

$$CF(H,E)=CF(H,S)CF(S,E)$$

上式只有在特殊的情况下才能成立，即具有属性 H 的统计种群包含在具有属性 S 的统计种群中，且它们又包含在具有属性 E 的统计种群中。

3）MYCIN 一般应用于推理链短，且假设简单的问题中。如果把该方法应用于不具备短推理链、简单假设的领域，则可能会出问题。

4）由于可能存在计算的累计误差，如果多个规则逻辑等价于一个规则，则采用一个规则和多个规则计算的 CF 值可能不相同。

5）组合规则使用的顺序不同，也可能得到不同的结果。

4.3　主观贝叶斯方法

概率论被广泛地用于处理随机性以及人类知识的不可靠性，如随机事件 A 的概率 $P(A)$ 可表示事件 A 发生的可能性大小，因而可用概率方法来表示和处理事件 A 的确定性程度。主观贝叶斯方法是由杜达（Duda R. O.）等于 1976 年在贝叶斯公式的基础上经过适当修正而形成的，并成功地应用在地矿勘探专家系统 PROSPECTOR 中（Duda et al.，1976）。

4.3.1 贝叶斯公式

在概率论中，一个事件或命题的概率是在大量统计数据的基础上计算出来的，并且要处理条件概率中复杂的证据之间的内在关系。在使用概率进行不确定推理中，需要收集大量的样本事件进行统计，以便获得事件发生的概率来表示命题的确定性程度。然而在许多情况下，同类事件发生的频率不高，甚至很低，无法进行概率统计，这时一般是根据观测到的数据，凭领域专家的经验给出一些主观上的判断，称为主观概率。因此，概率一般可以解释为对证据和规则的主观信任度。概率推理中起关键作用的就是所谓的贝叶斯公式，它也是主观贝叶斯方法的基础。

定义 4.1 全概率公式

设事件 $A_1, A_2, \cdots, A_n$ 满足

1） 任意两个事件互不相容。

2） $P(A_i)>0(i=1,2,\cdots,n)$。

3） 样本空间 D 是各个 $A_i(i=1,2,\cdots,n)$ 的集合。

则对于任何事件 B，有下式成立：

$$P(B)=P(A_1)P(B \mid A_1)+P(A_2)P(B \mid A_2)+\cdots+P(A_n)P(B \mid A_n) \tag{4.21}$$

全概率公式提供了计算 $P(B)$ 的方法。

定义 4.2 贝叶斯公式

设事件 $A_1, A_2, \cdots, A_n$ 满足

1） 任意两个事件互不相容。

2） $P(A_i)>0(i=1,2,\cdots,n)$。

3） 样本空间 D 是各个 $A_i(i=1,2,\cdots,n)$ 的集合。

则对于任何事件 B，有下式成立：

$$P(B)P(A_i \mid B)=P(A_i)P(B \mid A_i), \quad i=1,2,\cdots,n \tag{4.22}$$

$$P(A_i \mid B)=\frac{P(A_i)P(B \mid A_i)}{P(B)}, \quad i=1,2,\cdots,n \tag{4.23}$$

由全概率公式得到

$$P(A_i \mid B)=\frac{P(A_i)P(B \mid A_i)}{\sum_{j=1}^{n} P(A_j)P(B \mid A_j)}, \quad i=1,2,\cdots,n \tag{4.24}$$

式中，$P(A_i)$ 是事件 A_i 的先验概率；$P(B \mid A_i)$ 是在事件 A_i 发生条件下事件 B 的条件概率；$P(A_i \mid B)$ 是在事件 B 发生条件下事件 A_i 的条件概率，称为后验概率。

在专家系统中，假设有如下的规则：

IF E THEN H

其中，E 为前提条件，H 为结论。那么条件概率 $P(H \mid E)$ 就表示在 E 发生时，H 的概率，可以用它作为证据 E 出现时结论 H 的确定性程度。

同样对于复合条件 $E=E_1 \wedge E_2 \wedge \cdots \wedge E_n$，也可以用条件概率 $P(H \mid E_1 \cdots E_n)$ 作为证据 $E_1, \cdots, E_n$ 出现时，结论 H 的确定性程度。

对于产生式规则 IF E THEN H_i，用条件概率 $P(H_i \mid E)$ 作为证据 E 出现时，结论 H_i 的确定性程度。根据贝叶斯公式，可以得到

$$P(H_i \mid E)=\frac{P(H_i)P(E \mid H_i)}{\sum_{j=1}^{n} P(H_j)P(E \mid H_j)},\quad i=1,2,\cdots,n \tag{4.25}$$

这就是说，当已知结论 H_i 的先验概率 $P(H_i)$，并且已知结论 $H_i(i=1,2,\cdots,n)$ 成立时前提条件 E 所对应的证据出现的条件概率 $P(H_i \mid E)$，就可以用式（4.25）求出相应证据出现时结论 H_i 的条件概率 $P(H_i \mid E)$。

当有多个证据 $E_1,\cdots,E_m$ 和多个结论 $H_1,\cdots,H_n$，并且每个证据都以一定程度支持每个结论时，根据独立事件的概率公式和全概率公式，贝叶斯公式可变为

$$P(H_i \mid E_1\cdots E_m)=\frac{P(E_1 \mid H_i)P(E_2 \mid H_i)\cdots P(E_m \mid H_i)P(H_i)}{\sum_{j=1}^{n} P(E_1 \mid H_j)P(E_2 \mid H_j)\cdots P(E_m \mid H_j)P(H_j)},\quad i=1,\ 2,\cdots,\ n \tag{4.26}$$

此时，只要已知 H_i 的先验概率 $P(H_i)$ 以及 H_i 成立时证据 $E_1,\cdots,E_m$ 出现的条件概率 $P(E_1 \mid H_i),\cdots,P(E_m \mid H_i)$，就可利用式（4.26）计算出在 $E_1,\cdots,E_m$ 出现情况下 H_i 的条件概率$P(H_i \mid E_1\cdots E_m)$。

在实际应用中，有时这种方法是很有用的。例如，如果把 $H_i(i=1,2,\cdots,n)$ 当作一组可能发生的疾病，把 $E_j(j=1,\cdots,m)$ 当作相应的症状，$P(H_i)$ 是从大量实践中经统计得到的疾病 H_i 发生的先验概率，$P(E_j \mid H_i)$ 是疾病 H_i 发生时观察到症状 E_j 的条件概率，则当对某病人观察到有症状 $E_1,E_2,\cdots,E_m$ 时，应用上述贝叶斯公式就可计算出 $P(H_i \mid E_1\cdots E_n)$，从而得知病人患疾病 H_i 的可能性。

贝叶斯推理的优点是具有较强的理论背景和良好的数字特性，当证据和结论都彼此独立时，计算的复杂度比较低。但是它也有其局限性：

1）因为需要 $\sum_{j=1}^{n} P(H_j)=1$，如果又增加一个新的假设，则对所有的 $1\leqslant j\leqslant n+1$，$P(H_j)$ 都需要重新定义。

2）贝叶斯公式的应用条件是很严格的，它要求各事件互相独立，若证据间存在依赖关系，就不能直接使用此方法。

3）在概率论中，一个事件或命题的概率是在大量统计数据的基础上计算出来的，因此尽管有时 $P(E_j \mid H_i)$ 比 $P(H_i \mid E_j)$ 相对容易得到，但总的来说，要想得到这些数据仍然是一件相当困难的工作。

4.3.2 知识不确定性的表示

主观贝叶斯方法是在对贝叶斯公式修正的基础上形成的一种不确定性推理模型。

1. 信任几率

我们知道，概率论考虑的是可重复性的事件，如果事件或命题不可重复，则在一般意义上条件概率 $P(A \mid B)$ 是一个不必要的概率。这时可以把 $P(A \mid B)$ 解释为在 B 成立时 A 为真的可信度（Degree of Belief）。

如果 $P(A \mid B)=1$，则可以相信 A 为真的；如果 $P(A \mid B)=0$，则可以相信 A 是假的。而对于其他值 $0< P(A \mid B)<1$，则表示不能完全确定 A 是真是假。在统计学上，一般认为假设就是依据某些证据还不能确定其真假的命题，这样可以使用条件概率来表示似然性（Likelihood），

如 $P(A\mid B)$ 表示在证据 B 的基础上，假设 A 的似然性。

概率适用于重复事件，而似然性适用于表示非重复事件中信任的程度。一般在专家系统中，$P(H\mid E)$ 表示在有证据 E 的情况下，专家对某种假设 H 为真的信任度。表达这种似然性的方法可以采用赌博中的几率（Odds）方法。

定义 4.3　几率

在某事件 C 的前提下，A 相对于 B 的几率可以表示为

$$\text{odds}=\frac{P(A\mid C)}{P(B\mid C)} \tag{4.27}$$

如果 $B=\neg A$，则有

$$\text{odds}=\frac{P(A\mid C)}{P(\neg A\mid C)}=\frac{P(A\mid C)}{1-P(A\mid C)} \tag{4.28}$$

用 P 表示 $P(A\mid C)$，则有

$$\text{odds}=\frac{P}{1-P}\quad 并且\quad P=\frac{\text{odds}}{1+\text{odds}}$$

即已知几率可以计算似然性，反之亦然。如果把 P 解释为证据 X 出现的可能性，而 $1-P$ 表示证据 X 不出现的可能性，可见，X 的几率等于 X 出现的可能性与 X 不出现的可能性之比。用 $P(X)$ 表示 X 出现的可能性，$O(X)$ 表示 X 的几率。显然随着 $P(X)$ 的增大，$O(X)$ 也在增大，并且

$$P(X)=0\ 时,有\ O(X)=0$$
$$P(X)=1\ 时,有\ O(X)=\infty$$

这样，就可以把取值为［0，1］的 $P(X)$ 放大到取值为 $[0,+\infty)$ 的 $O(X)$。

2. 充分性和必然性

由贝叶斯公式可知

$$P(H\mid E)=\frac{P(E\mid H)P(H)}{P(E)}$$

$$P(\neg H\mid E)=\frac{P(E\mid \neg H)P(\neg H)}{P(E)}$$

将两式相除，得

$$\frac{P(H\mid E)}{P(\neg H\mid E)}=\frac{P(E\mid H)}{P(E\mid \neg H)}\frac{P(H)}{P(\neg H)} \tag{4.29}$$

根据几率定义：

$$O(X)=\frac{P(X)}{1-P(X)}\quad 或\quad O(X)=\frac{P(X)}{P(\neg X)} \tag{4.30}$$

将式（4.30）代入式（4.29）有

$$O(H\mid E)=\frac{P(E\mid H)}{P(E\mid \neg H)}\cdot O(H) \tag{4.31}$$

其中，$O(H)$ 和 $O(H\mid E)$ 分别表示 H 的先验几率和后验几率。

定义似然率（Likelihood Ratio）LS 如下：

$$\text{LS}=\frac{P(E\mid H)}{P(E\mid \neg H)} \tag{4.32}$$

代入式（4.31），可得

$$O(H \mid E)=\mathrm{LS} \cdot O(H) \tag{4.33}$$

即

$$\mathrm{LS}=O(H \mid E)/O(H) \tag{4.34}$$

式（4.33）称为贝叶斯定理的几率似然性形式。因子 LS 称为充分似然性，因为如果 $\mathrm{LS}=\infty$，则证据 E 对于推出 H 为真是逻辑充分的。

同理可得到关于 LN 的公式：

$$\mathrm{LN}=\frac{P(\neg E \mid H)}{P(\neg E \mid \neg H)} \tag{4.35}$$

$$O(H \mid \neg E)=\mathrm{LN} \cdot O(H) \tag{4.36}$$

式（4.36）称为贝叶斯定理的必然似然性形式。如果 $\mathrm{LN}=0$，则有 $O(H \mid \neg E)=0$。这说明当 $\neg E$ 为真时，H 必假。也就是说，如果 E 不存在，则 H 为假，即 E 对 H 来说是必然的。

式（4.33）和式（4.36）就是修改的贝叶斯公式。从这两个公式可以看出：当 E 为真时，可以利用 LS 将 H 的先验几率 $O(H)$ 更新为其后验几率 $O(H \mid E)$；当 E 为假时，可以利用 LN 将 H 的先验几率 $O(H)$ 更新为其后验几率 $O(H \mid \neg E)$。

有了 LS 和 LN 与几率之间的关系，下面讨论 LS 和 LN 的有关性质。

（1）LS 的性质

当 $\mathrm{LS}>1$ 时，$O(H \mid E)>O(H)$，说明 E 支持 H；LS 越大，$O(H \mid E)$ 比 $O(H)$ 大得越多，即 LS 越大，E 对 H 的支持越充分。当 $\mathrm{LS} \to \infty$ 时，$O(H \mid E) \to \infty$，即 $P(H \mid E) \to 1$，表示由于 E 的存在，将导致 H 为真。

当 $\mathrm{LS}=1$ 时，$O(H \mid E)=O(H)$，说明 E 对 H 没有影响。

当 $\mathrm{LS}<1$ 时，$O(H \mid E)<O(H)$，说明 E 不支持 H。

当 $\mathrm{LS}=0$ 时，$O(H \mid E)=0$，说明 E 的存在使 H 为假。

由上述分析可以看出，LS 反映的是 E 的出现对 H 为真的影响程度。因此，称 LS 为知识的充分性度量。

（2）LN 的性质

当 $\mathrm{LN}>1$ 时，$O(H \mid \neg E)>O(H)$，说明 $\neg E$ 支持 H，即由于 E 的不出现，增大了 H 为真的概率。并且，LN 越大，$P(H \mid \neg E)$ 就越大，即 $\neg E$ 对 H 为真的支持就越强。当 $LN \to \infty$ 时，$O(H \mid \neg E) \to \infty$，即 $P(H \mid \neg E) \to 1$，表示由于 $\neg E$ 的存在，将导致 H 为真。

当 $\mathrm{LN}=1$ 时，$O(H \mid \neg E)=O(H)$，说明 $\neg E$ 对 H 没有影响。

当 $\mathrm{LN}<1$ 时，$O(H \mid \neg E)<O(H)$，说明 $\neg E$ 不支持 H，即由于 $\neg E$ 的存在，将使 H 为真的可能性下降，或者说由于 E 不存在，将反对 H 为真。当 $\mathrm{LN} \to 0$ 时，$O(H \mid \neg E) \to 0$，即 LN 越小，E 的不出现就越反对 H 为真，这说明 H 越需要 E 的出现。

当 $\mathrm{LN}=0$ 时，$O(H \mid \neg E)=0$，说明 $\neg E$ 的存在（即 E 不存在）将导致 H 为假。

由上述分析可以看出，LN 反映的是当 E 不存在时对 H 为真的影响。因此，称 LN 为知识的必要性度量。

（3）LS 与 LN 的关系

由于 E 和 $\neg E$ 不会同时支持或同时排斥 H，因此只有下述 3 种情况存在：

1）$\mathrm{LS}>1$ 且 $\mathrm{LN}<1$。

2）$\mathrm{LS}<1$ 且 $\mathrm{LN}>1$。

3）$\mathrm{LS}=\mathrm{LN}=1$。

事实上，如果 $\mathrm{LS}>1$，即

$$
\begin{aligned}
\mathrm{LS}>1 &\Leftrightarrow \frac{P(E \mid H)}{P(E \mid \neg H)}>1 \Leftrightarrow P(E \mid H)>P(E \mid \neg H) \\
&\Leftrightarrow 1-P(E \mid H)<1-P(E \mid \neg H) \\
&\Leftrightarrow P(\neg E \mid H)<P(\neg E \mid \neg H) \\
&\Leftrightarrow \frac{P(\neg E \mid H)}{P(\neg E \mid \neg H)}<1 \\
&\Leftrightarrow \mathrm{LN}<1
\end{aligned}
$$

同理可以证明“LS<1 且 LN>1”和“LS=LN=1”。

虽然前面给出的三种情况在数学意义上严格地限制了 LS 和 LN 的取值范围，然而这些情况并非总能在现实世界中有用。例如，在很多情况下，LS>1 且 LN=1 或者 LS=1 且 LN<1。这说明基于贝叶斯概率理论的似然理论对于矿产探测等问题是不完全的。也就是说，贝叶斯似然性理论只是能处理 LS>1 且 LN=1 情形理论的一种近似。对于符合专家意见的三种情形的领域，贝叶斯似然性理论是适用的。

3. 规则表示方式

在主观贝叶斯方法中，规则是用产生式表示的，其形式为

IF　E　THEN　(LS, LN)　H

其中，(LS, LN) 用来表示该规则的强度。

在实际系统中，LS 和 LN 的值均是由领域专家根据经验给出的，而不是由 LS 和 LN 计算出来的。当证据 E 越是支持 H 为真时，则 LS 的值应该越大；当证据 E 对 H 越是必要时，则相应的 LN 值应该越小。因此，公式 LS 和 LN 除了在推理过程中使用以外，还可以作为领域专家为 LS 和 LN 赋值的依据。

4.3.3　证据不确定性的表示

一般地，证据可以分为全证据（Complete Evidence）和部分证据（Partial Evidence）。全证据就是所有的证据，即所有可能的证据和假设，它们组成证据 E。部分证据 S 就是所知道的 E 的一部分，这一部分证据也可以称为观察。全证据的可信度依赖于部分证据，表示为 $P(E \mid S)$。如果知道所有的证据，则 $E=S$，且有 $P(E \mid S)=P(E)$。其中 $P(E)$ 就是证据 E 的先验似然性，$P(E \mid S)$ 是已知全证据 E 中部分知识 S 后对 E 的信任，为 E 的后验似然性。

在主观贝叶斯方法中，证据 E 的不确定性可以用证据的似然性或几率来表示。似然率与几率之间的关系为

$$
O(E)=\frac{P(E)}{1-P(E)}=\begin{cases}0, & E \text{ 为假} \\ \infty, & E \text{ 为真} \\ (0,+\infty), & E \text{ 非真也非假}\end{cases} \tag{4.37}
$$

一般地，原始证据的不确定性由用户给定，作为中间结果的证据可以由下面的不确定性传递算法确定。

4.3.4　组合证据不确定性的计算

当组合证据是多个单一证据的合取时，即

$$E=E_1 \quad \text{AND} \quad E_2 \quad \text{AND} \quad \cdots \quad \text{AND} \quad E_n$$

如果已知在当前观察 S 下，对每个单一证据 E_i 有概率 $P(E_1|S)$，$P(E_2|S),\cdots$，$P(E_n|S)$，则

$$P(E|S)=\min\{P(E_1|S),P(E_2|S),\cdots,P(E_n|S)\}$$

当组合证据是多个单一证据的析取时，即

$$E=E_1 \quad \text{OR} \quad E_2 \quad \text{OR} \quad \cdots \quad \text{OR} \quad E_n$$

如果已知在当前观察 S 下，对每个单一证据 E_i 有概率 $P(E_1|S)$，$P(E_2|S),\cdots$，$P(E_n|S)$，则

$$P(E|S)=\max\{P(E_1|S),P(E_2|S),\cdots,P(E_n|S)\}$$

对于"非"运算，用下式计算：

$$P(\neg E|S)=1-P(E|S)$$

4.3.5 不确定性的传递算法

主观贝叶斯方法推理的任务就是根据 E 的概率 $P(E)$ 及 LS、LN 的值，把 H 的先验概率（或似然性）$P(H)$ 或先验几率 $O(H)$ 更新为后验概率（或似然性）或后验几率。由于一条规则所对应的证据可能肯定为真，也可能肯定为假，还可能既非真又非假，因此，在把 H 的先验概率或先验几率更新为后验概率或后验几率时，需要根据证据的不同情况来计算其后验概率或后验几率。下面分别讨论这些不同情况。

1. 证据肯定为真

当证据 E 肯定为真，即全证据一定出现时，$P(E)=P(E|S)=1$。将 H 的先验几率更新为后验几率的公式为

$$O(H|E)=\text{LS}\cdot O(H) \tag{4.38}$$

如果是把 H 的先验概率更新为其后验概率，则根据几率和概率的对应关系有

$$P(H|E)=\frac{\text{LS}\cdot P(H)}{(\text{LS}-1)\cdot P(H)+1} \tag{4.39}$$

这是把先验概率 $P(H)$ 更新为后验概率 $P(H|E)$ 的计算公式。

2. 证据肯定为假

当证据 E 肯定为假，即证据不出现时，$P(E)=P(E|S)=0$，$P(\neg E)=1$。将 H 的先验几率更新为后验几率的公式为

$$O(H|\neg E)=\text{LN}\cdot O(H) \tag{4.40}$$

如果是把 H 的先验概率更新为其后验概率，则有

$$P(H|\neg E)=\frac{\text{LN}\cdot P(H)}{(\text{LN}-1)\cdot P(H)+1} \tag{4.41}$$

这是把先验概率 $P(H)$ 更新为后验概率 $P(H|\neg E)$ 的计算公式。

3. 证据既非为真又非为假

当证据既非为真又非为假时，不能再用上面的方法计算 H 的后验概率。这时因为 H 依赖于证据 E，而 E 基于部分证据 S，则 $P(H|S)$ 是 H 依赖于 S 的似然性。这时可以使用下面的公式来计算 $P(H|S)$ 的值：

$$P(H|S)=P(H|E)P(E|S)+P(H|\neg E)P(\neg E|S)$$

下面分 4 种情况来讨论这个公式。

(1) $P(E|S)=1$

当 $P(E|S)=1$ 时，$P(\neg E|S)=0$。则有

$$P(H \mid S)=P(H \mid E)=\frac{\mathrm{LS} \cdot P(H)}{(\mathrm{LS}-1) \cdot P(H)+1} \tag{4.42}$$

这实际上就是证据肯定存在的情况。

(2) $P(E \mid S)=0$

当 $P(E \mid S)=0$ 时，$P(\neg E \mid S)=1$。则有

$$P(H \mid S)=P(H \mid \neg E)=\frac{\mathrm{LN} \cdot P(H)}{(\mathrm{LN}-1) \cdot P(H)+1} \tag{4.43}$$

这实际上是证据肯定不存在的情况。

(3) $P(E \mid S)=P(E)$

当 $P(E \mid S)=P(E)$ 时，表示 E 与 S 无关。由全概率公式可得

$$\begin{aligned} P(H \mid S) &= P(H \mid E)P(E \mid S)+P(H \mid \neg E)P(\neg E \mid S) \\ &= P(H \mid E)P(E)+P(H \mid \neg E)P(\neg E) \\ &= P(H) \end{aligned}$$

通过上述分析，我们已经得到了 $P(E \mid S)$ 上的 3 个特殊值：0、$P(E)$ 及 1，并分别取得了对应值 $P(H \mid \neg E)$、$P(H)$ 及 $P(H \mid E)$。这样就构成了 3 个特殊点。

(4) $P(E \mid S)$ 为其他值

当 $P(E \mid S)$ 为其他值时，$P(E \mid S)$ 的值可通过上述 3 个特殊点的分段线性插值函数求得。该分段线性插值函数 $P(H \mid S)$ 如图 4.1 所示，函数的解析表达式为

$$P(H \mid S)=\begin{cases} P(H \mid \neg E)+\dfrac{P(H)-P(H \mid \neg E)}{P(E)}P(E \mid S), & 0 \leqslant P(E \mid S)<P(E) \\ P(H)+\dfrac{P(H \mid E)-P(H)}{1-P(E)}[P(E \mid S)-P(E)], & P(E) \leqslant P(E \mid S) \leqslant 1 \end{cases}$$

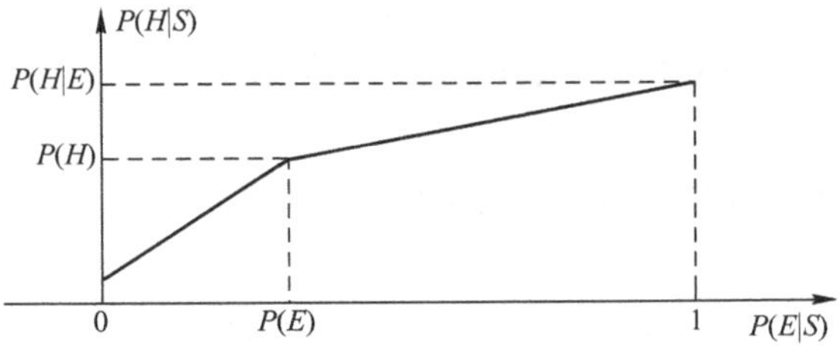

图 4.1　分段线性插值函数

4.3.6　结论不确定性的合成

假设有 n 条知识都支持同一结论 H，并且这些知识的前提条件分别是 n 个相互独立的证据 $E_1, E_2, \cdots, E_n$，而每个证据所对应的观察又分别是 $S_1, S_2, \cdots, S_n$。在这些观察下，求 H 的后验概率的方法是，首先对每条知识分别求出 H 的后验几率 $O(H \mid S_i)$，然后利用这些后验几率并按下述公式求出所有观察下 H 的后验概率：

$$O(H \mid S_1 S_2 \cdots S_n)=\frac{O(H \mid S_1)}{O(H)} \cdot \frac{O(H \mid S_2)}{O(H)} \cdot \cdots \cdot \frac{O(H \mid S_n)}{O(H)} \cdot O(H) \tag{4.44}$$

例 4.2　设有规则

R_1：IF　E_1　THEN　(20,1)　H

R_2：IF　E_2　THEN　(300,1)　H

已知证据 E_1 和 E_2 必然发生，并且 $P(H)=0.03$，求 H 的后验概率。

解　因为 $P(H)=0.03$，则

$$O(H)=0.03/(1-0.03)=0.030927$$

根据 R_1 有

$$O(H\mid E_1)=\mathrm{LS}_1\cdot O(H)=20\times 0.030927=0.6185$$

根据 R_2 有

$$O(H\mid E_2)=\mathrm{LS}_2\cdot O(H)=300\times 0.030927=9.2781$$

那么

$$O(H\mid E_1E_2)=\frac{O(H\mid E_1)}{O(H)}\cdot\frac{O(H\mid E_2)}{O(H)}\cdot O(H)$$
$$=0.6185\times 9.2781/0.030927=185.55$$
$$P(H\mid E_1E_2)=185.55/(1+185.55)=0.99464$$

例 4.3　设有规则

R_1：IF　E_1　THEN　(65,0.01)　H

R_2：IF　E_2　THEN　(300,0.0001)　H

已知 $P(E_1\mid S_1)=0.5$，$P(E_2\mid S_2)=0.02$，$P(H)=0.01$，$P(E_1)=0.1$，$P(E_2)=0.03$，求 $P(H\mid S_1\ S_2)$。

解　根据 R_1，因为 $P(E_1\mid S_1)=0.5>P(E_1)=0.1$，则有

$$P(H\mid E_1)=\frac{\mathrm{LS}\cdot P(H)}{(\mathrm{LS}-1)P(H)+1}=\frac{65\times 0.01}{64\times 0.01+1}=0.3963414$$

$$P(H\mid S_1)=P(H)+\frac{P(H\mid E_1)-P(H)}{1-P(E_1)}[P(E_1\mid S_1)-P(E_1)]$$

$$=0.01+\frac{0.3963414-0.01}{1-0.1}\times(0.5-0.1)=0.1817$$

根据 R_2，因为 $P(E_2\mid S_2)=0.02<P(E_2)=0.03$，则有

$$P(H\mid\neg E_2)=\frac{\mathrm{LN}\cdot P(H)}{(\mathrm{LN}-1)P(H)+1}=\frac{0.0001\times 0.01}{-0.9999\times 0.01+1}=0.000001$$

$$P(H\mid S_2)=P(H\mid\neg E_2)+\frac{P(H)-P(H\mid\neg E_2)}{P(E_2)}P(E_2\mid S_2)$$

$$=0.000001+\frac{0.01-0.000001}{0.03}\times 0.02=0.006667$$

根据上面的计算，因为

$$O(H)=\frac{P(H)}{1-P(H)}=\frac{0.01}{1-0.01}=0.010101$$

$$O(H\mid S_1)=\frac{P(H\mid S_1)}{1-P(H\mid S_1)}=\frac{0.1817}{1-0.1817}=0.222$$

$$O(H\mid S_2)=\frac{P(H\mid S_2)}{1-P(H\mid S_2)}=\frac{0.006667}{1-0.006667}=0.006712$$

则

$$O(H\mid S_1S_2)=\frac{O(H\mid S_1)}{O(H)}\cdot\frac{O(H\mid S_2)}{O(H)}\cdot O(H)$$
$$=\frac{0.222}{0.010101}\times\frac{0.006712}{0.010101}\times 0.010101=0.1475$$
$$P(H\mid S_1S_2)=\frac{O(H\mid S_1S_2)}{1+O(H\mid S_1S_2)}=\frac{0.1475}{1+0.1475}=0.12854$$

主观贝叶斯方法具有下述优点：

1）该方法基于概率理论，具有坚实的理论基础，是目前不确定推理中较成熟的方法之一。

2）计算量适中。

但是该方法也有不足之处：

1）要求有大量的概率数据来构造知识库，并且难以对这些数据进行解释。

2）在原始证据具有相互独立性，并能提供精确且一致的主观概率数据的情况下，该方法可以令人满意地处理不确定推理。但是实际中，这些概率值很难保证一致性。

4.4 证据理论

证据理论（Theory of Evidence）也称为D-S（Dempster-Shafer）理论。证据理论最早基于德姆斯特（Dempster A. P.）所做的工作，他试图用一个概率范围而不是单个的概率值去模拟不确定性。谢弗（Shafer G. A.）进一步拓展了德姆斯特的工作，这一拓展称为证据推理（Shafer，1976），用于处理不确定性、不精确以及间或不准确的信息。由于证据理论将概率论中的单点赋值扩展为集合赋值，弱化了相应的公理系统，满足比概率更弱的要求，因此可看作一种广义概率论。

在证据理论中，引入了信任函数来度量不确定性，并引用似然函数来处理由于“不知道”引起的不确定性，并且不必事先给出知识的先验概率，与主观贝叶斯方法相比，具有较大的灵活性。因此，证据理论得到了广泛的应用。同时，可信度可以看作证据理论的一个特例，证据理论给可信度提供了一个理论性的基础。

4.4.1 假设的不确定性

在D-S理论中，可以分别用信任函数、似然函数和类概率函数来描述知识的精确信任度、不可驳斥信任度及估计信任度，即可以从各个不同角度刻画命题的不确定性。

D-S理论采用集合来表示命题，为此，首先应该建立命题与集合之间的一一对应关系，把命题的不确定性问题转化为集合的不确定性问题。

设Ω为变量x的所有可能取值的有限集合（亦称为样本空间），且Ω中的每个元素都相互独立，则由Ω的所有子集构成的幂集记为2^Ω。当Ω中的元素个数为N时，则其幂集2^Ω的元素个数为2^N，且其中的每一个元素A都对应于一个关于x的命题，称该命题为“x的值在A中”。例如，用x代表所看到的颜色，$\Omega=\{红,黄,蓝\}$，则$A=\{红\}$表示“x是红色”；若$A=\{红,蓝\}$，则表示“x或者是红色，或者是蓝色”。

1. 概率分配函数

定义4.4　设函数$m:2^\Omega\to[0,1]$，且满足

$$m(\varnothing)=0$$

$$\sum_{A\subseteq\Omega} m(A)=1$$

则称 m 是 2^Ω 上的概率分配函数，$m(A)$ 称为 A 的基本概率数，它表示依据当前的环境对假设集 A 的信任程度。

对于上面给出的有限集 $\Omega=\{红,黄,蓝\}$，若定义 2^Ω 上的一个基本函数 m：

$$m(\varnothing,\{红\},\{黄\},\{蓝\},\{红,黄\},\{红,蓝\},\{黄,蓝\},\{红,黄,蓝\})$$
$$=\{0,0.3,0,0.1,0.2,0.2,0.1,0.1\}$$

其中，$\{0,0.3,0,0.1,0.2,0.2,0.1,0.1\}$ 分别是幂集 2^Ω 中各个子集的基本概率数。显然 m 满足概率分配函数的定义。

对概率分配函数需说明以下两点：

1）概率分配函数的作用是把 Ω 的任意一个子集都映射为 $[0,1]$ 上的一个数 $m(A)$。当 $A\subset\Omega$，且 A 由单个元素组成时，$m(A)$ 表示对 A 的精确信任度；当 $A\subset\Omega$、$A\neq\Omega$，且 A 由多个元素组成时，$m(A)$ 也表示对 A 的精确信任度，但却不知道这部分信任度该分给 A 中哪些元素；当 $A=\Omega$ 时，则 $m(A)$ 是对 Ω 的各个子集进行信任分配后剩下的部分，它表示不知道该如何对它进行分配。

例如，当 $A=\{红\}$ 时，由于 $m(A)=0.3$，它表示对命题"x 是红色"的精确信任度为 0.3。

$A=\{红,黄\}$ 时，由于 $m(A)=0.2$，它表示对命题"x 或者是红色，或者是黄色"的精确信任度为 0.2，却不知道该把这 0.2 分给 {红} 还是分给 {黄}。

$A=\Omega=\{红,黄,蓝\}$ 时，由于 $m(A)=0.2$，表示不知道该对这 0.2 如何分配，但它不属于 {红}，就一定属于 {黄} 或 {蓝}，只是基于现有的知识，还不知道该如何分配而已。

2）m 是 2^Ω 上而非 Ω 上的概率分布，所以基本概率分配函数不是概率，它们不必相等，而且 $m(A)\neq 1-m(\neg A)$。事实上，$m(\{红\})+m(\{黄\})+m(\{蓝\})=0.3+0+0.1=0.4\neq 1$。

2. 信任函数

定义 4.5　信任函数（Belief Function）

$$\text{Bel}: 2^\Omega\rightarrow[0,1]$$

对任意的 $A\subseteq\Omega$，有 $\text{Bel}(A)=\sum_{B\subseteq A} m(B)$。$\text{Bel}(A)$ 表示当前环境下，对假设集 A 的信任程度，其值为 A 的所有子集的基本概率之和，表示对 A 的总的信任度。

例如，$\text{Bel}(\{红,黄\})=m(\{红\})+m(\{黄\})+m(\{红,黄\})=0.3+0+0.2=0.5$。

当 A 为单一元素组成的集合时，$\text{Bel}(A)=m(A)$。如果命题"x 在 B 中"成立，必带有命题"x 在 A 中"成立。$\text{Bel}(A)$ 函数又称为下限函数。

3. 似然函数

定义 4.6　似然函数（Plausibility Function）

$$\text{Pl}: 2^\Omega\rightarrow[0,1]$$

对任意的 $A\subseteq\Omega$，有 $\text{Pl}(A)=1-\text{Bel}(\neg A)$，其中，$\neg A=\Omega-A$。

似然函数又称为不可驳斥函数或上限函数。由于 $\text{Bel}(A)$ 表示对 A 为真的信任度，$\text{Bel}(\neg A)$ 表示对 $\neg A$ 的信任度，即 A 为假的信任度，因此 $\text{Pl}(A)$ 表示对 A 为非假的信任度。下面仍以 $\Omega=\{红,黄,蓝\}$ 为例来说明这个问题。

$$\text{Pl}(\{红\})=1-\text{Bel}(\neg\{红\})=1-\text{Bel}(\{黄,蓝\})=1-(m\{黄\}+m\{蓝\}+m\{黄,蓝\})$$
$$=1-(0+0.1+0.1)=0.8$$

这里0.8是“红”为非假的信任度。由于“红”为真的精确信任度为0.3，而剩下的0.8-0.3=0.5，则知道非假，但不能肯定为真的那部分。

另外，由于

$$\sum_{\{红\}\cap B\neq\varnothing} m(B)=m(\{红\})+m(\{红,黄\})+m(\{红,蓝\})+m(\{红,黄,蓝\})$$
$$=0.3+0.2+0.2+0.1=0.8$$

可见

$$\mathrm{Pl}(\{红\})=\sum_{\{红\}\cap B\neq\varnothing} m(B)$$

如果把它推广到一般可得到公式

$$\mathrm{Pl}(A)=\sum_{A\cap B\neq\varnothing} m(B)$$

对此公式的证明如下：因为

$$\mathrm{Pl}(A)-\sum_{A\cap B\neq\varnothing} m(B)=1-\mathrm{Bel}(\neg A)-\sum_{A\cap B\neq\varnothing} m(B)=1-\left(\mathrm{Bel}(\neg A)+\sum_{A\cap B\neq\varnothing} m(B)\right)$$
$$=1-\left(\sum_{C\subseteq\neg A} m(C)+\sum_{A\cap B\neq\varnothing} m(B)\right)=1-\sum_{E\subseteq\Omega} m(E)=0$$

所以

$$\mathrm{Pl}(A)=\sum_{A\cap B\neq\varnothing} m(B)$$

因此命题“x 在 A 中”的似然性，由与命题“x 在 B 中”有关的 m 值确定，其中命题“x 在 B 中”并不会使得命题“x 不在 A 中”成立。所以一个事件的似然性是建立在对其相反事件不信任的基础上的。

信任函数和似然函数有如下性质：

1）$\mathrm{Bel}(\varnothing)=0$，$\mathrm{Bel}(\Omega)=1$，$\mathrm{Pl}(\varnothing)=0$，$\mathrm{Pl}(\Omega)=1$。

2）如果 $A\subseteq B$，$\mathrm{Bel}(A)\leqslant\mathrm{Bel}(B)$，$\mathrm{Pl}(A)\leqslant\mathrm{Pl}(B)$。

3）$\forall A\subseteq\Omega$，$\mathrm{Pl}(A)\geqslant\mathrm{Bel}(A)$。

4）$\forall A\subseteq\Omega$，$\mathrm{Bel}(A)+\mathrm{Bel}(\neg A)\leqslant 1$，$\mathrm{Pl}(A)+\mathrm{Pl}(\neg A)\geqslant 1$。

下面给出3)的证明。

因为

$$\mathrm{Bel}(A)+\mathrm{Bel}(\neg A)=\sum_{B\subseteq A} m(B)+\sum_{C\subseteq\neg A} m(C)\leqslant\sum_{E\subseteq\Omega} m(E)=1$$
$$\mathrm{Pl}(A)-\mathrm{Bel}(A)=1-\mathrm{Bel}(\neg A)-\mathrm{Bel}(\mathrm{A})\geqslant 0$$

则

$$\mathrm{Pl}(A)\geqslant\mathrm{Bel}(A)$$

由于 $\mathrm{Bel}(A)$ 和 $\mathrm{Pl}(A)$ 分别表示 A 为真的信任度和 A 为非假的信任度，可分别称 $\mathrm{Bel}(A)$ 和 $\mathrm{Pl}(A)$ 为对 A 信任程度的下限和上限，记为

$$A(\mathrm{Bel}(A),\mathrm{Pl}(A))$$

$\mathrm{Pl}(A)-\mathrm{Bel}(A)$ 表示既不信任 A，也不信任 $\neg A$ 的程度，即表示对于 A 是真是假不知道的程度。

例如，在前面的例子中，曾求得 $\mathrm{Bel}(\{红\})=0.3$，$\mathrm{Pl}(\{红\})=0.8$，因此有

$$\{红\}(0.3,0.8)$$

它表示对{红}的精确信任度为0.3，不可驳斥部分为0.8，肯定不是{红}的精确信任度

为 0.2。

命题的上限和下限反映了命题的许多重要信息，下面是一些特殊的值。

1）$A(0,1)$：说明对 A 一无所知。其中，$\mathrm{Bel}(A)=0$，说明对 A 不信任；再由 $\mathrm{Pl}(A)=1-\mathrm{Bel}(\neg A)=1$，可知 $\mathrm{Bel}(\neg A)=0$，说明对 $\neg A$ 也没有信任。

2）$A(0,0)$：说明 A 为假。即 $\mathrm{Bel}(A)=0$，$\mathrm{Bel}(\neg A)=1$。

3）$A(1,1)$：说明 A 为真。即 $\mathrm{Bel}(A)=1$，$\mathrm{Bel}(\neg A)=0$。

4）$A(0.25,1)$：由于 $\mathrm{Bel}(A)=0.25$，说明对 A 为真有一定程度的信任，信任度为 0.25；另外，由于 $\mathrm{Bel}(\neg A)=1-\mathrm{Pl}(A)=0$，说明对 $\neg A$ 不信任。所以 $A(0.25,1)$ 表示对 A 为真有 0.25 的信任度。

5）$A(0,0.85)$：由于 $\mathrm{Bel}(A)=0$，而 $\mathrm{Bel}(\neg A)=1-\mathrm{Pl}(A)=0.15$，所以 $A(0,0.85)$ 表示对 A 为假有一定程度的信任，信任度为 0.15。

6）$A(0.25,0.85)$：由于 $\mathrm{Bel}(A)=0.25$，说明对 A 为真有 0.25 的信任度；由于 $\mathrm{Bel}(\neg A)=1-0.85=0.15$，说明对 A 为假有 0.15 的信任度。

4. 假设集 A 的类概率函数 $f(A)$

$$f(A)=\mathrm{Bel}(A)+\frac{|A|}{|\Omega|}(\mathrm{Pl}(A)-\mathrm{Bel}(A)) \tag{4.45}$$

其中，$|A|$、$|\Omega|$ 分别表示 A 和 Ω 中包含元素的个数。类概率函数 $f(A)$ 也可以用来度量证据 A 的不确定性。$f(A)$ 具有如下性质：

1）$f(\varnothing)=0, f(\Omega)=1$。

2）对于任何 $A\subseteq\Omega$，$0\leqslant f(A)\leqslant 1$。

3）对于任何 $A\subseteq\Omega$，$\mathrm{Bel}(A)\leqslant f(A)\leqslant \mathrm{Pl}(A)$。

4）对于任何 $A\subseteq\Omega$，$f(\neg A)=1-f(A)$。

证据 E 的不确定性可以用类概率函数 $f(E)$ 表示，原始证据的 $f(E)$ 应由用户给定，作为中间结果的证据可以由下面的不确定性传递算法确定。

4.4.2　证据的组合函数

在实际问题中，对于相同的证据，由于来源不同，可能会得到不同的概率分配函数。例如，对于

$$\Omega=\{红,黄\}$$

假设从不同知识源得到的概率分配函数分别为

$$m_1(\Omega,\{红\},\{黄\},\{红,黄\})=(0,0.4,0.5,0.1)$$
$$m_2(\Omega,\{红\},\{黄\},\{红,黄\})=(0,0.6,0.2,0.2)$$

在这种情况下，需要对它们进行组合。

定义 4.7　设 m_1 和 m_2 是两个不同的概率分配函数，则其正交和 $m=m_1\oplus m_2$ 满足

$$m(\Omega)=0$$
$$m(A)=K^{-1}\sum_{x\cap y=A}m_1(x)m_2(y) \tag{4.46}$$

其中

$$K=1-\sum_{x\cap y=\varnothing}m_1(x)m_2(y)=\sum_{x\cap y\neq\varnothing}m_1(x)m_2(y) \tag{4.47}$$

如果 $K\neq 0$，则正交和 m 也是一个概率分配函数；如果 $K=0$，则不存在正交和 m，称 m_1 与

m_2矛盾。

例 4.4　设$\Omega=\{a,b\}$，且从不同知识源得到的概率分配函数分别为

$$m_1(\Phi,\{a\},\{b\},\{a,b\})=(0,0.3,0.5,0.2)$$

$$m_2(\Phi,\{a\},\{b\},\{a,b\})=(0,0.6,0.3,0.1)$$

求正交和$m=m_1\oplus m_2$。

解　先求K：

$$\begin{aligned}K&=1-\sum_{x\cap y=\varnothing}m_1(x)m_2(y)\\&=1-(m_1(a)m_2(b)+m_1(b)m_2(a))\\&=1-(0.3\times0.3+0.5\times0.6)=0.61\end{aligned}$$

再求$m(\varnothing,\{a\},\{b\},\{a,b\})$，由于

$$\begin{aligned}m(\{a\})&=\frac{1}{0.61}\sum_{x\cap y=\{a\}}m_1(x)m_2(y)\\&=\frac{1}{0.61}(m_1(\{a\})m_2(\{a\})+m_1(\{a\})m_2(\{a,b\})\\&\quad+m_1(\{a,b\})m_2(\{a\}))\\&=\frac{1}{0.61}\times(0.3\times0.6+0.3\times0.1+0.2\times0.6)=0.54\end{aligned}$$

同理可求得

$$m(\{b\})=0.43$$

$$m(\{a,b\})=0.03$$

故有

$$m(\varnothing,\{a\},\{b\},\{a,b\})=(0,0.54,0.43,0.03)$$

4.4.3　规则的不确定性

具有不确定性的推理规则可表示为

$$\text{IF}\quad E\quad \text{THEN}\quad H,\text{CF}$$

其中，H为假设，E为支持H成立的假设集，它们是命题的逻辑组合；CF为可信度因子。

H可表示为$H=\{a_1,a_2,\cdots,a_m\},a_i\in\Omega(i=1,\cdots,m)$，$H$为假设集合$\Omega$的子集。

$\text{CF}=\{c_1,c_2,\cdots,c_m\}$，$c_i$用来描述前提$E$成立时$a_i$的可信度。CF应满足如下条件：

1）$c_i\geqslant0$，$1\leqslant i\leqslant m$。

2）$\sum_{i=1}^{m}c_i\leqslant1$。

定义 4.8　对于不确定性规则：

$$\text{IF}\quad E\quad \text{THEN}\quad H,\text{CF}$$

$$m(\{a_i\})=f(E)c_i,\quad i=1,2,\cdots,m$$

或表示为

$$m(\{a_1\},\{a_2\},\cdots,\{a_m\})=(f(E)c_1,f(E)c_2,\cdots,f(E)c_m)$$

规定：

$$m(\Omega)=1-\sum_{i=1}^{m}m(\{a_i\})$$

而对于 Ω 的所有其他子集 H，均有 $m(H)=0$。

当 H 为 Ω 的真子集时，有

$$\mathrm{Bel}(H)=\sum_{B\subseteq H} m(B)=\sum_{i=1}^{m} m(\{a_i\}) \tag{4.48}$$

进一步可以计算 $\mathrm{Pl}(H)$ 和 $f(H)$。

4.4.4 不确定性的组合

当规则的前提（证据）E 是多个命题的合取或析取时，定义：

$$f(E_1\wedge E_2\wedge\cdots\wedge E_n)=\min\{f(E_1),f(E_2),\cdots,f(E_n)\}$$
$$f(E_1\vee E_2\vee\cdots\vee E_n)=\max\{f(E_1),f(E_2),\cdots,f(E_n)\}$$

当有多条规则支持同一结论时，如果 $A=\{a_1,a_2,\cdots,a_n\}$，则

IF　E_1　THEN　H,CF_1　$(\mathrm{CF}_1=\{c_{11},c_{12},\cdots,c_{1n}\})$

IF　E_2　THEN　H,CF_2　$(\mathrm{CF}_2=\{c_{21},c_{22},\cdots,c_{2n}\})$

⋮

IF　E_m　THEN　H,CF_m　$(\mathrm{CF}_m=\{c_{m1},c_{m2},\cdots,c_{mn}\})$

如果这些规则相互独立地支持结论 H 的成立，可以先计算

$$m_i(\{a_1\},\{a_2\},\cdots,\{a_n\})=(f(E_i)c_{i1},f(E_i)c_{i2},\cdots,f(E_i)c_{in}),\quad i=1,\cdots,m$$

然后根据前面介绍的求正交和的方法，对这些 m_i 求正交和，以组合所有规则对结论 H 的支持。一旦累加的正交和 $m(H)$ 计算出来，就可以计算 $\mathrm{Bel}(H)$、$\mathrm{Pl}(H)$ 和 $f(H)$。

例 4.5　有如下的推理规则：

R_1：IF　$E_1\vee(E_2\wedge E_3)$　THEN　$A_1=\{a_{11},a_{12},a_{13}\}$，$\mathrm{CF}_1=\{0.2,0.3,0.4\}$

R_2：IF　$E_4\wedge(E_5\vee E_6)$　THEN　$A_2=\{a_{21}\}$，$\mathrm{CF}_2=\{0.7\}$

R_3：IF　A_1　THEN　$A=\{a_1,a_2\}$，$\mathrm{CF}_3=\{0.4,0.5\}$

R_4：IF　A_2　THEN　$A=\{a_1,a_2\}$，$\mathrm{CF}_4=\{0.4,0.4\}$

这些规则形成如图 4.2 所示的推理网络。原始数据的概率在系统中已经给出：

$$f(E_1)=0.5,f(E_2)=0.7,f(E_3)=0.9,f(E_4)=0.9,f(E_5)=0.8,f(E_6)=0.7$$

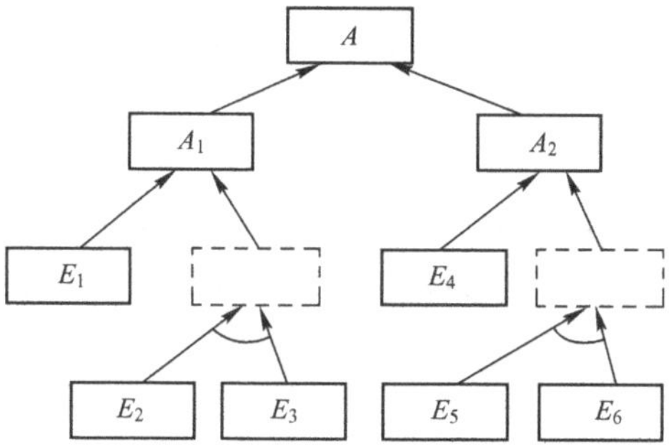

图 4.2　推理网络

假设 $|\Omega|=10$，现在需要求出 A 的确定性。

解　第一步，求 A_1 的确定性。

$$f(E_1\vee(E_2\wedge E_3))=\max\{0.5,\min\{0.7,0.9\}\}=0.7$$

$$m_1(\{a_{11}\},\{a_{12}\},\{a_{13}\})=(0.7\times0.2,0.7\times0.3,0.7\times0.4)=(0.14,0.21,0.28)$$
$$\text{Bel}(A_1)=m_1(\{a_{11}\})+m_1(\{a_{12}\})+m_1(\{a_{13}\})=0.14+0.21+0.28=0.63$$
$$\text{Pl}(A_1)=1-\text{Bel}(\neg A_1)=1-0=1$$
$$f(A_1)=\text{Bel}(A_1)+(|A_1|/|\Omega|)(\text{Pl}(A_1)-\text{Bel}(A_1))$$
$$=0.63+3/10\times(1-0.63)=0.74$$

第二步，求 A_2 的确定性。

$$f(E_4\wedge(E_5\vee E_6))=\min\{0.9,\max\{0.8,0.7\}\}=0.8$$
$$m_2(\{a_{21}\})=0.8\times0.7=0.56$$
$$\text{Bel}(A_2)=m_2(\{a_{21}\})=0.56$$
$$\text{Pl}(A_2)=1-\text{Bel}(\neg A_2)=1-0=1$$
$$f(A_2)=\text{Bel}(A_2)+(|A_2|/|\Omega|)(\text{Pl}(A_2)-\text{Bel}(A_2))$$
$$=0.56+1/10\times(1-0.56)=0.60$$

第三步，求 A 的确定性。

根据 R_3 和 R_4，有

$$m_3(\{a_1\},\{a_2\})=(0.74\times0.4,0.74\times0.5)=(0.30,0.37)$$
$$m_4(\{a_1\},\{a_2\})=(0.6\times0.4,0.6\times0.4)=(0.24,0.24)$$
$$m_3(\Omega)=1-(m_3(\{a_1\})+m_3(\{a_2\}))=1-(0.30+0.37)=0.33$$
$$m_4(\Omega)=1-(m_4(\{a_1\})+m_4(\{a_2\}))=1-(0.24+0.24)=0.52$$

由正交和公式得到

$$K=\sum_{x\cap y\neq\varnothing}m_3(x)m_4(y)$$
$$=m_3(\Omega)m_4(\Omega)+m_3(\Omega)m_4(\{a_1\})+m_3(\Omega)m_4(\{a_2\})+$$
$$m_3(\{a_1\})m_4(\Omega)+m_3(\{a_1\})m_4(\{a_1\})+m_3(\{a_2\})m_4(\Omega)+m_3(\{a_2\})m_4(\{a_2\})$$
$$=0.33\times0.52+0.33\times0.24+0.33\times0.24+0.3\times0.52+$$
$$0.3\times0.24+0.37\times0.52+0.37\times0.24$$
$$=0.84$$

则有

$$m(\{a_1\})=K^{-1}(m_3(\Omega)m_4(\{a_1\})+m_3(\{a_1\})m_4(\Omega)+m_3(\{a_1\})+m_4(\{a_1\}))$$
$$=1/0.84\times(0.33\times0.24+0.30\times0.52+0.30\times0.24)$$
$$=0.37$$
$$m(\{a_2\})=K^{-1}(m_3(\Omega)m_4(\{a_2\})+m_3(\{a_2\})m_4(\Omega)+m_3(\{a_2\})+m_4(\{a_2\}))$$
$$=1/0.84\times(0.33\times0.24+0.37\times0.52+0.37\times0.24)$$
$$=0.41$$

于是

$$\text{Bel}(A)=m(\{a_1\})+m(\{a_2\})=0.37+0.41=0.78$$
$$\text{Pl}(A)=1-\text{Bel}(\neg A)=1-0=1$$
$$f(A)=\text{Bel}(A)+(|A|/|\Omega|)(\text{Pl}(A)-\text{Bel}(A))$$
$$=0.78+2/10\times(1-0.78)=0.82$$

证据理论的优点在于能够满足比概率论更弱的公理系统，可以区分不知道和不确定的情况，可以依赖证据的积累，不断缩小假设的集合。

证据理论最早是作为经典概率理论的扩展而引入的，所以受到了很多的批评。例如，科伯格（Kyburg）在其论文中宣称证据理论不是经典概率论的扩展，实际上是一种其他方法，另外，证据理论在处理趋于 0 的信任时似乎也遇到了困难，信任为 0 和信任很小时所得的结果有很大的不同。

证据理论的不足之处还有，证据的独立性不易得到保证；基本概率分配函数要求给的值太多，计算传递关系复杂，随着诊断问题可能答案的增加，证据理论的计算量呈指数增长，且传递关系复杂，比较难于实现。

另外，证据理论中证据组合时也会产生结果与预期矛盾的问题。这个问题是由扎德提出的。假设有两个医生 A 和 B，对一个病人病情进行诊断，得到下面的病情信任值：

$$m_A(\text{脑膜炎}) = 0.99, \quad m_A(\text{脑瘤}) = 0.01$$

$$m_B(\text{脑震荡}) = 0.99, \quad m_B(\text{脑瘤}) = 0.01$$

两个医生都认为脑瘤的可能性很小，为 0.01，但对于主要问题的看法很不一致。但是根据证据理论，可以得到脑瘤的组合信任为 1！这完全出乎我们的意料，因为两个医生都认为脑瘤是不可能的。实际上，这里无论其他概率是多少，都会得到同样的结果，脑瘤的组合信任为 1。

4.5　模糊逻辑和模糊推理

不确定性的产生有多种原因，如随机性、模糊性等。处理随机性的理论基础是概率论，处理模糊性的基础是模糊集合论。模糊集合论是 1965 年由扎德提出的（Zadeh，1965）。随后，他又将模糊集合论应用于近似推理方面，形成了可能性理论。近似推理的基础是模糊逻辑（Fuzzy Logic），它建立在模糊理论的基础上，是一种处理不精确描述的软计算，它的应用背景是自然语言理解。可以说模糊逻辑是直接建立在自然语言上的逻辑系统，与其他逻辑系统相比较，它考虑了更多的自然语言成分。按照扎德的说法模糊逻辑就是词语上的计算，即 Fuzzy Logic = Computing With Words（Zadeh，1996）。

自模糊逻辑和可能性理论提出后，经过扎德和其他研究者的共同努力，模糊逻辑和可能性理论取得了很大的发展，并已经广泛地应用于专家系统和智能控制中。

4.5.1　模糊集合及其运算

在经典集合论中，一个元素 x 是否属于某一个集合 A 是明确的，要么 x 属于 A，要么 x 不属于 A，两者必居其一，而且只能居其一。它的逻辑基础是二值逻辑，即通过一个特征函数 $C(x)$ 来描述元素与集合的隶属关系：

$$C(x) = \begin{cases} 1, & x \in A \\ 0, & x \notin A \end{cases}$$

二值逻辑的问题在于我们生活的世界是一个模拟而非数字的世界，在现实世界中，事物通常不是非此即彼的。例如，年龄可以分为“老年”“中年”“青年”。“青年”这个概念就找不到一个年龄数值作为青年和中年的分界线。

为表示类似这样的一些模糊概念，扎德于 1965 年提出模糊集合理论，其基本思想就是把传统集合论中由特征函数决定的绝对隶属关系模糊化，把集合（0，1）扩散到区间［0，1］，使元素 x 对子集 A 的隶属程度不再局限于取 0 或 1，而是可以取集合［0，1］上的任何值，以表示元素 x 隶属于子集 A 的模糊程度。

定义4.9　设x为论域U中的元素，A为U上的逻辑子集。定义

$$\mu_A: U \to [0,1] \tag{4.49}$$

$$A = \{\mu_A(x)/x,\ x \in U\} \tag{4.50}$$

则称$\mu_A(x)$为A的隶属函数，$\mu_A \in [0,1]$，$\mu_A(x_i)$称为x_i对A的隶属度。

当U为可数集合时，即$U=\{x_1,x_2,\cdots,x_n\}$，有

$$U = \sum_{i=1}^{n} \mu_A(x_i)/x_i$$

当U为无穷集合时，即$U=\{x_1,x_2,\cdots\}$，有

$$U = \sum_{i=1}^{\infty} \mu_A(x_i)/x_i$$

当U为不可数集合时，有

$$U = \int_U \mu_A(x_i)/x_i$$

一个由单个成员构成的模糊集合称为单点集（Singleton）。单点集所处的点称为支撑点（Support Point），或单点集的支撑值（Support Value）。一个单点集的隶属函数，在支撑点以外的变量空间中的任何地方均取值为0，在支撑点处，其隶属度取值为1。

显然，经典集合是模糊集合的特例，模糊集合是经典集合的扩展。一个模糊集A是以隶属函数$\mu_A(x)$来描述的，当$\mu_A(x)=1$时，x确定性隶属于A；而$\mu_A(x)=0$时，x确定性不隶属于A；$\mu_A(x)$取其他值时，隶属程度模糊。隶属程度的概念构成模糊集理论的基石。

下面以人的年龄作为论域来考查模糊集。假定对于“年龄”，可以取三个值：

年龄＝{青，中，老}

可以为“年龄”的三个定性值分别建立隶属函数μ_Y、μ_M和μ_O（见图4.3），它们各以梯形或三角形表示。从图中可见，这三个隶属函数是相互重叠的，即年龄在30~65岁之间的人不能确定性地划归到某一个子集。上述用梯形或三角形表示的μ_Y、μ_M和μ_O隶属函数，虽然简单，但是因其数学表达和运算简便，所占内存空间小，并且在许多场合下，与采用其他复杂形状或复杂数学公式表示的隶属函数相比，在实现模糊推理和控制方面并无大的差别，所以被广泛采用。当然，也可以根据应用领域的特点和要求，设计各种更为精确的隶属函数。

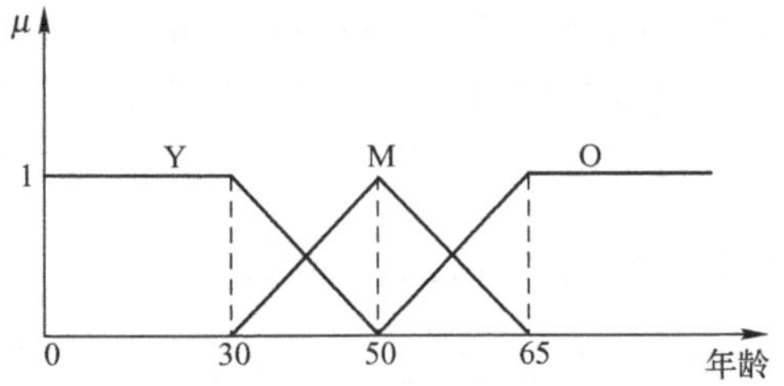

图4.3　隶属函数示例

与普通集合一样，对模糊集可以进行各种逻辑运算，主要的运算有并、交和余等。设A和B均为论域U上的模糊集，则对于元素x，A与B的并、交和余运算定义如下：

$$\mu_{A\cup B}(x) = \max\{\mu_A(x), \mu_B(x)\} \tag{4.51}$$

$$\mu_{A\cap B}(x) = \min\{\mu_A(x), \mu_B(x)\} \tag{4.52}$$

$$\mu_{\neg A}(x) = 1-\mu_A(x) \tag{4.53}$$

可见，模糊集合的逻辑运算实质上就是隶属函数的组合运算过程。

4.5.2　语言变量

模糊集合的一种应用是计算语言学（Computational Linguistic），其目的是对自然语言的语

句进行计算，就像对逻辑语句进行运算一样。为了对自然语言语句进行描述和研究，和谓词逻辑一样，人们引进了语言变量的概念。语言变量可以看作用某种自然语言和人工语言的词语或句子来表示变量的值和描述变量间的内在联系的一种系统化的方法，它为近似推理中变量值的表示和模糊命题的真值、概率值和可能值的表示提供了一种基本的方法。

模糊集合和语言变量可用于量化自然语言的含义，因而可用来处理具有指定值的语言变量。语言变量取值范围是一个项目集，该集合中的元素一般可以分为基本语言项和含修饰词的语言项。例如，对于语言变量“年龄”，“年轻”“年老”等是基本语言项，“非常”“不很”“不”等是修饰词。

语言变量常常可以用于启发式规则中，例如：

如果电视太暗，则可以调亮一些

如果太热，那么可以把空调打开

这些语言变量可能隐含在规则中。另外，某些语言变量可以是二阶模糊集合，例如，对于图像质量，其取值可以包括：

颜色、色度、亮度、噪声、浓度

这里面每一个值都可以是一个语言变量，且其值又是一个模糊集合。因此，可以为语言变量安排一个层次，它对应于模糊集合的阶，最终直到一阶模糊集合。

4.5.3　模糊逻辑

模糊逻辑组成了模糊专家系统的基础，可以用来处理不确定性，以及模拟常识推理。这常常是经典逻辑难以做到的。经典逻辑的根本缺陷是其二值性。这种限制有利也有弊。主要优点是基于二值逻辑的系统易于建模，从而使得推理是精确的。而主要缺点是现实世界中很少有东西是真正二值的，现实世界是模拟的，而不是数字的世界。为了克服二值逻辑的不足，人们提出了许多不同的多值逻辑系统，如基于 True、False、Unknown 的三值逻辑系统。

模糊逻辑可以看作多值逻辑的扩展。但是模糊逻辑的目的和应用不同，模糊逻辑面向事物特性和能力的不精确描述，它是一种近似推理，而不是精确推理。本质上，近似或模糊推理是在一组可能不精确的前提下推出一个可能不精确的结论。近似推理既不精确，也不像纯猜测那样完全不精确。

模糊逻辑的基本思想是将常规数值变量模糊化，使变量成为以定性术语（也称语言值）为值域的语言变量。模糊逻辑的核心概念是语言变量，当用语言变量来描述对象时，这些定性术语就构成模糊命题。如果省略被描述的对象，则模糊命题可表示为“(语言变量)（定性值)”形式。例如，张三“年轻”就是一个模糊命题，其模糊程度用定性术语“年轻”的隶属函数来表示。然后可以对模糊命题作合取、析取和取反等逻辑操作。

每个模糊命题均由相应的一个模糊集做细化描述，所以模糊逻辑操作与模糊集操作是一致的。模糊逻辑运算符定义见表 4.1。

表 4.1　模糊逻辑运算符定义

运　算　符	定　　义	计　算　式
$x(\neg A)$	$=x(\text{NOT } A)$	$=1-\mu_A(x)$
$x(A)\vee x(B)$	$=x(A \text{ OR } B)$	$=\max\{\mu_A(x),\mu_B(x)\}$

（续）

运算符	定义	计算式
$x(A) \wedge x(B)$	$=x(A \text{ AND } B)$	$=\min\{\mu_A(x), \mu_B(x)\}$
$x(A) \to x(B)$	$=x(A \to B)$	$=x((\neg A) \vee B)=\max\{1-\mu_A(x), \mu_B(x)\}$

例如，设模糊集合 TRUE 可以定义为

$$TRUE=0.1/0.1+0.3/0.5+1/0.8$$

根据上面关于模糊运算符的定义，有

$$\begin{aligned} FALSE &= 1-TRUE \\ &= (1-0.1)/0.1+(1-0.3)/0.5+(1-1)/0.8 \\ &= 0.9/0.1+0.7/0.3 \end{aligned}$$

用模糊集合模型建立起来的控制专家的认知模型一般不如用精确数学描述的模型准确。例如，下面是一个空气调节器的控制策略：

If the temperature is hot, turn the AC fan on high;

If the temperature is warm, turn the AC fan on medium;

If the temperature is comfortable, turn the AC fan off;

尽管这些规则可能看起来是含糊的，但是它们表现了人们为处理日常生活中许多情况所采用的那种简单、直观、自然的方法。人脑善于根据不精确和不完整的信息进行决策。然而，这种方法不容易在计算机的严格逻辑的范畴中实现。

模糊逻辑使我们能够在这道裂缝之间铺架一座桥梁。利用模糊逻辑，我们能够用计算机可以理解的术语来解释语义的不精确。模糊逻辑为模糊规则提供了一个系统的解释。

4.5.4 模糊推理

模糊推理有多种模式，其中最重要的且广泛应用的是基于模糊规则的推理。模糊规则的前提是模糊命题的逻辑组合（经由合取、析取和取反操作）作为推理的条件；结论是表示推理结果的模糊命题。所有模糊命题成立的精确程度（或模糊程度）均以相应语言变量定性值的隶属函数来表示。

一个模糊推理规则是一条表示变量间依赖关系的语句，具有如下的格式：

IF <condition> THEN <consequence>

这些语言控制规则由模糊关系来解释，并且每个规则说明了不确定输入值和不确定输出值之间的关系。

4.6 小结

本章首先讨论了不确定性推理的基本概念，以及不确定性研究的主要问题和主要研究方法。这里所讨论的“不确定性”是针对已知事实和推理中所用到的知识而言的，应用这种不确定的事实和知识的推理称为不确定性推理。

目前关于不确定性处理方法的研究，主要沿着两条路线发展：一条路线是在推理一级上扩展确定性推理，建立各种不确定性推理的模型。它又分为数值方法和非数值方法。本章主要讨论的是数值方法，如概率方法、可信度方法、主观贝叶斯方法、证据理论和模糊方法等。另一条路线是在控制一级上处理不确定性，称为控制方法。对于处理不确定的最优方法，现在还没有一个统一的意见。

在本章讨论的方法中，概率方法是一种以概率论中有关理论为基础建立的纯概率方法，由于在使用过程中需要事先确定给出先验概率和条件概率，并且计算量较大，因此应用受到了限制。可信度方法、主观贝叶斯方法、证据理论和模糊理论等方法都是处理专家系统中不确定性的方法。

可信度方法比较简单、直观，易于掌握和使用，并且已成功地应用于如 MYCIN 这样的推理链较短、概率计算的精度要求不高的专家系统中。但是当推理长度较长时，由可信度的不精确估计而产生的积累误差会很大，所以它不适合长推理链的情况。

主观贝叶斯方法通过使用专家的主观概率，避免了所需的大量统计计算工作。在主观贝叶斯方法中，讨论了信任与概率的关系，以及似然性问题，并介绍了主观贝叶斯方法知识表示和推理方法。

证据理论是用集合表示命题的一种处理不确定性的理论，它引入信任函数而非概率来度量不确定性，并引入似然函数来处理不知道所引起的不确定性问题，只需要满足比概率论更弱的公理系统。证据理论基础严密，专门针对专家系统，是一种很有潜力的不确定性推理模型。但如何把它普遍应用于专家系统，目前还没有一个统一的意见。

与不确定推理处理随机事件发生的可能性相对照，模糊逻辑面向事物特征和能力的不精确描述。模糊理论是在模糊集合理论基础上发展起来的并且已经系统化，成为关于不确定性的最一般理论。目前模糊理论已经应用到了许多领域。本章介绍了模糊理论和模糊推理的主要方法，并介绍了一般智能模糊推理系统中模糊推理的方法。

习题

1. 什么是不确定推理？不确定性推理的基本问题是什么？

2. 在主观贝叶斯方法中，如何引入规则的强度的似然率来计算条件概率？这种方法优点是什么？主观贝叶斯方法有什么问题？试说明 LS 和 LN 的意义。

3. 设有如下知识：

$$r_1: E_1 \to H, \mathrm{LS}=10, \mathrm{LN}=1$$

$$r_2: E_2 \to H, \mathrm{LS}=20, \mathrm{LN}=1$$

$$r_3: E_3 \to H_1, \mathrm{LS}=1, \mathrm{LN}=0.002$$

已知 H、H_1 的先验概率 $P(H)=0.03$、$P(H_1)=0.3$。

1）若证据 E_1、E_2依次出现，按主观贝叶斯推理，求 H 在此条件下的概率 $P(H \mid E_1, E_2)$。

2）对 r_3求 $P(H_1 \mid E_3)$、$P(H_1 \mid \neg E_3)$的值各是多少？

4. 设有如下规则：

$$R_1: E_1 \to H, \mathrm{LS}=20,\ \mathrm{LN}=1$$

$$R_2: E_2 \to H, \mathrm{LS}=300,\ \mathrm{LN}=1$$

已知 H 的先验概率 $P(H)=0.03$，若证据 E_1、E_2依次出现，按主观贝叶斯推理，求 H 在此条件下的概率 $P(H \mid E_1, E_2)$。

5. 为什么要在 MYCIN 中提出可信度方法？MYCIN 的确定性方法有什么问题？

6. 何谓可信度？说明规则强度 $\mathrm{CF}(H,E)$的含义。

7. 假设有如下一组推理规则：

$$R_1: E_1 \rightarrow E_2, (0.6)$$
$$R_2: E_2 \wedge E_3 \rightarrow E_4, (0.8)$$
$$R_3: E_4 \rightarrow H, (0.7)$$
$$R_4: E_5 \rightarrow H, (0.9)$$

已知 $CF(E_1)=0.5$，$CF(E_3)=0.6$，$CF(E_5)=0.4$，求 $CF(H)$。

8. 设有下述规则：

$$R_1: A_1 \rightarrow B_1, CF(B_1, A_1)=0.8$$
$$R_2: A_2 \rightarrow B_1, CF(B_1, A_2)=0.5$$
$$R_3: B_1 \wedge A_3 \rightarrow B_2, CF(B_2, B_1 \wedge A_3)=0.8$$

初始证据 A_1、A_2、A_3的 CF 值均设为 1，而初始未知证据 B_1、B_2的 CF 值为 0，即对 B_1、B_2是一无所知的。求 $CF(B_1)$、$CF(B_2)$的更新值。

9. 如何用证据理论描述假设、规则和证据的不确定性，并实现不确定性的传递和组合？

10. 已知$f_1(E_1)=0.8$，$f_1(E_2)=0.6$，$|U|=20$，$E_1 \wedge E_2 \rightarrow H=\{h_1, h_2\}(c_1, c_2)=(0.3, 0.5)$，计算$f_1(H)$。

11. 考生考试成绩的论域为 {A，B，C，D，E}，小王成绩为 A、B、A 或 B 的基本概率分别分配为 0.2、0.1、0.3。$Bel(\{C,D,E\})=0.2$。请给出 $Bel(\{A,B\})$、$Pl(\{A,B\})$和$f_1(\{A,B\})$。

12. 模糊逻辑的基本思想是什么？说明模糊控制器的结构以及各主要模块的功能。

第5章　机器学习

学习能力是人类智能的根本特征之一。人类通过学习来提高和改进自己的能力。学习的基本机制是设法把在一种情况下是成功的表现行为转移到另一类似的新情况中去。人的认识能力和智慧才能就是在毕生的学习中逐步形成、发展和完善的。任何具有智能的系统都必须具备学习的能力。

本章将讨论机器学习的方法和算法，主要包括归纳学习、类比学习、统计学习、强化学习、进化计算和群体智能。最后介绍知识发现的基本过程。

5.1　机器学习概述

5.1.1　简单的学习模型

学习能力是人类智能的根本特征，人类通过学习来提高和改进自己的能力。学习的基本机制是设法把在一种情况下成功的表现行为转移到另一类似的新情况中去。1983 年，西蒙对学习定义如下：能够让系统在执行同一任务或同类的另外一个任务时比前一次执行得更好的任何改变（Simon，1983）。这个定义虽然简洁，却指出了设计学习程序要注意的问题。学习包括对经验的泛化：不仅是重复同一任务，而且领域中相似的任务都要执行得更好。因为感兴趣的领域可能很大，学习者通常只研究所有可能例子中的一小部分；从有限的经验中，学习者必须能够泛化并对域中未见的数据正确地推广。这是个归纳的问题，也是学习的中心问题。在大多数学习问题中，不管采用哪种算法，能用的数据不足以保证最优的泛化。学习者必须采取启发式的泛化，也就是说，他们必须选取经验中对未来更为有效的部分。这样的选择标准就是归纳偏置。

从事专家系统研究的学者认为，学习就是知识获取。因为在专家系统的建造中，知识的自动获取是很困难的。所以知识获取似乎就是学习的本质。也有的观点认为，学习是对客观经验表示的构造或修改。客观经验包括对外界事物的感受，以及内部的思考过程，学习系统就是通过这种感受和内部的思考过程来获取对客观世界的认识。其核心问题就是对这种客观经验的表示形式进行构造或修改。从认识论的观点看，学习是事物规律的发现过程。这种观点将学习看作从感性知识到理性知识的认识过程，从表层知识到深层知识的泛化过程，也就是说，学习是发现事物规律，上升形成理论的过程。

总结以上观点，可以认为学习是一个有特定目的的知识获取过程，通过获取知识、积累经验、发现规律，使系统性能得到改进、系统实现自我完善和自适应环境。图 5.1 给出了简单的学习模型。

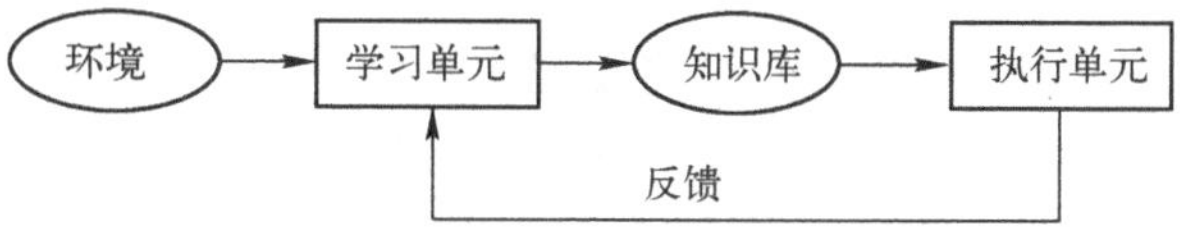

图 5.1　简单的学习模型

1. 环境

环境是指系统外部信息的来源，它可以是系统的工作对象，也可以包括工作对象和外界条件。例如，在控制系统中，环境就是生产流程或受控的设备。环境就是为学习系统提供获取知识所需的相关对象的素材或信息，如何构造高质量、高水平的信息，将对学习系统获取知识的能力有很大影响。

信息的水平是指信息的抽象化程度。高水平信息比较抽象，适用于更广泛的问题；低水平信息比较具体，只适用于个别的问题。如果环境提供较抽象的高水平信息，则针对比较具体的对象，学习环节就要补充一些与该对象相关的细节。如果环境提供较具体的低水平信息，即在特殊情况执行任务的实例，学习环境就要由此归纳出规则，以便用于完成更广的任务。

信息的质量是指对事物表述的正确性、选择的适当性和组织的合理性。信息质量对学习难度有明显的影响。例如，若向系统提供的示例能准确表述对象，且提供示例的次序又有利于学习，则系统易于进行归纳。若示例中有噪声或示例的次序不太合理，则系统就难以对其进行归纳。

一般情况下，一个人的学习过程总是与他所处的环境以及他所具备的知识有关。同样，机器学习过程也与外界提供的信息环境以及机器内部所存储的知识库有关。

2. 学习单元

学习单元处理环境提供的信息，相当于各种学习算法。学习单元通过对环境的搜索获得外部信息，并将这些信息与执行环节所反馈回的信息进行比较。一般情况下，环境提供的信息水平与执行环节所需的信息水平之间往往有差距，经分析、综合、类比和归纳等思维过程，学习单元要从这些差距中获取相关对象的知识，并将这些知识存入知识库中。

3. 知识库

知识库用于存放由学习环节所学到的知识。知识库中常用的知识表示方法有谓词逻辑、产生式规则、语义网络、特征向量、过程和框架等。

4. 执行单元

执行单元处理系统面临的现实问题，即应用知识库中所学到的知识求解问题，如智能控制、自然语言理解和定理证明等，并对执行的效果进行评价，将评价的结果反馈回学习环节，以便系统进一步的学习。执行单元的问题复杂性、反馈信息和执行过程的透明度都对学习环节有一定的影响。

当执行单元解决当前问题后，根据执行的效果，要给学习环节反馈一些信息，以便改善学习单元的性能。对执行单元的效果评价一般有两种方法，一种评价方法是用独立的知识库进行这种评价，如AM程序用一些启发式规则评价所学到的新概念的重要性；另一种方法是以外部环境作为客观的执行标准，系统判定执行环节是否按这个预期的标准工作，并由此反馈信息来评价学习环节所学到的知识。

5.1.2 什么是机器学习

机器学习是研究机器模拟人类的学习活动，获取知识和技能的理论和方法，以改善系统性能的学科。图5.2给出了基于符号机器学习的一般框架（Luger，2005）。

1）学习任务的数据和目标。表征学习算法的一个主要方式就是看学习的目标和给定的数据。例如，概念学习算法中，初始状态是目标类的一组正例（通常也有反例），学习的目标是得出一个通用的定义，它能够让学习程序辨识该类的未来的实例。与这些算法采用大量数据的方法相反，基于解释的学习试图从单一的训练实例和预先给定的特定领域的知识库中推出一个一般化的概念。

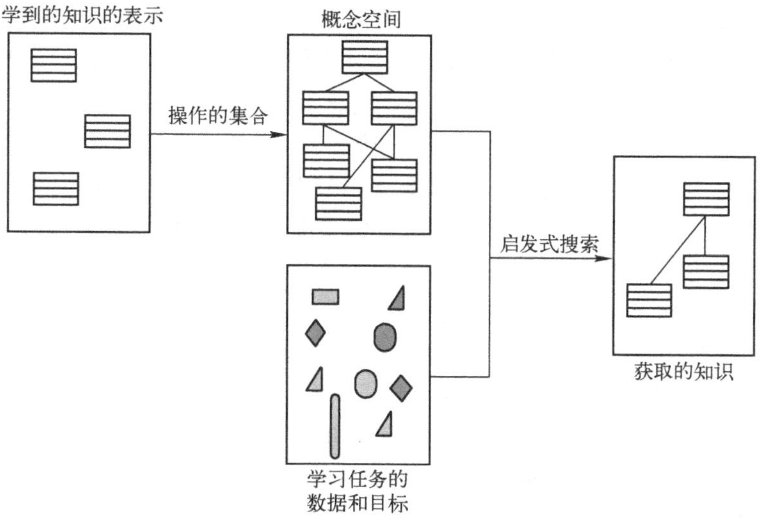

图5.2 基于符号机器学习的一般框架

许多学习算法的目标是一个概念，或者物体的类的通用描述。学习算法还可以获取计划，求解问题的启发式信息，或者其他形式的过程性知识。

2）学到的知识的表示。机器学习程序利用各种知识表示方法，描述学到的知识。例如，对物体分类的学习程序可能把这些概念表示为谓词演算的表达式，或者它们可能用结构化的表示，如框架或对象。计划可以用操作的序列来描述，或者用三角表来描述。启发式信息可以用问题求解规则来表示。

3）操作的集合。给定训练实例集，学习程序必须建立满足目标的泛化、启发式规则或者计划。这就需要对表示进行操作的能力。典型的操作包括泛化或者特化符号表达式、调整神经网络的权值，或者其他方式对程序表示的修改。

4）概念空间。上面讨论的表示语言和操作定义了潜在概念定义的空间。学习程序必须搜索这个空间来寻找所期望的概念。概念空间的复杂度是学习问题困难程度的主要度量。

5）启发式搜索。学习程序必须给出搜索的方向和顺序，并且要用好可用的训练数据和启发式信息来有效地搜索。

机器学习研究的目标有3个，即人类学习过程的认知模型、通用学习算法以及构造面向任务的专用学习系统的方法。

1）人类学习过程的认知模型。研究人类学习机理的认知模型，这种研究对人类的教育，而且对开发机器学习系统都有重要的意义。

2）通用学习算法。通过对人类学习过程的研究，探索各种可能的学习方法，建立起独立于具体应用领域的通用学习算法。

3）构造面向任务的专用学习系统。这一目标是要解决专门的实际问题，并开发完成这些专门任务的学习系统。

5.1.3 机器学习的研究概况

由于机器学习的研究有助于发现人类学习的机理和揭示人脑的奥秘，所以在人工智能发展的早期，机器学习的研究就处于重要的地位。自20世纪50年代以来，机器学习的研究大致经历了4个阶段。早期研究是无知识的学习，主要研究神经元模型和基于决策论方法的自适应和自组织系统。但是神经元模型和决策论方法当时只取得非常有限的成功，局限性很大，研究热情大大降低。60年代处于低潮，主要研究符号概念获取。1975年，温斯顿（Winston P. H.）发表了从实例学习结构描述的文章，激起人们开始恢复对机器学习的研究兴趣，出现了许多有特色的学习算法。更重要的是人们普遍认识到，一个学习系统在没有知识的条件下是不可能学到高级概念的，因而把大量知识引入学习系统作为背景知识，使机器学习理论的研究出现了新的局面和希望。由于专家系统和问题求解系统的大量建造，知识获取成为严重的瓶颈，而这一问题的突破完全依赖于机器学习研究的进展。机器学习的研究开始进入新的高潮。

1984年，瓦伦特（Valiant L. G.）提出“大概近似正确（Probably Approximately Correct，PAC）”机器学习理论（Valiant，1984），他引入了类似在数学分析中的 $\varepsilon-\delta$ 语言来评价机器学习算法。PAC理论对近代机器学习研究产生了重要的影响，如统计机器学习、集群学习（Ensemble）、贝叶斯网络和关联规则等。1995年，瓦普尼克（Vapnik V. N.）出版了《统计学习理论的本质》，提出结构风险最小归纳原理和支持向量机学习方法（Vapnik，1995）。

机器学习的方法主要有归纳学习、类比学习、分析学习、发现学习、遗传学习和连接学习（Shi，1992）。过去对归纳学习研究最多，主要研究一般性概念的描述和概念聚类，提出了AQ算法、变型空间算法和ID3算法等。类比学习是通过目标对象与源对象的相似性，从而运用源对象的求解方法来解决目标对象的问题。分析学习是在领域知识指导下进行实例学习，包括基于解释的学习、知识块学习等。基于解释的学习是从问题求解的一个具体过程中抽取出一般的原理，并使其在类似情况下也可利用。因为将学到的知识放进知识库，简化了中间的解释步骤，可以提高今后的解题效率。发现学习是根据实验数据或模型重新发现新的定律的方法。遗传学习起源于模拟生物繁衍的变异和达尔文的自然选择，把概念的各种变体当作物种的个体，根据客观功能测试概念的诱发变化和重组合并，决定哪种情况应在基因组合中予以保留。连接学习是神经网络通过典型实例的训练，识别输入模式的不同类别。

强化（Reinforcement）学习是指从环境状态到行为映射的学习，以使系统行为从环境中获得的累积奖励值最大。在强化学习中，我们设计算法来把外界环境转化为最大化奖励量的方式的动作。强化思想最先来源于心理学的研究。1911年，桑戴克（Thorndike E. L.）提出了效果律（Law of Effect）：一定情景下让动物感到舒服的行为，就会与此情景增强联系（强化），当此情景再现时，动物的这种行为也更易再现；相反，让动物感觉不舒服的行为，会减弱与情景的联系，此情景再现时，此行为将很难再现。1989年，瓦特金（Watkins C.）提出了Q-学习（Watkins et al.，1989），把时序差分和最优控制结合在一起，开始了强化学习的深入研究。

5.2　归纳学习

归纳学习是符号学习中研究得最为广泛的一种方法。给定关于某个概念的一系列已知的正例和反例，其任务是从中归纳出一个一般的概念描述。归纳学习能够获得新的概念，创立新的规则，发现新的理论。它的一般操作是泛化（Generalization）和特化（Specialization）。泛化用来扩展一个假设的语义信息，以使其能够包含更多的正例，应用于更多的情况。特化则是泛化的相反的操作，用于限制概念描述的应用范围。

5.2.1 归纳学习的基本概念

归纳学习旨在从大量的经验数据中归纳抽取出一般的判定规则和模式，是从特殊情况推导出一般规则的学习方法。归纳学习的目标是形成合理的能解释已知事实和预见新事实的一般性结论。例如，通过“麻雀会飞”“燕子会飞”等观察事实，可以归纳得到“鸟会飞”这样的一般结论。归纳学习由于依赖于经验数据，因此又称为经验学习（Empirical Learning），由于归纳依赖于数据间的相似性，所以也称为基于相似性的学习（Similarity Based Learning）。

在机器学习领域，一般将归纳学习问题描述为使用训练实例以引导一般规则的搜索问题。全体可能实例构成实例空间，全体可能的一般规则构成规则空间。基于规则空间和实例空间的学习就是在规则空间中搜索要求的规则，并从实例空间中选出一些示教的例子，以便解决规则空间中某些规则的二义性问题。学习的过程就是完成实例空间和规则空间之间同时、协调的搜索，最终找到要求的规则。归纳学习的双空间模型可以表示为图5.3所示的形式。

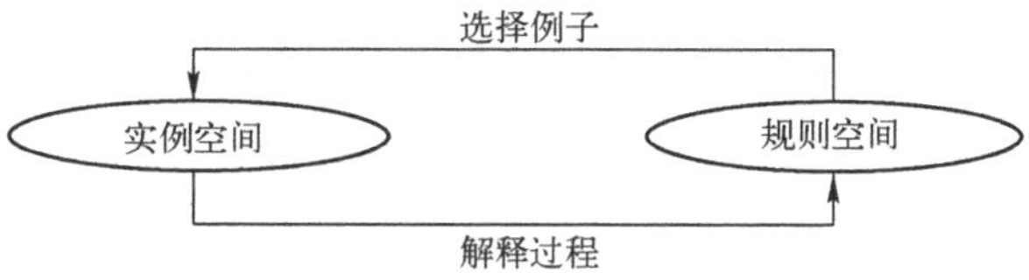

图5.3 归纳学习的双空间模型

依照双空间模型建立的归纳学习系统，其执行过程可以大致描述如下：首先由施教者提供实例空间中的一些初始示教例子，由于示教例子在形式上往往和规则形式不同，因此需要对这些例子进行转换，解释为规则空间接受的形式。然后利用解释后的例子搜索规则空间，由于一般情况下不能一次从规则空间中找到要求的规则，因此需要寻找和使用一些新的示教例子，这就是选择例子。程序会选择对搜索规则空间最有用的例子，对这些示教例子重复上述循环。如此循环多次，直到找到所要求的例子。在归纳学习中，常用的推理技术包括泛化、特化、转换以及知识表示的修正和提炼等。

在上述双空间模型中，实例空间所要考虑的主要问题包括两个：一个是示教例子的质量，另一个是实例空间的搜索方法。解释示教例子的目的是从例子中提取出用于搜索规则空间的信息，也就是把示教例子变换成易于进行符号归纳的形式。选择例子就是确定需要哪些新的例子和怎样得到这些例子。规则空间的目的就是规定表示规则的各种算符和术语，以描述和表示规则空间中的规则，与之相关的两个问题是对规则空间的要求和规则空间的搜索方法。对规则空间的要求主要包括三个方面：规则表示方法应适合归纳推理、规则的表示与例子的表示应一致以及规则空间应包含要求的规则。规则空间的搜索方法包括数据驱动的方法、规则驱动的方法和模型驱动的方法。数据驱动的方法适合于逐步接受示教例子的学习过程，在后面介绍的变型空间方法就是一种数据驱动的学习方法，模型驱动的方法通过检查全部例子来测试和放弃假设。

归纳学习方法可以划分为单概念学习和多概念学习两类。这里概念指用某种描述语言表示的谓词，当应用于概念的正实例时，谓词为真，应用于负实例时为假，从而概念谓词将实例空间划分为正、反两个子集。对于单概念学习，学习的目的是从概念空间（即规则空间）中寻找某个与实例空间一致的概念；对于多概念学习任务，是从概念空间中找出若干概念描述，对于每一个概念描述，实例空间中均有相应的空间与之对应。

典型的单概念学习系统包括米切尔（Mitchell T.）的基于数据驱动的变型空间法、昆兰（Quinlan J. R.）的ID3方法、狄特利希（Dietterich T. G.）和米哈尔斯基（Michalski R. S.）提出的基于模型驱动的Induce算法。典型的多概念学习方法和系统有米哈尔斯基的AQ11、

DENDRAL和AM程序等。多概念学习任务可以划分成多个单概念学习任务来完成，例如，AQ11对每一概念的学习均采用Induce算法来实现。多概念学习与单概念学习的差别在于多概念学习方法必须解决概念之间的冲突问题。下面将介绍两种重要的归纳方法：变型空间学习方法和决策树方法。

5.2.2 变型空间学习

变型空间（Learning by Version Space）学习方法，是米切尔于20世纪80年代早期提出的一种数据驱动的学习方法。在变型空间方法中，根据概念之间的特化和泛化，可将变型空间表示成偏序集的形式。例如，TRUE表示没有任何条件，是最一般的概念；$\exists x \mathrm{CLUBS}(x)$表示至少有一张梅花牌，是比TRUE特殊的概念；$\exists x\ \exists y(\mathrm{CLUBS}(x) \wedge \mathrm{HEARTS}(y))$就是比上述两个概念更特殊的概念；上述这些概念形成了一种偏序的关系。偏序集的最大元素称为零描述，它表示只要规则空间中存在真概念描述，则零描述为真，相当于在规则空间中恒真的概念描述。偏序集中的极小元素为所有训练实例。

变型空间方法以包含整个概念的规则空间为初始的假设规则集合H，它是和迄今为止所得到的所有训练实例相一致的概念的集合。根据示教例子中的信息，对H进行泛化和特化处理，逐步缩小集合H，最后使H收敛为只含有要求的规则。

H由两个子集G和S所限定，G中的元素表示H中的最一般的概念，S中的元素表示H中最特殊的概念，H由G、S及G与S之间的元素构成，即

$$H=G\cup S\cup\{k \mid S<k<G\}$$

其中“<”表示变型空间中的偏序关系。图5.4给出了一个变型空间排序的关系表示。

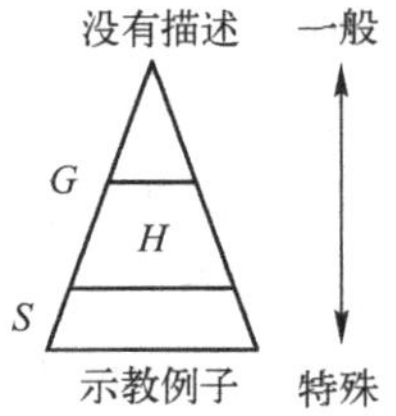

图5.4　变型空间排序关系

变型空间方法的初始G集是空间中最上面的一个点（最一般的概念），初始S集是最下面的直线的点（示教例子），初始H就是整个空间。在搜索过程中，G集不断缩小，逐渐下移（进行特殊化），S集合不断扩大，逐渐上移（进行一般化）。H逐步缩小，最后H收敛为只含有一个概念时，就发现了所要学习的概念。在变型空间中这种学习算法称为候选项删除算法。

算法5.1　候选项删除算法

1）初始化H为整个概念空间。G集合只包含零描述，S集合包含空间中所有最特殊的概念。在实际处理中，S集初始化为第一个正例。

2）接受一个新的训练实例。如果实例为正例，则从G集中删除所有不覆盖该例的概念，更新S集合，尽可能小地对S集进行泛化，以覆盖新的正实例。

3）如果实例为反例，则从S集中删除所有覆盖这个反例的概念，更新G集，尽可能小地特化G集中的元素，以便它们不覆盖这个反例。

4）如果$G\neq S$，则重复步骤2），否则输出H。

现假设有一个物体，用两个属性来描述：大小和形状。大小只有两个值：大和小；形状也有两个值：圆（Circle）、方（Square）。每个物体可以用一个向量（x，y）表示：x表示物体的大小，y表示物体的形状。初始变型空间可以用图5.5进行描述。

现假设要学习的概念为“圆”，即（x Circle），可以将H初始化为整个规则空间，$<G,S>$为

$$G=\{(x,y)\}$$

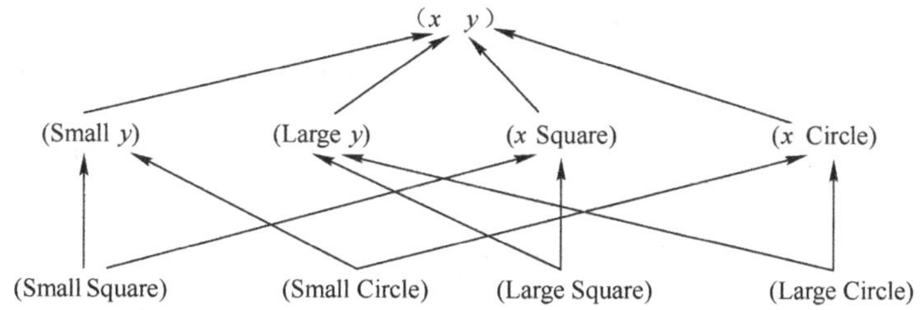

图 5.5　变型空间的偏序集表示

$$S=\{(\text{Small Square}),(\text{Small Circle}),(\text{Large Square}),(\text{Large Circle})\}$$

首先提供一个正例（Small Circle），由步骤 2）对<G,S>进行更新：

$$G=\{(x,y)\}$$

$$S=\{(\text{Small Circle})\}$$

新的描述空间如图 5.6 所示。

第 2 个实例为反例（Large Square），应用步骤 3）对 G 集进行特殊化：

$$G=\{(\text{Small}\quad y),(x\quad \text{Circle})\}$$

S 集不变，新的描述空间如图 5.7 所示。

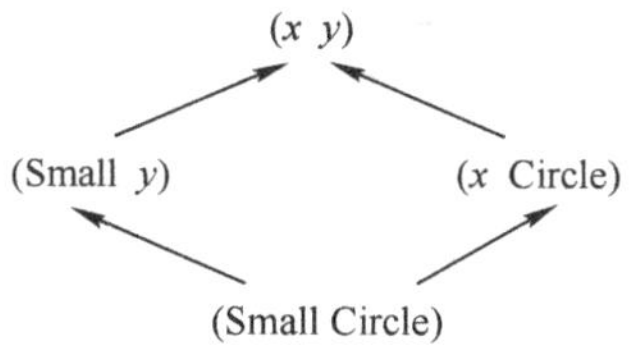

图 5.6　第一个正例后的变型空间

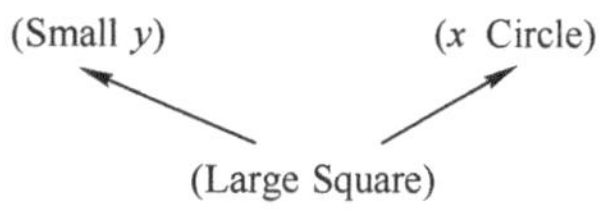

图 5.7　第二个反例后的变型空间

最后一个正例为（Large Circle），从 S 集中删除不覆盖该例的元素（Small y），并对 S 集进行泛化，得到

$$G=S=(x\ \text{Circle})$$

从而算法停止，并给出学习得到的概念（x Circle）。

在候选项删除算法中，由于规则空间非常庞大，在训练实例指导下进行规则空间的盲目搜索非常费时，这一缺陷限制了变型空间法在实际系统中的使用。

5.2.3　决策树

1966 年，亨特（Hunt）等提出概念学习系统 CLS，这是一种早期的基于决策树的归纳学习系统。1979 年，昆兰基于 CLS 系统提出了 ID3 算法。该算法不仅能方便地表示概念的属性-值信息的结构，而且能从大量实例数据中有效地生成相应的决策树模型。

1. 决策树及其构造方法

在 CLS 的决策树中，节点对应于待分类对象的属性，由某一节点引出的弧对应于这一属性可能取的值，叶节点对应于分类的结果。下面考虑如何生成决策树。

一般地，设给定训练集为 TR，TR 的元素由特征向量及其分类结果表示，分类对象的属性表 AttrList 为 $[A_1,A_2,\cdots,A_n]$，全部分类结果构成的集合 Class 为 $\{C_1,C_2,\cdots,C_m\}$，一般 $n\geqslant1$ 和 $m\geqslant2$。对于每一属性 A_i，其值域为 ValueType(A_i)。值域可以是离散的，也可以是连续的。这样，TR 的一个元素就可以表示成<X，C>的形式，其中 $X=(a_1,a_2,\cdots,a_n)$，a_i对应于实例第 i

个属性的取值，$C \in \text{Class}$ 为实例 X 的分类结果。

记 $V(X,A_i)$ 为特征向量 X 的属性 A_i 的值，则决策树的构造算法 CLS 可递归地描述如下。

算法 5.2　决策树的构造算法 CLS

1）如果 TR 中所有实例分类结果均为 C_i，则返回 C_i。
2）从属性表中选择某一属性 A 作为检测属性。
3）不妨假定 $|\text{ValueType}(A_i)|=k$，根据 A 取值不同，将 TR 划分为 k 个子集 TR_1，TR_2，…，TR_k，其中

$$\text{TR}_i=\{<X,C> \mid <X,C> \in \text{TR} \text{ 且 } V(X,A) \text{为属性 } A \text{ 的第 } i \text{ 个值}\}$$

4）从属性表中删除已做检验的属性 A。
5）对每一个 $i(1 \leqslant i \leqslant k)$，用 TR_i 和新的属性表递归调用 CLS 生成 TR_i 的决策树 DTR_i。
6）返回以属性 A 为根，DTR_1，DTR_2，…，DTR_k 为子树的决策树。

现考虑鸟是否能飞的实例，设属性表为

$$\text{AttrList}=\{\text{No-of-Wings}, \text{Broken-Wings}, \text{Status}, \text{Area/Weight}\}$$

各属性的值域分别为

$$\text{ValueType}(\text{No-of-Wings})=\{0,1,2\}$$
$$\text{ValueType}(\text{Broken-Wings})=\{0,1,2\}$$
$$\text{ValueType}(\text{Status})=(\text{Alive}, \text{Dead})$$
$$\text{ValueType}(\text{Area/Weight}) \in \text{实数且大于等于 } 0$$

系统分类结果集合为

$$\text{Class}=\{\text{T}, \text{F}\}$$

训练集 TR 共有 9 个实例，见表 5.1。

表 5.1　训练实例

Instances	No-of-Wings	Broken-Wings	Living Status	Wing Area/Weight	Fly
1	2	0	Alive	2.5	T
2	2	1	Alive	2.5	F
3	2	2	Alive	2.6	F
4	2	0	Alive	3.0	T
5	2	0	Dead	3.2	F
6	0	0	Alive	0	F
7	1	0	Alive	0	F
8	2	0	Alive	3.4	T
9	2	0	Alive	2.0	F

根据决策树构造算法，TR 的决策树如图 5.8 所示。每个叶节点表示鸟是否能飞的描述。

从该决策树可以看出：

$$\text{Fly}=(\text{No-of-Wings}=2) \wedge (\text{Broken-Wings}=0) \wedge (\text{Status}=\text{Alive}) \wedge (\text{Area/Weight} \geqslant 2.5)$$

2. 基本的决策树算法

大多数决策树算法是一种核心算法的变体。该算法采用自顶向下的贪婪搜索遍历可能的决策

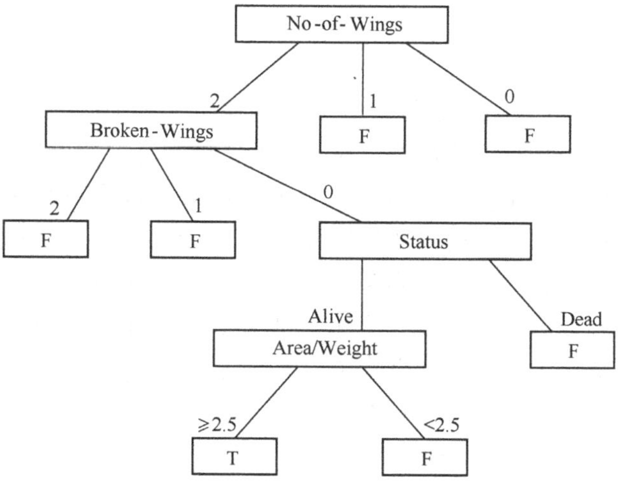

图 5.8　鸟是否能飞的决策树

树空间。这种方法是 ID3 算法（Quinlan，1986）和后继的 C4.5 算法（Quinlan，1993）的基础。

基本的决策树学习算法 ID3 通过自顶向下构造决策树来进行学习。构造过程是从“哪一个属性将在树的根节点被测试?”这个问题开始的。为了回答这个问题，使用统计测试来确定每一个实例属性单独分类训练样例的能力。分类能力最好的属性被选作树的根节点的测试。然后为根节点属性的每个可能值产生一个分支，并把训练样例排列到适当的分支（也就是，样例的该属性值对应的分支）之下。然后重复整个过程，用每个分支节点关联的训练样例来选取在该点被测试的最佳属性。这形成了对合格决策树的贪婪搜索，也就是算法从不回溯重新考虑以前的选择。基本的 ID3 算法如下。

算法 5.3　基本的决策树算法 ID3

ID3(Examples，Target_attribute，Attributes)/ * Examples 即训练样例集。Target_attribute 是这棵树要预测的目标属性。Attributes 是除目标属性外供学习到的决策树测试的属性列表。返回一棵能正确分类给定 Examples 的决策树 * /

1）创建树的 Root(根)节点。

2）如果 Examples 都为正,那么返回 Label=+的单节点树 Root。

3）如果 Examples 都为反,那么返回 Label=-的单节点树 Root。

4）如果 Attributes 为空,那么返回单节点树 Root,Label=Examples 中最普遍的 Target_attribute 值。

5）否则开始

　5.1）A←Attributes 中分类 Examples 能力最好的属性 / * 具有最高信息增益（Information Gain）的属性是最好的属性 * /

　5.2）Root 的决策属性←A。

　5.3）对于 A 的每个可能值 v_i

　　5.3.1）在 Root 下加一个新的分支对应测试 $A=v_i$。

　　5.3.2）令 Examples_{vi}为 Examples 中满足 A 属性值为 v_i的子集。

　　5.3.3）如果 Examples_{vi}为空

　　　① 在这个新分支下加一个叶子节点，节点的 Label = Examples 中最普遍的 Target_attribute 值。

　　　② 否则在这个新分支下加一个子树 ID3（Examples，Target_attribute，Attributes - {A}）。

6）结束。

7）返回 Root。

ID3 是一种自顶向下增长树的贪婪算法，在每个节点选取能最好地分类样例的属性。继续这个过程直到这棵树能完美分类训练样例，或所有的属性都已被使用过。

那么，在决策树生成过程中，应该以什么样的顺序来选取实例集中实例的属性进行扩展呢？即如何选择具有最高信息增益的属性为最好的属性？在决策树的构造算法中，扩展属性的选取可以从第一个属性开始，然后依次取第二个属性作为决策树的下一层扩展属性，如此下去，直到某一层所有窗口仅含同一类实例为止。但是，一般来说，每一属性的重要性是不同的，为了评价属性的重要性，昆兰根据检验每一属性所得到信息量的多少，给出了下面的扩展属性选取方法，其中信息量的多少和熵有关。

给定正负实例的子集为 S，构成训练窗口。当决策有 k 个不同的输出时，则 S 的熵为

$$\text{Entropy}(S)=\sum_{i=1}^{k} -P_i \log_2(P_i) \tag{5.1}$$

式中，P_i表示第 i 类输出所占训练窗口中总的输出数量的比例。如果对于布尔型分类（即只有两类输出），则式（5.1）可以写为

$$\text{Entropy}(S)=-\text{Pos}\log_2(\text{Pos})-\text{Neg}\log_2(\text{Neg}) \tag{5.2}$$

Pos 和 Neg 分别表示 S 中正、负实例的比例，并且定义 $0\log_2(0)=0$。

对于表 5.1 给出的例子，选取整个训练集为训练窗口，有 3 个正实例、6 个负实例，采用记号[3+,6−]表示总的样本数据。则 S 的熵为

$$\begin{aligned}\text{Entropy}[3+,6-]&=-\frac{3}{9}\log_2\frac{3}{9}-\frac{6}{9}\log_2\frac{6}{9}\\&=0.9179\end{aligned}$$

如果所有的实例都为正实例或负实例，则熵为 0，当 Neg=Pos=0.5 时，熵为 1。

为了检测每个属性的重要性，可以通过每个属性的信息增益 Gain 来评估其重要性。对于属性 A，假设其值域为$(v_1,v_2,\cdots,v_n)$，则训练实例 S 中属性 A 的信息增益 Gain 可以定义如下：

$$\text{Gain}(S,A)=\text{Entropy}(S)-\sum_{i=1}^{n}\frac{|S_i|}{|S|}\text{Entropy}(S_i) \tag{5.3}$$

式中，S_i表示 S 中属性 A 的值为 v_i的子集；$|S_i|$表示集合的势。

昆兰建议选取获得信息量最大的属性作为扩展属性。这一启发式规则又称为最小熵原理，因为使获得的信息量最大等价于使不确定性（或乱序程度）最小，即使熵最小。

下面计算属性 Living Status 的信息增益，该属性的值域为（Alive，Dead），则

$$S=[3+,6-],\ S_{\text{Alive}}=[3+,5-],\ S_{\text{Dead}}=[0+,1-]$$

$$\begin{aligned}&\text{Gain}(S,\text{Status})\\&=\text{Entropy}(S)-\sum_{v\in\{\text{Alive},\ \text{Dead}\}}\frac{|S_v|}{|S|}\text{Entropy}(S_v)\\&=\text{Entropy}(S)-\frac{|S_{\text{Alive}}|}{|S|}\text{Entropy}(S_{\text{Alive}})-\frac{|S_{\text{Dead}}|}{|S|}\text{Entropy}(S_{\text{Dead}})\end{aligned}$$

其中 $|S_{\text{Alive}}|=8$，$|S_{\text{Dead}}|=1$，$|S|=9$。

$$\text{Entropy}(S_{\text{Alive}})=\text{Entropy}[3+,5-]$$

$$= -\frac{3}{8}\log_2\frac{3}{8} - \frac{5}{8}\log_2\frac{5}{8}$$

$$= 0.5835$$

$$\text{Entropy}(S_{\text{Dead}}) = \text{Entropy}[0+, 1-]$$

$$= -\frac{0}{1}\log_2\frac{0}{1} - \frac{1}{1}\log_2\frac{1}{1}$$

$$= 0$$

因此有

$$\text{Gain}(S, \text{Status}) = 0.9179 - \frac{8}{9} \times 0.5835$$

$$= 0.3992$$

同样可以对其他属性进行计算，然后根据最小熵原理，选取信息量最大的属性作为决策树的根节点属性。

ID3 算法的优点是分类和测试速度快，特别适用于大数据库的分类问题。其缺点是：①决策树的知识表示没有规则，难以理解；②两棵决策树比较是否等价问题是子图匹配问题，是 NP 完全的；③不能处理未知属性值的情况，另外对噪声问题也没有好的处理方法。

关于决策树归纳的进一步细节，1993 年昆兰出版了一本精彩的著作，其中讨论了很多实践问题，并提供了 C4.5 算法的源代码（Quinlan，1993）。

5.3 类比学习

类比学习是根据两个对象之间在某些方面的相同或相似，从而推出它们在其他方面也可能相同或相似。类比学习是重要的学习方法。归纳学习需要大量的训练实例，而类比学习可以从单个训练实例完成学习，是一种有效的学习方法。

5.3.1 相似性

类比是人类应用过去的经验来求解新问题的一种思维方法。类比学习是把两个或两类事物或情形进行比较，找出它们在某一抽象层上的相似关系，并以这种关系为依据，把某一事物或情形的有关知识加以适当整理（或变换）对应到另一事物或情形，从而获得求解另一事物或情形的知识。在类比学习中，把当前所面临的对象或情形称为目标对象（Target Object），而把记忆的对象或情形称为源对象（Base Object）。

类比学习中遇到某一问题时，可以先回忆以前相似的老问题，通过对老问题解法的检索和分析、调整，得出新问题的解决方法。类比学习是一种基于知识（或经验）的学习。类比求解问题的一般模式如图 5.9 所示。

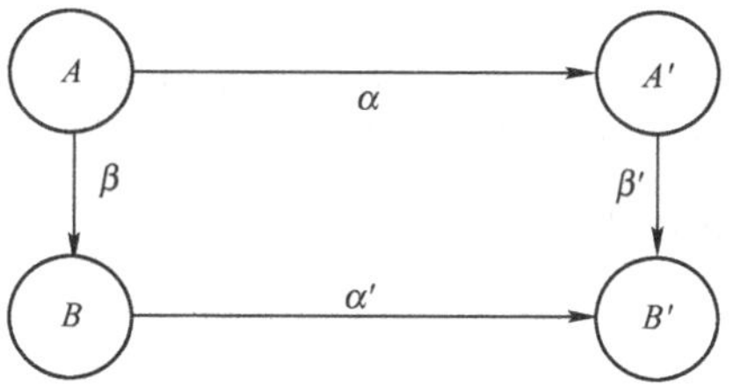

图 5.9　类比求解问题的一般模式

类比问题求解可描述为：已知问题 A，有求解结果 B，现给定一个新问题 A'，A'与 A 在特定的度量下是相似的，求出问题 A'的求解结果 B'。如图 5.9 所示，β 反映 B 与 A 之间的依赖关系，称作因果关系。α 表示源领域（Source Domain）A 与目标领域（Target Domain）A'之间的相似关系。由此可以推出，B'与 A'之间的依赖关系 β'。

一个类比学习过程可以描述为下述 4 个主要步骤：

1）联想搜索匹配。对于一个给定的新问题，根据问题的描述（已知条件），提取问题的特征，并用特征到问题空间中搜索，找出相似的老问题有关的知识，并对新老问题进行部分匹配。

2）检验相似程度。判断老问题的已知条件与新问题的相似程度，以检验类比的可行性。如果它们之间的相似度达到规定的阈值，则类比匹配成功。

3）修正变换求解。从老问题的解中抽取有关新问题的知识，经过合理的规则变换与调整，得到新问题的解。当多个老问题经检查都满足时，将会面临冲突求解问题。

4）更新知识库。将新问题及其解加入知识库，将新、老问题之间的共同特征组成泛化的情节知识，而将它们的差异作为检索问题的索引。

类比时对象情境由许多属性组成，对象间的相似性就是根据属性（或变量）之间的相似度定义的。目标对象与源对象之间的相似性有语义相似、结构相似、目标相似和个体相似等（史忠植，2011）。一般对象之间的相似性通过相似度测评，相似度经常通过距离来定义。常用的典型距离有：

（1）绝对值距离（Manhattan）

$$d_{ij}=\sum_{k=1}^{N}|V_{ik}-V_{jk}| \tag{5.4}$$

式中，V_{ik}和V_{jk}分别表示案例i和案例j的第k个属性值。

（2）欧氏距离（Euclidean）

$$d_{ij}=\sqrt{\sum_{k=1}^{N}(V_{ik}-V_{jk})^2} \tag{5.5}$$

（3）麦考斯基距离

$$d_{ij}=\left[\sum_{k=1}^{N}|V_{ik}-V_{jk}|^q\right]^{1/q},\quad q>0 \tag{5.6}$$

上面的距离定义只是属于平凡的定义，视各属性所起的作用相同。事实上各属性对一个案例整体上的相似度有不同的贡献，因而还需加上权值。即距离可以写成

$$d_{ij}=\sum_{k=1}^{N}w_k d(V_{ik},V_{jk}) \tag{5.7}$$

式中，w_k为第k个属性权值大小，一般要求$\sum_{k=1}^{N}w_k=1$。$d(V_{ik},V_{jk})$表示第i个对象和第j个对象在第k个属性上的距离，它可以采用前面定义的典型距离。

5.3.2 转换类比

类比学习的一般问题求解程序是基于手段-目的分析的MEA方法（Means-Ends Analysis）。问题求解模型由两部分组成：问题空间和在此空间进行的问题求解动作（Carbonell，1986）。问题空间包括：

1）一组可能的问题组合状态集。

2）一个初始状态。

3）两个或多个目标状态（即终止状态，为简便，假设只有一个目标状态）。

4）当满足预置条件时，一组可将一个状态变为另一个状态的变换规则集（或操作符）。

5）计算两个状态之间差别的函数，通常应用于比较当前状态和目标状态，得出两者间的差别。

6）一个对可用的变换规则进行编序，以最大限度减少差别的索引函数。

7）一组全局路径限制。其目标路径必须满足的条件，使解有效。路径限制本质上是以部分解序列为基础，而不是以单个状态或者操作符为基础。

8）一个用于指示何时可用何种变换规则的差别表。

在问题空间上使用 S-MEA 算法进行问题求解操作，也就是通常所说的状态空间转换方法，找到一条从初始状态到目标状态的转换路径。

算法 5.4 S-MEA 算法

1）比较当前状态和目标状态，得出差别。
2）选择合适的规则（或算子），以减少两个状态间的差别。
3）尽可能应用转换规则，直至完成状态转换。否则保存当前状态，并将 S-MEA 算法递归地用于其他子问题，直到该子问题确认不能满足该规则的前提条件为止。
4）当子问题求解后，恢复被保存的当前状态，再继续求解原来的问题。

上述 4 个操作概括起来就是，系统首先要利用差别函数，对问题的初始状态和目标状态进行比较，得出差别，再根据索引找到相应的规则，如果这条规则前提可以满足，则应用此规则，否则保存当前状态及相应条件，把不能满足的规则前提作为子问题，用 MEA 方法进行解决，解决后，恢复保存的当前状态，继续解决原来的问题。

由手段-目的分析算法可以看出，一个成功的解决问题的经验由两部分组成：一是当时的环境，即与该问题相关的背景知识；二是解决问题时的方法，也就是在从初始状态到目标状态的转换路径上所有使用的算子序列。

5.3.3 基于案例的推理

在基于案例推理（Case-based Reasoning）中，最初是由于目标案例的某些特殊性质使我们能够联想到记忆中的源案例。但它是粗糙的，不一定正确。在最初的检索结束后，需证实它们之间的可类比性，这就要进一步检索两个类似体的更多的细节，探索它们之间更进一步的可类比性和差异。在这一阶段，事实上，已经初步进行了一些类比映射的工作，只是映射是局部的、不完整的。这个过程结束后，获得的源案例集已经按与目标案例的可类比程度进行了优先级排序。接下来，便进入了类比映射阶段。从源案例集中选择最优的一个源案例，建立它与目标案例之间一致的一一对应。下一步，利用一一对应关系转换源案例的完整的（或部分的）求解方案，从而获得目标案例的完整的（或部分的）求解方案。若目标案例得到部分解答，则把解答的结果加到目标案例的初始描述中，从头开始整个类比过程。若所获得的目标案例的求解方案未能给目标案例以正确的解答，则需解释方案失败的原因，且调用修补过程来修改所获得的方案。系统应该记录失败的原因，以避免以后再出现同样的错误。最后，类比求解的有效性应该得到评价。整个类比过程是递增地进行的。图 5.10 给出了基于案例推理的一般框架。

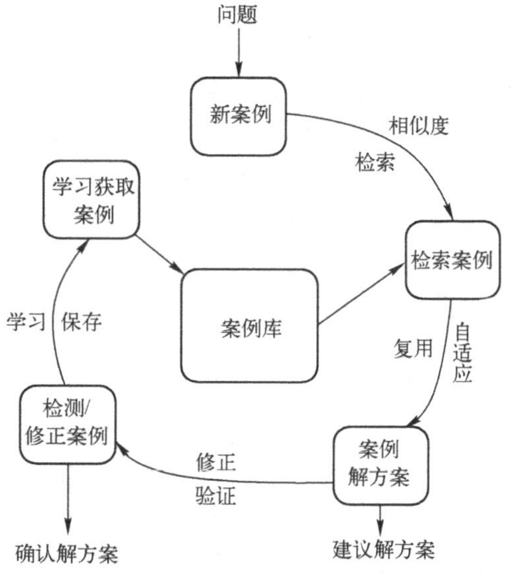

图 5.10 基于案例推理的一般框架

在基于案例的推理中，关心的主要问题如下。

1）案例表示：基于案例推理方法的效率和案例表示紧密相关。案例表示涉及这样几个问题：选择什么信息存放在一个案例中；如何选择合适的案例内容描述结构；案例库如何组织和索引。对于那些数量达到成千上万而且十分复杂的案例，组织和索引问题尤其重要。

2）分析模型：分析模型用于分析目标案例，从中识别和抽取检索源案例库的信息。

3）案例检索：利用检索信息从源案例库中检索并选择潜在可用的源案例。基于案例推理方法和人类解决问题的方式很相近。碰到一个新问题时，首先是从记忆或案例库中回忆出与当前问题相关的最佳案例。后面所有工作能否发挥出应有的作用，很大程度上依赖于这一阶段得到的案例质量的高低，因此这步非常关键。一般来说，案例匹配不是精确的，只能是部分匹配或近似匹配。因此，它要求有一个相似度的评价标准。该标准定义得好，会使得检索出的案例十分有用，否则将会严重影响后面的过程。

4）类比映射：寻找目标案例与源案例之间的对应关系。

5）类比转换：转换源案例中与目标案例相关的信息，以便应用于目标案例的求解过程中。其中，涉及对源案例的求解方案的修改，把检索到的源案例的解答复用于新问题或新案例中。它们分别是，源案例与目标案例间有何不同之处；源案例中的哪些部分可以用于目标案例。对于简单的分类问题，仅需要把源案例的分类结果直接用于目标案例。它无须考虑它们之间的差别，因为实际上案例检索已经完成了这项工作。而对于问题求解之类的问题，则需要根据它们之间的不同对复用的解进行调整。

6）解释过程：对将转换过的源案例的求解方案应用到目标案例时所出现的失败做出解释，给出失败的因果分析报告。有时对成功也同样需要做出解释。基于解释的索引也是一种重要的方法。

7）案例修补：有些类似于类比转换，区别在于修补过程的输入是解方案和一个失败报告，而且可能还包含一个解释，然后修改这个解以排除失败的因素。当复用阶段产生的求解结果不理想时，需要对其进行修补。修补的第一步是对复用结果进行评估，如果成功，则不必修补，否则需对错误采取修补。

8）类比验证：验证目标案例和源案例进行类比的有效性。

9）案例保存：新问题得到了解决，则形成了一个可能用于将来情形与之相似的问题。这时有必要把它加入案例库中。这既是学习也是知识获取。此过程涉及选取哪些信息保留，以及如何把新案例有机集成到案例库中。修改和精化源案例库，其中包括泛化和抽象等过程。

在决定选取案例的哪些信息进行保留时，一般要考虑以下几点：和问题有关的特征描述；问题的求解结果；以及解答为什么成功或失败的原因及解释。

把新案例加入案例库中，需要对它建立有效的索引，这样以后才能对它做出有效的回忆。索引应使得与该案例有关时能回忆得出，与它无关时不应回忆出。为此，可能要对案例库的索引内容甚至结构进行调整。

5.3.4　迁移学习

迁移学习（Transfer Learning）的目标是将从一个环境中学到的知识用来帮助新环境中的学习任务。在传统分类学习中，为了保证训练得到的分类模型具有准确性和高可靠性，有两个基本的假设：①用于学习的训练样本与新的测试样本满足独立同分布的条件；②必须有足够可利用的训练样本才能学习得到一个好的分类模型。但是，在实际应用中发现要满足这两个条件往往是困难的。迁移学习是运用已有的知识对不同但相关领域问题进行求解。它放宽了传统机器学习中的两个基本假设，目的是迁移已有的知识来解决目标领域中仅有少量标签样本数据甚至没有的学习问题。

杨强等（Pan et al.，2010）根据源领域和目标领域以及源任务和目标任务是否相同，将迁移学习分为如下3类（见图5.11）：

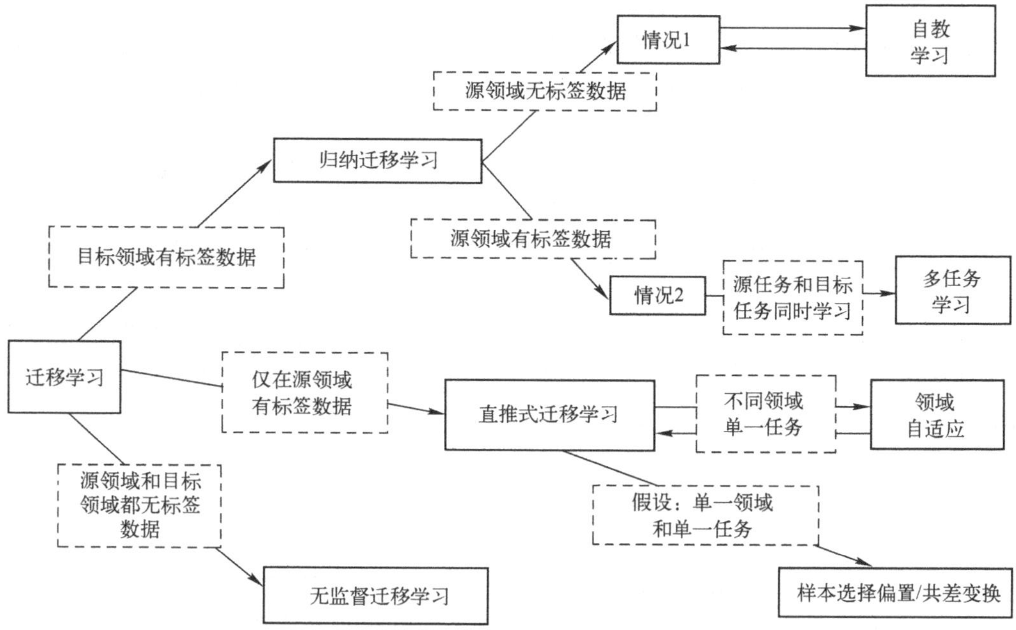

图5.11 迁移学习分类

1）归纳迁移学习（Inductive Transfer Learning）。源任务和目标任务不一致但相关。例如，具有迁移学习能力的Tradaboosting（Dai et al.，2007），推广了传统的AdaBoost算法，从而能够最大限度地利用辅助训练数据来帮助目标的分类。利用Boosting技术来过滤掉辅助数据中那些与源训练数据最不像的数据。其中，Boosting的作用是建立一种自动调整权重的机制，于是重要的辅助训练数据的权重将会增加，不重要的辅助训练数据的权重将会减小。调整权重后，这些带权重的辅助训练数据将会作为额外的训练数据，与源训练数据一起提高分类模型的可靠度。

2）直推式迁移学习（Transductive Transfer Learning）。源领域和目标领域不一致但相关，源任务及目标任务相同。直推式迁移学习方法适用情况为源领域中有大量标注语料而目标领域缺少标注语料。当源领域和目标领域的特征空间相同而概率分布不同时，直推式学习类似于领域自适应方法。

3）无监督迁移学习（Unsupervised Transfer Learning）。源领域和目标领域不一致但相关，源任务和目标任务不一致但相关，且此时源领域和目标领域都缺乏标注语料。

迁移学习方法按照所用迁移知识形式，可以分为4类：

1）基于实例的迁移学习。假设源领域中的部分数据在更改权重之后可以被用于解决目标领域的学习问题。实例加权和重要性抽样是基于实例的迁移学习常用的从源领域中选择迁移知识的方法。

2）基于特征的迁移学习。期望通过将迁移知识用一种理想的特征表示方法表示来提高目标任务的性能。基于特征的迁移学习又可分为有监督迁移学习与无监督迁移学习。当给定一个新的、不同的领域，标注数据极其稀少时，可以考虑有监督迁移学习，利用原有领域中含有的大量标注数据进行迁移学习。在基于互聚类的跨领域分类中，为跨领域分类问题定义了一个统一的信息论形式化公式，其中基于互聚类的分类问题转化成对目标函数的最优化问题。目标函数被定义为源数据实例，公共特征空间与辅助数据实例间互信息的损失。

当有标记的辅助数据难以得到时，可以利用大量无标记的辅助数据进行迁移学习。自学习聚类的基本思想是通过同时对源数据与辅助数据进行聚类得到一个共同的特征表示，而这个新的特征表示由于基于大量的辅助数据，所以会优于仅基于源数据而产生的特征表示，从而对聚类产生帮助。

3）基于参数的迁移学习。当源任务和目标任务共享参数模型中的参数或者先验分布时，将迁移知识表示成共享的参数，从而完成目标任务。

4）基于关系知识的迁移学习。在源领域和目标领域的数据相关的情况下，解决相关领域的迁移学习问题。

在已有的研究中，归纳迁移学习一般采用基于实例的、基于特征、基于参数的和基于关系知识的迁移学习；直推式学习任务通常采用基于实例的和基于特征表示的迁移学习方法；无监督迁移学习常用的方法为基于特征表示的迁移方法。

5.4 统计学习

统计学习（Statistical Learning）是基于数据构建概率统计模型并运用模型对数据进行预测与分析。统计学习方法包括模型的假设空间、模型选择的准则以及模型学习的算法，称为统计学习方法的三要素。一般实现统计学习的步骤如下：

1）准备有限的训练数据集。

2）获取包含所有可能的模型的假设空间，即学习模型的集合。

3）确定模型选择的准则，即学习的策略。

4）实现最优模型的算法，即学习的算法。

5）通过学习方法选择最优模型。

6）利用学习的最优模型对新数据进行预测或分析。

统计学习的方法非常丰富，这里仅介绍逻辑回归、支持向量机和提升方法。

5.4.1 逻辑回归

设向量 $\boldsymbol{X}$ 是连续随机变量，$\boldsymbol{X}=(x_1,x_2,\cdots,x_n)$，并且具有下列分布函数和密度函数（见图 5.12）：

$$F(x)=P(\boldsymbol{X}\supseteq x)=\frac{1}{1+\mathrm{e}^{-(x-\mu)/\gamma}} \quad (5.8)$$

$$f(x)=F'(x)=\frac{\mathrm{e}^{-(x-\mu)/\gamma}}{\gamma\left(1+\mathrm{e}^{-(x-\mu)/\gamma}\right)^2} \quad (5.9)$$

式中，μ 为位置参数；$\gamma>0$ 为形状参数。

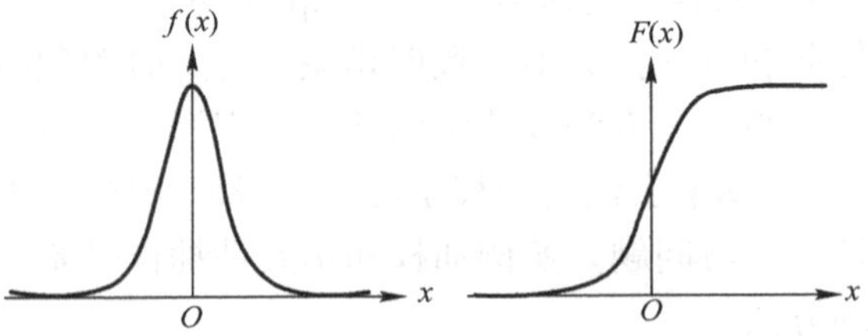

图 5.12 逻辑回归的分布函数和密度函数

二项逻辑回归模型是一种分类模型，由条件概率分布 $P(Y|\boldsymbol{X})$ 表示。这里，随机变

量 $\boldsymbol{X}$ 取值为实数，随机变量 Y 取值为 1 或 0。可以通过监督学习来估计模型参数。二项逻辑回归模型是如下的条件概率分布：

$$P(Y=1\mid \boldsymbol{x})=\frac{\exp(\boldsymbol{w}\cdot \boldsymbol{x}+b)}{1+\exp(\boldsymbol{w}\cdot \boldsymbol{x}+b)} \tag{5.10}$$

$$P(Y=0\mid \boldsymbol{x})=\frac{1}{1+\exp(\boldsymbol{w}\cdot \boldsymbol{x}+b)} \tag{5.11}$$

式中，$\boldsymbol{x}\in\mathbf{R}^n$是输入，$Y\in\{0,1\}$是输出；$\boldsymbol{w}\in\mathbf{R}^n$和 $b\in\mathbf{R}$ 是参数，$\boldsymbol{w}$ 称为权值向量，b 称为偏置；$\boldsymbol{w}\cdot\boldsymbol{x}$ 为 $\boldsymbol{w}$ 和 $\boldsymbol{x}$ 的内积。

对于给定的输入实例 $\boldsymbol{x}$，按照式（5.10）和式（5.11）可以求得 $P(Y=1\mid\boldsymbol{x})$和 $P(Y=0\mid\boldsymbol{x})$。逻辑回归比较两个条件概率值的大小，将实例 $\boldsymbol{x}$ 分到概率值较大的那一类。

有时为了方便，将权值向量和输入向量加以扩充，仍记作 $\boldsymbol{w}$、$\boldsymbol{x}$，即 $\boldsymbol{w}=(w^{(1)},w^{(2)},\cdots,w^{(n)},b)^{\mathrm{T}}$，$\boldsymbol{x}=(x^{(1)},x^{(2)},\cdots,x^{(n)},1)^{\mathrm{T}}$。这时逻辑回归模型如下：

$$P(Y=1\mid \boldsymbol{x})=\frac{\exp(\boldsymbol{w}\cdot \boldsymbol{x})}{1+\exp(\boldsymbol{w}\cdot \boldsymbol{x})} \tag{5.12}$$

$$P(Y=0\mid \boldsymbol{x})=\frac{1}{1+\exp(\boldsymbol{w}\cdot \boldsymbol{x})} \tag{5.13}$$

在逻辑回归中，一个事件的几率（Odds）是指该事件发生的概率与该事件不发生的概率的比值。如果事件发生的概率是 p，那么该事件的几率是$\frac{p}{1-p}$，该事件的对数几率（Log Odds）或 Logit 函数是

$$\mathrm{Logit}(p)=\log\frac{p}{1-p} \tag{5.14}$$

对逻辑回归而言，由式（5.12）与式（5.13）得

$$\log\frac{P(Y=1\mid \boldsymbol{x})}{1-P(Y=1\mid \boldsymbol{x})}=\boldsymbol{w}\cdot \boldsymbol{x} \tag{5.15}$$

这就是说，在逻辑回归模型中，输出 $Y=1$ 的对数几率是输入 $\boldsymbol{x}$ 的线性函数。或者说，输出 $Y=1$ 的对数几率是由输入 $\boldsymbol{x}$ 的线性函数表示的模型，即逻辑回归模型。考虑对输入 $\boldsymbol{x}$ 进行分类的线性函数 $\boldsymbol{w}\cdot\boldsymbol{x}$，其值域为实数域。通过逻辑回归模型定义，式（5.12）可以将线性函数 $\boldsymbol{w}\cdot\boldsymbol{x}$ 转换为概率。线性函数的值越接近正无穷，概率值就越接近 1；线性函数的值越接近负无穷，概率值就越接近 0，如图 5.12 所示。

5.4.2　支持向量机

支持向量机（Support Vector Machine，SVM）是一种二类分类方法，它的基本模型是定义在特征空间上的间隔最大的线性分类器。支持向量机方法是建立在统计学习理论的 VC 维理论和结构风险最小原理基础上的（Vapnik，1995）。它在解决小样本、非线性及高维模式识别中表现出许多特有的优势，并能够推广应用到函数拟合等其他机器学习问题中。

1. 线性可分支持向量机

考虑一个二类分类问题。假设输入空间与特征空间为两个不同的空间。输入空间为欧氏空间或离散集合，特征空间为欧氏空间或希尔伯特空间。线性可分支持向量机假设这两个空间的元素一一对应，并将输入空间中的输入映射为特征向量，支持向量机的学习是在特征空间进

行的。

假定给定一个特征空间上的训练数据集：

$$T=\{(x_1,y_1),(x_2,y_2),\cdots,(x_N,y_N)\}$$

其中，$x_i\in \boldsymbol{X}=\mathbf{R}^n$，$y_i\in Y=\{+1,-1\}$，$i=1,2,\cdots,N$，$x_i$为第 i 个特征向量，也称为训练实例，y_i为x_i的类标记。当$y_i=+1$时，称x_i为正例；当$y_i=-1$时，称x_i为反例，(x_i,y_i)称为样本点。学习的目标是在特征空间中找到一个分类超平面，能将实例分到不同的类，分类超平面对应于方程$(\boldsymbol{w}\cdot\boldsymbol{x})+b=0$，它由法向量 $\boldsymbol{w}$ 和截距 b 决定，可用（$\boldsymbol{w}$，b）来表示。分类超平面将特征空间划分为两部分，一部分是正类，另一部分是负类。法向量指向的一侧为正类，另一侧为负类。

线性可分支持向量机的基本思想可用图 5.13 来说明。图中，“o”表示正例，“×”表示反例。训练数据集线性可分，有多条直线能将两类数据正确划分。考虑图 5.13 上面 3 个点 A、B 和 C。从图中可以确定 A 是“×”类别的，然而 C 是不太确定的，B 还算能够确定。这样可以得出结论，我们更应该关心靠近中间分割线的点，让它们尽可能地远离中间线，而不是在所有点上达到最优。因为那样的话，要使得一部分点靠近中间线来换取另外一部分点更加远离中间线。这就是支持向量机的思路和逻辑回归的不同点，一个考虑局部（不关心已经确定远离的点），一个考虑全局（已经远离的点可能通过调整中间线使其能够更加远离）。

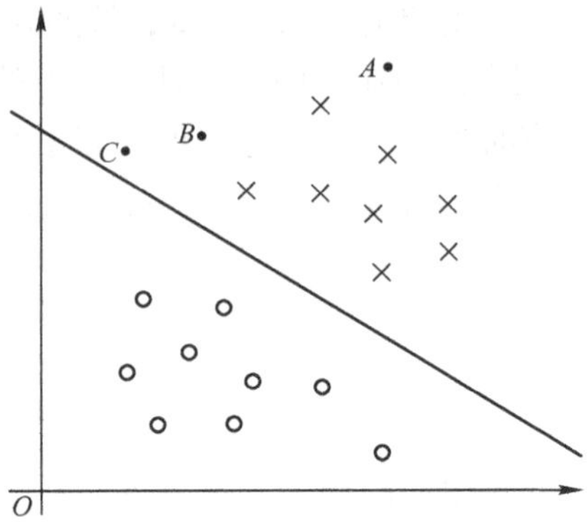

图 5.13　二维线性分类

2. 间隔最大化

一般来说，一个点距离分类超平面的远近可以表示分类预测的确信程度。在超平面 $\boldsymbol{w}\cdot\boldsymbol{x}+b=0$ 确定的情况下，$|\boldsymbol{w}\cdot\boldsymbol{x}+b|$ 能够相对地表示点 $\boldsymbol{x}$ 距离超平面的远近。而$(\boldsymbol{w}\cdot\boldsymbol{x}+b)$的符号与类标记 y 的符号是否一致能够表示分类是否正确，所以可用量 $y(\boldsymbol{w}\cdot\boldsymbol{x}+b)$ 来表示分类的正确性及确信度，这就是函数间隔的概念。

对于给定的训练数据集 T 和超平面$(\boldsymbol{w},b)$，定义超平面$(\boldsymbol{w},b)$，关于样本点（x_i，y_i）的函数间隔为

$$\hat{\gamma}_i=y_i(\boldsymbol{w}\cdot x_i+b) \tag{5.16}$$

定义超平面（$\boldsymbol{w}$，b）关于训练数据集 T 的函数间隔为超平面（$\boldsymbol{w}$，b）关于 T 中所有样本点（x_i，y_i）的函数间隔的最小值，即

$$\hat{\gamma}=\min_{i=1,2,\cdots,N}\hat{\gamma}_i \tag{5.17}$$

函数间隔可以表示分类预测的正确性及确信度，但是选择分类超平面时，只有函数间隔还不够，必须对分类超平面的法向量 $\boldsymbol{w}$ 加某些约束，如规范化 $\|\boldsymbol{w}\|=1$，使得间隔是确定的。这时函数间隔称为几何间隔。图 5.14 给出了超平面（$\boldsymbol{w}$，b）及其法向量 $\boldsymbol{w}$。点 A 表示某一实例 x_i，其类标记为 $y_i=+1$。点 A 与超平面$(\boldsymbol{w},b)$的距离由线段 AB 给出，记作 γ_i。

$$\gamma_i=\frac{\boldsymbol{w}}{\|\boldsymbol{w}\|}\cdot x_i+\frac{b}{\|\boldsymbol{w}\|}$$

其中，$\|\boldsymbol{w}\|$ 为 $\boldsymbol{w}$ 的 L_2范数。这是点 A 在超平面正的一侧的情形。如果点 A 在超平面负的一侧，即 $y_i=-1$。那么点与超平面的距离为

$$\gamma_i=-\left(\frac{\boldsymbol{w}}{\|\boldsymbol{w}\|}\cdot x_i+\frac{b}{\|\boldsymbol{w}\|}\right)$$

一般当样本点(x_i,y_i)被超平面$(\boldsymbol{w},b)$正确分类时，点x_i与超平面$(\boldsymbol{w},b)$的距离为

$$\gamma_i=y_i\left(\frac{\boldsymbol{w}}{\|\boldsymbol{w}\|}\cdot x_i+\frac{b}{\|\boldsymbol{w}\|}\right) \tag{5.18}$$

这个距离就是几何间隔，如图5.14所示。

定义超平面$(\boldsymbol{w},b)$关于训练数据集T的几何间隔为超平面$(\boldsymbol{w},b)$关于T中所有样本点$(x_i,\ y_i)$的几何间隔的最小值，即

$$\gamma=\min_{i=1,2,\cdots,N}\gamma_i \tag{5.19}$$

从函数间隔和几何间隔的定义可知，函数间隔和几何间隔有下面的关系：

$$\gamma_i=\frac{\hat{\gamma}_i}{\|\boldsymbol{w}\|} \tag{5.20}$$

$$\gamma=\frac{\hat{\gamma}}{\|\boldsymbol{w}\|} \tag{5.21}$$

如果$\|\boldsymbol{w}\|=1$，那么函数间隔和几何间隔相等。如果超平面参数$\boldsymbol{w}$和b成比例地改变，函数间隔也按此比例改变，而几何间隔不变。

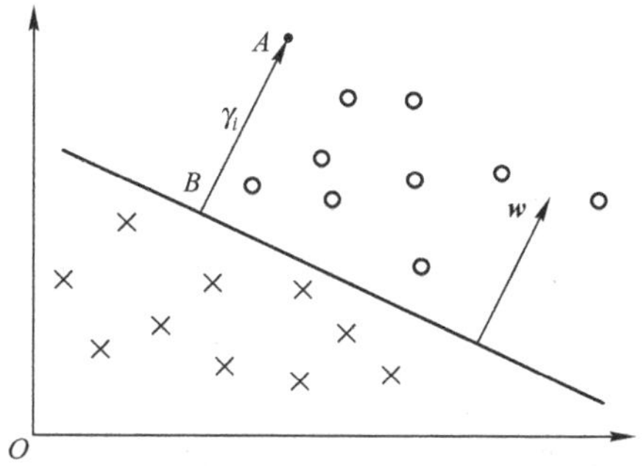

图5.14 几何间隔

间隔最大化意味着几何间隔以充分大的确信度对训练数据进行分类。具体表示为下面的约束最优化问题：

$$\max_{\boldsymbol{w},b}\ \gamma$$

$$\text{s.t.}\quad y_i\left(\frac{\boldsymbol{w}}{\|\boldsymbol{w}\|}\cdot x_i+\frac{b}{\|\boldsymbol{w}\|}\right)\geqslant\gamma,\quad i=1,2,\cdots,N \tag{5.22}$$

即希望最大化超平面$(\boldsymbol{w},b)$关于训练数据集的几何间隔γ。考虑几何间隔和函数间隔的关系式（5.21），可将这个问题改写为

$$\max_{\boldsymbol{w},b}\ \hat{\gamma}$$

$$\text{s.t.}\quad y_i\left(\frac{\boldsymbol{w}}{\|\boldsymbol{w}\|}\cdot x_i+\frac{b}{\|\boldsymbol{w}\|}\right)\geqslant\hat{\gamma},\quad i=1,2,\cdots,N \tag{5.23}$$

函数间隔$\hat{\gamma}$的取值并不影响最优化问题的解。这样，就可以取$\hat{\gamma}=1$。将$\hat{\gamma}=1$代入式（5.23），注意到最大化$\frac{1}{\|\boldsymbol{w}\|}$和最小化$\frac{1}{2}\|\boldsymbol{w}\|^2$是等价的，于是得到下面的线性可分支持向量机学习的最优化问题：

$$\min_{\boldsymbol{w},b}\ \frac{1}{2}\|\boldsymbol{w}\|^2$$

$$\text{s.t.}\quad y_i(\boldsymbol{w}\cdot x_i+b)-1\geqslant 0,\quad i=1,2,\cdots,N \tag{5.24}$$

这是一个凸二次规划问题。如果求出了约束最优化问题式（5.24）的解$\boldsymbol{w}^*$、b^*，那么就可以得到最大间隔分类超平面$\boldsymbol{w}^*\cdot\boldsymbol{x}+b^*=0$及分类决策函数$f(\boldsymbol{x})=\text{sign}(\boldsymbol{w}^*\cdot\boldsymbol{x}+b^*)$，即线性可分支持向量机模型。线性可分支持向量机的学习算法如下。

算法5.5 线性可分支持向量机的学习算法——最大间隔法

输入：线性可分训练数据集 $T=\{(x_1,y_1),(x_2,y_2),\cdots,(x_N,y_N)\}$，其中，$x_i\in \boldsymbol{X}=\mathbf{R}^n$，$y_i\in Y=\{+1,-1\}$，$i=1,2,\cdots,N$。

输出：最大间隔分类超平面和分类决策函数。

1）构造并求解约束最优化问题：

$$\min_{w,b}\frac{1}{2}\|\boldsymbol{w}\|^2$$

$$\text{s.t.}\quad y_i(\boldsymbol{w}\cdot x_i+b)-1\geqslant 0,\quad i=1,2,\cdots,N$$

求得最优解 $\boldsymbol{w}^*$、b^*。

2）由此得到分类超平面：

$$\boldsymbol{w}^*\cdot \boldsymbol{x}+b^*=0$$

分类决策函数为

$$f(\boldsymbol{x})=\mathrm{sign}(\boldsymbol{w}^*\cdot \boldsymbol{x}+b^*)$$

为了求解线性可分支持向量机的最优化问题，应用拉格朗日对偶性，通过求解对偶问题得到原始问题的最优解，这就是线性可分支持向量机的对偶算法。这样做的优点，一是对偶问题往往更容易求解；二是自然引入核函数，进而推广到非线性分类问题。

3. 核函数

对非线性问题，可以通过一个非线性变换将输入空间（欧氏空间 $\mathbf{R}^n$ 或离散集合）对应于一个特征空间（希尔伯特空间 H），使得在输入空间 $\mathbf{R}^n$ 中的超曲面模型对应于特征空间 H 中的超平面模型（支持向量机）。这样，分类问题的学习任务通过在特征空间中求解线性支持向量机就可以完成。

设 X 是输入空间（欧氏空间 $\mathbf{R}^n$ 的子集或离散集合），H 为特征空间（希尔伯特空间），如果存在一个从 X 到 H 的映射

$$\phi(\boldsymbol{x}):X\to H \tag{5.25}$$

使得对所有 $\boldsymbol{x}$，$z\in \boldsymbol{X}$，函数 $K(\boldsymbol{x},z)$ 满足条件

$$K(\boldsymbol{x},z)=\phi(\boldsymbol{x})\cdot\phi(z) \tag{5.26}$$

则称 $K(\boldsymbol{x},z)$ 为核函数，$\phi(\boldsymbol{x})$ 为映射函数，式中，$\phi(\boldsymbol{x})\cdot\phi(z)$ 为 $\phi(\boldsymbol{x})$ 和 $\phi(z)$ 的内积。

概括地说，支持向量机就是首先通过用内积函数定义的非线性变换将输入空间变换到一个高维空间，在这个空间中求（广义）最优分类面。SVM 分类函数形式上类似于一个神经网络，输出是中间节点的线性组合，每个中间节点对应一个支持向量，如图 5.15 所示。

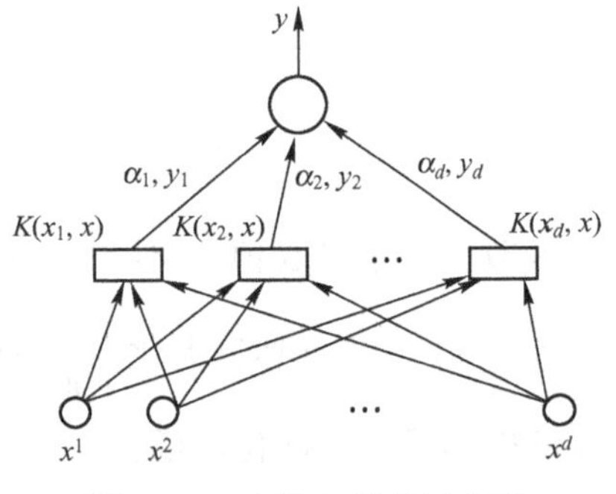

图 5.15　支持向量机示意图

目前研究最多的核函数主要有三类：

（1）多项式核函数

$$K(\boldsymbol{x},\boldsymbol{x}_i)=[(\boldsymbol{x}\cdot\boldsymbol{x}_i)+1]^q \tag{5.27}$$

所得到的是 q 阶多项式分类器。

（2）径向基函数（RBF）

$$K(\boldsymbol{x},\boldsymbol{x}_i)=\exp\left\{-\frac{\|\boldsymbol{x}-\boldsymbol{x}_i\|^2}{\sigma^2}\right\} \tag{5.28}$$

所得分类器与传统 RBF 方法的重要区别是，这里每个基函数中心对应一个支持向量，它们及输出权值都是由算法自动确定的。

（3）采用 Sigmoid 函数作为内积

$$K(\boldsymbol{x},\boldsymbol{x}_i)=\tanh(v(\boldsymbol{x}\cdot\boldsymbol{x}_i)+c) \tag{5.29}$$

这时 SVM 实现的是包含一个隐层的多层感知器，隐层节点数是由算法自动确定的，而且算法不存在困扰神经网络方法的局部极小点问题。

5.4.3 提升方法

提升（Boosting）方法是一种常用的统计学习方法，应用广泛且有效。在分类问题中，它通过训练样本的权值，学习多个分类器，并将这些分类器进行线性组合，以提高分类的性能。

提升方法总的思想是学习一系列分类器，在这个序列中每一个分类器对它前一个分类器导致的错误分类例子给予更大的重视。尤其是在学习完分类器 H_k 之后，增加了由 H_k 导致分类错误的训练例子的权值，并且通过重新对训练例子计算权值，再学习下一个分类器 H_{k+1}。这个过程重复 M 次。最终的分类器从这一系列的分类器中综合得出。

提升算法对二类分类问题的处理是通过 Freund 和 Scbapire 给出的 AdaBoost 算法实现的（Freund et al.，1997）。

算法 5.6 AdaBoost 算法

输入：训练数据集 $T=\{(x_1,y_1),\cdots,(x_N,y_N)\}$，其中 $x_i\in\boldsymbol{X}=\mathbf{R}^n$，$y_i\in Y=\{-1,+1\}$，$M$ 为训练重复的次数。弱学习算法。

输出：最终分类器 $G(x)$。

1）初始化训练实例的权值分布：

$$\boldsymbol{D}_1=(w_{11},w_{12},\cdots,w_{1N}),w_{1i}=\frac{1}{N},\quad i=1,2,\cdots,N$$

2） for $m=1$ to M

2.1）给定权值分布 $\boldsymbol{D}_m$ 的训练数据集学习，得到基本分类器

得到一个假设 $G_m(x):\boldsymbol{X}\to\{-1,+1\}$

2.2）计算 $G_m(x)$ 在训练数据集上的分类误差率

$$e_m=P(G_m(x_i)\neq y_i)=\sum_{i=1}^{N}w_{mi}I(G_m(x_i)\neq y_i) \tag{5.30}$$

2.3）计算 $G_m(x)$ 的系数

$$\alpha_m=\frac{1}{2}\log\frac{1-e_m}{e_m} \tag{5.31}$$

这里的对数是自然对数。

2.4）更新训练数据集的权值分布

$$\boldsymbol{D}_{m+1}=(w_{m+1,1},\cdots,w_{m+1,i},\cdots,w_{m+1,N})$$

$$w_{m+1,i}=\frac{w_{mi}}{Z_m}\exp(-\alpha_m y_i G_m(x_i)),\quad i=1,2,\cdots,N \tag{5.32}$$

这里，Z_m 是规范化因子

$$Z_m=\sum_{i=1}^{N}w_{mi}\exp(-\alpha_m y_i G_m(x_i)) \tag{5.33}$$

它使 $\boldsymbol{D}_{m+1}$ 成为一个概率分布。

3）构建基本分类器的线性组合

$$f(x)=\sum_{m=1}^{M}\alpha_m G_m(x) \tag{5.34}$$

得到最终分类器

$$G(x) = \operatorname{sign}(f(x)) = \operatorname{sign}\left(\sum_{m=1}^{M} \alpha_m G_m(x)\right) \tag{5.35}$$

对 AdaBoost 算法做如下几点说明：

1）步骤 1）假设训练数据集具有均匀的权值分布，即每个训练样本在基本分类器的学习中作用相同，这一假设保证第 1）步能够在原始数据上学习基本分类器 $G_1(x)$。

2）步骤 2）中 AdaBoost 反复学习基本分类器，在每一轮 $m=1, 2, \cdots, M$ 顺序地执行下列操作：

① 使用当前分布 $\boldsymbol{D}_m$ 加权的训练数据集，学习基本分类器 $G_m(x)$。

② 计算基本分类器 $G_m(x)$ 在加权训练数据集上的分类误差：

$$e_m = P(G_m(x_i) \neq y_i) = \sum_{G_m(x_i) \neq y_i} w_{mi} \tag{5.36}$$

式中，w_{mi} 表示第 m 轮中第 i 个实例的权值，$\sum_{i=1}^{N} w_{mi} = 1$。这表明 $G_m(x)$ 在加权的训练数据集上的分类误差率是被 $G_m(x)$ 误分类样本的权值之和，由此可以看出数据权值分布 $\boldsymbol{D}_m$ 与基本分类器 $G_m(x)$ 的分类误差率的关系。

③ 计算基本分类器 $G_m(x)$ 的系数 α_m。α_m 表示 $G_m(x)$ 在最终分类器中的重要性。由式（5.31）可知，当 $e_m \leqslant \dfrac{1}{2}$ 时，$\alpha_m \geqslant 0$，并且 α_m 随着 e_m 的减小而增大，所以分类误差率越小的基本分类器在最终分类器中的作用越大。

④ 更新训练数据的权值分布为下一轮做准备。式（5.32）可以写成

$$w_{m+1,i} = \begin{cases} \dfrac{w_{mi}}{Z_m} \mathrm{e}^{-\alpha_m}, & G_m(x_i) = y_i \\ \dfrac{w_{mi}}{Z_m} \mathrm{e}^{\alpha_m}, & G_m(x_i) \neq y_i \end{cases}$$

由此可知，被基本分类器 $G_m(x)$ 误分类样本的权值得以扩大，而被正确分类样本的权值却得以缩小，两者相比较，误分类样本的权值被放大 $e^{2\alpha_m} = \dfrac{e_m}{1-e_m}$ 倍，因此，误分类样本在下一轮学习中将起更大的作用。不改变所给的训练数据，而不断改变训练数据权值分布，使得训练数据在基本分类器的学习中起不同的作用，这是 AdaBoost 算法的一个特点。

3）步骤 3）中线性组合 $f(x)$ 实现 M 个基本分类器的加权表决，系数 α_m 表示了基本分类器 $G_m(x)$ 的重要性。这里，所有 α_m 之和并不为 1。$f(x)$ 的符号决定实例 x 的类，$f(x)$ 的绝对值表示分类的确信度。利用基本分类器的线性组合构建最终分类器是 AdaBoost 算法的另一个特点。

5.5　强化学习

强化学习（Reinforcement Learning，RL），又称激励学习，是从环境到行为映射的学习，以使奖励信号函数值最大。强化学习不同于监督学习，是由环境提供的强化信号对产生动作的好坏做出评价，而不是告诉强化学习系统如何去产生正确的动作。由于外部环境提供的信息很少，学习系统必须靠自身的经历进行学习。通过这种方式，学习系统在行动-评价的环境中获

得知识，改进行动方案以适应环境。

强化学习技术是从控制理论、统计学和心理学等相关学科发展而来的，最早可以追溯到巴甫洛夫的条件反射实验。但直到 20 世纪 80 年代末 90 年代初，强化学习技术才在人工智能、机器学习和自动控制等领域中得到广泛研究和应用，并被认为是设计智能系统的核心技术之一。特别是随着强化学习的数学基础研究取得突破性进展后，对强化学习的研究和应用日益开展起来，成为目前机器学习领域的研究热点之一。近年来，根据反馈信号的状态，提出了 Q-学习和时差学习等强化学习方法。

5.5.1　强化学习模型

强化学习模型如图 5.16 所示，它是通过智能体与环境的交互来进行学习的。智能体与环境的交互接口包括动作（Action）、奖励（Reward）和状态（State）。交互过程可以表述为如下形式：每进行一步，智能体根据策略选择一个动作执行，然后感知下一步的状态和即时奖励，通过经验再修改自己的策略。智能体的目标就是最大化长期奖励。

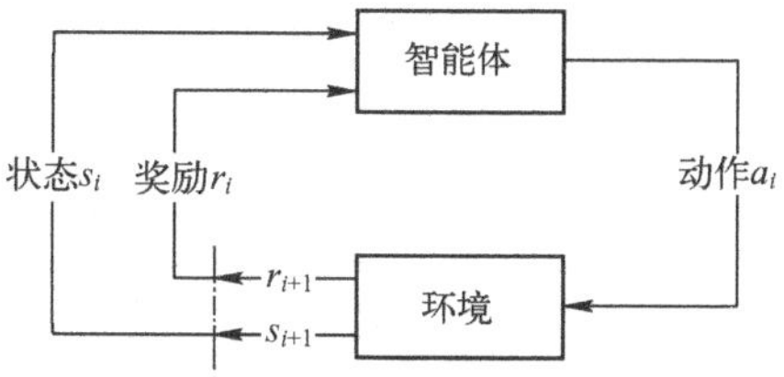

图 5.16　强化学习模型

强化学习系统接收环境状态的输入 s，根据内部的推理机制，系统输出相应的行为动作 a。环境在系统动作作用 a 下，变迁到新的状态 s'。系统接收环境新状态的输入，同时得到环境对于系统的瞬时奖惩反馈 r。对强化学习系统来说，其目标是学习一个行为策略 π：$S \to A$，使系统选择的动作能够获得环境奖励的累计值最大。换言之，系统要最大化式（5.37），其中 γ 为折扣因子。在学习过程中，强化学习技术的基本原理如下：如果系统某个动作导致环境正的奖励，那么系统以后产生这个动作的趋势便会加强，反之系统产生这个动作的趋势便减弱。这和生理学中的条件反射原理是接近的。

$$\sum_{i=0}^{\infty} \gamma^i r_{t+i}, \quad 0 < \gamma \leqslant 1 \tag{5.37}$$

5.5.2　学习自动机

在强化学习方法中，学习自动机是最普通的方法。这种系统的学习机制包括两个模块：学习自动机和环境。学习过程是根据环境产生的刺激开始的。自动机根据所接收到的刺激，对环境做出反应，环境接收到该反应对其做出评估，并向自动机提供新的刺激。学习系统根据自动机上次的反应和当前的输入自动地调整其参数。学习自动机的学习模式如图 5.17 所示。这里延时模块用于保证上次的反应和当前的刺激同时进入学习系统。

学习自动机的基本思想可以应用于很多现实问题，如拈物（NIM）游戏。在拈物游戏中，在桌面上有三堆硬币，如图 5.18 所示。该游戏有两个人参与，每个选手每次必须拿走至少一枚硬币，但是只能在同一行中拿。谁拿了最后一枚硬币，谁就是失败者。

现假定游戏的双方为计算机和人，并且计算机保留了在游戏过程中它每次拿走硬币的数量的记录。这可以用一个矩阵来表示，见表 5.2，其中第(i,j)个元素表示对计算机来说从第 j 状态到 i 状态成功的概率。显然矩阵的每一列元素之和为 1。

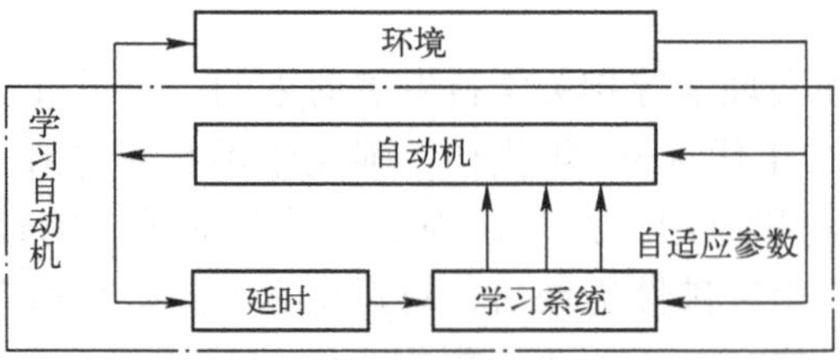

图5.17　学习自动机的学习模式

图5.18　拈物游戏

表5.2　拈物游戏中的部分状态转换表

目标状态	源状态						
	135	134	133	…	…	125	…
135	#	#	#	#	#	#	…
134	1/9	#	#	…	…	#	…
133	1/9	1/8	#	…	…	#	…
132	1/9	1/8	1/7	#	…	#	…
124	#	1/8	#	#	…	1/8	…

注：#表示无效状态。

为了便于系统的学习，可以为系统增加一个奖惩机制。在完成一次游戏后，计算机调整矩阵中的元素，如果计算机取得了胜利，则对应于计算机所有的选择都增加一个量，而相应列中的其他元素都降低一个量，以保持其每列的元素之和为1。如果计算机失败了，则与上述相反，计算机所有的选择都降低一个量，而每一列中的其他元素都增加一个量，同样保持每列元素之和为1。经过大量的实验，矩阵中的量基本稳定不变，当轮到计算机选择时，它可以从矩阵中选取使得自己取胜的最大概率的元素。

5.5.3　自适应动态程序设计

强化学习假定系统从环境中接收反应，但是只有到了其行为结束后（即终止状态）才能确定其状况（奖励还是惩罚）。并假定系统初始状态为 S_0，在执行动作（假定为 a_0）后，系统到达状态 S_1，即

$$S_0 \xrightarrow{a_0} S_1$$

对系统的奖励可以用效用（Utility）函数来表示。在强化学习中，系统可以是主动，也可以是被动的。被动学习是指系统试图通过自身在不同的环境中的感受来学习其效用函数。而主动学习是指系统能够根据自己学习得到的知识，推出在未知环境中的效用函数。

S_3	S_4	S_7（目标）
S_2	S_5	S_8
S_1（初始）	S_6	S_9

图5.19　简单的随机环境

关于效用函数的计算，可以这样考虑：假定，如果系统达到了目标状态，效用值应为最高，假设为1，对于其他状态的静态效用函数，可以采用下述简单的方法计算。假设系统通过状态 S_2，从初始状态 S_1 到达了目标状态 S_7（见图5.19）。现在重复实验，统计 S_2 被访问的次数。假设在60次实验中，S_2 被访问了5次，则状态 S_2 的效用函数可以定义为5/100=0.05。现假定系统以等概率的方式从一个状态转换到其邻接状态（不允许斜方向移动），例如，系统可以从 S_1 以0.5的概率移动到 S_2 或者

S_6（不能到达 S_5），如果系统在 S_5，它可以 0.25 的概率分别移动到 S_2、S_4、S_6、S_8。

对于效用函数，可以认为：“一个序列的效用是累积在该序列状态中的奖励之和”。静态效用函数值比较难以得到，因为这需要大量的实验。强化学习的关键是给定训练序列，更新效用值。

在自适应动态程序设计中，状态 i 的效用值 $U(i)$ 可以用下式计算：

$$U(i)=R(i)+\sum_{\forall j} M_{ij}U(j) \tag{5.38}$$

式中，$R(i)$是在状态 i 时的奖励；M_{ij}是从状态 i 到状态 j 的概率。

对于一个小的随机系统，可以通过求解类似式（5.38）的所有状态中的所有效用方程来计算 $U(i)$。但当状态空间很大时，求解起来就不是很方便了。

为了避免求解类似式（5.38）的方程，可以通过下面的公式来计算 $U(i)$：

$$U(i)\leftarrow U(i)+\alpha[R(i)+(U(j)-U(i))] \tag{5.39}$$

式中，$\alpha(0<\alpha<1)$为学习率，它随学习的进度而逐渐缩小。

由于式（5.39）考虑了效用函数的时差，所以该学习称为时差学习。

另外，对于被动的学习，$\boldsymbol{M}$ 一般为常量矩阵。但是对于主动学习，它是可变的。所以，对于式（5.38）可以重新定义为

$$U(i)=R(i)\ +\max_a \sum_{\forall j} M_{ij}^a U(j) \tag{5.40}$$

式中，M_{ij}^a表示在状态 i 执行动作 a 达到状态 j 的概率。这样，系统会选择使得 M_{ij}^a最大的动作，这样 $U(i)$也会最大。

5.5.4 Q-学习

Q-学习是一种基于时差策略的强化学习，它是指在给定的状态下，在执行完某个动作后期望得到的效用函数，该函数称为动作-值函数。在 Q-学习中，动作-值函数表示为$Q(a,\ i)$，它表示在状态 i 执行动作 a 的值，也称为 Q 值。在 Q-学习中，使用 Q 值代替效用值，效用值和 Q 值之间的关系如下：

$$U(i)=\max_a Q(a,\ i)$$

在强化学习中，Q 值起着非常重要的作用：第一，和条件-动作规则类似，它们都可以不需要使用模型就做出决策；第二，与条件-动作不同的是，Q 值可以直接从环境的反馈中学习获得。

和效用函数一样，对于 Q 值可以有下面的方程：

$$U(a,i)=R(i)+\sum_{\forall j} M_{ij}^a \max_{a'} Q(a',j) \tag{5.41}$$

对应的时差方程为

$$Q(a,i)\leftarrow Q(a,\ i)+\alpha[R(i)+\max_{a'} Q(a',j)-Q(a,i)] \tag{5.42}$$

强化学习方法作为一种机器学习的方法，已取得了很多实际应用，如博弈、机器人控制等方面。另外，在互联网信息搜索方法中，搜索引擎必须能自动地适应用户的要求，这类问题属于无背景模型的学习问题，也可以采用强化学习来解决这类问题。尽管强化学习有很多的优点，但是它也存在一些问题：

1）泛化问题。典型的强化学习方法，如 Q-学习，都假定状态空间是有限的，且允许用状态-动作记录其 Q 值。而许多实际的问题，往往对应的状态空间很大，甚至状态是连续的；

或者状态空间不很大，但是动作很多。另外，对某些问题，不同的状态可能具有某种共性，从而对应于这些状态的最优动作是一样的。因而，在强化学习中研究状态-动作的泛化表示是很有意义的，这可以使用传统的泛化学习，如实例学习、神经网络学习等。

2）动态和不确定环境。强化学习通过与环境的试探性交互，获取环境状态信息和强化信号来进行学习，这使得能否准确地观察到状态信息成为影响系统学习性能的关键。然而，许多实际问题的环境往往含有大量的噪声，无法准确地获取环境的状态信息，就可能无法使强化学习算法收敛，如 Q 值摇摆不定。

3）当状态空间较大时，算法收敛前的实验次数可能要求很多。

4）多目标的学习。大多数强化学习模型针对的是单目标学习问题的决策策略，难以适应多目标、多策略的学习需求。

5）许多问题面临的是动态变化的环境，其问题求解目标本身可能也会发生变化。一旦目标发生变化，已学习到的策略有可能变得无用，整个学习过程又要从头开始。

5.6 进化计算

进化计算（Evolutionary Computation）是研究利用自然进化和适应思想的计算系统。达尔文进化论是一种稳健的搜索和优化机制，对计算机科学，特别是对人工智能的发展产生了很大的影响。大多数生物体是通过自然选择和有性生殖进行进化。自然选择决定了群体中哪些个体能够生存和繁殖，有性生殖保证了后代基因中的混合和重组。自然选择的法则是适应者生存，不适应者被淘汰，简言之为优胜劣汰。

自然进化的这些特征早在20世纪60年代就引起了美国密歇根大学霍兰德（Holland J.）的极大兴趣。霍兰德注意到学习不仅可以通过单个生物体的适应实现，而且可以通过一个种群的许多代的进化适应发生。受达尔文进化论思想的影响，他逐渐认识到在机器学习中，为获得一个好的学习算法，仅靠单个策略的建立和改进是不够的，还要依赖于一个包含许多候选策略的群体的繁殖。考虑到他们的研究想法起源于遗传进化，霍兰德就将这个研究领域取名为遗传算法（Genetic Algorithm，GA）。一直到1975年霍兰德出版了专著 *Adaptation in Natural and Artificial Systems*（Holland，1975），遗传算法才逐渐为人所知。该书系统地论述了遗传算法的基本理论，为遗传算法的发展奠定了基础。

进化算法中，从一组随机生成的个体出发，仿效生物的遗传方式，主要采用复制（选择）、交叉（杂交/重组）、突变（变异）等操作，衍生出下一代个体。再根据适应度的大小进行个体的优胜劣汰，提高新一代群体的质量。经过反复多次迭代，逐步逼近最优解。从数学角度讲，进化算法实质上是一种搜索寻优的方法。进化计算包括达尔文进化算法、遗传算法、进化策略（Evolutionary Strategies）以及进化规划（Evolutionary Programming）。

5.6.1 达尔文进化算法

根据定量遗传学，达尔文进化算法采用简单的突变/选择。达尔文算法的一般形式可以描述如下：

$$(\mu/\rho,\lambda) \quad (\mu/\rho+\lambda) \tag{5.43}$$

式中，μ 是一代的双亲数目；λ 为子孙数目；整数 ρ 称作“混杂”数。如果两个双亲混合他们的基因，则 $\rho=2$。仅 μ 是最好的个体才允许产生子孙。逗号表示双亲没有选择，加号表示双亲有选择。

算法的重要部分是突变的范围不固定，而是继承。它将通过进化过程自己适应。达尔文进化算法如下。

算法 5.7　达尔文进化算法

1）建立原始种体。

2）通过突变建立子孙。

$$
\begin{aligned}
s_1' &= sg_1 \\
x_1' &= x+s_1'Z_1 \\
&\vdots \\
s_\lambda' &= sg_\lambda \\
x_\lambda' &= x+s_\lambda'Z_\lambda
\end{aligned}
$$

3）选择：

$$Q(x)=\max_{1\leqslant i\leqslant\lambda}\{Q(x')\} \tag{5.44}$$

4）返回到步骤 1）。

在达尔文算法中，随机向量 $\boldsymbol{Z}$ 一般有分布的分量，sg_i是从分布数的规范对数得到的。所以算法在近邻的双亲建立 λ 子孙。通过进化继承和适应近邻的性质，模型可以被扩展到 $2n$ 个基因，而个体突变的范围被控制在 n 维空间。

5.6.2　遗传算法

习惯上将霍兰德在 1975 年提出的基本遗传算法称为经典遗传算法或传统遗传算法。图 5.20给出了基本遗传算法流程图。运用基本遗传算法进行问题求解的过程如下：

1）编码。GA 在进行搜索之前先将解空间的可行解数据表示成遗传空间的基因型串结构数据，这些串结构数据的不同组合便构成了不同的可行解。

2）初始群体的生成。随机产生 N 个初始串结构数据，每个串结构数据称为一个个体，N 个个体构成了一个群体。GA 以这 N 个串结构数据作为初始点开始迭代。

3）适应性值评估检测。适应性函数表明个体或解的优劣性。不同的问题，适应性函数的定义方式也不同。

4）选择。选择的目的是从当前群体中选出优良的个体，使它们有机会作为父代繁殖下一代子孙。遗传算法通过选择过程体现这一思想，进行选择的原则是适应性强的个体为下一代贡献一个或多个后代的概率大。选择实现了达尔文的适者生存原则。

5）杂交。杂交操作是遗传算法中最主要的遗传操作。通过杂交操作可以得到新一代个体，新个体组合（继承）了其父辈个体的特性。杂交体现了信息交换的思想。

6）变异。变异首先在群体中随机选择一个个体，对于选中的个体以一定的概率随机地改变串结构数据中某个串位的值。同生物界一样，GA 中变异发生的概率很低，通常取值在 0.001~0.01 之间。变异为新个体的产生提供了机会。

基本遗传算法可定义为一个 8 元组：

$$\mathrm{SGA}=(C,E,P_0,M,\Phi,\Gamma,\psi,T)$$

式中，C 为个体的编码方法；E 为个体适应度评价函数；P_0为初始群体；M 为群体大小；Φ 为选择算子；Γ 为杂交算子；ψ 为变异算子；T 为遗传运算终止条件。

一般情况下，可以将遗传算法的执行分为两个阶段。它从当前群体开始，通过选择生

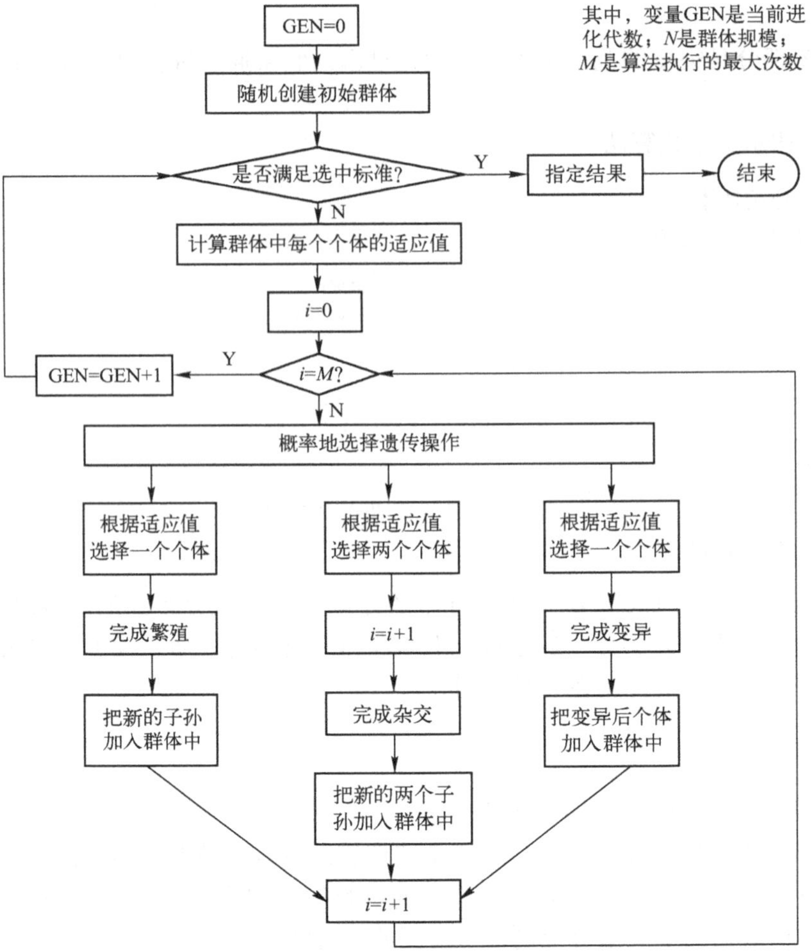

图 5.20　基本遗传算法流程图

成中间群体，之后在中间群体上进行重组与变异从而形成下一代新的群体。这一过程可以用算法 5.8 描述。

算法 5.8　基本遗传算法

1）随机生成初始群体。
2）是否满足停止条件？如果满足则转到步骤 8）。
3）否则，计算当前群体每个个体的适应度函数。
4）根据当前群体的每个个体的适应度函数进行选择生成中间群体。
5）以概率 P_c 选择两个个体进行染色体交换，产生新的个体替换老的个体，插入群体中。
6）以概率 P_m 选择某一个染色体的某一位进行改变，产生新的个体替换老的个体。
7）转到步骤 2）。
8）终止。

与传统的优化算法相比，遗传算法主要有以下几个不同之处：

1）遗传算法不是直接作用在参变量集上，而是利用参变量集的某种编码。
2）遗传算法不是从单个点，而是从一个点的群体开始搜索。
3）遗传算法利用适应值信息，无须导数或其他辅助信息。

4）遗传算法利用概率转移规则，而非确定性规则。

遗传算法的优越性主要表现在：首先，它在搜索过程中不容易陷入局部最优，即使在所定义的适应函数是不连续的、非规则的或有噪声的情况下，也能以很大的概率找到整体最优解；其次，由于它固有的并行性，遗传算法非常适用于大规模并行计算机。

5.6.3 进化策略

进化策略模仿自然进化原理作为一种求解参数优化问题的方法。早期的进化处理是基于由一个个体组成的群体和一个操作符——突变。进化策略强调在个体级上的行为变化。最简单的实现方法如下：

1）定义的问题是寻找 n 维的实数向量 $\boldsymbol{x}$，它使函数 $F(\boldsymbol{x}):\mathbf{R}^n\to\mathbf{R}$。

2）双亲向量的初始群体从每维可行范围内随机选择。

3）子孙向量的创建是从每个双亲向量加上零均方差高斯随机变量。

4）根据最小误差选择向量为下一代新的双亲。

5）当向量的标准偏差保持不变，或者没有可用的计算方法，则处理结束。

5.6.4 进化规划

进化规划的过程可理解为从所有可能的计算机程序形成的空间中，搜索有高适应值的计算机程序个体，在进化规划中，几百或几千个计算机程序参与遗传进化。进化规划最早是由美国的福格尔（Fogel L. J.）等在 1962 年提出的。进化规划强调物种行为的变化。进化规划的表示自然地面向任务级。一旦选定一种适应性表示，就可以定义依赖于表示的变异操作，在具体的双亲行为上创建子孙。

进化规划最初由一随机产生的计算机程序群体开始，这些计算机程序由适合于问题空间领域的函数所组成，这样的函数可以是标准的算术运算函数、标准的编程操作、逻辑函数或由领域指定的函数，群体中每个计算机程序个体是用适应值测度来评价的，该适应值与特定的问题领域有关。

进化规划可繁殖出新的计算机程序以解决问题，分为以下 3 个步骤。

1）产生初始群体，它由关于问题（计算机程序）的函数随机组合而成。

2）迭代完成下述子步骤，直至满足选种标准为止：

2.1）执行群体中的每个程序，根据它解决问题的能力，给它指定一个适应值。

2.2）应用变异等操作创造新的计算机程序群体。基于适应值根据概率从群体中选出一个计算机程序个体，然后用合适的操作作用于该计算机程序个体。把现有的计算机程序复制到新的群体中。通过遗传随机重组两个现有的程序，创造出新的计算机程序个体。

3）在后代中适应值最高的计算机程序个体被指定为进化程序设计的结果。这一结果可能是问题的解或近似解。

5.7 群体智能

5.7.1 蚁群算法

蚁群算法（Ant Colony Algorithm）是由意大利学者多里科（Dorigo M.）等在 1991 年的首

届欧洲人工生命会议上提出的（Colorni et al.，1991），该算法利用群体智能解决组合优化问题。多里科等将蚁群算法先后应用于旅行商问题（TSP）、资源二次分配问题等经典优化问题，得到了较好的效果。蚁群算法在动态环境下也表现出高度的灵活性和健壮性，如其在电信路由控制方面的应用被认为是较好的算法应用实例之一。

1. 蚁群算法模型

自然界中的蚂蚁觅食是一种群体行为，并非单只蚂蚁自行寻找食物源。蚂蚁在寻找食物的过程中，会在其经过的路径上释放信息素（Pheromone），信息素是容易挥发的，随着时间推移遗留在路径上的信息素会越来越少。蚂蚁在从巢穴出发时如果路径上已经有了信息素，那么蚂蚁会随着信息素浓度高的路径运动，然后又使它所经过的路径上的信息素浓度进一步加大，这样会形成一个正向的催化。经过一段时间的搜索后，蚂蚁最终可以找到一条从巢穴到食物源的最短路径。

德纳伯格（Deneubourg J. L.）及其同事为了验证蚂蚁觅食的特性，在阿根廷进行了实验。实验中建造了一座有两个分支的桥，其中一个分支的长度是另一个分支的两倍，同时把蚁巢和食物源分隔开来，如图5.21所示。实验发现，蚂蚁通常在几分钟内就选择了较短的那条分支。

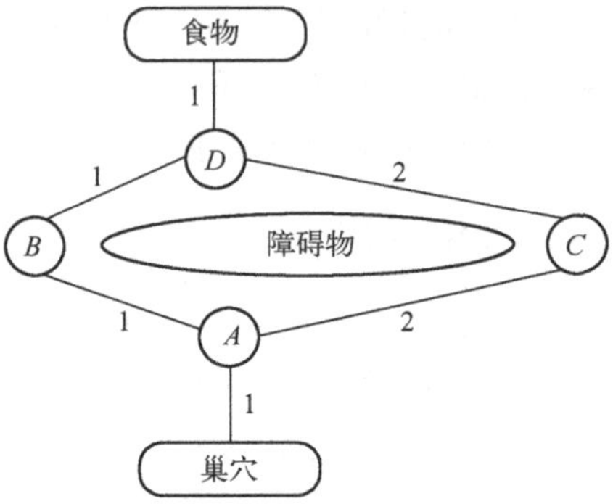

图5.21 蚂蚁觅食示意图

蚁群算法首先成功应用于TSP问题。下面简单介绍其基本算法。已知一组城市N，TSP问题可表述为寻找一条访问每一个城市且仅访问一次的最短长度闭环路径。设d_{ij}为城市i到j之间欧氏距离路径长度。TSP的实例是已知一个图$G(N,E)$，N是一组城市，E是一组城市间的边。下面以TSP问题为例说明蚁群算法流程。

算法5.9 求解TSP问题的蚁群算法

1）$nc=0$（nc为迭代步数或搜索次数）；将各τ_{ij}和$\Delta\tau_{ij}$初始化；将m只蚂蚁置于n个顶点上。

2）将各蚂蚁的初始出发点置于当前解集中；对每个蚂蚁k，按伪随机比例规则式（5.45）移至下一顶点j；将顶点j置于当前解集。

$$s=\begin{cases}\arg\max\ u\in \text{allowed}_k\{[\tau_{ij}]^{\alpha}\cdot[\eta_{ij}]^{\beta}\}, & q\leqslant q_0\\ J, & \text{其他}\end{cases} \tag{5.45}$$

式中，$q_0\in[0,1]$为常数；$q\in[0,1]$为随机数；J是根据概率公式（5.46）给出的概率分布产生出来的一个随机变量。

$$p_{ij}^{k}(t)=\begin{cases}\dfrac{[\tau_{ij}(t)]^{\alpha}\cdot[\eta_{ij}]^{\beta}}{\sum\limits_{k\in \text{allowed}}[[\tau_{ik}(t)]^{\alpha}\cdot[\eta_{ik}]^{\beta}]}, & j\in \text{allowed}_k\\ 0, & \text{其他}\end{cases} \tag{5.46}$$

式中，allowed_k表示蚂蚁k下一步允许选择的城市集合；$\eta_{ij}=1/d_{ij}$。

3）计算各蚂蚁的目标函数值；记录当前的最好解。

4）按更新式（5.47）修改轨迹强度。

$$\tau_{ij}^{\text{new}}=(1-\rho)\tau_{ij}^{\text{old}}+\rho\sum_{k=1}^{m}\Delta\tau_{ij}^{k} \tag{5.47}$$

$$\tau_{ij}^{k}=\begin{cases}\dfrac{Q}{Z_k}, & (i,j)\text{在最优路径上}\\ 0, & \text{其他}\end{cases} \tag{5.48}$$

5）对各边弧(i,j)，置 $nc=nc+1$。

6）如果 nc 小于预定的迭代次数且无退化行为（即找到的都是相同解），则转步骤 2）。

7）输出目前最好解。

2. 基于群体智能的混合聚类算法 CSIM

基于群体智能的聚类算法的主要思想是将待测对象随机分布在一个二维网格的环境中，简单个体如蚂蚁测量当前对象在局部环境的群体相似度，并通过概率转换函数得到拾起或放下对象的概率，以这个概率行动，经过群体大量的相互作用，得到若干聚类中心。最后，采用递归算法收集聚类结果。

定义 5.1　群体相似度是一个待聚类模式（对象）与其所在一定的局部环境中所有其他模式的综合相似度，基本测量公式如下：

$$f(o_i)=\sum_{o_j\in \mathrm{Neigh}(r)}\left[1-\frac{d(o_i,o_j)}{\alpha}\right] \tag{5.49}$$

式中，$\mathrm{Neigh}(r)$表示局部环境，在二维网格环境中通常表示以 r 为半径的圆形区域；$d(o_i,o_j)$表示对象属性空间里的对象 o_i 与 o_j 之间的距离，常用方法是欧氏距离；α 定义为群体相似系数，是群体相似度测量的关键系数。α 直接影响聚类中心的个数，同时也影响聚类算法的收敛速度；α 最终影响聚类的质量，若群体相似系数过大，不相似的对象可能会聚为一类，若群体相似系数过小，相似的对象可能分散为不同的类。

定义 5.2　概率转换函数是将群体相似度转换为简单个体移动待聚类模式（对象）概率的函数。它是以群体相似度为变量的函数，函数的值域是$[0,1]$。同时概率转换函数也可称为概率转换曲线。它通常是两条相对的曲线，分别对应模式拾起转换概率和模式放下转换概率。概率转换函数制定的主要原则是群体相似度越大，模式拾起转换概率越小，群体相似度越小，模式拾起转换概率越大，而模式放下转换概率遵循大致相反的规律。按照概率转换函数制定的主要原则，采用了一条简单曲线，即斜率为 k 的直线，如下所示：

$$P_{\mathrm{p}}=\begin{cases}1, & f(o_i)\leqslant 0\\ 1-kf(o_i), & 0<f(o_i)\leqslant 1/k\\ 0, & f(o_i)>1/k\end{cases} \tag{5.50}$$

$$P_{\mathrm{d}}=\begin{cases}1, & f(o_i)\geqslant 1/k\\ kf(o_i), & 0<f(o_i)<1/k\\ 0, & f(o_i)\leqslant 0\end{cases} \tag{5.51}$$

基于群体智能的混合聚类算法 CSIM 主要包括两个阶段：第一阶段是实现基于群体智能的聚类过程；第二阶段是以第一阶段得到的聚类中心均值模板和聚类中心个数为参数，实现 K 均值聚类过程。

算法 5.10　基于群体智能的混合聚类算法 CSIM

1）初始化 α、ant_number、k、R、size、最大循环次数 n、标注类别值 clusterno 等。

2）将待聚类模式随机分散于一个平面上，即随机赋给每一个模式一对(x,y)坐标。

3）给一组蚂蚁赋初始模式值，初始状态为无负载。

4）for　$i=1, 2, \cdots, n$；

4.1）for　$j=1, 2, \cdots$, ant_number；

4.1.1）以蚂蚁初始模式对应坐标为中心，r为观察半径，利用式（5.49）计算此模式在观察半径范围内的群体相似度。

4.1.2）若蚂蚁无负载，则用式（5.50）计算拾起概率P_p。

4.1.3）与一随机概率P_r相比较，若$P_p<P_r$，则蚂蚁不拾起此模式，再随机赋给蚂蚁一个模式值，否则蚂蚁拾起此模式，蚂蚁状态改为有负载，随机赋给蚂蚁一个新坐标。

4.1.4）若本只蚂蚁有负载，则用式（5.51）计算放下概率P_d，即

$$P_d=\begin{cases}1, & f(o_i)\geqslant 1/k\\ kf(o_i), & 0<f(o_i)<1/k\\ 0, & f(o_i)\leqslant 0\end{cases}$$

4.1.5）与一随机概率P_r相比较，若$P_d>P_r$，则蚂蚁放下此模式，将蚂蚁的坐标赋给此模式，蚂蚁状态改为无负载，再随机赋给蚂蚁一个模式值，否则蚂蚁继续携带此模式，蚂蚁状态仍为有负载，再次随机给蚂蚁一个新坐标。

5）for　$i=1, 2, \cdots$, pattern_num；

若此模式未被标注类别，则

5.1）标注此模式的类别。

5.2）用同一类别标注值递归标注所有相距小于 dist 的模式，即在平面上收集所有属于同一集簇的模式。

5.3）If 同一集簇模式数>1，类别标注值 clusterno++；

Else 标注此模式为例外。

6）生成聚类中心模板，即计算不包括例外的每一个聚类中心的平均值。

7）Repeat

7.1）（再次）将每一个模式以距离最近的规则划分到所属聚类中心。

7.2）更新聚类中心模板。

8）Until 聚类中心模板没有变化。

可以看出，步骤1）~3）是算法初始阶段，它的主要作用是程序初始化和在平面上随机分布模式；步骤4）是基于群体智能的聚类过程，是算法的主要过程；步骤5）是模式类别标注过程，也就是聚类结果收集过程。

5.7.2　粒子群优化

粒子群优化（Particle Swarm Optimization，PSO）算法是通过模拟鸟群觅食过程中的迁徙和群聚行为而提出的一种基于群体智能的全局随机搜索算法（Kennedy et al.，1995）。粒子群优化与其他进化算法一样，也是基于"种群"和"进化"的概念，通过个体间的协作与竞争，实现复杂空间最优解的搜索。不同的是将群体中的个体看作在D维搜索空间中没有质量和体积的粒子，每个粒子以一定的速度在解空间运动，并向自身历史最佳位置 **Pbest** 和邻域历史最佳位置 **Nbest** 聚集，从而实现对候选解的进化。

在算法开始时，随机初始化粒子的位置和速度构成初始种群，初始种群在解空间中为均匀分布。其中第i个粒子在n维解空间的位置和速度可分别表示为$\boldsymbol{X}_i=(x_{i1},x_{i2},\cdots,x_{id})$和$\boldsymbol{V}_i=(v_{i1},v_{i2},\cdots,v_{id})$，然后通过迭代找到最优解。在每一次迭代中，粒子通过跟踪两个极值来更新自己的速度和位置。一个极值是粒子本身到目前为止所找到的最优解，这个极值称为个体极值$\mathbf{Pb}_i=(\mathrm{Pb}_{i1},\mathrm{Pb}_{i2},\cdots,\mathrm{Pb}_{id})$；另一个极值是该粒子的邻域到目前为止找到的最优解，这个极值称

为整个邻域的最优粒子 $\mathbf{Nbest}_i=(\mathrm{Nbest}_{i1},\mathrm{Nbest}_{i2},\cdots,\mathrm{Nbest}_{id})$。粒子根据下式来更新自己的速度和位置：

$$\boldsymbol{V}_i=\boldsymbol{V}_i+c_1\cdot\mathrm{rand}()\cdot(\mathbf{Pbest}_i-\boldsymbol{X}_i)+c_2\cdot\mathrm{rand}()\cdot(\mathbf{Nbest}_i-\boldsymbol{X}_i) \tag{5.52}$$

$$\boldsymbol{X}_i=\boldsymbol{X}_i+\boldsymbol{V}_i \tag{5.53}$$

式中，c_1和 c_2是加速常量，分别调节向全局最好粒子和个体最好粒子方向飞行的最大步长。若太小，则粒子可能远离目标区域；若太大，则会导致突然向目标区域飞去，或飞过目标区域。合适的 c_1、c_2可以加快收敛且不易陷入局部最优。rand( )是 0~1 之间的随机数。粒子在每一维飞行的速度不能超过算法设定的最大速度 $\boldsymbol{V}_{\max}$。设置较大的 $\boldsymbol{V}_{\max}$可以保证粒子种群的全局搜索能力，$\boldsymbol{V}_{\max}$较小则粒子种群优化算法的局部搜索能力加强。

速度和位置更新式（5.52）由 3 个部分构成：第一部分是 $\boldsymbol{V}_i$，表示粒子在解空间有按照原有方向和速度进行搜索的趋势，这可以用人在认知事物时总是用固有的习惯来解释；第二部分是 $c_1\cdot\mathrm{rand}()\cdot(\mathbf{Pbest}_i-\boldsymbol{X}_i)$，表示粒子在解空间有朝着过去曾碰到的最优解进行搜索的趋势，这可以用人在认知事物时总是用过去的经验来解释；第三部分是 $c_2\cdot\mathrm{rand}()\cdot(\mathbf{Nbest}_i-\boldsymbol{X}_i)$，表示粒子在解空间有朝着整个邻域过去曾碰到的最优解进行搜索的趋势，这可以用人在认知事物时总可以通过学习其他人的知识，也就是分享别人的经验来解释。粒子群优化算法如下。

算法 5.11　粒子群优化算法

1）初始化。设 $t=0$，对每个粒子 p_i，在允许范围内随机设置其初始位置 $\boldsymbol{x}_i(t)$ 和速度 $\boldsymbol{v}_i(t)$，每个粒子 p_i的 $\mathbf{Pbest}_i$设置为其初始位置适应值，$\mathbf{Pbest}_i$中的最好值设为 $\mathbf{Gbest}$。

2）计算每个粒子适应值 $\tau(\boldsymbol{x}_i(t))$。

3）评价每个粒子 p_i，如果 $\tau(\boldsymbol{x}_i(t))<\mathbf{Pbest}_i$，则 $\mathbf{Pbest}_i=\tau(\boldsymbol{x}_i(t))$，$\boldsymbol{x}_{\mathrm{P\,best}\,i}=\boldsymbol{x}_i(t)$。

4）对每个粒子 p_i，如果 $\tau(\boldsymbol{x}_i(t))<\mathbf{Gbest}$，则 $\mathbf{Gbest}=\tau(\boldsymbol{x}_i(t))$，$\boldsymbol{x}_{\mathrm{Gbest}}=\boldsymbol{x}_i(t)$。

5）调整当前粒子的速度 $\boldsymbol{v}_i(t)$：

$$\boldsymbol{v}_i(t)=\boldsymbol{v}_i(t-1)+\rho(\boldsymbol{x}_{\mathrm{Pbest}i}-\boldsymbol{x}_i(t))$$

其中，ρ 为一位置随机数。

6）调整当前粒子的位置 $\boldsymbol{x}_i(t)$：

$$\boldsymbol{x}_i(t)=\boldsymbol{x}_i(t-1)+\boldsymbol{v}_i(t)\Delta t$$

$$t=t+1$$

其中，$\Delta t=1$。

7）若达到最大迭代次数，或者满足足够好的适应值，或者最优解停滞不再变化，则终止迭代，输出最优解；否则，返回步骤 2）。

鸟群觅食的过程中，通常飞鸟并不一定看到鸟群中其他所有飞鸟的位置和动向，往往只是看到相邻的飞鸟的位置和动向。因此研究粒子群算法时，可以有两种模式：全局最优和局部最优。

基本粒子群优化算法就是全局最优的具体实现。在全局最优中每个个体被吸引到由种群任何个体发现的最优解。该结构相当于一个完全连接的社会网络，每一个个体都能够与种群中所有其他个体进行性能比较，模仿真正最好的个体。每个粒子的轨迹受粒子群中所有粒子的影响。全局模式有较快的收敛速度，但容易陷入局部极值。

而在局部模式中，粒子总根据它自己的信息和邻域内的最优值信息来调整它的运动轨迹，而不是群体粒子的最优值信息，粒子的轨迹只受自身的认知和邻近的粒子状态的影响，而不是被所有粒子的状态影响。这样，粒子就不是向全局最优值移动，而是向邻域内的最优值移动。而最终的全局最优值从邻域最优值内选出，即邻域最优值中适应值最高的值。在算法中，相邻两邻域内部分粒子有重叠，这样两相邻邻域内公共粒子可在两个邻域间交换信息，从而有助于粒子跳出局部最优，达到全局最优。

局部模式本身存在着两种不同的方式：一种方式是由两个粒子空间位置决定“邻居”，它们的远近用粒子间距离来度量；另一种方式是编号方法，即粒子群中的粒子在搜索之前就被编以不同的号码，形成环状拓扑社会结构。对于第一种方式，在每次迭代之后都需要计算每个粒子与其他粒子间的距离来确定邻居中包括哪些粒子，这导致算法的复杂度增加，算法运行效率降低；而第二种方式由于事先对粒子进行了编号，因而在迭代中粒子的邻域不会改变，这导致在搜索过程中，当前粒子与指定的“邻居”粒子迅速聚集，而整个粒子群就被分成几个小块，表面上看似乎是增大了搜索的范围，实际上则大大降低了收敛速度。局部最优模式收敛速度较慢，但具有较强的全局搜索能力。

粒子群优化算法的优势在于算法的简洁性，易于实现，没有很多参数需要调整，且不需要梯度信息。粒子群优化算法是非线性连续优化问题、组合优化问题和混合整数非线性优化问题的有效优化工具。粒子群优化算法的应用包括系统设计、多目标优化、分类、模式识别、调度、信号处理、决策和机器人应用等。具体应用实例有模糊控制器设计、车间作业调度、机器人实时路径规划、自动目标检测和时频分析等。

5.8　联邦学习

联邦学习（Federated Learning）是一种分布式机器学习技术，其核心思想是通过在多个拥有本地数据的数据源之间进行分布式模型训练，在不需要交换本地个体或样本数据的前提下，仅通过交换模型参数或中间结果的方式，构建基于虚拟融合数据下的全局模型，从而实现数据隐私保护和数据共享计算的平衡。

随着人类社会数字化进程越来越快，产生了大量数据。由于需要考虑数据安全等因素，多个数据来源方无法直接交换数据，形成“数据孤岛”现象，制约着人工智能模型能力的进一步提高。联邦学习的诞生即是为了解决这一问题。2016 年，Google AI 团队提出联邦学习算法框架，并应用于移动互联网手机终端的隐私保护。2019 年，微众银行 AI 团队提出联邦迁移学习，并发布 FATE（Federated AI Technology Enabler）开源系统，提供基于数据隐私保护的分布式安全计算框架，为机器学习、深度学习、迁移学习算法提供高性能的安全计算支持。此外，FATE 还提供友好的跨域交互信息管理方案，能够解决联邦学习信息安全审计难问题。

联邦学习是最有可能解决数据孤岛问题的技术。联邦学习的工作原理可以通过图 5.22 所示的例子说明（杨强，2018）。图 5.22 中假设有两个不同的企业 A 和 B，每个企业都有不同数据。比如，第一个企业 A 是一个银行，可能有有关金融的特征和标注数据；第二个企业 B 是一个零售企业，有一些用户特征数据，同时也包括一些标注数据。这两个企业按照 GDPR 准则是不能粗暴地把双方数据加以合并的，因为它们的用户并没有同意这样做。假设双方各自建立一个模型，而这个行为已经获得各自用户的认可。我们希望做到的是各个企业的自有数据不出本地。然后，系统可以通过加密机制下的参数交换方式，在不违反法规情况下，建立一个虚拟的共有模型。这个虚拟模型就好像大家把数据聚合在一起一样，但是数据本身不移动，也不泄露隐私，模型在各自的区域还是为本地的目标服务。在这样一个机制下，各个参与者的身份和地位相同，这就是这个体系叫作“联邦学习”的原因。建立这个机制，不是只把参数从 A 转到 B、从 B 转到 A 那么简单，实际上对最后模型的效果是有要求的——既要安全，又要有效。安全是指数据在本地不能移出，而模型的参数被第三方处理时不仅要加密，而且要保证不能被反推原始用户的任何特征；有效是指效果要符合无损失原则，A 和 B 的模型效果要和把数据真正聚合在一起一样。

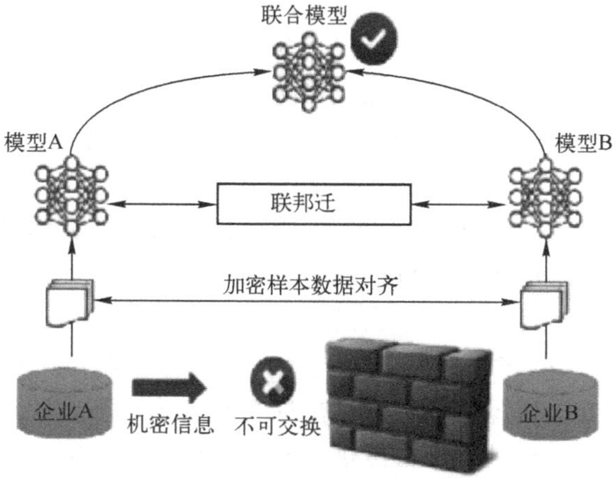

图 5.22　联邦学习的工作原理

5.9　知识发现

知识发现是从数据集中识别出有效的、新颖的、潜在有用的，以及最终可理解的模式的非平凡过程（Fayyad et al.，1996）。这里数据集是一组事实 F（如关系数据库中的记录）。模式是一个用语言 L 来表示的表达式 E，它可用来描述数据集 F 的某个子集 F_E，E 作为一个模式要求本身比对数据子集 F_E 的枚举要简单。有效性是指发现的模式对于新的数据仍保持有一定的可信度。新颖性要求发现的模式应该是新的。潜在有用性是指发现的知识将来有实际效用，如用于决策支持系统里可提高经济效益。知识发现的过程要求是非平凡的，意思是要有一定程度的智能性和自动性，仅仅给出所有数据的总和不能算作一个发现过程。

知识发现过程可粗略地理解为三部曲：数据准备、数据挖掘以及结果的解释评估。数据准备又可分为三个子步骤：数据选取、数据预处理和数据变换。详细内容请参阅文献（史忠植，2001）。

5.10　小结

机器学习是一个研究如何使计算机具有学习能力的研究领域，其最终目标是要使计算机能像人一样进行学习，并且能通过学习获取知识和技能，不断改善性能，实现自我完善。

一个简单的学习模型包括 4 个部分：环境、学习单元、知识库和执行单元。从环境中获得经验，到学习获得结果，这一过程可以分为 3 种基本的推理策略：归纳、演绎和类比。归纳学习中的变型空间学习可以看作在变型空间中的搜索过程，决策树学习是应用信息论中的方法对一个大的训练集做出分类概念的归纳定义。由于归纳推理通常是在实例不完全情况下进行的，因此归纳推理是一种主观不充分置信的推理。类比学习是根据一个已知事物，通过类比去解决另一个未知事物的推理过程，它的基础是相似性。基于案例的推理方法将人类经验以案例形式表示，并通过案例的调整和改造来获得当前问题的解。迁移学习的目标是将从一个环境中学到的知识用来帮助新环境中的学习任务，放宽了传统机器学习中的两个基本假设。

统计学习是基于数据构建概率统计模型并运用模型对数据进行预测与分析，是机器学习活跃的研究领域。逻辑回归是一种分类模型，由条件概率分布表示。支持向量机是由VC维理论和结构风险最小化原则导出的。支持向量机包括多项式学习机、径向基函数网络和双层感知器这几种特殊情形。虽然这些方法提供了训练数据的内在统计规律的不同表示，但它们都源于支持向量机设置的一个共同基础。通过使用一个恰当的内积核函数，支持向量机可以根据内积核函数的选择自动计算所有重要的网络参数。例如，径向基函数的情形，核函数是Gauss函数，对于这种实现方法，径向基函数的数目和它们的中心，以及线性权值和偏置水平都是自动计算的。径向基函数的中心由二次优化策略挑选的支持向量所定义，支持向量常常是由训练样本组成的样本总体的一部分。至于运行时间，当前支持向量机在相近泛化性能上比其他神经网络慢（例如，用反向传播算法训练的多层感知器），为了克服这些缺点，人们提出了许多支持向量机的改进方法。强化学习方法通过与环境的试探性交互来确定和优化动作序列，以实现序列决策任务。进化计算和群体智能都是利用自然进化和适应思想提出的机器学习方法，实质上是一种搜索寻优的计算系统。

为了提高机器的智能水平，必须大力开展机器学习的研究。机器学习的研究是人工智能和知识工程取得重大突破的关键。今后机器学习的研究重点是研究学习过程的认知模型、机器学习的计算理论、新的学习算法以及综合多种学习方法的机器学习系统等。数据集中知识发现的应用引起人们极大的关注，从事人工智能和数据库研究的人们都认为这是一个极有应用意义的研究领域。数据库知识发现主要发现分类规则、特性规则、关联规则、差异规则、演化规则和异常规则等。近年来，随着计算机网络，特别是Internet的发展，网络中的信息量急剧增长，面向网络的信息服务和大数据挖掘成为当今一个热门的研究方向。

习题

1. 简单的学习模型由哪几部分组成？各部分的功能是什么？
2. 机器符号学习的基本过程是什么？
3. 可以从哪几个角度来给机器学习方法分类？按各自分类方式阐述主要的机器学习类型。
4. 何谓归纳学习？有什么特点？
5. 试对各种不同的机器学习方法进行比较，并分析它们各自适用场合。
6. 给出候选项删除算法用于下列数据集的过程：

正实例：(a) Object（Red，Round，Apple）
　　　　(b) Object（Green，Round，Mango）

负实例：(a) Object（Red，Large，Banana）
　　　　(b) Object（Green，Round，Guava）

7. 继续完成表5.1中给出的例子，构造决策树。
8. 给定表5.3的数据，回答下列问题：

表 5.3　习题 8 数据

StudiedHard	HoursSelptBefore	Breakfast	GotA
No	5	Eggs	No
No	9	Eggs	No
Yes	6	Eggs	No
No	6	Bagel	No
Yes	9	Bagel	Yes
Yes	8	Eggs	Yes
Yes	8	Cereal	Yes
Yes	6	Cereal	Yes

1）GotA 的初始熵为多少？

2）决策树算法（ID3）会选择哪个属性作为根节点？

3）构造该决策树。

9. 假设 $C=\text{Son}(\text{Bob},\text{Ram})$，$C_1=\neg\text{Daughter}(\text{Bob},\text{Ram})$，使用归纳逻辑程序设计原理，确定子句 C_2。

10. 给出基于案例的学习的过程模型。

11. 基于案例的推理系统的基本结构是什么？请说明各部分的主要功能。

12. 比较经验风险最小化原理和结构风险最小化原理。

13. 描述支持向量机的基本思想和数学模型。

14. 简述支持向量机解决非线性可分问题的基本思想。

15. 试解释强化学习模型及其与其他机器学习方法的异同。

16. 什么是 Q-学习？它的基本原理是什么？

17. 说明遗传算法的构成要素，给出遗传算法流程图。

18. 简述蚁群算法的原理，用蚁群算法求解旅行商问题。

第6章　神经网络

神经网络一般可以分成以下4种类型：前馈型、反馈性、随机型和自组织竞争型。在神经网络的结构确定后，关键是设计一个学习速度快、收敛性好的学习算法。本章重点讨论学习算法。

2006年以来，深度学习兴起，成为机器学习热门的研究领域。深度学习的核心思想在于模拟人脑的层级抽象结构，通过无监督的方式分析大规模数据，挖掘大数据中蕴藏的有价值信息。本章简要介绍深度学习的主要类型和工作原理。

6.1　神经网络概述

神经网络（Neural Networks，NN），也称作人工神经网络（Artificial Neural Networks，ANN），或神经计算（Neural Computing，NC），是对人脑或生物神经网络的抽象和建模，具有从环境学习的能力，以类似生物的交互方式适应环境。神经网络是智能科学和计算智能的重要部分，以脑科学和认知神经科学的研究成果为基础，拓展智能信息处理的方法，为解决复杂问题和自动控制提供有效的途径。

现代神经网络开始于麦克洛奇（McCulloch W. S.）和皮兹（Pitts W.）的先驱工作。麦克洛奇是神经学家和解剖学家。他用20年的时间考虑神经系统对事件的表示问题。皮兹是数学天才，于1942年开始神经计算的研究。1943年，麦克洛奇和皮兹结合了神经生理学和数理逻辑的研究，提出了M-P神经网络模型。他们的神经元模型假定遵循一种所谓“有或无（All or None）”规则。如果如此简单的神经元数目足够多，通过适当设置连接权值并且同步操作，麦克洛奇和皮兹证明这样构成的网络原则上可以计算任何可计算的函数。这是一个有重大意义的结果，有了它标志着神经网络的诞生。

1949年，赫布（Hebb D. O.）出版的《行为组织学》第一次清楚说明了突触修正的生理学习规则。特别是赫布提出大脑的连接是随着生物学会不同功能任务而连续地变化的，神经组织就是由这种变化创建起来的。赫布继承了拉莫尼（Ramony）和卡贾尔（Cajal）早期的假设并引入自己的学习假说：两个神经元之间的可变突触被突触两端神经元的重复激活加强了。

1982年，霍普菲尔德（Hopfield J.）用能量函数的思想形成一种了解具有对称连接的递归网络所执行计算的新方法。这类具有反馈的特殊神经网络在20世纪80年代引起了大量的关注，产生了著名的Hopfield网络。尽管Hopfield网络不可能是真正的神经生物系统模型，然而它们包含的原理，即在动态的稳定网络中存储信息的原理是极其深刻的。

20世纪80年代，格罗斯伯格（Grossbergs）基于他的竞争学习理论的早期工作，建立了一个新的自组织原则，即著名的自适应共振理论（Adaptive Resonance Theory，ART）。概括来讲，这个理论包括一个由底向上的识别层和一个由顶向下的产生层。如果输入形式和已学习的反馈形式匹配，一个叫作“自适应共振”的不定状态（即神经活动的放大和延长）产生了。

1986年，鲁梅尔哈特（Rumelhart D. E.）、辛顿（Hinton G. E.）和威廉姆斯（Williams R. J.）报告了反向传播算法的发展。同一年，著名的鲁梅尔哈特和麦克莱伦德（McClelland

J. L.）编辑的《并行分布处理：认知微结构的探索（PDP）》一书出版（McClelland et al.，1986）。这本书对反向传播算法的应用产生重大影响，成为最通用的多层感知器的训练算法。事实上，反向传播学习在 1974 年 8 月 Harvard 大学的韦勃斯（Werbos P. J.）的博士学位论文中已经描述了。

1990 年，汉森（Hansen L. K.）和萨拉蒙（Salamon P.）提出了神经网络集成（Neural Network Ensemble）方法。他们证明，可以简单地通过训练多个神经网络并将其结果进行拟合，从而显著地提高神经网络系统的泛化能力。神经网络集成可以定义为用有限个神经网络对同一个问题进行学习，集成在某输入示例下的输出由构成集成的各神经网络在该示例下的输出共同决定。在 PAC 学习理论下，如果存在一个多项式级算法来学习一组概念，并且学习正确率很高，那么这组概念是强可学习的；而如果算法学习一组概念的正确率仅比随机猜测略好，那么这组概念是弱可学习的。如果两者等价，那么在机器学习中，我们只要找到一个比随机猜测略好的弱学习算法，就可以将其提升为强学习算法，而不必直接去找通常情况下很难获得的强学习算法。沙皮尔（Schapire R. E.）对这个重要问题做出了构造性证明，其构造过程就是 Boosting 算法。1997 年，弗洛德（Freund Y.）和沙皮尔提出了 AdaBoost 算法。表 6.1 给出了神经网络的研究历史。

表 6.1 神经网络的研究历史

时间/年	贡 献 者	成 果 名 称
1943	McCulloch Pitts	M-P 模型
1949	Hebb	Hebb 学习规则
1951	Minsky	Snark 神经计算机
1957	Rosenblatt	感知机模型（Perceptron）
1962	Widrow	自适应线性元件（Adaline）
1969	Minsky Papert	*Perceptrons*
1972	Fukushima	认知机模型
1974	Werbos	反向传播模型
1977	Anderson	盒中脑模型（BSB）
1978~1990	Grossberg	自适应共振理论（ART）
1980	Kohonen	自组织映射
1982	Hopfield	Hopfield 离散网络模型
1984	Hopfield	Hopfield 连续网络模型
1985	Hinton Sejnowsky	玻耳兹曼机
1986	Rumelhart McClelland	PDP 模型
1986	Hecht-Nielsen	对传模型
1986	Marks II	交替投影模型
1988	Chua-Yang	细胞网络模型

在国际研究潮流的推动下，我国在神经网络这个新兴的研究领域取得了一些研究成果，几年来形成了一支多学科的研究队伍，组织了不同层次的讨论会。1986 年中国科学院召开了“脑工作原理讨论会”。1989 年 5 月在北京大学召开了“识别和学习国际学术讨论会”。1990 年 10 月中国自动化学会、中国计算机学会、中国心理学会、中国电子学会、中国生物物理学

会、中国人工智能学会、中国物理学会和中国通信学会8个学会联合召开“中国神经网络首届学术大会”。会议论文内容涉及脑功能及生物神经网络模型、神经生理与认知心理模型、人工神经网络模型、神经网络理论、新的学习算法、神经计算机、VLSI及光学实现、联想记忆、神经网络与人工智能、神经网络与信息处理、神经网络与模式识别、神经网络与自动控制、神经网络与组合优化以及神经网络与通信。1992年11月，国际神经网络学会、IEEE神经网络学会和中国神经网络学会等联合在中国北京召开了神经网络国际会议。

6.2 神经信息处理的基本原理

神经网络是由大量处理单元组成的非线性大规模自适应动力系统。它是在现代神经科学研究成果的基础上提出的，试图通过模拟大脑神经网络处理、记忆信息的方式设计一种新的机器，使之具有人脑那样的信息处理能力。同时，对这种神经网络的研究将进一步加深对思维及智能的认识。

大脑神经信息处理是由一组相当简单的单元通过相互作用完成的。每个单元向其他单元发送兴奋性信号或抑制性信号。单元表示可能存在的假设，单元之间的相互连接则表示单元之间存在的约束。这些单元的稳定的激活模式就是问题的解。1986年，鲁梅尔哈特等提出并行分布处理（PDP）模型的8个方面（McClelland et al.，1986）：

1）一组处理单元。

2）单元集合的激活状态。

3）各个单元的输出函数。

4）单元之间的连接模式。

5）通过连接网络传送激活模式的传递规则。

6）把单元的输入和它的当前状态结合起来，以产生新激活值的激活规则。

7）通过经验修改连接模式的学习规则。

8）系统运行的环境。

并行分布处理系统的一些基本特点可以从图6.1中看出来。图中有一组用圆圈表示的处理单元。在每一时刻，各单元u_i都有一个激活值$a_i(t)$。该激活值通过函数f_i而产生出一个输出值$o_i(t)$。通过一系列单向连线，该输出值被传送到系统的其他单元。每个连接都有一个叫作连接强度或权值的实数w_{ij}与之对应；它表示第j个单元对第i个单元影响的大小和性质。采用某种运算（通常是加法）把所有的输入结合起来，就得到一个单元的净输入：

$$\text{net}_j = \sum_i w_{ij} o_i \tag{6.1}$$

单元的净输入和当前激活值通过函数F的作用，产生一个新的激活值。图6.1下方给出了函数f及F的具体例子。最后，在内部连接模式并非一成不变的意义下，并行分布处理模型是可塑的；更确切地说，权值作为经验的函数，是可以修改的，因此，系统能演化。单元表达的内容能随经验而变化，因而系统能用各种不同的方式完成计算。下面具体讨论并行分布处理理论的8个方面。

1. 处理单元

任何一种并行激活模型，都是从一组处理单元着手建立起来的。指定一组处理单元，指定单元所表达的内容，是建立一个PDP模型应采取的第一个步骤。在一些模型中，单元可能表

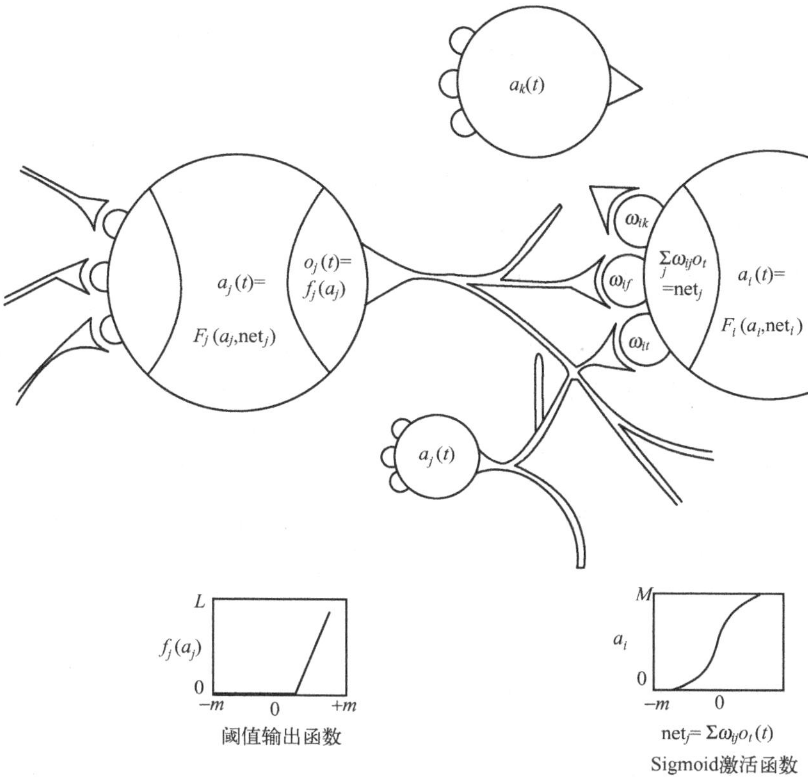

图 6.1 并行分布处理示意图

示特定的知觉实体，如特征、字母、单词和概念等。在另一些模型中，单元仅表示抽象的元素，有意义的模式是用这些元素定义的。当提到分布式表象时，意思是指：在这个表象中，单元表示的是很小的类特征信息。在这种情况下，正是作为整体的模式，才是有意义的分析层次。这恰与一个单元表示一个概念的传统表象系统形成了鲜明的对比。

设 N 是单元的数目。随意把这些单元依次排起来，并指定第 i 个单元为 u_i。PDP 模型的全部处理功能就是由这些单元实现的。这里并没有什么监督者，有的只是相当简单的单元，以及它们各自所做的相当简单的工作。一个单元的工作，仅仅是接收来自相邻单元的输入，并作为这些输入的一个函数，计算它传送给相邻单元的输出。系统本质上是并行的，因为许多单元同时进行着计算。

在任何一个要建立模型的系统中，把单元分成输入单元、输出单元和隐单元 3 类，往往是有用的。输入单元接收来自系统外部的输入信号。它们可以是感觉输入，也可以是模型外的系统输入。输出单元向系统外部发送信号。它们可以直接影响运动系统，也可以只影响模型外的系统。隐单元是输入、输出都在建模系统内部的那些单元，从系统外部是看不到隐单元的。

2. 激活状态

除确定一组处理单元外，还必须把系统在时刻 t 的状态表达清楚。系统的状态由一个 N 维实向量 $\boldsymbol{a}(t)$ 指定，它表示处理单元集上的激活模式。每一个分量则表示对应单元在时刻 t 的激活值。单元 u_i 在时刻 t 的激活值记为 $a_i(t)$。正是单元集上的激活模式刻画了系统在时刻 t 所表示的对象。系统的处理过程可以看成是单元集上的激活模式随时间演化的过程。

不同的模型对其单元激活值的取值范围假设不尽相同。激活值可以是连续的，也可以是离散的。如果取连续值，它们可以有界，也可以无界。如果取离散值，它们可以是二值的，也可以是多值的。在一些模型中，单元激活值是连续的，并允许取任何实数值。在另一些情况下，激活值被限定在某个最小值和某个最大值之间，例如，取[0,1]区间内任一实数值。在另一些模型中，单元激活值是离散的，大都是取二值的。有时限定只取0和1，取1常指单元是活动的，0则单元不活动；有时限定只取-1和+1（即为{-,+}）。当然，也有取多个离散值的，例如，把激活值限制于{-1,0,+1}或{1,2,3,4,5,6,7,8,9}。值得注意的是，上述每一个具体的假定，都会导致模型具有某种略微不同的特性。

3. 单元输出

单元之间存在着相互作用，这是由相邻单元之间的信号传送造成的。信号的强度即它们对相邻单元影响的大小，取决于单元激活值的大小。每一个单元都有一个输出函数$f_i(a_i(t))$，它将单元的当前激活值$a_i(t)$映射成一个输出信号$o_i(t)$，即$o_i(t)=f_i(a_i(t))$。在向量表示法中，用$o(t)$表示当前输出值的集合。在某些模型中，输出值正好等于激活值，这时f是恒等函数，即$f(x)=x$。但更常见的f是某种阈值函数；因此除非单元激活值超过某一数值，否则它就不影响其他单元。有时，还假定f是一个随机函数。在这种情况下，单元的输入将以概率的方式依赖于激活值。

4. 连接模式

单元之间是互相连接的。正是这种连接模式，构成了系统的知识，决定了系统对任一输入的响应方式。在一个PDP模型中，规定处理系统，规定在系统内部被编码的知识，其实就是要确定处理单元之间的这一连接模式。

在许多情况下可以假定，每个单元都向它连接的单元提供一个可加性输入。因此一个单元的总输入就是从各单元发出的各独立输入的加权和，即该单元的总输入等于和它相连的各个单元的输入乘以相应的权值之和。只要确定了系统中各个连接的权值，就能表示出整个连接模式。通常，这样一种连接模式是用权值矩阵$\boldsymbol{W}$表示的，其中矩阵元素w_{ij}表示从单元u_i到单元u_j的连接强度和性质。如果u_i兴奋u_j，则w_{ij}是一个正数；相反，如果u_i抑制u_j，则w_{ij}是一个负数。w_{ij}的绝对值则表示连接的强度。

但是在一般情况下，需要采用更复杂的连接模式。一个给定单元可以接收不同类型的输入，这些不同输入对它的影响是分别求和的。在这种场合，不难对每一类连接指定一个独立的连接矩阵。因此可用一组连接矩阵$\boldsymbol{W}_i$来表示连接模式，一类连接对应于一个矩阵。在前面曾假定，当兴奋性连接和抑制性连接共存时，对兴奋性输入和抑制性输入采用简单的代数相加形式；在这个意义下，兴奋和抑制并不是不同类型的连接。只有使用了更复杂的规则，才会有连接类型的区分。

连接模式是极其重要的。因为正是这种模式决定着每个单元所表达的内容。而且许多问题，例如，一个系统是不是分层次的？如果是分层的，那么要分几层？一个多层系统是采用自下而上处理，还是采用自上而下处理？这些完全取决于连接矩阵的性质。一个网络能够记忆多少信息？它必须执行多少串行处理？这些问题也和连接模式有关，取决于一个单元的扇入和扇出。一个单元的扇入是指能兴奋或抑制该单元的单元数目，一个单元的扇出则是指该单元能直接影响的单元数目。

5. 传递规则

把输出向量$\boldsymbol{o}(t)$（它表示若干个单元的输出值）和连接矩阵结合起来，使各类输入进入单元以产生净输入的规则，称为传递规则。单元u_j的第i类净输入记作$\mathbf{net}_{ij}$。如果只有一类连接，那么就略去第一个下标，用 $\mathbf{net}_j$ 表示单元 u_j 的净输入。使用向量表示，则第 i 类输入引起的净输入可记作 $\mathbf{net}_i(t)$。传递规则通常是直截了当的。例如，假定有两类连接，即兴奋性连接和抑制性连接，那么净兴奋性输入通常就是某单元兴奋性输入的加权和，即 $\mathbf{net}_e = \boldsymbol{W}_e\boldsymbol{o}(t)$。同样净抑制性输入由 $\mathbf{net}_i = \boldsymbol{W}_i\boldsymbol{o}(t)$ 给出。对于更复杂的连接模式，一般需要使用更复杂的传递规则。

6. 激活规则

把某一特定单元的各类净输入互相结合起来，再和该单元的当前状态结合起来，以产生一个新的激活状态的规则，称为激活规则（或者更新规则）。这个规则用函数 F 表示。也就是说，当前激活状态 $\boldsymbol{a}(t)$ 和各类不同连接的净输入向量 $\mathbf{net}_j$，通过 F 的作用，就能产生一个新的激活状态。在最简单的情况下，F 是恒等函数，全部连接是同一类连接，这时激活规则可写成

$$\boldsymbol{a}(t+1) = \boldsymbol{W}\boldsymbol{o}(t) = \mathbf{net}(t) \tag{6.2}$$

有时 F 是一个阈值函数，只有当净输入超过某个数值后，才能对新的激活状态有所贡献。通常，一个新的激活状态不仅取决于单元当前的状态，而且还取决于单元原有的状态。但是一般情况下总有

$$\boldsymbol{a}(t+1) = \boldsymbol{F}(\boldsymbol{a}(t), \mathbf{net}(t)_1, \mathbf{net}(t)_2, \cdots) \tag{6.3}$$

这个函数 $\boldsymbol{F}$ 就是我们所说的激活规则。通常假定 $\boldsymbol{F}$ 是决定型函数。例如，如果 $\boldsymbol{F}$ 是阈值函数，那么当总输入超过某个数值时，$a_i(t)=1$，否则 $a_i(t)=0$。在另一些场合，假定 $\boldsymbol{F}$ 是随机函数。有时假定激活值是随时间慢慢衰减的，因此即使没有外部输入，单元激活值也不会直接衰减到零。每当假定 $a_i(t)$ 取连续值时，一般就假定 $\boldsymbol{F}$ 是某种 S 型函数，因此每个单元都会饱和，而达到最大激活值或最小激活值。

最常用的一类激活函数是准线性函数。在这种情况下，$\boldsymbol{F}$ 是单类输入的非减函数，因此激活规则是

$$\boldsymbol{a}(t+1) = \boldsymbol{F}(\mathbf{net}_i(t)) = \boldsymbol{F}\left(\sum_j w_{ij}o_j\right) \tag{6.4}$$

对 $\boldsymbol{F}$ 加上“可微”这个约束有时是有用的。可微的准线性函数称为半线性函数。

7. 学习规则

在 PDP 模型中，改变处理过程或知识结构，就是修改相互连接模式。实际上，一切修改都可以归结为通过经验而修改连接强度。而且可以认为，PDP 模型的所有学习规则都是 Hebb 学习规则的某种派生形成的。Hebb 规则的基本想法：如果一个单元 u_i 接收从另一个单元 u_j 来的输入，那么当这两个单元都激烈活动时，从 u_j 到 u_i 的权值 w_{ij} 就应当增大。Hebb 学习规则一般形式是

$$\Delta w_{ij} = g(a_i(t), t_i(t))h(o_j(t), w_{ij}) \tag{6.5}$$

式中，$t_i(t)$ 是 u_i 的某种教师输入。简单地说，该式说明从 u_j 到 u_i 的连接强度的改变等于两个函数的乘积：一个是 $g()$，它是 u_i 的激活值 $a_i(t)$ 及其教师输入 $t_i(t)$ 的函数；另一个是 $h()$，它是 u_j 的输出值 $o_j(t)$ 和连接强度 w_{ij} 的函数。在最简单的 Hebb 学习规则中，不存在教师信号，函数 g 和 h 各与第一个变量成正比，因此有

$$\Delta w_{ij} = \eta(a_i o_j) \tag{6.6}$$

式中，η 是比例因子，表示学习的速率。另一个常见的 Hebb 学习规则派生形式是 delta 规则（也叫作 Widrow-Hoff 学习规则），这时

$$h(o_j(t),w_{ij})=o_j$$

$$g(a_i(t),t_i(t))=\eta(t_i(t)-a_i(t))$$

因此有

$$\Delta w_{ij}=\eta(t_i(t)-a_i(t))o_j(t) \tag{6.7}$$

这是感知机学习规则的一种推广形式。还有一个 Hebb 学习规则派生形式是

$$\Delta w_{ij}=\eta\, a_i(t)(o_j(t)-w_{ij}) \tag{6.8}$$

这是格罗斯伯格使用的一个学习规则。最近发展起来的有名的学习规则是玻耳兹曼机学习规则和误差传播学习规则。

8. 工作环境

任何一种 PDP 模型，至关重要的一点，是对它所处的工作环境要有一个清晰的模型。在 PDP 模型中，一般是用输入模式空间上的一个时变随机函数来表达环境的，也就是说，在任一时刻，任何一个可能的输入模式都会以某个概率进入输入单元。这个概率函数通常不仅可能依赖于系统的输出，而且还可能依赖于系统的输入历史。实际上，大多数 PDP 模型所涉及的环境特性要简单得多。典型的情况是：对可能的输入模式集合使用一个和系统以往输入及响应无关的、稳定的概率分布，来刻画环境特性。在这种情况下，不难把可能的输入集合逐一列出，并对它们从 1 到 M 编号，于是环境就可以用一组概率 $P_i(i=1,2,\cdots,M)$ 表达清楚。由于各个输入模式都可看成是向量，因此可以用一组非零概率把这些模式描述为正交的或线性无关的向量集。这样做有时是有用的。因为某些 PDP 模型的局限性，就在于它们能学会的模式种类。例如，有些模型仅当输入向量是一个正交集时才能学会做出正确的响应；另一些模型则要求输入向量是一个线性无关集；当然也有一些模型能学习任意输入模式并做出相应的响应。

目前，对连接理论的主要特点，即连接性、并行性、分布性、非符号性和连续性等也存在不同的看法。有人认为 PDP 模型不过是一种还原主义，把心理学还原成神经生理学，最后还原成物理学。这种说法是不合理的。实际上，PDP 方法认为，由网络单元的相互作用所揭示出来的性质，才是认知的本质。整体大于局部之和，因为在各部分之间存在非线性相互作用，决定网络行为的是大量单元的集合运算作用，而不是个别单元的特性。斯莫伦斯基（Smolensky P.）于 1988 年提出非符号性并不是连接模型的本质特点。他在连接理论中采用亚符号方式表示概念。

认知科学和神经科学的共同目标是，要理解“精神-大脑”是怎样工作的。实验研究当然是非常重要的，但要把细胞的微观水平上的知识和认知的系统水平上的知识联系起来，还必须借助于脑的模型研究，研究精神处理过程和内部表象结构，即研究大脑执行的认知算法。

6.3 感知机

6.3.1 基本神经元

神经网络的基本处理单元为人工神经元，1943 年，麦克洛奇和皮兹定义了一个简单的人工神经元模型，称为 M-P 模型。它的一般模型可以用图 6.2 描述。

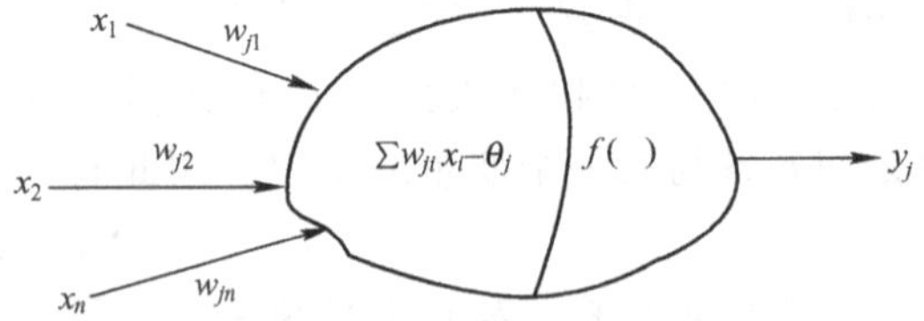

图 6.2　人工神经元模型

图 6.2 给出了一个基本的人工神经元的结

构，从外部环境或其他神经元的输出构成输入向量$(x_1,x_2,\cdots,x_n)^{\mathrm{T}}$，其中，$x_i$ 为其他神经元的输出或兴奋水平。连接两个神经元的可调值称为权值或长期记忆。所有和神经元j相连接的权值构成向量 $\boldsymbol{W}_j=(w_{j1},w_{j2},\cdots,w_{jn})^{\mathrm{T}}$，其中，$w_{ji}$代表处理单元 i 和j之间的连接权值。通常还加上一个偏置常数 θ_j。此时神经单元的计算过程可以表示为

$$y_j=f(\boldsymbol{W}_j^{\mathrm{T}}\boldsymbol{x}-\theta_j)$$

或者写成

$$y_j=f\left(\sum_{i=1}^{n}w_{ji}x_i-\theta_j\right) \tag{6.9}$$

通常取为下列函数之一：

（1）线性函数

$$f(x)=\alpha x \tag{6.10}$$

（2）带限的线性函数：

$$f(x)=\begin{cases}\gamma, & x\geqslant\gamma\\ x, & |x|<\gamma\\ -\gamma, & x\leqslant-\gamma\end{cases} \tag{6.11}$$

式中，γ 为神经元的最大输出值。

（3）阈值型函数

$$f(x)=\begin{cases}1, & x\geqslant\theta\\ 0, & x<\theta\end{cases} \tag{6.12}$$

其中，θ 为神经元偏置。

（4）最为常用的为 Sigmoid 函数

$$f(x)=\frac{1}{1+\mathrm{e}^{-x}} \tag{6.13}$$

与此类似的还有双曲函数：$f(x)=\dfrac{1-\mathrm{e}^{-x}}{1+\mathrm{e}^{-x}}$。

6.3.2 感知机模型

感知机模型由输入层和输出层两层构成，不失一般性，可以假设输出层仅有一个神经元。无隐层感知机网络的拓扑结构如图 6.3 所示。

外界信号 s 经过加权后输入最后一个单元，若不小于偏置，则输出为 1，否则为 −1。设网络输入模式向量为 $\boldsymbol{s}^k=(s_1^k,s_2^k,\cdots,s_n^k)^{\mathrm{T}}$，对应的期望输出为 d^k；由输入自输出的权值向量为 $\boldsymbol{W}=(w_1,w_2,\cdots,w_n)^{\mathrm{T}}$，网络按以下规则进行学习。

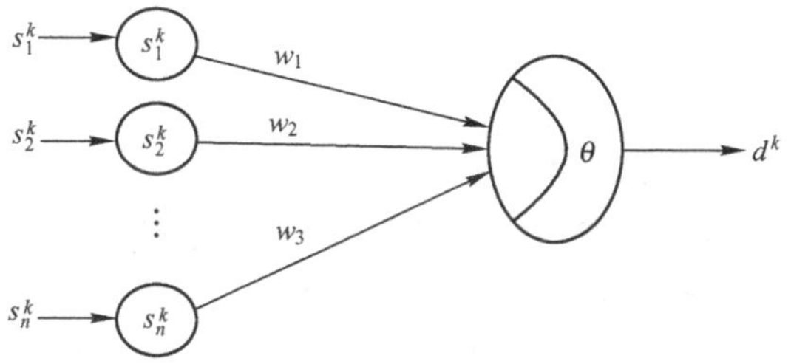

图 6.3　感知机模型

算法 6.1　无隐层感知机学习算法

1）初始化。将权值向量和偏置赋予随机值，$t=0$。

2）连接权值的修正。每个输入模式对(s^k,d^k)完成如下计算：

2.1）计算网络输出：

$$y = f\left(\sum_{i=1}^{n} w_i(t)s_i^k - \theta\right) \tag{6.14}$$

式中，f为双极值阶跃函数，即

$$f(x)=\begin{cases}1, & x\geqslant 0\\ -1, & x<0\end{cases} \tag{6.15}$$

2.2）计算输出层单元期望输出与实际输出间的误差

$$e^k=d^k-y \tag{6.16}$$

2.3）若 e^k 为零，则说明当前样本输出正确，不必更新权值，否则更新权值和阈值：

$$w(t+1)=w(t)+\alpha d^k s^k \tag{6.17}$$

$$\theta(t+1)=\theta(t)+\alpha d^k \tag{6.18}$$

$$t=t+1$$

式中，α 为学习率。

3）对所有的输入模式重复步骤2），直到所有的样本输出正确为止。

如果样本线性可分，则上述感知机学习算法是收敛的。

定理 6.1　对于预先给定 $\{-1,1\}^n$ 中的 K 个样本 s^1，s^2，…，s^K，若存在权值向量 $\boldsymbol{W}^*$ 满足 $d^k\left(\sum_i w_i^* s_i^k+\theta\right)>\beta_0>0, i=1,2,\cdots,n, k=1,2,\cdots,K$，那么上述感知机学习过程在有限步内收敛。

6.4　前馈神经网络

6.4.1　前馈神经网络模型

一般的前馈神经网络包括一个输入层和一个输出层、若干隐单元。隐单元可以分层也可以不分层，若分层，则称为多层前馈神经网络。网络的输入、输出神经元的激活函数一般取为线性函数，而隐单元则为非线性函数。任意的前馈神经网络，不一定是分层网络或全连接的网络。下面给出前馈神经网络的定义和说明：一个前馈神经网络可以定义为无圈的有向图 $N=(V,E,W)$，其中 $V=\{0,1,\cdots,n\}$ 为神经元集合，$E\in V\times V$ 为连接权值集合，W：$E\rightarrow\mathbf{R}$ 为对每一连接 $(i,j)\in E$ 赋予一实值的权重 w_{ij}。对神经元 $i\in V$ 定义它的投射域为 $P_i=\{j:j\in V,(j,i)\in E\}$，即表示单元 i 的输出经加权后直接作为其净输入的一部分的神经单元；同样地定义神经元的接受域为 $R_i=\{j:j\in V,(i,j)\in E\}$，即表示其输出经加权后直接作为神经元 i 的净输入的一部分的神经单元。特别地，对分层前馈神经网络来说，每个神经元的接受域和投射域分别是其所在层的前一层神经元和后一层神经元（若它们存在）。神经元集 V 可以被分成无接受域的输入节点集 V_I、无投射域的输出节点集 V_O 和隐节点集 V_H。一般地假设一个特殊的偏置节点（这里其标号为0），其输出恒为+1，它和输入节点除外的所有节点相连。图6.4给出了一般前馈神经网络模型示意图。

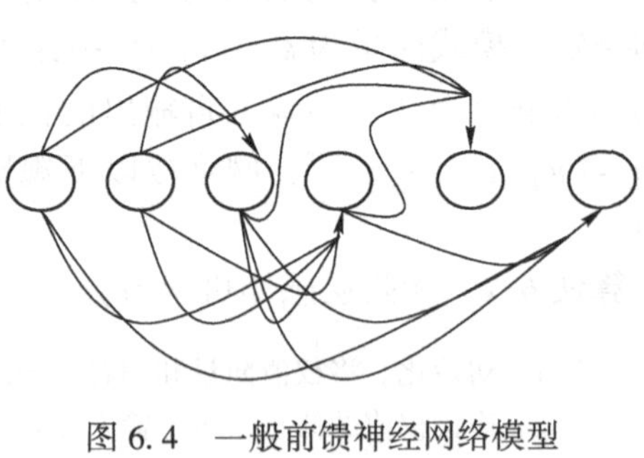

图6.4　一般前馈神经网络模型

前馈神经网络的输入单元从外部环境中接收信号，经处理将输出信号加权后传给其投射域中的神经元，网络中的隐单元或输出单元 i 从其接

受域中接收净输入 $\text{net}_i = \sum_{j \in R_i} w_{ij} y_j$（其中，$y_j$ 表示单元 j 的输出），然后向它的投射域 P_i 发送输出信号 $y_i = f(\text{net}_i)$，f 可以为任意的可微函数，一般常用的为 $f(x) = 1/(1+e^{-x})$。上述过程一直持续到所有的输出单元得到输出为止，它们的输出作为网络的输出。

多层前馈神经网络需要解决的关键问题是学习算法。以鲁梅尔哈特和麦克莱伦德为首的科研小组提出的误差反向传播（Error Back Propagation，BP）算法，为多层前馈神经网络的研究奠定了基础。多层前馈神经网络能逼近任意非线性函数，在科学技术领域中有广泛的应用。

BP 学习算法存在的问题是学习速度较慢。针对这一问题，众多学者进行了广泛的研究和搜索，并取得了较多有价值的成果。研究表明，多层前馈神经网络的学习速度与学习算法的优化准则、优化方法及学习速率的选择等诸多因素有关。

6.4.2 误差反向传播算法

本节讨论多层前馈神经网络的误差反向传播算法，这是基本的 BP 算法，它基于梯度法极小化二次性能指标函数

$$E = \sum_{k=1}^{m} E_k \tag{6.19}$$

式中，E_k 为局部误差函数，即

$$E_k = \sum_{i=1}^{n_0} \phi(e_{i,k}) = \frac{1}{2} \sum_{k=1}^{n_0} (y_{i,k} - \hat{y}_{i,k})^2 = \sum_{i=1}^{n_0} e_{i,k}^2 \tag{6.20}$$

寻求目标函数的极小有两种基本方法，即逐个处理和成批处理。所谓逐个处理，即随机依次输入样本，每输入一个样本都进行连接权的调整。所谓成批处理，是在所有样本输入后计算其总误差的。下面介绍逐个处理。

以具有两个隐层的多层神经网络为例。对于输出层，连接权矩阵 $\boldsymbol{W}^{(0)}$ 第 p 行的调整方程可表示为

$$\begin{aligned}\Delta \boldsymbol{W}_{p,k}^{(0)} = \boldsymbol{W}_{p,k}^{(0)} - \boldsymbol{W}_{p,k-1}^{(0)} &= -\alpha \frac{\partial E_k}{\boldsymbol{W}_p^{(0)}} \\ &= -\alpha \sum_{i=1}^{n_0} \frac{\partial \phi(e_{i,k})}{\partial \hat{y}_{i,k}} \frac{\partial \sigma_0(\bar{y}_{i,k})}{\partial \bar{y}_{i,k}} \frac{\partial \bar{y}_{i,k}}{\partial \boldsymbol{W}_p^{(0)}}\end{aligned}$$

因 $\bar{y}_{i,k} = \sum_{i=1}^{n_1} w_{i,j} \hat{h}_{j,k}^{(1)}$，则

$$\Delta \boldsymbol{W}_{p,k}^{(0)} = \alpha \sum_{i=1}^{n_0} e_{i,k} \sigma_0'(\bar{y}_{i,k}) \hat{\boldsymbol{h}}_k^{(1)} \delta_{ip} \tag{6.21}$$

$$\hat{\boldsymbol{h}}_k^{(1)} = [\hat{h}_{1,k}^{(1)}, \hat{h}_{2,k}^{(1)}, \cdots, \hat{h}_{n_1,k}^{(1)}]^{\mathrm{T}}$$

$$\delta_{ip} = \begin{cases} 1, & i = p \\ 0, & i \neq p \end{cases}, \quad i = 1, 2, \cdots, n_0$$

考虑到 δ_{jp} 的取值，则

$$\Delta \boldsymbol{W}_{p,k}^{(0)} = \alpha \boldsymbol{\varepsilon}_{p,k}^{(0)} \hat{h}_k^{(1)}, \quad p = 1, 2, \cdots, n_0 \tag{6.22}$$

$$\boldsymbol{\varepsilon}_{p,k}^{(0)} = e_{p,k} \boldsymbol{\sigma}_0'(\bar{y}_{p,k}) \tag{6.23}$$

对于第一隐层，连接权矩阵$\boldsymbol{W}^{(1)}$第p行的调整方程可表示为

$$\Delta \boldsymbol{W}_{p,k}^{(1)}=\boldsymbol{W}_{p,k}^{(1)}-\boldsymbol{W}_{p,k-1}^{(1)}=-\alpha \frac{\partial E_k}{\boldsymbol{W}_p^{(1)}}$$

$$=-\alpha \sum_{i=1}^{n_0} \frac{\partial \phi(e_{i,k})}{\partial \hat{y}_{i,k}} \frac{\partial \hat{y}_{i,k}}{\partial \boldsymbol{W}_p^{(1)}}$$

$$=\alpha \sum_{i=1}^{n_0} e_{i,k}\, \sigma_0'(\bar{y}_{i,k}) \sum_{j=1}^{n_j} W_{ij}^{(0)} \frac{\partial \sigma_1 \bar{h}_{j,k}^{(1)}}{\partial \bar{h}_{j,k}^{(1)}} \frac{\partial \bar{h}_{j,k}^{(1)}}{\partial \boldsymbol{W}_p^{(1)}}$$

$$\Delta \boldsymbol{W}_{p,k}^{(1)}=\alpha \sum_{i=1}^{n_0} e_{i,k}\, \sigma_0'(\bar{y}_{i,k}) \sum_{j=1}^{n_j} W_{ij}^{(0)} \frac{\partial \sigma_1 \bar{h}_{j,k}^{(1)}}{\partial \bar{h}_{j,k}^{(1)}} \frac{\partial \bar{h}_{j,k}^{(1)}}{\partial \boldsymbol{W}_p^{(1)}}$$

因为 $\bar{h}_{j,k}^{(1)}=\sum_{i=1}^{n_2} w_{i,j}^{(1)}\, \bar{h}_{j,k}^{(2)}$，则

$$\hat{\boldsymbol{h}}_k^{(2)}=[\hat{h}_{1,k}^{(2)},\hat{h}_{2,k}^{(2)},\cdots,\hat{h}_{n_2,k}^{(2)}]^{\mathrm{T}}$$

$$\delta_{jp}=\begin{cases}1, & j=p\\ 0, & j\neq p\end{cases}, \quad j=1,2,\cdots,n_1$$

考虑到δ_{jp}的取值，则

$$\Delta \boldsymbol{W}_{p,k}^{(1)}=\alpha\sigma_1(\bar{h}_{p,k}^{(1)}) \sum_{i=1}^{n_0} e_{i,k}\, \sigma'0(\bar{y}_{i,k})\, W_{i,p}^{(0)}\, \hat{\boldsymbol{h}}_k^{(2)}$$

$$=\alpha\, \varepsilon_{p,k}^{(1)} \hat{\boldsymbol{h}}_k^{(2)}, \quad p=1,2,\cdots,n_1 \tag{6.24}$$

$$\varepsilon_{p,k}^{(1)}=\sigma_1'(\bar{h}_{p,k}^{(1)}) \sum_{i=1}^{n_0} \varepsilon_{i,k}^{(0)} w_{i,p}^{(0)} \tag{6.25}$$

同理，对于第二隐层，连接权矩阵$\boldsymbol{W}^{(2)}$第p行的调整方程可表示为

$$\Delta \boldsymbol{W}_{p,k}^{(1)}=\boldsymbol{W}_{p,k}^{(2)}-\boldsymbol{W}_{p,k-1}^{(2)}$$

$$=\alpha\, \varepsilon_{p,k}^{(2)} \boldsymbol{X}_k, \quad p=1,2,\cdots,n_0 \tag{6.26}$$

$$\varepsilon_{p,k}^{(2)}=\sigma_2'(\bar{h}_{p,k}^{(2)}) \sum_{i=1}^{n_1} \varepsilon_{i,k}^{(1)} w_{i,p}^{(1)} \tag{6.27}$$

对于一般情况，设隐层数为L，第r隐层连接权矩阵$\boldsymbol{W}^{(r)}$第p行的调整方程为

$$\Delta \boldsymbol{W}_{p,k}^{(r)}=\boldsymbol{W}_{p,k}^{(r)}-\boldsymbol{W}_{p,k-1}^{(r)}$$

$$=\alpha\, \varepsilon_{p,k}^{(r)} \hat{\boldsymbol{h}}_k^{(r+1)}, \quad p=1,2,\cdots,n_r \tag{6.28}$$

$$\varepsilon_{p,k}^{(r)}=\sigma' r(\bar{h}_{p,k}^{(r)}) \sum_{i=1}^{n_{r-1}} \varepsilon_{i,k}^{(r-1)} w_{i,p}^{(r-1)} \tag{6.29}$$

当$\gamma=L$时，$\hat{\boldsymbol{h}}_k^{(L+1)}=\boldsymbol{X}_k$。

由上面的分析可见，输出的局部误差$\varepsilon_{p,k}^{(0)}$取决于输出误差$e_{p,k}$和该层变换函数的偏导数$\sigma_0'(\cdot)$。隐层局部误差$\varepsilon_{p,k}^{(r)}(r=0,1,2)$的计算是以高层的局部误差为基础的，即在计算过程中局部误差是由高层向低层反向传播的。本算法的具体步骤如下。

算法 6.2 误差反向传播 BP 算法

1）用小的随机数初始化 $\boldsymbol{W}$。

2）输入一个样本，用现有的 $\boldsymbol{W}$ 计算网络各神经元的实际输出。

3）根据式(6.23)、式(6.25)和式(6.27)计算局部误差 $\varepsilon_{p,k}^{(r)}(r=0,1,2)$。

4）根据递推计算公式（6.22）、式（6.24）和式（6.26）计算$\Delta \boldsymbol{W}_{p,k}^{(r)}(r=0,1,2)$。

5）输入另一样本，转步骤2）。

所有训练样本是随机地输入，直到网络收敛且输出误差小于容许值。

BP算法用于成批处理时，连接权矩阵各行的调整方程可表示为

$$\Delta \boldsymbol{W}_{p}^{(r)}=\sum_{k=1}^{m}\Delta \boldsymbol{W}_{p,k}^{(r)}=\alpha\sum_{k=1}^{m}\boldsymbol{\varepsilon}_{p,k}^{(r)}\hat{\boldsymbol{h}}_{k}^{(r+1)},\qquad r=0,1,2 \tag{6.30}$$

式（6.30）表明，该方法是全部样本依次输入通过累加后对连接权值进行一次调整。由于连接权值的调整量是累加而成的，故这种方法需要增加累加局部调整量的存储器。

通常，逐个处理要比成批处理更快和更有效，特别是对于训练样本数很大的情况。这可解释为：成批处理需要存储器；逐个处理法能引进随机扰动，有助于逃脱局部极小等困境。对于许多应用，特别是对于需要高精度映射的情况，成批处理仍然是一种选择。总之，究竟选择哪种方法要视具体问题而定。

6.4.3 BP算法的若干改进

前述的BP算法存在如下缺点：首先，为了极小化总误差，学习速率α应选得足够小，但是小的α学习过程将很慢；其次，大的α虽然可以加快学习速度，但又可能导致学习过程的振荡，从而收敛不到期望解；再次，学习过程可能收敛于局部极小点或在误差函数的平稳段停止不前。

一种简单的改进方法是，在连接权的调整方程中加惯性项，以平滑权的变化。这时第r层连接权$\boldsymbol{W}^{(r)}$第p行的调整方程可表示为

$$\Delta \boldsymbol{W}_{p,k}^{(r)}=\alpha\,\boldsymbol{\varepsilon}_{p,k}^{(r)}\hat{\boldsymbol{h}}_{k}^{(r+1)}+\mu\Delta \boldsymbol{W}_{p,k-1}^{(r)},\qquad p=1,2,\cdots,n_r \tag{6.31}$$

式中，μ称为惯性系数；$0\leqslant\alpha\leqslant1$（典型值为$\alpha=0.9$）。式（6.31）右边第二项为惯性项，它的引入可以提高收敛速度和改善动态性能（即可以抑制寄生振荡）。事实上，如果前一步权的变化大，那么将这个量的一部分加到现行权的调整上必然会加速收敛过程。式（6.31）可以看作共轭梯度法的一种简单形式。不同的是在共轭梯度法中，参数$\beta(k)$在第一步都是由算法自动计算的，而惯性系数μ是由使用者确定的。

此外，当学习过程在目标函数曲面的平稳区域进行时，每一步的梯度$\partial E_k/\partial \boldsymbol{W}_p$将相同，这时式（6.31）可以写成

$$\begin{aligned}\Delta \boldsymbol{W}_{p,k}^{(r)}&=-\alpha\frac{\partial E_k}{\partial \boldsymbol{W}_p^{(r)}}+\mu \boldsymbol{W}_{p,k-1}^{(r)}\\&\approx-\frac{\alpha}{1-\mu}\frac{\partial E_k}{\partial \boldsymbol{W}_p^{(r)}}\end{aligned} \tag{6.32}$$

这意味着有效学习速率增加到$\alpha_{\text{eff}}=\dfrac{\alpha}{1-\mu}$而不加剧寄生振荡。加惯性项的方法对于逐个处理和成批处理算法是有用的。

针对BP算法收敛速度慢的问题，研究工作者提出了很多改进方法。在这些方法中，通过学习速率的调整以提高收敛速度的方法被认为是一种最简单最有效的方法。

6.5 Hopfield 网络

美国科学家霍普菲尔德为神经网络引入了能量函数（也称李雅普诺夫函数）的概念，使网络的运行稳定性判断有了可靠而简便的依据。Hopfield 网络在联想存取及优化计算等领域得到了成功的应用，拓宽了神经网络的应用范围。Hopfield 网络及其成功的应用是当前神经网络的研究工作引人注目的原因之一。另外，Hopfield 网络还有一个显著的优点，它与电子电路存在明显的对应关系，使得该网络易于理解和便于实现。

6.5.1 离散 Hopfield 网络

1. 网络拓扑结构

通常 Hopfield 网络有两种实用形式，即离散型 Hopfield 网络（Hopfield，1982）及连续型 Hopfield 网络（Hopfield et al.，1985）。Hopfield 网络的基本结构如下：N_1，N_2，…，N_n表示网络的 n 个神经元，其转移特性函数分别为$f_1(x), f_2(x), \cdots, f_n(x)$，阈值分别为 $\theta_1, \theta_2, \cdots, \theta_n$。对于离散型 Hopfield 网络，各节点一般选相同的转移特性函数，且为符号函数，即有

$$f_1(x)=f_2(x)=\cdots=f_n(x)=\text{sign}(x) \tag{6.33}$$

为以后分析方便，选各节点阈值相等，且等于0，即有 $\theta_1=\theta_2=\cdots=\theta_n=0$。同时，$\boldsymbol{x}=(x_1, x_2, \cdots, x_n)^{\mathrm{T}}$，$\boldsymbol{x}\in\{-1,+1\}^n$为网络的输入，$\boldsymbol{y}=(y_1, y_2, \cdots, y_n)^{\mathrm{T}}$，$\boldsymbol{y}\in\{-1,+1\}^n$为网络的输出，$\boldsymbol{v}(t)=(v_1(t), v_2(t), \cdots, v_n(t))^{\mathrm{T}}$，$\boldsymbol{v}(t)\in\{-1,+1\}^n$ 为网络在时刻 t 的状态，其中 $t\in\{0,1,2,\cdots\}$ 为离散时间变量；W_{ij}为从 N_i到 N_j的连接权值，Hopfield 网络是对称的，即有 $W_{ij}=W_{ji}, i,j\in\{1,2,\cdots,n\}$，整个网络所有 n 个节点之间的连接强度用矩阵 $\boldsymbol{W}$ 表示。$\boldsymbol{W}$ 称为网络连接权矩阵，显然 $\boldsymbol{W}$ 为 $n\times n$ 矩阵。Hopfield 网络模型可由图 6.5 简单表示。

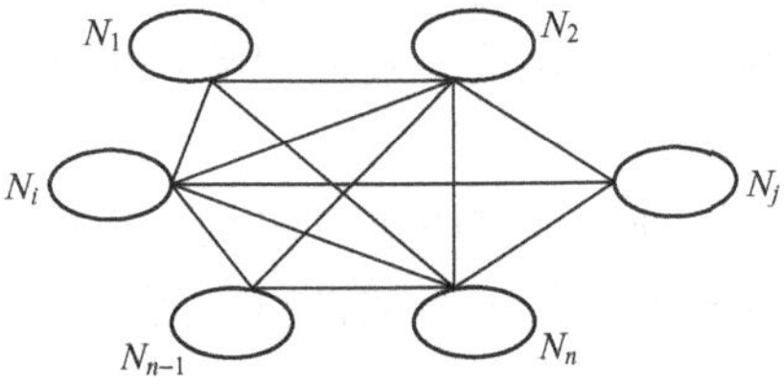

图 6.5　Hopfield 网络模型

由图 6.5 可以看出，Hopfield 网络为一层结构的反馈网络，能处理双极型离散数据（即输入 −1、+1）及二进制数据（0、1）。当网络经过适当训练后，可以认为网络处于等待工作状态。而对网络给定初始输入时，网络就处于特定的初始状态。由此初始状态开始运行，可得到网络输出（即网络的下一状态）。然后这个输出状态通过反馈连接会送到网络的输入端，作为网络下一阶段运行的输入信号，而该输入信号可能与初始输入信号不同。由这个新的输入可得到下一步的输出，该输出也可能与上一步的输出不同。如此下去，网络的整个运行过程就是上述反馈过程的重复。如果网络是稳定的，那么随着多次反馈运行，网络状态的变化逐渐减少，最后不再变化，达到稳态。这时由输出端可得到网络的稳定输出。用公式表达为

$$\begin{cases} v_j(0)=x_j \\ v_j(t+1)=f_j\left(\sum\limits_{i=1}^{n} W_{ij}v_i(t)-\theta_i\right) \end{cases} \tag{6.34}$$

其中 f_j 已被定义，为方便起见，θ_i 常取 0。若有某个时刻 t，从此以后网络状态不再变迁，即有 $v(t+1)=v(t)$，则有输出 $y=v(t)$。

在网络运行过程中，网络神经元状态的演变有以下两种形式：

1）异步更新。在任一时刻 t，只有某一神经元 N_j 的状态已更新，而其余神经元保持不变，

即对某个特定的 i，$v_i(t+1)=\mathrm{sign}\left(\sum_{j=1}^{n}W_{ij}v_j(t)\right)$。

2）全并行工作方式，即 $v_i(t+1)=\mathrm{sign}\left(\sum_{j=1}^{n}W_{ij}v_j(t)\right),i=1,2,\cdots,n$。

这时也可以把状态转移方程写成向量形式 $\boldsymbol{v}(t+1)=\mathrm{sign}(\boldsymbol{W}\boldsymbol{v}(t))$。

下面给出几个基本概念的定义，这些基本概念与网络运行过程中状态的变迁有关。

定义 6.1 网络的稳定性

若网络从初始状态 $\boldsymbol{v}(0)$ 开始，经过有限时间 t 后，网络的状态不再发生变化，即 $\boldsymbol{v}(t+\Delta t)=\boldsymbol{v}(t),\Delta t>0$，则称网络是稳定的。

定义 6.2 网络的吸引子

设 $t=0$ 时对网络输入模式 $\boldsymbol{x}$，网络处于状态 $\boldsymbol{v}(0)$，而在时刻 t，网络到达状态 $\boldsymbol{v}(t)$。若 $\boldsymbol{v}(t)$ 稳定，则称 $\boldsymbol{v}(t)$ 为网络的稳定吸引子。在非稳定吸引子的情况，若网络状态有规律地在某些状态之间振荡，则称网络处于有限环状态。若网络无规律地在某些状态之间振荡，则称网络处于混沌状态。

定义 6.3 吸引子的吸引域

对于某些特定的初始状态，网络按一定的运行规则最后可能稳定在同一吸引子上。称能够稳定在吸引子 $\boldsymbol{v}(t)$ 的所有初始状态集合为吸引域 $\boldsymbol{v}(t)$。

2. 网络运行的收敛性

由于 Hopfield 网络为反馈网络，所以需要讨论网络运行的收敛性问题。自然这和网络的拓扑结构以及运行方式有关。如果网络权值对称，则可以定义网络运行的能量函数。设网络状态为 $(v_1,v_2,\cdots,v_n)$，Hopfield 网络的能量函数可定义为

$$E=-\frac{1}{2}\sum_{i}\sum_{j}W_{ij}v_iv_j+\sum_{i}\theta_iv_i \tag{6.35}$$

其中，$W_{ii}=0,W_{ij}=W_{ji}$。

定理 6.2 设网络状态按异步方式更新，且网络权值对称，无自反馈，那么，网络状态在有限步内收敛到稳定点。

定理 6.3 假设网络状态按同步并行方式更新，则在网络权矩阵对称且负定的条件下，对于网络状态的每次变化，网络能量 E 单调下降。

证明 可把能量函数定义写成下面矩阵乘积形式：

$$E=-\frac{1}{2}\boldsymbol{v}\boldsymbol{W}\boldsymbol{v}^{\mathrm{T}}+\boldsymbol{\theta}\boldsymbol{v}^{\mathrm{T}}$$

将 E 在 $\boldsymbol{v}(t)$ 展开成泰勒级数，取两项并稍加整理就可以得到网络状态由 $\boldsymbol{v}(t)$ 变为 $\boldsymbol{v}(t+1)$ 时的能量变化为

$$\Delta E=-\boldsymbol{s}(t)(\Delta\boldsymbol{v})^{\mathrm{T}}-\frac{1}{2}(\Delta\boldsymbol{v})\boldsymbol{W}(\Delta\boldsymbol{v})^{\mathrm{T}}$$

其中 $\boldsymbol{s}(t)=\boldsymbol{v}(t)\boldsymbol{W}-\boldsymbol{\theta}$。而 $\Delta\boldsymbol{v}=\boldsymbol{v}(t+1)-\boldsymbol{v}(t)$。$\Delta v_is_i(t)>0$,则有 $\boldsymbol{s}(t)(\Delta\boldsymbol{v})^{\mathrm{T}}>0$。

因为 $\boldsymbol{W}$ 为非负定的条件，有 $\frac{1}{2}(\Delta\boldsymbol{v})\boldsymbol{W}(\Delta\boldsymbol{v})^{\mathrm{T}}\geqslant 0$，从而 $\Delta\boldsymbol{v}\neq 0$ 时，必有

$$\Delta E=E(t+1)-E(t)<0$$

即网络能量单调下降。网络对于状态的同步更新是稳定的。证毕。

为了有助于对能量函数的理解，可以做一个较为形象的比喻。对于具有 n 个节点的网络，总共有 2^n 种状态，每种状态对应于一个能量值。在状态空间中，所有能量值构成能量曲面。可以把这个曲面比喻成具有许多高峰及低谷的群山。这样，网络的运行过程就可以理解为一个物体在曲面上滑动，滑动的方向总是沿着能量降低的方向进行。也就是说，在能量曲面上，物体在其初始位置受重力向下滑动，直到滑动到某个低谷位置为止。此时网络能量处于极小点。能量函数是反馈网络中重要的一个概念。据此，网络的稳定性易于判定。网络的能量值是与网络状态相关的量。当网络结构一定时，能量的改变对应着状态的变迁。神经网络的能量函数是一个拓广的概念，可能有也可能没有特定的物理能量定义。但是对于特定的网络，其能量函数反映了该网络一定的动态性。还有一点应该强调，若一个网络具有能量函数，那么该能量函数可能并不是唯一的。同样地，如果网络连接权值不对称，则研究网络运行的收敛性会一直成为困扰人们的问题，因为此时一般来说不可能定义能量函数。关于这个问题虽然进行了不懈的努力，但收效甚微，需要人们进一步研究。

3. 网络的学习规则

离散 Hopfield 是自联想记忆模型，由于其简单但又不失一般性而受到广泛关注，提出了各种编码方法。在这些方法中，基于 Hebb 规则的编码和基于伪逆规则的编码受到人们的普遍关注。基于 Hebb 规则的编码方法简单并且方便于理论上研究网络的记忆容量和网络记忆模式的容错性能，但是并不能保证使所有需要记忆的模式都成为网络的稳定点；而基于伪逆规则的编码方法则运算量大，同时又不能保证所获得的矩阵满足对称性以及对角元为 0 的限制，这样在记忆模式有误差的情况下并不能保证网络的收敛性。许多的编码方法都不能保证在满足条件限制的权值矩阵存在时，编码方法能够在有限步内收敛。

一般在进行 Hopfield 联想记忆编码时，要求：

1）权值矩阵 $\boldsymbol{W}$ 为对称矩阵，并且对角元素为 0，即 $W_{ii}=0, W_{ij}=W_{ji}, i\neq j$。

2）能够记忆预先给定的 K 个模式 $\boldsymbol{x}^1,\boldsymbol{x}^2,\cdots,\boldsymbol{x}^K$，即

$$x_i^k=\text{sign}\left(\sum_{j\neq i} w_{ij}x_j^k+\theta_i\right),\quad i=1,2,\cdots,n,k=1,2,\cdots,K$$

式中，sign(·)为符号函数，即当 $x\geqslant 0$ 时，$\text{sign}(x)=1$；当 $x<0$ 时，$\text{sign}(x)=-1$。今后为了方便起见，记 $W_{ii}=\theta_i$。

令 $W_{ij}=\alpha\sum_{\substack{k=1\\ i\neq j}}^{K} x_i^k x_j^k$ 或者向量形式为 $\boldsymbol{W}=\alpha\sum_{k=1}^{K}[(\boldsymbol{x}^k)^{\mathrm{T}}\boldsymbol{x}^k-\boldsymbol{I}]$，可以得到 Hebb 学习规则，它由于简单而往往成为其他记忆问题分析的基础，其中 $\boldsymbol{I}$ 为 $n\times n$ 单位矩阵。但是由于 Hebb 规则所编码的容量有限，并不能找到好的权值矩阵，因此，还需其他的编码方法。

限制条件 1）主要保证网络在输入有误差的情况下仍能正确回忆所记模式，而条件 2）则是为了使预先给定的模式成为网络的不动点。如果去掉限制 1)，则网络的学习成为感知机学习问题，这时可以用感知机学习规则进行学习。但这时所得矩阵一般不满足 1）的条件限制。考虑到联想记忆对网络权值矩阵的限制 1）所构成的集 S 为凸集，这时将学习所得的矩阵投影到该凸集 S 上，该投影算子可以显式地求得。这样可得到对称的矩阵，但此时它不一定仍然满足 2）的条件限制。如果不满足，再利用感知机学习规则进行学习，然后将所学矩阵投影到 S 上，这样交替进行 1）和 2）学习。

若不考虑联想记忆对网络权值矩阵的限制 1)，则可以将联想记忆的编码问题看作感知机的学习问题，利用感知机学习规则进行学习。在 t 时刻，若编码的模式为 $x(t)$，这时应有

$$W_{ij}(t+1)=W_{ij}(t)-\phi(r_i(t))x_i(t)x_j(t),\quad i\neq j \tag{6.36}$$

$$W_{ii}(t+1)=W_{ii}(t)-\phi(r_i(t))x_i(t),\quad i=1,2,\cdots,n \tag{6.37}$$

式中，$r_i(t)=\left(\sum_{j\neq i}W_{ij}(t)x_j(t)+W_{ii}(t)\right)x_i(t)$；$\phi(\cdot):\mathbf{R}^1\to\mathbf{R}^1$ 定义为：当 $r\geqslant 0$ 时，$\phi(r)=0$，当 $r<0$ 时，$0>\alpha_0>\phi(r)>\frac{2r}{n}-\beta,\beta>0$。这时所获得的权值矩阵 $\boldsymbol{W}$ 一般不对称，即不满足1)。对网络权值矩阵的限制1) 所构成的集 $S=\{\boldsymbol{W}:W_{ij}=W_{ji},\boldsymbol{W}\in\mathbf{R}^{n\times n}\}$ 为凸集，将学习所得的矩阵投影到该凸集 S 上，这时可得 $\boldsymbol{P}_S=\frac{1}{2}(\boldsymbol{W}+\boldsymbol{W}^{\mathrm{T}})$，且

$$W_{ij}(t+1)=W_{ij}(t)-\frac{1}{2}[\phi(r_i(t)+\phi(r_j(t))]x_i(t)x_j(t),\quad i\neq j \tag{6.38}$$

综合前面的讨论，可以将以上步骤归结为下面的快速编码方法。

算法 6.3 离散 Hopfield 网络学习算法

1) 开始赋予权值矩阵 $\boldsymbol{W}(0)$ 一个较小且不为0的随机数，$t=0$ 并且要求 $W_{ij}(0)=W_{ji}(0),i,j=1,2,\cdots,n$。

2) 随机输入模式 $\boldsymbol{x}^k,1\leqslant k\leqslant K$，以 $\boldsymbol{x}^k$ 作为当前的输入模式 $\boldsymbol{x}(t)$，即 $x_i(t)=x_i^k,i=1,2,\cdots,n$，计算

$$r_i(t)=\left(\sum_{j\neq i}W_{ij}(t)x_j(t)+W_{ii}(t)\right)x_i(t),\quad i=1,2,\cdots,n$$

若网络对模式 $\boldsymbol{x}^k$ 稳定，即对所有的 $i=1,2,\cdots,n$，有 $r_i(t)\geqslant 0$，转到步骤4)；否则进行步骤3)。

3) 更新网络权值：

$$W_{ij}(t+1)=W_{ij}(t)-\frac{1}{2}[\phi(r_i(t)+\phi(r_j(t))]x_i(t)x_j(t),\quad i\neq j$$

$$W_{ii}(t+1)=W_{ii}(t)-\phi(r_i(t))x_i(t),\quad i=1,2,\cdots,n$$

$$t=t+1$$

其中，$\phi(\cdot)$定义同上。

4) 若网络权值对所有的模式稳定，则停机；否则转到步骤2)。

对于这种编码方法有下面的收敛定理：

定理 6.4 对于预先给定 $\{-1,1\}^n$ 中的 K 个模式 $\boldsymbol{x}^1,\boldsymbol{x}^2,\cdots,\boldsymbol{x}^K$，若存在实对称矩阵 $\boldsymbol{W}^*$ 满足 $x_i^k\left(\sum_{j\neq i}W_{ij}^*x_j^k+W_{ii}^k\right)>\beta_0>0,i=1,2,\cdots,n,k=1,2,\cdots,K$，那么上述关于 Hopfield 联想记忆的编码方法在有限步内收敛。

若不考虑网络的容错性能，仅仅考虑网络的容量意义不大。用上述编码方法所给出的编码有时容错性能较差。为了使所得的权值矩阵对记忆样本的吸引域尽可能大，利用网络权值矩阵所构成的集 S_{et} 为一个锥形凸集，求 S_{et} 在一个截面的中心。具体地，利用前面的算法，求出一些满足条件的权值矩阵 $\boldsymbol{W}_1,\boldsymbol{W}_2,\cdots,\boldsymbol{W}_M$，每一个矩阵 $\boldsymbol{W}_i$ 除以它的绝对值最大的元素的绝对值（不妨设为 W_{kl}^i），使得它的绝对值最大的元素的绝对值为1。设新求得矩阵为 $\boldsymbol{W}_1^*,\boldsymbol{W}_2^*,\cdots,\boldsymbol{W}_M^*$，然后求出这些矩阵的平均值矩阵 $\boldsymbol{W}=\frac{1}{M}(\boldsymbol{W}_1^*+\boldsymbol{W}_2^*+\cdots+\boldsymbol{W}_M^*)$即为所求。

6.5.2 连续 Hopfield 网络

1. 网络模型

Hopfield 网络可以推广到输入和输出都取连续数值的情形。这时，网络的基本结构不变，

状态方程形式上也相同。若定义网络中第 j 个神经元 N_j 的总输入为 u_j，输出状态为 v_j，则网络的状态转移方程可写为

$$v_i = g(u_i) = g\left(\sum_j W_{ij}x_j - \theta_i\right) \tag{6.39}$$

其中神经元的转移特性函数 g 为 S 型函数，一般常用的有

$$g_1(x) = \frac{1}{1+e^{-\lambda x}}$$

$$g_2(x) = \text{th}(\lambda x)$$

两个函数共同的特点是，当 $x\to+\infty$ 及 $x\to-\infty$ 时，函数值饱和于两极，从而限制了神经网络中状态 v_i 及流动信息 u_i 的增长范围。显然，若使用 g_1，则 $v_i\in(0,1)$；若使用 g_2，则 $v_i\in(-1,+1)$。函数 g_1、g_2 中的参数 λ 用以控制 S 型函数在 0 点附近的变化数，而 g_2 可看作为符号函数 $\text{sign}(x)$。

在网络的整个运行过程中，所有节点状态的演变具有 3 种形式：异步更新、同步更新和连续更新。对比离散的 Hopfield 网络，连续更新是一种新的方式，表示网络所有节点都随连续时间并行更新，就像用电子元件实现的 Hopfield 网络节点状态随电路参量不断改变一样。通过下面将要讲到的网络模型及运行方程可以很清楚地理解这一点。还有一点需要说明，离散 Hopfield 网络中状态改变就意味着网络输出在“1”与“-1”之间翻转，而这里却是网络状态在一定范围内的连续变化。

2. 网络物理实现结构

电子电路与 Hopfield 网络直接对应，利用运算放大器模拟神经元的转移特性函数，连接电阻决定各种神经元之间的连接强度，电容 c_j 及电阻 ρ_j 用来模拟生物神经元的输出时间常数。

按基尔霍夫电流定律有下列方程：

$$c_j\frac{du_j}{dt} + \frac{u_j}{\rho_j} = \sum \frac{1}{R_{ij}}(v_i - u_j) + I_j$$

对上式进行移项及合并，得

$$c_j\frac{du_j}{dt} = \sum_i \frac{v_i}{R_{ij}} - \left(\frac{1}{\rho_j} + \sum_i \frac{1}{R_{ij}}\right)u_j + I_j \tag{6.40}$$

令

$$T_{ij} = R_{ij}$$

$$\frac{1}{R_j} = \frac{1}{\rho_j} + \sum_i \frac{1}{R_{ij}}$$

$$c_j\frac{du_j}{dt} = \sum_i T_{ij}v_i - \frac{u_j}{R_j} + I_j$$

式（6.39）与式（6.40）结合在一起就能较好地描述连续 Hopfield 网络的动态过程。微分方程式（6.40）反映了网络状态的连续更新的意义。随着时间的流逝，网络逐渐趋于定态，可以在输出端得到稳定的输出。网络的稳定性同样可以用能量函数的概念加以说明。

3. 网络运行的收敛性

对于式（6.39）及式（6.40）描述的网络，可以定义系统的能量函数为

$$E = -\frac{1}{2}\sum_{i=1}^{N}\sum_{i=1}^{N} T_{ij}v_iv_j - \sum_{i=1}^{n} v_iI_i + \sum_{i=1}^{n}\frac{1}{R_i}\int_1^{v_i} g^{-1}(v)\,dv \tag{6.41}$$

对于该能量函数，有如下定理：

定理 6.5 假设神经元转移特性函数 g 具有反函数 g^{-1}，且 g^{-1} 是单调、连续且递增的，同时网络结构对称：$T_{ij}=T_{ji}$，$T_{ii}=0$，$i,j\in\{1,2,\cdots,n\}$。那么由式（6.39）及式（6.40）描述的网络是稳定的。

能量分布也可用能量曲面来进行理解。要注意，能量分布曲面与吸引子分布应存在对应关系，即吸引子对应着能量曲面的极小区域。

若网络的结构不对称，则无法保证网络的稳定性。这时，在网络的运行过程中可能出现极限环或混沌状态。

6.6 随机神经网络

前面讨论的两种网络都为确定性的网络，组成它们的神经元均为确定性的，即给定神经元的输入，其输出就是确定的。但在生物神经元中由于有各种各样的干扰，这实际上是很难实现的。同时人工神经元的硬件实现也会有各种扰动，从而带来某些不确定性，因此讨论随机神经元显得必要且必需。下面首先讨论模拟退火算法（Simulated Annealing，SA），然后讨论玻耳兹曼机（Boltzmann Machine，BM）。

6.6.1 模拟退火算法

1953 年，密特罗珀利斯（Metropolis N.）等提出了模拟退火算法，其基本思想是把某类优化问题的求解过程与统计热力学中的热平衡问题进行对比，试图通过模拟高温物体退火过程的方法，来找到优化问题的全局最优或近似全局最优解。

一个物体（如金属）的退火过程大体上是这样的：首先对该物体加热（熔化），那么物体内的原子就可高速自由运行，处于较高的能量状态。但是作为一个实际的物理系统，原子的运行总是最低的能态。一开始温度较高时，高温使系统具有较高的内能，而随着温度的下降，原子越来越趋向于低能态，最后整个物体形成最低能量的基态。

在物体降温退火过程中，其能量转移服从下面的玻耳兹曼（Boltzmann）分布规律：

$$P(E)\propto \exp(-E/kT) \tag{6.42}$$

式中，$P(E)$是系统处于低能 E 时的概率；k 为玻耳兹曼常量；T 为系统温度。在神经网络的模拟过程中，我们注重的是基本概念与过程，而不是定量关系。为方便起见，在以后的分析过程中把 k 算入 T 中。

当温度 T 很高时，概率分布对一定范围内的能量 E 并没有显著差异，即物体处于高能状态与低能状态的可能性相差不大。但是，随着温度 T 的降低，物体处于高能状态的可能性就逐渐减少，最后当温度下降到充分低时，物体即以概率 P 稳定在低能状态。对于优化问题，调节参量以使目标函数（对应于物体低能）下降。同时对应一种假想温度（对应于物体低能）确定物体处于某一能量状态概率，表征系统的活动状况。开始允许随着参数的调整，目标函数偶尔向增加的方向发展（对应于能量有时上升），以利于跳出局部极小区域。随着假想温度的下降（对应于物体的退火），系统活动性降低，最终以概率 P 稳定在全局最小区域。

下面结合一个抽象化的组合优化问题来说明模拟退火算法。设 $V=\{V_1,V_2,\cdots,V_P\}$ 为所有可能的组合状态构成的集合。试在其中找出对某一目标函数 C，$C(V_i)\geqslant 0$，$i\in\{1,2,\cdots,P\}$，具有最小代价的解，及找出 $V^*\in V$，使 $C(V^*)=\min C(V_i)$，$i\in\{1,2,\cdots,P\}$。为解决最优化问题，引用人工温度 T。求解本问题的模拟算法为模拟退火算法。

算法 6.4　模拟退火算法

1）设定初始温度 $T(0)=T_0$，迭代次数（或称时间）$t=0$，任选一初始状态 $V(0)\in V$ 作为当前解。

2）设置温度 $T=T(t)$，状态$\bar{V}(0)=V(t)$。

2.1）设置抽样次数 $k=0$。

2.2）按某一规则由当前状态$\bar{V}(k)$产生当前状态的下一次候选状态$\bar{V}'$（$\bar{V}'$为$\bar{V}(k)$的近邻），$\bar{V}'=f_1(\bar{V}(k))$，其中 f_1 为某一随机函数。

2.3）计算目标代价变化

$$\Delta C=C(\bar{V}')-C(\bar{V}(k))$$

若 $\Delta C<0$，则接受$\bar{V}'$，即置$\bar{V}(t+1)=\bar{V}'$。否则，考虑当前温度下的状态活动概率 $P(\Delta C)=\exp(-\Delta C/T)$，若 $P(\Delta C)\geqslant\lambda$，则接受$\bar{V}'$。否则不接受$\bar{V}'$，即置$\bar{V}(k+1)=\bar{V}(k)$。上面 λ 为预先指定的正数（或随机产生），$0<\lambda<1$。

2.4）置 $k=k+1$，按某种收敛标准判断抽样过程是否应该结束。若不满足结束标准，则转至步骤 2.2）。

3）置 $V(t+1)=\bar{V}(k)$，且按某种策略对 T 更新（降温），即

$$T(t+1)=f_2(T(t))$$

同时，置 $t=t+1$。其中 f_2 为单调下降函数。

4）按某种标准判断退火过程是否应该结束。若不满足结束条件则转步骤 2.2）。

5）输出状态 $V(t)$ 作为问题的解。

以上模拟退火的实现过程中应该注意 3 个基本的因素：①怎样按照某种概率过程产生新的搜索状态，而向该状态的转移不受能量曲面的限制；②根据当前温度及新状态与原状态在能量曲面的相应位置，怎样确定新状态的接受标准；③怎样选择初始温度及怎样更新温度，确定温度的下降过程。

上述 3 点影响模拟退火的收敛速度，并且影响退火结束后状态稳定在全局最小点的概率。关于这几点目前没有一般的结论，可结合具体问题具体分析。

由上面的算法可以看出，在某一温度下，对于整个抽样搜索过程，求解序列为

$$\bar{\bar{V}}(0),\bar{\bar{V}}(1),\cdots,\bar{\bar{V}}(k) \tag{6.43}$$

其中，$\bar{\bar{V}}(k)$为最小值。然后降低温度，并令 $V(t+1)=\bar{\bar{V}}(k)$作初始点，重新开始搜索，得到新的序列。事实上在序列式（6.43）中，由$\bar{V}(i)$按某一规则产生的新状态$\bar{V}'$是否被接受为下一当前状态$\bar{V}(i+1)$，与目标能量变化 $\Delta C=C(\bar{V}'-C(\bar{V}(i))$有关。当 $\Delta C<0$ 时，置$\bar{V}(i+1)=\bar{V}'$不会引起什么问题。而当 $\Delta C>0$ 时，按某一概率分布接受$\bar{V}(i+1)=\bar{V}'$，这样可能使得代价函数沿上升的方向移动。正是这一点为求解过程逃离局部极小区域提供了可能性（尽管概率较小），即状态逃离了一个局部极小区域又到达另一个局部极小区域，而且难以返回。而如果后一种状态作为解，则有可能效果更差，从而使最后得到的$\bar{V}(k)$比某些中间状态更差，也即序列

$$C(\bar{V}(0)),C(\bar{V}(1)),\cdots,C(\bar{V}(i)),\cdots,C(\bar{V}(k))$$

并非单调下降的。这样，就可能造成模拟退火的最终结果并非全局最小点。尽管从理论上来讲，若初始温度 T_0 充分高，T 的下降过程充分慢，每种温度 T 下的抽样数量充分大，那么当 $T\rightarrow 0$ 时，最后的当前解 $V(t)$将以概率 P 趋于最优解。实际上，上面假设在模拟中很难实现，这样也就难以保证退火算法百分之百地找到最优解。

一种合理的解决办法是考虑序列式（6.43）。在温度 $T(t)$下，由于式（6.43）同时作为搜索过程的控制序列，也作为求解过程的求解序列。在此，把式（6.43）仍作为状态转移的控制搜索序列，而重新定义状态$\bar{u}(0)$为

$$
\bar{u}(0)=\bar{V}(0)
$$

$$
\bar{u}(i)=\begin{cases}\bar{V}(i), & C(\bar{V}(i))<C(\bar{V}(i-1))\\ \bar{V}(i-1), & C(\bar{V}(i))\geqslant C(\bar{V}(i-1))\end{cases} \tag{6.44}
$$

由此，在温度下求解的序列为

$$
\bar{u}(0),\bar{u}(1),\cdots,\bar{u}(i),\cdots,\bar{u}(k)
$$

而其对应的代价序列为

$$
C(\bar{u}(0)),C(\bar{u}(1)),\cdots,C(\bar{u}(i)),\cdots,C(\bar{u}(k))
$$

为单调下降序列。这样就可使模拟退火的可能性得到改进，保证得到的解为所搜索过的所有解中最优解。另外，为了降低模拟退火的时间，在某一温度 $T(t)$ 时，若从某一个 i 起有

$$
\bar{u}(i)=\bar{u}(i+1)=\cdots=\bar{u}(i+q_1)
$$

则可定义 $q_{1\max}$，当 $q_1>q_{1\max}$，认为再如此抽样下去无实际意义，可停止在 $T(t)$ 下的抽样。

同样假设在 $T(t)$ 下得到最优解 $\bar{V}(t)=\bar{u}(k)$，而从 t 开始有

$$
V(t)=V(t+1)=\cdots=V(t+q_2)
$$

则可定义 $q_{2\max}$，当 $q_2>q_{2\max}$ 时，认为再继续降低温度没有什么意义，可停止模拟退火过程。

6.6.2 玻耳兹曼机

1. 网络结构

玻耳兹曼机是由辛顿（Hinton G. E.）等于 1984 年提出的（Hinton et al., 1984），其一般拓扑结构由输入层（节点数为 n，为输入元素的扇出）、隐层（节点数为 q）及输出层（节点数为 m）组成。设 x_i 为神经元 i 的输出，则网络的状态变量可表示为 $\boldsymbol{x}=(x_1,x_2,\cdots,x_n)^{\mathrm{T}}$，设网络的连接权为 W_{ij}，各神经元的阈值为 $\{\theta_i\}$，则神经元 i 的净输入为 $\mathrm{net}_i=\sum\limits_{j\neq i}^{n}W_{ij}x_j-\theta_i$，此时神经元 i 为 1 或 0 的概率如下：

$$
P(x_i(t+1)=1)=1/(1+\exp(-\mathrm{net}_i(t)/T))
$$

$$
P(x_i(t+1)=0)=1/(1+\exp(\mathrm{net}_i(t)/T))
$$

当网络温度 $T\to 0$ 时，玻耳兹曼机神经元退化为离散的 Hopfield 模型神经元。BM 网络也有同步和异步运行方式，对于异步串行的 BM 网络，由于它的运行过程等价于相应状态能量函数的模拟退火过程，所以如果温度下降足够慢，网络最终将收敛到能量函数的最小值，这也正是 BM 网络可用于组合优化问题的原理。已经证明，对于全并行的网络即使网络温度趋于 0，它也可能不收敛。如果对部分并行不要求太高，网络温度趋于 0，则网络的大多数都收敛。

网络是异联想式匹配器，能够存储任意二进制模式对集合 $\{(\boldsymbol{A}^1,\boldsymbol{C}^1),(\boldsymbol{A}^2,\boldsymbol{C}^2),\cdots,(\boldsymbol{A}^K,\boldsymbol{C}^K)\}$，式中，$\boldsymbol{A}^k=(a_1^k,a_2^k,\cdots,a_n^k)^{\mathrm{T}}$，$\boldsymbol{C}^k=(c_1^k,c_2^k,\cdots,c_m^k)^{\mathrm{T}}$，而 $\boldsymbol{A}^k\in\{0,1\}^n,\boldsymbol{C}^k\in\{0,1\}^m$。

玻耳兹曼机拓扑结构与一般两层前馈神经网络相似，其运行过程也与 BP 感知器类似。两种网络的主要区别是在学习过程上。尽管两种网络的学习方法都属于有指导学习的范畴，但 BP 感知器是利用反方向误差传播来使输出误差沿梯度方向下降，而玻耳兹曼机借助于统计物学的方法，采用模拟退火过程来模拟外界环境。玻耳兹曼机与 BP 感知器在网络结构、数据表示及状态转换 3 个方面存在主要差异。

1）玻耳兹曼机由输入层节点到隐层节点的连接权值是对称的，即 $W_{ij}^1=W_{ji}^1$。同样，从隐层节点到输入层节点的连接权值也是对称的，即 $W_{ij}^2=W_{ji}^2$。一般的 BP 感知器无此要求。同时，BP 网络为前馈神经网络，输入层节点的输出值不受隐层及输出层节点的输出影响；但是，玻

耳兹曼机则相互作用。

2）玻耳兹曼机的输入、输出及隐层状态都为二进制{0,1}，一般 BP 感知器为连续型输入及输出。

3）在网络的学习过程中，玻耳兹曼机节点状态的转移是按照某种概率进行的。若定义节点 v_i 的状态由 $v_i=0$ 变到 $v_i=1$ 时的全局变化能量为

$$\Delta E_i=E(v_i=1)-E(v_i=0)$$

则 v_i 的狭义状态是 0 的概率为

$$P_i(0)=\frac{1}{1+\exp(-\Delta E_i/T)} \tag{6.45}$$

由此可看到，当 $\Delta E_i>0$ 时，网络停留于 0 状态的可能性较大。但当温度较高时，网络较为活跃，状态趋于 0 及 1 的可能性差别不大。随着温度下降，v_i 停留在 0 状态的可能性逐步增加。当温度 T 趋于 0 时，状态转移函数趋向接近于阶跃函数。

状态转移函数与 BP 感知器所使用的节点转移特性形状相似，但意义不同。玻耳兹曼机按照概率曲线的能量分布进行状态的转移，转移是按概率的意义进行的。而感知器是利用 S 型函数对该接点的输入加权和进行变换，是确定性的。

2. 学习算法

结合模拟退火方法可给出玻耳兹曼机的一种训练算法。该算法是试图把反映网络输入层与隐层和输出层之间的状态差异的熵测度降至最小。首先假设向量模式集合为 $\{(\boldsymbol{X}^1,\boldsymbol{Y}^1),(\boldsymbol{X}^2,\boldsymbol{Y}^2),\cdots,(\boldsymbol{X}^p,\boldsymbol{Y}^p)\}$，玻耳兹曼机学习算法如下。

算法 6.5　玻耳兹曼机学习算法

1）置输入层与隐层之间的权值 $\boldsymbol{W}^1$ 及隐层与输出之间的权值 $\boldsymbol{W}^2$ 为[-1,+1]之间的任意数值。

2）置时间计数 $t=1$，对训练模式对 $(\boldsymbol{X}^k,\boldsymbol{Y}^k),k\in\{1,2,\cdots,p\}$，做以下各步处理：

2.1）将 $\boldsymbol{X}^k$、$\boldsymbol{Y}^k$ 分别加到输入/输出层。

2.2）随机选择隐层节点 i，$i\in\{1,2,\cdots,q\}$，翻转其状态 $z_i=1-z_i$。

2.3）计算由此引起的网络总体能量变化

$$\Delta E_i = \sum_{h=1}^{n} W_{hi}^1 z_i + \sum_{j=1}^{m} W_{ji}^2 z_i$$

2.4）对 ΔE_i 进行检测，若 $\Delta E_i<0$ 则确认这次状态的改变；若 $\Delta E_i\geqslant 0$ 则计算概率

$$P_i=\exp(-\Delta E_i/T(t))$$

式中，$T(t)>0$ 为当前温度。设 λ 为随机产生的正数，$0<\lambda<1$。若 $P_i>\lambda$，则接受这次状态的改变；否则不接受本次状态的改变。

2.5）隐层节点没有全部考查过来，则挑选一新的隐层节点并返回步骤 2.2）。

2.6）置时间计数 $t=t+1$，并更新温度

$$T(t)=\frac{T_0}{1+\ln t} \tag{6.46}$$

式中，T_0为初始温度。式（6.46）也称为冷却方程。

2.7）返回步骤 2.2），直至对于 $i\in\{1,2,\cdots,q\},\Delta E_i=0$ 为止。此时认为网络达到平衡状态，且有全局能量最低。

2.8）对于输入 $\boldsymbol{A}^k$，做隐层节点状态的记录，存入向量 $\boldsymbol{D}^k$，为以后做统计使用。即

$$d_i^k=b_i,\ k\in\{1,2,\cdots,p\},\ i\in\{1,2,\cdots,q\}$$

3）统计对称性。对于每次输入 $\boldsymbol{A}^k$ 及输出 $\boldsymbol{C}^k$，隐层节点的稳态为 $\boldsymbol{D}^k$。统计第 h 个输入节点与第 i 个隐层节点状态相同的概率 Q_{hi}及第 i 个隐层节点与第 j 个输出层节点状态相同的概率 R_{ij}：

$$Q_{hi} = \frac{1}{p}\left[\sum_{k=1}^{p}\Phi(a_n^k, d_j^k)\right]$$

$$R_{ij} = \frac{1}{p}\left[\sum_{k=1}^{p}\Phi(d_i^k, c_i^k)\right]$$

式中，$\Phi(x,y)$为关联函数

$$\Phi(x,y)=\begin{cases}1, & x=y\\0, & x\neq y\end{cases}$$

4）重新设置 $t=1$。把 $\boldsymbol{A}^k$，$k\in\{1,2,\cdots,p\}$置于网络的输入端，而让输出自由动作。重复以上步骤 2）和 3）的过程。注意，此时由 b_i 翻转而引起的全局能量变化为

$$\Delta E_i = \sum_{h=1}^{n} W_{hi}^1 b_i$$

并且计算相应概率分布 Q'_{hi}、R'_{ij}。

5）调整网络权值结构

$$\begin{aligned}\Delta W_{hi}^1 &= \alpha(Q_{hi}-Q'_{hi})\\ \Delta W_{ij}^2 &= \alpha(R_{ij}-R'_{ij})\end{aligned} \tag{6.47}$$

6）重复步骤 2）~5）各个步骤，直至对于所有的 $h\in\{1,2,\cdots,n\}$，$i\in\{1,2,\cdots,q\}$和$j\in\{1,2,\cdots,m\}$，由式（6.47）所确定的 ΔW_{hi}^1与 ΔW_{ij}^2都充分小为止。

整个学习时间是相当长的。玻耳兹曼机的训练过程体现了模拟退火的基本思想。实际上玻耳兹曼机也可看成一种外界概率分布的模拟机，模拟机从有限的输入和输出中推测外界概率结构。

学习算法可以分解为两个阶段，即正向学习阶段与反向学习阶段。在正向学习阶段，对网络环境节点（即输入层节点与输出层节点）加上固定信息 $\boldsymbol{A}^k$ 及 $\boldsymbol{C}^k, k\in\{1,2,\cdots,p\}$，而让隐层节点自由动作。退火完毕后，记录相连的环境节点与隐层节点同时为状态 1 的概率 Q_{hi}和 R_{ij}，且让环境节点与隐层节点之间的连接权值随此概率以一定的比例增长，即

$$\begin{aligned}\Delta W_{hi}^1 &= \alpha Q_{hi}\\ \Delta W_{ij}^2 &= \alpha R_{ij}\end{aligned} \tag{6.48}$$

至于反向学习阶段，只是把输入层加上固定信息 $\boldsymbol{A}^k$，让隐层及输出层自由动作。退火完毕后，记录相连的环境节点与隐节点同时为状态 1 的概率 Q'_{hi}和 R'_{ij}，然后让其连接权值与此概率成比例减少，即

$$\begin{aligned}\Delta W_{hi}^1 &= -\alpha Q'_{hi}\\ \Delta W_{ij}^2 &= -\alpha R'_{ij}\end{aligned} \tag{6.49}$$

组合式（6.48）和式（6.49）就可以得到式（6.46）。其实，在实际退火过程中，正向学习一直是交叉进行的。也就是说，直到正向学习与反向学习达到足够的平衡（即 ΔW_{hi}^1及 ΔW_{ij}^2足够小）时，认为网络已经基本上适应了环境。

实际上，还有其他方法可用来确定连接权值的修改幅度。有一种在当前温度下取高斯分布

$$P(W)=\exp(-W^2/T^2)$$

来确定权值变化的方法。其中，W 可由蒙特卡罗法得到。

6.7　深度学习

深度学习（Deep Learning）是机器学习研究中的一个新的领域，其核心思想在于模拟人

脑的层级抽象结构，通过无监督的方式分析大规模数据，发掘大数据中蕴藏的有价值信息。深度学习应大数据而生，给大数据提供了一个深度思考的大脑。深度学习就是堆叠多层，把这一层的输出作为下一层的输入。通过这种方式，就可以实现对输入信息进行分级表达。

6.7.1　人脑视觉机理

长期以来，人们对人脑视觉系统进行了研究。1981 年的诺贝尔医学奖颁发给了休布尔（Hubel D.）和威塞尔（Wiesel T.）以及斯佩里（Sperry R.）。前两位的主要贡献是发现了“视觉系统的信息处理”：可视皮质是分级的，如图 6.6 所示。该分级过程为：从低级的 V_1 区提取边缘特征，到 V_2 区的形状或者目标的部分等，再到更高层，整个目标、目标的行为等。

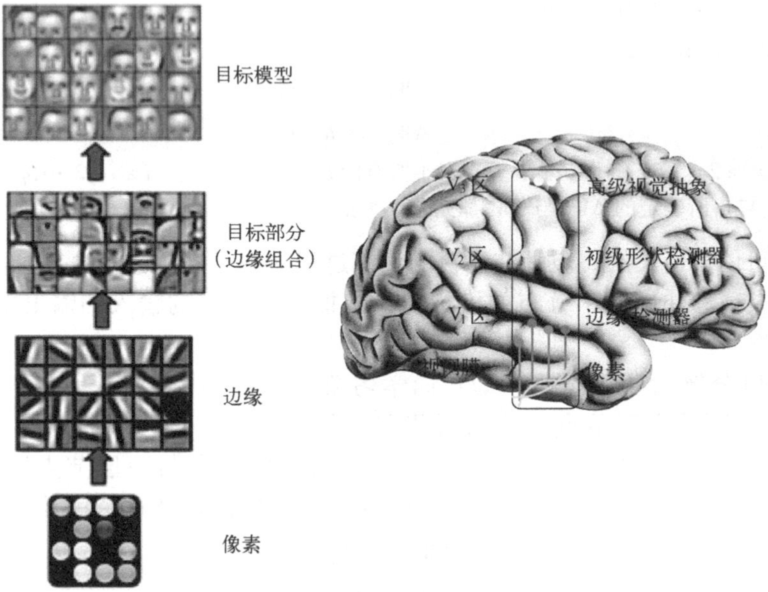

图 6.6　可视皮质分级处理

6.7.2　自编码器

自编码器（Autoencoder）是只有一层隐节点，输入和输出具有相同节点数的神经网络，如图 6.7 所示。不算偏置节点，输入、输出节点相同。自编码器的目的是尽可能地复现输入信号，即求函数 $\boldsymbol{h}_{W,b}(\boldsymbol{x})\approx\boldsymbol{x}$，也就是希望神经网络的输出等于输入。

假设有一个样本集 $\{(\boldsymbol{x}^{(1)},\boldsymbol{y}^{(1)}),\cdots,(\boldsymbol{x}^{(m)},\boldsymbol{y}^{(m)})\}$，包含 m 个样例。可以用批量梯度下降法来求解神经网络。具体来讲，对于单个样例 $(\boldsymbol{x},\boldsymbol{y})$，其代价函数为

$$J(\boldsymbol{W},b;\boldsymbol{x},\boldsymbol{y})=\frac{1}{2}\|\boldsymbol{h}_{W,b}(\boldsymbol{x})-\boldsymbol{y}\|^2 \tag{6.50}$$

式（6.50）是方差代价函数。给定一个包含 m 个样例的数据集，可以定义整体代价函数为

$$\begin{aligned} J(\boldsymbol{W},b) &= \left[\frac{1}{m}\sum_{i=1}^{m} J(\boldsymbol{W},b;\boldsymbol{x}^{(i)},\boldsymbol{y}^{(i)})\right]+\frac{\lambda}{2}\sum_{l=1}^{n_{l-1}}\sum_{i=1}^{s_l}\sum_{j=1}^{s_{l+1}}(W_{ji}^{(l)})^2 \\ &= \left[\frac{1}{m}\sum_{i=1}^{m}\left(\frac{1}{2}\|\boldsymbol{h}_{W,b}(\boldsymbol{x}^{(i)})-\boldsymbol{y}^{(i)}\|^2\right)\right]+\frac{\lambda}{2}\sum_{l=1}^{n_{l-1}}\sum_{i=1}^{s_l}\sum_{j=1}^{s_{l+1}}(W_{ji}^{(l)})^2 \end{aligned} \tag{6.51}$$

式中，$J(\boldsymbol{W},b)$的第一项是一个均方差项；第二项是权重衰减项，其目的是减小权重的幅度，以防止过度拟合。

用 $a_j^{(2)}(\boldsymbol{x})$ 表示输入向量 $\boldsymbol{x}$ 对隐层单元 j 的激活值。则 j 的平均激活值为

$$\hat{\rho}_j = \frac{1}{m}\sum_{i=1}^{m}\left[a_j^{(2)}(\boldsymbol{x}^{(i)})\right] \tag{6.52}$$

为了达到稀疏性，也即用最少（最稀疏）的隐单元来表示输入层的特征，希望所有隐层单元平均激活值接近于0，于是应用 KL 距离：

$$\sum_{j=1}^{s_2}\rho\log\frac{\rho}{\hat{\rho}_j} + (1-\rho)\log\frac{1-\rho}{1-\hat{\rho}_j} \tag{6.53}$$

其中为了方便书写：

$$\mathrm{KL}(\rho \parallel \hat{\rho}_j) = \rho\log\frac{\rho}{\hat{\rho}_j} + (1-\rho)\log\frac{1-\rho}{1-\hat{\rho}_j} \tag{6.54}$$

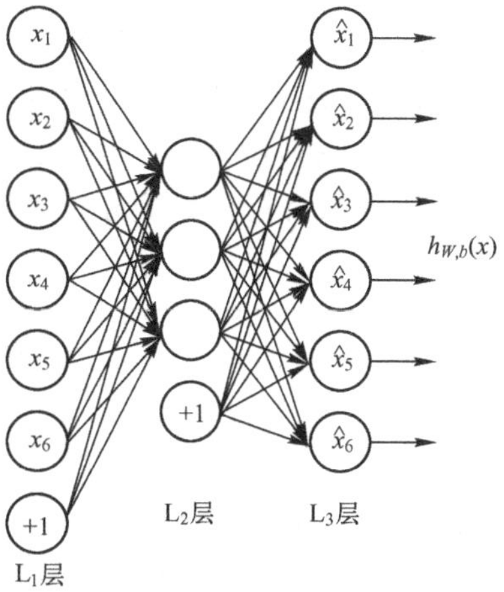

图 6.7　自编码器

这样，神经网络整体代价函数就可以表示为

$$J_{\text{sparse}}(\boldsymbol{W},b) = J(\boldsymbol{W},b) + \beta\sum_{j=1}^{s_2}\mathrm{KL}(\rho \parallel \hat{\rho}_j) \tag{6.55}$$

反向传播过程中误差 δ 计算公式为 $\delta_i^{(2)} = \left(\sum_{j=1}^{s_2} W_{ji}^{(2)}\delta_j^{(3)}\right)f'(z_i^{(2)})$ 改为

$$\delta_i^{(2)} = \left[\sum_{j=1}^{s_2} W_{ji}^{(2)}\delta_j^{(3)} + \beta\left(-\frac{\rho}{\hat{\rho}_i} + \frac{1-\rho}{1-\hat{\rho}_i}\right)\right]f'(z_i^{(2)}) \tag{6.56}$$

这样，可以将数据的维度降到很低，用几个有用的隐层就可以表示出原始数据。

6.7.3　受限玻耳兹曼机

2002 年，多伦多大学的辛顿提出了一种名为 Contrastive Divergence（CD）的机器学习算法（Hinton，2002），它可以高效地训练一些结构不太复杂的马尔可夫随机模型，其中就包括受限玻耳兹曼机（Restricted Boltzmann Machine，RBM）（Smolensky，1986）。这为后来深度学习的诞生奠定了基础。

受限玻耳兹曼机是一个单层的随机神经网络（通常不把输入层计算在神经网络的层数里），如图 6.8 所示，本质上是一个概率图模型。输入层与隐层之间是全连接，但层内神经元之间没有相互连接。每个神经元要么激活（值为 1），要么不激活（值为 0），激活的概率满足 Sigmoid 函数。RBM 的优点是给定一层时另外一层是相互独立的，那么进行随机采样就比较方便，可以分别固定一层，采样另一层，交替进行。权值的每一次更新理论上需要所有神经元都采样无穷多次以后才能进行，即所谓的 CD 算法，但这样计算太慢，于是辛顿等提出了一种近似方法，只采样 n 次后就更新一次权值，即所谓的 CD-n 算法（Hinton，2002）。

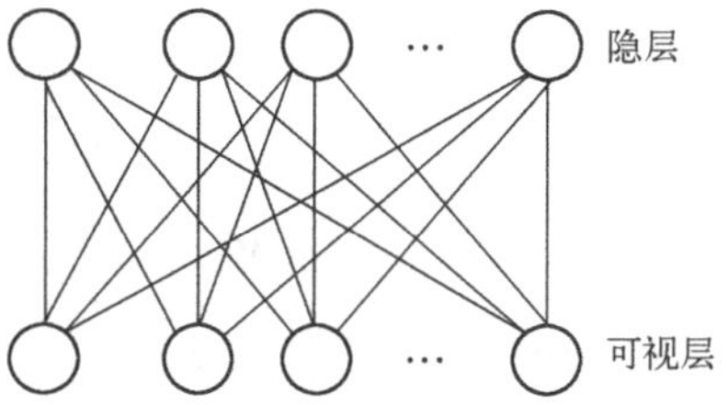

图 6.8　RBM 的结构示意图

如果一个 RBM 包含 n 个可视单元和 m 个隐单元，用向量 $\boldsymbol{v}$ 和 $\boldsymbol{h}$ 分别表示可视单元和隐单元的状态，其中，v_i表示第 i 个可视单元的状态，h_j表示第 j 个隐单元的状态。那么，对于一组

给定的状态 $\boldsymbol{v}$、$\boldsymbol{h}$，RBM 作为一个系统所具备的能量定义为

$$E(\boldsymbol{v},\boldsymbol{h}) = -\sum_{i=1}^{n}\sum_{j=1}^{m} v_i W_{ij} h_j - \sum_{i=1}^{n} v_i b_i - \sum_{j=1}^{m} h_j c_j \tag{6.57}$$

式中，W_{ij}、b_i、c_j均为 RBM 的参数，且均为实数。其中，W_{ij}表示可视单元 i 与隐单元 j 之间的连接强度，b_i表示可视单元 i 的偏置，c_j表示隐单元 j 的偏置。RBM 的学习任务就是求出这些参数的值，以拟合给定的训练数据。

RBM 的状态符合正则分布的形式，也就是说，当参数确定时，RBM 处于状态 $\boldsymbol{v}$、$\boldsymbol{h}$ 的概率为

$$\begin{aligned} P(\boldsymbol{v},\boldsymbol{h}) &= \frac{1}{Z}\exp(-E(\boldsymbol{v},\boldsymbol{h})) \\ Z &= \sum_{\boldsymbol{v},\boldsymbol{h}} \exp(-E(\boldsymbol{v},\boldsymbol{h})) \end{aligned} \tag{6.58}$$

假设 RBM 处于常温 $T=1$，故在式（6.58）中省略了温度变量 T。基于以上的定义，可以很容易算出，给定某层单元状态时，另一层单元状态的条件分布为

$$\begin{aligned} P(v_i \mid \boldsymbol{h}) &= \sigma\Big(\sum_{j=1} W_{ij} h_j + b_i\Big) \\ P(h_j \mid \boldsymbol{v}) &= \sigma\Big(\sum_{i=1}^{n} v_i W_{ij} + c_j\Big) \end{aligned} \tag{6.59}$$

式中，$\sigma(\cdot)$为 Sigmoid 函数，定义为 $\sigma(x)=1/(1+\exp(-x))$。由于在 RBM 中，同层单元之间互不相连，因此，给定某层单元状态时，另一层单元之间的状态条件分布相互独立，即

$$\begin{aligned} P(\boldsymbol{v} \mid \boldsymbol{h}) &= \prod_{i=1}^{n} P(v_i \mid \boldsymbol{h}) \\ P(\boldsymbol{h} \mid \boldsymbol{v}) &= \prod_{j=1}^{m} P(h_j \mid \boldsymbol{v}) \end{aligned} \tag{6.60}$$

这意味着，如果想在 RBM 的分布上进行马尔可夫链蒙特卡罗（Markov Chain Monte Carlo，MCMC）采样（Andrieu，2003），那么，可以使用块状 Gibbs 采样算法。也就是从某一初始状态 $\boldsymbol{v}$、$\boldsymbol{h}$ 出发，轮流使用 $P(\cdot \mid \boldsymbol{h})$和 $P(\cdot \mid \boldsymbol{v})$分别对所有可视单元和所有隐单元的状态进行转移。这一点也体现了 RBM 在采样方面的效率优势。

RBM 可通过极大似然法则进行无监督学习（Hinton，2010）。假如有训练数据 $\boldsymbol{v}^{(1)},\boldsymbol{v}^{(2)},\cdots,\boldsymbol{v}^{(d)}$，那么，学习 RBM 等同于最大化以下目标函数，这里省略了偏置参数 $\boldsymbol{b}$ 和 $\boldsymbol{c}$：

$$L(\boldsymbol{W}) = \sum_{k=1}^{d} \log P(\boldsymbol{v}^{(k)};\boldsymbol{W}) \equiv \sum_{k=1}^{d} \log \sum_{\boldsymbol{h}} P(\boldsymbol{v}^{(k)},\boldsymbol{h};\boldsymbol{W}) \tag{6.61}$$

为了用梯度上升算法进行训练，先求出该目标函数对各个参数的偏导，经过代数变换后，最终的结果为

$$\frac{\partial L(\boldsymbol{W})}{\partial W_{ij}} \propto \frac{1}{d}\sum_{k=1}^{d} v_i^{(k)} P(h_j \mid \boldsymbol{v}^{(k)}) - (v_i h_j)_{P(\boldsymbol{v},\boldsymbol{h};\boldsymbol{W})} \tag{6.62}$$

式（6.62）可按照减号前后分为两部分，分别称为正相位（Positive Phase）和负相位（Negative Phase）。对于减号前面的部分，可以遍历整个训练数据，并利用式（6.62）直接算出。对于减号后面的部分，$\langle f(x)\rangle_{P(x)}$定义为函数 $f(x)$ 在分布 $P(\cdot)$上的均值，在 RBM 中，这个均值是无法通过数学推导得出解析式的。这便是 RBM 训练的主要困难所在。

很显然，为了求得负相位中的均值，最简单的方法是通过 MCMC 进行大量采样，并用样本对这个均值进行估计。然而，每次执行 MCMC 采样，都需要进行足够次数的状态转移以保证采集的样本符合目标分布，并且需要采集大量的样本才能足够精确地逼近该均值。这些需求极大地加重了 RBM 训练的计算复杂性。因此，这种方法虽然理论可行，但是从效率上看是不可取的。

考虑让 MCMC 的状态以训练数据作为起点，辛顿提出了 CD 算法（Hinton，2002）。在 CD 算法中，负相位中的均值计算过程为：分别以各个训练数据作为初始状态，经过少数几次 Gibbs 采样状态转移，然后以转移后的状态作为样本，估算该均值。辛顿发现，在实际应用中，甚至只需要一次状态转移就能保证良好的学习效果。

CD 算法大大地加速了 RBM 的训练过程，为近年来 RBM 的流行以及深度神经网络的兴起都做出了不可磨灭的贡献。不过，对于常规的极大似然学习，其学习过程等同于最小化 RBM 分布同训练数据分布之间的 KL-Divergence。而 CD 学习中，这个规则是不成立的。因此，CD 学习本质上并非是一个极大似然学习（Sutskever，2010），经过 CD 学习得到的 RBM 模型，往往具备较差的模式生成能力。

6.7.4　深度信念网络

2006 年，辛顿等在文献（Hinton，2006）中，提出了一种深度信念网络（Deep Belief Nets，DBN），如图 6.9 所示。一个深度信念网络模型可被视为由若干个 RBM 堆叠在一起，这样在训练时，就可以通过由低到高逐层训练这些 RBM 来实现。由于 RBM 可以通过 CD 算法进行快速训练，因此，这一框架绕过了直接从整体上训练深度信念网络的高度复杂性，而将其化简为对多个 RBM 的训练问题。辛顿建议，经过这种方式训练后，可以再通过传统的全局学习算法（如反向传播、Wake-Sleep 算法）对网络进行微调，从而使模型收敛到一个局部最优点上。这种学习算法，本质上等同于先通过逐层 RBM 训练将模型的参数初始化为一个较优的值，然后通过少量的传统学习算法进一步训练（Hinton，2015）。这样一方面解决了模型训练慢的问题，另一方面，大量实验也证明，这种方式能够产生非常好的参数初始化值，从而也提升了最终参数的质量。

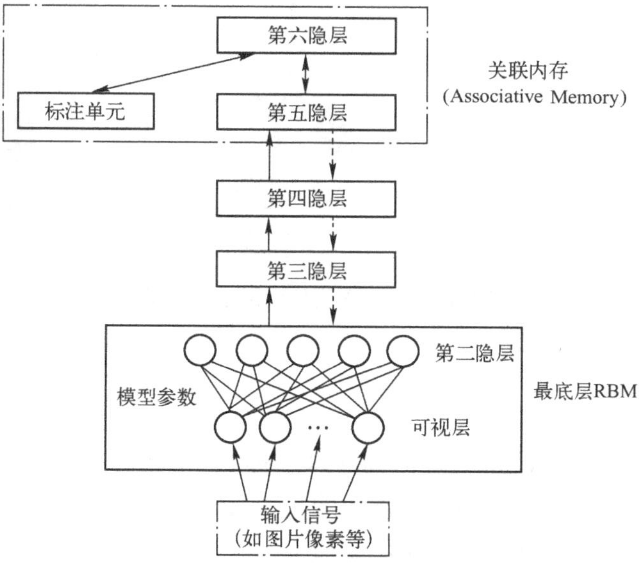

图 6.9　深度信念网络

2008年，蒂勒曼（Tieleman T.）提出了一种名为Persistent Contrastive Divergence（PCD）（Tieleman，2008）的学习算法，改进了CD算法无法极大化似然度的缺陷，而效率可以和CD算法相媲美，同时又不破坏原始目标函数（极大似然学习）。蒂勒曼在其论文中，也通过大量的实验证明了与CD算法相比，经PCD算法训练出的RBM具备更强的模式生成能力。2009年，蒂勒曼在PCD算法的基础上进一步改进，提出了利用一组额外的参数来提升PCD的训练效果（Tieleman，2009），揭示了马尔可夫链蒙特卡罗（MCMC）采样对RBM学习效果的影响，为其后的RBM改进学习算法奠定了基础。基于蒂勒曼的研究成果，2009—2010年，出现了一系列使用基于回火的马尔可夫链蒙特卡罗采样算法。

图6.10的左边给出一个例子（Hinton，2006）。这个网络有4层，将一个高维的图像信号压缩到30维，即最顶层的神经元个数为30。还可以将这个网络对称展开，从30维回到原来的高维信号，这样就有了一个8层的网络（见图6.10中间）。如果该网络用于信号压缩，那么可以令该网络的目标输出等于输入，再用BP算法对权值进行微调（见图6.10右边）。

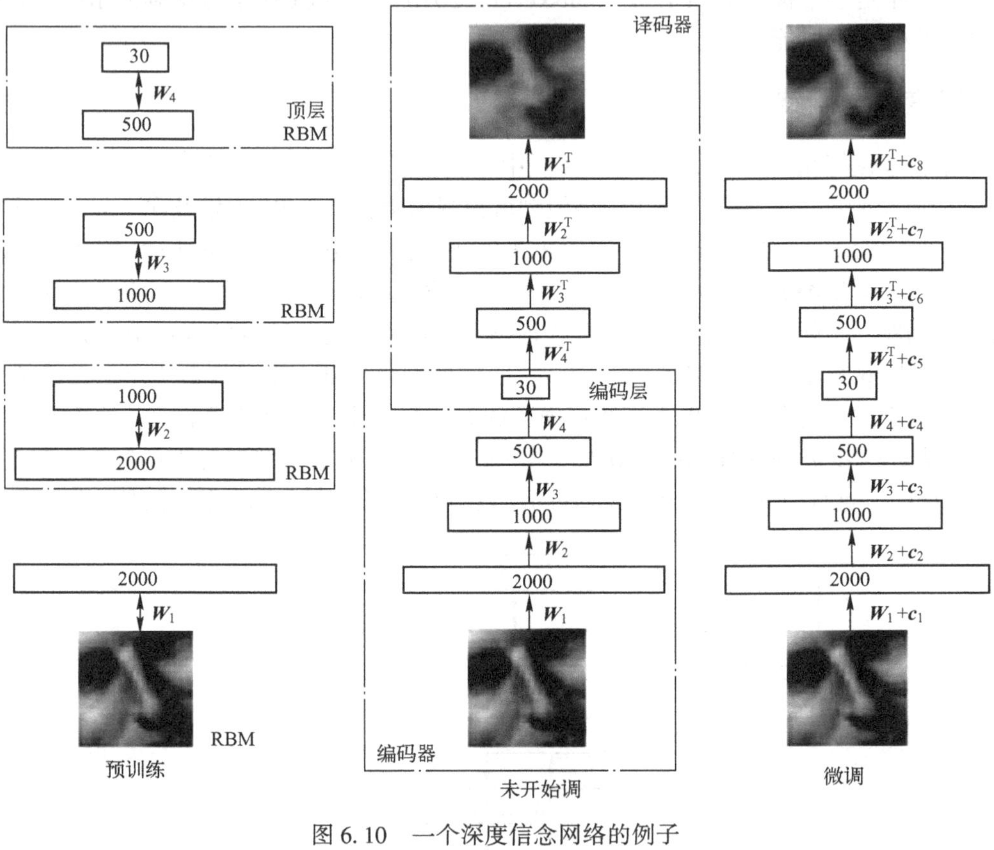

图6.10　一个深度信念网络的例子

6.7.5　卷积神经网络

卷积神经网络是一种多阶段全局可训练的人工神经网络模型（LeCun，1989），它可以从经过少量预处理，甚至原始数据中学习到抽象的、本质的和高阶的特征，在车牌检测、人脸检测、手写体识别和目标跟踪等领域得到了广泛的应用。

卷积神经网络在二维模式识别问题上，通常表现得比多层感知器好，原因在于卷积神经网络在结构中加入了二维模式的拓扑结构，并使用 3 种重要的结构特征：局部接受域、权值共享和子采样来保证输入信号的目标平移、放缩和扭曲一定程度上的不变性。卷积神经网络主要由特征提取和分类器组成，特征提取包含多个卷积层和子采样层，分类器一般使用一层或两层的全连接神经网络。卷积层具有局部接受域结构特征，子采样层具有子采样结构特征，这两层都具有权值共享结构特征。如图 6.11 所示是一个用于手写体识别的卷积神经网络的结构。

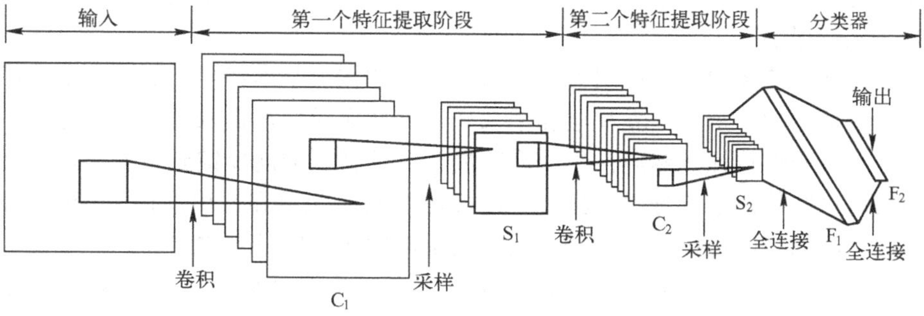

图 6.11　手写体识别的卷积神经网络的结构示意图

图 6.11 中，卷积神经网络共有 7 层：一个输入层、两个卷积层、两个子采样层和两个全连接层。输入层每个输入样本包含 32×32 = 1 024 个像素。C_1为卷积层，包含 6 个特征图，每个特征图包含 28×28 = 784 个神经元。C_1上每个神经元通过 5×5 的卷积核与输入层相应 5×5 的局部接受域相连，卷积步长为 1，所以 C_1层共包含 6×784×(5×5+1) = 122 304个连接。每个特征图包含 5×5 个权值和 1 个偏置，所以 C_1层共包含 6×(5×5+1) = 156 个可训练参数。

S_1为子采样层，包含 6 个特征图，每个特征图包含 14×14 = 196 个神经元。S_1上的特征图与 C_1层上的特征图一一对应，子采样窗口为 2×2 的矩阵，子采样步长为 1，所以 S_2层共包含 6×196×(2×2+1) = 5 880 个连接。S_1上的每个特征图含有 1 个权值和 1 个偏置，所以 S_2层共有 12 个可训练参数。

C_2为卷积层，包含 16 个特征图，每个特征图包含 10×10 = 100 个神经元。C_2上每个神经元通过 k 个（$k \leqslant 6$，6 为 S_1层上的特征图个数）5×5 的卷积核与 S_1上 k 个特征图中相应 5×5 的局部接受域相连。使用全连接的方式时 $k = 6$。所以实现的卷积神经网络 C_2层共包含 41 600 个连接。每个特征图包含 6×5×5 = 150 个权值和 1 个偏置，所以 C_1层共包含 16×(150+1) = 2 416 个可训练参数。

S_2为子采样层，包含 16 个特征图，每个特征图包含 5×5 个神经元，S_2共包含 400 个神经元。S_1上的特征图与 C_2层上的特征图一一对应，S_2上特征图的子采样窗口为 2×2，所以 S_2层共包含 16×25×(2×2+1) = 2 000 个连接。S_2上的每个特征图含有 1 个权值和 1 个偏置，所以 S_2层共有 32 个可训练参数。

F_1为全连接层，包含 120 个神经元，每个神经元都与 S_2上 400 个神经元相连，所以 F_1包含连接数与可训练参数都为 120×(400+1) = 48 120。F_2为全连接层，也是输出层，包含 10 个神经元、1 210 个连接和 1 210 个可训练参数。

从图 6.11 中可以看出，卷积层特征图数目逐层增加，一方面是为了补偿采样带来的特征损失，另一方面，由于卷积层特征图是由不同的卷积核与前层特征图卷积得到，即获取的是不同的特征，这就增加了特征空间，使提取的特征更加全面。

卷积神经网络在有监督的训练中多使用误差反向传播（BP）算法，采用基于梯度下降的方法，通过误差反向传播不断调整网络的权值和偏置，使训练集样本整体误差平方和最小。BP训练算法可以分为4个过程：网络初始化、信息流的前向传播、误差反向传播以及权值和偏置更新。在误差反向逐层传递过程中，还需计算权值和偏置的局部梯度改变量。

在训练阶段的开始，需要为各层神经元随机初始化权值。权值的初始化对网络的收敛速度有很大影响，所以如何初始化权值是非常重要的。权值的初始化与网络选取的激活函数有关，为了加快收敛速度，权值应尽量取到激活函数变化最快的部分，初始化的权值太大或太小都将导致权值的变化量很小。

在信息流的前向传播中，卷积层首先提取输入中的初级基本特征，形成若干特征图，然后子采样层降低特征图的分辨率。卷积层和子采样层交替完成特征提取阶段后，这时，网络获取了输入中高阶的不变性特征。然后，这些高阶的不变性特征前向反馈到全连接神经网络，由全连接神经网络对这些特征进行分类。经过全连接神经网络隐层和输出层信息变换和计算处理，就完成了一次学习的正向传播处理过程，最终结果由输出层向外界输出。

当实际输出与期望输出不符合时，网络进入误差反向传播阶段。误差从输出层传递到隐层，从隐层再传递到特征提取阶段的子采样层和卷积层。各层神经元都获取到自己的输出误差之后，开始计算每个权值和偏置的局部改变量，最后进入权值更新阶段。

1. 卷积层前向传播

卷积层的每一个神经元提取前一层全部特征图中相同位置局部接受域中的特征，并且，同一特征图上的神经元共享一个权值矩阵。卷积过程可看作卷积层神经元通过权值矩阵对前层特征图逐行逐列无缝扫描。第 l 层卷积层第 k 个特征图中第 x 行第 y 列的神经元的输出 $o_{(x,y)}^{(l,k)}$ 可由式（6.63）求得，其中，$\tanh(\cdot)$ 是激活函数，f 是第 l 层特征图数目，kh 是卷积窗口的高，kw 是卷积窗口的宽。

$$o_{(x,y)}^{(l,k)}=\tanh\left(\sum_{t=0}^{f-1}\sum_{r=0}^{kh}\sum_{c=0}^{kw}W_{(r,c)}^{(k,t)}o_{(x+r,y+c)}^{(l-1,t)}+\mathrm{Bias}^{(l,k)}\right) \tag{6.63}$$

从式（6.63）可以看出，计算卷积层一个神经元的输出需要遍历前层各个特征图中相应卷积窗口中的神经元。全连接层的前向传播与卷积层前向传播类似，可以看作卷积权值矩阵与输入大小相同的卷积操作。

2. 子采样层前向传播

子采样层的特征图与前层卷积层特征图数目相同且一一对应。每一个神经元通过子采样窗口与前层相应特征图中大小相同但互不重叠的子区域相连。第 l 层子采样层第 k 个特征图中第 x 行第 y 列神经元的输出 $o_{(x,y)}^{(l,k)}$ 如式（6.64）所示，其中，sw 是子采样窗口的宽度，sh 是子采样窗口的高度。

$$o_{(x,y)}^{(l,k)}=\tanh\left(W^{(k)}\sum_{r=0}^{sh}\sum_{c=0}^{sw}o_{(x\cdot sh+r,y\cdot sw+c)}^{(l-1,k)}+\mathrm{Bias}^{(l,k)}\right) \tag{6.64}$$

3. 子采样层误差反向传播

误差反向传播从输出层开始，经过隐层传入子采样层。输出层的误差反向传播首先计算误差关于输出层神经元输出的偏导数。假设训练样本 d 在输出层第 k 个神经元的输出为 o_k，而样本 d 的在输出层第 k 个输出单元的期望输出为 t_k，那么样本 d 在输出层的误差 $E=1/2\sum_k(o_k-t_k)^2$。误差 E 关于输出 o_k 的偏导数为 $\partial E/\partial o_k=o_k-t_k$，类似可以求得误差关于输出层所有神经元的偏导数。之后，需要求出误差关于输出层各神经元输入的偏导数。设输出层误

差关于第 k 个神经元输入的偏导数为 $d(o_k)$，可由式（6.65）得出，其中，$(1+o_k)\cdot(1-o_k)$ 为激活函数 tanh(·)对该神经元的输入求偏导，然后开始计算误差关于隐层各神经元输出的偏导数。假设隐层的一个神经元 j，W_{kj} 为神经元 j 与输出层神经元之间的连接权值，那么误差关于神经元 j 的输出的偏导数 $d(o_j)$ 可由式（6.66）求得。将误差关于隐层各神经元的输出的偏导数求出之后，误差就从输出层反向传播到了隐层，隐层经过相似的过程将误差反向传播到子采样层。为表述方便，这里将误差关于神经元输出的偏导数称为神经元的输出误差，将误差关于神经元输入的偏导数称为神经元的输入误差。

$$d(o_k)=(o_k-t_k)(1+o_k)(1-o_k) \tag{6.65}$$

$$d(o_j)=\sum d(o_k)W_{kj} \tag{6.66}$$

子采样层特征图个数与卷积层特征图个数相同且一一对应，所以误差从子采样层传播到卷积层比较直观。先利用式（6.65）计算子采样层各神经元的输入误差，然后将神经元输入误差传播到子采样层的前层神经元。设子采样层为第 l 层，则第 $l-1$ 层第 k 个特征图中第 x 行第 y 列神经元的输出误差可由式（6.67）求得。

$$d(o_{(x,y)}^{(l-1,k)})=d(o_{([x/sh],[r/sw])}^{(l,k)})W^{(k)} \tag{6.67}$$

子采样层的一个特征图中所有神经元共享一个权值和一个偏置，所以权值和偏置的局部梯度改变量与子采样层所有神经元相关。子采样层 l 第 k 个特征图的权值改变量 $\Delta W^{(k)}$ 和偏置改变量 $\Delta\mathrm{Bias}^{[l,k]}$ 分别可由式（6.68）和式（6.69）求得。在式（6.69）中，fh 和 fw 代表子采样层 l 中特征图的高和宽。

$$\Delta W^{(k)}=\sum_{x=0}^{fh}\sum_{y=0}^{fw}\sum_{r=0}^{sh}\sum_{c=0}^{sw}o_{(x,y)}^{(l-1,k)}d(o_{([x/sh],[y/sw])}^{(l,k)}) \tag{6.68}$$

$$\Delta\mathrm{Bias}^{(l,k)}=\sum_{x=0}^{fh}\sum_{y=0}^{fw}d(o_{(x,y)}^{(l,k)}) \tag{6.69}$$

4. 卷积层误差反向传播

卷积层的误差反向传播主要有“推”和“拉”两种方式。“推”的方式（见图 6.12a）可理解为卷积层神经元主动将误差传给前层神经元，这种方式比较适合串行实现，但在并行实现时存在“写冲突”问题；“拉”的方式（见图 6.12b）可理解为后层神经元主动从前层各神经元获取误差，这种方式实现起来比较复杂，由于卷积操作的边缘效应，需要先确定当前层神经元与前层特征图中的哪些神经元相连。

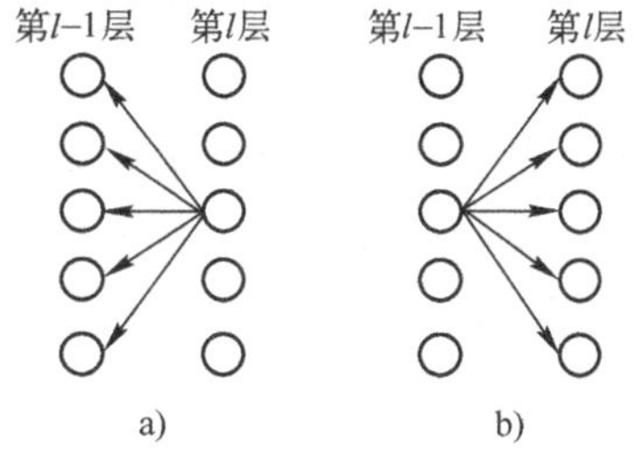

图 6.12 误差反向传播的两种方式

采用“拉”的方式描述卷积层误差反向传播过程。先利用式（6.65）计算卷积层各神经元的输入误差，然后将神经元输入误差传播到卷积层的前层神经元，公式如下：

$$d(o_{(x,y)}^{(l-1,k)})=\sum_{t=0}^{m-1}\sum_{(p,q)\in A}d(o_{(p,q)}^{(l,t)})W \tag{6.70}$$

式中，A 为第 $l-1$ 层第 k 个特征图中第 x 行第 y 列神经元与第 l 层相连的神经元坐标的集合；W 表示两个神经元相应的连接权值。卷积层误差向前层子采样层反向传播的串行计算过程如下：

```
for 卷积层前层各神经元
    确定该神经元与卷积层哪些神经元相连
```

利用式(6.70),从卷积层相关神经元“拉”取误差

end for

卷积层第 k 个特征图与前层第 t 个特征图相连的权值矩阵中第 r 行第 y 列权值的局部梯度改变量可由下式计算：

$$\Delta W_{(r,c)}^{(k,t)} = \sum_{x=r}^{fh-kh+r} \sum_{y=c}^{fw-kw+c} d(o_{(x,y)}^{(l,k)}) o_{(r+x,c+y)}^{(l-1,r)} \tag{6.71}$$

卷积层一个特征图上的所有神经元共享一个偏置，与子采样层一样，计算方法也相同。

随着需要解决的问题复杂化和对卷积神经网络性能要求的提高，需要的训练数据越来越完备，数据量越来越多，相应地，就需要学习能力更强的网络，而学习能力强的网络需要更多的可训练参数。

6.8 自组织神经网络

生物研究表明，人脑细胞各部分的功能并不相同。不同区域的脑细胞控制着人体不同部位的运动。同样，处于不同区域的细胞对来自某一方面的刺激信号的敏感程度也不一样。这种特定细胞对特定信号的特别反映能力似乎是由后来的经历和训练形成的。科霍楠（Kohonen T.）正是根据人脑的这一特点提出了自组织神经网络的映射理论（Kohonen，1982）。

6.8.1 网络的拓扑结构

自组织映射网络（Self-Organizing Feature Maps，SOM），亦称为 Kohonen 网络。网络上层为输出节点，按某种形式排成了一个邻域结构。对输出层中的每个神经元，规定它的邻域结构，即哪些节点在它的邻域内和它在哪些节点的邻域内。输入节点处于下方，若输入向量有 n 个元素，则输入端有 n 个节点，所有输入节点到所有输出节点都有权值连接，而输出节点相互之间也有可能是局部连接的。其拓扑结构如图 6.13 所示。

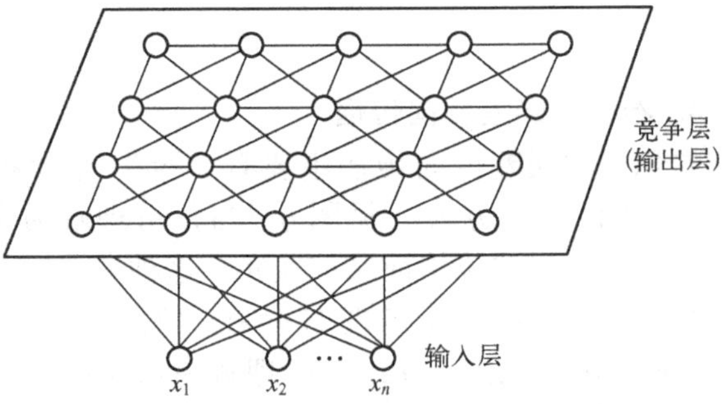

图 6.13　自组织映射网络

网络的功能就是通过自组织方法用大量的样本训练数据来调整权值，使得网络的输出能够反映样本数据的分布情况。SOM 网络可以用于样本排序、样本分类及样本特征检测等。

6.8.2 网络自组织算法

网络训练的过程就是某个输出节点能对某一类模式做出特别的反应以代表该模式类。所不同的是，这里规定了二维平面上相邻的节点能对实际模式分布中相近的模式类做出特别的反应。这样，当某类数据模式输入时，对其某一输出节点给予最大的刺激。当输入模式从一个模式区域移到相邻的模式区域时，二维平面上的获胜节点也从原来的节点移到其相邻的节点。因此，从 Kohonen 网络的输出状况，不仅能判断输入模式所属的类别并使输出节点代表某一模式，还能够得到整个数据区域的大体分布情况，即从样本数据中抓到所有数据分布的大体本质特征。

为了能使二维输出平面上相邻的输出节点对相近的输入模式类别特别反应，在训练过程中定义获胜节点的邻域节点。假设本次获胜节点为 i^*，节点 i^* 在 t 时刻的邻域节点用 N_i^* 表示。它包含以节点 i^* 为中心而距离不超过某一半径的所有节点。在训练的初始阶段，不仅要对获胜节点进行权值调整，还要对其较大范围内的几何邻近节点做相应的调整，而随着训练过程的进行，与输出节点相连的权向量也越来越接近其代表的模式类。这时，对获胜节点进行较细微的权值调整时，只对其几何邻接较近的节点进行相应调整。直到最后，只对获胜节点本身进行细微的权值调整。在训练过程结束后，几何上相近的输出节点所连接的权向量既有联系又有区别，保证了对于某一类输入模式，获胜节点能做出最大响应，而相邻节点做出较大响应。几何上相邻的节点代表特征上相近的模式类别。

算法 6.6　Kohonen 网络训练算法

1）权连接初始化。对所有从输入节点到输出节点的连接权值赋予随机的小数。置时间计数 $t=0$。

2）对网络输入模式 $\boldsymbol{x}^k=(x_1,x_2,\cdots,x_n)$。

3）计算输入 $\boldsymbol{x}^k$ 与全部输出节点所连权向量 $\boldsymbol{W}_j^{\mathrm{T}}$ 的距离

$$d_i=\sum(x_i^k-W_{ij})^2,\quad i\in\{1,2,\cdots,n\},\ j\in\{1,2,\cdots,m\} \tag{6.72}$$

4）具有最小距离的节点 N_i^* 竞争获胜

$$d_j^*=\min_{j\in\{1,2,\cdots,m\}}\{d_j\} \tag{6.73}$$

5）调整输出节点 N_i^* 所连接的权向量及 N_i^* 几何邻域 $NE_i^*(t)$ 内的节点所连权值

$$\Delta W_{ij}=\eta(t)(x_i^k-W_{ij})$$

$$N_j\in NE_j^*(t),\quad i\in\{1,2,\cdots,n\}$$

6）若还有输入样本数据，则 $t=t+1$，转步骤 2）。

算法 6.6 中，$\eta(t)$ 是一种可变学习速率，随时间而衰减，意味着随着训练过程的进行，权值调整幅度越来越小，以使竞争获胜节点所连接的权向量能代表模式的本质属性。$NE_i^*(t)$ 也随时间而收缩，最后在 t 充分大时，$NE_i^*(t)=\{N_j^*\}$，即只训练获胜节点本身得以实现。

6.8.3　监督学习

Kohonen 网络也可以用监督学习方法构建。在这种情况下，每一学习模式 $\boldsymbol{x}(k)$，因归属的类别是已知的。当输入的模式提供给网络后，按式（6.68）选择获胜神经元 i^*。如果获胜神经元 i^* 是 $\boldsymbol{x}(k)$ 的恰当分类，则将该神经元对应的连接权值矢量向 $\boldsymbol{x}(k)$ 靠拢的方向调整。其调整方程可表示为

$$\Delta W_{i\cdot j}=\begin{cases}\eta(t)(x_j^k-W_{i^*j}), & i^*\text{ 为恰当分类}\\ -\eta(t)(x_j^k-W_{i^*j}), & i^*\text{ 不为恰当分类}\end{cases}$$

监督学习可以缩短学习时间，同时也能提高分类精度。

Kohonen 自组织特征映射网络在机器视觉、机械控制、语音识别、向量量化机及组合优化领域内都得到了应用，或具有潜在应用前景。在机器视觉问题上，Kohonen 网络的输出节点构成三维立体数组，把机械手相对于空间某一点的角度作为网络的输入参量，使网络的三维立体输出状况反映机械手在某一空间的状态。于是，可以利用这些状态训练网络，使网络的三维立体输出状况反映该机械手的有效动作，如回避障碍物等。

6.9 小结

神经网络模拟人和其他动物的行为，是适应世界的一种机制：经过训练的神经网络结构是通过学习而构建的。神经网络的智能并不要求世界被重构为一种明确的符号模型。相反，网络是通过与世界的交互而形成的，通过经验的、不明确的痕迹而反映出来。神经网络这种途径对我们理解智能起到了极大的作用，也给了我们一个在智力过程的物理具体化中可以接受的机制模型、一个更可行的学习和发展的理由、一个简单能力的示范、为反映实际现象而对复杂系统所做的局部修改，以及一个针对认知神经科学的强有力的工具。

由于神经网络是分布式表示的，因此它们比那些明确的符号系统更为健壮。一个经过适当训练的神经网络能够有效地识别出新的实例，具有像人一样的相似性感知能力，而不需要严格的逻辑判断。同样地，部分神经元的丢失并不会严重地影响整个神经网络的性能，这是因为在网络模型中有大量固有的冗余。

神经网络理论与应用已取得了许多重要进展，从例子学习的能力已经使得它们在建模、时间序列分析、模式识别、信号处理和控制等领域获得成功应用。基于学习算法的神经网络允许我们在手写体识别中免除手工特征提取。由神经网络激发的基于梯度的学习算法允许我们同时训练特征提取器、分类器和背景处理器。

深度学习是机器学习、神经网络研究中的一个新的领域，其核心思想在于模拟人脑的层级抽象结构，通过无监督的方式分析大规模数据，发掘大数据中蕴藏的有价值信息。深度学习应大数据而生，给大数据提供了一个深度思考的大脑。近年来，微软、谷歌、IBM、Facebook 和百度等拥有大数据的高科技公司相继投入大量资源进行深度学习技术研发，在语音、图像、自然语言和在线广告等领域取得显著进展。

习题

1. 构建一个 McCulloch-Pitts 神经元，使它能计算逻辑函数蕴含“→”。

2. 考虑另一种得到 Rosenblatt 感知器更新公式的方法。定义感知器准则函数为

$$J_p(\boldsymbol{W}) = \sum_{\boldsymbol{x} \in \aleph(\boldsymbol{W})} (-\boldsymbol{W}^{\mathrm{T}}\boldsymbol{x})$$

式中，$\aleph(\boldsymbol{W})$表示根据权值向量 $\boldsymbol{W}$ 的选择错误分类的样本集。注意，如果没有错误分类样本，$J_p(\boldsymbol{W})$定义为零，且假如 $\boldsymbol{W}^{\mathrm{T}}\boldsymbol{x}\leqslant\boldsymbol{0}$ 输出是错误分类的。

1）在几何上证明 $J_p(\boldsymbol{W})$是与错误分类样本到决策边界的欧几里得距离之和成比例的。

2）求 $J_p(\boldsymbol{W})$对权值向量 $\boldsymbol{W}$ 的梯度。

3）利用 2）中得到的结果，证明感知器的权值更新是

$$\boldsymbol{W}(n+1) = \boldsymbol{W}(n) + \eta(n) \sum_{\boldsymbol{x} \in \aleph(\boldsymbol{W})} \boldsymbol{x}$$

式中，$\aleph(\boldsymbol{W})$表示用权值向量 $\boldsymbol{W}(n)$错误分类的样本集；$\eta(n)$是学习率参数。证明此结果对单样本修正的情形与 6.3 节描述的情形是基本一致的。

3. 用 C++语言构建一个感知机网络，并运行分类的例子。

4. 用反传网络识别 10 个数字。一种方法是创建一个 4×6 的点阵。当一个数从这个网格中抽取，它将覆盖一些元素，这些元素取值为 1，其他的取值为 0。这 24 个元素的向量将构成网

络的输入。需要创建训练向量。

5. Delta-Bar-Delta 学习规则代表反向传播算法的一个修改形式。在这个规则中，网络中的每个突触权值被指定一个自身的学习率参数。代价函数 $E(n)$ 因而以相应的方式被修改，新的代价函数 $E(n)$ 的参数空间包括不同的学习率。请推导偏导数 $\partial E(n)/\partial \eta_{ji}(n)$ 的表达式，其中 $\eta_{ji}(n)$ 为相应于 $W_{ji}(n)$ 的学习率参数。

6. 考虑由两个神经元构成的简单 Hopfield 网络，网络的权矩阵如下：

$$\boldsymbol{W}=\begin{bmatrix} 0 & -1 \\ -1 & 0 \end{bmatrix}$$

每个神经元的偏置为 0，网络的 4 个可能状态是

$$\boldsymbol{x}_1=[+1 \quad +1]^{\mathrm{T}}$$
$$\boldsymbol{x}_2=[-1 \quad +1]^{\mathrm{T}}$$
$$\boldsymbol{x}_3=[-1 \quad -1]^{\mathrm{T}}$$
$$\boldsymbol{x}_4=[+1 \quad -1]^{\mathrm{T}}$$

1）说明状态 $\boldsymbol{x}_2$ 和 $\boldsymbol{x}_4$ 是稳定的，而状态 $\boldsymbol{x}_1$ 和 $\boldsymbol{x}_3$ 成为极限环。用下面两个工具来说明：稳定性条件和能量函数。

2）刻画状态 $\boldsymbol{x}_1$ 和 $\boldsymbol{x}_3$ 的极限环的长度是多少？

7. 构建一个 Hopfield 网络解决 10 个城市的旅行商问题。

8. 用 Java 实现 Kohonen 网络，并用实际数据进行聚类。

9. 什么是深度学习？常见的深度学习方法有哪些？

10. 试给出 Kohenen 自组织神经网络的自组织特征映射算法的程序流程图。

第7章　专家系统

专家系统是一种基于知识的计算机程序。专家系统的迅速发展和广泛应用，形成知识工程。知识工程是利用知识表示和推理技术来构造复杂的计算机程序的艺术。本章主要介绍专家系统的基本原理、典型的专家系统、开发工具以及建造专家系统的方法。

7.1　专家系统概述

7.1.1　什么是专家系统

专家系统（Expert System）是一类具有专门知识和经验的计算机智能程序系统，通过对人类专家问题求解能力的建模，采用人工智能中的知识表示和知识推理技术来模拟通常由专家才能解决的复杂问题，达到具有与专家同等解决问题的水平。这种基于知识的系统设计方法是以知识库和推理机为中心而展开的，即

专家系统=知识库+推理机

它把知识从系统中与其他部分分离开来。专家系统强调的是知识而不是方法。很多问题没有基于算法的解决方案，或算法方案太复杂，采用专家系统可以利用人类专家拥有的丰富知识，因此专家系统也称为基于知识的系统（Knowledge-based Systems）。一般来说，一个专家系统应该具备以下3个要素：

1）具备某个应用领域的专家级知识。

2）能模拟专家的思维。

3）能达到专家级的解题水平。

专家系统与传统的计算机程序的主要区别见表7.1。

表7.1　专家系统与传统的计算机程序的主要区别

列项	传统的计算机程序	专家系统	列项	传统的计算机程序	专家系统
处理对象	数字	符号	系统修改	难	易
处理方法	算法	启发式	信息类型	确定性	不确定性
处理方式	批处理	交互式	处理结果	最优解	可接受解
系统结构	数据和控制集成	知识和控制分离	适用范围	无限制	封闭世界假设

建造一个专家系统的过程可以称为“知识工程”，它是把软件工程的思想应用于设计基于知识的系统。知识工程包括以下几个方面：

1）从专家那里获取系统所用的知识（即知识获取）。

2）选择合适的知识表示形式（即知识表示）。

3）进行软件设计。

4）以合适的计算机编程语言实现。

7.1.2　专家系统的特点

专家系统使用某个领域的实际专家经常使用的领域知识来求解问题，通常适合于完成那些没有公认的理论和方法、数据不精确或信息不完整、人类专家短缺或专门知识十分昂贵的诊断、解释、监控、预测、规划和设计等任务。一般专家系统具有以下特点：

1）启发性。专家系统能够运用专家的知识和经验进行推理、判断与决策。利用启发式信息找到问题求解的捷径。

2）透明性。专家系统能够解释本身的推理过程，并回答用户提出的问题，使用户能够理解它的推理过程，提高用户对系统的信赖感和结果的可靠性。

3）灵活性。一般专家系统的体系结构都采用了知识库与推理机相分离的构造原则，彼此既有联系，又相互独立。当对知识库进行增、删、修改或更新时，灵活方便，对推理程序不会造成大的影响。

4）交互性。专家系统一般采用交互方式进行人机通信，这种交互性既有利于系统从专家那里获取知识，又便于用户在求解问题时输入条件或事实。

5）实用性。专家系统是根据具体应用领域的问题开发的，针对性强，具有非常良好的实用性。

6）易推广。专家系统使人类专家的领域知识突破了时间和空间的限制，专家系统的知识库可以永久保存，并可复制任意多的副本或在网上供不同地区或部门的人们使用，从而使专家的知识和技能更易于推广和传播。

7.1.3　专家系统的发展史

专家系统是人工智能应用研究最活跃和最广泛的领域之一。1965 年，斯坦福大学的费根鲍姆（Feigenbaum E. A.）和化学家勒德贝格（Lederberg J.）合作研制 DENDRAL 系统，使得人工智能的研究从面向基本技术和基本方法的理论研究走向解决实际问题的具体研究，从探索广泛的普遍规律转向知识的工程应用，体现知识的巨大力量。20 世纪 70 年代，专家系统的观点逐渐被人们接受，许多专家系统相继研发成功，其中较具代表性的有医药专家系统 MYCIN、探矿专家系统 PROSPECTOR 等。80 年代，专家系统的开发趋于商品化，创造了巨大的经济效益。

1977 年，美国斯坦福大学计算机科学家费根鲍姆在第五届国际人工智能联合会议上提出知识工程的新概念。他认为，“知识工程是人工智能的原理和方法，对那些需要专家知识才能解决的应用难题提供求解的手段。恰当运用专家知识的获取、表达和推理过程的构成与解释，是设计基于知识的系统的重要技术问题。”知识工程是一门以知识为研究对象的学科，它将具体智能系统研究中那些共同的基本问题抽取出来，作为知识工程的核心内容，使之成为指导具体研制各类智能系统的一般方法和基本工具，成为一门具有方法论意义的科学。20 世纪 80 年代以来，在知识工程的推动下，涌现出了不少专家系统开发工具，如 EMYCIN、CLIPS（OPS5、OPS83）、G2、KEE、OKPS 等。

早在 1977 年，中国科学院自动化研究所就基于关幼波先生的经验，研制成功了我国第一个“中医肝病诊治专家系统”。1985 年 10 月，中国科学院合肥智能机械研究所熊范纶建成“砂姜黑土小麦施肥专家咨询系统”，这是我国第一个农业专家系统。经过几十年努力，以农业专家系统为重要手段的智能化农业信息技术在我国取得了引人瞩目的成就，农业专家系统遍地开花，将对我国农业持续发展发挥重要作用。中国科学院计算技术研究所史忠植与中国水产科学研究院东海水产研究所等合作，研制了东海渔场预报专家系统。在专家系统开发工具方面，中国科学院数学与系统科学研究所研制了专家系统开发环境“天马”，中国科学院合肥智能机械研究所研制了农业专家系统开发工具“雄风”，中国科学院计算技术研究所研制了面向对象专家系统开发工具“OKPS”。

7.2　专家系统的基本结构

专家系统的基本结构如图7.1所示，其中箭头方向为信息流动的方向。专家系统通常由人机交互界面、知识库、推理机、解释器、综合数据库和知识获取6个部分构成。

知识库是问题求解所需要的领域知识的集合，包括基本事实、规则和其他有关信息。知识的表示形式可以是多种多样的，包括框架、规则和语义网络等。知识库中的知识源于领域专家，是决定专家系统能力的关键，即知识库中知识的质量和数量决定着专家系统的质量水平。知识库是专家系统的核心组成部分。一般来说，专家系统中的知识库与专家系统程序是相互独立的，用户可以通过改变、完善知识库中的知识内容来提高专家系统的性能。

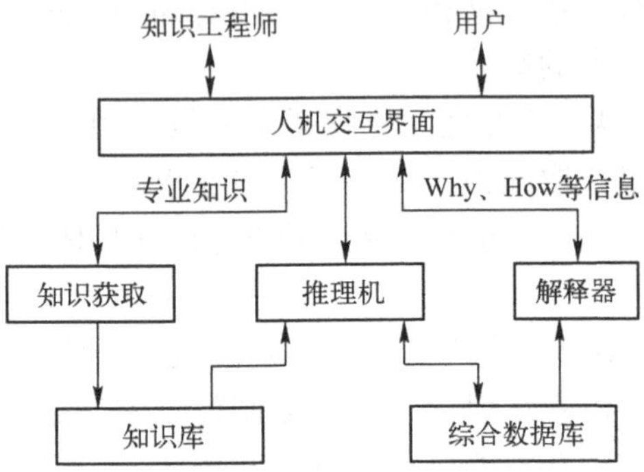

图7.1　专家系统的基本结构

推理机是实施问题求解的核心执行机构，它实际上是对知识进行解释的程序，根据知识的语义，对按一定策略找到的知识进行解释执行，并把结果记录到动态库的适当空间中。推理机的程序与知识库的具体内容无关，即推理机和知识库是分离的，这是专家系统的重要特征。它的优点是对知识库的修改无须改动推理机，但是纯粹的形式推理会降低问题求解的效率。将推理机和知识库相结合也不失为一种可选方法。

知识获取负责建立、修改和扩充知识库，是专家系统中把问题求解的各种专门知识从人类专家的头脑中或其他知识源那里转换到知识库中的一个重要机构。知识获取可以是手工的，也可以采用半自动知识获取方法或自动知识获取方法。

人机交互界面是系统与用户进行交流时的界面。通过该界面，用户输入基本信息、回答系统提出的相关问题。系统输出推理结果及相关的解释也是通过人机交互界面。

综合数据库也称为动态库或工作存储器，是反映当前问题求解状态的集合，用于存放系统运行过程中所产生的所有信息，以及所需要的原始数据，包括用户输入的信息、推理的中间结果和推理过程的记录等。综合数据库中由各种事实、命题和关系组成的状态，既是推理机选用知识的依据，也是解释机制获得推理路径的来源。

解释器用于对求解过程做出说明，并回答用户的提问。两个最基本的问题是“Why”和“How”。解释机制涉及程序的透明性，它让用户理解程序正在做什么和为什么这样做，向用户提供了一个关于系统的认识窗口。在很多情况下，解释机制是非常重要的。为了回答“为什么”得到某个结论的询问，系统通常需要反向跟踪动态库中保存的推理路径，并把它翻译成用户能接受的自然语言表达方式。

7.3　专家系统 MYCIN

专家系统的基本工作流程是，用户通过人机交互界面回答系统的提问，推理机将用户输入的信息与知识库中各个规则的条件进行匹配，并把被匹配规则的结论存放到综合数据库中。最后，专家系统将得出最终结论呈现给用户。这里以 MYCIN 系统为例，说明专家系统的结构和工作过程。

MYCIN 系统是著名的医学领域的专家系统，是由斯坦福大学建立的对细菌感染疾病的诊断和治疗提供咨询的系统。医生可以向系统输入患者信息，MYCIN 系统对其进行诊断，并给出诊断结果和处方。

细菌感染疾病专家在对病情诊断和提出处方时，大致遵循下列 4 个步骤：

1）确定患者是否有重要的细菌感染需要治疗。为此，首先要判断所发现的细菌是否引起了疾病。

2）确定疾病可能是由哪种细菌引起的。

3）判断哪些药物对抑制这种细菌可能有效。

4）根据患者的情况，选择最适合的药物。

这样的决策过程很复杂，主要靠医生的临床经验和判断。MYCIN 系统试图用产生式规则的形式体现专家的判断知识，以模仿专家的推理过程。

系统通过和内科医生之间的对话收集关于患者的基本情况，如临床情况、症状、病历以及详细的实验室观测数据等。系统首先询问一些基本情况。内科医生在回答询问时所输入的信息被用于做出诊断。诊断过程中如需要进一步的信息，系统就会进一步询问医生。一旦可以做出合理的诊断，MYCIN 就列出可能的处方，然后在与医生进一步对话的基础上选择适合于患者的处方。

在诊断引起疾病的细菌类别时，取自患者的血液和尿等样品，在适当的介质中培养，可以取得某些关于细菌生长的迹象。但要完全确定细菌的类别经常需要 24~48 小时或更长的时间。在许多情况下，患者的病情不允许等待这样长的时间。因此，医生经常需要在信息不完全或不十分准确的情况下，决定患者是否需要治疗，如果需要治疗，应选择什么样的处方。因此，MYCIN 系统的重要特性之一是以不确定和不完全的信息进行推理。

MYCIN 系统由 3 个子系统组成：咨询子系统、解释子系统和规则获取子系统，如图 7.2 所示。系统所有信息都存放在两个数据库中：静态数据库存放咨询过程中用到的所有规则，因此，它实际上是专家系统的知识库；动态数据库存放关于患者的信息，以及到目前为止咨询中系统所询问的问题，每次咨询，动态数据都要重建一次。

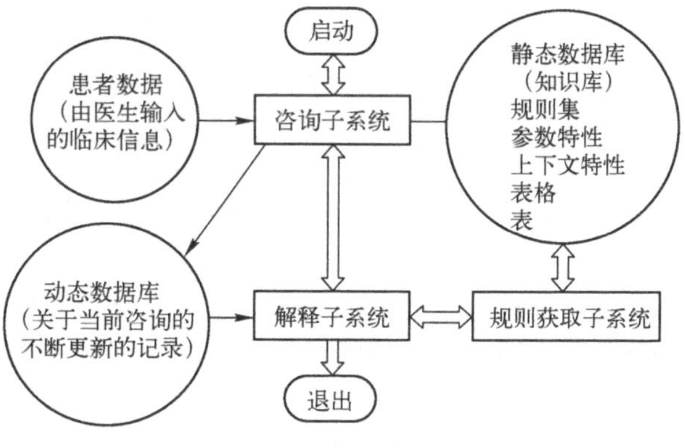

图 7.2　MYCIN 系统中的信息流及控制流程

咨询开始时，先启动咨询子系统，进入人机对话状态。当结束咨询时，系统自动地转入解释子系统。解释子系统回答用户的问题，并解释推理过程。规则获取子系统只由建立系统的知识工程师所使用。当发现有规则被遗漏或不完善时，知识工程师可以利用这个子系统来增加和修改规则。

7.3.1　咨询子系统

在咨询过程中，MYCIN 逐步建立为得出结论所必需的信息，这些信息有关于患者的一般情况、培植的培养物、从培养物中分离的细菌以及已服用的药物等。这些信息分别归类到相应的项目中，这些项目称为语境。MYCIN 系统有如下语境：

1）CURCULS 正在从中分离细菌的培养物。

2）CURDRGS 目前从培养物中分离出的细菌。

3）OPDRGS 在最近治疗过程中患者已服用的抗生素药物。

4）OPERS 患者正在接受的治疗。

5）PERSON 患者状况。

6）POSSTHER 正在考虑的处方。

7）PRIORCULS 以前取得的培养物。

8）PRIORDRGS 患者以前服过的抗生素。

9）PRIORORGS 以前分离的细菌。

在咨询过程中，在上述这些语境类型中，填入患者的具体情况，称为语境例示。所得到的结果以分层结构的形式组织成称为语境树的数据结构。如图 7.3 所示为语境树的一个例子。语境树中的节点为语境例示。括弧中所示为相应的语境类型。图 7.3 所示的语境树表示患者-1 过去已经取得过培养物-3。从该培养物中得到细菌-3 和细菌-4。其中对细菌-4 使用过药物-3。目前得到两种培养物：培养物-1 和培养物-2。从中分别得到细菌-1 和细菌-2。针对细菌-2 使用了药物-1 和药物-2。最近患者正在使用药物-4 进行治疗-1。这种信息或通过询问医生，或由系统本身推理得到。

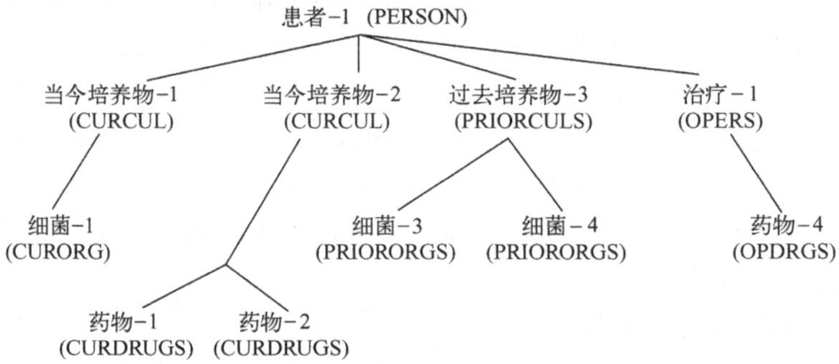

图 7.3　语境树例子

每种语境类型都由一组临床参数来描述。例如，描述 PERSON 语境的参数称为 PROPPT，其中包括 NAME、AGE 和 SEX，分别表示姓名、年龄和性别。虽然某些参数如 NAME、AGE 和 SEX 是由用户提供的，但大部分参数只能由 MYCIN 利用规则推论出来。

MYCIN 应用产生式规则把专家知识表示成一般的 IF（条件或前提）和 THEN（操作或结论）的形式。

对许多临床参数，MYCIN 通常不止计算一个肯定的值而是计算几个可能的值。每一个值都带有一个可信度。这是一个-1～+1 之间的数，用来表示这个临床参数的可信程度。可信度等于 1 表示这个参数肯定是这个值，可信度为-1 表示这个参数肯定不是这个值。可信度或是通过计算得到或是由医生输入。每条规则同时具有内部形式和外部英语形式。在内部形式中，规则的前提和操作部分都以 LISP 中的表结构形式保存。下面给出一个典型的例子：

```
(defrule 52                                               <---规则号
    if  (site      culture     is   blood)
        (gram      organism    is   neg)                  <---前提条件
        (morphl    organism    is   rod)
        (burn      patient     is   serious)
    then 0.4                                              <---可信度因子 (cf)
        (identity  organism    is   pseudomonas)          <---结论
)
```

MYCIN 系统使用逆向推理的控制策略。在程序的任何一点，程序的目标都是寻找某一语境的参数，也就是跟踪这个参数。跟踪的方法是调用所有在其操作部分得出这个参数的规则。开始咨询时，首先把语境树的根节点具体化为患者-1。然后试图找出这个语境类型的 REGIMEN 参数，该参数是对患者所研究的建议处方。在 MYCIN 中只有一条规则可以推论出 REGIMEN 的值，这条规则称为目标规则。为了求得 REGIMEN 的值，系统需要跟踪目标规则的前提部分所涉及的参数。医生很可能也不知道这些值，所以需要应用可以推论出这些值的规则。然后，跟踪这些规则的前提部分中的参数。这样跟踪下去，直到通过医生的回答以及推论可以找到所需的参数为止。

7.3.2 静态数据库

MYCIN 有一个静态数据库，包括所有的产生式规则以及所有的咨询程序所需的信息。每一类语境、规则和参数都有若干特性，这些特性都存储在静态数据库中。这样的静态数据库是专家系统知识库的一部分。

1. 规则的特性

每个规则都有以下 4 个存储在静态数据库中的特性：

1）PREMISE 规则的前提部分。

2）ACTION 规则的动作部分。

3）CATEGORY 规则按语境类型进行分类，每条规则只能用于某几个语境类型，这样可以便于调用。

4）SELFREF 规则是否是自我引用，如是自我引用则为 1，反之则为 0。

2. 参数的属性

每种类型的语境都有一组有关的临床参数，或简称参数。这些参数可以用于这种类型的所有语境，但如语境的类型不同，相应的参数也随之不同。例如，相应于 PERSON 语境类型的参数组是 PROP-PT。PROP-PT 中包括 NAME、AGE 和 SEX，也就是患者的姓名、年龄和性别。而 CURCULS 和 CURORGS 语境类型的参数组分别为 PROP-CUL 和 PROP-ORG。PROP-CUL 中包括参数 SITE，即培养物取自的部位。PROP-ORG 中包括参数 IDENT，即细菌的类别。

按照所能取的值的类型，参数还可以分成单值、是非值和多值 3 种。有的参数如患者的姓名、细菌类别等，可以有许多可能的取值，但各个值互不相容，所以只能取其中一个值，因此属于单值。是非值是单值的一种特殊情形，这时参数限于取“是”或“非”中的一种，例如，药物的剂量是否够、细菌是否重要等。多值参数是那些同时可取一个以上值的参数，例如，患者的药物过敏、传染的途径等参数。

3. 函数

（1）用于前提部分的简单函数

MYCIN 在它的规则前提部分，应用了许多简单函数，这些函数对动态数据库中的关于患者的数值求值，并回答一个真值。每当对一个子句求值时，MYCIN 首先检验在子句中所涉及的参数是否已经被跟踪过。如果没有，那么，或者向用户提问，或者推论它的值。然后，系统把函数用于合适的患者数据三元组。

（2）专门函数

MYCIN 具有可以查找静态数据库中的知识表的专门函数。这些函数建立可被规则的前提（或操作子句中的其他函数）利用的临时数据结构。

（3）用于操作部分的函数

用于操作部分的函数有好几种，其中最常用的是 CONCLUDE。CONCLUDE 把患者数据三元组连同可信度存入动态数据库，这个可信度是根据前提的可信度以及规则的可信度计算而得到的。如果由于以前的结论，这个三元组已经存在，那么原来的可信度就和新的可信度组合起来。

4. 语境的特性

MYCIN 中每种语境有 10 种特性存储在静态数据库中。每当一个语境被例示时，就要用到这些特性。这些特性也用于检验一个规则是否可用于合适的语境。

1）ASSOCWITH：父辈节点的语境类型。每一种语境只可能是另一种类型语境的直接后代。

2）TYPE：这种类型语境的词干。

3）PROPTYPE：参数的分类。这相应于语境的类型。

4）SUBJECT：可用于这类语境的规则分类表。

5）MAINPROPS：是一个参数表。每当这种类型的语境被例示时，就立即跟踪此表中的参数。

6）TRANS：由解释程序用于翻译成英语。

7）SYN：可用于构成向用户提出的询问。

8）PROMPT1：是一个问号，可询问是否已有这种类型的语境。

9）PROMPT2：在第一次建立这种类型的语境以后，PROMPTZ 给出一个问句以询问是否另有同一类型的语境。如果回答是肯定的，那么另外的语境类型被例示，并重复询问这个问题。

10）PROMPT3：如果对某种语境类型来说必须至少有另一个语境与之对应，那么就用 PROMPT3 代替 PROMPT1。PROMPT3 是一个语句（不是询问）。

7.3.3　控制策略

MYCIN 的咨询系统采用反向推理过程。在咨询开始时，首先例示语境树中的根节点。根节点属于 PERSON 类型的语境。例示包括以下 3 步：

1）赋予这个语境一个名称。

2）把这个语境加到语境树上。

3）马上跟踪这类语境的 MAINPROPS 表中的参数。

在根节点的情况下，第一次咨询时所赋的名称是患者-1（P ATIENT-1）。PERSON 类型语境的 MAINPROPS 特性有 NAME、AGE、SEX 和 PEGIMEN。因此，MYCIN 必须马上按次序跟踪上述 4 个参数中的每一个。其中，REGIMEN 表示对患者建议的治疗法。这是 MYCIN 咨询的最终追求的目标。一旦所有这 4 个值都已求得，咨询过程就结束。

7.4　专家系统工具 CLIPS

7.4.1　概述

早期的专家系统工具大都采用 LISP、Prolog 等编程语言开发，它们的共同问题是运行速度慢、可移植性差、解决复杂问题的能力差。为了解决这些问题，1984 年美国航空航天局约翰逊空间中心（NASA's Johnson Space Center）推出 CLIPS（C Language Integrated Production System）。CLIPS 是一个基于 Rete 算法的前向推理语言，用标准 C 语言编写，具有高移植性、高扩展性、强大的知识表达能力和编程方式以及低成本等特点。CLIPS 一经推出，立即受到欢迎，被广泛应用于政府、工业和学术界，有力地推动了专家系统技术在各领域及各种运行环境下的应用。更详细的信息可访问其官方网站 http://www.ghg.net/clips/CLIPS.html。

7.4.2　CLIPS 中的知识表示

1. 字段

在 CLIPS 中，把从键盘或文件读入的一组有特定意义的字符叫作一个“令牌（Token）”，它是 CLIPS 的基本语言符号单位。

字段（Field）是由一组令牌组成的，是 CLIPS 中知识表示的基本单位。字段可以是常量也可以是变量，CLIPS 有 7 种字段，它们是 CLIPS 的原始数据类型：

整型（Integer）和浮点型（Float）：称为数字字段，如-1、1.5、9e+1 等。在 CLIPS 中，所有的数，包括整型数，都是以浮点数来存储的。

符号型（Symbol）：它以一个可打印的 ASCII 字符开始，后面接零个或多个字符，最后以一个分界符结尾。分界符包括任何非打印的 ASCII 字符，如空格、制表符 Tab、回车和换行等，以及双引号字符“、左括号字符（、右括号字符）、分号字符;、AND 字符 &、竖线字符 |、~字符和小于字符<。字符串不能以? 和 $? 开头。另外，CLIPS 语言是大小写敏感的，因此在使用时需要引起注意。

字符串型（String）：以双引号开始和结束的符号串（包括空格）。

外部地址（External Address）：表示由用户自定义函数返回的外部数据结构的地址。

示例名（Instance Name）和示例地址（Instance Address）：用于与 COOL 连接的字段，示例名是由左右方括号括起来的一个示例名；示例地址和外部地址一样，只能从函数的返回获得。

CLIPS 中，变量在语法上是用一个问号后接一个标示字段名组成，如其形式为?name，其中 name 为变量名，它遵循标识符的语法，但必须以一个字符开头。符号“?”称为单字段通配符，含义是相应变量可以与任何单一常量匹配。例如，?x、?shore 均为变量字段。问号和变量名之间不能出现空格。

有时，变量字段中的变量名可以缺省，就剩单独的问号“?”，这时，该变量字段称为匿名变量字段，说明对该变量无须匹配。另外，还有形式为 $?Name 的变量字段，其中符号 $? 称为多字段通配符，表示相应变量可以与任意多个常量字段匹配。例如：

```
(defrule find-list
        (list $ ?items)
      =>
      (printout t " Found a list with items: " $ ?items crlf))
```

可以和下面的事实匹配：

```
(deffacts different-lists
      (list  a)
      (list  b d)
      (list  a b c))
```

运行结果将输出如下信息：

```
Found a list with items: a
Found a list with items: b d
Found a list with items: a b c
```

2. 事实

（1）事实的定义

在 CLIPS 中，事实由关系名，后面跟着零个或多个槽（也称为符号字段）以及它们的相关值组成。事实分为两类：自定义模板事实（Deftemplate Fact）和有序事实（Ordered Fact）。

事实被创建之前，必须告诉 CLIPS 一个给定关系名的合法槽的列表。用来表示具有相同的关系名、包含共同信息的那些事实可以通过自定义模板结构（Construct）来描述，结构形成了 CLIPS 的核心。自定义模板结构的一般格式为

```
(deftemplate<relation-name>[<optional comment>]
      <slot-definition> * )
```

<slot-definition>的定义可以为

```
(slot<slot-name>) | (multislot<slot-name>)
```

例如，对于人（person）事实可以描述为下面的自定义模板：

```
(deftemplate  person  " An example deftemplate"
      (slot name)
      (slot age)
      (slot height)
      (slot weight))
```

对于定义为 multislot 的槽，是指该槽可以输入一个或多个字段。

这样，有关系名且有一相应的自定义模板的事实称为自定义模板事实。例如，下面的事实就是自定义模板事实：

```
(person  "An example deftemplate"
         (name  "Zhang Qiang")
         (age  21)
         (height  1.80)
         (weight  60))
```

有序事实是指有关系名，但是没有相应的自定义模板的事实。例如：

```
(number-list  1  10  2  3)
```

有序事实就像有一个隐含的多字段槽 multisolt 一样，可以用于存储关系名下的所有值。事实上 CLIPS 遇到一个有序事实时，就自动为该事实生成一个隐式自定义模板。例如，对于上面的有序事实，等同的自定义模板为

```
(deftemplate number-list
         (multisolt values))
```

则上述事实可以定义为

```
(number-list (values 1  10  2  3))
```

（2）事实的输入

事实的输入可以有两种方式。一是在 CLIPS 运行提示符下通过使用下述命令输入：

```
(assert  <fact>+)
```

例如，把上述关于“Zhang Qiang”的事实输入：

```
CLIPS>(deftemplate  person  " An example deftemplate"
      (slot name)
      (slot age)
      (slot height)
      (slot weight))
CLIPS>(assert (person (name "Zhang Qiang")
                      (age 21)
                      (height 1.80)
                      (weight 60)))
```

这种方式输入事实总是不方便的，尤其对于在程序运行前已知的事实（初始事实）以及为调试程序而输入的事实。对于这些事实可以使用下面第二种方式实现输入：

```
(deffacts <facts-name >[<optional comment>]
                <fact> * )
```

例如：

```
(deffacts   people  "some people we know"
        (person (name "Zhang Qiang")
                (age 21)
                (height 1.80)
                (weight 60))
```

```
(person(name "Li Hong")
        (age 21)
        (height 1.60)
        (weight 50)))
```

一个程序中容许有多条 deffacts 语句。程序运行前，系统将 deffacts 语句中给定的初始事实装入工作区。

除了事实的建立和输入外，其他操作包括事实列表、删除和输出等。它们的形式分别如下。

事实列表：

```
(facts [<start>[<end>[maximum]]])
```

该命令会显示事实表中的事实。CLIPS 会给每个事实一个事实标示符 f，f 后面的数字叫事实索引号。

删除一个事实：

```
(retract  <fact-index>+)
```

fact-index 是事实索引号。

输出信息：

```
(printout  <logical-name><print-items>+)
```

其中，<logical-name>用于指出输出地点，<print-items>是要打印的项目。

(3) 规则

在 CLIPS 语言中，规则表示为如下形式：

```
(defrule<rule-name>  [<comment>]
    <patterns> *       ;Left-Hand Side(LHS) of the rule
    ⇒
    <actions> * )      ;Right-Hand Side(RHS) of the rule
```

其中，rule-name 为规则名，patterns 为一组模式，actions 为一组动作。

在规则中，规则的前提一般由零个或多个条件组成，模式一般是指组成规则前提的基本单位，每个模式由一个或多个字段组成。例如，下面几个表达式都是模式：

```
(has-goal ?x simplify)
(expression ?y ?a1 ?op ?a2)
(is-a-parent-of ?u ?v)
```

这里?x 表示变量，其中，x 为变量名。下面是可以和上面的模式相匹配的事实：

```
(has-goal obj-17 simplify)          ;;The goal of obj-17 is simplify
(expression obj-17 0 * 13)          ;;The expression obj-17 is "0 * 13"
(expression obj-21 4+6)             ;;The expression obj-21 is "4+6"
(is-a-parent-of comet prancer)      ;;Comet is a parent of Prancer
```

动作可以是访问事实库、基本动作函数等，如可以是增加事实或者删除事实等。例如，祖先关系的下列两条规则：

x 是 y 的父亲→x 是 y 的祖先

x 是 y 的父亲，且 y 是 z 的祖先→x 是 z 的祖先

在 CLIPS 中表示为

```
(defrule ancestor-rule1
    (father ?x ?y)
    ⇒
    (assert (ancestor ?x ?y)))
(defrule ancestor-rule2
    (father ?x ?y)
    (ancestor ?y ?z)
    ⇒
    (assert(ancestor ?x ?z)))
```

在 CLIPS 中可以使用下面的命令查看规则库中的规则：

rule：显示当前规则列表。

pprule：显示规则的文本内容。

另外，命令（load<file-name>）可以用来通过文件输入规则，命令（save<file-name>）可以把规则保存到文件中。

7.4.3 CLIPS 运行

1. 控制结构

规则 RHS 的动作序列一般是顺序执行，但也可用 if 和 while 语句来加以控制。

if 语句的结构为

```
(if<predicate-function>
then<actions> *
[else<actions> * ])
```

这里 predicate-function 为谓词函数，即返回值仅取真假值的函数，actions 为一组动作。

while 语句的结构为

```
(while<predicate-function>[do]<actions> * )
```

它们的形式与含义均与一般高级语言中的条件语句和循环语句类似。

另外，可以使用 halt 暂停规则的执行，它没有参量，形式为

```
(halt)
```

2. 议程表

在执行规则时，CLIPS 要把规则中的各个模式同工作区中的事实进行匹配，匹配成功的规则放到议程表中。所以议程表就是前提条件匹配成功的规则的集合，这些规则称为被“激活”(Activate)。CLIPS 执行议程表中规则的动作部分，称为触发（Fire）。如果议程表中没有规则，则程序一般是停止运行的；如果议程表中有多条规则，CLIPS 将选择优先级（Salience）最高的规则执行。

使用（agenda）命令可以显示议程表中的规则。程序的执行用（run）命令。

3. 约束

在 CLIPS 中，除了常量和变量的基本模式匹配外，还有许多功能很强的模式匹配符。例如字段约束，它是在字段上附加各种约束关系，它们将字段的取值范围约束于某一特定范围。其中常用的是连接约束，也称为逻辑约束。逻辑约束有与、或和非 3 种，它们与单字段变量结合使用的形式如下。

1）?x & value：表示变量字段“?x”的值必须与 value 的值相一致，这里 value 可以是变量字段或常量字段。如“?fs & ?xs”表示变量字段“?fs”的值与“?xs”的值一致。

2）?x & value1 | value2：表示变量字段“?x”的值必须为 value1 或 value2 之一，这里 value1、value2 可以是变量字段或常量字段。

3）?x &~value：表示变量字段“?x”的值不能为 value，这里 value 可以是变量字段或常量字段。如“?fs&”~“?xs”表示变量字段“?fs”的值不能与“?xs”的值一致。

另外，CLIPS 还有一个变量约束语句 bind，用于建立新变量或修改在规则中已赋予值的变量值。变量可以约束于常量、其他已有值的变量或一个函数表达式的返回值。例如：

```
(bind ?i 1)
```

表示将 1 约束到变量“?i”，而

```
(bind ?shore shore-2)
```

表示将 shore-2 约束到变量“?shore”。

4. 调试

在 CLIPS 中，主要有 3 个命令用于调试。

1）watch 命令：语法格式为

```
(watch<watch-item>)
```

<watch-item>是 facts、rules、activations、statistics（统计）、compilations（编译）、focus 或 all 等符号之一，或者是它们的组合。

使用 unwatch 命令可以关闭 watch 命令。

2）matches 命令：用于指出规则中的哪个（些）模式与事实匹配。其语法格式为

```
(matches  <rule-name>)
```

3）set-break 命令：用于设置断点，用于指定一组规则中任何一个被触发之前暂停执行。其语法格式为

```
(set-break<rule-name>)
```

另外，show-breaks 命令可以列出所有的断点，remove-break 命令可以删除断点。

7.4.4 Rete 匹配算法

在“识别-动作循环”中，当规则库很大时匹配的效率会很低，这直接影响到产生式系统的执行效率。因此如何提高规则匹配的效率是产生式系统中的一个重要问题，也一直是专家系统设计人员关心的焦点。观察发现，在一些产生式系统中，90%的时间花费在模式匹配的操作上。因此，研究高效实用的模式匹配算法，对提高产生式系统的效率有着重要的意义。

在这里首先给出一些定义。

定义 7.1 可满足规则

若一个规则的每一模式均能在当前工作存储器中找到可匹配的事实，且模式之间的同一变量能取得统一的约束值，则这个规则称为可满足的。形式化地说，规则

$$r: P_1 \wedge P_2 \wedge \cdots \wedge P_n \rightarrow Q_1 \vee Q_2 \vee \cdots \vee Q_m$$

称为可满足的，若存在一个置换 σ，使得对每一个模式 P_i，在工作存储器中有一个元素 W_i 满足

$$P_i\sigma = W_i, \quad i = 1, 2, \cdots, n$$

这里，σ 作用在某个模式的结果称为模式实例，σ 作用在整个规则的结果称为规则实例。

显然在 CLIPS 中，位于议程表中的规则都是可满足的。

定义 7.2 冲突集

由全体规则实例构成的集合称为冲突集。

冲突集中的规则实例均为可满足的，它们都等待解释程序的调度执行，因此，冲突集也称为议程表。

模式匹配算法的任务：给定规则库，根据工作存储器的当前状态，通过与规则模式的匹配，把可满足规则送入冲突集，不可满足的规则从冲突集中删去。

虽然产生式规则对于建立专家系统的某些基本部分非常有用，但对于编写实际的程序来说是不够的，主要原因是它缺乏指导规则选择和使用的控制策略。下面介绍一些如何选择和使用可用规则的方法。

Rete 算法最早是 1979 年由卡内基-梅隆大学的福吉（Forgy C. L.）在其博士论文中提出的，它是在索引记数匹配算法的基础上实现的快速模式匹配算法，通过在网络上存储规则信息来提高速度。由于在每一个识别动作循环中，那些没有变化的数据可以不用考虑，因此可以大大提高事实与前件的匹配速度。目前比较流行的产生式系统语言，如 OPS、CLIPS 和 JESS 等都是基于 Rete 算法实现的。正是一些类似 Rete 算法的快速模式匹配算法的出现，奠定了专家系统走向实用的基础。

1. Rete 模式匹配算法

在介绍 Rete 算法之前，首先一般地讨论一下事实与规则如何匹配的问题。

一般专家系统中模式匹配过程是由推理机，具体地说就是控制子系统的匹配器，对工作区中的事实与规则库中各规则的模式进行匹配，获得匹配成功的规则放到议程表中，成为被激活的规则，等待执行。

如果匹配过程只需要一次，则解题过程就简单多了。推理机可以检查每条规则并在工作区中搜索，确定哪些规则的模式可以得到满足，把满足的规则放到议程中即可。然而在基于规则的语言中，匹配过程是不断重复进行的。通常工作区的事实在每个“识别-动作”循环中都可能会被修改，可能添加新的事实，也可能删除一些事实。这种变化可能使原先不满足的模式现在满足了，使原先满足的模式现在不满足了。因此，匹配过程是一个动态的过程。在每次“识别-动作”循环中，由于事实的增加或删除，必须对可满足的规则集合，即冲突集合进行维护和更新。

这可以通过在每次“识别-动作”循环之后对每个规则进行检测，对事实进行搜索，确定新的可满足规则集合。这种方法简单直接，但是速度太慢。实际上，大多数基于产生式的系统都具有下面的特点：一条规则的执行、一个“识别-动作”循环只能改变很少一部分事实。也就是说，系统中的事实随着时间的变化是很缓慢的，这样受工作区中事实变化影响的规则也是

很少的。这一特性称为时间冗余性。因此，如果用规则推动对事实的搜索，就包含有大量不必要的处理，这是因为，大多数规则在这个循环周期中找到的事实和上一个周期所找到的事实基本是一样的。

这样，可以设想一种方法：在每次“识别-动作”循环中，记住哪些事实是已经匹配好的，只考虑那些新添加或刚删除的事实所引起的变化，那些不必要的计算就可以避免。由于规则是不变的，所以可以使用事实去寻找能够匹配的规则，而不是反过来。

Rete 算法就是一种利用空间冗余性实现的快速模式匹配算法。它把每次“识别-动作”循环中匹配过程的状态保留了下来，只是在工作区中事实发生了变化时才重新计算状态的变化。例如，在一次“识别-动作”循环中，一组三个模式找到了所需要事实中的两个，那么在下一次“识别-动作”循环中，就无须对那两个事实做检查，只需要检查第三个事实。只有当添加或删除事实时，才需要重新匹配过程的状态。

为了提高系统的效率，Rete 算法还利用了规则中的结构相似性的特点。结构相似性是指许多规则常常包括类似的模式和模式组。利用这一特性，Rete 算法通过将公共部分放在一起，对它们仅计算一次，因此可以提高效率。

Rete 算法的基本思想是保存过去匹配过程中留下的全部信息，以空间代价来换取产生式系统的执行效率。对每一个模式，附加一个匹配元素表来记录工作区中所有能与之匹配的事实（或元素）。当一个新元素加入工作区时，算法找出所有能与之匹配的模式，并将新元素加入匹配元素表中。当一个元素从工作区中删除时，同样找出所有与该元素匹配的模式，并将元素从匹配元素表中删除。

2. Rete 匹配网络结构

事实和规则的匹配可以分两步进行：第一步，当添加或删除事实时，必须决定哪些模式是已经匹配的；第二步，必须对一组模式中相同变量进行约束，对其比较和检查。

Rete 算法的核心是建立 Rete 匹配网络结构。这一网络结构由模式网络和连接网络两部分构成。确定哪些事实与哪些模式进行匹配的过程是在模式网络中进行的，它不包括对变量在其他模式中连接、比较的匹配操作。一旦确定了哪些模式与事实匹配，则还必须考虑一组模式中相同变量的约束问题，这是在连接网络中实现的。

（1）模式网络

模式网络的结构像一棵树。连接到树根的节点是所有模式的第一个字段。以下各层的节点分别表示所有模式的第 2 个、第 3 个、…、第 n 个节点。树叶节点表示的是模式的终点，称为终端节点。模式网络中的节点是单输入的，它只接收上层节点的信息，这些节点有时也称为模式节点。

模式网络记录每一模式各字段的说明，每一匹配说明对应于网络的一个模式节点，每一模式的所有模式节点依次连起来，构成模式网络的一条匹配链。例如，对于模式

(data 27)

Rete 算法将建立含有如下两个模式节点的匹配链来依次记录该模式两个字段的匹配说明：

1）字段 data：The first field is equal to the constant *data*。

2）字段 27：The second field is equal to the constant *27*。

匹配说明包括匹配一个字段的所有信息。例如，对于下面的模式：

(data ¬red & ¬green)

将包含对第二个字段的下列匹配说明：

The second field is not equal to the constant *red* and
is not equal to the constant *green*.

一般情况下，在模式网络中是不检查变量连接的，除非变量在模式中使用了不止一次。例如，对于下面的模式：

```
(equal ?x ?x)
```

相应地有 3 个模式节点来记录该模式 3 个字段的匹配说明。

1）字段 equal：The first field is equal to the constant *equal*。

2）第一个通配字段?x：The second field matches。

3）第二个通配字段?x：The third field is equal to the second field。

在每一模式匹配链的终端节点上都有一个寄存器用来记录所有能与该模式匹配的事实集合，即模式实例集，这种寄存器称为 α 寄存器或者右寄存器。即 α 寄存器保存对一特定模式的一组模式匹配。

在模式网络中，利用结构相似性的特点，若两个模式的前 k 个字段匹配说明相同，则它们可以共享 k 个模式节点。例如：

```
(data red green)
(data red blue)
```

可以共享前两个字段的公共模式节点。不同模式中的通配变量有时可以通过变量重新命名使之相同，从而达到前 k 个匹配说明相同的目的。例如：

```
(data ?x  ?y)
(data ?y  ?x)
```

这说明需要相同的是匹配表达式，而不一定是模式字段。

（2）连接网络

连接网络用于检查同一规则不同模式之间因同名变量而带来的相应模式实例之间的相互约束关系，以保证同名变量取值的一致性。

例如，对于等值传递规则

```
(defrule transitive-law
    (equal ?x ?y)
    (equal ?y ?z)
    ⇒
    (assert (equal ?x ?z)))
```

这两个模式中，同名变量 y 的两次出现必须取相同值，也就是说，第一个模式实例的第三个字段的值必须等于第二个模式的第二个字段值。

模式网络中的每一个终端节点在连接网络中作为一个连接（Join）节点，即双输入节点的一个输入。每一个连接包括一个匹配说明，这是用于说明与终端节点相连的 α 寄存器的匹配和已经与前面模式匹配了的部分匹配情况而设置的。这些部分匹配情况的信息保存在连接的 β 寄存器或左寄存器中。这样，一条具有 N 个模式的规则将有 $N-1$ 个连接。

Rete 的网络结构由模式网络和连接网络两部分构成，是一个带有根节点的非循环有向图。除了根节点以外的节点用来表示模式，从根节点到叶节点的路径表示规则的左边部分。在每个 α 寄存器和 β 寄存器中存储从根节点到本节点的路径上所有节点的模式满足的事实信息，这些信息表示路径上出现的变量可能取的值。

例 7.1　给定如下一条规则及工作区的初始状态。

规则	工作区的内容
(defrule show-action	(a 1)
(a ?x)	(b 1 2)
(b ?x ?y)	(b 2 3)
(c ?y)	(b 2 4)
⇒	(c 3)
…)	(c 2)

图 7.4 给出了 Rete 匹配网络的实例（这里字段上的匹配说明直接用相应的常量或变量表示）。

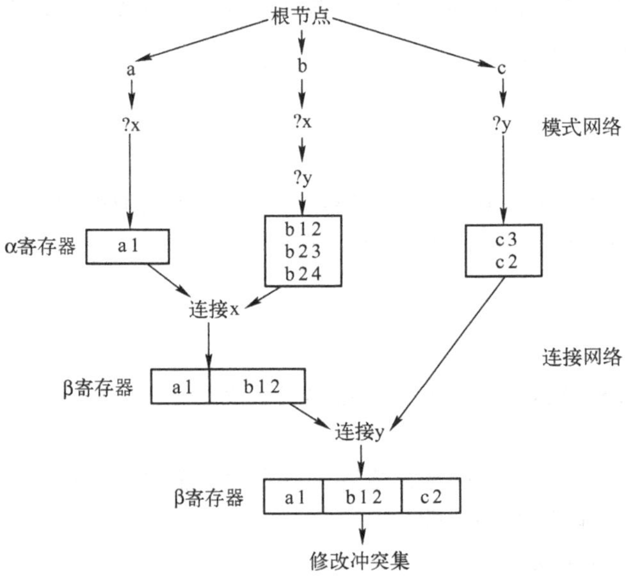

图 7.4　一个 Rete 匹配网络实例

从上面可以看出，Rete 算法中和节点相关的信息是保存在图中的，当工作区中有事实添加或删除时，用一个记号（Token）表示该事实是添加还是删除操作（如用“+”表示添加操作，用“-”表示删除操作）到根节点，然后向下传播到叶节点，并在传播过程中修改 α 寄存器、β 寄存器和冲突集相关的信息。

例 7.2　对于上面例 7.1 中的 Rete 匹配网络，当增加事实(a 2)时，Rete 网络匹配过程如图 7.5 所示。

虽然 Rete 算法在产生式系统中取得了极大的成功，是一种非常好的正向推理方法。但是 Rete 算法也有其不足。一个是由于引入 β 寄存器，需要保存大量部分匹配的结果，因此需要很大的存储空间；另一个是 Rete 算法采用固定的模式连接次序，而好的连接次序往往只能在实际运行时动态地确定，从而影响了执行效率的提高。

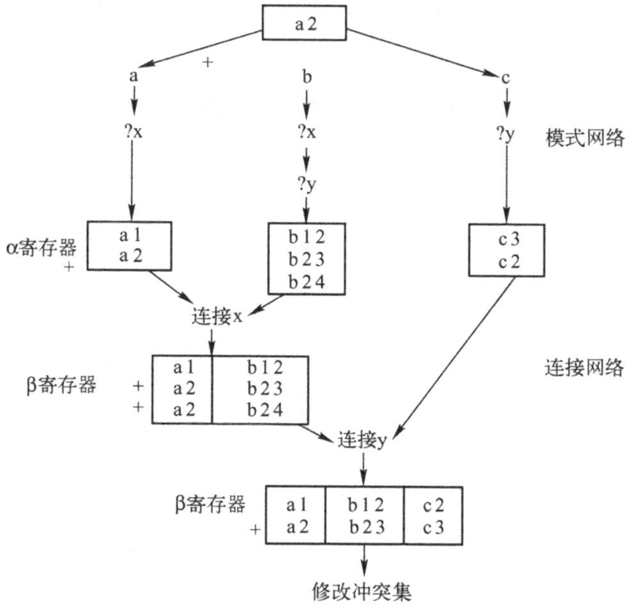

图 7.5　添加事实时 Rete 网络匹配过程

这里考虑规则左边模式的排列顺序对 Rete 算法的存储需求的影响。同样可以验证其他形式的书写特点对效率的影响，比如是使用少的规则但是每个规则具有较多的模式好，还是使用多条规则，但是每个规则的模式较少好。

假设工作区包括下面的事实：

```
事实                        | 事实的名字
========================================
(find-match a c e g)        | f1
(item a)                    | f2
(item b)                    | f3
(item c)                    | f4
(item d)                    | f5
(item e)                    | f6
(item f)                    | f7
(item g)                    | f8
```

现在有下面两个等价的规则：

```
Rule 1:                          Rule 2:
  (find-match ?x ?y ?z ?w)         (item ?x)
  (item ?x)                        (item ?y)
  (item ?y)                        (item ?z)
  (item ?z)                        (item ?w)
  (item ?w)                        (find-match ?x ?y ?z ?w)
  ==========>…                       ===========>…
```

在每个规则中，都含有5个α寄存器和4个β寄存器。对于规则Rule 1，寄存器的存储见表7.2。

表7.2　Rule 1的寄存器的存储

寄存器	模　式	存　储
α1	(find-match ?x ?y ?z ?w)	f1
α2	(item ?x)	f2 f3 f4 f5 f6 f7 f8
α3	(item ?y)	f2 f3 f4 f5 f6 f7 f8
α4	(item ?z)	f2 f3 f4 f5 f6 f7 f8
α5	(item ?w)	f2 f3 f4 f5 f6 f7 f8
β1	α1 & α2	f1
β2	β1 & α3	f1
β3	β2 & α4	f1
β4	β3 & α5	f1

总共需要1+7+7+7+7+1+1+1+1=33单位的存储空间。

对于规则Rule 2，寄存器的存储见表7.3。

表7.3　Rule 2的寄存器的存储

寄存器	模　式	存　储
α1	(item ?x)	f2 f3 f4 f5 f6 f7 f8
α2	(item ?y)	f2 f3 f4 f5 f6 f7 f8
α3	(item ?z)	f2 f3 f4 f5 f6 f7 f8
α4	(item ?w)	f2 f3 f4 f5 f6 f7 f8
α5	(find-match ?x ?y ?z ?w)	f1
β1	α1 & α2	[f2 f2] [f2 f3] … [f8 f8]
β2	β1 & α3	[f2 f2 f2] … [f8 f8 f8]
β3	β2 & α4	[f2 f2 f2 f2] … [f8 f8 f8 f8]
β4	β3 & α5	f1

总共需要7+7+7+7+1+7×7+7×7×7+7×7×7×7+1=2 823单位的存储空间。

7.5　专家系统工具JESS

由于CLIPS的强大功能与良好性能，以及NASA对该软件采取的开放政策，CLIPS在美国国内外都有众多用户，他们应用CLIPS开发了许多实用的专家系统，并根据各自的需要对CLIPS进行了扩充和改造，如加拿大研究委员会在CLIPS中加入了模糊推理功能，推出了FuzzyCLIPS。1995年，美国Sandia国家实验室分布式系统计算组成员弗里德曼-希尔(Friedman-Hill E. J.)用Java实现了JESS (Java Expert System Shell)，这是一个扩充的CLIPS版本。JESS除了继承CLIPS的优点之外，还具有支持类操作、支持面向对象的编程方式等优点，而且可以与Java良好地集成，具有良好的移植性和嵌入性。JESS与Java的良好集成性使得 JESS 得以方便地应用于基于 Java Web 技术的专家系统中，使基于 Web 的专家系统具有很高的推理效率、可移植性与可扩展性。

同大多数专家系统工具一样，JESS 的核心也是由事实库、规则库和推理机三大部分组成，并采用产生式规则作为基本的知识表示模式。

1）事实库。JESS 中的事实库包括简单事实和对象事实。简单事实就是一个事实的直接描述，不含有任何方法；而对象事实是封装了方法，并可以接受外界信息改变自身特征的事实。JESS 对于简单事实的表示采用断言，例如：

(high 100m)　表示"高度 100 米"

(price is 200 yuan)　表示"价格为 200 元"

(name "John")　表示"姓名 John"

对于对象事实，JESS 用 Java 语言来定义对象，类的定义用 Java 语言书写，编译通过后即可动态地加入系统中。用 Java 虚拟机编译通过后，通过 defclass 命令将该类加入系统，它就可以执行类似于 CLIPS 中对类的各种操作，如生成它的一个实例、调用它的方法等。

2）规则库。JESS 中规则的表示仍然采用 CLIPS 的语法结构。它通过限定规则前件和后件，来支持内容丰富的模式匹配语言。通过使用控制语句，JESS 可以控制规则后件的操作流程，这些面向过程的编程，给知识的表示带来很大的方便。规则可用 defrule 命令来定义，其格式如下：

(defrule 规则名[注释]　　模式⇒动作)

3）推理机。JESS 通过模式匹配语言对事实进行操作。在 JESS 中具有很多的匹配操作符，支持与任意事实进行匹配的单一操作符以及只能与满足特定约束值的事实进行匹配的复杂操作符。JESS 在 CLIPS 的基础上增加了"unique"条件元素，用于标识与该模式匹配的事实是唯一的，匹配过程中，当模式发现一条事实与它匹配时，就会停止对事实库的检索，大大提高了系统的效率。

JESS 中采用了 Rete 匹配算法，Rete 匹配算法利用了专家系统中时间冗余性和结构相似性这两个特点，有效地减少了用于匹配操作的次数，从而提供非常高效的推理。因此，当系统的性能是由匹配算法的质量决定时，JESS 的优点将更为明显。应当指出的是，Rete 匹配算法是一个以空间换取时间的算法，所以应用 JESS 时应当考虑内存的消耗。除了与 CLIPS 相同的前向推理方式外，JESS 还支持反向推理。在 JESS 的反向推理中，规则仍采用"IF…THEN…"的结构，但是在反向推理时，推理引擎执行的是前件没有得到满足的规则，这种行为常常被称为目标驱动。显然，JESS 同时支持前向和反向推理的特点使其推理能力得到了加强。

用专家系统工具 JESS 开发专家系统可以有以下几种方式：

1）命令行形式。可以将 JESS 代码编写保存为一个文本文件，并由 JESS.main 或者 java main()函数调用执行。

2）Windows 界面。通过在 JESS 代码中调用 Java 可视组建类库（Swing 等），或在 Java 程序中嵌入 JESS 代码形式来构造 Windows 用户界面。

3）Applet。可将 JESS 代码通过 Applet 的形式嵌入网页中，在远程用户调用时下载，以"胖客户"的形式构造用户界面。

4）Servlet。通过 Servlet 和 JSP 技术，可以在网页代码中嵌入并调用 JESS 程序，将 JESS 扩展到 J2EE 的环境上，实现用户远程以"瘦客户"方式访问专家系统。

因为JESS沿用了CLIPS的语法结构，所以主要使用deftemplate定义数据结构模板，使用defrule定义规则库，定义事实使用defact，而加入新的事实采用assert命令，最后运行run命令。当存在多个规则时，各规则依照顺序触发，而且只执行1次，除非规则前提再次得到满足并且触发。在JESS中，还可以针对规则设置优先级（salience-1）。下面是一个简单的例子，判断学生年龄是否小于20岁，如果是则输出相关信息：

```
(deflemplate student(slot name)(slot age))
(defrule youngstu
(student(name ?n)(age?a&:(<?a 20)))
⇒
(Printout (?n"规则 youngstu!"crlf)))
(assert(student(name ares)(age 19)))
(run)
```

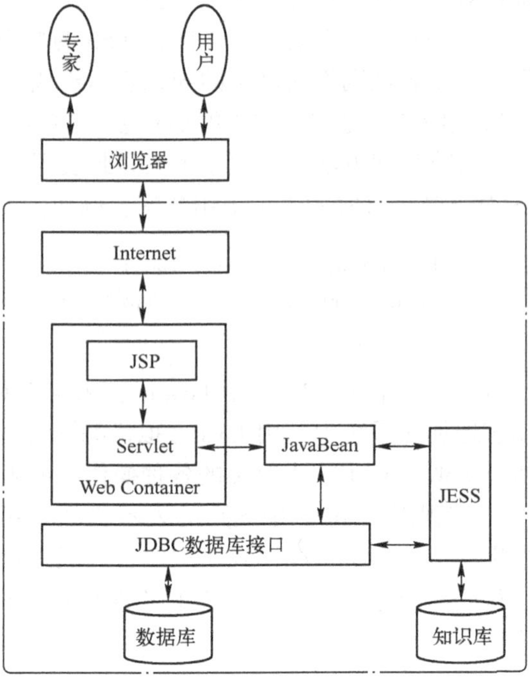

图7.6　基于JESS的Web专家系统框架

图7.6给出了基于JESS的Web专家系统框架图。图中Servlet是一种采用Java技术来实现CGI功能。Servlet本身与协议和平台都无关，看起来就好像一般的Java程序。Servlet会导入特定的属于Java Servlet API的包。因为是对象字节码，所以可以从网络动态地加载，Servlet对于Server就如同Applet对于Client一样，只不过由于Servlet运行于Server端，因此并不需要一个图形用户界面。Servlet的主要功能就是动态生成Web内容，交互式地浏览和修改数据。

7.6　面向对象专家系统工具OKPS

OKPS是中国科学院计算技术研究所智能科学开放实验室研制的面向对象知识处理系统（Object-oriented Knowledge Processing System，OKPS）。它采用面向对象的知识表示方法来描述和存储知识，可以通过所见即所得的可视化工具，对具体的应用建立专家知识库。专用的推理控制语言保证了该专家系统工具可以构造功能足够强大和灵活的专家系统。

7.6.1　OKPS中的知识表示

在面向对象知识处理系统（OKPS）中，采用面向对象的概念和技术实现了一种知识表示方法，并且还吸收了框架理论和语义网络中的一些特点。

OKPS的知识库是由对象组成的。一个对象可以拥有自己的属性（Property）和方法（Method）。对象的属性可以存储整型、浮点型或字符串型的值。方法用来存储这个对象在推理过程中所要执行的操作。这些操作可以是访问对象的属性，向系统发送消息，也可以是使用系统提供的资源和服务等。

知识库中的对象有序地组成一种树型结构，如图 7.7 所示。因此，有关树的一些概念也可以用在这里，例如根节点、父节点、子节点以及兄弟节点等概念。

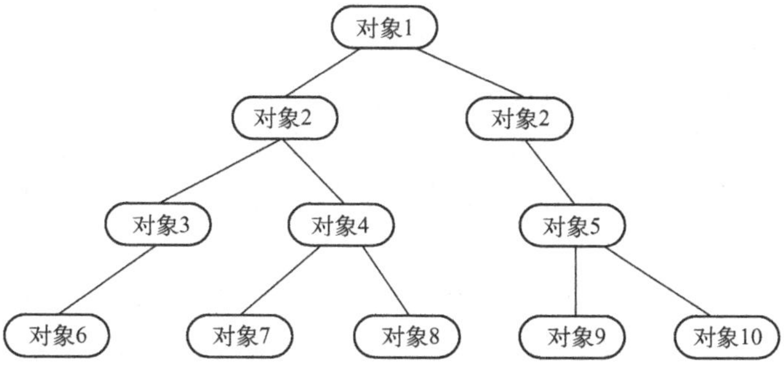

图 7.7 知识库中的对象

图 7.8 给出了动物分类的知识库。这个知识库是一个典型的层次结构，用 OKPS 中的面向对象知识表示方法可以很方便地描述这类问题。现在假设要将羊这种动物在分类树中进行定位。在专家系统推理过程中，根据知识库中存储的各种分类知识，系统将由最顶层开始，根据羊这一对象所具有的各种属性，与分类树中各个类的属性进行匹配，层层深入，直到不需要再进一步区分为止，如图 7.8 所示。

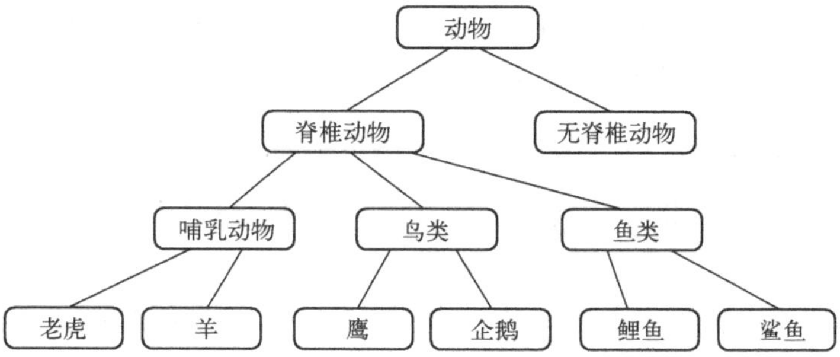

图 7.8 动物分类的知识库

在上面这个例子中，推理过程是一个自上而下的匹配过程，问题的求解最后终结于底层的某个对象处（见图 7.9）。正向推理时，要先解决其下层的子问题，才能解决该问题本身的目标。推理过程是一个自下而上的过程。求解过程最后终结于根节点的对象。

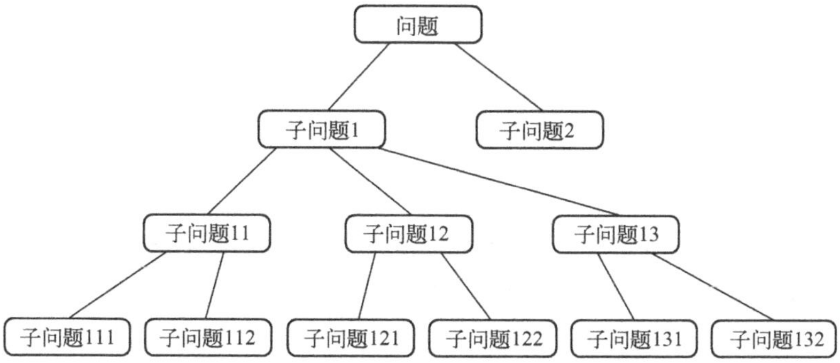

图 7.9 自上而下的推理过程

在实际应用中我们还发现，许多问题是上面所说的两种典型情况的混合。有的问题既要求自顶向下的处理，也要求自底向上的汇总；有的问题是一部分可以用自顶向下来推理，而另一部分却很适合于自底向上地求解。还有许多问题在推理过程中会不断地产生变化，例如目标的变化、推理路径的变化等。

为了能够适应灵活的推理方式，OKPS 在每个对象中加入不同的方法，来针对不同的推理阶段做相应的处理。每个节点的对象都有三种方法：先序、中序和后序。这三种方法在推理过程中是按照不同的次序执行的。在默认的控制下，这个过程是一个从问题根节点对象开始的深度优先遍历。

由此可知，OKPS 中采用的面向对象的知识表示方法也结合了语义网络和框架系统的一些特点。对象在知识库中的组织方式实际上可以看成是一种语义网络，所以这种组织方式同样可以表示实例关系、泛化关系以及聚集关系等。语义网络在表示属性关系和其他关系时，都只能采用同样的形式，这使得语义网络中的表达方式有时不易让人理解；而在 OKPS 中，属性关系正是面向对象表示法的基本功能，而且通过封装特性，将其自然地与其他关系区分开来，使系统进一步模块化，从而简化了系统的复杂性。OKPS 并不采用完全的语义网络的方式来组织对象，因为那样会导致组织结构的复杂性大大增加，使得知识的增加、修改和删除以及知识库的维护工作变得困难。框架系统很类似于面向对象的系统，例如类、继承等概念的表示。但框架理论在知识表示的结构化方面还缺乏明确的解决方法。在面向对象系统中，对象所拥有的方法集相对于框架系统的附加过程来说，其内涵更加广泛，定义也更加明确规范，不但加强了对象所能完成的功能，也提高了面向对象系统的结构化程度。

7.6.2 推理控制语言 ICL

为了提供功能足够强大的推理机制，并最大限度地保持灵活性和方便性，OKPS 系统提供了一种专用的推理控制语言（Inference Control Language，ICL），用来描述专家知识与规则，以及控制推理过程。ICL 采用解释执行的方式，应用于每个对象的方法中。

对象方法由一系列 ICL 函数定义构成，执行的入口点是 main 主函数。

（1）主函数

每一个对象方法都必须有一个叫作 main 的主函数。主函数作为对象方法执行的开始点。每个对象方法的主函数形式如下：

```
main(参数列表)
{
声明列表 可选
语句列表 可选
}
```

（2）声明和类型

声明的作用是指定一套标识符的含义及特性。如果声明的同时还导致推理机为以该标识符命名的对象分配存储空间，这种声明也叫作“定义”。ICL 声明有以下语法：

```
声明：
类型说明符 标识符列表；
标识符列表：
```

标识符

标识符列表,标识符

标识符列表中的声明包括正在命名的标识符；标识符列表是以逗号分隔的标识符序列。一个声明必须有至少一个标识符，类型可以为 int 整型、float 浮点型、char 和 string 字符串型。用户可以在变量或函数声明中使用整型、符点型或者字符串型类型说明符。

（3）表达式和赋值

常量、标识符、串以及函数调用都是在表达式中的操作数。

操作数是操作符作用的实体。一个表达式是一个执行以下行为的组合的操作数和操作符序列：计算值、赋值。

ICL 中的操作数包括常量、标识符、字符串、函数调用、操作数和操作符的组合以及包含在括号中的表达式。

（4）表达式的优先级和顺序

ICL 操作符的优先级和结合性影响到表达式中操作数的分组和求值。有高优先级操作符的表达式先被求值。

表 7.4 概括了 ICL 操作符的优先级和结合性（表达式中操作数求值的顺序），并且从高到低的优先级进行排列。如果几个操作符出现在一起，它们有相同的优先级并且根据它们的结合性求值。

表 7.4 ICL 操作符的优先级和结合性

符号	操作类型	结合性
( )	表达式	左到右
+-!	单目	右到左
* / %	乘除类	左到右
+-	加减类	左到右
< ><=>===!=&& ‖	关系、等价、逻辑与、逻辑或	左到右
=	赋值	右到左

一个表达式可以包含几个有相同优先级的操作符。当几个这样的操作符出现在一个表达式的同一级中时，求值根据操作符的结合性进行，或者从左至右，或者从右至左。求值方向不会影响那些在同一级中包括多个乘（*）或加（+）操作符的表达式的结果。

逻辑操作符也能保证对它们的操作数从左至右求值。然而，它们只对确定表达式结果所需要的最少操作数求值，因此，表达式中的某些操作数可能不被计算。

（5）语句

与其他编程语言一样，在 ICL 中的语句可以完成执行循环、条件选择和传递控制等功能。这些语句包括复合语句、do-while 语句、表达式语句、for 语句、if 语句、空（null）语句、返回（return）语句、规则（rule）语句和 while 语句等。

（6）函数和函数调用

在 ICL 语言中函数是基本的模块单位。一个函数的设计通常是为了完成特定的任务，并且它的名字常常反映了它所完成的任务。

函数一定要有一个定义，包含函数头和函数体——函数被调用时的代码执行部分。函数定义建立函数名称和返回值类型。由于函数定义有参数类型和个数的信息，所以函数的定义也是一个形式定义。

运行时推理机和解释器将后面函数调用的实际参数（实参）类型与函数的形式参数（形参）类型相比较，并且在需要时把实参类型转换成形参类型。函数调用操作符有表达式计算中的最高优先级。函数调用包括被调用函数的函数名以及可选的传递给该函数的参数。

（7）ICL 的函数库

开发者可以在他们的知识库中使用 ICL 函数库来实现推理中的很多功能，包括人机交互和控制台输入/输出、数值计算、字符串处理、图形、图表展示、文件操作、数据库访问、网络通信、对象访问、消息处理和推理控制、黑板操作以及外部功能调用等。

另外，知识工程师还可以添加外部程序模块，如动态链接库等形式，以扩充其专家系统的功能。

7.7　专家系统建造

专家系统是一个复杂的计算机智能软件，所以它的开发应遵循一般的软件开发规范，同时它又是一种特殊的基于知识的软件系统，所以有很多区别于其他软件开发的特点。

7.7.1　需求分析

专家系统的性能好坏在很大程度上取决于知识库中知识对解决相应的领域问题是否合适和完备。根据要求合适地划定知识领域是建立专家系统第一个遇到的问题。划得太窄则不能够满足用户的要求，划得太宽则势必要求放入知识库的知识大大增加从而处理效率反而减低。

为了建立一个可以实用的专家系统，首先对用户的需求进行详尽的调查和仔细的分析是十分重要的。知识工程师在进行构思和设计专家系统之前，必须搞清楚未来的用户到底希望需要一个什么样的系统？要求具有什么功能？各项性能要求如何？用户希望有什么样的使用界面等问题。需求分析做得好坏是系统最终成败的关键之一，而且是专家系统建造过程中的第一关。

这一阶段的具体工作步骤如下。

1. 需求调查

知识工程师要花很多时间，反复向未来的用户和领域专家提出各种问题，并共同讨论解决各种问题的方法。问题清单至少应包括：

1）建立该系统的目的是什么？

2）建立该系统的用途何在？

3）该系统的服务对象（用户）是谁？他们的知识背景如何？

4）对该系统有哪些功能要求？请尽可能一一罗列，并指出各功能的关系以及它们的优先顺序等。

5）系统中可能包含哪些实体，需要哪些概念，它们之间的关系如何？

6）系统中的数据（包括知识）流与控制流怎样？

7）对该系统有哪些性能要求？请一一罗列，并列出这些性能要求的优先顺序。

8）对系统的智能程度要求如何？

9）希望用什么样的用户接口方式？交互式或主语言嵌入式或独立的处理语言或其他方式？

10）希望用什么形式的用户接口？自然语言（文字）或自然语言（语音）或图像/菜单/命令/提示/其他形式？

11）系统的软、硬件环境（不仅包括计算机硬、软件，还包括其他硬设备条件）要求是什么？

12）现已具备什么样的软、硬件环境？

13）对系统的进度要求如何？

14）系统的财政预算要求如何？

2. 写出需求分析报告

知识工程师根据从各种渠道调查得来的结果，运用他们所掌握的关于知识处理的知识，进行分析与综合，写出用户需求分析报告。报告要突出阐明对该专家系统的功能与性能要求等。

3. 用户评审

选择有代表性的潜在用户与有关专家，召开评审会，对写出的需求分析报告进行评审，提出评审结论与修改意见。

4. 写出系统的规格说明书与开发计划

根据专家与用户评审的意见，把需求分析报告改写成系统规格说明书，并做出系统开发计划（包括进度计划、人员组织与经费预算等），提请合同用户进行审查。若合同用户仍有意见，可提出以便进一步修改，直至合同双方都满意为止。

系统规格说明书应包括：

1）目的与任务。

2）特定知识领域的范围。

3）功能需求及功能间的关系。

4）性能需求。

5）用户界面要求。

6）系统的输入/输出。

7）数据与知识的说明。

8）故障处理。

9）安全保密要求。

10）软、硬件环境要求。

11）数据（包括知识）流与控制流的非形式描述，最好采用一种图形表示附以必要的说明。

12）各种限制和约束条件。

13）其他。

在规格说明中，尽可能使用统一建模语言UML，能无异议地描述系统的各项规格要求。需求分析阶段的输入是从用户和领域专家处调查来的结果，输出则是一个系统规格说明书和一份系统开发计划。它们是以后各项工作的根本依据，既是知识工程师设计系统的规格要求和测试标准，也是用户验收系统或评判合同是否被履行的依据，还是项目经理管理该开发项目的计划。一般而言，规格说明书一旦形成后，一般是不再修改的，但如果在设计与实现过程中确实发现最初的规格说明书有问题，也可通过一定的审批手续（但一定不能轻易地）修改，这时返工将很大，应尽力避免出现这种情况。

7.7.2　系统设计

1. 概念设计

这个阶段的工作主要是根据专家系统规格说明书的要求，阐明给定知识领域中问题求解过程所需的各种概念、实体及其间的相互关系。

在概念设计期间，知识工程师仍要与给定领域内的专家不断交流与切磋，向他们学习，使自己对给定领域知识的精髓从宏观上（不一定对很多细节都很熟悉）有较好的了解。这包括要了解该领域的研究对象与目的、各种概念与技术术语、主要的研究内容及成果（包括理论与实践等方面）、领域知识的表达形式、解题所采用的方法、研究工作的方法论及哲学等。这当然不等于要把知识工程师变成领域专家，但应该说知识工程师对领域知识越精通越好。为了今后与领域专家更好地合作，知识工程师也应不时地给领域专家传授一些知识处理与专家系统的基本概念与知识，使他们在合作中更加主动和更加有效地配合。

概念设计要求描述领域的基本概念、实体及其间的关系。这里所谓描述当然不应是对领域中原描述的复制，而应该是用一种适合知识处理的语言（知识工程师的语言）对各种概念、实体及关系等进行重新描述或表示。

各实体及其间的关系不妨采用E-R图一类的图形语言形象地表示。结合数据流图，不仅能描述清楚各实体间的相互关系，而且可以看出其间数据的流向等。总之，采用一些图形语言来描述各种对象和关系是值得提倡的。

2. 功能设计

这个阶段所要完成的任务是确定从外观上（即从用户的观点上）看所要建立的专家系统应该具有什么样的功能。这里所说的功能设计主要是指：

1）确定专家系统具体能做哪些操作，即专家系统用户界面的功能描述。

2）确定采用什么形式的用户界面，例如，最常用的有命令形式和菜单提示形式。

3）确定用户接口信息传递的方式，例如，自然语言（语音或文字）、键盘、鼠标、图形扫描器等方式。

4）确定是采用交互方式工作还是以批处理方式运行。

5）考虑嵌入其他语言的可能性。

6）考虑与其他专家系统接口的可能性。例如，考虑今后是否要与其他专家系统以某种方式构成协同合作的多专家系统。

7）考虑在计算机网上工作的可能性，即确定以集中方式工作还是以分布方式工作。

3. 结构设计

前面几个阶段可认为是根据用户需求和各种主客观条件确定系统功能要求的过程，结构设计阶段的任务主要在于根据功能要求确定系统的体系体构，具体包括：

1）进行模块的划分，确定各模块的功能和模块之间的互相关系（包括控制流和数据流等），画出系统的总体结构图及相应的设计报告或说明书。

2）确定系统与用户接口的语言的语法与语义，或菜单和提示信息的设计。

3）在总的满足用户需求的前提下，最终确定系统或模块的性能指标，作为下一步详细设计时要达到的目标。

4. 功能模块的详细设计

详细设计的任务包括：

1）根据对各模块的功能要求，完成各模块的具体方案设计，使其达到对功能和性能的要求。例如，具体设计出用户接口、执行机构、知识库、解释机构和知识获取的实现方案。

2）知识库的设计，要对获得的知识选择或设计合适的表示模式，并根据方便推理和使用的原则把获取的知识集合合理地组织起来。

3）完成各模块间的接口的具体设计，要求界面清晰、互相联系方便高效。

7.7.3　知识库构建

知识库构建是专家系统开发过程中最重要的一步。在第 2 章中曾介绍了多种知识表示的方法，不同的表示模式适合表达不同的知识类型。因此根据所选定的领域范围和所获取的知识，选定或设计一两种表示方法来最合适地表示相应领域的知识是一项很重要的工作。例如，因果（或前提结论）规则很适合用产生式或谓词逻辑来表示；一些具有层次结构的知识则往往用框架或语义网络表示比较合适。总之，要对情况做具体的分析，而且可以通过试验（用各方法试着表示领域内的知识）来进行比较，选择一两种最佳表示模式。

由于知识或经验一般表现为基本概念、各种实体及其间的相互关系（包括信息关系与控制关系等），这一步工作的结果应该是把这些获取的知识表示成计算机程序可接受的形式，并适当地组织成知识库，以便今后能高效地运用。

知识获取是专家系统开发过程中最难的一步。为了把领域知识和经验从专家的头脑里和书本中提取出来，知识工程师要在进行需求分析的基础上，进一步反复与领域专家交谈，促使领域专家总结本领域的知识，并通过抽取知识的过程，使自己更加熟悉该领域的知识，知识工程师在从领域专家抽取知识时很重要的一点是在交谈之前应准备好问题提纲。问题可采用问答题、选择题（包括是非选择题）和计算题等多种形式。问题内容要视具体情况而定，不能一概而论。不过往往可以通过一些典型事例的讨论，获取专家处理这些问题的处理原则与方法等。例如，可以通过一些具体病例，分析医生为什么诊断为某种疾病，而从中找出规律性的东西；可以通过一些具体战例，分析指挥员为什么根据不同具体情况做出这样那样的决策，而从中总结和归纳作战指挥的原则。总之，知识获取必须对具体情况做具体的分析，通过与专家的反复交谈，总结经验并反复修改。根据获取知识与经验的自动化程度，知识获取可有以下 4 种方式：

1）通过知识工程师人工抽取知识与经验。

2）通过采用知识编辑程序辅助抽取知识与经验。

3）通过采用数据挖掘程序自动抽取专家的知识与经验。

4）通过采用文本理解程序自动抽取书本中的知识。

从多个领域专家中抽取出的知识难免会有不一致或互相矛盾的情况发生，甚至即便是从一个专家抽取的知识，也可能出现前后矛盾。所以对获取的知识集合，必须认真做一次一致性检查，找出矛盾，然后请求专家给予排除。矛盾的结果有时可能是由于条件（或前提）没有列举全，有时可能是由于事物本身暴露不完全，从而显示出时而这样、时而那样的不确定状态。后者往往可以根据统计数据适当加权的办法把矛盾统一起来。当然如何解决矛盾主要听专家的，他们有着许多解决矛盾的实际办法。总之经过这一步后得到的领域知识的集合，应在某种意义上是互相无矛盾的，即所谓具有“一致性”。

7.7.4　系统开发

系统开发是建立专家系统中比较依赖于软、硬件环境的一步，包括编程与调试。为此，首先要选择实现工具（或语言），它们的选择（或设计）要根据具体情况而定，要考虑的因素包括：

1）是否可能用来实现上面确定的详细设计。

2）对具体问题的适用程度。

3）实现人员对该工具（或语言）的熟练程度，以及实现人员的水平。

4）实现工具对专家系统性能的影响，特别要估计是否能达到总设计时确定的各项性能指标。

5）可移植性。

6）可维护性。

如果采用专家系统开发工具实现，这一步工作将比较简单，仅需要把按规定要求形成的知识库与工具系统连接起来，并做必要的测试工作。如果是采用某种知识处理语言由知识工程师自己来实现各个功能模块，这就需要对各功能模块进行详细编码和调试，最后将这些模块连到一起，进行全系统的调试。

7.7.5　系统测试

这里所说的系统测试与评估是指对整个专家系统而言的，其实对各模块的分别测试和评估工作已在实现阶段进行了。系统的测试与评估的目的在于测试和评估整个系统的功能与性能，并进行必要的修改以达到在任务确定阶段确定的功能与性能指标。一般来说，评价系统的性能如何必须要有领域专家参加，要用些典型的测试用例与专家的诀窍来测试系统的反应，看能否与专家的看法一致，或能否提示专家思考更深入的问题。

测试与评估中若发现不合理或不够满意处则应由知识工程师来具体修改，然后进行下一轮测试，如此循环往复，不断完善系统，使得最终达到预期的目标为止。可见，专家系统的开发过程是一个漫长的“设计、实现、测试、修正、再设计、再实现、再测试、再修正、……”不断循环的反复过程。

测试与评估的目的在于从各方面获取反馈意见，对系统提出改进方案，以便进入下一个再设计与再实现的循环。系统的测试与评估既是十分重要的，但又是十分繁杂而困难的事，以致有不少开发者不乐意干这件事，使得一些系统虽然开发了但不能达到实用水平。

值得指出，上述各个开发阶段往往是不能贸然分开的。例如，知识的获取和表示与实现过程互相渗透，密切相关。在测试中知识工程师可能要不断地修改系统的各个部分，也可能要不断地修改已获取的知识，这进而有可能要求重新形成规则，或需要重新设计知识表示方法，发现新概念或取消旧概念，甚至可能需要重新确定所解问题的范围和任务等。

7.8　新型专家系统

随着互联网应用的快速发展，专家系统在传统的基于规则的基础上，涌现出一些新型专家系统。下面简要介绍分布式专家系统、协同式专家系统、神经网络专家系统以及基于互联网的专家系统。

7.8.1　分布式专家系统

分布式专家系统具有分布处理的特征，是把一个专家系统的功能分解到各个处理机上并行工作，以缩短问题求解的时间，提高专家系统的效率。设计一个分布式专家系统一般要考虑功能分布、知识分布和驱动分布 3 方面的问题。

1. 功能分布

功能分布主要是把系统功能分解为多个子功能，并均衡地分配到各个处理节点上，每个节点代表一台处理机，除了完成所分配任务的推理求解之外，还需要与其他的节点通信。因此处理任务划分得越细，节点数越多，每个节点所处理分解任务的时间就越短，而各节点之间通信的开销则会增加；反之，节点数少，节点之间通信的开销较少，而节点本身完成推理求解的时间将会增加。因此，在考虑任务分解时需要兼顾粒度大小和通信开销。

2. 知识分布

支持不同任务的程序进行推理的知识也要经过合理划分，并分配到多个处理机的存储器中。一个处理机上的推理程序访问本地存储的知识需要的时间要比远程访问其他处理机上存储的知识花费的时间少得多，因此，在确定知识的分布时，一方面为了避免更新时引起的知识不一致，要尽量减少知识的冗余；另一方面，也要考虑需要一定的知识冗余来减少远程访问所带来的开销。

3. 驱动分布

在分布式专家系统中，各个任务模块采用什么方式来驱动也是非常重要的，常见的驱动方式有以下 4 种：

1）控制驱动。即当需要某个任务模块工作时，就直接将控制转到该模块，或将它作为一个过程直接调用。

2）数据驱动。即任何一个子模块只要当它所需要的所有输入数据已经具备后即可自动驱动工作。

3）目标驱动。即从最顶层的目标开始逐层驱动下层的子目标。

4）事件驱动。即当某模块开始工作的事件集合中的所有事件都发生时，才能驱动该模块开始工作。

分布式专家系统可以工作在紧耦合的多处理机系统环境中，也可以工作在松耦合的计算机网络环境里。网络环境既可以采用客户机/服务器模式，也可以采用浏览器/服务器模式。

7.8.2　协同式专家系统

协同式专家系统也称为群专家系统，能够综合若干相近领域或一个领域的多个方面的分专家系统，相互协作、共同解决一个更广领域的问题。协同式专家系统与分布式专家系统有相似性，但协同式专家系统更强调各子专家系统之间的协同合作，它可以在同一个处理机上实现各子专家系统。

协同式专家系统旨在研究分散的、松耦合的一组知识处理实体或处理机节点进行问题求解的方法。这种知识处理实体称为智能体（Agent），每个智能体都具有自主性，并根据自己具有的知识和周围发生的事件进行推理、规划与通信。智能体之间彼此在逻辑上相互独立，通过共享知识和协同工作形成问题的解决方案。对于一个协同式专家系统需要考虑多个智能体之间的协同方法、知识的组织和分布、裁决方法、驱动方式及系统结构等方面的问题，这些将在第9章讨论。

7.8.3 神经网络专家系统

神经网络专家系统是将神经网络与传统专家系统集成所得到的一种新型专家系统。神经网络具有自组织、自学习、自适应、分布存储和并行处理等功能，比较适合模拟人类的低级感知智能。传统的专家系统常以逻辑推理为主，适合模拟人类的高级智能，两者的结合可以做到优势互补。图7.10给出了一种神经网络专家系统的结构。一旦网络的拓扑结构确定后，便可以利用连接学习方法产生相应的权值和阈值。目前有许多算法达到这个目的，例如，Pocket算法、反传学习算法和玻耳兹曼机等。

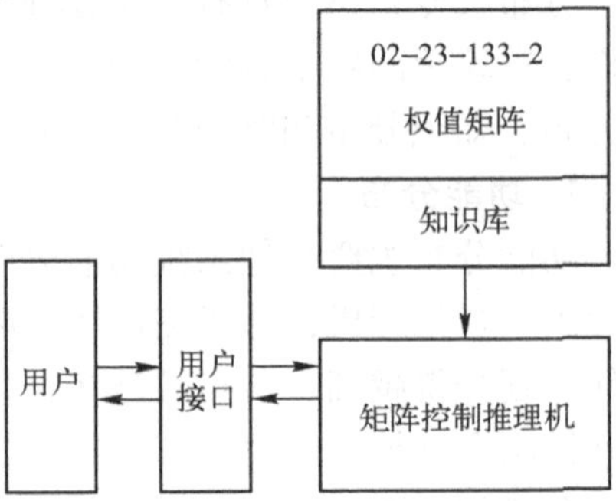

图7.10　神经网络专家系统的结构

1. 知识表示的神经网络方法

知识表示是传统人工智能和知识工程的基础，是对客观世界进行形式化描述。在专家系统中各自采用不同结构和组织形式描述知识，但都是将知识变换成计算机可以存储的形式存入知识库，当推理需要时，再依匹配算法到知识库中搜索。当知识规则很多时，这种表示和管理方式存在如下问题：

1）以何种策略组织和管理知识库。

2）知识搜索过程是一串行计算过程，必须解决冲突问题，随之产生推理复杂性、组合爆炸及无穷递归等问题。

神经网络专家系统的知识表示方式与传统人工智能完全不同。传统的知识表示，不论是产生式系统，还是语义网络，都可以看作知识的一种显式表示，而神经网络专家系统中的知识表示可看作一种隐式表示。在这里知识并不像在产生式系统中那样独立表示每一规则，而是将某一问题的若干知识在同一网络中表示。如图7.11所示的三层神经网络表示了逻辑代数中的“异或”逻辑，其邻接权值矩阵可以表示为

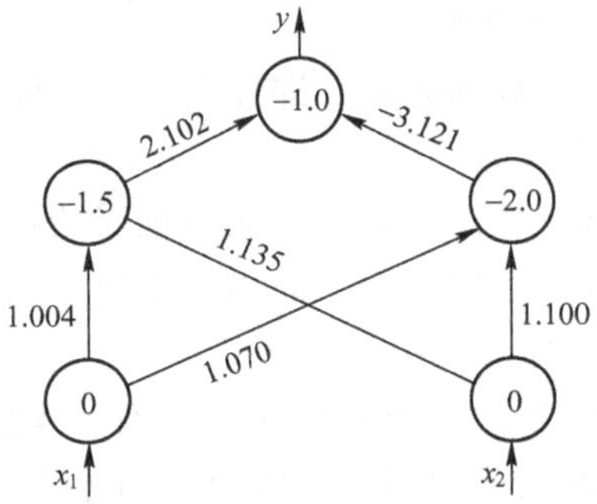

图7.11　表示“异或”逻辑的神经网络

$$
\begin{bmatrix}
0 & 0 & 1.004 & 1.070 & 0 \\
0 & 0 & 1.135 & 1.100 & 0 \\
0 & 0 & 0 & 0 & 2.102 \\
0 & 0 & 0 & 0 & -3.121 \\
0 & 0 & 0 & 0 & 0
\end{bmatrix}
$$

如以产生式规则来描述，该网络代表了下述4条规则：

IF　$(x_1=0)$　AND　$(x_2=0)$　THEN　$(y=0)$

IF　$(x_1=0)$　AND　$(x_2=1)$　THEN　$(y=1)$

IF　$(x_1=1)$　AND　$(x_2=0)$　THEN　$(y=1)$

IF　$(x_1=1)$　AND　$(x_2=1)$　THEN　$(y=0)$

神经网络专家系统中，知识库的建立是通过训练学习完成的。机器学习程序可从实例中提取有关知识，并通过矩阵及系统参数进行学习训练，将有关知识以网络或动力系统形式表示。多层神经网络的内部表示可用分块邻接权值矩阵和阈值向量描述。

基于神经网络的知识表示方法具有如下优点：

1）具有统一的内部知识表示形式，通过学习程序即可获得网络的相关参数，如分块邻接权值矩阵、节点偏移向量等。任何知识规则都可变换成数字形式，便于知识库的组织和管理，通用性强。

2）便于实现知识的自动获取。

3）利于实现并行联想推理和自适应推理。

4）能够表示事物的复杂关系，如模糊因果关系。

2. 推理机制

神经网络专家系统的推理机制与现有专家系统所用的基于逻辑的演绎方法不同，它的推理机制基本上是数值计算过程，主要由以下 3 部分组成：

1）输入逻辑概念到输入模式的变换，并根据论域的特点，确定变换规则，再根据相应规则，将目前的状态变换成神经网络的输入模式。

2）网络内的前向计算：根据神经元特征，其输入为 $x_i = \sum_j W_{ij}y_j$，W_{ij}为连接权值系数，y_j为前层神经元的输出。本层神经元的输出 $y_i=f_i(x_i+\theta_i)$。其中，θ_i为神经元的阈值，f_i为单调递增非线性函数。通过上述计算即可产生神经网络的输出模式。

3）输出模式解释：随着论域的不同，输出模式的解释规则亦各异。解释的主要目的是将输出数值向量转换成高层逻辑概念。

如果神经网络专家系统采用反传网络的结构，则基于神经网络的正向推理具体步骤如下。

算法 7.1　基于神经网络的正向推理

1）将原始数据赋给输入层各节点。

2）由 $x_i = \sum_j W_{ij}y_j$ 计算输入层神经元的输出 $y_i=f_i(x_i+\theta_i)$，并将其作为隐层神经元或输出层神经元的输入。

3）由 $y_i = \dfrac{1}{1+e^{-(\sum_j W_{ij}y_j+\theta_i)}}$ 计算隐层节点和输出层神经元的输出。

4）由阈值函数判定输出层的神经元的输出，即

$$o_i=\begin{cases}1, & y_i \geqslant \theta_i \\ -1, & \text{其他}\end{cases}$$

上述 θ 的取值为 $0<\theta_i \leqslant 1$。

神经网络的推理过程具有如下特征：

1）同一层处理单元（即神经元）是完全并行的，只是层间信息传递是串行的，而一层中处理单元的数目要比网络的层数多得多，因此它是一种并行推理。

2）在传统推理方法中，如果多条规则的前提均与某一事实相匹配，即出现冲突问题，从而使推理速度大为降低，然而上述推理过程不存在冲突问题。

3）上述推理过程无须进行数据操作，推理过程只与网络自身的参数有关，其参数又可通过学习算法进行自适应训练，因此它同时又是一种自适应推理。

由于神经网络的加权不可分性和输入模式的非唯一性，为了进行反向推理，在网络的学习和正向推理过程中，需要记录输入层和隐层的动态过程，并将其连同目标输入和输出模式一并存入数据库，以便进行反向推理。因此反向推理要比正向推理更复杂，其具体步骤如下：

1）检验所做假设是否为输入模式，若是，继续下一步；否则，回答用户“此假设不存在”，并终止。

2）从知识库中调入与此假设对应的隐层节点状态变量。

3）从知识库中调入与此假设对应的输入层节点的状态变量，找出与此假设一致的输入层节点的所有状态。

4）将输入层的各种状态与已知事实相比较，判断所做假设是否合理。

7.8.4　基于互联网的专家系统

互联网风靡全球，标志着网络时代的到来。将人工智能技术与互联网结合，利用互联网的网络支持，吸收和结合其上的新技术，运用其丰富的信息和软/硬件资源，开发与之相适应的知识和其他智能系统，来解决需要人类智能才能解决的问题，包括伴随网络时代出现的新问题，有着巨大的现实与潜在需求和发展空间。将专家系统与互联网结合，开发基于互联网的专家系统，同样具有极大的发展空间。图7.12给出了基于互联网的专家系统基本结构。

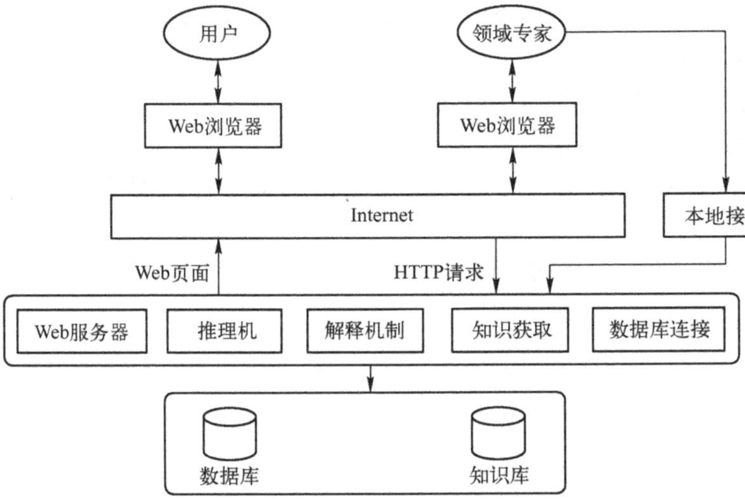

图7.12　基于互联网的专家系统基本结构

最初的Web页面都是静态的，用于发布或者交换固定的内容。随着计算机以及信息技术的发展，人们越来越多地要求动态的上网体验，于是各种各样的技术被开发出来，使得Web应用更加复杂和快速。

创建动态Web应用的第一种方法是公共网关接口（Common Gateway Interface，CGI），与静态Web不同，使用CGI可以创建程序，用户可以发出请求来执行相应的程序。尽管CGI在安全方面存在隐患，但到如今它仍然在使用。

随着Java语言的诞生，Applet为Web应用带来了一个新的时代。Applet允许开发人员编写可以嵌入在Web页面的小应用程序，通过浏览器中的Java虚拟机来运行。Applet在一个沙箱安全模型中运行，有助于防止用户运行恶意代码。但是Applet也存在一些限制：不能读写文件系统，不能加载本地库，而且可能无法启动客户端上的程序。还有一个重要的问题是客户端必须安装了适当的 Java 版本才能运行 Applet。尽管这个问题可以解决，但也阻碍了 Applet 技术的进一步推广。

为了使不熟悉 Java 的 Web 开发人员能更轻松地开发 Applet，Netscape 创建了一种脚本语言 JavaScript，JavaScript 可以帮助开发人员动态地修改页面上的标记，以便为客户提供更丰富的体验。由于 Applet 的种种缺陷，SUN 公司在 Java 推出后一年左右就引入了 Servlet，它让 Java 程序在服务器端运行，因此可以使用先进的服务器并充分利用现有的业务应用，而且如有新的 Java 版本出现，只需考虑服务器的升级。Servlet 是 Web 应用的一个很大的进步，它提供了对整个 Java 应用编程接口（API）的完全访问，而且提供了一个完备的库可以处理 HTTP。但是 Servlet 也有缺点，它通过“打印行”创建 HTML，为用户显示结果，代码复杂而且没有可视化的界面，容易出错。

针对 Servlet 的不足，Microsoft 创建了 ASP（Active Server Pages）来简化动态页面的开发。与此相应，SUN 公司也推出了 JSP（Java Server Pages），ASP 和 JSP 的设计目的都是将业务处理与页面外观相分离，使得软件开发人员可以专心开发业务逻辑，而 Web 设计人员能够专心设计页面外观。

由于 HTTP 协议是一个请求/响应协议，客户端有请求，服务器端才会有响应，没有请求，就没有响应。而观察者/通知模式要求在服务器端发生变化时能主动给用户端发消息更新。Sun 公司为了解决 JSP 不易维护和功能块难以复用的问题，提出使用 JSP 和 Servlet 同时来部署 Web 应用，Servlet 可以应付控制流，而 JSP 则可专注于编写 HTML 的任务。结合使用 JSP 和 Servlet 被称为 Model 2，而单独使用 JSP 称为 Model 1。在 Model 2 中，视图层 View 不再与业务层 Model 有直接的联系，而它们之间的交互都通过控制层 Controller。这种层次化的 MVC 模式是通过应用框架 Struts 实现的。

7.9　小结

专家系统是一类具有专门知识和经验的计算机智能程序系统，通过对人类专家的问题求解能力的建模，采用人工智能中的知识表示和知识推理技术来模拟通常由专家才能解决的复杂问题，达到具有与专家同等解决问题能力的水平。本章首先讨论了专家系统的基本概念、基本结构、与常规计算程序的区别等问题。专家系统的基本结构可以视为由知识库、推理机和用户界面 3 部分所组成。

20 世纪 70 年代，为了适应专家系统蓬勃发展的需要，知识工程应运而生。知识工程是一门以知识为研究对象的学科，它将具体智能系统研究中那些共同的基本问题抽取出来，作为知识工程的核心内容，使之成为指导具体研制各类智能系统的一般方法和基本工具，成为一门具有方法论意义的科学。在知识工程的推动下，涌现出了不少专家系统开发工具。本章主要介绍了 MYCIN、CLIPS、JESS 和 OKPS。

随着互联网应用的快速发展，专家系统在传统的基于规则的基础上，涌现出一些新型专家系统。本章简要介绍了分布式专家系统、协同式专家系统、神经网络专家系统以及基于互联网的专家系统。

专家系统是一个复杂的计算机软件，所以它的开发既要遵循一般的软件开发规范，同时又要考虑知识工程的特点。本章还讨论了建造专家系统的主要阶段。

习题

1. 什么是专家系统？它有哪些基本特征？
2. 专家系统与传统程序系统的差别是什么？
3. 专家系统的基本结构包括哪些部分？每一部分的主要功能是什么？
4. 给出 MYCIN 专家系统的信息流和推理过程。
5. 如何用 CLIPS 描述事实和规则？
6. Rete 算法的核心是建立 Rete 匹配网络结构。这一网络结构由模式网络和连接网络两部分构成。试述如何建立和利用这两种网络。
7. 为什么说 OKPS 是面向对象的专家系统开发工具？试用推理控制语言 ICL 构造一个简单的知识库。
8. 建造专家系统的原则是什么？
9. 建造一个专家系统需要经过哪几个阶段？每个阶段的主要任务是什么？
10. 专家系统的知识获取有哪些方法？
11. 如何评价专家系统？
12. 试用专家系统工具 JESS 开发基于互联网的学生选课专家系统。

第 8 章　自然语言处理

自然语言作为人类表达和交流思想最基本的工具，在人类社会活动中到处存在。常见的形式有口头语言（语音）和书面语言（文字）。本章首先介绍自然语言处理的基本概念，然后从自然语言词法分析、句法分析、语义分析、语用分析和真实文本语料库等方面，介绍自然语言处理所涉及的关键技术。最后介绍自然语言处理在信息检索、机器翻译和自动问答系统等方面的应用。

8.1　自然语言处理概述

8.1.1　什么是自然语言处理

自然语言是指人类语言集团的本族语，如汉语、英语等，它是相对于人造语言而言的，如 C 语言、Java 语言等计算机语言。语言是思维的载体，是人际交流的工具，人类历史上以语言文字形式记载和流传的知识占到知识总量的 80%以上。就计算机应用而言，有 85%左右的应用都是用于语言文字的信息处理。在信息化社会中，语言信息处理的技术水平和每年所处理的信息总量已成为衡量一个国家现代化水平的重要标志之一。

自然语言处理是用机器处理人类语言的理论和技术。它作为语言信息处理技术的一个高层次的重要研究方向，一直是人工智能领域的核心课题。由于自然语言的多义性、上下文有关性、模糊性、非系统性和环境密切相关性、涉及的知识面广等，自然语言处理困难重重。自然语言处理的研究希望机器能够执行人类所期望的某些语言功能，这些功能包括：

1）回答问题。计算机能正确地回答用自然语言输入的有关问题。

2）文摘生成。机器能产生输入文本的摘要。

3）释义。机器能用不同的词语和句型来复述输入的自然语言信息。

4）翻译。机器能把一种语言翻译成另外一种语言。

自然语言有两种基本的形式：口语和书面语。书面语比口语结构性要强，并且噪声也比较小。口语信息包括很多语义上不完整的子句，如果听众关于演讲主题的主观知识不是很了解，听众有时可能无法理解这些口语信息。书面语理解包括词法、语法和语义分析，而口语理解还需要加上语音分析。本章只涉及书面语的理解问题，不考虑口语的分析。

如果计算机能够理解、处理自然语言，人机之间的信息交流能够以人们所熟悉的本族语言来进行，将是计算机技术的一项重大突破。另外，由于创造和使用自然语言是人类高度智能的表现，因此对自然语言处理的研究也有助于揭开人类高度智能的奥秘，深化对语言能力和思维本质的认识。自然语言理解这个研究方向在应用和理论两个方面都具有重大的意义。

8.1.2　自然语言处理的发展

计算机技术和人工智能技术的快速发展，推动了自然语言理解研究的不断进展。20 世纪 60 年代以来已经产生过一些成功的自然语言理解系统，用来处理受限的自然语言子集。这种子语言或是在句子结构的复杂性方面受到限制（句法受限），或是在所表达的事物的数量方面受限（语义受限或领域受限）。目前市场上已经出现了一些可以进行一定自然语言处理的商品化软件。但要想让机器能像人类那样自如地运用自然语言，仍是一项长远而艰巨的任务。关于自然语言理解的研究，可以分为3个时期，即20世纪40~60年代的萌芽时期、60~80年代的复苏发展时期和80年代后期至今的走向实用化、大规模进行真实文本处理的繁荣发展时期。

1. 萌芽时期（20世纪40年代~60年代中期）

自然语言理解的研究可以追溯到20世纪40年代末和50年代初期。1946年第一台计算机问世，震撼了整个世界，几乎同时，英国的布斯（Booth A. D.）和美国的韦弗（Weaver W.）就开始了机器翻译方面的研究，这是由于当时国际上正处于美苏对抗时期，美苏等国开展的俄-英和英-俄互译研究工作开启了自然语言理解研究的早期阶段。在当时，韦弗认为："当我阅读俄文写的文章的时候，我可以说这篇文章是用英文写的，只不过它是用另外一种奇怪的符号编了码而已，当我在阅读的时候，我是在解码，即A语言→通用语言→B语言"。

这种想法把机器翻译看得过于简单了，实际上机器翻译是很复杂的，单纯地利用规范的语法规则，低估了它的困难程度，再加上当时计算机处理能力低下，机器翻译工作没有取得实质的进展。1966年，美国自然语言处理咨询委员会向美国科学院提交了一份报告称："尽管在机器翻译上投入了巨大的努力，但使用开发这种技术，在可预期的将来是不会成功的"。这导致了机器翻译的研究进入低潮。

在这一时期，乔姆斯基（Chomsky N.）提出了形式语言和形式文法的概念，他把自然语言和程序设计语言置于相同的层面，用统一的数学方法来解释和定义。乔姆斯基建立的转换生成文法TG在语言学界引起了很大的轰动，使得语言学的研究进入了定量的研究阶段，也促进了程序设计语言学的极大发展，出现了诸如BASIC、FORTRAN和ADA等大量的语言。对于Chomsky转换生成文法，虽然它所描述的是基于语句生成的十分严格的过程，但对人类自然形成的极其复杂的语言现象而言，乔姆斯基的理论还不具备足够的能力来处理自然语言问题，还需要进行进一步的研究。不过，虽然如此，乔姆斯基所建立的语法体系，仍然是目前自然语言理解中语法分析所必须依赖的语法体系。

2. 复苏发展时期（20世纪60年代后期~80年代中期）

虽然机器翻译在早期遇到了一些挫折，但是对自然语言理解的研究却一直没有停止过，从20世纪60年代开始人机对话方面的研究取得了一定的成功。这些人机对话系统可以作为专家系统、办公自动化和信息检索等系统的自然语言人机接口，具有很大的实用价值。这期间自然语言理解系统的发展实际上可以分为两个阶段：20世纪60年代以关键词匹配技术为主的阶段，以及70年代以句法-语义分析为主流技术的阶段。

20世纪60年代开发的自然语言理解系统，大都没有真正意义上的语法分析，而主要依靠关键词匹配技术来识别输入句子的意义。在这些系统中事先存放了大量包含某些关键词的模式，每个模式都与一个或多个解释（又叫响应式）相对应。系统将当前输入句子与这些模式逐个匹配，一旦匹配成功便立即得到了这个句子的解释，而不再考虑句子中那些不属于关键词的成分对句子意义会有什么影响。匹配成功与否只取决于语句模式中包含的关键词及其排列次序，非关键词不能影响系统的理解。所以，严格地讲，基于关键词匹配的理解系统并非真正的自然语言理解系统，它既不懂得语法，又不懂得语义，充其量只是一种近似匹配技术。这种技术的最大优点是允许输入的句子不一定要遵循规范的语法，甚至是文理不通的。但这种分析技术的不精确性也正是这种方法的主要弱点，往往会导致错误的分析。

这一时期的几个著名系统包括 1968 年出现的 SIR 和 ELIZA 系统等。拉法勒（Raphael B.）在美国麻省理工学院完成的 SIR（Semantic Information Retrieval，语义信息检索）系统，能记住用户通过英语告诉它的事实，然后对这些事实进行演绎，回答用户提出的问题；韦森鲍姆（Weizenbaum J.）在美国麻省理工学院设计的 ELIZA 系统，能模拟一位心理治疗医生（机器）同一位患者（用户）的谈话。

进入 20 世纪 70 年代后，自然语言理解的研究在句法-语义分析技术方面取得了重要进展，出现了若干有影响的自然语言理解系统，在语言分析的深度和难度方面比早期的系统有了长足的进步。这个时期的代表系统包括伍兹（Woods W.）设计的 LUNAR，它是第一个允许用普通英语同数据库对话的人机接口，用于协助地质学家查找、比较和评价阿波罗 11 飞船带回的月球标本的化学分析数据。维诺格拉德（Winograd T.）设计的 SHEDLU 系统，是一个在“积木世界”中进行英语对话的自然语言理解系统，它把句法、推理、上下文和背景知识灵活地结合于一体，模拟一个能够操纵桌子上一些积木玩具的机器人手臂，用户通过人机对话方式命令机器人放置哪些积木块，系统通过屏幕给出回答并显示现场的相应情景。

3. 繁荣发展时期（20 世纪 80 年代后期至今）

20 世纪 80 年代后，自然语言理解的应用研究广泛开展，实用化和工程化的努力使得一批商品化的自然语言人机接口和机器翻译系统出现于国际市场。著名的人机接口系统有美国人工智能公司（AIC）生产的英语人机接口系统 Intellect、美国弗雷公司生产的 Themis 人机接口。在自然语言理解的基础上，机器翻译工作也开始走出低谷，重新兴起，并逐步走向实用。有较高水平的翻译系统包括欧洲共同体在美国乔治伦敦大学开发的机译系统 SYSTRAN 的基础上，成功地实现了英、法、德、西、意和葡等多语对的机器翻译系统，以及美国的 META 等系统。

在这期间，自然语言理解研究的主要特征是借鉴了许多人工智能和专家系统中的思想，引入了知识的表示和处理方法，以及领域知识和推理机制，使自然语言处理系统不再局限于单纯的语言句法和词法的研究，而与它所表示的客观世界紧密结合在一起，极大地提高了系统处理的正确性。虽然说，自然语言理解研究的主要技术一直是句法-语义分析，这决定了人工智能技术，特别是基于规则的技术在其中具有重要的作用，但是几十年的自然语言理解研究实践证明，仅依靠人工智能技术，要想把处理自然语言所需的知识（包括语言学知识和语言以外的世界知识）都用现有的知识表示技术明确表达出来，是不可能的。这既是由于这种知识的“数量”巨大，又是由于它们在“质”的方面高度的不确定性和模糊性。

为了处理大规模的真实文本，最近十多年来研究人员新提出了语料库语言学（Corpus Linguistics）。它顺应了大规模真实文本处理的需求，以计算机语料库为基础进行语言学研究及自然语言理解的研究。它认为语言学知识的真正源泉是大规模地来自于生活的资料，计算语言学工作者的任务是使计算机能够自动或半自动地从大规模语料库中获取处理自然语言所需的各种知识，它们必须客观地而不是主观地对库中的语言事实做出描述。

20 世纪 80 年代英国 Leicester 大学利希（Leech）领导的 UCREL 研究小组，利用已带有词类标记的语料库，经过统计分析得出了一个反映任意两个相邻标记出现频率的“概率转移矩阵”。他们设计的 CLAWS 系统依据这种统计信息，而不是系统内存储的知识，对 LOB 语料库的一百万词的语料进行词类的自动标注，准确率达 96%。CLAWS 系统的成功使许多研究人员相信，基于语料库的处理思想能够在工程上、在宽广的语言覆盖面上解决大规模真实文本处理这一极其艰巨的课题，即使还达不到传统处理方法的水平，至少也是对传统的处理方法一个强有力的补充。

8.1.3 自然语言处理的层次

语言虽然表示成一连串文字符号或一串声音流，但其内部事实上是一个层次化的结构，从语言的构成中就可以清楚地看到这种层次性。一个文字表达的句子的层次是词素→词或词形→词组或句子，而声音表达的句子的层次则是音素→音节→音词→音句，其中每个层次都受到语法规则的制约。因此，语言的处理过程也应当是一个层次化的过程。许多现代语言学家把这一过程分为5个层次：语音分析、词法分析、句法分析、语义分析和语用分析。语音分析就是根据音位规则，从语音流中区分出一个个独立的音素，再根据音位形态规则找出一个个音节及其对应的词素或词。语用分析就是研究语言所存在的外界环境对语言使用所产生的影响。它描述语言的环境知识、语言与语言使用者在某个给定语言环境中的关系，关注语用信息的自然语言处理系统更侧重于讲话者/听话者模型的设定，而不是处理嵌入给定话语中的结构信息。研究者提出了很多语言环境的计算模型，描述讲话者及其通信目的、听话者及其对说话者信息的重组方式。构建这些模型的难点在于如何把自然语言处理的不同方面以及各种不确定的生理、心理、社会和文化等背景因素集中到一个完整的连贯的模型中。对于词法分析、句法分析和语义分析3个层次，将在下面章节中讨论。

虽然这些层次之间并非是完全隔离的，但这种层次化的划分的确有助于更好地体现语言本身的构成，并且在一定程度上使得自然语言处理系统的模块化成为可能。

8.2 词法分析

词法分析是理解单词的基础，其主要目的是从句子中切分出单词，找出词汇的各个词素，从中获得单词的语言学信息并确定单词的词义，如 unchangeable 是由 un-change-able 构成的，其词义由这3个部分构成。不同的语言对词法分析有不同的要求，例如英语和汉语就有较大的差距。

在英语等语言中，因为单词之间是以空格自然分开的，切分一个单词很容易，所以找出句子的一个个词汇就很方便。但是由于英语单词有词性、数、时态、派生和变形等变化，要找出各个词素就复杂得多，需要对词尾或词头进行分析。例如 importable，它可以是 im-port-able 或 import-able，这是因为 im、port、able 这三个都是词素。

通常，词法分析可以从词素中获得许多有用的语言学信息，英语中构成词尾的词素“s”通常表示名词复数，或动词第三人称单数，“ly”通常是副词的后缀，而“ed”通常是动词的过去分词等，这些信息对于句法分析是非常有用的。另外，一个词可有许多的派生和变形，如 work，可变化出 works、worked、working、worker、workable 等。这些词如果全放入词典将是非常庞大的，而它们的词根只有一个。自然语言理解系统中的电子词典一般只存放词根，支持词素分析可以大大压缩电子词典的规模。

下面是一个英语词法分析的算法，它可以对那些按英语语法规则而变化的英语单词进行分析：

```
repeat
    look for word in dictionary
    if not found
```

then modify the word
until word is found or no further modification possible

其中 word 是一个变量，初始值就是当前的单词。

例如，对于单词 catches、ladies 可以做如下分析：

catches	ladies	词典中查不到
catche	ladie	修改 1：去掉"-s"
catch	ladi	修改 2：去掉"-e"
	lady	修改 3：把 i 变成 y

这样在修改 2 时，就可以找到 catch，在修改 3 时就可以找到 lady。

英语词法分析的难度在于词义判断，因为单词往往有多种解释，仅仅依靠查词典常常无法判断。例如，对于单词"diamond"有 3 种解释：菱形，边长均相等的四边形；棒球场；钻石。要判定单词的词义只能依靠句子中其他相关单词和词组的分析。例如，下面的句子：

John saw Susan's diamond shimmering from across the room

其中 diamond 词义必定是钻石，因为只有钻石才能发光，而菱形和棒球场是不闪光的。

作为对照，汉语中的每个字就是一个词素，所以要找出各个词素是相当容易的，但要切分出各个词就非常困难，不仅需要构词的知识，还需要解决可能遇到的切分歧义。例如"我们研究所有东西"，可以是"我们—研究所—有东西"，也可以是"我们—研究—所有—东西"。

8.3　句法分析

句法分析主要有两个作用，一是对句子或短语结构进行分析，以确定构成句子的各个词、短语之间的关系以及各自在句子中的作用等，并将这些关系用层次结构加以表达；二是对句法结构规范化。在对一个句子分析的过程中，如果把分析句子各成分间的关系的推导过程用树形图表示出来，那么这种图称为句法分析树。句法分析是由专门设计的分析器进行的，其过程就是构造句法树的过程，对每个输入的合法语句转换为一棵句法分析树。

分析自然语言的方法主要分为两类：基于规则的方法和基于统计的方法。基于统计的方法将在后面章节中介绍，这里主要介绍基于规则的各种方法。

8.3.1　短语结构语法

短语结构语法和乔姆斯基语法是描述自然语言和程序设计语言强有力的形式化工具，可用于在计算机上对被分析的句子形式化描述和分析。

短语结构语法 G 的形式化定义如下：

$$G=(T,N,S,P)$$

其中，T 是终结符的集合，终结符是指被定义的那个语言的词（或符号）；N 是非终结符号的集合，这些符号不能出现在最终生成的句子中，是专门用来描述语法的。显然，T 和 N 不相交，T 和 N 共同组成符号集 V，因此有 $V=T\cup N$，$T\cap N=\varnothing$。S 是起始符，它是集合 N 中的一个成员。

P 是产生式规则集。每条产生式规则具有如下的形式：$a\rightarrow b$，这里 $a\in V^+$，$b\in V^*$，$a\neq b$，V^* 表示由 V 中的符号所构成的全部符号串（包括空符号串 $\varnothing$）的集合，V^+ 表示 V^* 中除空符号串∅之外的一切符号串的集合。

在一部短语结构语法中，基本运算就是把一个符号串重写为另一个符号串。如果 $a \to b$ 是一条产生式规则，就可以通过用 b 来置换 a，重写任何一个包含子串 a 的符号串，这个过程记作"⇒"。所以，如果 u，$v \in V^*$，有 $uav \Rightarrow ubv$，就说 uav 直接产生 ubv，或 ubv 由 uav 直接推导得出。以不同的顺序使用产生式规则，就可以从同一符号产生许多不同的串。由一部短语结构语法定义的语言 $L(G)$ 就是可以从起始符 S 推导出的符号串 W 的集合。即一个符号串要属于 $L(G)$ 必须满足以下两个条件：

1）该符号串只包含终结符。

2）该符号串能根据语法 G 从起始符 S 推导出来。

由上面的定义可以看出，采用短语结构语法所定义的某种语言是由一系列产生式组成的。下面给出一个简单的短语结构语法。

例 8.1　$G=(T,N,S,P)$

$T=\{\text{the}, \text{man}, \text{killed}, \text{a}, \text{deer}, \text{likes}\}$

$N=\{\text{S}, \text{NP}, \text{VP}, \text{N}, \text{ART}, \text{V}, \text{Prep}, \text{PP}\}$

$S=S$

P：1）S→NP+VP

2）NP→N

3）NP→ART+N

4）VP→V

5）VP→V+NP

6）ART→the | a

7）N→man | deer

8）V→killed | likes

8.3.2　乔姆斯基形式语法

根据形式语法中所使用的规则集，乔姆斯基定义了 4 种类型的语法：

1）无约束短语结构语法，又称 0 型语法。

2）上下文有关语法，又称 1 型语法。

3）上下文无关语法，又称 2 型语法。

4）正则语法，又称 3 型语法。

型号越高，所受约束越多，生成能力就越弱，能生成的语言集就越小，也就是说，它的描述能力就越弱。下面简要讨论这几类语法。

1. 无约束短语结构语法

如果没有对于短语结构语法的产生式规则的两边做更多的限制，仅要求 x 中至少含有一个非终结符，即成为乔姆斯基体系中生成能力最强的一种形式语法，即无约束短语结构语法。

$$x \to y, \quad x \in V^+, y \in V^*$$

0 型语法是非递归的语法，即无法在读入一个符号串后最终判断出这个字符串是否为由这种语法所定义的语言中的一个句子。因此，0 型语法很少用于自然语言处理。

2. 上下文有关语法

上下文有关语法是一种满足以下约束的短语结构语法：对于每一条形式为

$$x \to y$$

的产生式，y 的长度（即符号串 y 中的符号个数）总是大于或等于 x 的长度，而且 x，$y \in V^*$。

例如：

$$AB \to CDE$$

是上下文有关语法中一条合法的产生式，但

$$ABC \to DE$$

不是。

这一约束可以保证上下文有关语法是递归的，即如果编写一个程序，在读入一个符号串后能最终判断出这个字符串是否为由这种语法所定义的语言中的一个句子。

自然语言是上下文有关的语言，上下文有关语言需要用 1 型语法描述。语法规则允许其左部有多个符号（至少包括一个非终结符），以指示上下文相关性，即上下文有关指对非终结符进行替换时，需要考虑该符号所处的上下文环境。但要求规则的右部符号的个数不少于左部，以确保语言的递归性。对于产生式：

$$aAb \to ayb,\quad A \in N, y \neq \varnothing, a \text{ 和 } b \text{ 不能同时为} \varnothing$$

当用 A 替换时，只能在上下文为 a 和 b 时才可进行。

不过在实际中，由于上下文无关语言的句法分析远比上下文有关语言有效，人们希望在增强上下文无关语言的句法分析的基础上，实现自然语言的自动理解，后面将要介绍的 ATN 就是基于这种思想实现的一种自然语言句法分析技术。

3. 上下文无关语法

在上下文无关语法中，每一条规则都采用如下形式：

$$A \to x$$

其中，$A \in N$，$x \in V^*$，即每条产生式规则的左侧必须是一个单独的非终结符。在这种体系中，规则被应用时不依赖于符号 A 所处的上下文，因此称为上下文无关语法。

4. 正则语法

正则语法又称为有限状态语法，只能生成非常简单的句子。正则语法有两种形式：左线性语法和右线性语法。在一部左线性语法中，所有规则必须采用如下形式：

$$A \to Bt \quad \text{或} \quad A \to t$$

其中，A，$B \in N$，$t \in T$，即 A、B 都是单独的非终结符，t 是单独的终结符。而在一部右线性语法中，所有规则必须如下书写：

$$A \to tB \quad \text{或} \quad A \to t$$

8.3.3　句法分析树

在对一个句子进行分析过程中，如果把分析句子各成分间关系的推导过程用树形图表示出来，那么这种图称为句法分析树。例如，对于例 8.1 的语法结构，该语法属于上下文无关语法，利用该语法对下面的句子进行分析：

The man killed a deer.

由重写规则 1 开始得到下面的分析过程：

S →NP+VP
  →ART+N+VP

→The man+VP

→The man+V+NP

→The man killed+NP

→The man killed+ART+N

→The man killed a deer

上述例子描述了一个自顶向下的推导过程，该过程开始于初始符号S，然后不断地选择合适的重写规则，用该规则的右部代替左部，最后得到完整的句子。另一种形式的推导称为自下向上的过程，该过程开始于所要分析的句子，然后用重写规则的左部代替右部，直到到达初始符号S。

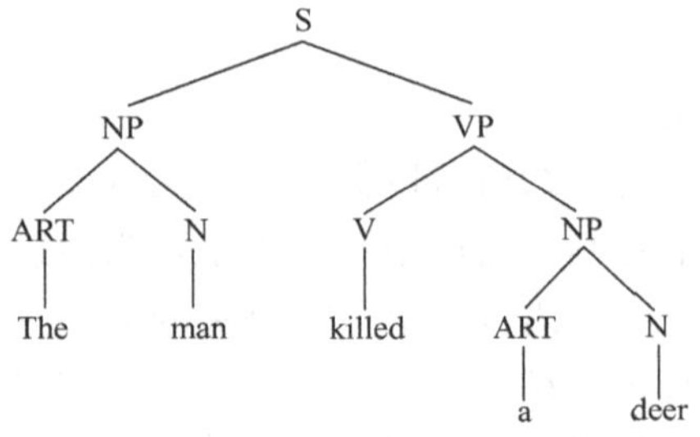

图8.1　句法分析树

对应的句法分析树如图8.1所示。在句法分析树中，初始符号总是出现在树根上，终止符则是出现在叶上。

8.3.4　转移网络

转移网络在自动机理论中用来表示语法。句法分析中的转移网络由节点和带有标记的弧组成，节点表示状态，弧对应于符号，基于该符号，可以实现从一个给定的状态转移到另一个状态。重写规则和相应的转移网络可表示为图8.2。

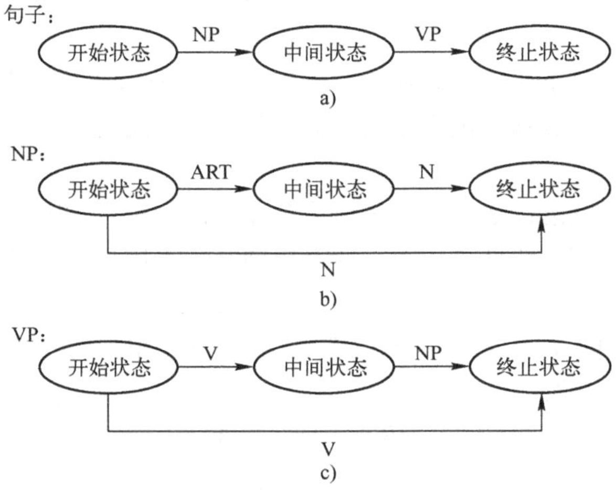

图8.2　转移网络

a）S→NP+VP 的转移网络　b）NP→ART+N 和 NP→N 的转移网络

c）VP→V+NP 和 VP→V 的转移网络

为了用转移网络分析一个句子，首先从句子S开始启动转移网络，如果句子的表示形式和转移网络的部分结构（NP）匹配，则控制会转移到和NP相关的网络部分。这样，转移网络进入中间状态，然后接着检查VP短语。在VP的转移网络中，假设整个VP匹配成功，则控制会转移到终止状态，并结束。例如，对于句子“the man laughed”的状态转移网络如图8.3所示。

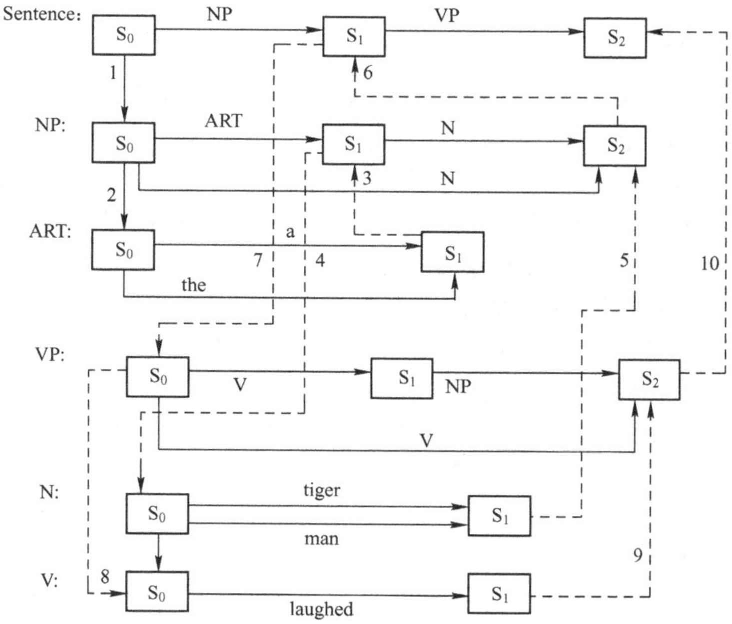

图 8.3　“the man laughed” 的状态转移网络

注：虚线上的数字表示转移的顺序。

对于图 8.3 所示的转移网络，含有 10 个线段，表示了网络中状态的控制流。首先，当控制在句子的 S_0 发现 NP，则它会通过虚线 1 移动到 NP 转移网络。如果在 NP 转移网络的 S_0 又发现了 ART，则通过虚线 2 进入 ART 网络，从 ART 网络选择 “the”，然后通过虚线 3 返回 NP 转移网络的 S_1。现在，在 NP 转移网络的 S_1，找到 N，则通过弧 4 移动到转移网络 N 的初始节点 S_0。该过程一直这样进行下去，直到通过弧 10 抵达句子的转移网络的 S_2。对转移网络的遍历并不总是像图 8.3 那样顺利，当控制使匹配进入错误的状态，句子和转移网络无法匹配时，就会引起回溯。

为了说明转移网络中的回溯，表示句子 “dogs bark” 的转移网络如图 8.4 所示，由于句子中没有冠词，所以需要将控制从 ART 的 S_0 回溯到 NP 的 S_0。

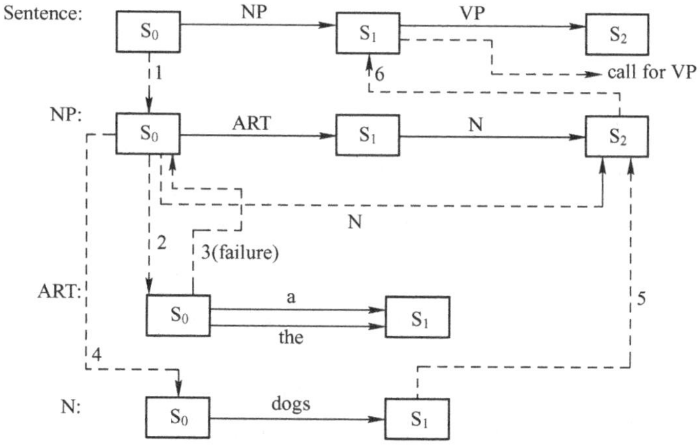

图 8.4　“dogs bark” 的转移网络

8.3.5 扩充转移网络

扩充转移网络（Augmented Transition Network，ATN）是20世纪70年代由伍兹（Woods W.）提出来的（Woods，1970），曾应用于他著名的LUNAR系统中，后来，Kaplan对其做了一些改进。ATN语法属于一种增强型的上下文无关语法，即用上下文无关语法描述句子语法结构，并同时提供有效的方式将各种理解语句所需要的知识加到分析系统中，以增强分析功能，从而使得应用ATN的句法分析程序具有分析上下文有关语言的能力。

ATN主要是对转移网络中的弧附加了过程而得到的。当通过一个弧时，附加在该弧上的过程就会被执行。这些过程的主要功能是：①对语法特征进行赋值；②检查数（Number）或人称（第一、二或三人称）条件是否满足，并据此允许或不允许转移。

例如，用ATN分析句子“the boy”。假设单词“NP”“the ”“boy”在数据字典中给出的语义特征如图8.5所示。并且假设附加在冠词和名词的弧上的过程描述如下：

NP:

DET	Noun	Number

a)

the:

Part of Speech	Root	Number
ART	the	单/复数

b)

boy:

Part of Speech	Root	Number
N	boy	单数

c)

图8.5 单词的语义特性的表示

为了分析“the boy”，假定使用NP的扩充转移网络。这样，在NP的状态S_0，首先赋予ART:=the，并检查词性部分Part-of-speech是否等于ART。如果是，则赋予NP. DET:=ART，否则，失败引起回溯。一般来说，句子S包含NP和VP，所以，从NP的ATN应该返回到S的ATN的初始状态，如图8.6所示。

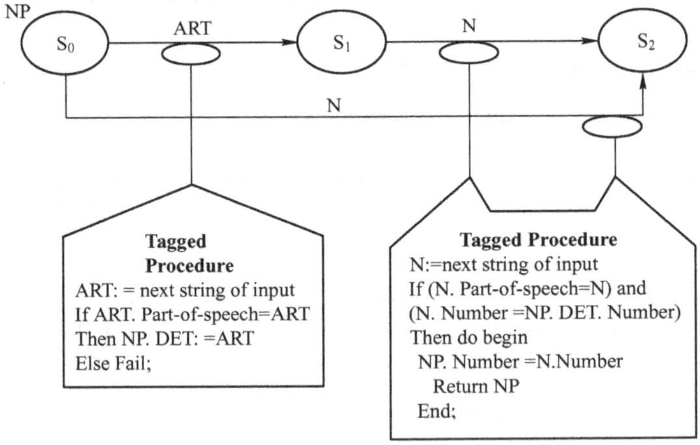

图8.6 NP的ART语法用于检查数的一致性

这样，如果已经有了对句子、NP和VP的结构定义，以及对单词“the”“crocodile”“smiled”的数据字典定义，并且已知NP和VP转移网络的弧上的过程，则可以对使用这些定义和过程的树进行分析。下面给出的例子是对句子the crocodile smiled的分析。

前面已经给出了一些定义，其余的定义如图8.7~图8.9所示。

Sentence(S):

NP	VP

a)

VP:

Verb	Number	Object

b)

图 8.7　结构定义

a）句子　b）VP

crocodile:

Part of speech	Root	Number
N	crocodile	Singular

a)

smiled:

Part of speech	Root	Number
V	smile	Sing./Plural

b)

图 8.8　字典定义

a）crocodile　b）smiled

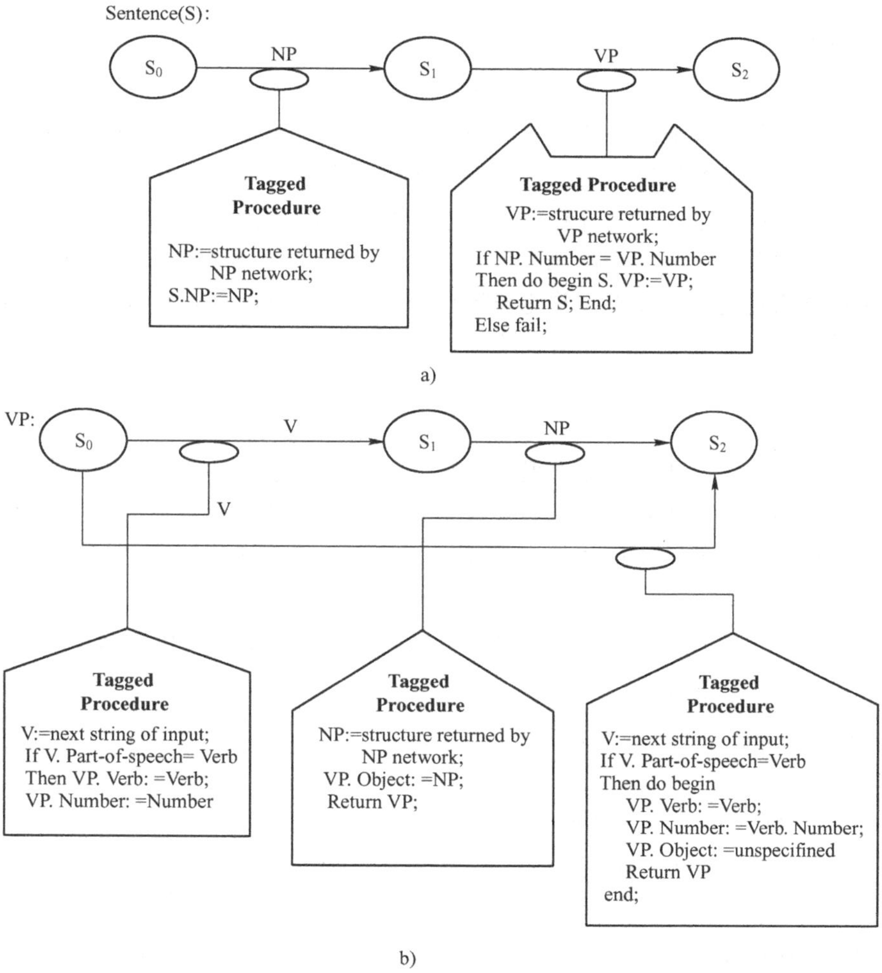

图 8.9　ATN 语法

a）检查数一致性的句子 ATN 语法　b）检查数一致性的 VP ATN 语法

根据上面的定义，可以得到 the crocodile smiled 的句法树，如图 8. 10 所示。

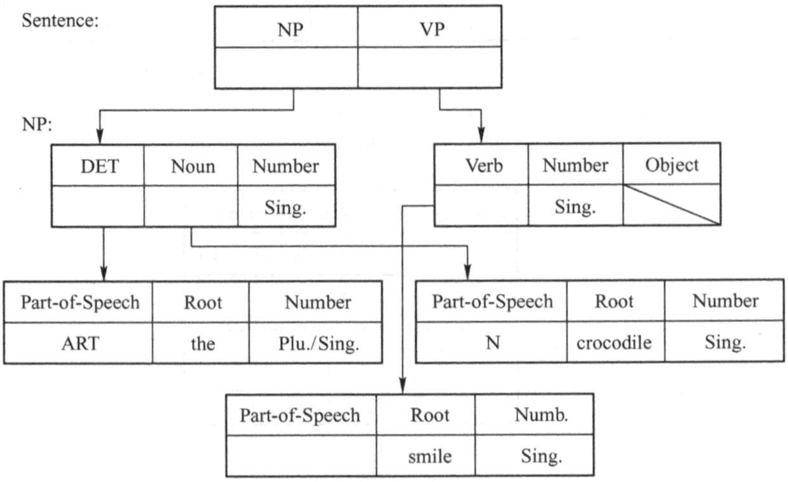

图 8. 10　使用 ATN 语法建立句子“the crocodile smiled”的句法树

8. 4　语义分析

句法分析通过后并不等于已经理解了所分析的句子，至少还需要进行语义分析，把分析得到的句法成分与应用领域中的目标表示相关联，才能产生正确唯一的理解。简单的做法就是依次使用独立的句法分析程序和语义解释程序。这样做的问题是，在很多情况下，语法分析和语义分析相分离，常常无法决定句法的结构。ATN 允许把语义信息加进句法分析，并充分支持语义解释。为有效地实现语义分析，并能与句法分析紧密结合，研究者给出了多种进行语义分析的方法，这里主要介绍语义文法和格文法。

8. 4. 1　语义文法

语义文法是将文法知识和语义知识组合起来，以统一的方式定义为文法规则集。语义文法是上下文无关的，形态上与面向自然语言的常见文法相同，只是不采用 NP、VP 和 PP 等表示句法成分的非终止符，而是使用能表示语义类型的符号，从而可以定义包含语义信息的文法规则。

下面给出一个关于舰船信息的例子，可以看出语义文法在语义分析中的作用。

S → PRESENT the ATTRIBUTE of SHIP
PRESENT → what is | can you tell me
ATTRIBUTE → length | class
SHIP → the SHIPNAME | CLASSNAME class ship
SHIPNAME → Huanghe | Changjiang
CLASSNAME → carrier | submarine

上述重写规则从形式上看和上下文无关文法是一样的。其中，用全是大写英文字母表示的单词代表非终止符，全是小写英文字母表示的单词代表终止符。这里可以看出，PRESENT 在构成句子时，后面必须紧跟着单词 the，这种单词之间的约束关系显然表示语义信息。用语义文法分析句子的方法与普通的句法分析文法类似，特别是同样可以用 ATN 对句子作语义文法分析。

语义文法不仅可以排除无意义的句子，而且具有较高的效率，对语义没有影响的句法问题可以忽略。但是该文法也有一些不足之处。实际应用时需要的文法规则数量往往很大，因此一般只能适用于严格受到限制的领域。

8.4.2　格文法

格文法（Case Grammar）是由费尔蒙（Fillmore C. J.）提出的（Fillmore，1968），主要是为了找出动词和跟它处在结构关系中的名词的语义关系，同时也涉及动词或动词短语与其他的各种名词短语之间的关系。也就是说，格文法的特点是允许以动词为中心构造分析结果，尽管文法规则只描述句法，但分析结果产生的结构却相应于语义关系，而非严格的句法关系。例如，英语句子

Mary hit Bill

的格文法分析结果可以表示为

(hit　(Agent Mary)
　　　(Dative Bill))

这种表示结构称为格文法。在格表示中，一个语句包含的名词词组和介词词组均以它们与句子中动词的关系来表示，称为格。上面的例子中 Agent 和 Dative 都是格，而像“(Agent Mary)”这样的基本表示称为格结构。

在传统语法中，格仅表示一个词或短语在句子中的功能，如主格、宾格等，反映的也只是词尾的变化规则，故称为表层格。在格文法中，格表示的语义方面的关系，反映的是句子中包含的思想、观念等，称为深层格。和短语结构语法相比，格文法对于句子的深层语义有着更好的描述。无论句子的表层形式如何变化，如主动语态变为被动语态、陈述句变为疑问句、肯定句变为否定句等，其底层的语义关系，各名词成分所代表的格关系不会发生相应的变化。例如，被动句“Bill was hit by Mary”与上述主动句具有不同的句法分析树（见图 8.11），但格表示完全相同，以说明这两个句子的语义相同，并实现多对一的源-目的映射。

格文法和类型层次相结合，可以从语义上对 ATN 进行解释。类型层次描述了层次中父子之间的子集关系，或者说，父节点比子节点更一般。根据层次中事件或项的特化（Specialized）/泛化（Generalized）关系，类型层次在构造有关动词及其宾语的知识，或者确定一个名词或动词的意义时非常有用。

在类型层次中，为了解释 ATN 的意义，动词具有关键的作用。因此可以使用格文法，通过动作实施的工具或手段（Instrument）来描述动作主体（Agent）的动作。例如，动词“laugh”可以是通过动作主体的嘴唇来描述的一个动作，它可以带给自己或他人乐趣。因此，laugh 可以表示为下面的格框架，如图 8.12 所示。

在图 8.12 中，矩形表示世界的描述，两个矩形之间的关系用椭圆表示。为了对 ATN 进行语义解释，需要指出：

1）当从 ATN 中的句子 S 开始分析时，需要确定名词短语和动词短语以得到名词和动词的格框架表示。将名词和对应格框架中的主语（动作主体）关联在一起。

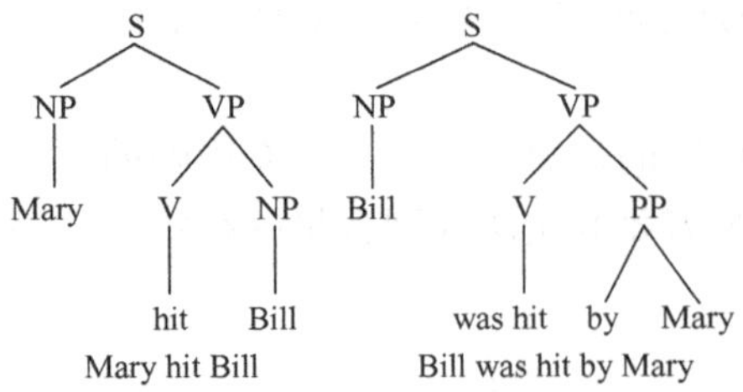

图 8.11　主动句和被动句的句法分析树

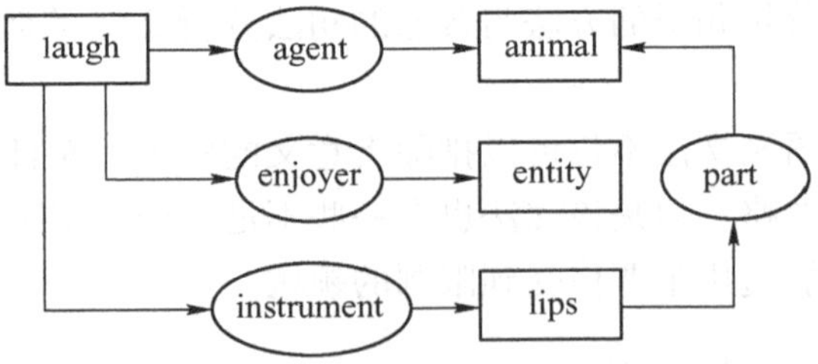

图 8.12　动词“laugh”的格框架

2）当处理名词短语时，需要确定名词；确定冠词的数特征（单数还是复数），并将动作的制造者和名词相关联。

3）当处理动词短语时，需要确定动词。如果动词是及物的，则找到其对应的名词短语，并说明它为动词的施加对象。

4）当处理动词时，检索它的格框架。

5）当处理名词时，检索它的格框架。

格文法是一种有效的语义分析方法，有助于删除句法分析的歧义性，并且易于使用。格表示易于用语义网络表示法描述，从而多个句子的格表示相互关联形成大的语义网络，以便开发句子间的关系，理解多句构成的上下文，并用于回答问题。

8.5　语用分析

对理解自然语言来说，句法和语义分析是基础，但并不足够。语用概念在自然语言理解中同样重要。例如，考虑下面的对话：

对话1：Did you read the AI book by Prof. Konar? The last chapter on robotics is interesting.

对话2：Mr. Zhang's house was robbed last week. They have taken all the ornaments Mrs. Zhang possessed.

对话3：John has a red car. Jim want it for a picnic.

在上述3个例子中，第一个句子声称一个事实或一个询问，“the last chapter”是指Konar的书的最后一章。第二个句子直接或间接说出一个事实，主语“they”对应于抢掠者。第三句中的“it”是指John的汽车。因此，这说明为了表示部分或全部的实体和动作，常常使用一个单词或词组指代它。

语用分析与知识、上下文和推理等因素有关。维诺格拉德（Winograd T.）认为语言是一个讲话者和听者之间关于一个共同的世界的一种通信手段。语言是一种社会交际工具，研究语言必须研究其社会功能。维诺格拉德认为语义理论必须在如下3个平面上描述关系：①确定词的意义；②确定词组在句法结构中的意义；③一个自然语言的句子决不应被孤立地解释。一种语义理论必须描述一个句子的意义如何依赖于它的上下文。语义理论必须涉及语言学背景（说话的上下文）和现实社会背景（即与非语言学事实的知识的相互作用），语义理论必须与句法和语言的逻辑方面（演绎推理）相联系。正是基于这些观点，即语法、语义和语用学相互作用的观点，1970年，维诺格拉德成功地研究了被称为“绝技”的自然语言对话系统（SHRDLU），实现了人与计算机之间的灵活对话。这项创举震动了当时的人工智能界。他的博士学位论文“理解自然语言（Undertanding Natural Language）”被评为1971年ACM优秀论文（Winograd，1972）。

自维诺格拉德的研究成果以来，自然语言理解成为人工智能研究的中心课题，很多人都认识到在自然语言处理中“理解”的必要性。为了使机器理解语言不只是考虑句法，还要（甚至优先）考虑语义，利用知识，引进一般社会的知识，以及利用上下文信息，把所有语法、语义和语用这些因素灵活地结合起来，对句子进行适当的分析和解释是非常必要的。换言之，语法、语义和语用相互作用的观点，部分地反映了自然界和人类社会事物的本来面貌。为了实现语用上下文分析，需要认真考虑下面的问题。

1）关注对话的有关部分：当理解自然语言时，分析程序应该能够集中注意力于知识库中和分析句子相关的部分。这些知识库可以用来消除句子中不同部分之间含糊性。例如，对于上面第一个句子中的名词短语“the last chapter on robotics is interesting”，知识库应该能够标出名词短语“the last chapter”，并能和一本书联系起来，确定出它的意义。因此，这里需要这种强调“部分-全部”的关系，并且需要检查可以激活的相关的规则。

2）对个体的信念进行建模：为了加入到一个对话中，程序应该能够对个体的信念进行建模。例如，Bel(A,P)可以表示 A 相信命题 P 为真时，Bel(A,P)为真，K(A,P)表示 A 知道 P 为真时，K(A,P)为真。

3）识别出用于理解的目标和计划：理解自然语言的第三个语用部分是识别出其他参与者的目标，以及为了实现该目标的计划。

4）言语动作：这是指说话者希望实现的通信动作。因为言语动作说明的是对话者之间通过言语所表达的一种动作，因此可以根据这些对话，确定出说话者的目标和计划，并执行某个任务。

8.6　真实文本语料库

8.6.1　语料库语言学

传统的句法-语义分析技术，所采取的主要研究方法是基于规则的方法，也就是说，将理解自然语言所需的各种知识用规则的形式加以表达，然后进行分析推理达到理解的程度。这主要是因为语言学家首先是从规则着手，而不是从统计角度来认识和处理语言的。由于自然语言理解的复杂性，各种知识的“数量”浩瀚无际，而且具有高度的不确定性和模糊性，利用规则不可能完全准确地表达理解自然语言所需的各种知识，而且，规则实际上面向语言的使用者，将它面向机器则分析结果始终不尽如人意。由于机器翻译强调理解，单纯依靠规则方法，也曾经使机器翻译一度陷入低谷。

1990 年 8 月，在赫尔辛基召开的第 13 届国际计算机语言学大会上，大会组织者提出了处理大规模真实文本将是今后一个相当长时期内的战略目标。为实现战略目标的转移，需要在理论、方法和工具等方面实行重大的革新。这种建立在大规模真实文本处理基础上的研究方法将自然语言处理的研究推向一个崭新的阶段。理解自然语言所需的各种知识恰恰蕴涵在大量的真实文本中，通过对大量真实文本进行分析处理，可以从中获取理解自然语言所需的各种知识，建立相应知识库，从而实现以知识为基础的智能型自然语言理解系统。研究语言知识所用的真实文本称为语料，大量的真实文本即构成语料库。要想从语料库中获取理解语言所需的各种知识，就必须对语料库进行适当的处理与加工，使之由生语料变为有价值的熟语料。这样，就形成了一门新的学科——语料库语言学（Corpus Linguistics），它可用于对自然语言理解进行研究。

如何建造语料库，并且语料库中都包括什么样的语义信息？这里以 WordNet 为例来说明。WordNet 是 1990 年由 Princeton 大学的米勒（Miller G. A.）等设计和构造的（Miller et al.，1990）。一部 WordNet 词典将近有 95 600 个词形（51 500 个单词和 44 100 个搭配词）和 70 100 个词义，分为 5 类——名词、动词、形容词、副词和虚词，按语义而不是按词性来组织词汇信息。在 WordNet 词典中，名词有 57 000 个，含有 48 800 个同义词集，分成 25 类文件，平均深度为 12 层。最高层为根概念，不含有固有名词。

知网（HowNet）是董振东研制的以汉语和英语的词语所代表的概念为描述对象，以揭示概念与概念之间以及概念所具有的属性之间的关系为基本内容的常识知识库（董振东等，2007）。公布的中文信息结构库包含以下几个方面。

1）信息结构模式：271 个。

2）句法分布式：49 个。

3）句法结构式：58 个。

4）实例：11 000 个词语。

5）总字数：中文 60 000 字。

传统的词典通常是把各类不同的信息放入一个词汇单元中加以解释，包括拼音、读音、词形变化及派生词、词根、短语、时态变换的定义及说明、同义词、反义词、特殊用法注释，偶尔还有图示或插图，包含着相当可观的信息存储。但是，它还有一些不足，特别是用在自然语言理解时更显得不够。

例如，对于名词“树”，传统的词典一般解释为：一种大型的、木制的、多年生长的、具有明显树干的植物。基本上是上位词加上辨别特征。但是，这还不够，还缺少一些信息，例如：

1）它没有谈到树有根，有植物纤维壁组成的细胞，甚至也没有提及它们是生命的组织形式。但是在 WordNet 中，只要查一下它的上位词“植物”，就可以找到这些信息。

2）树的定义没有包括对等词的信息，不能推测其他种类的植物存在的可能性。

3）对各种树都感兴趣的读者，除了查遍词典，没有其他办法。

4）每个人对树都有自己的认识，而词典的编撰者又没有将其写在树的定义中。如树包括树皮、树枝；树由种子生长而成等。

可以看出，普通词典遗漏的信息中大部分是构造性信息而不是事实性信息。

WordNet 是按一定结构组织起来的义类词典，主要特征表现在：

1）整个名词组成一个继承关系。WordNet 有着严格的层次关系，这样一个单词可以把它所有的前辈的一般性上位词的信息都继承下来，可以提供全局性的语义关系，具有 IS-A（父子继承）关系。

2）动词是一个语义网。动词大概是最难以研究的词汇，在动词词典中，很少有真正的同义动词。表达动词的意义对任何词汇语言学来说都是困难的。WordNet 不做成分分析，而是进行关系分析。这一点是计算语言学界所热衷的课题，与以往的语义分析方法不同。这种关系讨论的是动词间的纵向关系，即词汇蕴涵关系。

WordNet 基于名词和动词以及其他词性的关系进行词类间的纵向分析，在国际计算语言学界有很大的影响。但是，它也有不足之处，如对横向关系还没有考虑。

从上面可以看出，传统的词典和语料库是不一样的。为了对自然语言理解进行研究，需要优先考虑的问题主要是大规模真实语料库的建设和大规模、信息丰富的机读词典的编制方法的研究。

大规模真实文本处理的数学方法主要是统计方法，大规模的经过不同深度加工的真实文本语料库的建设是基于统计性质的基础，如果没有这样的语料库，统计方法只能是无源之水。从真实语料中获取自然语言的有关知识只能是一种理想。所以如何设计语料库、如何对生语料进行不同深度的加工以及加工语料的方法等，正是语料库语言学要深入进行研究的方向。

规模为几万、十几万甚至几十万的词，含有丰富的信息（如包含词的搭配信息、语法信息）的计算机可用词典对自然语言处理的重要性是很明显的。采用什么样的词典结构，包含词的哪些信息，如何对词进行选择，如何以大规模语料为资料建立词典，即如何从大规模语料中获取词等都需要进行深入的研究。

基于大规模真实文本处理的语料库语言学，与传统的基于句法-语义分析的方法比较，有以下一些特点：

1）试验规模的不同。以往的自然语言处理系统多数都是利用细心选择过的少数例子来进行试验，而现在要处理从多种出版物上收录的数以百万计的真实文本。这种处理在深度方面虽然可能不深，但针对特定的任务还是有实用价值的。

2）语法分析的范围要求不同。由于真实文本的复杂性（其中甚至有不合语法的句子），对所有的句子都要求完全的语法分析几乎是不可能的，同时由于具体文章的数量极大，还有处理速度方面的要求，因此，目前的多数系统往往不要求进行完全的分析，而只要求对必要的部分进行分析。

3）处理方法的不同。以往的系统主要依赖语言学的理论和方法，即基于规则的方法，而新的基于大规模真实文本处理而开发的系统，同时还依赖于对大量文本的统计性质分析。统计学的方法在新研制的系统中起了很大的作用。

4）所处理的文本涉及的领域不同。以往的系统往往只针对某一较窄的领域，而现在的系统则适合较宽的领域，甚至是与领域无关的，即系统工作时并不需要用到与特定领域有关的领域知识。

5）对系统评价方式的不同。对系统的评价不再是只用少量的人为设计的例子对系统进行评价，而是根据系统的应用要求，对其性能进行评价，即用真实文本进行较大规模的、客观的和定量的评价，不仅要注意系统的质量，同时也要注意系统的处理速度。

6）系统所面向的应用不同。以前的某些系统可能适合对“故事”性的文本进行处理，而基于大规模真实语料的自然语言理解系统要走向实用化，需要对大量的、真实的新闻语料进行处理。

7）文本格式的不同。以往处理的文本只是一些纯文本，而现在要面向真实的文本。真实文本大多都是经过文字处理软件处理以后含有排版信息的文本，因而如何处理含有排版信息的文本就应该受到重视。

8.6.2　统计方法的应用

20 世纪 90 年代，自然语言理解的研究在基于规则的技术中引入语料库的方法，其中包括统计方法、基于实例的方法和通过语料加工手段使语料库转化为语言知识库的方法等。使用统计的方法，使机器翻译的正确率达到 60%，汉语切分的正确率达到 70%，汉语语音输入的正确率达到80%，这是对传统语言学的严峻挑战。许多研究人员相信，基于语料库的统计模型（如n-gram模型、Markov模型和向量空间模型）不仅能胜任词类的自动标注任务，而且也能够应用到句法和语义等更高层次的分析上。这种方法有希望在工程上、在宽广的语言覆盖面上解决大规模真实文本处理这一极其艰巨的课题，至少也能对基于规则的自然语言处理系统提供一种强有力的补充机制。

当前语言学处理的一个总的趋势是部分分析代替全分析，部分理解代替全理解，部分翻译代替全翻译。从大规模真实语料库中获取语言信息知识的方法一般采用数学上的统计方法，并基于此构造了大量的语料库。统计方法就是这样一种“部分分析代替全分析”趋势中的产物。统计方法初期，其主要成果比较集中在词层的处理上，比如汉语分词、词性标注等。但是在句法层次的语言分析方面，目前还正在研究。另外，统计方法在理解自然语言时主要是和分析方法相结合而使用的。

随着语料库语言学的快速发展，一个值得注意的研究方法是，随机语言模型的建模工作正在由基本的线性词汇统计转向结构化的句法领域，尝试以此为基础解决句法结构的歧义性问题。结构化语言模型的基本思想是，根据语料统计信息建立一定的优先评价机制，对输入句子的分析结果进行概率计算，从而得到概率意义上的最优分析结构。

最初出现的结构化语言模型是20世纪60年代末在语音识别研究中提出的概率上下文无关文法（Probabilistic Context Free Grammar，PCFG），但是直到1979年巴克（Backer L. F.）提出了Inside-Outside算法解决了PCFG文法的参数自动获取问题以后，才得到进一步的研究，并取得了一些有用的成果，如更为有效的PCFG分析技术、改进的IO算法、针对大型文法分析的概率剪枝技术等。

PCFG模型的不足在于其词汇化程度很差，模型参数仅能得到微弱的上下文信息，整个系统具有很大的熵。随着大规模带标语料库，尤其是具有结构化标注信息的树库的建立，研究者开始使用各种有监督的学习机制，构造更为复杂的语言模型，如基于决策树的方法、基于词汇关联信息的语言模型等。

除了随机结构化语言模型以外，加大语言处理基本单元的粒度也是重要的发展趋势。在这种研究中，多义的单词加大到单义的语段（Chunk）这个层次，并给予中心词标注，目的是简化处理的句型，化解机器翻译的歧义问题。

由于从大规模语料获取知识的统计模型并不十分完善，因而从语料库中采集、整理、表示和应用知识仍然比较困难。因此，尽管基于大规模语料库的方法为自然语言处理领域带来了成果，但从理论方法的角度考虑，这些方法都是统计学中的方法和一些其他的“简单”方法或技巧。而这些方法目前在自然语言处理中的应用，经过许多研究人员的努力，似乎已将它们的潜能发挥到了极致。因此，自然语言处理所面临的一个问题就是，要取得新的、更大的、实质性的进展，是有待于在理论上实现重大突破，还是在已有方法的基础上进行改良、优化或者综合？目前的看法尚不一致，更多的语言学家倾向于前一种意见，而更多的工程师则倾向于后一种意见；而另外的一些学者则认为，将基于语言知识和逻辑推理的规则性方法与基于大规模真实语料库的统计性方法相结合，才能使自然语言的处理取得更大的成功。或许后一种认识更有道理。

尽管语料库语言学的诞生为自然语言处理研究带来了新的生机，但如何对语料库进行更有效的加工和处理、如何从中抽取语言知识、如何在自然语言理解的方法上实现突破等问题，还需不断深入地进行研究。

8.6.3 汉语语料库加工

书面汉语不同于英语、法语、德语等印欧语言，词与词之间没有空格。在汉语自然语言处理中，凡是涉及句法、语义的研究项目，都要以词为基本单位来进行。句法研究组词成句的规律，没有词就无所谓组词成句，因而也就无所谓句法了。语义是语言中概念与概念之间的关系，而词是表达概念的，没有词也无所谓语义研究了。因此，词是汉语语法和语义研究的中心问题，也是汉语自然语言处理的关键问题。

目前，对大规模汉语语料库的加工主要包括自动分词和标注，其中标注包括词性标注和词义标注。这里只就汉语文本自动分词及标注的方法进行简单概述。

1. 汉语自动分词

（1）汉语自动分词方法

汉语自动分词的方法主要以基于词典的机械匹配分词方法为主。近年来，也有人提出无词典分词法、基于专家系统和人工神经网络的分词方法。这里主要介绍常用的基于词典的机械匹配分词法。

1）最大匹配法。最大匹配法（Maximum Matching Method）有时也称作正向最大匹配法，简称 MM 方法。其思想是，在计算机磁盘中存放一个分词用词典，从待切分的文本中按自左到右的顺序截取一个定长的汉字串，通常为 6~8 个汉字（或长度为词典中的最大词长），这个字符串的长度称作最大词长。将这个具有最大词长的字符串与词典中的词进行匹配，若匹配成功，则可确定这个字符串为词，计算机程序的指针向后移动与给定最大词长相应个数的汉字，继续进行匹配；否则，把该字符串从右边逐次减去一个汉字，再与词典中的词进行匹配，直到成功为止。

2）逆向最大匹配法。逆向最大匹配法（Reverse Maximum Macthing Method）简称 RMM 法。这种方法的基本原理与 MM 法相同，所不同的是分词时对待切分文本的扫描方向。MM 方法从待切分文本中截取字符串的方向是从左到右，而 RMM 方法则是从右向左。在与词典匹配不成功时，将所截取的汉字串从左至右逐次减去一个汉字，再与词典中的词进行匹配，直到匹配成功为止。实验表明，RMM 法的切词正确率要比 MM 法高。

3）逐词遍历匹配法。逐词遍历匹配法是把词典中存放的词按由长到短的顺序，逐个与待切分的语料文本进行匹配，直到把文本中的所有词都切分出来为止。由于这种方法要把词典中的每一个词都匹配一遍，需要花费很多时间，算法的时间复杂度相应增加，切词速度较慢，切词的效率不高。

以上这三种方法是最基本的机械性切词方法。还有一些方法都是在这三种方法基础上的一些改进，包括双向扫描法、设立切分标志法、最佳匹配法等。

（2）自动分词的难点

汉语分词在汉语自然语言理解中起着举足轻重的作用。尽管经过多年的研究，汉语分词技术取得了很大的成绩，但距实际应用的要求仍还有很大的距离。主要原因是在分词时，语言学家靠的是“语感”，没有什么形式的定义。普通人的语感和专家的语感有所不同，前者“宽”，后者“严”，研究古文训诂的专家则更“严”，他们将一些常作为“词”的成分进行再次分解。

因此，在汉语中，词的概念问题是分词的难点之一。在汉语语言学中，有关“词”的概念还没有完全弄清。“词是什么”（词的抽象定义）及“什么是词”（词的具体界定），这两个基本问题有点飘忽不定，一直没有定论，从而致使至今仍没有一个公认的、具有权威性的分词用词表。主要的困难表现在两个方面：一方面是单字词与语素之间的区别；另一方面是词与短语（词组）的区别。

汉语分词的其他难点主要有：

1）分词过程中的歧义问题。歧义字段在中文文本中是普遍存在的，歧义切分是自动分词中不可避免的现象，是自动分词中一个比较棘手的问题。对歧义字段的处理水平，直接影响着自动分词系统的分词准确率。在中文文本中，歧义字段的表现形式一般有两种：一种是交集型歧义字段；另一种是多义型歧义字段。

2）未登录词的识别问题。未登录词是指没有在词典中出现、在汉语文本中又应该当作一个词将其分开的那些字符串，包括中外人名、中外地名、机构组织名、事件名、缩略语、派生词、各种专业术语以及在不断发展和约定俗成的一些新词语。未登录词种类繁多、规模宏大，对它们识别正确与否直接影响着分词系统的正确率。然而，目前对于这些词语的自动辨识尽管做了不少的研究，但要想达到实际应用的要求，仍还有不少的困难。

2. 汉语词性标注

（1）词性标注的意义

词性标注就是在给定句子中判定每个词的语法范畴，确定其词性并加以标注的过程。设定词性的词汇是构造语段的基础，但是词性兼类是英汉机器翻译中典型的歧义现象，如果预料的词性能自动标注，那么歧义问题就好解决了。在自然语言处理中，研究词性自动标注的目的主要是：①为对文本进行语法分析或句法分析等更高层次的文本加工提供基础，以便在文摘、自动校对和 OCR 识别后处理等应用系统开发中提高准确率；②通过对标注过的语料进行统计分析等处理，可以抽取蕴涵在文本中的语言知识，为语言学的研究提供可靠的数据，同时，又可以进一步运用这些知识，改进词性标注系统，提高词性标注系统的准确率。

（2）词性标注的难点

词性标注的难点主要是兼类词的自动词类歧义排除。所谓兼类词是指那些具有两类或两类以上的句法分布特征的词，或简单地说那些具有两个或两个以上词性的词。由于汉语不像英语等印欧系语言，是一种没有词的形态的变化语言，词的类别不能像印欧语言那样直接由词的形态来判断，再加上常用词的兼类现象严重等因素，要确定一个词在文本中的词性有时是很困难的，甚至不同的人对同一个词在文本中的词性都判定不一，更何况使用机器来标注。所以，利用计算机实现词性的自动标注，其难点就是采用什么样的算法或方法，依靠文本的上下文环境来确定一个词在文本中的词性。

（3）词性标注方法

词性标注的方法主要就是兼类词的歧义排除方法。目前的方法主要有两大类：一类是基于概率统计模型的词性标注方法；另一类是基于规则的词性标注方法。

1）基于概率统计模型词性标注的代表性系统有 CLAWS 系统，它采用统计模型来消除兼类词歧义，使自动标注的准确率达到 96%。1988 年，德汝斯（DeRose S. J.）对 CLAWS 系统做了一些改进，利用线性规划的方法来降低系统的复杂性，提出了 VOLSUNGA 算法，大大提高了处理效率，使自动词性标注的正确率达到了实用的水平。基于语料库的统计方法目前不仅用于词性自动标注，而且已应用到句法和语义等更高层次的分析上。

2）基于规则的方法的代表性系统有：格林纳（Greene）和鲁宾（Robin）出于语言学的目的，于 1977 年设计的词性标注系统 TAGGIT，它采用基于上下文框架规则的方法，使用了具有 86 个标记的标记集和用于排除兼类词歧义的 3300 条上下文框架规则，对美国的 BROWN 语料库进行标记，准确率为 77%。但是规则的方法是十分繁杂的，编写和维护也是一个很大的问题。1992 年，美国宾州大学勃里勒（Brill）提出了一种基于转换的错误驱动学习机制，从带标语料库中自动获取转换规则以用于词性的自动标注，所建立的基于规则的词性标注系统的标注准确率大大提高，获得了与基于统计模型同样高的准确率。

3. 汉语词义标注

（1）词义标注的意义

词义标注就是对文本中的每个词根据其所属上下文给出它的语义编码，这个编码可以是词典释义文本中的某个义项号，也可以是义类词典中相应的义类编码。自动词义标注就是利用计算机通过逻辑推理机制，利用文本的上下文环境，对词的词义进行自动判断，选择词的某一正确义项并加以标注的过程。研究词义自动标注除了对语言学研究有重要意义外，在自然语言处理的很多领域都有非常重要的作用，如语音合成、情报检索、机器翻译、自动校对和 OCR 识别后处理等。所以，词义自动标注是当前自然语言信息处理的一个热门课题。

（2）词义标注的难点

和词性标注的难点类似，词义标注的难点就是对多义词的歧义排除。不论是汉语还是英语，一词多义的现象普遍存在，要确定一个词的词义一定要依据上下文环境，如果没有上下文环境，即使是人，也很难确定一个词的词义，更何况由计算机来实现标注。所以，利用计算机实现词义的自动标注，其难点就是采用什么样的方法，依靠文本的上下文环境来实现文本中词义的歧义排除。

（3）词义标注方法

目前，多义词排歧的研究尚处于初级阶段。英语的多义词排歧方法主要有人工智能方法、基于词典的方法和基于语料库的方法。近几年来，统计概率模型在词性标注方面的成功，以及网络技术的发展，使得语料库在选材入库上易于实现，越来越多的研究转向了基于语料库的概率统计方法。

8.7　大语言模型

大语言模型（Large Language Models，LLMs）通常是指包含数千亿（或更多）参数的语言模型，使用大量文本数据训练，可以生成自然语言文本或理解语言文本的含义。这些参数是在大量文本数据上训练的，代表着 AI 领域的重大进步，而且随着这些模型的复杂程度和规模的增加，其性能也在不断优化。

从 2019 年的谷歌 T5 到 OpenAI GPT 系列，参数量爆炸的大模型不断涌现。可以说，LLMs 的研究在学术界和产业界都得到了很大的推进。2020 年 9 月，OpenAI 授权微软使用 GPT-3 模型，微软成为全球首个享用 GPT-3 能力的公司。2022 年 11 月 30 日，美国 OpenAI 发布聊天机器人程序 ChatGPT（Chat Generative Pre-trained Transformer）。ChatGPT 的出现引起了社会各界的广泛关注，发布仅两个月，就有 1 亿用户参与，成为有史以来用户增长最快的产品。2023 年 3 月 15 日，Open AI 发布了多模态预训练大模型 GPT-4。

2023 年 2 月，谷歌发布会公布了聊天机器人 Bard，它由谷歌的大语言模型 LaMDA 驱动。2023 年 3 月 22 日，谷歌开放 Bard 的公测，首先面向美国和英国地区启动，未来逐步在其他地区上线。

2023年2月7日，百度正式宣布将推出文心一言，3月16日正式发布。文心一言的底层技术基础为文心大模型，底层逻辑是通过百度智能云提供服务，吸引企业和机构客户使用API和基础设施，共同搭建AI模型、开发应用，实现产业AI普惠。

大语言模型的功能包括缩放、训练、能力激发、对齐调优和工具利用等。

1）缩放。缩放是增加LLMs模型容量的关键因素，最开始GPT-3将模型参数量增至1750亿，随后PaLM进一步将模型参数量增至5400亿。大规模参数对于涌现能力至关重要。缩放不仅针对模型大小，还与数据大小和总计算量有关。

2）训练。由于规模巨大，成功训练一个具备强大能力的LLMs非常具有挑战性。因此需要分布式训练算法来学习LLMs的网络参数，经常联合使用各种并行策略。为了支持分布式训练，DeepSpeed和Megatron-LM等优化框架被用来促进并行算法的实现和部署。此外，优化技巧对训练稳定性和模型性能也很重要，例如，重新启动训练损失尖峰和混合精度训练。GPT-4开发了特殊的基础设施和优化方法，从而利用小得多的模型来预测大模型的性能。

3）能力激发。在大规模语料库上经过预训练后，LLMs被赋予了解决一般任务的潜在能力。然而当LLMs执行某个特定任务时，这些能力可能不会显式地表现出来。因此，设计适合的任务指令或特定的上下文策略来激发这些能力非常有用，比如思维链prompt有助于通过中间推理步骤等解决复杂推理任务。此外还可以进一步对具有自然语言任务描述的LLMs进行指令调优，以提高对未见过任务的泛化能力。

4）对齐调优。由于LLMs被训练用来捕获预训练语料库的数据特征（包括高质量和低质量的数据），它们很可能生成有毒、有偏见和有害的文本内容。为了使LLMs与人类价值观保持一致，InstructGPT设计了一种利用强化学习和人类反馈的高效调优方法，使得LLMs能够遵循预期指令。ChatGPT是在类似InstructGPT的技术上开发的，在产生高质量、无害的响应方面表现出了强大的对齐能力。

5）工具利用。LLMs本质上是基于大规模纯文本语料库训练的文本生成器，因此在数值计算等文本表达不佳的任务上表现没那么好。此外LLMs的能力受限于预训练数据，无法捕获最新信息。针对这些问题，人们提出使用外部工具来弥补LLMs的不足，比如可以利用计算器进行精确计算，使用搜索引擎检索未知信息。ChatGPT更是利用外部插件来联网学习新知识，这种机制可以广泛扩展LLMs的能力范围。

LLMs的技术进展对整个AI领域产生了重要影响，并将彻底改变人们开发和使用AI算法的方式。ChatGPT是人工智能技术驱动的自然语言处理工具，它能够通过理解和学习人类的语言来进行对话，还能根据聊天的上下文进行互动，甚至能完成撰写邮件、视频脚本、文案、翻译、代码及写论文等任务。下面介绍ChatGPT所使用的关键技术。

8.7.1　变换器网络

2017年，瓦斯瓦尼（Vaswani A.）等发布的变换器网络（Transformer Network）（Vaswani et al.，2017），极大地改变了人工智能各细分领域所使用的方法，并发展成为今天几乎所有人工智能任务的基本模型。变换器网络基于自注意力（Self-attention）机制，支持并行训练模型，为大规模预训练模型打下坚实的基础。自此，自然语言处理开启了一种新的范式，并极大地推进了语言建模和语义理解，成就了爆火出圈的ChatGPT。

如图8.13所示，变换器网络由两部分组成：左边是编码部分，由N个编码器组成；右边是解码部分，由N个解码器组成。编码部分将输入序列（文本）进行编码，解码部分以自回归的方法不断解码下一个词元，最终完成从序列到序列的变换并输出。由于出色的并行化性和容量，变换器网络已成为开发各种 LLM 的主要架构，使得将语言模型扩展到数千亿个参数成为可能。一般来说，现有 LLMs 的主流架构大致可以分为三大类，即编码器-解码器、临时解码器和前缀解码器。自变换器网络出现以来，各种改进被相继提出以提高其训练稳定性、性能和计算效率。研究者讨论变换器网络的相应配置，包括归一化、位置编码、激活函数、注意力机制和偏置。预训练起着十分关键的作用，它将一般知识从大规模语料库编码到大规模模型参数中。对于训练 LLMs，有语言建模和去噪自编码两个常用的预训练任务。

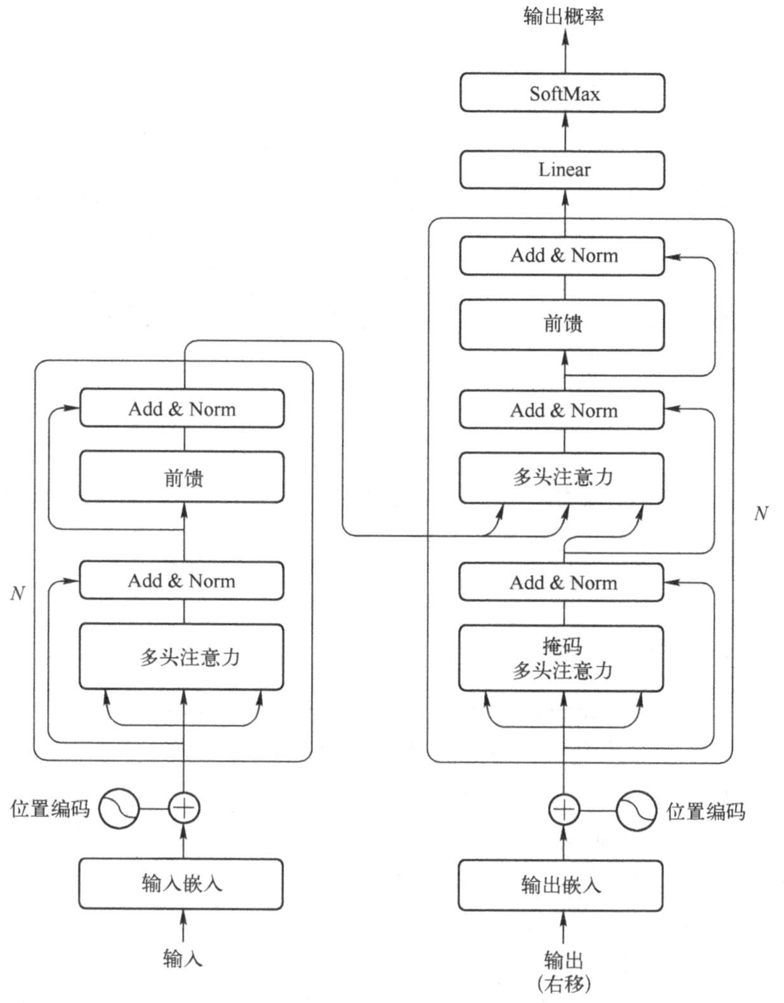

图 8.13　变换器网络架构

8.7.2　多头自注意力机制

用变换器网络进行中译英的实例变换器网络的最大创新是完全使用多头自注意力机制（Multi-head Self-attention Mechanism），其架构如图 8.14 所示（Vaswani et al.，2017）。自注意力就是模型在处理当前输入序列的某个词元与该序列其他词元的语义相关性，不同的“头”关注了不同方面的语义。自注意力机制就是通过某种运算来直接计算得到句子在编码过程中每个位置上的注意力权重，然后以权重和的形式来计算得到整个句子的隐含向量表示。自注意力机制的缺陷是模型在对当前位置的信息进行编码时，会过度地将注意力集中于自身的位置，可以通过多头注意力机制来解决这一问题。

如图8.14所示，V、K、Q是固定的单个值，linear（线性）层有3个，Scaled Dot-product Attention（可伸缩点积注意力）有3个，即3个头，类似于堆积了3个单头注意力。之后concat（级联）或者sum（综合），最后linear（线性）。其实多头注意力就是把单头注意力执行了多次，然后把结果进行合并。

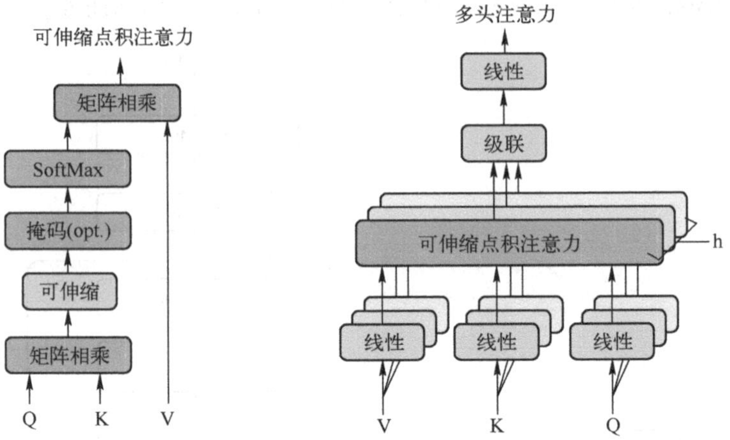

图8.14　多头自注意力机制架构

变换器网络完全依赖于注意力机制，支持极大的并行化。变换器网络的编码器和解码器都是用了同样的多头注意力结构，有所不同的是，编码器中，注意力是双向的，而解码器中，注意力只允许关注输出序列中较早的位置。

8.7.3　人类反馈强化学习

人类反馈强化学习（Reinforcement Learning with Human Feedback，RLHF）是一种人工智能模型在进行预测（推断）的过程中，通过人的反馈来实现模型学习，使得模型输出与人类的意图和偏好保持一致，并在连续的反馈循环中持续优化，进而产生更好的结果（Christiano et al.，2017）。事实上，人工智能发展过程中，模型训练阶段一直都有人的交互，这也被称为人在圈内（Human-in-the-loop，HITL），但预测阶段则更多的是无人参与，即人在圈外（Human-out-of-the-loop，HOOTL）。通过人类反馈强化学习使得自然语言处理在推断阶段能够从人的反馈中学习，这在自然语言处理领域是一个新创举，可谓人与模型手拉手，共建美好新AI。从技术上看，人类反馈强化学习是强化学习的一种，适用于那些难以定义明确的用于优化模型损失函数，但却容易判断模型预测效果好坏的场景，即评估行为比生成行为更容易。在强化学习的思想中，智能体（Agent）通过与它所处环境的交互中进行学习，常见于各类游戏AI中。2016年，AlphaGo打败了围棋世界冠军李世石，其核心技术就是强化学习。人类反馈强化学习并非从自然语言处理开始的，比如2017年OpenAI和DeepMind合作探索人类反馈强化学习系统与真实世界是否能够有效地交互，实验的场景是Atari游戏、模拟机器人运动等。这些成果随后被OpenAI和DeepMind应用到大语言模型上，通过人类反馈来优化语言模型，进而使得模型的输出与预期目标趋于一致，比如InstructGPT、FLAN等。这些成果表明，加入人类反馈强化学习使得生成文本的质量明显优于未使用人类反馈强化学习的基线，同时能更好地泛化到新领域。图 8.15 是人类反馈强化学习的框架图，奖励预测器是学习出来的，这点与传统强化学习有所不同。在传统强化学习中，奖励函数是人工设定的。

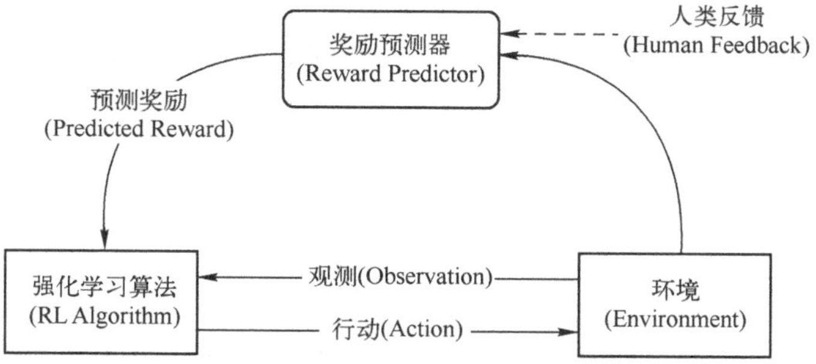

图 8.15　人类反馈强化学习框架

8.7.4　语言模型

GPT 系列则通过变换器网络的解码器实现了自回归语言模型（Autoregressive Language Model）（Radford et al.，2018），采用多任务训练的方法训练模型。自回归在时间序列分析中非常常见，比如 ARMA、GARCH 等都是典型的自回归模型。在语言模型中，自回归模型每次都是根据给定的上下文从一组词元中预测下一个词元，并且限定了一个方向（通常是正向，即在一个句子中从前往后依次猜下一个字/词）。同样，以“一枝红杏出墙来”为例，自回归语言模型中，给定“一枝红”的上下文来预测下一个“杏”字，紧接着给定“一枝红杏”来预测下一个“出”字，然后根据给定的“一枝红杏出”来预测下一个“墙”字，如此循环，直到完成整个序列的预测并输出。有多种不同的方案来选择模型预测的输出标记序列，例如，贪婪解码、集束搜索（Beam Search）、Top-K 采样、核采样（Nucleus Sampling）、温度采样（Temperature Sampling）等。

BERT 使用了多任务学习方法来从大规模语料中训练出模型，并在具体任务中进行微调。ERNIE 采用了在 BERT 类似的模型架构之上，加入了知识图谱，使得模型能够用先验知识来更好地理解语义。

8.7.5　情景学习

情境学习（In-context Learning）是随着 GPT-3 而流行起来的。在 GPT-3 中，通过给出仅仅几个示例就能够很好地完成许多自然语言处理任务的方法，被称为情境学习。直观地说，情境学习就是给模型一些包含任务输入和输出的提示，并在提示的末尾附加一个用于预测的输入，模型根据提示和预测输入来预测任务的结果并输出。因此，情境学习有时候也被称为基于提示的学习。

情境学习的预测结果在大模型的情况下表现得非常好，但在小模型的情况下表现糟糕。简单地说，大模型使得情境学习变得有用。这是由于情境学习依赖于语言模型所学习到的概念语义和隐含的贝叶斯推理，而这依赖于大规模预训练模型对潜在概念的学习，从文档级语料学习了长距离依赖并保持长距离的连贯性、思维链和复杂推理等。

情境学习能够有效地使模型即时适应输入分布与训练分布有显著差异的新任务，这相当于在推理期间通过“学习”范例来实现对特定任务的学习，进而允许用户通过新的用例快速构建模型，而不需要为每个任务进行微调训练。构建于大语言模型之上的情境学习通常只需要很少的提示示例即可正常工作，这对于非自然语言处理和人工智能领域的专家来说非常直观且有用。

预计未来5~10年，融合语言、视觉和语音等多模态的超大模型将极大地增强推理和生成的能力，同时通过超大规模知识图谱和知识计算引擎融入人类的先验知识，极大提升人工智能推理决策的准确性。这样的人工智能系统既能够像人一样适应现实世界的不同模态的绝大多数任务，完成任务的水平甚至超越绝大多数的普通人，又可以在各种富有想象力和创造性的任务上有效地辅助人类。

AI大模型加速实现通用人工智能，微软研究人员在发表的“通用人工智能的火花：GPT-4的早期试验”论文中表示，除了熟练驾驭语言外，GPT-4还可以解决涉及数学、编程、视觉、医学、法律和心理学等领域的新颖而困难的任务，不需要任何特殊的提示。此外，在所有这些任务中，GPT-4的表现都非常接近人类的水平，并经常大幅超过ChatGPT等之前的模型。国内大模型领域也是如火如荼地推进，如北京智源人工智能研究院推出了悟道3.0，华为与鹏城实验室合作推出盘古大模型，百度与鹏城实验室合作推出文心大模型，阿里达摩院推出多模态M6大模型。

8.8　信息检索

信息检索（Information Retrieval，IR）是指将信息按一定的方式组织和存储起来，并根据用户的需要找出有关信息的过程。1950年，穆尔（Moore C.）根据图书馆的参考咨询和文摘索引提出了信息检索。信息检索包括信息存储和检索。在检索之前必须将信息收集起来，按科学方法进行整理，并按一定准则存储起来，形成书本式检索工具或者计算机可读数据库。在检索时，用户根据自身需求提交查询给信息检索系统，系统利用存储信息所依据的准则，在文档集中找出与查询条件相关的文档子集，并按照它们与查询条件的相关性进行排序，最后为用户返回一个有序的文档子集。一般来说，信息检索的过程如图8.16所示。

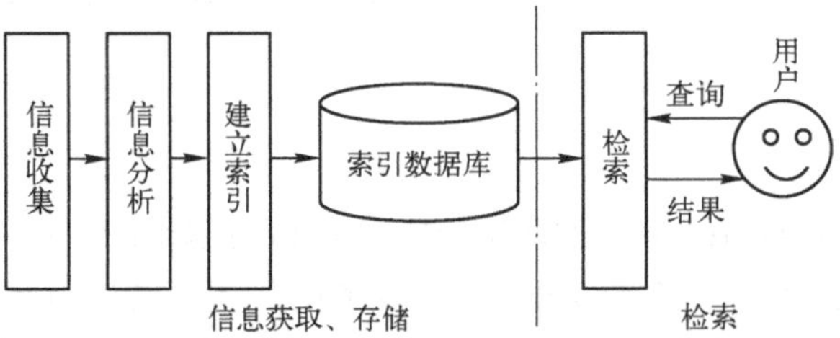

图8.16　信息检索的过程

目前最常用的信息检索模型有布尔模型、概率模型和向量空间模型。下面分别做些简要介绍。

1. 布尔模型

布尔模型是基于集合理论和布尔代数的一种简单的检索模型，在其检索过程中要进行标引词的严格匹配。布尔模型是出现最早的信息检索模型，也是应用最广泛的信息检索模型，在20世纪60~70年代得到了较大的发展，出现了许多基于布尔模型的商用检索系统，如DIALOG、STAIRS和MEDLARS等。

布尔模型主要优点是速度快，易于表达一定程度的结构化信息，如同义关系或词组，符合熟悉数据库系统的人们的习惯，因此许多搜索引擎仍利用这种方式。其缺点是把布尔模型作为文本的表示很不精确，不能反映特征项对于文本的重要性，缺乏定量的分析，不能对检索结果按照与用户需求的相关程度进行排序，不能全面反映用户的需求，同时过于严格，缺乏灵活性，更谈不上模糊匹配，这往往忽略了许多满足用户需求的文本。

2. 概率模型

在信息检索中，由于文本信息相关性判断的不确定性和查询信息表示的模糊性，促使人们使用概率的方法解决这方面的问题。信息检索的概率模型是基于概率排序原则：对于给定用户查询 Q，对所有文本计算概率，并从大到小进行排序，概率公式为 $P(R \mid D,Q)$。其中，R 表示文本 D 与用户查询 Q 相关。另外，用 R' 表示文本 D 与用户查询 Q 不相关，有 $P(R \mid D,Q)+P(R' \mid D,Q)=1$，也就是用二值形式判断相关性。

概率模型的优点在于不需要经验性的权值计算公式，完全从理论上推断出排序，可以很好地支持用户反馈，并且具有渐进的优化检索效果。但是，其缺点在于先验分布难以得到。代表性的系统是 INQUERY。

3. 向量空间模型

向量空间模型（Vector Space Model，VSM）是目前信息检索领域中广泛采用的一种模型，如 SMART 和 LEMUR 系统都是向量空间模型。该模型是由索尔顿（Salton G.）于 20 世纪 70 年代提出的（Salton et al.，1975），它是代数模型的一种。向量空间模型的基本思想是假设词与词之间不相关，以向量来表示文本，从而简化了文本中关键词之间的复杂关系。文档用十分简单的向量表示，使得模型具备了可计算性。并且向量模型认为使用二进制权重太局限，所以提出了一种不完全匹配的机制，这种机制通过为查询和文档中的索引项分配非二进制的权值来实现。权值应该能够体现关键词的重要程度，是对整个文档内容的描述能力，和区别其他文档的区别能力的量化。

多数情况下，特征项的权值计算是利用统计方法获得的，通常使用词频来表示。词频又分为绝对词频和相对词频。绝对词频，即使用词在文本中出现的频率表示文本；相对词频为归一化的词频，其计算方法主要运用 TF-IDF 公式。目前存在多种 TF-IDF 公式，以下是一种比较普遍的 TF-IDF 公式：

$$W(t,\bar{d})=\mathrm{tf}(t,\bar{d})\cdot \mathrm{idf}_t \tag{8.1}$$

式中，$W(t,\bar{d})$ 为词 t 在文本 $\bar{d}$ 中的权值；而 $\mathrm{tf}(t,\bar{d})$ 为词 t 在文本 $\bar{d}$ 中的词频；idf_t 为特征项 t 在整个文本集 D 中的反比文档频数，$\mathrm{idf}_t=N/n_t$，N 是整个文本集的数目，n_t 是包含特征词 t 的文本数。有时，采用域 $\lg(N/n_t)$ 来表示。应该考虑到文本的长度，否则文本长度越长，被检索的概率越大。因此，将上面的权值公式做归一化处理，得到

$$W(t,\bar{d})=\frac{\mathrm{tf}(t,\bar{d})\cdot \log(N/n_t+0.01)}{\sqrt{\sum_{t\in \bar{d}}\left[\mathrm{tf}(t,\bar{d})\cdot \log(N/n_t+0.01)\right]^2}} \tag{8.2}$$

文本与查询的匹配程度，由表示文本和查询的向量的夹角余弦来表示，其相似度计算公式为

$$\mathrm{sim}(D_i,Q)=\frac{\sum_{k=1}^{m} w_{ik}q_k}{\sqrt{\sum_{j=1}^{n} w_{ij}^2 \sum_{j=1}^{n} q_j^2}} \tag{8.3}$$

空间向量模型的优点在于将文本和查询简化为项及权值集合的向量表示，从而把检索操作变成向量空间上的向量运算，其权值计算可以通过简单的频数统计来完成，通过定量的分析，匹配文本和查询。在这个基础上，引入各种成熟的统计方法，更大程度地挖掘文本中蕴涵的语义信息，如主成分、因子分析和聚类分析等。

空间向量模型的缺点在于关键词之间线性无关的假设前提。在自然语言中，词或短语之间存在着十分密切的联系，即存在“斜交”现象，很难满足假定条件，因此对计算结果的可靠性造成一定的影响。此外，将复杂的语义关系归结为简单的向量结构，丢失了许多有价值的线索。因此，有许多改进的技术，以获取深层潜藏的语义结构，如著名的潜在语义索引技术 LSI (Latent Semantic Indexing)。同时，权值计算是相似度计算中关键的部分，如何定义最准确的权值也是向量空间模型要考虑的一大问题。

在信息检索系统方面，比较有名的系统有 SMART 信息检索系统、OKAPI 信息检索系统、TRS 全文检索系统、Goonie 全文检索系统以及 Lemur 等。

8.9　机器翻译

机器翻译是利用计算机把一种自然语言转变成另一种自然语言的过程。用以完成这一过程的软件称为机器翻译系统。机器翻译是语言学、人工智能、计算技术和认知科学等学科相结合的产物。

机器翻译的发展经历了一条曲折的道路。大体上说，20 世纪 50 年代初~60 年代中为大发展时期。但是由于当时对机器翻译的复杂性认识不足而产生了过分的乐观情绪。60 年代中~70 年代初由于遇到了困难而处于低潮时期。80 年代机器翻译开始复兴，注意力几乎都集中在人助自动翻译上，人助工作包括译前编辑（或受限语言）、翻译期间的交互式解决问题以及译后编辑等。几乎所有的研究活动都致力于在传统的基于规则和“中间语言”模式的基础上进行语言分析和生成方法的探索，这些方法都伴有人工智能类型的知识库。在 90 年代早期，机器翻译研究被新兴的基于语料库的方法向前推进，出现新的统计方法的引入以及基于案例的机器翻译等。我国进行机器翻译研究开始于 1957 年，主要研究俄汉、英汉机器翻译。俄汉方面，中国科学院计算技术研究所等研究制定了一套俄汉机器翻译规则系统，并于 1959 年国庆十周年前夕在我国自制的 104 电子计算机上成功地进行了试验。近些年，机器翻译取得了很大发展，Google、百度等公司都推出了联机翻译系统。桌面翻译记忆软件 SDL Trados Studio 得到广泛的应用。

机器翻译的一般过程包括源语文输入、识别与分析、生成与综合和目标语言输出。当源语文通过键盘或扫描器或传声器输入计算机后，计算机首先对每个单词逐一识别，再按照标点符号和一些特征词（往往是虚词）识别句法和语义，然后查找机器内存储的词典和句法表、语义表，把这些加工后的语文信息传输到规则系统中。从源语文输入的字符系列的表层结构分析到深层结构，在机器内部就得到一种类似乔姆斯基语法分析的“树形图”。

在完成对源语文进行识别和分析之后，机器翻译系统要根据存储在计算机内部的双语词典和目的语的句法规则，逐步生成目标语言的深层次结构，最后综合成通顺的语句，也就是从深层又回到表层。然后将翻译的结果以文字形式输送到显示屏或打印机，或经过语音合成后用扬声器以声音形式输出目标语言。图 8.17 给出了基于规则的转换式机器翻译流程图（俞士汶，2003）。

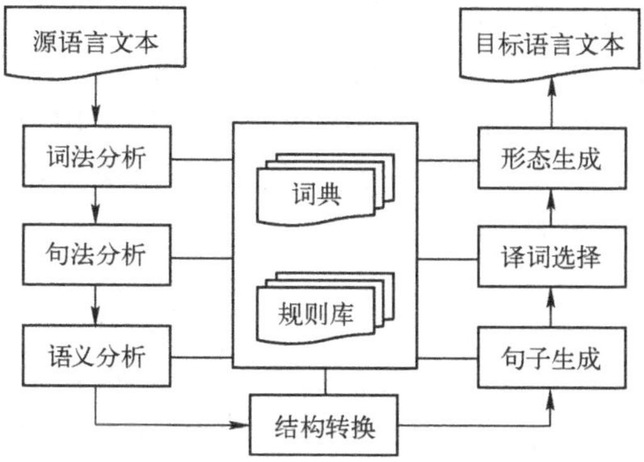

图 8.17　基于规则的转换式机器翻译流程图

机器翻译研究与知识处理有密切关系，涉及有关语言内的知识、语言间的知识以及语言外的世界知识，其中包括常识和相关领域的专门知识。目前，面向 Web 的多语种、多专业的高性能机器翻译系统成为研究热点。

8.10　问答系统

问答系统（Question Answering System，QA）是信息检索系统的一种高级形式，它能用准确、简洁的自然语言回答用户用自然语言提出的问题。问答系统是目前人工智能和自然语言处理领域中一个备受关注并具有广泛发展前景的研究方向。2011 年 2 月 14 日，在美国最受欢迎的智力问答节目《危险边缘》（*Jeopardy*）中，IBM 的“沃森（Watson）”超级计算机击败该节目的两名总冠军詹宁斯（Jennings K.）和鲁特尔（Rutter B.），实现有史以来首次人机智力问答对决，并赢取高达 100 万美元的奖金。这是人工智能技术取得成功的代表。

一般问答系统模型分为三层结构，分别为用户层、中间层和数据层。各部分的主要功能如下。

1）用户层（UI）：供用户输入提问的问题，并显示系统返回的答案。

2）中间层（MI）：中间处理层，主要负责分词、处理停用词、计算词语相似度、计算句子相似度和返回答案集。

3）数据层（DI）：系统的知识库存储，主要有专业词库、常用词库、同义词库、停用词库、课程领域本体、知网本体和常见问题集（FAQ）库。

问答系统自动答题的步骤如下：

1）根据专业词库、常用词库和同义词库对用户输入的自然语言问句通过逆向最大匹配的方法进行分词，对于未登记词借助于分词工具把未登记词添加到词库中，在分词过程中同时标注词的词性和权值。

2）对于分词后的结果依据停用词库，并参考词性，删除停用词。

3）对于专业词汇采取基于本体的概念相似度方法计算词语的语义相似度，对于其他词汇采取基于知网本体计算词语的语义相似度。

4）分别计算 IFIDF 相似度，根据词语的语义相似度来计算句子的语义相似度，通过计算词形、句长、词序和距离相似度来计算句子的结构相似度，最后组合起来加权求和计算句子相似度（注：基于关键词向量空间模型的 TFIDF 问句相似度计算方法是一种基于语料库中出现的关键词词频的统计方法，它是建立在大规模真实问句语料基础上的)。

5）根据计算用户提问的问题与FAQ中问题的句子相似度，定义一个相似度阈值，从FAQ中抽取不小于相似度阈值且相似度最高的问题及其答案作为用户提问问题的答案；对于从FAQ中抽取不到答案的问题通过发邮件给专家，添加到待解决问题集中，专家回答更新FAQ。

问答系统的系统结构如图8.18所示。

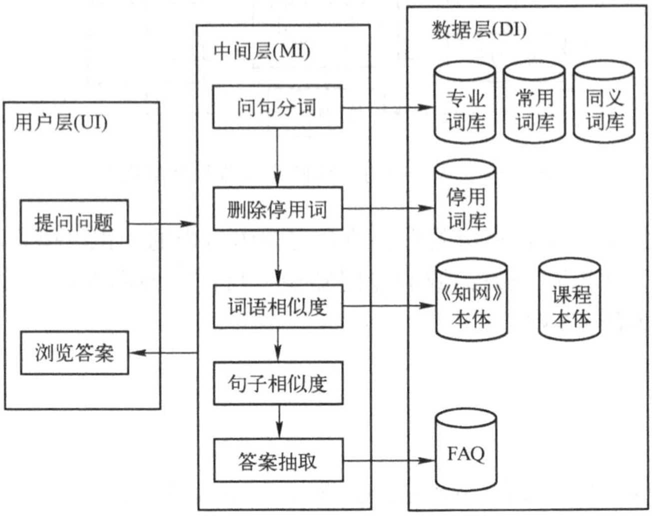

图8.18　问答系统的系统结构

8.11　小结

自然语言是人类智慧的结晶，自然语言处理是人工智能中最为困难的问题之一，而对自然语言处理的研究也是充满魅力和挑战的。随着计算机和互联网的广泛应用，计算机可处理的自然语言信息数量空前增长，面向海量信息的文本挖掘、信息提取、跨语言信息处理和人机交互等应用需求急速增长，自然语言处理研究必将对我们的生活产生深远的影响。

本章从自然语言处理的层次上，对词法分析、句法分析、语义分析、大规模真实文本分析、语用分析和语料库等方面进行了介绍。这些都是一些基本的技术或方法，要真正用来解决实际问题，达到比较好的效果，如对句子翻译、文本翻译以及语言环境的处理，还有很多问题需要突破。

实现人机间自然语言通信意味着要使计算机既能理解自然语言文本的意义，也能以自然语言文本来表达给定的意图、思想等。前者称为自然语言理解，后者称为自然语言生成。因此，自然语言处理大体包括了自然语言理解和自然语言生成两个部分。历史上对自然语言理解研究得较多，而对自然语言生成研究得较少。经过自然语言研究人员的长期努力，针对一定应用、有相当自然语言处理能力的实用系统已经出现，有些已商品化，甚至开始产业化。典型的例子有多语种数据库和专家系统的自然语言接口、全文信息检索系统、机器翻译系统、自动文摘系统和自动问答系统等。

自然语言处理远不如人们原来想象的那么简单，而是十分困难的。从现有的理论和技术现状来看，通用的、高质量的自然语言处理系统，仍然是较长期的努力目标。自然语言处理的未来应将基于知识和推理的深层方法与基于统计等“浅层”方法结合起来，这是一个人工智能完全问题。

习题

1. 什么是自然语言理解？自然语言理解过程有哪些层次？各层次的功能如何？
2. 为什么让计算机理解自然语言是一件困难的任务？原因是什么？
3. 阐述乔姆斯基的语言体系，说明各种语言对文法规则表示形式的限制。
4. 对下列句子给出句法分析树：

1）The boy smoked a cigarette.

2）The cat ran after a rat.

3）She used a fountain pen to write her biography.

5. 转移网络和 ATN 的工作原理是什么？为什么说 ATN 使句法分析器具有分析上下文有关语言的能力？
6. 用转移网络分析：The man reacted sharply.
7. 什么是语义文法？什么是格文法？各有什么特点？
8. 用格结构表示下面的句子：

1）The plane flew above the clouds.

2）John flew to New York.

9. 什么是语用分析？语法、语义和语用如何相互作用？
10. 什么是语料库？汉语语料库加工包括哪些功能？
11. 什么是大语言模型？概述变换器网络的结构和功能。
12. 目前常用的信息检索模型有哪些？扼要介绍它们的原理。
13. 机器翻译的一般过程包括哪些步骤？试述每个步骤的主要功能是什么？
14. 请扼要介绍问答系统自动答题的步骤。

第 9 章　分布式人工智能与智能体

随着互联网的快速发展和广泛应用，分布式人工智能成为研究热点，特别是多智能体系统（Multi-Agent System，MAS）引起了人工智能、计算机和自动化等领域研究人员的浓厚兴趣，为分布式智能系统的集成和应用开辟了一条有效的途径，促进了人工智能和软件工程的发展。本章首先介绍智能体的基本概念，然后介绍智能体的体系结构、通信语言、协调和协作以及移动智能体，最后介绍多智能体环境 MAGE。

9.1　分布式人工智能与智能体概述

分布式人工智能（Distributed Artificial Intelligence，DAI）主要研究在逻辑上或物理上分散的智能系统如何并行地、相互协作地进行问题求解。分布式人工智能一般分为分布式问题求解（Distributed Problem Solving，DPS）和多智能体系统（Multi-Agent System，MAS）两种类型。

分布式问题求解研究如何在多个合作的和共享知识的模块、节点或子系统之间划分任务，协同求解问题。分布式问题求解是基于分散的、松耦合知识源的合作对问题求解。这些知识源分布在不同的处理节点上，在单个知识源不能解决整个问题的前提下，知识源的合作、信息的共享对群体做出决定是很有必要的。分散是指控制和数据是分布的，没有全局控制和全局数据。

智能体（Agent），也称作主体、代理或智能 Agent。在本书中将 Agent 统一称作智能体。在计算机和人工智能领域中，智能体可以看作一个自动执行的实体，它通过传感器感知环境，通过效应器作用于环境（史忠植，2000）。若智能体是人，则传感器有眼睛、耳朵和其他器官，手、腿、嘴和身体的其他部分是效应器。若智能体是机器人，则摄像机等是传感器，各种运动部件是效应器。一般智能体可以用图 9.1 表示。

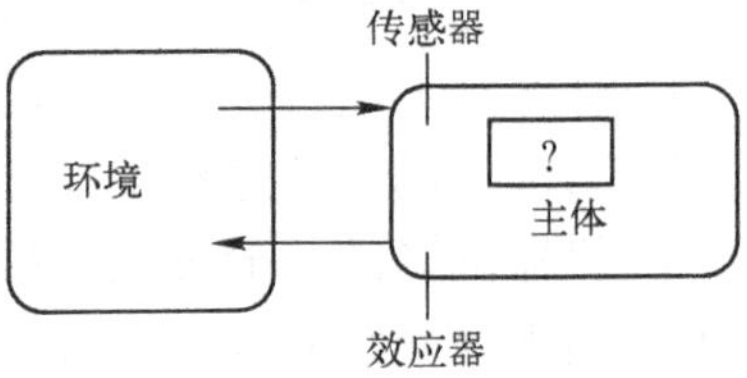

图 9.1　智能体与环境交互作用

多智能体系统主要研究智能体行为的协调，在一群自治的智能体之间如何协调它们的知识、目标、技能和相互规划来采取行动或解决问题。通常认为一个智能体需要具有下述部分或全部特性。

1）自治性。这是一个智能体的基本特性，即可以控制它自身的行为。智能体的自治性体现在：智能体的行为应该是主动的、自发的；智能体应该有它自己的目标或意图（Intention）；根据目标、环境等的要求，智能体应该对自己的短期行为做出计划。

2）交互性，即对环境的感知和影响。无论智能体生存在现实的世界中（如机器人、Internet 上的服务智能体等）还是虚拟的世界中（如虚拟商场中的智能体等），它们都应该可以感知它们所处的环境，并通过行为改变环境。一个不能对环境做出影响的物体不能被称为智能体。

3）协作性。通常智能体不是单独地存在，而是生存在一个有很多个智能体的世界中。智能体之间良好有效的协作可以大大提高整个多智能体系统的性能。

4）可通信性。这也是一个智能体的基本特性。所谓通信，指智能体之间可以进行信息交换。更进一步，智能体应该可以和人进行一定意义下的“会话”。如任务的承接、多智能体的协作和协商等都以通信为基础。

5）长寿性（或时间连贯性）。传统程序由用户在需要时激活，不需要时或者运算结束后停止。智能体与之不同，它应该至少在“相当长”的时间内连续地运行。这虽然不是智能体的必须特性，但目前一般认为它是智能体的重要性质。

另外，有些学者还提出智能体应该具有自适应性、个性等特性。在实际的应用中，智能体经常需要在时间和资源受到一定限制的情况下做出行动。所以，对于现实世界中的智能体，除了应该具有智能体的一般性质外，还应该具有实时性。

20 世纪 90 年代，多智能体系统的研究成为分布式人工智能研究的热点。基于智能体的概念，人们提出了一种新的人工智能定义：“人工智能是计算机科学的一个分支，它的目标是构造能表现出一定智能行为的主体”。所以，智能体的研究应该是人工智能的核心问题。斯坦福大学计算机科学系的 Hayes-Roth 在 IJCAI'95 的特邀报告中谈到（Hayes-Roth，1995）：“智能的计算机主体既是人工智能最初的目标，也是人工智能最终的目标。”

1993 年，肖汉姆（Shoham Y.）提出了面向智能体的编程方法（Agent Oriented Programming，AOP）（Shoham，1993），它是对 OOP 方法的扩充。在 AOP 方法中，允许每个智能体拥有有关环境和其他智能体的知识和信念，允许这些模块具有能力和做出承诺等。一个计算由这些智能体之间相互告知、请求、谈判和帮助等组成。因此，多智能体系统不仅是分布式人工智能的研究热点，而且可能成为下一代软件开发的重要突破点（史忠植，2000），吸引了数据通信、人机界面设计、机器人和并行工程等各领域研究人员的关注。

9.2 分布式问题求解

9.2.1 分布式人工智能的兴起

人类活动大部分都涉及社会群体，大型复杂问题的求解需要多个专业人员或组织协作完成。自 20 世纪 70 年代后期以来，随着计算机网络、计算机通信和并行程序设计技术的发展，分布式人工智能的研究逐渐成为一个新的研究热点。90 年代以来，互联网的迅速发展为新的信息系统、决策系统和知识系统的发展提供了极好的条件，它们在规模、范围和复杂程度上增加极快，分布式人工智能技术的开发与应用越来越成为这些系统成功的关键。分布式人工智能系统具有下列特色：

1）系统中的数据、知识以及控制不仅在逻辑上，而且在物理上是分布的，既没有全局控制，也没有全局的数据存储。

2）各个求解机构由计算机网络互连，在问题求解过程中，通信代价要比求解问题的代价低得多。

3）系统中诸机构能够相互协作，来求解单个机构难以解决，甚至不能解决的任务。

分布式人工智能系统的实现可以克服原有专家系统、学习系统等的弱点，极大地提高知识系统的性能，其主要优点表现为：

1）提高问题求解能力。由于分布的特点，分布式人工智能系统的问题求解能力大大提高。首先可靠性高，通信路径、处理节点以及知识的冗余使得出现故障时，整个系统仅仅降低响应时间或求解精度，而不至于完全瘫痪；其次，系统容易扩展，增加处理单元可以扩大系统的规模并且提高问题求解能力；再者就是系统的模块性，将使整个系统设计十分灵活。

2）提高问题求解效率。由于分布式人工智能系统中各节点可以并行地求解问题，所以可以开发问题求解中的并行性，提高求解效率。

3）扩大应用范围。分布式人工智能技术可以打破目前知识工程领域的一个限制，即仅仅使用一个专家。在分布式人工智能系统中，不同领域，甚至同一领域的不同专家可以协作求解某一专家不能解决或不能很好解决的问题。同时，许多领域中若干非专家有机地结合起来，也可能达到或超过一个专家的水平。

4）降低软件的复杂性。分布式人工智能系统将整个求解任务分解成若干相对独立的专门的子任务，其结果是降低了各个处理节点问题求解的复杂性。

分布式人工智能的研究可以追溯到20世纪70年代末期。早期分布式人工智能的研究主要是分布式问题求解，其目标是要创建大粒度的协作群体，它们之间共同工作以对某一问题进行求解。在一个纯粹的DPS系统中，问题被分解成任务，并且为求解这些任务，需要仅为该问题设计一些专用的任务执行系统。所有的交互策略都被集成为系统设计的整体部分。这是一种自顶向下设计的系统，因为处理系统是为满足在顶部所给定的需求而设计的。休伊特（Hewitt C.）和他的同事们研制了基于ACTOR模型的并发程序设计系统（Hewitt et al.，1983）。ACTOR模型提供了分布式系统中并行计算理论和一组专家或ACTOR获得智能行为的能力。1991年，休伊特提出了开放信息系统语义（Hewitt，1991），指出竞争、承诺、协作和协商等性质应作为分布式人工智能的科学基础，试图为分布式人工智能的理论研究提供新的基础。1980年，史密斯（Smith R. G.）提出了合同网（CNET）（Smith，1980）。CNET使用投标-合同方式实现任务在多个节点上的分配。合同网系统的重要贡献在于提出了通过相互选择和达成协议的协商过程实现分布式任务分配和控制的思想。分布式车辆监控测试系统DVMT也是分布式人工智能领域最早和最有影响的研究课题之一，由马萨诸塞大学的莱塞（Lesser V. R.）等主持研制（Lesser et al.，1983）。该系统对市区内行驶的车辆轨迹进行监控，并以此环境为基础，对分布式问题求解系统中许多技术问题进行研究。DVMT是以分布式传感网络数据解释为背景，对复杂的黑板问题求解系统之间的相互作用进行了研究，提供了抽象和模型化分布式系统行为的方法。加瑟（Gasser L.）等于1988年研制了MACE系统，这是一个实验型的分布式人工智能系统开发环境（Gasser et al.，1988）。MACE中每一个计算单元都称作智能体，它们具有知识表示和推理能力，智能体之间通过消息传送进行通信。MACE是一个类面向对象环境，但避开了并发对象系统中难于理解和实现的继承问题。MACE的各个机构并行计算，并提供了描述机构的描述语言，具有跟踪的demons机制。该课题研究的重点是在实际并行环境下运行分布式人工智能系统，并保持概念的清晰性。史忠植等研究了分布式知识处理系统DKPS（史忠植，1990），该系统采用逻辑-对象知识模型，研究了知识共享和协作求解等问题。基于ACTOR计算模型，Ferber等于1991年研制了Mering IV反射ACTOR语言（Ferber et al.，1991）。在这个模型中，Actor是可以并发执行的活动对象，通过异步消息传送实现相互作用。Mering IV是反射语言，可以在结构上和操作上表示自身。系统利用反射性使得不同大小和粒度的多智能体能够以统一的方式相互作用。

在分布式问题求解系统中，数据、知识和控制均分布在系统的各节点上，既无全局控制，也无全局数据和知识存储。由于系统中没有一个节点拥有足够的数据和知识来求解整个问题，因此各节点需要交换部分数据、知识和问题求解状态等信息，相互协作来进行复杂问题的求解。

分布式问题求解系统有两种协作方式，即任务分担（Task Sharing）和结果共享（Results Sharing）。史密斯等提出了任务分担方式。在任务分担系统中，节点之间通过分担执行整个任务的子任务而相互协作，系统中的控制以目标为指导，各节点的处理目标是求解整个任务的一部分。莱塞等提出了结果共享方式。在结果共享方式的系统中，各节点通过共享部分结果相互协作，系统中的控制以数据为指导，各节点在任何时刻进行的求解取决于当时它本身拥有或从其他节点收到的数据和知识。

任务分担的问题求解方式适合于求解具有层次结构的任务，如工厂联合体生产规划、数字逻辑电路设计和医疗诊断。结果共享的求解方式适合于求解与任务有关的各子任务的结果相互影响，并且部分结果需要综合才能得出问题解的领域，如分布式运输调度系统、分布式车辆监控实验系统 DVMT。事实上，任务分担与结果共享两种求解方式，只是强调问题求解的阶段不同，在解决实际问题时这两种方式经常结合起来。

9.2.2　分布式问题求解系统分类

分布式问题求解系统的组织结构是指节点之间的信息与控制关系以及问题求解能力在节点中的分布模式，它说明了各节点的作用和节点间的关系。这种组织结构必须有利于减少有关协作的不确定性。

根据组织结构，分布式问题求解系统可以分为 3 类，即层次结构类、平行结构类和混合结构类，其特点分别简述如下：

（1）层次结构类

1）从组成结构上看，任务是分层的。每个任务由若干个子任务组成，每个子任务又由若干个下层子任务组成，以此类推，形成层次结构。

2）各个子任务在逻辑上或物理上是分布的。

层次结构类任务可采用任务分担模型进行求解，每个处理节点求解一个或几个任务。如分布式运输调度系统、分布式车辆监控实验系统 DVMT 等，均属于这种类型。

（2）平行结构类

1）从组成结构上看，任务是平行的。每个任务由若干子任务组成，各子任务性质相同，具有平行关系。

2）整个任务的完成依赖于与之有关的各个子任务，各子任务的部分解往往是不完全的，需要综合成整个任务的解。

3）各个子任务在时间或空间上往往是分布的。

平行结构类任务可采用结果共享模型进行求解，每个处理节点求解一个或几个任务。休伊特等根据“科学团体是高度并行的系统”的观点，提出了名为“科学团体例子”的平行结构。

（3）混合结构类

1）从组成结构上看，任务是分层次，而每层中的任务是并行的。

2）各个子任务是分布的。

混合结构类任务可以采用任务分担与结果共享相结合的问题求解模型。

9.2.3　分布式问题求解过程

分布式问题求解系统的求解过程可以分为 4 步：任务分解、任务分配、子问题求解和结果综合。系统首先从用户接口接收用户提出的任务，判断是否可以接受。若可以接受，则交给任务分解器，否则通知用户该系统不能完成此任务。任务分解器将接收的任务，按一定的算法分解为若干相对独立，但又相互联系的子任务。若有多个分解方案，则选出一个最佳方案交给任务分配器。任务分配器将接收的任务，按一定的任务分配算法，将各子任务分配到合适的节点。若有多个分配方案，则选出最佳方案。各求解器在接收到子任务后，与通信系统密切配合进行协作求解，并将局部解通知协作求解系统，之后该系统将局部解综合成一个统一的解并提交用户。若用户对结果满意，则输出结果，否则再将任务交给系统重新求解。事实上，实际系统中的问题求解要比上述过程复杂得多。

下面简单介绍几种典型的任务分解和任务分配的方法。

1）合同网络。Davis 和 Smith 提出的“合同网络”本质上是一种适合任务分担求解系统的任务分配算法。在此方法中，合同就是产生任务的节点与愿意执行此任务的节点之间达成的一种协议，建立合同的思想与“工业招标”类似。Davis 和 Smith 以分布式感应系统为背景实现了合同网络。

2）动态层次控制。Findler 等在合同网络的基础上，提出动态层次控制的任务分解与任务分配方法。按此方法，系统在任务分解之后，首先对各节点的处理能力进行分析，综合问题求解环境数据，建立节点问题控制关系框架与全局性冲突监控关系网络，然后按控制关系框架分配任务进行协作求解。求解过程中出现的条件资源冲突分别通过商议、启发式知识以及全局性冲突监控网络来解决。Findler 等在工厂联合体生产规划系统中对上述思想进行了模拟实验。

3）自然分解，固定分配。莱塞等在分布式车辆监控实验系统 DVMT 中采用了“自然分解，固定分配”的任务分解与任务分配算法。据此方法，预先将被监控区域划分为若干相互重叠的子区域，各子区域内的传感器将收到的数据送至邻近节点进行处理。

4）部分全局规划。德菲（Durfee E. H.）等提出了一种灵活的协调方式，即部分全局规划。一个部分全局规划包括目标信息、规划活动图、解结果构造图以及状态信息4部分。目标信息包括部分全局规划的最终目标和重要性等信息；规划活动图表示节点的工作，如节点目前正进行的主要规划步骤及其成本、期望结果等；解结果构造图中的信息说明节点之间的交互关系；状态信息记录自其他节点收到的有关信息的指针、收到时间等。通过交换部分全局规划，可以进行动态的任务分解与任务分配。

以上4种方法中，前两种适合于任务分担方式求解的系统，后两种适合于结果共享方式求解的系统。

协作是分布式问题求解研究的重要方面。根据节点间协作量的多少，将分布式问题求解系统中的协作分为3类：

1）全协作系统。在这类系统中，节点可以为了系统目标或其他节点的目标而对本身的求解目标进行修改，从而能处理相互依赖的子问题，协作量大，且通信成本高。

2）无协作系统。各节点根本不协作，无通信成本。

3）半协作系统。在一定程度上进行协作的系统。

在分布式问题求解系统中，保持全局一致性意味着各节点的问题求解朝着有利于实现系统目标的方向进行。科克尔（Corkill D. D.）等研究了分布式问题求解系统中通过组织结构实现元级控制的方法。

在分布式问题求解中，常用的通信方式有共享全局存储器、信息传递以及两者的结合。黑板模型是分布式问题求解系统中使用较多的框架结构。Lesser 等在 DVMT 系统的黑板模型中，增加了目标黑板、抽象级黑板以及复杂的规划机制。系统中聚合器根据数据黑板上的信息产生规划所用的抽象数据，并将其存放在抽象级黑板上。目标处理器负责目标的分解，并产生知识源例示队列。规划程序结合抽象级数据、知识源例示队列以及网络系统的组织结构信息进行处理，产生规划队列。系统运行时根据本体黑板信息的变化状态以及网络中其他求解器的状态，对规划的实施进行动态调整。

9.3　智能体理论

9.3.1　理性智能体

1987年，布拉特曼（Bratman M. E.）从哲学上对行为意图（Intention）的研究对人工智能产生了广泛的影响。他认为只有保持信念（Belief）、愿望（Desire）和意图的理性平衡，才能有效地解决问题（Bratman，1987）。在开放世界中，理性智能体（Rational Agent）的行为不能直接由信念、愿望以及由两者组成的规划驱动，在愿望与规划之间应有一个基于信念的意图存在。其原因是：

1）智能体的行为受有限资源的约束，一旦智能体决定做什么，就建立了一个承诺（Commitment）的有限形式。

2）在多智能体环境中，需要由承诺来协调各智能体的行为。若无承诺，则无从谈行为。意图正是一种承诺的选择。

在开放和分布的环境中，一个理性智能体的行为受制于意图。意图又表现为：

1）一个智能体要改变自己已有的意图必须要有理由。

2）一个智能体不能无视环境的变化而坚持不符合实际或已不重要的意图。

理性平衡的目的在于使理性智能体的行为符合环境的特性。所谓环境特性不仅仅指环境的客观条件，同时包含环境中的社会团体因素，如社会团体关于理性行为的判断法则。Bratman给出了意图-行为原则：如果智能体A认为进行行为B的当前行为意图是合理的，那么A把意图转化为行为，有意地进行行为B就是合理的。

在给定时间里，智能体理性表现为：

1）性能测度规定成功的程度。

2）智能体感知所有事情，我们将把这个完整的感知历史称为感知序列。

3）智能体知道环境是什么。

4）智能体可以执行的动作。

一种理想的理性智能体可以定义为：对于每种可能的感知序列，理想的理性智能体，在感知序列所提供的证据和智能体内部知识的基础上，应该做的所期望的动作是使它的性能测度为最大。

9.3.2　BDI智能体模型

图9.2给出了BDI智能体模型的基本结构，它可以通过下列要素描述：

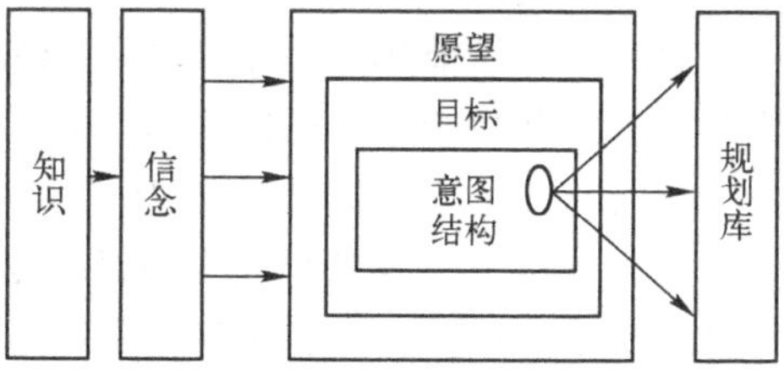

图9.2　BDI智能体模型的基本结构

1）一组关于世界的信念。

2）智能体当前打算达到的一组目标。

3）一个规划库，描述怎样达到目标和怎样改变信念。

4）一个意图结构，描述智能体当前怎样达到它的目标和改变信念。

拉奥（Rao A. S.）和乔治夫（Georgeff M. P.）提出了一个简单的 BDI 解释器（Rao and Georgeff，1992），BDI 解释器算法具体如下。

算法 9.1　BDI 解释器（Interpreter）

```
initialize-state();
do
    options:=option-generator(event-queue,B,G,I);
    selected-options:=deliberate(options,B,G,I);
    update-intentions(selected-options,I);
    execute(I);
    get-new-external-events();
    drop-successful-attitudes(B,G,I);
    drop-impossible-attitudes(B,G,I);
until quit.
```

9.4　智能体结构

9.4.1　智能体基本结构

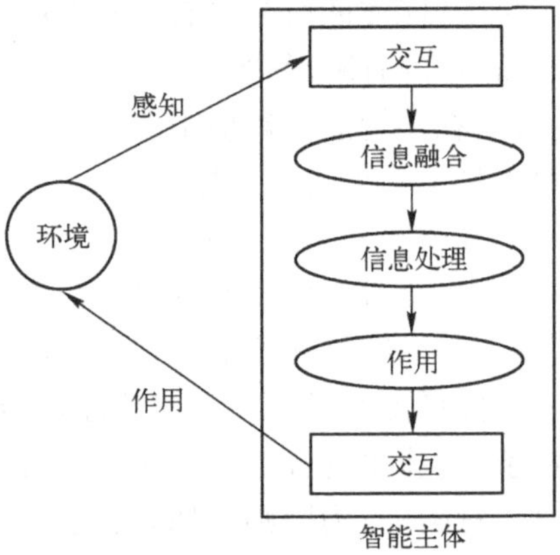

图 9.3　多智能体的工作过程

智能体不仅要与环境交互作用，更主要的是处理和解释接收的信息，达到自己的目的。图 9.3 给出了多智能体的工作过程。智能体接收到的信息首先要以适当的方式进行融合，并能为智能体知识库所接受。信息融合特别重要，不同交互模块得到的结果可能不同，表达方式也不一样。例如，对于同一件事，人提供的信息与多智能体得到的内容和形式不相同。信息融合要识别和正确区分这种不一致性。一旦智能体接收外部信息，信息处理过程成为智能体的核心，因为它反映了智能体的真正功能。信息处理的目的是解释可用的数据，形成具体规划。因为每个智能体都有具体的目标，内部目标的影响必须作为影响的一部分考虑。如果影响弄清楚了就要采取行动，使之达到或接近目标。形成规划时智能体可以规定知识，包括对新情况反应的具体处理步骤。但是，这不是本质的东西，因为智能体执行可以不需要规划。当要求对环境对象交互时，动作模块将使用合适的交互模块。控制执行也是动作模块的任务。

由此可见，智能体可以定义为从感知序列到智能体例示动作的映射。设 O 是智能体随时能注意到的感知集合，A 是智能体在外部世界能完成的可能动作集合，则智能体函数 $f:O^* \rightarrow A$ 定义为在所有环境下智能体的行为。人工智能的任务是设计智能体程序，以实现从感知到动作的映射。一个智能体骨架程序见算法 9.2。

算法 9.2　智能体骨架程序

```
function Skeleton-Agent(percept) return action
    static:memory /* 智能体的世界记忆 */
    memory←Update-Memory(memory,percept)
```

```
action←Choose-Best-Action(memory)
memory←Update-Memory(memory,action)
return action
```

每次调用，智能体的记忆将被修改，以反映新的感知。理想的理性智能体对于每一个可能的感知序列，总希望达到最好的性能。因此，这里智能体采取最佳动作，所采取的动作也保存在记忆中。

不是所有的智能体动作都表达为对新的情况的反应，智能体也可以创建新的规划。在这种情况下，信息提供者的知识只是在特定时间有用。这种知识直接产生慎思智能体和反应智能体之间的重要区别。

9.4.2 慎思智能体

慎思智能体（Deliberative Agent），也称作认知智能体（Cognitive Agent），是一个显式的符号模型，包括环境和智能行为的逻辑推理能力。它保持了经典人工智能的传统，是一种基于知识的系统（Knowledge-based System）。环境模型一般是预先实现的，形成主要部件知识库。采用这种结构的智能体要面对以下两个基本问题。

1）转换问题：如何在一定的时间内将现实世界翻译成一个准确的、合适的符号描述。

2）表示/推理问题：如何用符号表示复杂的现实世界中的实体和过程，以及如何让智能体在一定的时间内根据这些信息进行推理并做出决策。

第一个问题产生了计算机视觉、自然语言理解等多个领域的研究；第二个问题产生了知识表示、自动推理和自动规划等多个领域的研究。在实现中这些都有一定的难度。因为表示太复杂，慎思智能体适应动态环境有一定程度的局限性。没有必要的知识和资源，在智能体执行时要加入有关环境的新信息和知识到它们已有的模型中是困难的。慎思智能体是具有内部状态的主动软件，它与具体的领域知识不同，具有知识表示、问题求解表示、环境表示和具体通信协议等。根据智能体思维方式的不同，慎思智能体可以分为抽象思维智能体和形象思维智能体。抽象思维智能体是基于抽象概念，通过符号信息处理进行思维。形象思维智能体是通过形象材料进行整体直觉思维，与神经机制的连接论相适应。

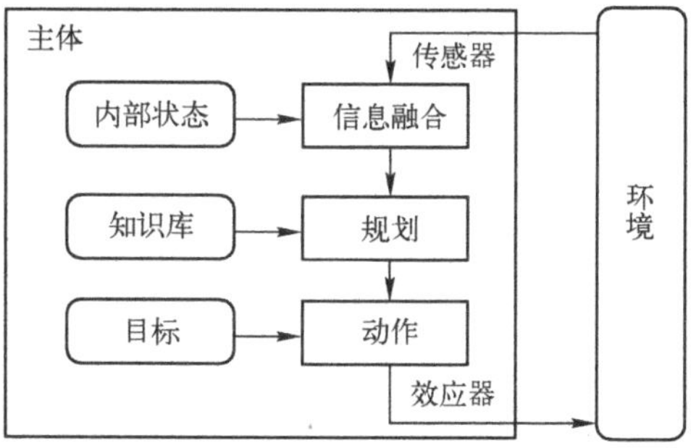

图 9.4　慎思智能体的框图

图 9.4 给出了慎思智能体的框图。智能体通过传感器接收外界环境的信息，根据内部状态进行信息融合，产生修改当前状态的描述。然后，在知识库的支持下制定规划。形成一系列动作，通过效应器对环境发生作用。慎思智能体程序见算法 9.3。

算法 9.3　慎思智能体程序

```
function Deliberate-Agent(percept) return action
static:environment,/* 描述当前世界环境 */
       kb,/* 知识库 */
       plan /* 规划 */
environment←Update-World-Model(environment,percept)
```

```
state ←Update-Mental-State(environment,state)
plan←Decision-Making(state,kb,action)
environment←Update-World-Model(environment,action)
return action
```

上述程序中，Update-World-Model 函数从感知产生当前世界环境的抽象描述。Update-Mental-State 函数根据当前感知到的环境，修改智能体内部的心智状态。知识库包括通用的知识和实际的知识。智能体运用知识，通过 Decision-Making 函数可以进行决策，制定规划。智能体执行所选的动作，并通过 Update-World-Model 函数与环境发生交互。

BDI 模型影响慎思智能体的系统结构。1988 年，Bratman 等研制了 IRMA（Intelligent Resource-Bounded Machine Architecture）系统（Bratman et al.，1988）。图 9.5 给出了 IRMA 智能体结构。在 IRMA 结构中，一个智能体有四个关键的符号数据结构，分别为一个规划库，用符号表示的信念、愿望和意图；另外，每个智能体有一个推理机，用来对世界进行推理；有一个分析机，以决定哪个规划可以用来完成该智能体的意图；有一个“机遇分析器”，监视环境的变化；有一个过滤处理器；还有一个慎思处理器。过滤处理器决定智能体将要进行的动作序列是否和该智能体当前的意图协调。慎思处理器在冲突的可选动作中做出选择。这种 IRMA 结构曾经在“Tileworld”这样的实验场景中进行过实验。

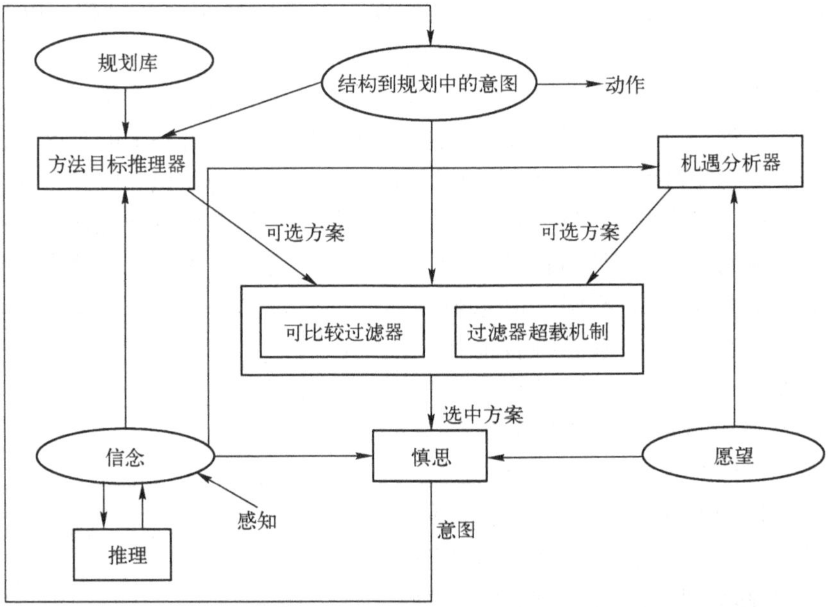

图 9.5　IRMA 智能体结构

和 IRMA 结构相比，GRATE* 更多地考虑到多智能体系统的协作特性（Jennings，1993）。它采用一种层次结构（见图 9.6）。同样，智能体的行为是由它的心智状态，如信念、愿望、意图和联合意图等决定的。智能体被分为两个部分，一个是领域层，另一个是协作控制层。领域层用来解决领域问题，例如工业控制、财政或交通等具体问题。协作控制层则控制领域层，使它和其他智能体的领域层能协调运作。协作控制层由 3 个通用的模块构成：一个控制模块提供和领域层的接口；一个情景评价模块；还有一个协作模块。这里情景评价模块和协作模块都是用来使智能体不仅能自己解决问题，而且还可以和其他智能体一起进行协作问题求解。采用 GRATE* 结构的智能体社团曾在电力传输管理系统中做过相关实验。

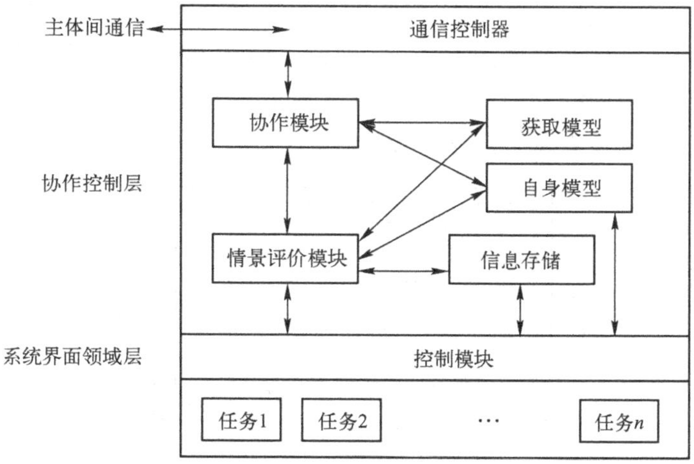

图 9.6　GRATE* 智能体结构

9.4.3　反应智能体

传统人工智能的问题几乎没有改变地反映在慎思智能体中，主要批评在于僵硬的结构。智能体工作在非常动态变化的环境中，因此，它们必须有能力基于当前情景做出决策。但是，它们的意图和规划是根据过去特定时间的符号模型开发的，很少有变化。基于规划的僵硬结构相对扩大了弱点。因为规划器、调度器和执行器之间转换是很费时间的。当执行规划时情况已经或多或少地发生了变化。慎思智能体的符号算法一般为理想的、可证明的结果设计的，经常导致高的复杂度。在动态环境下，对于相关情景在满足质量标准的前提下要求快速反应，比规划优化更重要。相反，在规划过程有效的情况下，慎思智能体擅长进行规划的数学证明。

与此不同，反应智能体（Reactive Agent）是不包含用符号表示的世界模型，并且不使用复杂的符号推理的智能体（Wooldridge et al.，1995）。图 9.7 给出了反应智能体的框图。图中条件-动作规则使智能体将感知与动作连接起来。其中方块表示智能体决策过程的当前的内部状态，椭圆表示过程中所用的背景信息。反应智能体程序见算法 9.4。

算法 9.4　反应智能体程序

```
function Reactive-Agent(percept) return action
    static:state, /* 描述当前世界状态 */
        rules, /* 一组条件-动作规则 */
    state←Interpret-Input(percept)
    rule←Rule-Match(state,rules)
    action←Rule-Action[rule]
    return action
```

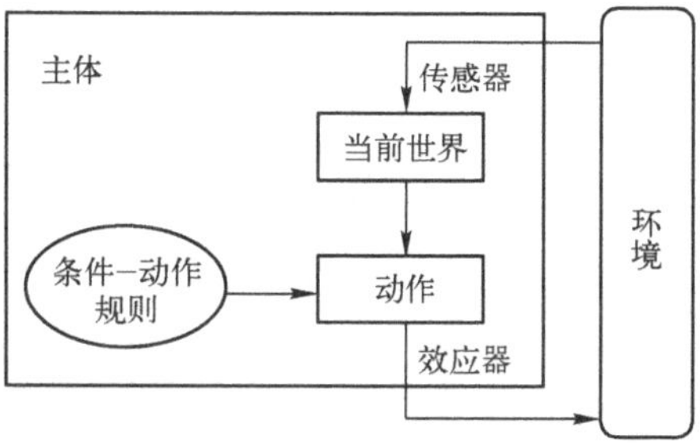

图 9.7　反应智能体的框图

上述程序中，Interpret-Input 函数从感知产生当前状态的抽象描述，Rule-Match 函数返回与给定状态描述匹配的规则组中的一条规则。

反应智能体结构显然与 MIT 的布鲁克斯（Brooks R. A.）所倡导的基于行为的人工智能有关（Brooks，1991a；Brooks，1991b）。他认为智能行为是智能体和它周围的环境交互的结果。布鲁克斯不仅是一个批评家，也是一个实践家。他实现了一些不使用符号表示和推理的机器人。这些机器人是基于一种“包含系统结构（Subsumption Architecture）”。包含系统结构是一些层次状的能完成任务的行为。每个行为都试图控制机器人，因此彼此之间存在竞争。底层的行为表示比较原始的行为（例如避开障碍物），它比高层的行为有更多的优先权。用这种结构实现的系统相当简单，因为它不需要符号表示和推理。虽然简单，布鲁克斯表示它们可以完成符号人工智能系统能完成的任务。图 9.8 给出了反应智能体的结构。

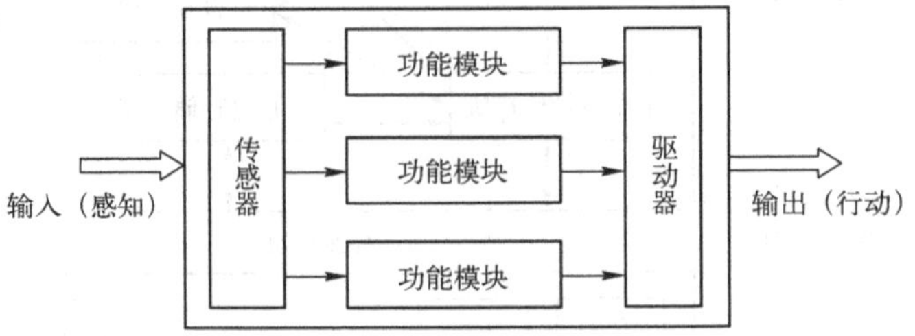

图 9.8　反应智能体的结构

类似的系统还有梅斯（Maes P.）的“Agent Network”结构（Maes，1989）、斯蒂尔斯（Steels L.）的“Mars Explorer”系统（Steels，1990）等。

9.4.4　层次智能体

为了实现具有反应行为和主动行为的智能体，一种方法是建立处理这两种不同行为的子系统。通过把这些不同的子系统组织为层次，各层次之间可以交互，这样自然得到一类智能体结构：层次结构的智能体。

在层次智能体结构中，至少存在两个层次，分别用来处理反应行为和主动行为。根据信息流和控制流，可以对层次智能体结构作进一步的划分。粗略地说，在层次结构中存在两种形式的控制流。

水平的：在这种结构中（见图 9.9a），每个软件层次都直接和传感器输入以及动作输出相连。事实上，每个层次自身就如同一个智能体一样，给出智能体执行什么动作的建议。

垂直的：如图 9.9b、c 所示，传感器输入和动作输出分别有一个层次来负责处理。

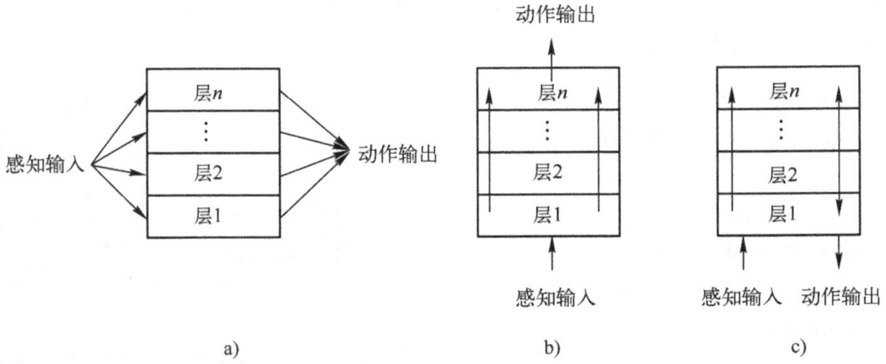

图 9.9　层次智能体结构的信息和控制流

a）水平层次结构　b）单通路垂直结构　c）双通路垂直结构

水平层次结构的最大优势是概念的简单性：如果需要智能体表现出 n 种不同类型的行为，则可实现 n 个不同的层次。然而，由于层次之间是相互竞争地给出动作选择，则有可能导致整个系统的行为是不连贯的。为了保证水平结构是一致的，通常包含一个仲裁（Mediator）函数，用于确定在任何时刻哪个层次对智能体拥有控制权。当然这样做也是有问题的，设计者必须考虑层次之间所有可能的交互。如果存在 n 个层次，每个层次可以给出 m 种不同的动作，则就需要考虑 m^n 种交互。从设计的角度看，即使对最简单的系统，这也是很难实现的。因此，增加中心控制部分的同时也为智能体的决策增加了瓶颈。

上述这些问题在垂直结构中可以部分地解决。垂直层次结构可以进一步分为单通路结构（One-Pass）（见图 9.9b）和双通路结构（Two-Pass）（见图 9.9c）。单通路结构中，控制流顺序地通过每个层次，直到最后一层输出动作。在双通路结构中，信息流向上流过各层（第一条通路），控制流向下流过各层（第二条通路）。无论是单通路垂直结构，还是双通路垂直结构，层次之间交互的复杂性有所降低：由于在 n 个层次之间有 $n-1$ 个交互，那么如果每个层次可以有 m 种不同的动作，则在层次之间至多有 $m^2(n-1)$ 个交互。这比水平结构简单了许多。然而这种简单性是在损失了灵活性的情况下实现的，在垂直结构中，为了做出决断，控制必须通过不同的层次。同时，这样结构容错性也不如水平结构。

在层次结构中，有两个典型的例子，一个是 TouringMachines，这是一种水平层次的智能体结构；另一个是 InterRAP，这是一种垂直结构的智能体模型。

TouringMachines 模型有两个行为模块和外界交互信息，还有三个并行执行的控制层次：反应层、规划层和建模层，如图 9.10 所示。每个层包含对世界的不同的抽象模型，用来实现不同的任务。反应层用来对其他层无法反应的突发事件做出快速响应，规划层构造规划以实现智能体的目标，建模层则是智能体对其环境中其他智能体的模型的符号表示。

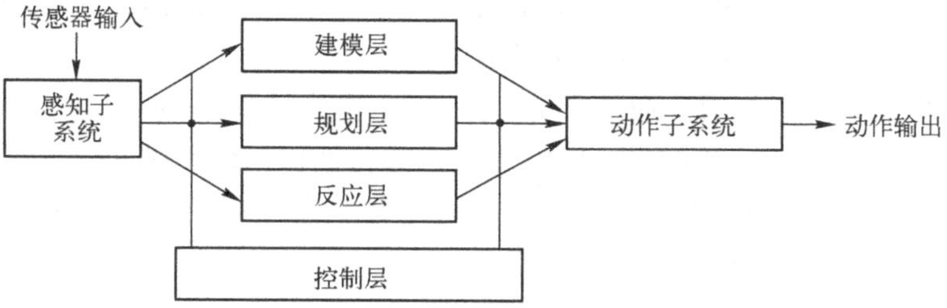

图 9.10　TouringMachines：水平层次的智能体结构

InterRAP 的智能体结构主要由世界接口、控制器和知识库部分组成，如图 9.11 所示。控制器分为 3 层：协作层、规划层和行为层。智能体的知识库由社会知识、规划知识和世界模型所组成。不同的层次对应于智能体不同的功能水平。行为层允许智能体对一定的外界情况做出反应；规划层允许智能体进行慎思推理，完成智能体的目标；协作层处理社会交互。

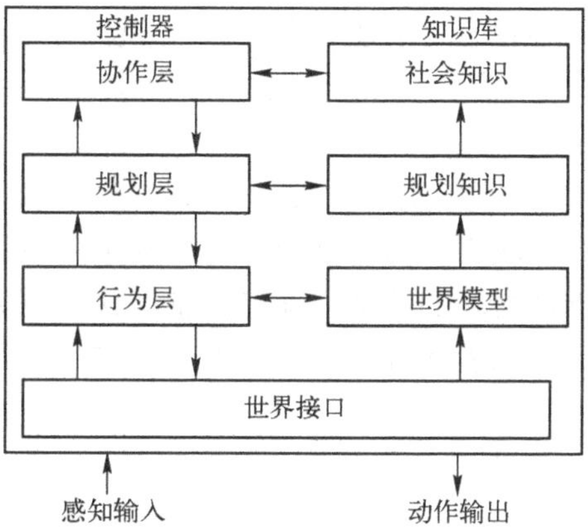

图 9.11　InterRAP：垂直结构的双通路智能体结构

上述两种结构的主要不同是与环境交互的层次。TouringMachines 允许每个层次直接和环境交互，这必然需要一个仲裁程序，处理层次之间的冲突和问题。在 InterRAP 中，各层之间相互交互，处理问题。层次之间两种主要的交互是从底向上的激活

(Bottom-Up Activation) 和从顶向下的执行 (Up-Down Execution)。当低层没有能力处理当前的问题时，它会将控制传递到上层，即从底向上的激活。当上层利用下层的设施完成目标时，就是所谓的从顶向下的执行。

层次结构目前是很多智能体采用的一种结构。层次化可以实现功能上的分解，可以用反应层、主动层和社会层实现智能体的反应行为、主动行为和社会行为。层次结构的主要问题不如非层次方法具有清晰的语义，特别是基于逻辑的方法语义清晰，但是很难将这种语义在层次结构中实现。

9.5 智能体通信语言 ACL

智能物理智能体基金会 FIPA (Foundation for Intelligent Physical Agents) 原来是一个在瑞士日内瓦注册的非营利协会，现在是 IEEE 计算机学会的一个标准化组织，它的目的是促进基于智能体的应用、服务和设备的成功实现。FIPA 通过制定能及时获得国际承认的规范来达到这一目标，这种规范可以最大限度地增大基于智能体的应用、服务和设备的互操作性。截至 1999 年 4 月，FIPA 已有 50 多个合作成员，他们来自全世界 12 个国家。

FIPA97 规范定义了一种语言和支持工具，如协议，用于智能软件智能体相互通信。软件智能体技术对这类智能体采用了一种高层的观点，它的许多思想都来源于采用其他方式的社会交互作用，例如人与人之间的通信。该规范并非试图定义通常与分布式软件系统之间通信相关的底层和中间层的服务，例如网络协议、传输服务等。事实上，用于物理传输组成交互智能体通信动作的比特序列的这类服务都是假设存在的。

对于软件智能体没有单一的、通用的定义，但是智能体行为的一些特性是广泛接受的。FIPA 定义的通信语言用于支持和促进这些行为。这些特性包括但不限于这些：目标驱动行为；动作过程的自主决定；通过协商和委托进行交互；心智状态模型，例如信念、意图、愿望、规划和承诺；对于环境和需求的适应性。

9.5.1 智能体间通信概述

抽象的智能体特性，即没有预先规定任何具体的智能体执行模式和认知结构，可以用智能体的心智态度描述。在 FIPA 规范中，智能体的心智态度描述如下：

1) 信念。表示一组智能体接受为真的命题，接受为假的命题表示为相信这个命题的否定。

2) 不确定性。表示一组智能体不能肯定为真或假的命题，但是更倾向于真，而更倾向于假的命题表示为命题否定的不确定。值得注意的是，不确定性并没有妨碍命题采用具有某种程度支持命题的特别不确定信息形式，例如概率论。更准确地说，不确定性为智能体提供了一种利用不同表达方案，讨论不确定信息的最小承诺机制。

3) 意图。表示一种选择，或者智能体愿望为真和目前不认为是真的一个或一组社会特性。接受了这种意图的智能体将形成一个行动计划，而这一行动计划将导致它的选择所指示的社会状态的产生。

对于一个给定的命题 P，相信 P、相信非 P、P 的不确定以及非 P 的不确定等态度是相互排斥的。此外，智能体理解并且能够执行一定的动作。在分布式系统中，一个智能体仅能通过影响其他智能体的行为来实现自己的意图。

对其他智能体行为的影响是由一种行为的特殊类，称为通信动作的行为来实现的。通信动作是由一个智能体向另一个智能体实施的。执行一个通信动作的机制，简要地说就是发送编码动作消息的机制。因此，通信动作初始者和接受者的角色通常分别表示为消息的发送者和接收者。

FIPA 定义的消息由一组精心定义的核心集合产生出来，它表示一组通信动作，而这组通信动作试图平衡定义的一般性、表达能力和简单性，以及对于智能体开发者的易懂性之间的关系。消息类型定义了被执行的通信动作。结合适当的领域知识，通信语言可以使接收者确定消息内容的含义。

关于发送者的心智态度和从发送者的观点对接收者心智态度产生的期望结果在通信动作中是用前提条件这个词来表达的。但是，因为发送者和接收者都是独立的，所以期望的结果是没有任何保证的。

两个智能体通过交换消息彼此进行通信，它们必须有一个消息传递公共会合点。消息传输服务属性的审议事项是由 FIPA 技术委员会——智能体管理进行的。

智能体技术对于复杂系统行为和交互操作的贡献尤其表现在高层交互上，FIPA 提出的 ACL 是以这一观点为基础的。例如，本节描述的通信动作用于通知已相信的事实、请求复杂动作和协商协议等。这里提到的交互机制不能与底层的网络协议如 TCP/IP、OSI7 层协议模型等相竞争，也不应与它们相比较。它们也不是 CORBA、Java RMI 或者 Unix RPC 机制的替代品。然而它们的作用在某些方面与上面的例子相重叠，至少 ACL 消息通常用这种机制来传递。

考虑了 FIPA 通用开放智能体系统目标以后，ACL 的作用将会更加清晰。其他机制如著名的 CORBA 也有此目标。但是，实现时在对象表示的界面上强加了一些限制。历史经验告诉我们：智能体和智能体系统可以采用多样的界面机制典型地实现；已有的智能体例子包括使用 TCP/IP 套节字、HTTP、SMTP 和 GSM 短消息的智能体。ACL 试图在消息传递服务上将要求减到最小，以尊重这种多样性。特别地，最小消息传输机制被定义为：通过简单比特流传递的一种文本形式，这也是曾被广泛采用的 KQML 智能体通信语言所采用的方法。这种广泛的方式用在非常高性能系统上，这些系统的消息生产率非常高。FIPA 以后将定义可替代的传输机制方案，包括其他传输语法，它们将满足非常高性能系统的要求。

目前，ACL 在智能体传输服务上定义了如下一组最小要求：

1）消息服务能够传递一个与比特序列一样的消息到目的地，通过它的界面消息服务能发现它是否能可靠地处理被设置的高阶位 8 位比特流。

2）正常情况下消息服务是可靠的（包装好的消息能达到目的地）、准确的（接收的消息在形式上和发送的一样）、有序的（从智能体 a 发送到智能体 b 的消息到达 b 时和它从 a 发送的顺序一样）。除非特别说明，一个智能体将被认为具备这三个特性。

3）如果消息传递服务不能保证以上一个或所有的特性，它将通过消息传递服务的界面以某种方式表示出来。

4）智能体将能选择是否暂停和等待消息结果或者在等待消息回复时继续执行其他无关任务。这种行为的有效性是执行细节，但是这种行为是否支持必须明确。

5）传递消息动作的参数，例如，如果超出时间没有回复，不是在消息这一级说明，但是它是消息传递服务界面的一部分。

6）消息传递服务将发现和报告出错情况并返回给发送智能体，例如消息出错形式、不可传递或者智能体找不到等。依据错误情况，它将返回一个消息发送界面的返回值，或者通过一个相关出错信息的传递来返回。

7）一个智能体将有一个名字使得消息传递服务能将消息传到正确的目的地。消息传递服务能够决定正确的传输机制（TCP/IP、SMTP、HTTP 等），并允许智能体位置的变化。

9.5.2 FIPA ACL 消息

FIPA 定义单独的消息类型，特别是消息的格式和消息类型的含义。消息类型对本规范定义的语法规则是一个参考，这些类型对于整个消息及动作和消息内容都赋予了一个意义。

例如，如果 i 通知 j “Bonn 在德国”。那么从 i 到 j 的消息内容是 “Bonn 在德国”，而动作则是通知这一行为。“Bonn 在德国” 有一定的意义，而且在对 “Bonn” 和 “德国” 这两个符号进行任何合理解释的情况下它将是真的，但是消息的意义包含了对智能体 i 和 j 的作用。决定这些作用的本质上是 i 和 j 的私人事物，但是由于这个有意义的通信即将发生，所以对这些作用的合理期望将会得到满足。

显然，消息的内容涉及的领域知识将不受限制。ACL 没有强制任何表示消息内容的形式化方式。智能体本身必须能够正确地解释任何一种已知的消息内容。ACL 规范的以后版本将讨论本版本没有讨论的本体论共享问题。本规范所宣布的是规范独立于内容的规则含义。一组标准通信动作及其含义都被详细地定义了。

值得注意的是，在动作的能力和规范之间有一种平衡。抽象地说，一组大量的能传达细微意思差别的非常详细的动作类型和一组少量的更通用的动作类型效果可能一样，但这组动作类型将对智能体有不同的表示和执行限制。这组动作类型的目标可表示为：①全面覆盖大范围的通信情况；②不要使智能体的设计负担过于繁重；③在为智能体提供通信动作使用选择服务时，减少冗余和模糊。简而言之，定义 ACL 语言的目标是完整、简单和简明。

ACL 中消息的基本观点是消息表示为一个通信动作。为了优雅和一致，在对话时处理通信动作应和处理其他动作相一致；一个已知通信动作是一个智能体能完成的动作中的一个。术语消息在文中根据上下文表示两个不同的含义：消息可以是通信动作的同义词，或者是指传递智能体言论到目的地的消息传输服务使用的计算结构。

ACL 规范提出的通信语言是基于一种精确的形式语义学，它给出了通信动作的一种清晰含义。实际上，这种形式化基础还补充了用于易于高效交互通信实际执行的实用扩充部分。在此基础上，以下定义的消息参数用描述形式加以定义。同样，智能体可能用到的规范，如消息交换协议，都只给出了描述形式的操作语义。

1. 智能体的要求

这里介绍一组所有智能体都能使用的预定义的消息类型和协议。但是，对于所有智能体并不需执行所有消息。以下列出了 FIPA ACL 兼容智能体的最小要求：

1）智能体在收到不认识或者不能处理的消息内容时能发出 not-understood 消息。智能体必须能接收和适当处理来自其他智能体的 not-understood 消息。

2）智能体可以选择执行所有的预定义的消息类型和协议或其中任意一子集。这些消息的执行必须与提供的动作语义定义相一致。

3）使用本文中名字被定义的通信动作的智能体必须在执行时与它们的定义相符。

4）智能体可以使用本书没有定义的其他名字的通信动作，有责任保证接收智能体理解动作的含义。但智能体不应定义与已定义好的标准动作含义相匹配的新动作。

5）智能体必须能正确地将语法形式良好的消息生成与发送的消息相一致的传输形式。同样，智能体也必须能将传输语法形式良好的字符序列翻译成相关消息。

2. 消息结构

图 9.12 给出了 ACL 消息的结构。

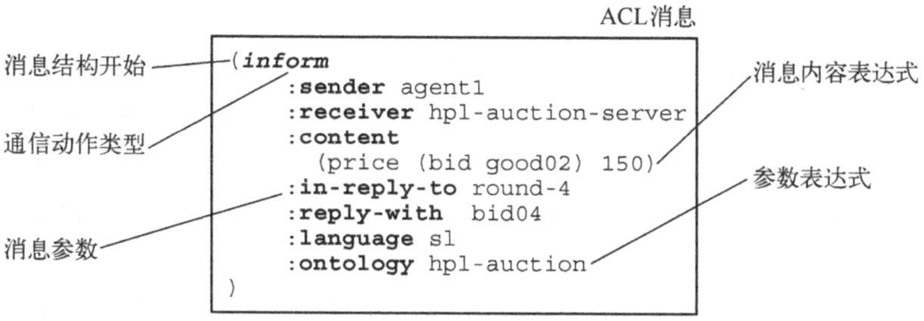

图 9.12　消息结构

在传输形式上，消息表示为 s-表示形式。消息的第一个元素是确定通信的通信动作和定义消息的主要含义。接下来是一列由冒号开头、参数关键字引导的消息参数，冒号与参数关键字之间没有空格。其中一个参数包含用某种形式编码的消息内容，其他参数用于帮助消息传输服务正确传递消息（如 sender、receiver），或帮助接收者解释消息含义（如 language、ontology），或者帮助接收者能更好地回复消息（如 reply-with、reply-by）。

传递形式是比特流的序列化，由消息传输服务传递。接收智能体负责对比特流解码，解析消息元素并正确处理它。

消息的通信动作类型与 KQML 中的 performative 相对应。

3. 消息参数

如前所述，消息包括一组一个或多个参数。这些参数在消息中可按任何顺序列出。所有参数中只有一个：receiver 参数是必要的，这样消息传输服务才能正确传递消息。显然没有接收者的消息是没用的消息。但是，有效通信确切地需要哪些其他参数还是根据情况不同而不同。

预定义的消息参数全集如下：

消息参数	含义
:sender	消息发送者
:receiver	消息接收者
:content	消息内容
:reply-with	回答原来消息
:in-reply-to	消息回答的原来动作
:envelope	消息服务内容
:language	动作内容的编码方案
:ontology	内容表达式符号的含义
:reply-by	消息发送时间和日期
:protocol	使用协议
:originator	代理智能体请求消息
:reply-to	表示向哪个智能体回答

:protocol "("<protocol name>+")")	使用协议嵌套
:conversation-id "("<id>+")")	进行的通信动作序列表中是子协议
:conversation-id	进行的通信动作序列

4. 消息内容

消息内容表示通信动作申请什么。如果通信动作认为是一个句子，内容是句子的语法元素，则内容一般用一种语言编码，这种语言在language参数中说明。对内容语言的要求是它应具备以下特性，即一种内容语言必须能表示命题、对象和动作。虽然任何已有的语言可以有更多其他特性，但在这里并不需要其他特性。语言的内容必须表示动作的数据类型：通知的命题、请求的动作等。

命题：表示一种语言中的某些句子是真或假。对象：代表一种讨论领域中可确认东西（可能抽象或者具体）的结构。对象并不一定指面向对象语言如C++和Java中出现的专业编程结构。动作：一种智能体将解释为由某些智能体完成行为的结构。

最一般的情况是智能体共同协商一种内容语言。但是，智能体必须克服为了商定内容语言而第一步开始对话的困难。这样必须有一个双方都事先知道的共同参考点。所以为了注册一个目录服务和执行其他关键智能体管理功能，FIPA规范包括以下内容语言定义：

1）FIPA规范的智能体管理内容语言是s-表达式，概念用于表示属于智能体生命周期管理的命题、对象和动作。表达式的术语在该规范的第一部分已定义。

2）智能体需要通过使用智能体管理内容语言和本体论的消息执行标准智能体管理能力。语言和本体在Fipa-Agent-Management预留字段相应参数中表示。

5. 消息内容的表示

一个消息的内容是指通信动作中的领域表达式。它在消息中以:content参数值进行编码。FIPA规范没有强制使用一种特定有标准化基础的内容编码语言。

为了提供简单语言编码服务，ACL语法包括的s-表达式形式允许任意长度和复杂度的s-表达式结构。因此一种被定义为通用s-表达式语法的子语法的语言可不需修改地接受为合法的ACL消息。然而，智能体通常需要在消息体中嵌入一个用一种符号编码的表达式，而不是用于消息本身的简单s-表达式形式。ACL语法提供两种机制，它们都要避免需要ACL解释器解释任何语言的表达式问题：

1）用双引号包括表达式，这样使它成为用ACL语法的字符串，用反斜线符号区别双引号体内的双引号。注意内容表达式中的反斜线字符也需要区别开。例如：

```
(inform :content "owner (agent1 ,\"Ian\")"
        :language Prolog
 …)
```

2）在表达式前加适当长的编码字符串，这样确保表达式被处理为与它结构无关的词汇符号。例如：

```
(inform :content #22 "owner (agent1,"Ian")"
        :language Prolog
 …)
```

因此，ACL 解释器将生成一个表示全部嵌入语言式的词汇符号，一个字符串。一旦消息被解释，表示内容表达式的符号将能通过:language 参数根据编码方案被解释。

9.6 协调和协作

9.6.1 引言

在计算机科学领域，最具有挑战性的目标之一就是如何建立能够在一起工作的计算机系统。随着计算机系统越来越复杂，将多智能体集成起来则更具挑战性。而智能体间的协作是保证系统能在一起共同工作的关键。另外，智能体间的协作也是多智能体系统与其他相关研究领域（如分布式计算、面向对象的系统和专家系统等）区别开来的关键性概念之一。协调与协作是多智能体研究的核心问题之一，因为以自主的多智能体为中心，使多智能体的知识、愿望、意图、规划和行动协调，以至达到协作是多智能体的主要目标。

协调是指一组多智能体完成一些集体活动时相互作用的性质。协调是对环境的适应。在这个环境中存在多个智能体并且都在执行某个动作。协调一般是改变智能体的意图，协调的原因是其他智能体的意图存在。协作是非对抗的智能体之间保持行为协调的一个特例。多智能体是以人类社会为范例进行研究的。在人类社会中，人与人的交互无处不在。人类交互一般在纯冲突和无冲突之间。同样，在开放、动态的多智能体环境下，具有不同目标的多个智能体必须对其目标、资源的使用进行协调。例如，在出现资源冲突时，若没有很好的协调，就有可能出现死锁。而在另一种情况下，即单个智能体无法独立完成目标，需要其他智能体的帮助，这时就需要协作。

在多智能体系统中，协作不仅能提高单个智能体以及由多个智能体所形成的系统的整体行为的性能，增强智能体及智能体系统解决问题的能力，还能使系统具有更好的灵活性。通过协作使多智能体系统能解决更多的实际问题，拓宽应用。尽管对单个智能体来说，它只关注自身的需求和目标，因而其设计和实现可以独立于其他智能体。但在多智能体系统中，智能体不是孤立存在的。即使由遵循某些社会规则的智能体所构成的多智能体系统中（Shoham et al.，1995），智能体的行为必须满足某些预定的社会规范，而不能为所欲为。智能体间的这种相互依赖关系使得智能体间的交互以及协作方式对智能体的设计和实现具有相当大的制约性，基于不同的交互及协作机制，多智能体系统中的智能体的实现方式将各不相同。因此可以说，研究智能体间的协作是研究和开发基于智能体的智能系统的必然要求。

在现阶段，针对智能体协作的研究大体上可分为两类，一类将其他领域（如博弈论 Game Theory、经典力学理论等）研究多实体行为的方法和技术用于智能体协作的研究（Kraus et al.，1991）；而另一类则从智能体的目标、意图和规划等心智态度出发来研究多智能体间的协作，如 FA/C 模型（Lesser，1991）、联合意图框架（Joint Intention Framework）（Cohen et al.，1990）和共享规划（Grosz，1996）等。但前一类方法的适用范围远不如后一类广，所运用的各种理论只适用于特定的协作环境下，而一旦环境发生变化，如智能体的个数、类型及智能体间的交互关系与该理论所适用的情形不一致时，基于该理论的协作机制就失去了其存在的优势。而后一类方法则较偏重于问题的规划与求解，并且它们所假定的协作过程差异显著。有的是先找协作伙伴再规划求解，有的先对问题进行规划然后由智能体按照该规划采取协作性的行动，而有的则在智能体自主行动的过程中，进行部分全局规划（Partial Global Planning，PGP）

来调整自己的行为以达到协作的目标（Lesser，1991）。后两种方式的协作显得较松散，缺乏必要的意外处理机制及手段，并且在智能体间还必须存在共享的协作规划；而前一种方式的协作的不确定性较大，其协作规划会受到协作团体的影响和制约。

在多智能体系统中，智能体是自主的，多个智能体的知识、愿望、意图和行为等往往各不相同，对多个智能体的共同工作进行协调，是多智能体系统的问题求解能力和效率得以保障的必要条件。包括组织理论、政治学、社会学、社会心理学、人类学、法律学以及经济学等在内的多个学科领域都对协调进行了研究，许多研究成果已经应用到多智能体系统中。多智能体系统中的协调是指多个智能体为了以一致、和谐的方式工作而进行交互的过程。进行协调是希望避免智能体之间的死锁和活锁。死锁指多个智能体无法进行各自的下一步动作；活锁是指多个智能体不断工作却无任何进展的状态。多智能体之间的协调已经有很多方法，大致归纳有组织结构化（Organizational Structuring）、合同（Contracting）、多智能体规划（Multi-Agent Planning）以及协商（Negotiation）。

从社会心理学的角度看，多智能体之间的协作情形大致可分为：①协作型，即同时将自己的利益放在第二位；②自私型，即同时将协作放在第二位；③完全自私型，即不考虑任何协作；④完全协作型，即不考虑自身利益；⑤协作与自私相混合型。

智能体的交互有两种关系：负关系和正关系。负关系导致冲突，对于冲突的消解构成协调。正关系表示智能体的规划有重叠部分，或某个智能体具有其他智能体不具备的能力，各智能体可以通过协作获得帮助。

20世纪80年代中期以前，分布式人工智能对协调与协作的研究主要在无目标冲突的情况下互相帮助，实现目标。这种研究适用于分布式问题求解。80年代中期，罗森斯海因（Rosenschein J. S.）在其博士论文中对智能体在目标有冲突情况下的交互进行了深入的研究，运用对策论，建立了“理性智能体（Rational Agent）”交互的静态模型（Rosenschein et al.，1985），成为多智能体协调与协作问题的形式化理论基础。此后，许多学者运用对策论对多智能体的协商、规划和协调进行了形式化研究。这些研究都是在智能体目标矛盾的前提下，如何通过建立对方模型或通过协商协调各自行为，或通过协作实现共同目标。有的研究考虑时间偏好，有的面向开放环境。

马萨诸塞大学在强化FA/C与PGP方法的基础上，采用元级通信的方法，协调智能体的计算。马克英塔希（MacIntosh）运用启发式方法将协作引入机器定理证明。锡卡拉（Sycara K. P.）以劳资谈判为背景研究协商问题（Sycara et al.，1996）。该方法使用启发式与约束满足技术解决分布式搜索问题，使用异步回溯恢复不一致的搜索决策。其缺点是需要一个仲裁器解决冲突。孔利（Conry）研究了多目标、多资源条件下的多步协商。休伊特（Hewitt C.）提出开放分布式人工智能系统的思想，对罗森斯海因的静态交互模型提出挑战（Hewitt，1991）。现实世界是开放的、动态的，协调与协作也应是开放的、动态的。计算生态学认为，智能体在开放的、动态的环境中不一定具备很强的推理能力，而可以通过不断的交互，逐步协调与环境以及各自之间的关系，使整个系统体现出一种进化能力，类似于生态系统。在BDI模型中则强调交互作用中智能体信念、愿望和意图的理性平衡。

肖哈姆（Shoham Y.）等提出为人工智能体社会规定一套法规，要求每个智能体必须遵守，并且相信其他智能体也会遵守（Shoham et al.，1995）。这些法规一方面会限制每个智能体所能采取的行动，另一方面也可以确保其他智能体会有什么样的行为方式，从而保证本智能体行为的可实现性。德克尔（Decker K. S.）等提出一种用于分布式传感器网络的动态协调算法（Decker et al.，1995），各智能体按照一个统一的标准动态修改本智能体负责的传感器区域，可以自动达成各区域边界的协调。这种动态重构处理区域可以在整个系统内实现负载均衡，其性能优于静态分区算法，尤其是可以降低性能的波动性，更适合于动态实时情形。

在多智能体规划系统中，可以通过规定各种行为与目标的相关性而达成行为序列的自发协调。德国慕尼黑工业大学的韦斯（Weiss G.）通过分布式学习，形成对某个问题的一组行为与目标的相关值。自发协调的另一种方法是科苏利素（Kosoresow）提出的 Markov 过程。在智能体目标和偏好相容的情况下，Markov 过程是一种快速的概率性的协调方法。将 Markov 过程作为智能体的推理机制，可以分析智能体交互过程的收敛性和平均收敛时间。当智能体目标和偏好不相容时，可以在某个时间限制点检测出不相容，并提交给更高层的协调协议。为了描述协同工作的一群智能体行为，需要用共同意图将群体成员的行为联结起来。杰宁斯（Jennings N. J.）等采用共同责任的概念（Jennings，2001），强调意图作为行为控制器的作用，规定各智能体在协作问题求解中应该如何行动。这种共同责任可以为系统结构设计提供功能指导，为监控问题求解提供标准，为异常处理提供准则。他们在 GRATE* 中实现了这种责任方法。

9.6.2　合同网

1980 年斯密斯（Smith P.）在分布式问题求解中提出了一种合同网协议（Contract-Net Protocol）（Smith，1980）。后来这种协议被广泛用在多智能体系统的协调中。智能体之间通信经常建立在约定的消息格式上。实际的合同网系统基于合同网协议提供一种合同协议，规定任务指派和有关智能体的角色。图 9.13 给出了合同网系统中节点的结构。

本地数据库包括与节点有关的知识库、协作协商当前状态和问题求解过程的信息。其他三个部件利用本地知识库执行它们的任务。通信处理器与其他节点进行通信，节点仅仅通过该部件直接与网络相接。特别是通信处理器应该理解消息的发送和接收。

合同处理器判断投标所提供的任务，发送应用和完成合同。它也分析和解释到达的消息。最后，合同处理器执行全部节点的协调。任务处理器的任务是实际处理任务赋予它的处理和求解。它从合同处理器接受所要求解的任务，利用本地数据库进行求解，并将结果送到合同处理器。

合同网工作时，将任务分成一系列子问题。有一个特定的节点称作管理器，负责对子问题任务的管理（见图 9.14）。

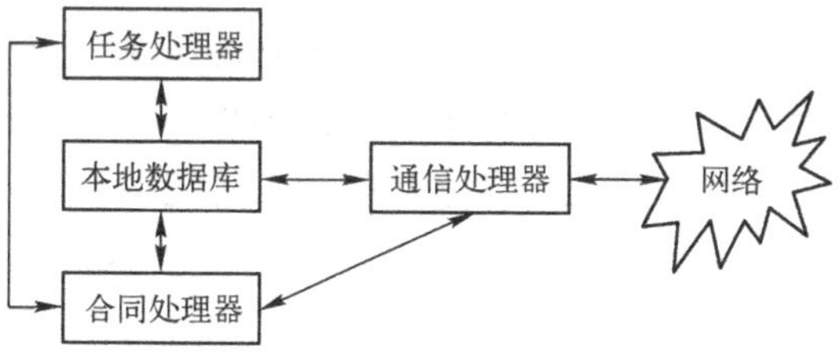

图 9.13　合同网系统中节点结构

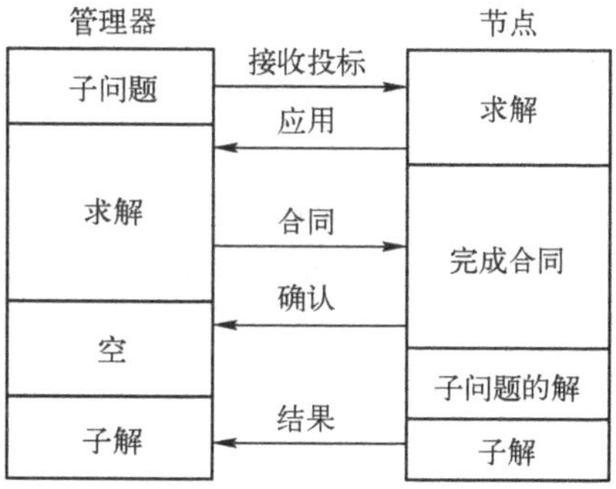

图 9.14　合同网系统中合同协商过程

管理器提供投标，即要解决而尚未求解的子问题合同。它使用合同协议定义的消息结构。标书对所有智能体都是开放的，通过合同处理器进行求解。使用本地数据库求解当前可用的资源和智能体知识。合同处理器决定该标书中的任务申请是否要做。如果要做，则它将通知管理器。

管理器必须选择节点，在全部应用中它最适合求解所给的合同。该节点访问具体的求解知识和方法，性能最好，将合同有关子问题的求解任务交给它。根据合同消息，管理器指派合同。

通信节点发送确认消息到管理器，以规定的形式确认接受合同。当问题求解阶段完成，已解的问题将传送给管理器。承诺的节点完全负责子问题的求解，即完成合同。合同网系统纯粹是任务分配。节点不接受其他节点当前状态任何信息。如果节点认为所安排的任务超过其能力和资源，那么可以进一步划分子问题，分配子合同到其他节点。这时，它用作管理器角色，提交子问题标书，形成分层任务结构，每个节点可以同时是管理器、投标申请者和合同成员。

9.6.3　基于生态学的协作

20世纪80年代末，在计算机科学领域中出现了一个崭新的学科——计算生态学（The Ecolog of Computation）。计算生态学是研究开放系统中决定计算节点的行为与资源使用的交互过程的学科。它摒弃了封闭、静止地处理问题的传统算法，将世界看作开放的、进化的、并发的，通过多种协作处理问题的“生态系统”（Ecosystem）加以研究。它的进展与开放信息系统的研究息息相关。

分布式计算系统具有类似于社会的、生物界组织形式的特征。这类开放系统与目前的计算机系统有很大差别，它们对于复杂的任务进行异步的计算，它们的节点可以在内部结构陌生的其他机器上产生进程。这些节点能根据不完备的知识与不完整的、经常迟到的信息做出局部决策。整个系统不存在中心控制，而是通过各节点的交互，协作解决问题。所有这些特点构成了一个并发的组合体，它们的交互、策略以及对资源的竞争类似纯粹的生态学。休伊特提出了开放信息系统的概念（Hewitt，1991），他认为不完备的知识、异步的计算以及不一致的数据是开放计算系统所无法避免的。人类社会，特别是科学界在面临同样的问题时能够成功地通过协作加以解决。

计算生态学将计算系统看作一个生态系统，它引进了许多生物的机制，如变异（Mutation）即物种的变化。这些变化导致生命基因的改变，从而形成物种的多样性，增强了适应环境的能力。这类变异策略成为人工智能系统提高其自身能力的一种方法。莱纳特与布朗（Brown）成功地将变异机制引入他们的AM与Eurisko系统中，通过小型Lisp程序的语法变异发现数学概念。他们认为未来成功的系统应该是一系列进化的、自组织的符号知识结构的“社会”系统。

米勒（Miller）与德雷克勒（Drexler）讨论了一些进化的模型，如生物生态系统、商品市场，并指出它们与计算生态系统的异同。他们认为，一个直接计算市场是最理想的系统模型。

由于不完备知识与迟到的信息是计算生态系统的内在特征，在这些限制下系统的动态行为的研究是非常重要的。胡贝曼（Huberman）与宏格（Hogg）提出并分析了动态游戏的过程，指出当各进程为完成计算任务进行交互时，若有多个可选择策略，动态渐近过程可能变为非线性振荡与混沌。这表明在计算生态系统中进化的稳定策略有可能不存在。他们同时还讨论了可能存在的普遍规律以及合作在系统中的重要性，并且与生物生态系统和人类组织进行了比较。与动态理论相对应，罗森斯海因（Rosenschein）与吉纳塞利斯（Genesereth）提出用静态对策理论解决具有不同目标的计算节点的潜在冲突问题（Rosenschein et al.，1985）。

目前，著名的生态系统模型有生物生态模型、物种进化模型、经济模型和科学团体的社会模型。大型生态系统的智能，已超过任何个体智能。

1）生物生态模型。这是最著名的生态系统，具有典型的进化特征和层次性。这种特性反映在“食物链”中。对于复杂的生物生态系统，各物种组成了紧密相连的网络——食物网。这个系统的主要角色是捕食者与被食者。生命依赖于生命，共同进化，由小的生态环境组成大的生态系统。

2）物种进化模型。物种进化的“复制者”是基因。从门德尔的植物遗传研究到现代遗传学的成果，都说明了在物种进化过程中，基因的组合与变异起着关键作用。在一个物种的某一群体中基因的集合称为基因池。生物组织是基因的载体。如果环境变化，选择的机制就会改变。这种变化必然引起基因池的变化。特定种群的基因变化称为基因流。一个物种总是不断地经历隔绝、基因流动、变化的循环。开始时，一组地理上隔绝的群体自己孤立地发展，基因在内部快速地流动。随着开放，通过交流和竞争，优胜劣汰。

3）经济模型。经济系统在某种意义上类似于生物生态系统。在商品市场和理想市场中，进化取决于经济实体的决策。选择机制是市场奖励机制。进化是快速的，企业与消费者之间、企业之间主要是一种互相依赖的合作关系。决策者为了追求长远利益，可以采取各种有效的方法，甚至可以暂时做赔本买卖。

9.6.4　基于对策论的协商

在多智能体系统中，协商的含义有多种理解。一种认为子问题和资源的指派是协商；另一种则认为智能体之间一对一直接协商。所有协商活动的目的是在一组独立工作的智能体间构建协作，智能体也有自己的目标。协商协议提供可能的协商形式的基本规则、协商过程和通信基础。协商策略取决于具体的智能体。尽管智能体开发者可以提供不同程度的协商能力，但是一定要保证协议与策略相匹配，即选择的策略要在可用的协议中能执行。

从单个智能体看，协商的目的是改善自己的状态，在不影响自己情况下支持其他智能体，或者对其他智能体请求帮助。智能体必须进行折中，以维护整个系统的能力。在这种意义上，协商交互的形式可以分成下列 4 类：

1）对称协作。协商产生的结果，对每个智能体都比它们原来达到的要好。其他智能体对智能体本身的影响是积极的。

2）对称折中。智能体宁可自己独立达到它们的目标。协商意味着参加者之间的折中，会降低效果。但是不能忽略其他智能体的存在，只能采取折中，让参加者都能接受协商的结果。

3）非对称协作/折中。即对协商的一个智能体协作的影响是积极的，而对另一个智能体必须进行折中。

4）冲突。由于智能体的目标彼此冲突，不能达到可接受的解。在得到结果前协商必须终止。

齐鲁特金（Zlotkin G.）和罗森斯海因于 1989 年以相似于 Malone 模型的方法，基于对策论提出了一种新的稳定的协作环境下的协商思路（Zlotkin et al.，1989）。接着又分析了不完全信息和欺骗前提下的协商问题（Zlotkin et al.，1991a）和不协作环境下的协商问题（Zlotkin et al.，1991b）。然后又针对资源分配、任务划分，提出时间约束下的协商方法，并形成一般理论（Kraus et al.，1995）。吉米特拉希威兹（Gmytrasiewicz P. J.）等（Gmytrasiewicz et al.，1991）描述了一种决策理论递归模型方法，该方法允许智能体交换其偏好、目标等以达成结果。

9.6.5 基于意图的协商

格罗斯（Grosz B. J.）将智能体的信念、愿望和意图理论应用到协商中（Grosz，1996）。该方法中不使用子规划，而是使用意图进行协商，减少了通信量。BDI理论认为，导致智能体理性行为的既不是愿望，也不是规划，而是信念与愿望结合产生的意图，处于愿望与规划之间的层次。实现意图的子规划是由该意图产生。一个意图可能对应几个子规划。智能体进行协商时没有必要交换各个子规划，只要交换意图。但是，Grosz方法中假定智能体是完全合作关系。

9.7 移动智能体

随着互联网应用的逐步深入，特别是信息搜索、分布式计算以及电子商务的蓬勃发展，人们越来越希望在整个互联网范围内获得最佳的服务，渴望将整个网络虚拟成为一个整体，使软件智能体能够在整个网络中自由移动，移动智能体的概念随即孕育而生。

20世纪90年代初，General Magic公司在推出其商业系统Telescript时第一次提出了移动智能体的概念，即一个能在异构网络环境中自主地从一台主机迁移到另一台主机，并可与其他智能体或资源交互的软件实体。移动智能体是一类特殊的软件智能体，除了具有软件智能体的基本特性——自治性、响应性、主动性和推理性外，还具有移动性，即可以在网络上从一台主机自主地移动到另一台主机，代表用户完成指定的任务。由于移动智能体可以在异构的软、硬件网络环境中自由移动，因此这种新的计算模式能有效地降低分布式计算中的网络负载、提高通信效率、动态适应变化了的网络环境，并具有很好的安全性和容错能力。

移动智能体可以看成是软件智能体技术与分布式计算技术相结合的产物，它与传统网络计算模式有着本质上的区别。移动智能体不同于远程过程调用（RPC），这是因为移动智能体能够不断地从网络中的一个节点移动到另一个节点，而且这种移动是可以根据自身需要进行选择的。移动智能体也不同于一般的进程迁移，因为一般来说进程迁移系统不允许进程自己选择什么时候迁移以及迁移到哪里，而移动智能体却可以在任意时刻进行移动，并且可以移动到它想去的任何地方。移动智能体更不同于Java语言中的Applet，因为Applet只能从服务器向客户机做单方向的移动，而移动智能体却可以在客户机和服务器之间进行双向移动。

虽然目前不同移动智能体系统的体系结构各不相同，但几乎所有的移动智能体系统都包含移动智能体（Mobile Agent，MA）和移动智能体服务设施（Mobile Agent Environment，MAE）两个部分。MAE负责为MA建立安全、正确的运行环境，为MA提供最基本的服务（包括创建、传输和执行），实施针对具体MA的约束机制、容错策略、安全控制和通信机制等。MA的移动性和问题求解能力很大程度上取决于MAE所提供的服务，一般来说，MAE至少应包括以下基本服务。

1）事务服务：实现移动智能体的创建、移动、持久化和执行环境分配。

2）事件服务：包含智能体传输协议和智能体通信协议，实现移动智能体间的事件传递。

3）目录服务：提供移动智能体的定位信息，形成路由选择。

4）安全服务：提供安全的执行环境。

5）应用服务：提供面向特定任务的服务接口。

通常情况下，一个MAE只位于网络中的一台主机上，但如果主机间是以高速网络进行互联，则一个MAE也可以跨越多台主机而不影响整个系统的运行效率。MAE利用智能体传输协议（Agent Transfer Protocol，ATP）实现 MA 在主机间的移动，并为其分配执行环境和服务接口。MA 在 MAE 中执行，通过智能体通信语言 ACL 相互通信并访问 MAE 提供的各种服务。

在移动智能体系统的体系结构中，MA 可以细分为用户智能体（User Agent，UA）和服务智能体（Server Agent，SA）。UA 可以从一个 MAE 移动到另一个 MAE，它在 MAE 中执行，并通过 ACL 与其他 MA 通信或访问 MAE 提供的服务。UA 的主要作用是完成用户委托的任务，需要实现移动语义、安全控制以及与外界的通信等功能。SA 不具有移动能力，其主要功能是向本地的 MA 或来访的 MA 提供服务，一个 MAE 上通常驻有多个 SA，分别提供不同的服务。由于 SA 是不能移动的，并且只能由它所在 MAE 的管理员启动和管理，这就保证了 SA 不会是“恶意的”。UA 不能直接访问系统资源，只能通过 SA 提供的接口访问受控的资源，从而避免恶意智能体对主机的攻击，这是移动智能体系统经常采用的安全策略。

移动智能体是一个全新的概念，虽然目前还没有统一的定义，但它至少具有如下一些基本特征。

1）身份唯一性：移动智能体必须具有特定的身份，能够代表用户的意愿。

2）移动自主性：移动智能体必须可以自主地从一个节点移动到另一个节点，这是移动智能体最基本的特征，也是区别于其他智能体的标志。

3）运行连续性：移动智能体必须能够在不同的地址空间中连续运行，即保持运行的连续性。具体来说就是当移动智能体转移到另一节点上运行时，其状态必须是在上一节点挂起时那一刻的状态。

移动智能体目前已经从理论探索进入到实用阶段，涌现出了一系列较为成熟的开发平台和执行环境。理论上移动智能体可以用任何语言编写（如 C/C++、Java、Perl、Tcl 和 Python 等），并可在任何机器上运行，但考虑到移动智能体本身需要对不同的软硬件环境进行支持，所以最好还是选择在一个解释性的、独立于具体语言的平台上开发移动智能体。Java 是目前开发移动智能体的一门理想语言，因为经过编译后的 Java 二进制代码可以在任何具有 Java 解释器的系统上运行，具有很好的跨平台特性。

移动智能体技术虽然已经研究了很多年，但直到 1996 年才出现了真正实用的移动智能体系统，目前使用的移动智能体系统大致可以分为三类：基于传统解释语言、基于 Java 语言以及基于 CORBA 平台。下面介绍几个典型的移动智能体系统，它们代表了当今移动智能体技术的基本方向和潮流。

1. General Magic 公司的 Odyssey

作为移动智能体系统专用语言的最早尝试，General Magic 公司开发的 Telescript 曾经在过去的几年里被广泛采用。Telescript 是一种面向对象的解释性语言，用它编写的移动智能体在通信时可以采用两种方式：若在同一场所运行，智能体间可以相互调用彼此的方法；若在不同场所运行，智能体间需要建立连接，互相传递可计算的移动对象。Telescript 在开始出现时还是一个比较成功的移动智能体开发平台，其安全性和健壮性都比较好，执行效率也很高，Telescriipt 中的三个基本概念（Agent、Place 和 Go）对移动智能体做了一个很精辟的阐述：代理自主移动（Agent Go Place）。

随着 Java 的迅速崛起及其跨平台特性的逐步完善，Telescript 的优势慢慢消失，General Magic 公司开始改变其策略，开发了一个完全用 Java 实现的移动智能体系统 Odyssey，它能够支持 Java RMI、Microsoft DCOM 以及 CORBA IIOP。Odyssey 继承了 Telescript 中的许多特性，是目前被广泛使用的一个移动智能体开发平台。

2. IBM 公司的 Aglet

Aglet 是最早基于 Java 的移动智能体开发平台之一，Aglet 的名字来源于智能体和 Applet，可以简单地将其看成具有智能体行为的 Applet 对象。Aglet 的系统结构如图 9.15 所示。Aglet 以线程的形式产生于一台机器，需要时可以随时暂停正在执行的工作，并将整个 Aglet 分派到另一台机器上，然后继续执行尚未完成的任务。从概念上讲，一个 Aglet 就是一个移动 Java 对象，它支持自动运行的思想，可以从一个基于 Aglet 的主机移动到其他支持 Aglet 的主机上。

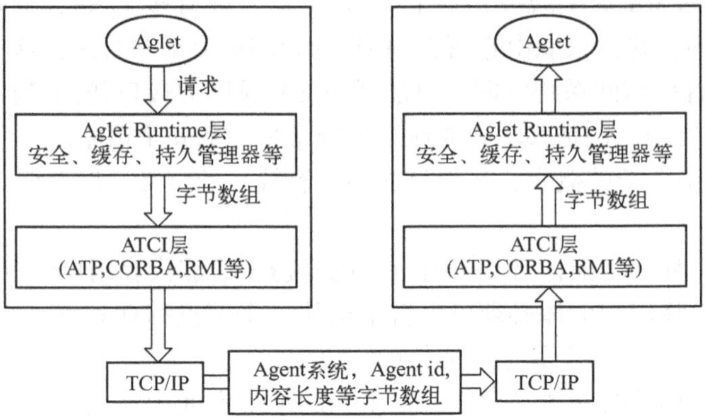

图 9.15 Aglet 的系统结构

Aglet 构造了一个简单而全面的移动智能体编程框架，为移动智能体之间的通信提供了动态而有效的交互机制，同时还具备一整套详细而易用的安全机制，这一切使得移动智能体的开发变得相对简单起来。

3. Recursion 公司的 Voyager

Voyager 可以看成是一个增强了的对象请求代理（ORB），同其他移动智能体系统相比，Voyager 与 Java 语言的结合更加紧密，既可用于开发移动智能体系统，也可用于创建传统的分布式系统。Voyager 是一个纯 Java 分布式计算平台，可用来迅速生成高性能分布式应用程序，是代表当前技术水平的一个优秀的移动智能体开发平台。

9.8 多智能体环境 MAGE

经过多年的研究，国际上出现了许多比较著名的多智能体系统，如 CooperA、GRATE 和 InteRRap 等。迄今为止，真正成为商业产品的多智能体系统软件有 IBM 公司的 AgentBuild、AOS 公司的 Jack、英国 BT 公司的 Zeus、TILAB 和 Motorola 公司的 Jade 以及中国科学院计算技术研究所的 MAGE 等（Shi et al.，2003）。

多智能体环境 MAGE 是一种面向智能体的软件开发、集成和运行环境，为用户提供一种面向智能体的软件开发和系统集成模式，包括面向智能体的需求分析、系统设计、智能体生成以及系统实现等多个阶段。它提供了多种软件重用模式，可以方便地重用以不同语言编写的智能体或非智能体软件；它还提供了面向智能体的软件开发模式，以智能体为最小粒度，通过封装和自动化智能体一般性质，程序员可以通过特殊行为的添加方便地实现自己的应用；这样，通过构建新的软件以及重用旧的软件，应用程序员可以方便地进行各种应用集成。

1. MAGE 系统框架结构

MAGE 系统框架结构主要由 3 部分组成，包括 3 个主要的工具需求分析和建模工具 AUMP、可视化智能体开发环境 VAStudio 以及智能体运行支持环境 Agent Supporting Environment。MAGE 系统的框架结构如图 9.16 所示。AUMP 支持面向智能体的需求分析和设计阶段得到软件系统的模型，VAStudio 在 AUMP 得到的模型基础上支持面向智能体的进一步设计和开发，从而开发出软件系统所需的智能体、行为，最后将这些智能体放到智能体支持环境 Agent Supporting Environment 中运行。

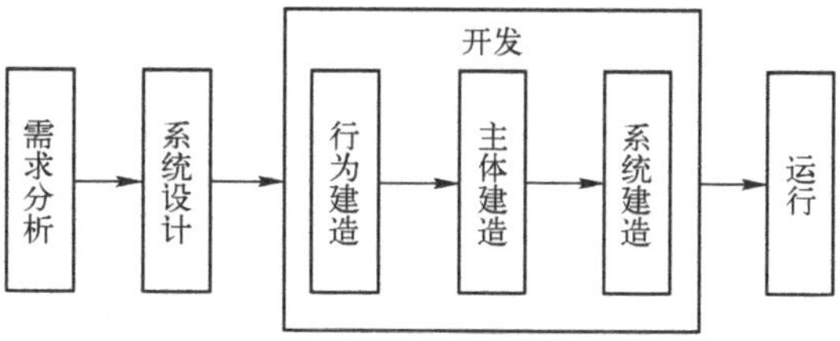

图 9.16　MAGE 系统框架结构

2. 智能体统一建模语言 AUML

智能体统一建模语言（Agent Unified Modeling Language，AUML 或 Agent UML）是一种面向智能体的建模语言，主要作用是帮助软件设计和开发人员对软件系统进行面向智能体的描述和建模，描述软件开发过程从需求分析直到实现和测试的全过程。AUML 将面向智能体的软件开发方法和面向对象技术中的统一建模语言（Unified Modeling Language，UML）有效地结合起来。

AUMP 是运行于 Windows 操作系统上的多窗口应用程序。图形模型的设计和修改全部通过可视化的方法完成。

3. 可视化智能体开发环境 VAStudio

中国科学院计算技术研究所开发了一个可视化智能体开发环境 VAStudio，其设计目标就是提供一个友好的集成环境来支持智能体的设计和编程，不仅是系统编程环境，而且是面向智能体的设计与编程环境，根据智能体模型支持多种图形界面智能引导生成智能体方式。同时为软件复用提供了一系列基本工具，如构件库管理工具、行为库、智能体库、ADL 分析器以及本体编辑器等。VAStudio 系统结构如图 9.17 所示。

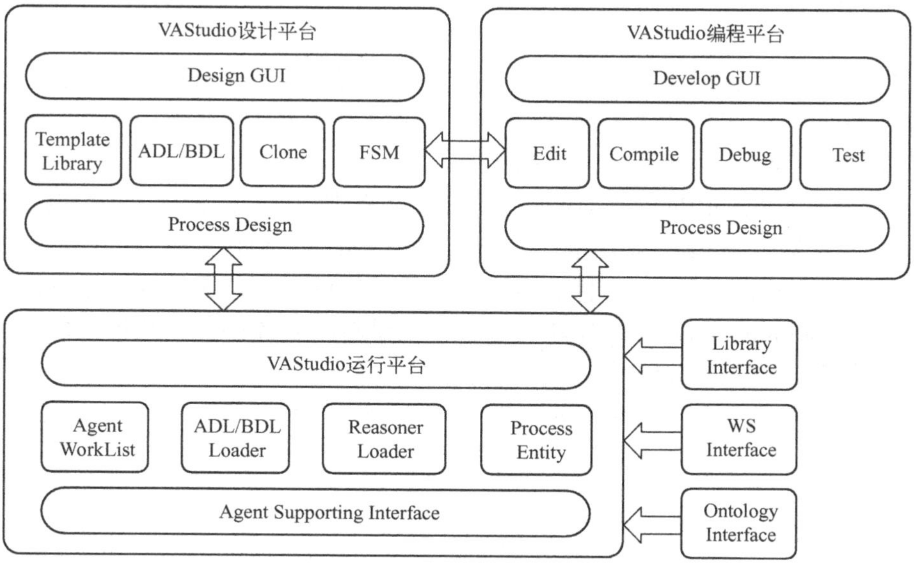

图 9.17　VAStudio 系统结构

4. MAGE 智能体平台

MAGE 平台框架遵循 FIPA 智能体管理规范，是 FIPA 规范的一个标准参考实现。它提供智能体创建、注册、定位、通信、移动和退出等服务，其体系结构如图 9.18 所示。

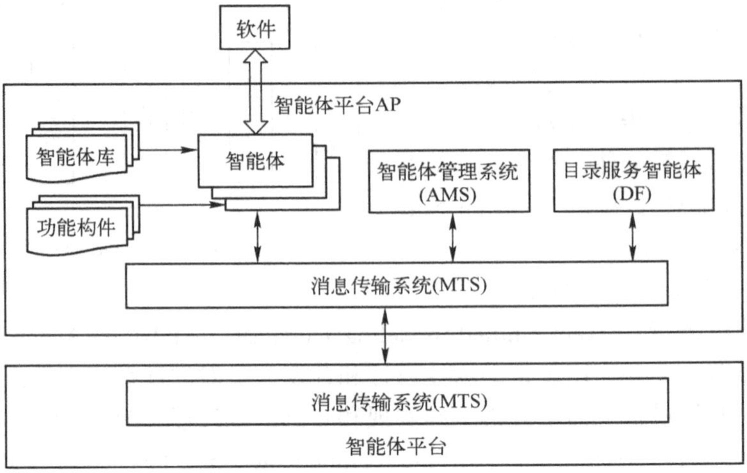

图 9.18　MAGE 智能体平台的体系结构

1）智能体管理系统（Agent Management System，AMS）：智能体平台必需的组成部分。AMS 对智能体平台的访问和使用提供管理和控制。一个智能体平台上只能有一个 AMS。AMS 维持智能体标识符的目录，包含了注册在智能体平台上的智能体的传输地址。AMS 给其他智能体提供白页（White-Page）服务。每个智能体都要向 AMS 注册，以得到一个有效的 AID。

2）目录服务智能体（Directory Facilitator，DF）：智能体平台必需的组成部分。DF 给其他智能体提供黄页服务。智能体可以在 DF 上注册它们的服务，并且可以在 DF 上查询其他智能体提供了什么样的服务。一个智能体平台可以有多个 DF。

3）消息传输系统（Message Transport Service，MTS）：为两个不同智能体平台之间的通信提供传输服务。

4）智能体（Agent）：智能体平台上基本的元素。它是一个统一的、完整的执行模块，可以提供一项或多项服务，并且可以访问外部资源、用户界面和通信设施。每个智能体都由智能体标识符（Agent Identifier，AID）来唯一地标识。

5）智能体平台（Agent Platform，AP）：为智能体提供物理基础设施。AP 包括机器、操作系统、智能体支撑软件、智能体管理组件（DF、AMS、MTS）和智能体。

6）软件（Software）：指所有非智能体、可执行的软件集合，通过智能体可以进行访问。智能体可以访问 Software，例如，添加新的服务、获得新的服务协议、获得新的安全协议/算法、获得新的协商协议以及访问支撑工具等。

7）智能体库和功能构件：用来组装生成智能体的模板库。

9.9　小结

分布式人工智能的研究目标在于构造描述自然系统、社会系统以及人机物三元世界的概念模型，研究由多个实体组成的系统中，各实体间如何交互作用、知识和动作如何分布与协作，以提高系统的整体性能，推动以新制造技术、新能源和智能城市为代表的“第三次工业革命”的发展。

多智能体系统是分布式人工智能最活跃的研究领域，研究在群体智能体间进行智能行为的协调。智能体具有自治性、交互性、协作性和自适应性等特点，构建的多智能体系统具有更大的灵活性，更能体现人类社会智能性，更加适应开放的和动态的真实世界环境。

本章首先介绍了分布式问题求解系统，然后全面地研究智能体的性质、体系结构、通信语言、协调和协作、移动智能体等问题以及多智能体系统，是本领域研究的入门材料，为进一步深入研究智能体和多智能体系统提供重要的基础。

智能体是人工智能的实用化和分布式计算环境下智能软件的重要技术，它们具有社会知识和领域知识，能依据心智状态自治工作，并具有领域互操作和协作能力。智能体理论模型最初是作为一种分布式人工智能的计算模型提出来的，目前已成为计算机科学和人工智能重要的研究领域。

基于智能体的计算和认知的模块化理论的出现为人工智能的研究者提出了一个有趣的问题。认知科学中一个重要的学派认为，智能是被组织成一些特定功能单元的集合（Minsky，1985）。计算的遗传和涌现模型对于理解人和人工智能提供了一种最新的、最激动人心的方法。整体智能行为可以由大量受限的、独立的和具体化的单一智能体的协作而形成，通过论证这一点，遗传和涌现理论讨论了那些通过相对简单结构的内部关系而表达出来的复杂智能的问题。分布的、基于智能体的结构和自然选择的适应性综合在一起，形成了智力的起源和运作的最强大的模型。

智能体技术也提供了社会协作的模型。使用基于智能体的方法，经济学家构建了市场经济的信息模型。在各种应用中，智能体技术发挥着越来越大的作用和影响，如分布式计算系统、互联网搜索引擎的构建、协同工作环境的实现等。

基于智能体的模型在知觉理论方面也产生了巨大的影响。在感知、运动神经控制、问题求解、学习和其他智力活动的过程中，形成了交互智能体的联合。这种联合是高度动态的，是随着不同情形的需要而改变的。

基于智能体的理论的另外一个重要问题是，如何解释各个模块之间的交互。智能表现出了认知领域之间广泛而高度变化的交互：我们可以说出我们看到的东西，这表明视觉和语言模块之间的交互。定义一种能够允许这些内部模块之间交互的表示和过程是当前一个很活跃的研究方向。

基于智能体技术的实际应用也变得越来越重要。使用基于智能体的计算机仿真，我们就有可能对那些没有固定格式数学描述的复杂系统进行建模，而这在此之前是不可能深入研究的。基于仿真的技术已经广泛地应用在许多现象中，比如人的免疫系统的适应性调整、复杂过程的控制（包括粒子加速器）、全球货币市场的行为以及天气系统的研究等。实现这种仿真所必须解决的表示和计算问题，不断地促进知识表示和算法，甚至计算机硬件设计等方面的研究。

习题

1. 分布式人工智能的研究内容是什么？
2. 试述分布式问题求解的过程。
3. 什么是智能体？什么是多智能体？和对象以及传统的专家系统有什么区别和联系？

4. 理性智能体模型中是如何对智能体的心智状态进行建模的？

5. 试比较智能体不同结构的优缺点，阐述它们适用的场合。

6. 试编写慎思智能体的核心程序。

7. 简述智能体间是如何通信的？试述 FIPA 的 ACL 语言的结构和主要操作。

8. 讨论多智能体之间各种可能的协作形式。

9. 解释移动智能体的含义和基本特征，移动智能体技术与传统网络计算模式有何区别？

10. 试述移动智能体 Aglet 的基本结构。

11. 多智能体环境 MAGE 由哪几部分组成？并给出它们的主要功能。

12. 请画出可视化智能体开发环境 VAStudio 的框图？为什么 VAStudio 能有效地实现软件复用？

第 10 章　智能机器人

20 世纪末“计算机文化”已深入人心。21 世纪，“机器人文化”将茁壮成长，并对社会生产力的发展，人类生活、工作、思维的方式以及社会发展产生不可估量的影响。本章主要探讨智能机器人的体系结构、视觉系统、自动规划；简要介绍情感机器人和发育机器人；列举智能机器人的重要应用；最后指出智能机器人的发展趋势。

10.1　智能机器人概述

智能机器人是一种具有智能的、高度灵活的、自动化的机器，具备感知、规划、动作和协同等能力，是多种高新技术的集成体。智能机器人是将体力劳动和智力劳动高度结合的产物，构建能“思维”的人造机器（Goertzel et al.，2010）。

在我国的西周时期（公元前 1046—公元前 771 年），传说巧匠偃师献给周穆王一个能歌善舞的机器人“能倡者”。“能倡者”是人类文字记录中第一个真正的“类人机器人”：人之形加人之情，而且肝胆、心肺、脾脏、肠胃等五脏俱全。东汉时期张衡的指南车、三国时期诸葛亮的“木牛流马”等，都是现代机器人的早期雏形。

国外对机器人的设想和探索也可以追溯到古代。工业革命以后，从早期对机器人的幻想逐步过渡到自动机械的研制。1886 年，法国作家利尔亚当在其小说《未来夏娃》中将外表像人的机器起名为“安德罗丁（Android）”，它由以下 4 部分组成：

1）生命系统（平衡、步行、发声、身体摆动、感觉、表情和调节运动等）。

2）造型解质（关节能自由运动的金属覆盖体，一种盔甲）。

3）人造肌肉（在上述盔甲上有肉体、静脉和性别等身体的各种形态）。

4）人造皮肤（含有肤色、机理、轮廓、头发、视觉、牙齿和手爪等）。

1920 年，捷克作家卡佩克（Capek K.）发表了科幻剧本《罗萨姆的万能机器人》。在剧本中，卡佩克把捷克语“Robota”写成了“Robot”，“Robota”是奴隶的意思。该剧预告了机器人的发展对人类社会的悲剧性影响，引起了大家的广泛关注，被当成机器人一词的起源。

卡佩克提出的是机器人的安全、感知和自我繁殖问题。科学技术的进步很可能引发人类不希望出现的问题产生。为了防止机器人伤害人类，科幻作家阿西莫夫于 1940 年提出了“机器人三原则”：

1）机器人不应伤害人类。

2）机器人应遵守人类的命令，与第一条违背的命令除外。

3）机器人应能保护自己，与第一条相抵触者除外。

这是给机器人赋予的伦理性纲领。机器人学术界一直将这三项原则作为机器人开发的准则。

1967 年，在日本召开的第一届机器人学术会议上，提出了两个有代表性的机器人定义。一是森政弘（Masahiro Mori）与合田周平提出的：“机器人是一种具有移动性、个体性、智能性、通用性、半机械半人性、自动性和奴隶性 7 个特征的柔性机器”。从这一定义出发，森政弘又提出了用自动性、智能性、个体性、半机械半人性、作业性、通用性、信息性、柔性、有限性和移动性10个特性来表示机器人的形象。另一个是加藤一郎提出的具有如下3个条件的机器称为机器人：

1）具有脑、手、脚等三要素的个体。

2）具有非接触传感器（用眼、耳接受远方信息）和接触传感器。

3）具有平衡觉和固有觉的传感器。

机器人的定义是多种多样的，其原因是它具有一定的模糊性。动物一般具有上述这些要素，所以在把机器人理解为仿人机器的同时，也可以广义地把机器人理解为仿动物的机器。

1954年，美国德沃尔（Devol G.）设计开发了第一台可编程的工业机器人。1962年，美国Unimation公司的第一台机器人Unimate在美国通用汽车公司投入使用，这标志着第一代工业机器人的诞生。从20世纪60年代到70年代中的十几年期间，美国政府并没有把工业机器人列入重点发展项目，只是在几所大学和少数公司开展了一些研究工作。70年代后期，美国政府和企业界虽有所重视，但在技术路线上仍把重点放在研究机器人软件及军事、宇宙、海洋和核工程等特殊领域的高级机器人的开发上，致使日本的工业机器人后来居上，并在工业生产的应用上及机器人制造业上很快超过了美国，产品在国际市场上形成了较强的竞争力。进入80年代之后，美国才感到形势紧迫，政府和企业界才对机器人真正重视起来，政策上也有所体现，一方面鼓励工业界发展和应用机器人，另一方面制订计划、提高投资，增加机器人的研究经费，把机器人看成美国再次工业化的特征，使美国的机器人迅速发展。80年代中后期，随着各大厂家应用机器人的技术日臻成熟，第一代机器人的技术性能越来越满足不了实际需要，美国开始生产带有视觉、触觉的第二代机器人，并很快占领了美国60%的机器人市场。尽管美国在机器人发展史上走过一条重视理论研究，忽视应用开发研究的曲折道路，但是美国的机器人技术在国际上仍一直处于领先地位。其技术全面、先进，适应性也很强。具体表现在：

1）性能可靠，功能全面，精确度高。

2）机器人语言研究发展较快，语言类型多、应用广，水平高居世界之首。

3）智能技术发展快，其视觉、触觉等人工智能技术已在航天、汽车工业中广泛应用。

4）高智能、高难度的军用机器人、太空机器人等发展迅速，主要用于扫雷、布雷、侦察、站岗及太空探测方面。

1967年，日本川崎重工业公司从美国Unimation公司引进机器人及其技术，建立起生产车间，并于1968年试制出第一台川崎的“尤尼曼特”机器人。日本机器人产业迅速发展起来，经过短短的十几年，到20世纪80年代中期，已一跃而为“机器人王国”，其机器人的产量和安装的台数在国际上跃居首位。日本机器人的发展经过了60年代的摇篮期，70年代的实用期，到80年代进入普及提高期，并正式把1980年定为“产业机器人的普及元年”，开始在各个领域内广泛推广使用机器人。

机器人现在已被广泛地用于生产和生活的许多领域，按其拥有智能的水平可以分为3个层次：

1）工业机器人。它只能死板地按照人给它规定的程序工作，不管外界条件有何变化，自己都不能对程序也就是对所做的工作作相应的调整。如果要改变机器人所做的工作，必须由人对程序做相应的改变，因此它是毫无智能的。

2）初级智能机器人。它和工业机器人不一样，具有像人那样的感受、识别、推理和判断能力，可以根据外界条件的变化，在一定范围内自行修改程序，也就是它能适应外界条件变化对自己做相应调整。不过，修改程序的原则由人预先给予规定。这种初级智能机器人已拥有一定的智能，虽然还没有自动规划能力，但这种初级智能机器人也开始走向成熟，达到实用水平。

3）高级智能机器人。它和初级智能机器人一样，具有感觉、识别、推理和判断能力，同样可以根据外界条件的变化，在一定范围内自行修改程序。所不同的是，修改程序的原则不是由人规定的，而是机器人自己通过学习，总结经验来获得修改程序的原则。所以它的智能高出初级智能机器人。这种机器人已拥有一定的自动规划能力，能够自己安排自己的工作。这种机器人可以不要人的照料，完全独立地工作，故称为高级自律机器人。这种机器人也开始走向实用。

从广义上理解所谓的智能机器人，它给人最深刻的印象是一个独特的进行自我控制的“活物”。其实，这个自控“活物”的主要器官并没有像真正的人那样微妙而复杂。智能机器人具备形形色色的内部信息传感器和外部信息传感器，如视觉、听觉、触觉和嗅觉。除具有传感器外，它还有效应器，作为作用于周围环境的手段。这就是筋肉，或称为自整步电动机，它们使手、脚、长鼻子和触角等部件动起来。

智能机器人之所以叫智能机器人，是因为它有相当发达的“大脑”。在脑中起作用的是中央计算机，这种计算机与操作它的人有直接的联系。最主要的是，这样的计算机可以进行按目的安排的动作。正因为这样，我们才说这种机器人是真正的智能机器人，尽管它们的外表可能有所不同。智能机器人能够理解人类语言，用人类语言同操作者对话，在它自身的“意识”中单独形成了一种使它得以“生存”的外界环境——实际情况的详尽模式。它能分析出现的情况，能调整自己的动作以达到操作者所提出的全部要求，能拟定所希望的动作，并在信息不充分的情况下和环境迅速变化的条件下完成这些动作，具有自适应的能力。

10.2　智能机器人的体系结构

智能机器人体系结构指一个智能机器人系统中的智能、行为、信息和控制的时空分布模式。体系结构是机器人本体的物理框架，是机器人智能的逻辑载体，选择和确定合适的体系结构是机器人研究中最基础的并且非常关键的一个环节。以智能机器人系统的智能、行为、信息和控制的时空分布模式作为分类标准，沿时间线索可归纳出 8 种典型结构：分层递阶结构、包容结构、三层结构、自组织结构、分布式结构、进化控制结构、社会机器人结构和认知机器人结构。

1. 分层递阶结构

1979 年，萨里迪斯（Saridis G.）提出分层递阶结构，其分层原则是：随着控制精度的增加而智能能力减少。他根据这一原则把智能控制系统分为 3 级，即组织级、协调级和执行级（Saridis，1979）。图 10.1 给出了分层递阶结构。

图 10.1　分层递阶结构

分层递阶结构是目标驱动的慎思结构，其核心在于基于符号的规划，其思想源于西蒙和纽厄尔的物理符号系统假说。分层递阶结构中两个典型的代表是 SPA（Sense-Plan-Act）和 NASREM。SPA 应用于第一个具有规划功能的移动机器人 Shakcy，该机器人控制系统划分为感知（S）、规划（P）和执行（A）3 个线性串联的模块。S 模块处理传感信息、环境建模；P 模块根据环境模型和任务目标进行规划；A 模块执行 P 模块规划结果。信息按 S-P-A 方向单向流动，无反馈。

美国航空航天局（NASA）和美国国家标准局（NBS）提出一个机器人 NASREM 结构体系（Albus，1988），它是一个严格按时间和功能划分模块的分层梯阶系统。系统对总命令一级一级进行时间和空间上的分解并根据需要调用传感器信息处理模块及相应的数据。NASREM 是

NASA/NBS 提出的参考模型并首先应用在空间机器人上，整个系统分成信息处理、环境建模和任务分解 3 列以及坐标变换与伺服控制、动力学计算、基本运动、单体任务、成组任务和总任务 6 层，所有模块共享一个全局存储器（数据库），系统还包括一个人机接口模块。该系统是一个典型的、严格按时间和功能划分模块的分层递阶系统。

分层递阶结构智能分布在顶层，通过信息的逐层向下流动，间接地控制行为。该结构具有很好的规划推理能力，通过自上而下任务逐层分解，模块工作范围逐层缩小，问题求解精度逐层增高，实现了从抽象到具体、从定性到定量、从人工智能推理方法到数值算法的过渡，较好地解决了智能和控制精度的关系，其缺点是系统可靠性、鲁棒性和反应性差。

2. 包容结构

1986 年，布鲁克斯（Brooks R.）以移动机器人为背景提出了一种依据行为来划分层次和构造模块的思想（Brooks，1986）。他相信机器人行为的复杂性反映了其所处环境的复杂性，而非机器人内部结构的复杂性，于是提出了包容结构（见图 10.2），这是一种典型的反应式结构（也称为基于行为或基于情境的结构）。包容结构中每个控制层直接基于传感器的输入进行决策，在其内部不维护外界环境模型，可以在完全陌生的环境中进行操作。布鲁克斯采用包容结构构造了多种机器人，这些机器人确实显示出非常强的智能行为。随后涌现了一批基于包容思想的研究成果。

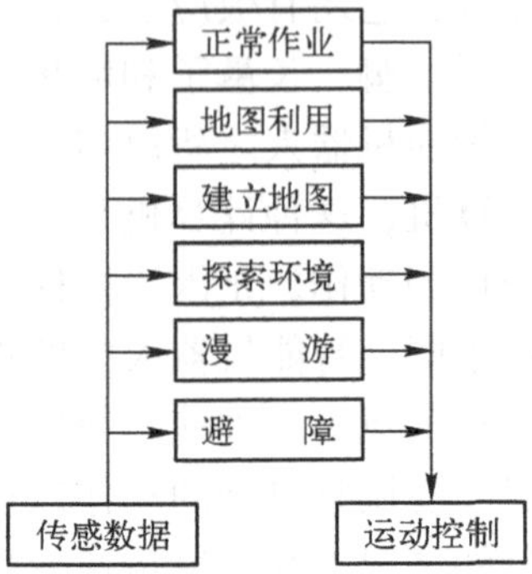

图 10.2　包容结构

包容结构中没有环境模型，模块之间信息流的表示也很简单，反应性非常好，其灵活的反应行为体现了一定的智能特征。包容结构不存在中心控制，各层间的通信量极小，可扩充性好。多传感信息各层独自处理，增加了系统的鲁棒性，同时起到了稳定可靠的作用。但包容结构过分强调单元的独立、平行工作，缺少全局的指导和协调，虽然在局部行动上可显示出很灵活的反应能力和鲁棒性，但是对于长远的全局性的目标跟踪则显得缺少主动性，目的性较差，而且人的经验、启发性知识难以加入。

3. 三层结构

纯粹的分层递阶结构缺少对陌生环境的反应能力，单一的包容结构缺乏必要的理性和学习能力。20 世纪 90 年代初，3 个不同的研究小组几乎同时独立地提出了极其相似的解决方案——三层结构。三层结构由反馈控制层、慎思规划层和连接两者的序列层构成（见图 10.3）。同期提出的 3 种三层结构的差别主要在序列层上：文献（Bonasso，1991）中的序列层是 REX/GAPPS 系统，文献（Gat，1991）中的基于 RAPs 系统，而文献（Connell，1992）中的是基于包容结构的三层结构。

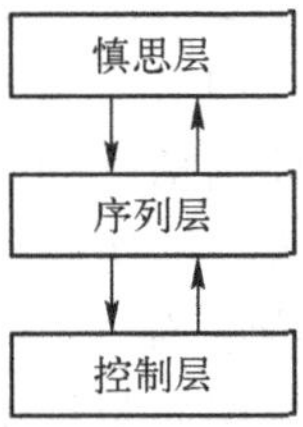

图 10.3　三层结构

三层结构是分层递阶和包容结构相融合的混合结构，既吸取了递阶结构中高层规划的智能性，又保持了包容结构中低层反应的灵活性。机器人内部状态是传感信息融合的结果，是对外界环境的反映。三层结构中，序列层维护着状态信息，反映的是环境的过去，控制层直接处理传感信息，面对的是环境的现在，慎思层经过规划推理，预测的是环境的将来，从而保证了智能机器人在时间维上对环境的准确把握。三层结构的不足之处是忽视了传感信息融合、学习和环境建模（空间维）。以后几年实现的机器人多采用层结构，都是基于三层结构进行改进或扩充。

4. 自组织结构

1997 年，罗森布拉特（Rosenblatt J.）在移动机器人导航中提出了 DAMN 结构（Rosenblatt, 1997）。自组织结构如图 10.4 所示，它由一组分布式功能模块和一个集中命令仲裁器组成。各功能模块基于领域知识通过规划或反应方式自主产生行为（投票），由仲裁器产生一致的、理性的、目标导向的动作到控制器。各功能模块的投票受表决权大小的影响，表决权由模式管理器维护并可以动态修改。于是，在不同的任务、环境状态下，各功能模块会表现出不同的输入-输出关系，即通过分布投票、集中仲裁且动态改变表决权的方式实现变构，从而使 DAMN 结构表现出自组织能力。

自组织结构的智能分布在其动态可变的结构中，突破了传统体系结构中功能分布模式固定的框架，具有良好的可扩充性和自适应、自组织性能，但其集中仲裁的机制往往是信息流通和系统控制的瓶颈。

5. 分布式结构

1998 年，比亚乔（Piaggio M.）提出一种称为 HEIR（Hybrid Experts in Intelligent Robots）的非层次结构（Piaggio，1998）（见图 10.5），它由处理不同类型知识的 3 个部分组成：符号组件（S）、图解组件（D）和反应组件（R），每个组件又都是一个由多个具有特定认知功能的、可以并发执行的智能体构成的专家组，各组件没有层次高低之分，自主地、并发地工作，相互间通过信息交换进行协调，这是一种典型的分布式结构。

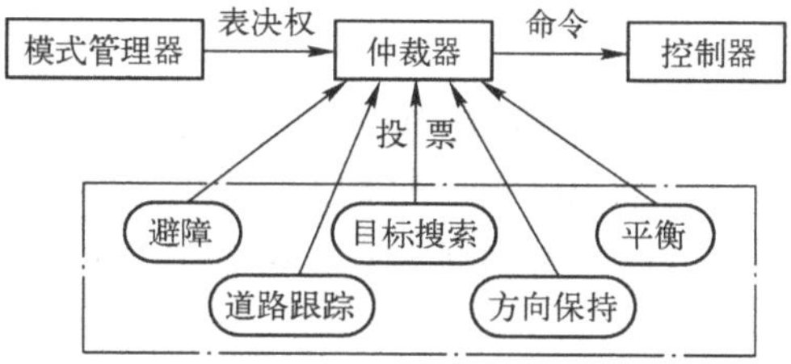

图 10.4　自组织结构

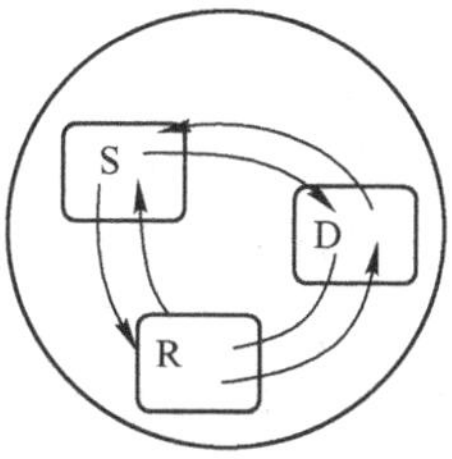

图 10.5　分布式结构

2000 年，盖苏（Gesu V.）等在 DAISY 系统中实现了机器人自主导航的分布式体系结构（Gesu，2000），它由独立的、可交互的 3 个智能体构成：目标识别器、障碍鉴别器和规划器。该结构是基于多智能体的，引入智能体交互与协作机制来处理机器人各模块之间的通信与协调。2002 年，科勒普（Kolp M.）等将智能机器人控制系统划分为运动控制、传感、导航、环境建模和全局规划 5 个分布式组件，并分别以一个智能体来表示，采用组织理论中的五元结构来描述各智能体的分布模式、角色、任务、目标、资源和执调关系等（Kolp，2002）。

分布式结构突破了以往智能机器人体系结构中层次框架的分布模式，该结构中各个智能体具有极大的自主性和良好的交互性，可以独立求解局部问题并与系统中其他智能体通过交互保持协调，从而使机器人系统的智能、行为、信息和控制的分布具有极大的灵活性和并行性。但是，每个智能体对于要完成的任务拥有不全面的信息或能力，缺乏系统的和宏观的问题求解观念，难以保证智能体成员之间以及与系统的目标、意愿和行为的一致，对分散的共享数据和资源缺乏有效的分配和管理，冲突的检测和协调比较困难。分布式结构更多地适用于多机器人群体，如机器人单体采用分布式结构，要建立必要的集中机制。

6. 进化控制结构

将进化计算理论与反馈控制理论相结合，形成了一种新的智能控制方法——进化控制。它能很好地解决移动机器人的学习与适应能力方面的问题。2000 年，蔡自兴提出了基于功能/行为集成的自主式移动机器人进化控制体系结构（蔡自兴，2000）。图 10.6 给出了进化控制结构，整个体系结构包括进化规划与行为控制两大模块。这种综合的体系结构的优点是既具有基于行为的系统的实时性，又保持了基于功能的系统的目标可控性。同时该体系结构具有自学习功能，能够根据先验知识、历史经验、对当前环境情况的判断和自身的状况，调整自己的目标、行为，以及相应的协调机制，以达到适应环境、完成任务的目的。

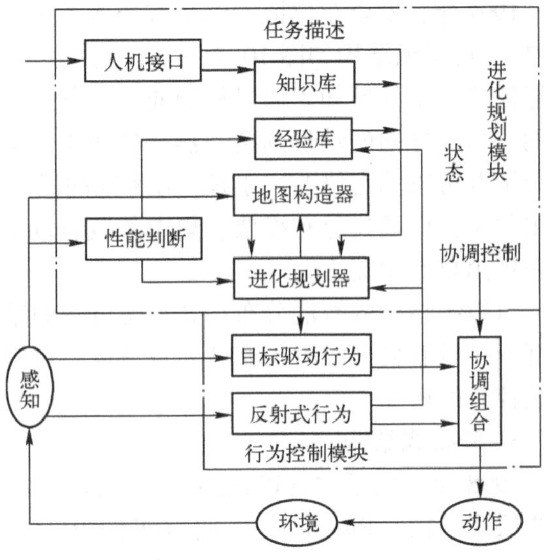

图 10.6　进化控制结构

进化控制结构的独特之处在于其智能分布在进化规划过程中。进化计算在求解复杂问题优化解时具有独到的优越性，它提供了使机器人在复杂的环境中寻找一种具有竞争力的优化结构和控制策略的方法，使移动机器人根据环境的特点和自身的目标自主地产生各种行为能力模块并调整模块间的约束关系，从而展现适应复杂环境的自主性。

7. 社会机器人结构

1999 年，鲁尼（Rooney B.）根据社会智能假说提出了由物理层、反应层、慎思层和社会层构成的社会机器人体系结构（Rooney，1999）（见图 10.7），其特色之处在于基于信念-愿望-意图（BDI）模型的慎思层和基于智能体通信语言 Teanga 的社会层，BDI 赋予了机器人心智状态，Teanga 赋予了机器人社会交互能力。

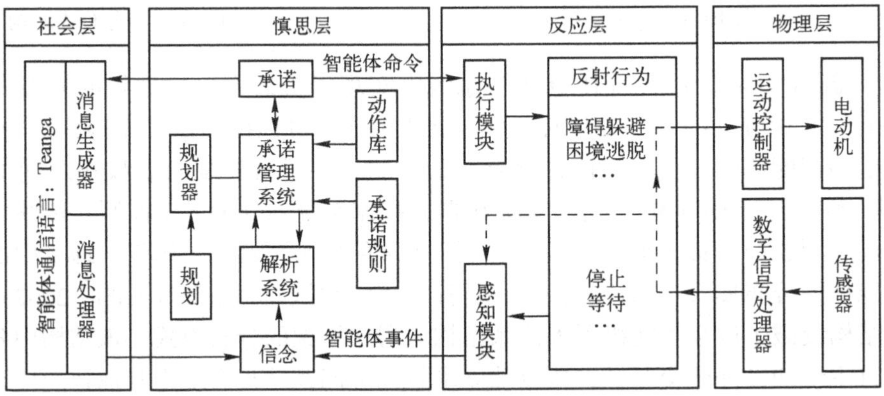

图 10.7　社会机器人的体系结构

社会机器人结构采用智能体对机器人建模，更自然，更贴切，能很好地描述智能机器人的智能、行为、信息和控制的时空分布模式，引入智能体理论可以对机器人的智能本质（心智）进行更细致地刻画，对机器人的社会特性进行更好地封装。社会机器人结构继承了智能体的自主性、反应性、社会性、自发性、自适应性和规划、推理、学习能力等一系列良好的智能特性，对机器人内在的感性和理性、外在的交互性和协作性实现了物理上和逻辑上的统一。从人工智能到分布式人工智能，从智能体到多智能体，从单机器人到机器人群体，从人工生命到人工社会，智能科学正在经历着从个体智能到群体智能的发展过程。

8. 认知机器人结构

近年来，随着智能科学、行为学、生物学和心理学等理论成果的不断引入，认知机器人已成为智能机器人发展的一个重要课题。认知机器人是一种具有类似人类高层认知能力，并能适应复杂环境、完成复杂任务的新一代机器人。图 10.8 给出了一种认知机器人的抽象结构，分为三层，即计算层、设备层和物理/硬件层。计算层包括感知、认知和行动。感知是在感觉的基础上产生的，是对感觉信息的整合与解释。认知包括行动选择、规划、学习、多机器人协同和团队工作等。行动是机器人控制系统的最基本单元，包括移动、导航和避障等，所有行为都可由它表现出来。行为是感知输入到行动模式的映射，行动模式用来完成该行为。在设备层包括传感器驱动（感觉库）、激励器驱动（运动库）和通信接口。物理/硬件层有传感器、激励器和通信硬件等。当机器人在环境中运行时，通过传感器获取环境信息，根据当前的感知信息来搜索认知模型，如果存在相应的经验与之匹配，则直接根据经验来实现行动决策，如果不具有相关经验，则机器人利用知识库来进行推理。

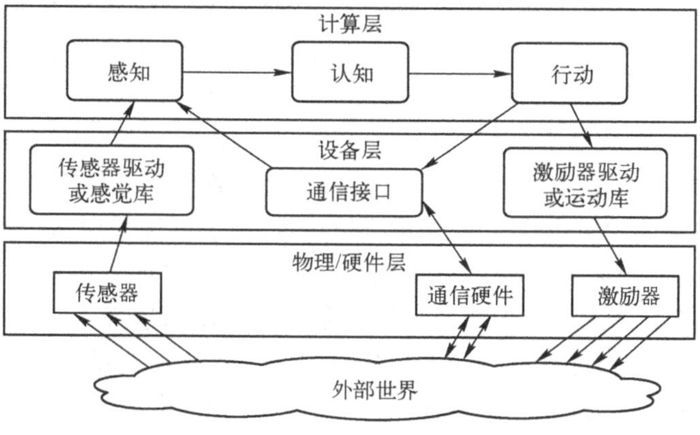

图 10.8　认知机器人的抽象结构

密歇根大学的莱德（Laird J.）等采用 SOAR 认知模型来构建认知机器人（Laird et al., 2012），系统中将符号处理与非符号处理结合，具有多种学习机制。多伦多大学的莱维斯克（Levesque H.）等利用逻辑研究动态和不完全环境中认知机器人的知识表示和推理问题（Levesque et al., 2007）。阿拉米（Alarmi R.）等提出具有人类自我意识的机器人（Alami et al., 2006）。

10.3　机器人视觉系统

机器人视觉系统是指用计算机来实现机器人的视觉功能，也就是用计算机来实现对客观的三维世界的识别。人类接收的信息 70%以上来自视觉，人类视觉为人类提供了关于周围环境最详细可靠的信息。人类视觉所具有的强大功能和完美的信息处理方式引起了智能研究者的极大兴趣，人们希望以生物视觉为蓝本研究一个人工视觉系统用于机器人中，期望机器人拥有类似人类感受环境的能力。机器人要对外部世界的信息进行感知，就要依靠各种传感器。就像人类一样，在机器人的众多感知传感器中，视觉系统提供了大部分机器人所需的外部世界信息。因此视觉系统在机器人技术中具有重要的作用。

10.3.1 视觉系统分类

依据视觉传感器的数量和特性，目前主流的移动机器人视觉系统有单目视觉、双目立体视觉、多目视觉、全景视觉和混合视觉系统等。

1）单目视觉。单目视觉系统只使用一个视觉传感器。单目视觉系统在成像过程中由于从三维客观世界投影到N维图像上，从而损失了深度信息，这是此类视觉系统的主要缺点。尽管如此，单目视觉系统由于结构简单、算法成熟且计算量较小，在自主移动机器人中已得到广泛应用，如用于目标跟踪、基于单目特征的室内定位导航等。同时，单目视觉是其他类型视觉系统的基础，如双目立体视觉、多目视觉等都是在单目视觉系统的基础上，通过附加其他手段和措施而实现的。

2）双目立体视觉。双目立体视觉系统由两个摄像机组成，利用三角测量原理获得场景的深度信息，并且可以重建周围景物的三维形状和位置，类似人眼的体视功能，原理简单。双目立体视觉系统需要精确地知道两个摄像机之间的空间位置关系，而且场景环境的3D信息需要两个摄像机从不同角度，同时拍摄同一场景的两幅图像，并进行复杂的匹配，才能准确得到。双目立体视觉系统能够比较准确地恢复视觉场景的三维信息，在移动机器人定位导航、避障和地图构建等方面得到了广泛的应用。然而，双目立体视觉系统的难点是对应点匹配的问题，该问题在很大程度上制约着立体视觉在机器人领域的应用前景。

3）多目视觉。多目视觉系统采用三个或三个以上摄像机，三目视觉系统居多，主要用来解决双目立体视觉系统中匹配多义性的问题，提高匹配精度。多目视觉系统最早由莫拉维克（Moravec H.）研究，他为“Stanford Cart”研制的视觉导航系统采用单个摄像机的“滑动立体视觉”来实现（Moravec，1979）；雅西达（Yachida M.）提出了三目立体视觉系统解决对应点匹配的问题，真正突破了双目立体视觉系统的局限，并指出以边界点作为匹配特征的三目视觉系统中，其三元匹配的准确率比较高（Yachida et al.，1986）；艾雅湜（Ayache N.）提出了用多边形近似后的边界线段作为特征的三目匹配算法，并用到移动机器人中，取得了较好的效果（Ayache，1987）；三目视觉系统的优点是充分利用了第三个摄像机的信息，减少了错误匹配，解决了双目视觉系统匹配的多义性，提高了定位精度，但三目视觉系统要合理安置三个摄像机的相对位置，其结构配置比双目视觉系统更烦琐，而且匹配算法更复杂，需要消耗更多的时间，实时性更差。

4）全景视觉。全景视觉系统是具有较大水平视场的多方向成像系统，其突出优点是具有较大的视场，可以达到360°，这是其他常规镜头无法比拟的。全景视觉系统可以通过图像拼接的方法或者通过折反射光学元件实现。图像拼接的方法使用单个或多个相机旋转，对场景进行大角度扫描，获取不同方向上连续的多帧图像，再用拼接技术得到全景图。美国南加州大学的斯特恩（Stein F.）利用旋转摄像机获得360°平线信息为机器人提供定位信息（Stein et al.，1992）；清华大学的刘亚利用360°旋转的摄像机拼接出镶嵌有运动目标的全景图，并对运动目标进行跟踪（刘亚等，2001）。图像拼接形成全景图的方法成像分辨率高，但拼接算法复杂，成像速度慢，实时性差。折反射全景视觉系统由CCD摄像机、折反射光学元件等组成，利用反射镜成像原理，可以观察周围360°场景，成像速度快，能达到实时要求，具有十分重要的应用前景，可以应用在机器人导航中。日本大阪大学利用锥面反射镜研制出了COPIS全景视觉系统，为移动机器人提供定位、避障和导航。全景视觉系统本质上也是一种单目视觉系统，也无法直接得到场景的深度信息。其另一个缺点是获取的图像分辨率较低，并且图像存在很大的畸变，从而会影响图像处理的稳定性和精度。在进行图像处理时首先需要根据成像模型对畸变图像进行校正，这种校正过程不但会影响视觉系统的实时性，而且还会造成信息的损失。另外，这种视觉系统对全景反射镜的加工精度要求很高，若双曲反射镜面的精度达不到要求，利用理想模型对图像校正则会存在较大偏差。目前，利用全景视觉最为成功的典型实例是 RoboCup 足球比赛机器人。

5）混合视觉系统。混合视觉系统吸收各种视觉系统的优点，采用两种或两种以上的视觉系统组成复合视觉系统，多采用单目或双目视觉系统，同时配备其他视觉系统。日本早稻田大学研制的机器人 BUGNOID 的混合视觉系统（Doi et al.，2002）由全景视觉系统和双目立体视觉系统组成，其中全景视觉系统提供大视角的环境信息，双目立体视觉系统配置成平行的方式，提供准确的距离信息；CMU 的流浪者机器人（Nomad）采用混合视觉系统，全景视觉系统由球面反射形成，提供大视角的地形信息，双目视觉系统和激光测距仪检测近距离的障碍物；清华大学的朱志刚使用一个摄像机研制了多尺度视觉传感系统 POST，实现了双目注视、全方位环视和左右两侧的时空全景成像，为机器人提供了导航（朱志刚等，1998）。混合视觉系统具有全景视觉系统视场范围大的优点，同时又具备双目视觉系统精度高的长处，但是该类系统配置复杂，费用比较高。

10.3.2　定位技术

机器人研究的重点转向能在未知、复杂和动态环境中独立完成给定任务的自主式移动机器人的研究。自主移动机器人的主要特征是能够借助于自身的传感器系统实时感知和理解环境，并自主完成任务规划和动作控制，而视觉系统则是其实现环境感知的重要手段之一。典型的自主移动机器人视觉系统应用包括室内机器人自主定位导航、基于视觉信息的道路检测、基于视觉信息的障碍物检测与运动估计以及移动机器人视觉伺服等。

移动机器人导航中，实现机器人自身的准确定位是一项最基本、最重要的功能。移动机器人常用的定位技术包括以下几种：

1）基于航迹推算的定位技术。航迹推算（Dead-Reckoning，DR）是一种使用最广泛的定位手段。该技术的关键是要能测量出移动机器人单位时间间隔走过的距离，以及在这段时间内移动机器人航向的变化。

2）基于信号灯的定位方法。该系统依赖一组安装在环境中已知的信号灯，在移动机器人上安装传感器，对信号灯进行观测。

3）基于地图的定位方法。该系统中机器人利用对环境的感知信息对现实世界进行建模，自动构建一个地图。

4）基于路标的定位方法。该系统中机器人利用传感器感知到的路标的位置来推测自己的位置。

5）基于视觉的定位方法。利用计算机视觉技术实现环境的感知和理解从而实现定位。

10.3.3　自主视觉导航

机器人自主视觉导航是目前世界范围内人工智能、机器人学和自动控制等学科领域内的研究热点。传统机器人自主导航依赖轮式里程计、惯性导航装置（IMU）和 GPS 卫星定位系统等进行定位。而轮式里程计在车轮打滑情况下会产生较大误差，惯性导航装置（IMU）在长距离导航中受误差累积影响会造成定位精度下降，GPS 定位技术在外星球探测或室内封闭环境应用中受到诸多限制。因此，基于双目立体视觉的定位算法成为解决轮式里程计和惯性导航装置定位误差的可行方法。另外，机器人自主导航需要对周围环境进行实时动态的感知和重建，并构建地图用于导航和避障。传统的地形感知多使用激光雷达、声呐、超声和红外等传感器及相关方法，激光雷达功耗、体积较大，不适用于小型移动机器人，而超声、红外传感器作用距离有限且易受干扰，而采用被动光学传感器的视觉方法，体积功耗小，信息量丰富，因此基于视觉方法进行地形感知与地图构建具有广阔的应用前景。

10.3.4 视觉伺服系统

最早基于视觉的机器人系统采用的是静态 look-and-move 形式，即先由视觉系统采集图像并进行相应处理，然后通过计算估计目标的位置来控制机器人运动。这种操作精度直接与视觉传感器、机械手及控制器的性能有关，使得机器人很难跟踪运动物体。20 世纪 80 年代，计算机及图像处理硬件得到发展，使得视觉信息可用于连续反馈，于是人们提出了基于视觉的伺服控制形式。这种方式可以克服模型（包括机器人、视觉系统和环境）中存在的不确定性，提高了视觉定位或跟踪的精度。

可以从不同的角度如反馈信息类型、控制结构和图像处理时间等方面对视觉伺服机器人控制系统进行分类。从反馈信息类型的角度，机器人视觉系统可分为基于位置的视觉控制和基于图像的视觉控制。前者的反馈偏差在 3D Cartesian 空间进行计算，后者的反馈偏差在 2D 图像平面空间进行计算。

从控制结构的角度，可分为开环控制系统和闭环控制系统。开环控制的视觉信息只用来确定运动前的目标位姿，系统不要求昂贵的实时硬件，但要求事先对摄像机和机器人进行精确标定。闭环控制的视觉信息用作反馈，这种情况下能抵抗摄像机与机器人的标定误差，但要求快速视觉处理硬件。根据视觉处理的时间可将系统分为静态和动态两类。

根据摄像机的安装位置可分为 eye-in-hand 安装方式和其他安装方式。前者在摄像机与机器人末端之间存在固定的位置关系，后者的摄像机则固定于工作区的某个位置。最近也有人把摄像机安装在机械手的腰部，即具有一个自由度的主动性。根据所用摄像机的数目可分为单目、双目和多目等。根据摄像机观测到的内容可分为 EOL 和 ECL 系统。EOL 系统中摄像机只能观察到目标物体；ECL 系统中摄像机同时可观察到目标物体和机械手末端，这种情况的摄像机一般固定于工作区，其优点是控制精度与摄像机和末端之间的标定误差无关，缺点是执行任务时，机械手会挡住摄像机视线。

根据是否用视觉信息直接控制关节角，可分为动态 look-and-move 系统和直接视觉伺服系统。前者的视觉信息为机器人关节控制器提供设定点输入，由内环的控制器控制机械手的运动；后者用视觉伺服控制器代替机器人控制器，直接控制机器人关节角。由于目前的视频部分采样速度不是很高，加上一般机器人都有现成的控制器，所以多数视觉控制系统都采用双环动态方式。此外，也可根据任务进行分类，如基于视觉的定位、跟踪或抓取等。

视觉伺服的性能依赖于控制回路中所用的图像特征。特征包括几何特征和非几何特征，机械手视觉伺服中常见的是采用几何特征。早期视觉伺服中用到的多是简单的局部几何特征，如点、线、圆圈、矩形和区域面积等以及它们的组合特征。其中点特征应用最多。局部特征虽然得到了广泛应用，而且在特征选取恰当的情况下可以实现精确定位，但当特征超出视域时则很难做出准确的操作。特别是对于真实世界中的物体，其形状、纹理、遮挡情况、噪声和光照条件等都会影响特征的可见性，所以单独利用局部特征会影响机器人可操作的任务范围。近年来有人在视觉控制中利用全局的图像特征，如特征向量、几何矩、图像到直线上的投影、随机变换和描述子等。全局特征可以避免局部特征超出视域所带来的问题，也不需要在参考特征与观察特征之间进行匹配，适用范围较广，但定位精度比用局部特征低。总之，特征的选取没有通用的方法，必须针对任务、环境和系统的软硬件性能，在时间、复杂性和系统的稳定性之间进行权衡。早期的视觉控制机器人，一般取图像特征的数目与机器人的自由度相同，例如，威尔斯（Wells）和斯塔特森（Standersons）要求允许的机器人自由度数一定要等于特征数，这样可以保证图像雅可比矩阵是方阵，同时要求所选的特征是合适的，以保证图像雅可比矩阵非奇异。

10.4 机器人规划

规划的任务是寻找一个动作序列使问题求解（如控制系统）可以完成某个特定的任务。它从某个特定的问题状态出发，寻求一系列行为动作，并建立一个操作序列，直到求得目标状态为止。规划是关于动作的推理。它是一种抽象的和深思熟虑的过程，该过程通过预期动作的期望效果，选择和组织一组动作，其目的是尽可能好地实现一个预先给定的目标。规划涉及如何将问题分解为若干个相应的子问题，以及如何记录和处理问题求解过程中发现的子问题网的关系。

规划实质分类时淡化规划内容，只考虑规划的实质，如目标、任务、途径和代价等，进行比较抽象的规划。按照规划的实质，可把规划分为：

1）任务规划。对求解问题的目标和任务等进行规划，又称为高层规划。

2）路径规划。对求解问题的途径、路径和代价等进行规划，又称为中层规划。

3）轨迹规划。对求解问题的空间几何轨迹及其生成进行规划，又称为底层规划。

10.4.1 任务规划

在这一节中，以机器人为例讨论任务规划。一个机器人规划的步骤是由机器人的原子动作组成的。对于规划这个目标来说，我们不必关心硬件或微观层次的细节。相反，规划从动作效果的角度出发在较高层次上确定定义动作，如动作对周围世界的效果。举例来说，积木世界机器人的规划可能包括这些动作：“拾起物体 a”或“走到位置 x”。实际使机器人执行计划的微观控制步骤是被建立在这些高层动作中的。

STRIPS 是由现在的斯坦福研究所 Fikes 等开发的，意思是斯坦福研究所规划系统（Stanford Research Institute Planning System）（Fikes et al.，1971）。这个控制程序是用来驱动 20 世纪 70 年代的 Shakey 机器人的。整个 STRIPS 系统的组成如下：

1）世界模型。为一阶谓词演算公式。

2）操作符（F 规则）。包括先决条件、删除表和添加表。

3）操作方法。应用状态空间表示和中间-结局分析。

这里用三元组来表示 pickup、putdown、stack 和 unstack 操作符。三元组的第一个元素是前提集合（P），也就是要应用一个操作符时必须满足的条件。三元组的第二个元素是增加列表（A），也就是应用操作符的结果导致的状态描述增加。最后一个元素是删除列表（D），也就是当应用操作符时要从状态描述中删除的项目。这些列表消除了对独立框架公理的需要。按照这种方式可以把 4 个操作符表示为

pickup(X)	P: gripping( )^clear(X)^ontable(X) A: gripping(X) D: ontable(X)^gripping( )

		P:gripping(X)
putdown(X)		A:ontable(X)^gripping()^clear(X)
		D:gripping(X)
		P:clear(Y)^gripping(X)
stack(X,Y)		A:on(X,Y)^gripping()^clear(X)
		D:clear(Y)^gripping(X)
		P:clear(X)^gripping()^on(X,Y)
unstack(X,Y)		A:gripping(X)^clear(Y)
		D:gripping()^on(X,Y)

假定积木世界规划的目标是图10.9所示的状态，即on(b,a)^on(a,c)。注意到合取目标on(b,a)^on(a,c)中的第一个合取项（也就是on(b,a)）在状态1（积木世界假设的前提条件）中是成立的。但是为了实现第二个子目标on(a,c)，必须先破坏这部分已经满足的目标。

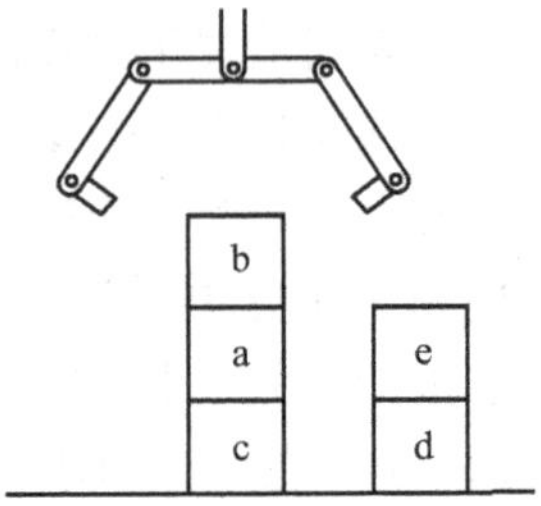

图10.9　积木世界的目标状态

三角表表示（Nilsson，1982）是一种旨在缓解以上问题的数据结构，如图10.10所示。其目的是用来组织一个规划的动作序列，包括可能不兼容的子目标。三角表格通过表示动作序列的全局性相互作用来处理子目标冲突问题。它把一个动作的前件与其前面动作的后件——合并的增加和删除表联系起来。

在建立规划过程中，可以使用三角表格来判断何时可以使用一个宏操作符。通过保存并复用这些宏操作符，STRIPS大大提高了它的规划搜索效率。事实上，可以对宏操作符进行泛化，方法是用变量名来代替特定例子中的积木名，然后可以调用这些泛化后的新宏来修剪搜索。

	1	2	3	4	5	6	7
1	gripping() clear(X) on(X,Y)	unstack(X,Y)					
2		gripping(X)	putdown(X)				
3	ontable(Y)	clear(Y)	gripping()	pickup(Y)			
4	clear(Z)			gripping(Y)	stack(Y,Z)		
5			clear(X) ontable(X)		gripping()	pickup(X)	
6					clear(Y)	gripping(X)	stack(X,Y)
7					on(Y,Z)		on(X,Y) clear(X) gripping()

图10.10　三角表

10.4.2　分层任务网络规划

分层分解是处理复杂问题常见的方法。层次结构的优点在于在每一层上，一个任务都能被分解为下一个较低层次的少量动作，所以对当前问题寻找正确的方法来安排这些动作比较有效。这种思想与偏序规划方法结合起来就是规划方法中的分层任务网络规划（Hierarchical Task Network Planning）。它把整体任务分解成容易处理的子任务集合，并且通过子任务集合的求解而最终得到整体任务的解。

分层任务网络问题可以用四元组来描述：$P=(s_0,w,O,M)$，其中，s_0是初始状态，w 是初始任务网络，O 是操作的集合，M 是方法的集合。如果动作 a_i在状态 s_i下可执行，则可以用表达式 $\gamma(s_i,a_i)$ 表示在状态 s_i下执行动作 a_i的结果。在分层任务网络的模型下，一个规划问题的解 $\pi=<a_1,a_2,\cdots,a_n>$满足下列条件：

1）当 w 为空时，规划解 π 为空。

2）当 w 中有一个原始任务 u，而且在这个任务网络中没有任何一个任务需要在 u 之前执行，那么当 a_1在 s_0的状态下可以执行任务 u 而且 $\pi=<a_1,\ a_2,\ \cdots,\ a_n>$ 是问题 $P'=(\gamma(s_0,a_1),\ w-\{u\},O,M\ )$的解。

3）当 w 中有一个非原始任务 u，而且在这个任务网络中没有任何一个任务需要在 u 之前执行，那么能够找到一种方法 m 在当前状态进行实例化，并且 π 仍然是被这种方法运算之后得到的任务网络的解。

显然这是一个递归的定义，任务网络可以被分成第一个任务和其余任务列表的组合，作为规划解的第一个动作是原始任务的解，而对规划解序列剩余的序列是剩余任务序列的解。而当第一个任务是非原始任务时，则需要用其他方法分解替换，使得能被原始任务的解表示。

当一个任务网络的初始任务描述、每个任务的分解得到的都是全序网络时，可以把任务网络简化为一个任务链。每种方法得到子任务网络都是任务链时，求解这个规划问题就可以变成前向的任务链分解。

算法 10.1　全序分层任务网络分解算法

1)如果任务链为空,返回解,退出；否则取任务链中的第一个任务,如果它是原始的,则转到步骤2),否则转到步骤3)。

2)将得到的原始任务从任务链中取下,如果它在当前状态可执行就使之作用于当前状态,并且把它所对应的操作加入解序列中,转到步骤1)；如果不可执行则报错退出。

3)将得到的非原始任务从任务链中取下,如果能够找到一个能与之合一并且能在当前状态下执行的方法,就用该方法作用于它,并把得到的子任务链加到原来任务链的首部,转到步骤1)；如果无法分解则报错退出。

考虑分层任务网络中的第一个任务，如果它是原始的，那么就采用相应的操作来解决它，并把操作加到解序列中；如果它不是原始的，那么就找到能够和它合一的方法，使之分解并且用得到的新的任务链来取代它在原来任务链中的位置，然后继续从前向后处理，得到新的任务链。

10.4.3　路径规划

机器人的路径规划是指机器人在有障碍物的工作环境中，寻找出一条从起点到终点的路径，使机器人在运动过程中能无碰撞地绕过所有障碍物到达目的地，其实质就是移动机器人运动过程中的导航和避障。基于不同的研究方向，移动机器人路径规划有着不同的划分标准，比较常用的有根据环境信息感知程度分类和根据环境信息确定性分类。根据环境信息的感知程度，可将路径规划划分为全局路径规划和局部路径规划以及两者相结合的情况。根据环境信息确定性程度，可以分为静态环境路径规划和动态环境路径规划。其中全局路径规划是在机器人工作环境信息已知的情况下离线规划出符合某种给定规则的最优路径，不需要考虑实时性问题。而局部路径规划中环境是未知的，可能存在动态障碍物。为了保证移动机器人的运行安全，不仅需要考虑机器人能够寻找到最优路径，还要考虑路径规划算法的实时性。移动机器人的主要工作环境在地面，在室内环境中容易受到灯光、走廊、门，还有安装在地面的各种物品和工作人员移动的影响，而在室外环境中容易受到地面建筑物和行人的影响，因此对移动机器人在复杂环境下路径规划问题仍是今后研究的重点之一。

在当今移动机器人路径规划中，全局路径规划主要是环境建模和路径搜索策略两个子问题。其中环境建模的主要方法有可视图法（V-Graph）、自由空间法和栅格法（Grids）等。路径搜索主要有 A^* 算法、D^* 最优算法等。局部路径规划的主要方法有遗传算法、人工势场（Artificial Potential Field）法、模糊逻辑算法和滚动窗口法等。

1. 全局路径规划

全局路径规划（Global Path Planning）算法主要是指依据已获取的全局环境信息，给机器人规划出一条从起点至终点的运动路径。全局路径规划方法通常给出的是最优值，但是计算量大、时间长、实时性差，不适宜动态环境下的路径规划。基于环境建模的全局路径规划算法主要有以下几种：

1）可视图法（Ram et al.，1994）。视机器人为一点，将机器人、目标点和障碍物的各顶点进行组合连接，要求机器人和障碍物各顶点之间、各障碍物顶点与顶点之间及障碍物各顶点和目标点之间的连线均不能穿越障碍物，即两点之间的直线是可视的。最优路径的搜索问题就转化为从起始点到目标点经过这些可视直线组合的最短距离问题。运用优化算法，删除一些不必要的连线以简化可视图，缩短搜索时间。该方法能够求得最短路径，但由于假设了机器人的尺寸大小忽略不计，机器人通过障碍物顶点时离障碍物太近，甚至发生接触并且搜索时间长，对于 N 条连线的搜索时间为 TN。切线图法和 Voronoi 图法是对可视图法进行了改进的方法。

2）自由空间法。在机器人路径规划的应用中，采用了预先定义形状的如广义锥形或者凸多边形等一些基本形状构造成自由空间，并使用自由空间表示连通图，通过搜索连通图来进行路径规划（Janet，1995）。其优点是比较灵活，起始点和目标点改变不会使连通图出现重构的情况；其缺点是复杂程度与障碍物的多少成正比，在一些情况下无法获得最短路径。

3）栅格法。将机器人活动空间划分成一系列具有二值信息的网格单元，多采用四叉树或八叉树表示机器人活动范围（Doitsidis et al.，2002），并通过优化算法完成路径搜索。该方法以栅格为单位记录环境信息，环境被量化成一系列具有一定分辨率的栅格，栅格的大小直接影响着环境信息存储量的大小和规划时间的长短。栅格划分过大，环境信息存储量小，规划时间短，但分辨率下降，在障碍物密集的环境下发现路径的能力减弱；栅格划分过小，环境分辨率高，在密集环境下发现路径的能力增强，但环境信息存储量迅速增大，且规划时间长。

2. 局部路径规划

局部路径规划算法侧重于机器人探测的当前局部信息，这种机器人具有更好的实时性，其路径规划仅依靠传感器实时探测的信息，现在很多机器人采用这种路径规划方法。这种路径规划有较强的实用性和实时性，对环境的适应能力强。其缺点是仅依靠局部信息，有时候会产生局部极小值或振荡，无法保证机器人顺利到达目标点。

局部路径规划方法主要有人工势场法、遗传算法、粒子群优化算法和模糊逻辑算法等。人工势场法结构简单，便于底层的实时控制，在实时避障和平滑的轨迹控制方面得到了广泛应用。但它容易产生局部最优解问题，导致死锁。遗传算法虽然可以克服这一缺点，但遗传算法运算速度慢，进化众多的规划将占据较大存储空间和运算时间，实时性差。粒子群优化算法与遗传算法类似，是一种基于迭代的优化工具，但是并没有遗传算法使用的交叉以及变异，而是粒子在解空间追随最优的粒子进行搜索。基于实时传感信息的模糊逻辑算法模拟人的规划经验，通过查表得到规划信息，实现局部路径规划，克服了势场法的局部极小问题，适用于时变未知环境下的路径规划。其实时性较好但通用性差，得到的规划路径通常不是最优或近似优化的。

机器人的路径规划问题非常类似于蚂蚁的觅食行为。蚂蚁群体是一种社会性昆虫，它们有组织、分工，还有通信系统，它们相互协作，能完成寻找一条从蚁穴到食物源最短路径的任务。机器人最基本的路径规划是寻找一条从给定的起始点到目标点的无碰撞路径，且满足一定优化指标。

机器人的路径规划主要包括环境建模、路径搜索和路径平滑等环节。建立环境模型是机器人路径规划的一个重要环节。机器人的工作空间是一个现实的物理空间，而路径规划算法所处理的空间是环境的抽象空间，环境建模是实现物理空间到算法处理抽象空间的一个映射。先选择栅格法对环境信息进行提取、处理和描述，并将环境信息存储为像元阵列。

用 g 表示一个栅格，设 AS 中的栅格构成集合 A，障碍栅格集 $OS=\{o_1,o_2,\cdots,o_m\}\in A\ (m\geqslant n)$，$\forall b_i\in OS$，$\forall g\in A$，在 Σ_0 都有确定的坐标(x,y)，记作 $g(x,y)$，x 为 g 所在的行号，y 为 g 所在的列号。为了和序号一致及方便，定义左上角第一个栅格的坐标为（1，1）。令 $S=\{1,2,\cdots,M\}$ 为栅格序号集，$g(1,1)$ 序号为 1，$g(1,2)$ 序号为 2，…，$g(2,1)$ 序号为$(Nx+1)$，…，如图 10.11 所示。

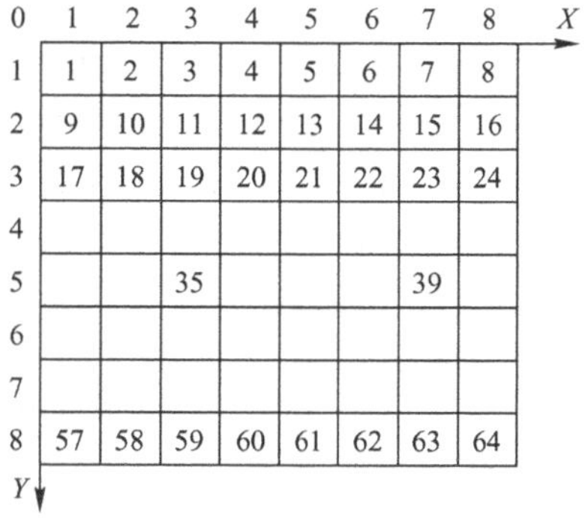

图 10.11　栅格坐标与序号关系

根据上述约定，$g_i\in A$ 的坐标(x_i,y_i)与序号 $i\in S$ 构成互为映射关系，序号 i 的坐标可由下式确定：

$$x_i=((i-1)\bmod N_x)+1$$
$$y_i=(\text{int})((i-1)/N_x)+1 \tag{10.1}$$

式中，int 为舍余取整运算；mod 为求余运算。

规划起始位置为任意位置 $g_{\text{begin}}\in A$，且 $g_{\text{begin}}\notin OS$，终止点 $g_{\text{end}}\in A$，且 $g_{\text{end}}\notin OS$ 也为任意位置，其他约束条件为 begin，end$\in S$，end $\neq$ begin。

设时刻 t_i，蚂蚁 k 处于 g_i，称 $Wk_i(g_i(x_i,y_i))=\{g\mid g\in BR_i(g_i(x_i,y_i)),g\notin OS,i\in S\}$ 为 t_i 时刻 k 在 BR_i 的可行域；令 $\text{tabu}_k=\{P(t_0),P(t_1),\cdots,P(t_i)\}$ 且有 $t_0<t_1<\cdots<t_i$，为 k 从 t_0 到 t_i 时刻已走栅格位置的集合，t_{i+1} 时刻，$\forall P(t_{i+1})\in Wk_i$ 且 $\forall P(t_{i+1})\in\text{tabu}_k$，则称 $\forall P(t_{i+1})$ 为 t_{i+1} 时刻的可行点，可行点的集合用 Z 表示，显然，$|Z|<|Wk_i|$。

tabu_k 中各位置点在 AS 中的连线称为 P_0 到 P_e 的通道，记作 path(P_0,P_e)，通道的长度记为路程 L，可以由下式得到：

$$L=\sum_{l}^{e} d_l \tag{10.2}$$

$$d_l=d(g_i,g_h)=\sqrt{(x_i-x_h)^2+(y_i-y_h)^2},\quad g_i,g_h\notin OS,\ i,h\in A$$

很显然，$tabu_k$是第 k 只蚂蚁已走位置的集合，它随着蚂蚁的行走动态调整。按约定，这些位置不允许再走，因此，称 $tabu_k$为禁忌表。显然有 $Wk_i\cap OS=\varnothing, Wk_i=(BR_i-BR_i\cap OS)$。

算法 10.2　基于蚁群算法的机器人路径规划

1）初始化：将 m 只蚂蚁放置在出发点 g_{begin}，并设置到禁忌表 $tabu_k$ 中（$k=1,2,\cdots,m$）。令 $\tau_{ij}(0)=\tau_0$（τ_0为常数）。设置寻食代数计数器 $n=0$，最大代数为 MAX，其中，令 $m\leqslant 4$。

2）$\forall k$，以当前节点 $g_i\in FS$ 为中心，按两族蚂蚁相向趋近原则和最近邻居选择策略选择，并行走到下一节点 g_j，且有 $g_j\in Wk_i(g_i)$，$g_j\notin tabu_k$，调用算法 10.3 节点选择算法。

3）局部信息素更新。随着时间的推移，以前留下的信息逐渐消逝，用参数 $1-\rho$ 表示信息消逝程度，每一只蚂蚁选择完一个节点即走完一个边后，按下式进行局部信息素更新：

$$\tau_{ij}(n+1)=(1-\rho)\tau_{ij}(n)+\rho\Delta\tau_{ij}^k$$

$$\Delta\tau_{ij}^k=\begin{cases}\dfrac{Q_1}{l_{jb}}, & \text{蚂蚁 } k \text{ 走过边 } e_{ij}\\ 0, & \text{其他}\end{cases} \tag{10.3}$$

$$l_{jb}=\sum_{l=1}^{w} d_l$$

当 $\tau_{ij}(n+1)<\tau_{min}$时，令 $\tau_{ij}(n+1)=\tau_{min}$。

式（10.3）中，Q_1为常数；τ_{min}是设定的最小值；d_l是蚂蚁 k 已走过的边的边长；w 是蚂蚁 k 在本次寻食中已走过的边数；l_{jb}是蚂蚁 k 在本次寻食中到当前时刻为止已走过的路程长度。

4）$\forall k, k=1,2,\cdots,m$，选择完第 j 个节点后，检查所有蚂蚁是否已有蚂蚁相遇。所谓相遇，即设两只蚂蚁位置分别为 P_{k1}、P_{k2}，判断 $d(P_{k1},P_{k2})\leqslant 1$，若成立则它们相遇。若有蚂蚁相遇，则转步骤 5）；否则，返回步骤 2），开始选择下一个节点，直到有蚂蚁相遇或所有节点选择完毕。

5）当两族中至少有两只蚂蚁满足相遇的条件时，连接相遇蚂蚁所走通道，计算其路程长度 L：

$$L=\sum_{l=1}^{e} d_l,\quad d_l=d(g_i,g_h),\quad g_i,g_h\notin OS, i,h\in A \tag{10.4}$$

并保存最短路程 L_{kmin}。将本次觅食得到的 L_{kmin}与已得到的历史最优长度 L_d相比较，若有 $L_{kmin}<L_d$，则用 L_{kmin}替换 L_d，并记忆最佳通道的节点集合。

6）全局信息素更新。本次觅食相遇并完成通道连接后，将本次觅食最短通道上的信息素按下式进行调整：

$$\tau_{ij}^{new}=(1-\alpha)\tau_{ij}^{old}+\alpha\Delta\tau_{ij}$$

$$\Delta\tau_{ij}=\sum_{k=1}^{m}\Delta\tau_{ij}^k \tag{10.5}$$

$$\Delta\tau_{ij}^k=\begin{cases}\dfrac{Q_2}{L_{kmin}}, & ij\in \text{global best tour}\\ 0, & \text{其他}\end{cases}$$

式中，Q_2为常数；α 为全局信息素挥发系数；L_{kmin}为本次寻食最佳通道的路程；$ij\in$ global best tour，表示蚂蚁 k 所走的边 ij 属于最佳通道；当 $\tau_{ij}^{new}<\tau_{min}$时，令 $\tau_{ij}^{new}=\tau_{min}$。

7）令寻食代数 $n+1$，若不等于 MAX，则清空禁忌表，重复上述寻食过程，直到 n=MAX 为止。最终记忆的最佳通道即为规划出的最优路径。

算法 10.3　节点选择算法

1）若有 $d(g_{begin},g_j)\leqslant 1$，即 $B_j \in BR_{begin}(g_{begin})$，则 $\forall k$，选择一个节点 $g_j^{k_i} \in Wk_{begin}(g_{begin})$，且有 $g_j^{k_i} \neq g_j^{k_j} \in Wk_{begin}(g_{begin})$，$i$，$j=1$，2，…，$m$，其中，上标 k_i、k_j 表示不同蚂蚁选择的不同节点。

2）若 $g_i \notin BR_{begin}(g_{begin})$，$\forall k$，根据式（10.6）或式（10.7）选择下一个节点 $g_j \in Wk_i(g_i)$，$g_j \notin \mathrm{tabu}_k$。

$$j=\begin{cases}\arg\max\{[\tau_{ij}(n)]^{\beta}\eta_j(g_i)\}, & q\leqslant q_0\\ X, & \text{其他}\end{cases} \tag{10.6}$$

$$p_{ij}^k(n)=\frac{[\tau_{ij}(n)]^{\beta}\eta_j(g_i)}{\sum\limits_{q\in|Z|}[\tau_{ij}(n)]^{\beta}[\eta_q(g_i)]} \tag{10.7}$$

$$j\notin \mathrm{tabu}_k,\quad j\notin NFS$$

式中，j 为蚂蚁 k 所选 g_j 的节点序号，在此省略了上标 k；X 为由式（10.7）决定的随机变量，该随机变量与一个节点号对应；q 为随机数（$0<q\leqslant 1$）；q_0 为初始化时给定的阈值；$\eta_j(g_j)$ 为启发信息，$\eta_{1i}(g_i)=D/d(g_i,g_{end})$，$\eta_{2j}(g_j)=D/d(g_j,g_{begin})$，$\eta_{1i}(g_i)$、$\eta_{2j}(g_j)$ 分别为称蚂蚁家族 1、蚂蚁家族 2 的第 k 只蚂蚁选择栅格 g_i 或 g_j 的启发函数，D 为权重常系数；β 为在边 e_{ij} 上残留信息的重要程度；$p_{ij}^k(n)$ 为在 n 代，蚂蚁 k 由节点 i 转移到节点 j 的概率。

q 和 q_0 是为了防止出现停滞而设的随机搜索策略所需参数。当 q 大于 q_0 时，计算 $|Z|$ 个节点的转移概率 p_{ij}^k，并根据赌轮盘规则决定随机变量 X，X 与一个节点号 j 相对应，将 j 加入禁忌表。

10.4.4　轨迹规划

轨迹规划是根据作业任务的要求，计算出预期的运动轨迹。通常将操作臂的运动看作工具坐标系相对于工作坐标系的运动。轨迹规划器可看成是黑箱，其输入包括路径的“设定”和“约束”，输出是操作臂末端手部的“位姿序列”，表示手部在各个离散时刻的中间形位。操作臂最常用的轨迹规划方法有以下两种：

1）要求用户对选定的轨迹节点（插值点）上的位姿、速度和加速度给出一组显式约束，轨迹规划器从一类函数（例如 n 次多项式）中选取参数化轨迹，对节点进行插值，并满足约束条件。

2）要求用户给出运动路径的解析式，如直角坐标空间中的直线路径，轨迹规划器在关节空间或直角坐标空间中确定一条轨迹来逼近预定的路径。

第一种方法中，约束的设定和轨迹规划均在关节空间中进行。由于对操作臂手部（直角坐标形位）没有施加任何约束，用户很难弄清手部的实际路径，因此可能会发生与障碍物相碰。第二种方法的路径约束是在直角坐标空间中给定的，而关节驱动器是在关节空间中受控的。因此，为了得到与给定路径十分接近的轨迹，首先必须采用某种函数逼近的方法将直角坐标路径约束转化为关节坐标路径约束，然后确定满足关节路径约束的参数化路径。

轨迹规划既可在关节空间也可在直角空间中进行，但是做规划的轨迹函数都必须连续和平滑，使得操作臂的运动平稳。在关节空间进行规划时，是将关节变量表示成为时间的函数，并规划它的一阶和二阶时间导数。在直角空间进行规划是指将手部位姿、速度和加速度表示为时间的函数。而相应的关节位移、速度和加速度由手部的信息导出。通常通过运动学反解得出关节位移，用逆雅可比求出关节速度，用逆雅可比及其导数求解关节加速度。

用户根据作业给出各个路径节点后，规划器的任务包含解变换方程、进行运动学反解和插值运算等。在关节空间进行规划时，大量工作是对关节变量的插值运算。为了求得在关节空间形成所要求的轨迹，首先运用运动学反解将路径点转换成关节矢量角度值，然后对每个关节拟合一个光滑函数，使之从起始点开始，依次通过所有路径点，最后到达目标点。

关节空间法是以关节角度的函数来描述机器人的轨迹的，不必在直角坐标系中描述两个路径点之间的路径形状，计算简单、容易。再者，由于关节空间与直角坐标空间之间不是连续的对应关系，因而不会发生机构的奇异性问题。现有的多数工业机器人的控制系统具有关节空间和笛卡儿空间的轨迹生成方法。用户通常使用关节空间法，只是在必要时，才采用笛卡儿空间方法。

10.5　情感机器人

情感机器人就是用人工的方法和技术赋予机器人以人类式的情感，使之具有表达、识别和理解喜乐哀怒，模仿、延伸和扩展人的情感的能力。

20世纪90年代各国纷纷提出了“情感计算”“感性工学”“人工情感”与“人工心理”等理论，为情感识别与表达型机器人的产生奠定了理论基础。主要的技术成果有：基于图像或视频的人脸表情识别技术；基于情景的情感手势、动作识别与理解技术；表情合成和情感表达方法与理论；情感手势、动作生成算法和模型；基于概率图模型的情感状态理解技术；情感测量和表示技术，情感交互设计和模型等。这种机器人能够比较逼真地模拟人的许多种情感表达方式，能够较为准确地识别几种基本的情感模式。

2008年，美国麻省理工学院开发出情感机器人“Nexi”（见图10.12），该机器人不仅能理解人的语言，还能够对不同语言做出相应的喜怒哀乐反应。真正具有类人情感的机器人必须具备三个基本系统：情感识别系统、情感计算系统和情感表达系统。

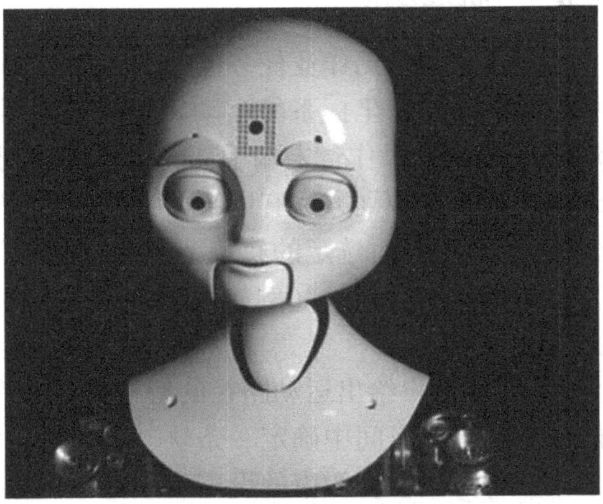

图10.12　情感机器人“Nexi”

欧盟第七研发框架计划（FP7）于2010年正式启动ALIZ-E具有情感的机器人研发项目，总投资1060万欧元，已于2014年完成。该课题由德国科学家领导，欧盟5个成员国德国、法国、意大利、荷兰和英国科研人员组成的研究团队进行情感机器人的研究。情感机器人应用优化阶段的研发工作在意大利米兰的San Rafaele医院小儿科进行。科研人员通过对儿童和机器人之间互动的跟踪观测，优化和调试机器人吸引和维持儿童注意力的方式，从而自动重复产生机器人与儿童之间的共同行为举止、语言交流和游戏爱好等。

中国科学技术大学陈小平教授长期从事智能机器人研究。2011年，第一代“可佳”机器人在合肥诞生。2016年，推出第三代机器人“佳佳”，这是我国首台特有体验交互机器人。“佳佳”机器人已经拥有了推理能力，能够根据上下文理解自然语言，具有人机之间情感交互的能力，并识别人类的年龄和性别。

10.6　发育机器人

1996 年，翁巨扬（Weng J.）提出了机器人自主智力发育的思想（Weng，1998）。2001 年，他在 *Science* 杂志上详细地阐述了自主智力发育的思想框架与可实现的算法模型（Weng，2001），即机器人在初始发育算法的控制下通过与环境的交流，动态地改变自己的记忆，对外界的刺激给出越来越积极的响应。

发育机器人与传统机器人的不同之处表现在：不是针对某种特定的任务，必须要对未知可能发生的任务生成合理的表示，要像动物一样可以在线地进行学习，同时这种学习是一种增量的过程，即要保证高层的决策建立在底层比较简单的基础之上。另外，自组织特性也是发育机器人的独特之处，即在没有人类进行干扰的情况下，发育机器人也要保证能对所学知识进行合理的组织与存储。

发育模型的构建与发育学习算法的设计是发育机器人主要研究的两大方面。发育模型定义了从传感器信息获取到动作执行的一系列控制规则与算法，它包括以下 4 个部分（参见图 10.13）。

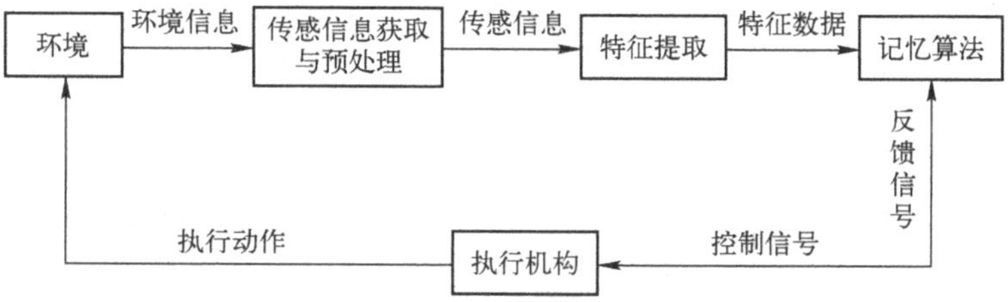

图 10.13　发育模型的基本结构

1）传感信息获取与预处理模块：传感器是机器人感知外界环境的窗口，只有装配了相应的传感器，机器人才能感知到相应的环境信息，因此，对传感信息进行处理是构成机器人智能的基础，发育机器人更是如此，因为机器人发育的过程就是其不断地与环境交互的过程。由于传感信息所含有的数据量非常大，且其中含有大量的噪声，所以对数据进行降维处理是非常必要的。

2）特征提取模块：特征提取算法既要保留原始数据的主要特征，又能将数据的存储量尽可能地大幅降低，这是发育模型的一个必不可少的步骤。

3）记忆算法模块：记忆算法是发育模型的核心所在，其相当于发育模型的中枢机构，因为机器人在发育过程中所习得的经验均存储在这一结构之中。发育模型中的记忆算法要同时兼顾实时性与准确性的要求，同时要考虑到随着发育进程的深入，如何有效地降低存储量的问题。

4）执行机构模块：在记忆算法所输出的控制信号的控制下，对环境的变化做出反应，来完成各种不同的任务。

发育学习算法主要集中在以何种方式来获取知识方面，根据采用机器学习方法的不同，现有的发育学习算法可以归纳为监督学习、强化学习、沟通学习、可逆学习以及涌现学习 5 类。

发育机器人模仿的是人脑及人心理发育的过程，需要机器人在实际环境中自主地学习可用于完成各种任务的知识，并将这些知识有机地组织于记忆系统中。因此，发育机器人研究者所面临的主要问题有：是否需要对环境建立具体的世界模型；能否对知识进行确定的表示；记忆系统如何组织以使记忆的提取能符合实时性的要求；机器人是否需要像生物一样，具有一些先天的条件反射机制；低层与高层的知识以何种方式进行组织，高层决策如何进行；多个传感器的数据如何进行融合（是否用到注意机制）以及采用何种学习方式等。

根据对以上问题回答的不同，研究者们提出了很多不同的发育模型，其中比较典型的有CCIPCA+HDR树模型、GENISAMA通用图灵机模型和模式模型。下面分别介绍这几种模型。

1. CCIPCA+HDR树模型

CCIPCA+HDR树模型是由翁巨扬提出的（Weng，2004），这种发育模型可以用于机器人的实时发育与自主增量学习。其主要包括两种基本的算法：即增量的主成分分析算法（CCIPCA）与分级回归树算法（HDR）。前者的输出作为后者的输入，可以实时地对环境的改变做出相应的反应。

主成分分析算法（Principle Component Analysis，PCA）主要是对一系列输入的观察向量进行分析，找出最能表达这一向量组的少量正交基，实际上起到的就是对高维数据进行降维的作用，这样既可以保证不缺失原始特征，又可以有效地降低运算的复杂度，这对实时性要求较高的发育机器人来说尤为重要。但是一般的PCA方法需要对输入数据进行批处理，难以适应增量数据的要求，在这样的情况下，翁巨扬提出了增量的PCA方法即CCIPCA方法，它能够对依次输入的样本增量地计算主元，通过迭代的方法可以逐步收敛到待求的特征向量，其收敛性已从数学上得到证明。

HDR算法则是一种针对高维向量子空间的识别与匹配算法。它采用了双重聚类的方法，可以自动区分输入样本，并根据其特征进行分类，将输入空间映射到输出空间，起到感知与动作匹配的作用。这种映射或者匹配对机器人而言，就是它们所学习到的知识。由于发育机器人实时地在环境中进行增量的学习，因此HDR树也是增量地建立的，随着HDR树规模的壮大，发育机器人也在不断地成长，具备更为细致的判别与区分的能力。

CCIPCA+HDR树模型是基于判定树结构实现的，因此算法的时间复杂度为对数复杂度，满足了实时性的要求。同时与传统机器人相比，这一模型还具有较强的鲁棒性，可以适应有少量噪声的环境。该模型已经在密歇根州立大学的SAIL机器人平台上进行了导航、避碰、物体识别与语音识别等一系列实验，取得了较好的效果。但是这一模型缺乏高层决策与任务判别的能力，很难完成较为复杂的任务。另外，随着学习复杂程度的提高，存储量与计算量会大大增加，这对机器人的实时性与进一步发育都将会是一个不小的挑战。

2. GENISAMA通用图灵机模型

2020年8月，翁巨扬提出了GENISAMA通用图灵机模型，如图10.14所示（Weng，2020）。与传统图灵机不同，发展网络（Development Networks，DN）学习图灵机是一种超级图灵机。缩写词GENISAMA的意思是：接地性（Grounded）、涌现性（Emergent）、自然性（Natural）、增量性（Incremental）、技巧性（Skilled）、专注性（Attentive）、动机性（Motivated）和抽象性（Abstractive）。GENISAMA通用图灵机使机器全自主通用学习成为可能。

图10.14中，左面是通过眼睛感知字母A和B，中间是特征检测和竞争发放，右面是输出，使我们知道是字母A和B。从感知区域检测到具体的特征——特定视网膜位置、特定特征类型、特定尺度和特定方向。中间由级联的子区域组成，其中后面的子区域从前面的子区域获取输入，以便它可以检测视网膜中的更大特征。这种级联避免了直接从视网膜检测大尺度特征的困难，因为较大的特征变形很大，几乎不可能通过静态模板很好地匹配。中间区域最后一个

子区域发放神经元连接到运动区中的相应神经元，其中每个神经元代表一个类标签。

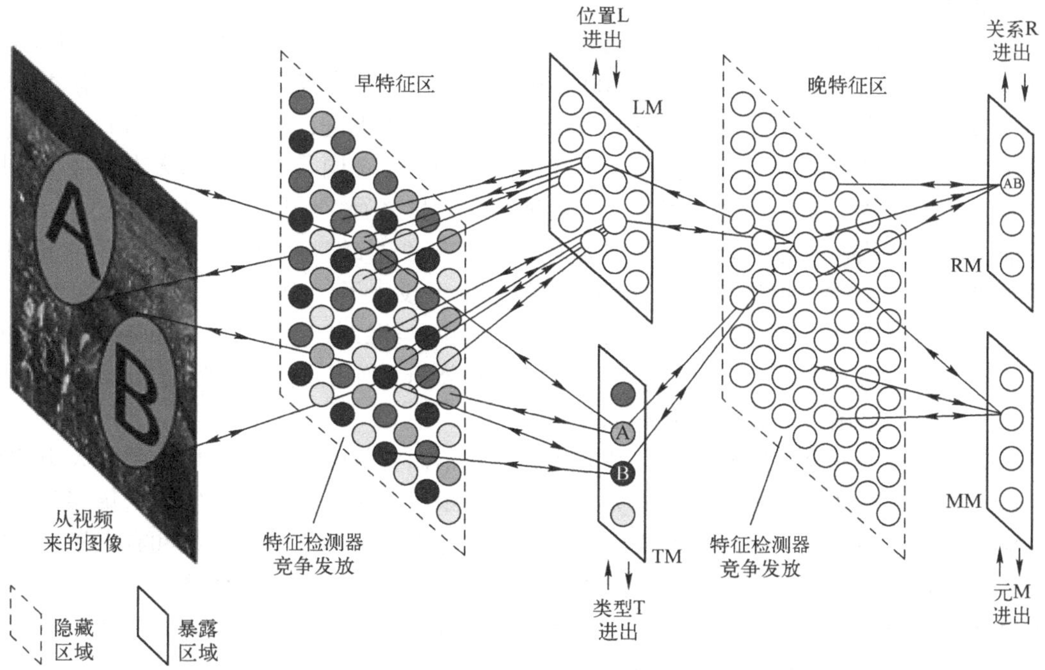

图 10.14　GENISAMA 通用图灵机模型

3. 模式模型

模式模型是由斯托雅诺夫（Stojanov G.）提出的一种发育模型（Stojanov，2001），其思想主要来源于发展心理学家皮亚杰（Piaget J.）的发生认识理论。发生认识论将人的认知发育划分为以下 3 个阶段（Piaget，1972）：①通过遗传，具备先天的认知反应模式序列；②通过学习，可以修改原有的式序列，并生成新的可以更好适应环境的模式序列；③使自身逐渐适应这些新模式。

在模式模型中，首先要定义机器人的基本动作集 $A=\{a_1, a_{2,} \cdots, a_n\}$ 与基本感知集 $P=\{p_1, p_2, \cdots, p_j\}$，其中，$a_i$（$1\leqslant i\leqslant n$）代表机器人所能采取的基本动作，而 p_i（$1\leqslant i\leqslant j$）则代表机器人拥有的感知能力。随后要定义模式。模式实质上代表 Agent 有能力执行的一个基本的动作序列，如可以表示为 $s=a_1a_2a_5a_2a_7a_3$，它根据长度与动作种类的不同而有所区别。初始阶段，会自动生成基本的模式，在学习的过程中，机器人试图执行这些基本的模式，但由于感知到环境的不同，相应的模式会进化为一个新的动作序列以适应环境与任务的需要。

模式模型已经在 Petitage 机器人上进行了导航方面的实验，取得了较好的效果。这个模型的特点是很好地模仿了人类认知的发育过程，具有较强的鲁棒性与自适应性，但是当感知的状态过多时，会极大地增加计算的时间复杂度，并影响到算法收敛的速度。

10.7　机器人应用

在过去的十年里，工业机器人的全球销量增长了两倍，2018 年达到顶峰，约 42.2 万台，2020 年降至约 38.4 万台。全球工业机器人出货量的巨大增长主要由汽车和电子行业推动，这两个行业分别占 2020 年新安装量的 23%和 31%。2020 年，中国工业机器人销售 23.7 万台。中国市场的销量占比在40%左右，彰显了中国机器人产业的强大潜力和市场竞争力。

1. 军用机器人

被称为空中机器人的无人机是军用机器人中发展最快的家族，从1913年第一台自动驾驶仪问世以来，无人机的基本类型已达到300多种，目前在世界市场上销售的无人机有40多种。美国几乎参加了世界上所有重要的战争。由于它的科学技术先进，国力较强，因而近几十年内世界军用无人机的发展基本上是以美国为主线向前推进的。美国是研究军用无人机最早的国家之一，今天无论从技术水平还是军用无人机的种类和数量来看，美国均居世界首位。

目前美国已经装备或即将装备的军用无人机主要有“先锋”“猎手”“影子”“掠食者”和“全球鹰”等。在美国近年发动的几场局部战争中，投入了“全球鹰”和“掠食者”等无人机。以色列研制成第一代“侦察兵（Scout）”无人机、第二代“先锋（Pioneer）”无人机和第三代“搜索者（Searcher）”无人机，与美国TRW公司合作研制了“猎人（Hunter）”无人机以及中空长航时多用途“苍鹭（Heron）”无人机。

中国无人机种类齐全，技术先进，性能优越，包括高空战略侦察无人机、手掌大小的蜂鸟无人机等。具有代表性的无人机有大疆无人机、双尾蝎无人机。无人机能实现密集编队，未来作战时能在更为广阔空域中实现密切协同。察打一体无人机之间以及无人机和有人机之间的协同配合、分工合作已成为趋势。未来无人机作战不会是单打独斗，而是体系配合。例如，由一架无人机携带电子干扰吊舱，专门对敌方雷达进行干扰压制，伴随掩护己方其他无人机实施打击，这将极大提高传统察打一体无人机的生存能力。

地面军用机器人主要是指智能或遥控的轮式和履带式车辆。地面军用机器人又可分为自主车辆和半自主车辆。自主车辆依靠自身的智能自主导航，躲避障碍物，独立完成各种战斗任务；半自主车辆可在人的监视下自主行驶，在遇到困难时操作人员可以进行遥控干预。2008年3月，美国波士顿动力公司研制了“大狗（Big Dog）”机器人，它拥有非常强的平衡能力，无论是陡坡、崎岖路段还是在冰面或者雪地上，都能够行走自如。在不远的将来，它们将被派驻美军，在战场上为士兵运送弹药、食物和其他物品。

近20年来，水下机器人有了很大的发展，它们既可军用又可民用。按照与水面支持设备（母船或平台）间联系方式的不同，水下机器人可以分为两大类：一种是有缆水下机器人，习惯上称作遥控潜水器（ROV）；另一种是无缆水下机器人，习惯上称作自治潜水器（AUV）。有缆机器人都是遥控式的，按其运动方式分为拖曳式、（海底）移动式和浮游（自航）式3种。

2. 民用机器人

（1）工业机器人

工业机器人是指在工业中应用的一种能进行自动控制的、可重复编程的、多功能的、多自由度的、多用途的操作机，能搬运材料、工件或操持工具，用以完成各种作业，且这种操作机可以固定在一个地方，也可以在往复运动的小车上。

（2）服务机器人

服务机器人的应用范围很广，主要从事维护、保养、修理、运输、清洗、保安、救援和监护等工作。德国生产技术与自动化研究所所长施拉夫特博士给服务机器人下了这样一个定义：服务机器人是一种可自由编程的移动装置，它至少应有3个运动轴，可以部分自动地或全自动地完成服务工作。这里的服务工作指的不是为工业生产物品而从事的服务活动，而是指为人和单位完成的服务工作。

2011 年 5 月，欧盟评出对未来影响最大的 6 项前沿技术，“伴侣型机器人”开发是其中之一，这一项目旨在研制具有一定感知、交流和情感表达能力的仿真机器人，为人类特别是小孩和老人提供无微不至的服务。这一项目将有两大亮点：一是依靠先进的人工智能技术，使机器人初步具有像人一样的感知、交流和情感表达能力；二是开发出制造机器人的新材料，可以让机器人看起来、摸起来像真人一样。

（3）医疗机器人

医疗机器人从功能上可分为以下 5 种类型：

1）辅助内窥镜操作机器人。它能够按照医生的控制指令，操作内窥镜的移动和定位。

2）辅助微创外科手术机器人。它一般具有先进的成像设备、一个控制台和多只电子机械手，手术医生只要坐在控制台前，观察高清晰度的三维图像，操纵仪器的手柄，机器人就会实时完成手术。

3）远程操作外科手术机器人。这种机器人配备了专门的通信网络传输数据收发系统，可以完成远程手术。

4）虚拟手术机器人。这一机器人将扫描的图像资料进行三维分析后，在计算机上重建为人体或人体器官，医生便可以在虚拟图像上进行手术训练，制订手术计划。

5）微型机器人。主要包括智能药丸、智能影像胶囊和纳米机器人。智能药丸机器人能够按照预定程序释放药物并反馈信息；智能影像胶囊能辅助内窥镜或影像检查；正在研制开发的纳米机器人还可以钻入人体，甚至在肉眼看不见的微观世界里完成靶向治疗任务。

3. 机器人足球比赛

世界 RoboCup 联合会是世界上占主导地位的机器人足球国际组织之一，1996 年在日本成立，总部设在日本东京，在瑞士伯尔尼正式注册。作为一个国际性的研究和教育组织，RoboCup 通过提供一个标准问题来促进人工智能和智能机器人的研究。这个领域可以集成并检验很大范围内的技术，同时也可以作为面向教育的集成性项目。为了这个目的，RoboCup 选择了足球比赛作为基本的领域，并组织了 RoboCup——机器人足球世界杯及学术会议。为了能让一个机器人球队真正能够进行足球比赛，必须集成各种各样的技术，包括自治智能体的设计准则、多智能体合作、策略获取、实时推理、机器人学以及传感器信息融合等。

RoboCup 机器人世界杯赛是世界上规模最大、水平最高、影响最广泛的机器人科技赛和学术大会，1997 年首届 RoboCup 比赛及相关的技术研讨会议在日本名古屋举行，为实现机器人足球队击败人类足球世界冠军的梦想迈出了坚实的第一步。2008 年 7 月 16~20 日，第 12 届大赛在中国苏州举办并取得圆满成功。

RoboCup 的比赛项目主要有：

1）Simulation League（电脑仿真比赛）。

2）Small Size League（F-180）（小型足球机器人赛）。

3）Middle Size League（F2000）（中型自主足球机器人赛）。

4）Legged Robot League（有腿机器人足球赛）。

RoboCup 仿真组比赛是在一个标准的计算机环境内进行的。比赛规则基本上与国际足球联合会（FIRA）的比赛规则一致。比赛的方式是由 RoboCup 委员会提供标准的 Soccerserver 系统，各参赛队编写各自的 CLIENT 程序，模拟实际足球队员参加比赛。

Soccerserver 是一个允许竞赛者使用各种程序语言进行仿真足球比赛的系统。比赛以 Client/Server 方式进行。Server，即 Soccerserver，提供了一个虚拟场地，并对比赛双方的全部队员和足球的移动进行仿真。Client，相当于球员的大脑，指挥球员的运动。Server 和 Client 之间的通信是通过 UDP/IP 协议进行的。所以，竞赛者可以使用支持 UDP/IP 的任何程序系统。

Soccerserver 包含两个程序：Soccerserver 和 Soccermonitor。Soccerserver 的工作是仿真足球和队员的移动、与 Client 进行通信以及按照一定的规则控制游戏的进程。Soccermonitor 则负责利用 X Window（或 Windows 95）系统在 Server 中显示虚拟场地。Server 可以同时与多个 Soccermonitor 相连。因此，可以在多个显示器上同时显示比赛的情况。

Client 与 Server 之间都是通过 UDP/IP 协议进行信息交互的。通过这种方式，Client 发送指令来控制相应的队员，同时从 Server 端接收队员的传感器传回的信息。每个 Client 模块只允许控制一名球员，故竞赛者必须同时运行与比赛球员数目相等的 Client。Client 之间的通信必须通过 Soccerserver 来进行。Soccerserver 的一个目标就是对多智能体系统进行评价，而智能体之间的通信效率是一个重要标准。竞赛者必须在此要求下实现对多个智能体的控制。

2011 年 7 月 5~12 日在土耳其伊斯坦布尔举行的 RoboCup 机器人世界杯赛及学术大会，来自 43 个国家或地区的 2800 余名代表参加了比赛和交流，这是自举办 15 年以来规模最大的一届，中国科学技术大学机器人“蓝鹰”队在仿真 2D 比赛中获得冠军。2014 年 7 月 19~25 日在巴西若昂佩索阿举办的第 18 届 RoboCup 机器人世界杯比赛赛场上，中国科学技术大学自主研发的“可佳”智能服务机器人夺得服务机器人比赛冠军。

第 19 届 RoboCup 机器人世界杯于 2015 年 7 月 19 日在安徽合肥开幕。这项科技含量十足的著名国际赛事，吸引了来自 47 个国家和地区、300 多支队伍的 3000 多名选手同场竞技。在小型组比赛中，浙江大学代表队最终以 2 比 0 击败美国卡内基梅隆大学代表队获得冠军，成功卫冕。

10.8 智能机器人发展趋势

目前工业机器人主要应用于汽车生产的制造过程中，今后机器人要转向与人合作的阶段。与人共融将是下一代机器人的特征。国际机器人业内人士都在加大科研力度，进行机器人共性技术的研究，并朝着智能化和多样化方向发展。主要研究内容集中在以下 10 个方面。

1）工业机器人操作机结构的优化设计技术：探索新的高强度轻质材料，进一步提高负载/自重比，同时机构向着模块化、可重构方向发展。

2）机器人控制技术：重点研究开放式、模块化控制系统，人机界面更加友好，语言、图形编程界面正在研制中。机器人控制器的标准化和网络化，以及基于 PC 网络式控制器已成为研究热点。编程技术除进一步提高在线编程的可操作性之外，离线编程的实用化将成为研究重点。

3）多传感系统：为进一步提高机器人的智能和适应性，多种传感器的使用是其问题解决的关键。其研究热点在于有效可行的多传感器融合算法，特别是在非线性及非平稳、非正态分布情形下的多传感器融合算法。另一问题就是传感系统的实用化。

4）机器人的结构灵巧，控制系统体积越来越小，二者正朝着一体化方向发展。

5）机器人遥控及监控技术，机器人半自主和自主技术，多机器人和操作者之间的协调控制，通过网络建立大范围内的机器人遥控系统，在有时延的情况下，建立预先显示进行遥控等。

6）虚拟机器人技术：基于多传感器、多媒体和虚拟现实以及临场感技术，实现机器人的虚拟遥控操作和人机交互。

7）多智能体协调控制技术：这是目前机器人研究的一个崭新领域，主要对多主体的群体体系结构、相互间的通信与磋商机理、感知与学习方法、建模和规划以及群体行为控制等方面进行研究。

8）微型和微小机器人技术（Micro/Miniature Robotics）：这是机器人研究的一个新的领域和重点发展方向。过去的研究在该领域几乎是空白，因此该领域研究的进展将会引起机器人技术的一场革命，并且对社会进步和人类活动的各个方面产生不可估量的影响，微小型机器人技术的研究主要集中在系统结构、运动方式、控制方法、传感技术、通信技术以及行走技术等方面。

9）软机器人技术（Soft Robotics）：主要用于医疗、护理、休闲和娱乐场合。传统机器人设计未考虑与人紧密共处，因此其结构材料多为金属或硬性材料，软机器人技术要求其结构、控制方式和所用传感系统在机器人意外地与环境或人碰撞时是安全的，机器人对人是友好的。

10）仿人和仿生技术：这是机器人技术发展的最高境界，目前仅在某些方面进行了一些基础研究。

智能机器人从我们人类中成长，学习我们的技能，与我们拥有共同的价值标准，可以看成是我们人类思维的后代。新一代能力更强、用途更广的机器人被称作“通用”机器人。莫拉维克对未来机器人的预测：第一代估计会在 2010 年出现，它的明显特征是有多用途的感知能力以及较强的操作性和移动性；第二代估计会在 2020 年出现，它最为突出的优点是能在工作中学到技能，具有适应性的学习能力；2030 年则会诞生第三代通用机器人，这一代机器人具备预测的能力，在行动之前若预测到将出现比较糟的结果，它能及时改变意图；第四代通用机器人会在 2040 年出现，这一代机器人将具备更完善的推理能力（Moravec，2001）。

10.9 小结

智能机器人是集多种技术于一身的人造制品，是推动新工业革命的关键。人与机器人的关系从 20 世纪 70 年代的“人机竞争”，发展到 90 年代的“人机共存”，再到目前的“人机协作”，未来将形成“人机共融”的新局面。

本章首先讨论了智能机器人的体系结构。体系结构是机器人本体的物理框架，是机器人智能的逻辑载体，选择和确定合适的体系结构是机器人研究中最基础的并且非常关键的一个环节。

感知是机器人必须具备的功能，特别是视觉系统。机器人视觉系统用计算机来实现对客观的三维世界的识别。本章重点讨论了定位技术、自主视觉导航和视觉伺服系统。基于视觉的伺服控制方式，可以克服模型中存在的不确定性，提高视觉定位或跟踪的精度。

此外，本章探讨了机器人规划问题。对于规划这个目标来说，我们不必关心硬件或微观层次的细节，相反，规划从动作效果的角度出发在较高层次上确定定义动作，如动作对周围世界的效果。这里重点研究任务规划、路径规划和轨迹规划。

近年来，机器人的应用范围不断扩大，从天空到海洋，从工业到服务、医疗和教育等多领域，智能化程度不断提高。智能机器人将成为下一个科技热点，引领新一代工业革命的到来。

习题

1. 什么是智能机器人？
2. 试比较智能机器人的体系结构。
3. 目前主流的移动机器人视觉系统有单目视觉、双目立体视觉、多目视觉和全景视觉等。请扼要给出各种方法的关键技术。
4. 试设计规划生成系统，解决图 10.15 所示机械手堆积木问题。

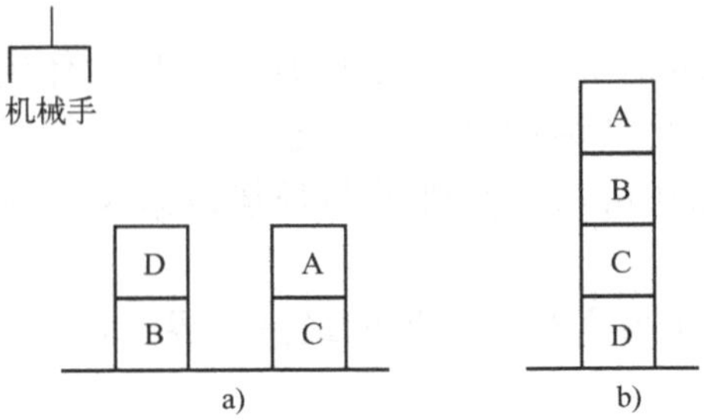

图 10.15　机械手堆积木规划问题

a）初始布局　b）目标布局

5. 图 10.16 表示机器人工作的世界模型。要求机器人把箱子从房间 R_2 初始位置移至房间 R_1 目标位置。试建立该机器人的规划系统，并给出规划结果。

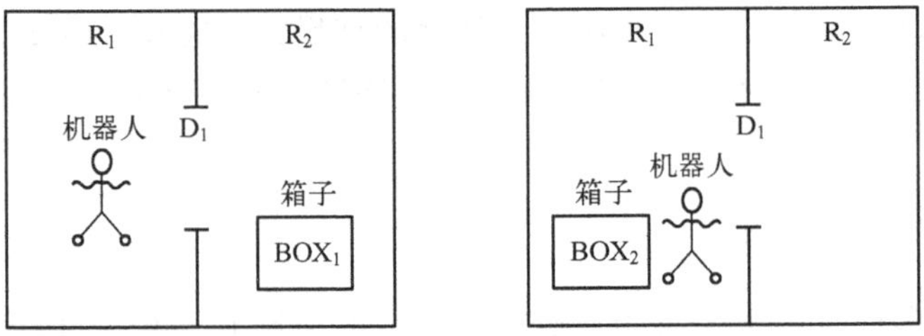

图 10.16　机器人工作的世界模型

6. 真正具有类人情感的机器人必须具备哪些基本系统？
7. 试述基于 CCIPCA+HDR 树模型的发育机器人的核心算法。

第 11 章　互联网智能

互联网是人类文明史上的重大创举，对信息技术和人工智能的发展产生了革命性的影响。众多的信息资源通过互联网连接在一起，形成全球性的信息系统，并成为可以相互交流、相互沟通、相互参与的互动平台。本章主要介绍语义 Web、本体知识管理、Web 技术的演化、Web 挖掘、搜索引擎和集体智能等。

11.1　互联网智能概述

因特网（Internet），是网络与网络之间以一组通用的协定相连，形成逻辑上单一庞大、覆盖全世界的全球性互联网络。万维网（World Wide Web），是基于超文本相互链接而成的全球性系统，通过互联网访问。本章论述互联网智能主要是指基于万维网的智能技术，即“Web Intelligence”，人们通常将其称为互联网智能。

1962 年，美国国防部高级研究计划署的利克莱德（Licklider J. C. R.）等提出通过网络将计算机互联起来的构想（Licklider et al., 1962）。1969 年 12 月，ARPANET 将美国西南部的加州大学洛杉矶分校、斯坦福大学研究学院、加州大学圣塔芭芭拉分校和犹他州大学的 4 台主要的计算机连接起来。1970 年 6 月，麻省理工学院、哈佛大学、BBN 和加州圣达莫尼卡系统发展公司加入进来。1972 年，ARPANET 对公众展示，并出现了 Email。1983 年，ARPANET 完全转移到 TCP/IP。1995 年，美国国家科学基金会组建的 NSFNET 与全球 50000 多个网络互联，互联网已经初具规模。

互联网从诞生到现在的发展历程可以分为 4 个阶段，即计算机互联、网页互联、用户实时交互、语义互联。

1）计算机互联阶段。20 世纪 60 年代第一台主机连接到 ARPANET 上，标志着互联网的诞生和网络互联发展阶段的开始。在这一阶段，伴随着第一台基于集成电路的通用电子计算机 IBM360 的问世、第一台个人电子计算机的问世、Unix 操作系统和高级程序设计语言的诞生，计算机逐渐得到了普及，形成了相对统一的计算机操作系统，有了方便的计算机软件编程语言和工具。人们尝试将分布在异地的计算机通过通信链路和协议连接起来，创造了互联网，形成了网络互联和传输协议的通用标准 TCP/IP，在网络地址分配、域名解析等方面也形成了全球通用的、统一的标准。基于互联网，人们可以在其上开发各种应用。例如，这一阶段出现了远程登录、文件传输以及电子邮件等简单、有效且影响深远的互联网应用。

2）网页互联阶段。1989 年 3 月，欧洲量子物理实验室的伯纳斯 · 李（Berners-Lee T.）开发了主从结构分布式超媒体系统。人们只要采用简单的方法，就可以通过 Web 迅速方便地获得丰富的信息。在使用 Web 浏览器访问信息资源的过程中，用户无须关心技术细节，因此 Web 在互联网上一经推出就受到欢迎。1993 年，Web 技术取得突破性进展，解决了远程信息服务中的文字显示、数据连接以及图像传递的问题，使得 Web 成为 Internet 上非常流行的信息传播方式。全球范围内的网页通过文本传输协议连接起来，成为这一阶段互联网发展的显著特征。通过这一阶段的发展，形成了统一资源定位符（Uniform Resource Locator，URL）、超文本标记语言（Hyper Text Mark-up Language，HTML）以及超文本传输协议（Hyper Text Transfer Protocol，HTTP）等通用的资源定位方法、文档格式和传输标准。WWW 服务成为互联网上流量最多的服务，开发了各种各样的 Web 应用。

3）用户实时交互阶段。随着计算机、互联网的发展，连接在互联网上的计算设备、存储设备能力有了大幅提升。20 世纪 90 年代末，万维网已经不再是单纯的内容提供平台，而是朝着提供更加强大和更加丰富的用户交互能力的方向发展，例如博客、QQ、维基、社会化书签等。这一阶段与第二阶段的网页互联不同，该阶段以各类资源的全面互联，尤其以应用程序的互联为主要特征，任何应用系统都会或多或少地依赖互联网和互联网上的各类资源，应用系统逐渐转移到互联网和万维网上进行开发和运行。

4）语义互联阶段。语义互联是为了解决在不同应用、企业和社区之间的互操作性问题。这种互操作性是通过语义来保证的，而互操作的环境是异质、动态、开放、全球化的 Web。每一个应用都有自己的数据，例如日历上有行程安排、Web 上有银行账号和照片。要求致力于整合的软件能够理解网页上的数据，这些软件能够检索并显示照片网页，发现这些照片的拍摄日期、时间及其描述；需要理解在线银行账单中的交易；理解在线日历的各种视图，并且清楚网页的哪些部分表示哪些日期和时间。数据必须具有语义才能够在不同的应用和社区之间实现互操作。通过语义互联，计算机能读懂网页的内容，在理解的基础上支持用户的互操作。

互联网在现实生活中应用很广泛。在互联网上我们可以聊天、玩游戏和查阅文献等。更为重要的是在互联网上还可以进行广告宣传和购物。互联网给我们的现实生活带来很大的方便。我们通过互联网上可以在数字知识库里寻找自己学业上、事业上所需的知识，从而帮助我们更好地工作与学习。

2022 年 8 月 31 日，中国互联网络信息中心（CNNIC）发布了《第 50 次中国互联网络发展状况统计报告》。截至 2022 年 6 月，我国网民规模达 10.51 亿，域名总数为 3380 万个。我国千兆光网具备覆盖超过 4 亿户家庭的能力，已累计建成开通 5G 基站 185.4 万个。

随着互联网的大规模应用，出现了各种各样基于互联网的计算模式。近几年来云计算（Cloud Computing）引起广泛的关注。云计算是分布式计算的一种范型，它强调在互联网上建立大规模数据中心等信息技术基础设施，通过面向服务的商业模式为各类用户提供基础设施能力。在用户看来，云计算提供了一种大规模的资源池，资源池管理的资源包括计算、存储、平台和服务等各种资源，资源池中的资源经过了抽象和虚拟化处理，并且是动态可扩展的。云计算具有下列特点：

1）面向服务的商业模式。云计算系统在不同层次，可以看成“软件即服务”（Software as a Service，SaaS）、“平台即服务”（Platform as a Service，PaaS）和“基础设施即服务”（Infrastructure as a Service，IaaS）等。在 SaaS 模式下，应用软件统一部署在服务器端，用户通过网络使用应用软件，服务器端根据和用户之间可达成细粒度的服务质量保障协议提供服务。服务器端统一对多个租户的应用软件需要的计算、存储和带宽资源进行资源共享和优化，并且能够根据实际负载进行性能扩展。

2）资源虚拟化。为了追求规模经济效应，云计算系统使用了虚拟化的方法，从而打破了数据中心、服务器、存储和网络等资源在物理设备中的划分，对物理资源进行抽象，以虚拟资源为单位进行调度和动态优化。

3）资源集中共享。云计算系统中的资源在多个租户之间共享，通过对资源的集中管控实现成本和能耗的降低。云计算是典型的规模经济驱动的产物。

4）动态可扩展。云计算系统的一大特点是可以支持用户对资源使用数量的动态调整，而无须用户预先安装、部署，并能运行峰值用户请求所需的资源。

11.2　语义 Web

1999 年，Web 的创始人伯纳斯・李首次提出了“语义 Web（Semantic Web)”的概念。2001 年 2 月，W3C 正式成立“Semantic Web Activity”来指导和推动语义 Web 的研究和发展，语义 Web 的地位得以正式确立。2001 年 5 月，伯纳斯・李等在《科学美国人》杂志上发表文章，提出语义 Web 的愿景（Berners-Lee et al.，2001)。

11.2.1　语义 Web 的层次模型

语义 Web 提供了一个通用的框架，允许跨越不同应用程序、企业和团体的边界共享和重用数据。语义 Web 以资源描述框架（RDF）为基础。RDF 以 XML 作为语法、URI 作为命名机制，将各种不同的应用集成在一起，对 Web 上的数据所进行的一种抽象表示。语义 Web 所指的“语义”是“机器可处理的”语义，而不是自然语言语义和人的推理等目前计算机所不能处理的信息。

语义 Web 要提供足够而又合适的语义描述机制（Davies，2006)。从整个应用构想来看，语义 Web 要实现的是信息在知识级别上的共享和语义级别上的互操作性，这需要不同系统间有一个语义上的“共同理解”才行。伯纳斯・李等给出“语义 Web 不是另外一个 Web，它是现有 Web 的延伸，其中信息被赋予了良定义的含义，从而使计算机可以更好地和人协同工作”(Berners-Lee et al.，2001)。本体自然地成为指导语义 Web 发展的理论基础。2001 年，伯纳斯・李给出最初的语义 Web 体系结构（见图 11.1)。2006 年，伯纳斯・李给出了新的语义 Web 层次模型（Berners-Lee et al.，2006)，该模型如图 11.2 所示。

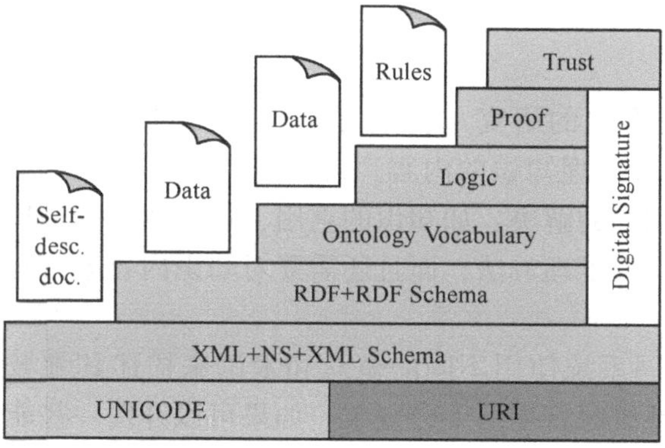

图 11.1　语义 Web 的体系结构

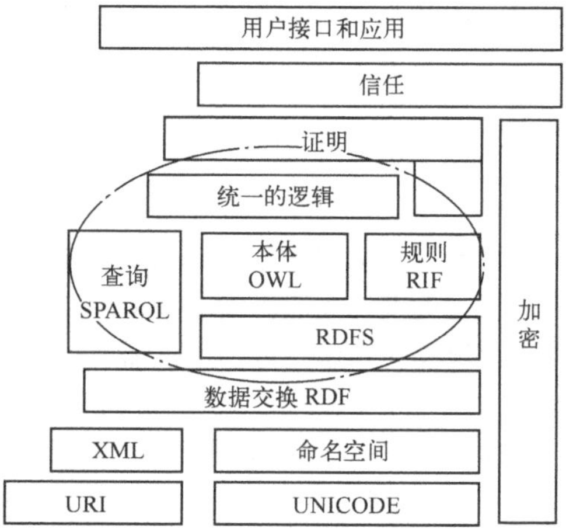

图 11.2　语义 Web 的层次模型

新的 Web 层次模型共分为 7 层，即 UNICODE 和 URI 层、XML 和命名空间层、RDF+RDFS 层、本体层、统一逻辑层、证明层和信任层，下面简单介绍每层的功能。

1）UNICODE 和 URI 层。UNICODE 和 URI 是语义 Web 的基础，其中 UNICODE 处理资源

的编码，保证使用的是国际通用字符集，以实现 Web 上信息的统一编码。URI 是统一资源定位符 URL 的超集，支持语义 Web 上对象和资源的标识。

2）XML 和命名空间层。该层包括命名空间和 XML Schema，通过 XML 标记语言将 Web 上资源的结构、内容与数据的表现形式进行分离，支持与其他基于 XML 标准的资源进行无缝集成。

3）RDF+RDFS 层。RDF 是语义 Web 的基本数据模型，定义了描述资源以及陈述事实的 3 类对象：资源、属性和值。资源是指网络上的数据，属性是指用来描述资源的一个方面、特征、属性以及关系，陈述则用来表示一个特定的资源，包括一个命了名的属性和它对应资源的值，因此一个 RDF 描述实际上就是一个三元组：（object[resource]，attribute[property]，value[resource or literal]）。RDFS 提供了将 Web 对象组织成层次的建模原语，主要包括类、属性、子类和子属性关系、定义域和值域约束。

4）本体层。本体层用于描述各种资源之间的联系，采用 OWL 表示。本体揭示了资源以及资源之间复杂和丰富的语义信息，将信息的结构和内容分离，对信息进行完全形式化的描述，使 Web 信息具有计算机可理解的语义。

5）统一逻辑层。统一逻辑层主要用来提供公理和推理规则，为智能推理提供基础，可以进一步增强本体语言的表达能力，并允许创作特定领域和应用的描述性知识。

6）证明层。证明层涉及实际的演绎过程以及利用 Web 语言表示证据，对证据进行验证等。证明注重于提供认证机制，证明层执行逻辑层的规则，并结合信任层的应用机制来评判是否能够信任给定的证明。

7）信任层。信任层提供信任机制，保证用户 Agent 在 Web 上提供个性化服务，以及彼此之间安全可靠地交互。基于可信 Agent 和其他认证机构，通过使用数字签名和其他知识才能构建信任层。当 Agent 的操作是安全的，而且用户信任 Agent 的操作及其提供的服务时，语义 Web 才能充分发挥其价值。

从语义 Web 层次模型来看，语义 Web 重用了已有 Web 技术，如 UNICODE、URI、XML 和 RDF 等，所以它是已有 Web 的延伸。语义 Web 不仅涉及 Web、逻辑和数据库等领域，层次模型中的信任和加密模块还涉及社会学、心理学、语言学和法律等学科和领域。因此，语义 Web 的研究属于多学科交叉领域。

11.2.2　本体的基本概念

在人工智能研究中有两种研究类型：面向形式的研究（机制理论）及面向内容的研究（内容理论）。前者处理逻辑与知识表达，而后者处理知识的内容。近年来，面向内容的研究已逐渐引起更多的关注，因为许多现实世界的问题的解决，如知识的重用、智能体通信、集成媒体和大规模的知识库等，不仅需要先进的理论或推理方法，而且还需要对知识内容进行复杂的处理。

目前，阻碍知识共享的一个关键问题是不同系统使用不同的概念和术语来描述其领域知识。这种不同使得将一个系统的知识用于其他系统时将变得十分复杂。如果可以开发一些能够用作多个系统的基础的本体，这些系统就可以共享通用的术语以实现知识共享和重用。开发这样的可重用本体是本体研究的重要目标。类似地，如果可以开发一些支持本体合并以及本体间互译的工具，那么即使是基于不同本体的系统也可以实现共享（Hitzler et al.，2010）。

1. 本体的定义

经过多年的研究，本体日趋成熟。在各种文献中，尽管与本体相关的概念和术语的用法并不完全一致，但是事实的使用约定已经出现。下面首先列出本体的几种比较有代表性的定义，然后对相关的概念做简要的描述。本体的几个代表性定义如下：

1）本体论（Ontology）是一个哲学术语，意义为“关于存在的理论”，特指哲学的分支学科。研究自然存在以及现实的组成结构。它试图回答“什么是存在”“存在的性质是什么”等。从这个观点出发，形式本体论是指这样一个领域，它确定客观事物总体上可能的状态，确定每个客观事物的结构所必须满足的个性化的需求。形式本体论可以定义为有关存在的一切形式和模式的系统。

2）本体是关于概念化的明确表达。1993 年，美国斯坦福大学知识系统实验室（KSL）的格鲁伯（Gruber T. R.）给出了第一个在信息科学领域广泛接受的本体的正式定义（Gruber，1993）。格鲁伯认为：概念化是从特定目的出发对所表达的世界所进行的一种抽象的、简化的观察。每一个知识库、基于知识库的信息系统以及基于知识共享的智能体都内含一个概念化的世界，它们是显式的或者隐式的。本体是对某一概念化所做的一种显式的解释说明。本体中的对象以及它们之间的关系是通过知识表达语言的词汇来描述的，因此可以通过定义一套知识表达的专门术语来定义一个本体，以人们可以理解的术语描述领域世界的实体、对象、关系以及过程等，并通过形式化的公理来限制和规范这些术语的解释和使用。因此严格地说，本体是一个逻辑理论的陈述性描述。根据格鲁伯的解释，概念化的明确表达是指一个本体是对概念和关系的描述，而这些概念和关系可能是针对一个代理或代理群体而存在的。这个定义与本体在概念定义中的描述一致，但它更具普遍意义。在这个意义上，本体对于知识共享和重用非常重要。博斯特（Borst W.）对格鲁伯的本体定义稍微做了一点修改（Borst，1997），认为本体可定义为被共享的概念化的一个形式的规格说明。

3）本体是用于描述或表达某一领域知识的一组概念或术语。它可以用来组织知识库较高层次的知识抽象，也可以用来描述特定领域的知识。把本体看作知识实体，而不是描述知识的途径。本体这一术语有时候用于指描述某个领域的知识实体。比如，Cyc 常将它对某个领域知识的表示称为本体。也就是说，表示词汇提供了一套用于描述领域内事实的术语，而使用这些词汇的知识实体是这个领域内事实的集合。但是，它们之间的这种区别并不明显。本体被定义为描述某个领域的知识，通常是一般意义上的知识领域，它使用上面提到的表示性词汇。这时，一个本体不仅仅是词汇表，而是整个上层知识库（包括用于描述这个知识库的词汇）。这种定义的典型应用是 Cyc 工程，它以本体定义其知识库，为其他知识库系统所用。Cyc 是一个巨型的、多关系型知识库和推理引擎（Lenat，1995）。

4）本体属于人工智能领域中的内容理论，研究特定领域知识的对象分类、对象属性和对象间的关系，它为领域知识的描述提供术语。

可以看出，不同的研究者，站在不同的角度，对本体的定义会有不同的认识。但是，基本上来讲，本体应该包含如下的含义：

1）本体描述的是客观事物的存在，它代表了事物的本质。

2）本体独立于对本体的描述。任何对本体的描述，包括人对事物在概念上的认识、人对事物用语言的描述，都是本体在某种媒介上的投影。

3）本体独立于个体对本体的认识。本体不会因为个人认识的不同而改变，它反映的是一种能够被群体所认同的一致的“知识”。

4）本体本身不存在与客观事物的误差，因为它就是客观事物的本质所在。但对本体的描述，即任何以形式或自然语言写出的本体，作为本体的一种投影，可能会与本体本身存在误差。

5）描述的本体代表了人们对某个领域的知识的公共观念。这种公共观念能够被共享、重用，进而消除不同人对同一事物理解的不一致性。

6）对本体的描述应该是形式化的、清晰的、无二义的。

2. 本体的种类

根据本体在主题上的不同层次，将本体分为顶级本体/上层本体（Top-Level Ontology）、领域本体（Domain Ontology）、任务本体（Task Ontology）和应用本体（Application Ontology），如图11.3所示。

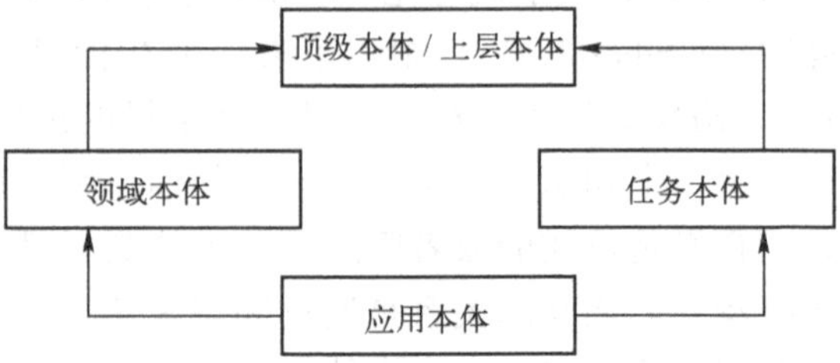

图11.3　本体的层次模型

其中，顶级本体研究通用的概念，比如空间、时间、事件和行为等，这些概念独立于特定的领域，可以在不同的领域中共享和重用。处于第二层的领域本体则研究特定领域（如图书、医学等）下的词汇和术语，对该领域进行建模。与其同层的任务本体则主要研究可共享的问题求解方法，其定义了通用的任务和推理活动。领域本体和任务本体都可以引用顶级本体中定义的词汇来描述自己的词汇。处于第三层的应用本体描述具体的应用，可以同时引用特定的领域本体和任务本体中的概念。

11.2.3　本体描述语言 OWL

OWL是目前本体的标准描述语言。OWL建立在RDF基础上，以XML为书写工具，主要用来表达需要计算机应用程序来处理的文件中的知识信息，而不是呈递给人的知识。OWL能清晰地表达词表中各词条的含义及其之间的关系，这种表达被称为本体。OWL相对XML、RDF和RDF Schema拥有更多的机制来表达语义。

OWL形成了3种子语言：OWL Full、OWL Lite和OWL DL。3种子语言的限制由少到多，其表达能力依次下降，但可计算性（指结论可由计算机通过计算自动得出）依次增强。

1）OWL Full支持那些需要在没有计算保证的语法自由的RDF上进行最大程度表达的用户，从而任何推理软件均不能支持OWL Full的所有特征。OWL允许本体扩大预定义词汇的含义，即允许一个本体在预定义的（RDF、OWL）词汇表上增加词汇，但OWL Full基本上不可能完全支持计算机自动推理。

2）OWL Lite提供最小的表达能力和最强的语义约束，适用于只需要层次式分类结构和少量约束的本体，例如词典。因为其语义较为简单，所以OWL Lite比较容易被工具支持。

3）OWL DL得名于它的逻辑基础——描述逻辑（Description Logics）。OWL DL处于OWL Full和OWL Lite之间，兼顾表达能力和可计算性。OWL DL支持所有的OWL语法结构，但在OWL Full之上加强了语义约束，使得能够提供计算完备性和可判定性。OWL DL支持那些需要在推理系统上进行最大程度表达的用户，这里的推理系统能够保证计算完全性和可决定性。

11.3　本体知识管理

本体是语义Web的基础，本体可以有效地进行知识表达、知识查询，或不同领域知识的语义消解。本体还可以支持更丰富的服务发现、匹配和组合，提高自动化程度。本体知识管理

（Ontology-based Knowledge Management）可实现语义级知识服务，提高知识利用的深度。本体知识管理还可以支持对隐性知识进行推理，方便异构知识服务之间实现互操作，方便融入领域专家知识及经验知识结构化等。

本体知识管理一般要求满足以下基本功能：①支持本体多种表示语言和存储形式，具有本体导航功能；②支持本体的基本操作，如本体学习、本体映射和本体合并等；③提供本体版本管理功能，支持本体的可扩展性和一致性。图 11.4 给出了一种本体知识管理框架，它由 3 个基本模块构成。

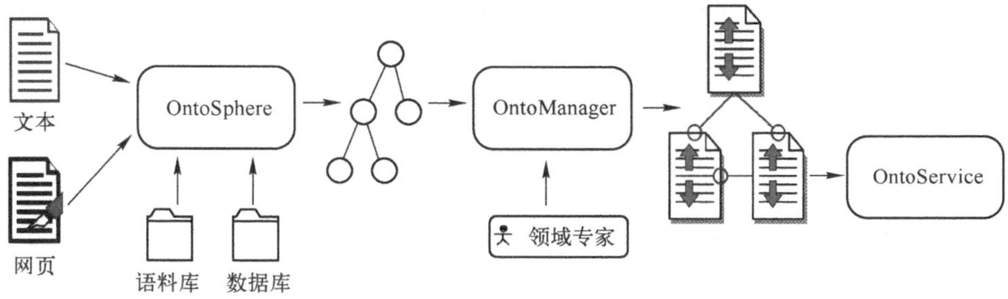

图 11.4　基于本体的知识管理框架

1）领域本体学习环境 OntoSphere：主要功能包括 Web 语料的获取、文档分析、本体概念和关系获取，专家交互环境，最终建立满足应用需求的高质量领域本体。

2）本体管理环境 OntoManager：提供对已有本体的管理和修改编辑。

3）基于智能体的知识服务 OntoService：提供面向语义的多智能体知识服务。

下面分别介绍 Protégé 和 KMSphere 等本体知识管理系统。

11.3.1　知识管理系统 Protégé

美国斯坦福大学斯坦福医学信息学实验室（Stanford Medical Informatics）开发了 Protégé 系统，它是开源的，可以从 Protégé 网站 http：//protege. stanford. edu/免费下载使用。

1. 体系结构

Protégé 是一个基于 Java 的单机软件，其核心是本体编辑器。Protégé 采用了一种可扩展的体系结构使得它非常容易添加和整合新的功能。这些新的功能以插件（Plug-In）方式加入系统。它们一般是 Protégé 的标准版本之外的功能，如可视化、新的格式的导入导出等。目前有 3 种类型的插件，即 Tab、Slot Widgets 和 Backends。Tab 插件是通过添加一个 Tab 的方式扩展 Protégé 的本体编辑器；Slot Widgets 被用于展示和编辑那些没有默认展示和编辑工具的槽值；Backends 主要用于使用不同的格式导入和导出本体。

2. 知识模型

Protégé 的知识模型是基于框架和一阶逻辑的。它的主要建模组件为类、槽、侧面和实例。其中类以类层次结构的方式进行组织，并且允许多重继承。槽则以槽的层次结构进行组织。另外，Protégé 的知识模型允许使用 PAL（KIF 的子集）语言表示约束（Constraints）和允许表示元类（Metaclasses）。Protégé 也支持基于 OWL 语言的本体建模。

3. 本体编辑器

本体编辑器提供界面来浏览和编辑本体，例如类层次结构、定义槽、连接槽和类以及建立类的实例等。它同时提供搜索、复制粘贴和拖拽等功能。另外，它可以产生多种本体文档。一些其他研究机构提供的插件可以对本体进行可视化编辑，如 OntoViz。

4. 互操作性

一旦使用 Protégé 建立了一个本体，本体应用可以有多种方式访问它。所有的本体中的词项可以使用 Protégé Java API 进行访问。Protégé 的本体可以采用多种方式进行导入和导出。标准的 Protégé 版本提供了对 RDF/S、XML、XML Schema 和 OWL 的编辑和管理。

11.3.2 知识管理系统 KMSphere

按照本体知识管理框架，中国科学院计算技术研究所智能科学实验室研制了知识管理系统 KMSphere（史忠植，2011）。图 11.5 给出了知识管理系统 KMSphere 的系统结构。

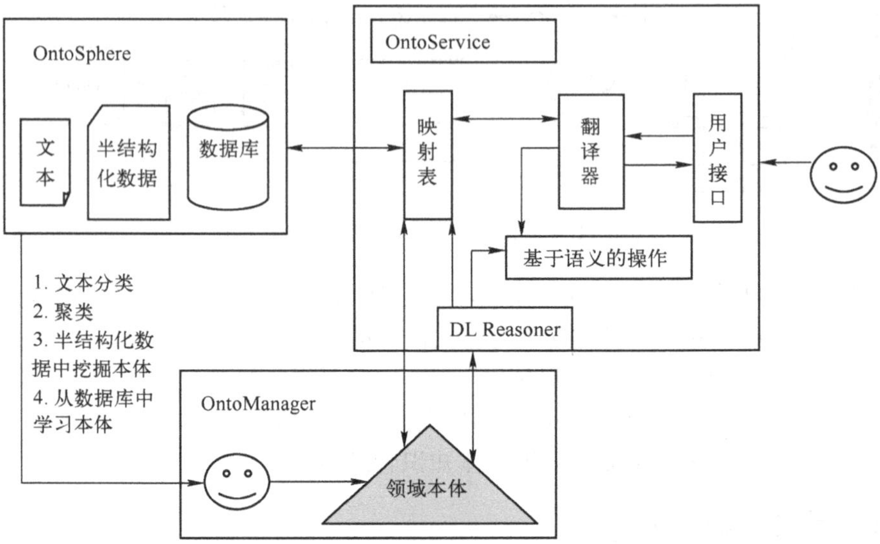

图 11.5　知识管理系统 KMSphere 的系统结构

1. OntoSphere

手工方法构造的本体一般具有较高的质量和丰富的语义。但这种本体构建方法枯燥单调、效率低而且代价高。但是现有的本体学习方法还不能获得高质量本体满足实际应用的要求。我们将两者的优点结合起来提出了一个半自动本体获取框架，从领域应用需求开始，通过分析原始语料、本体概念学习和关系学习、领域专家确认等过程，并不断反复直到获得满足需求的本体。在概念学习过程中，通过利用语料库等工具发现新的领域概念，利用层次关系学习和关联规则等算法发现新的领域关系，提高了本体的质量。

半自动化本体获取环境 OntoSphere 框架结构如图 11.6 所示，主要提供以下功能：文档获取、源文档预处理、相关度计算、种子本体管理和词汇评价等。其中源文档预处理和相关度计算是核心部分。OntoSphere 在工作过程中，用户可以与系统进行交互。

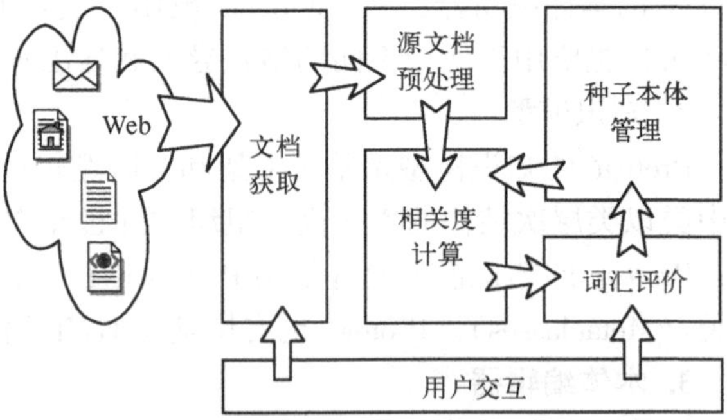

图 11.6　OntoSphere 框架结构图

2. OntoManager

可视化本体管理编辑环境 OntoManager，提供对已有本体的修改编辑等功能。本体的手工开发是一件单调枯燥的事情，并且难以保证其正确性，良好的工具支持是必不可少的。工具可以辅助概念识别、一致性检查和文档编写等，提高本体开发质量。根据工具在本体开发过程中的不同作用，可以分为本体开发工具、本体评价工具、本体合并和映射工具、本体注释工具以及本体查询工具和推理引擎 5 大类。

OntoManager 参考了斯坦福大学的开源软件 Protégé，采用可视化的编辑环境，可以使用 OWL 代码编辑方式和图形化编辑方式。

3. OntoService

知识服务框架 OntoService 提供基于多智能体系统的知识共享服务，包括知识查询、主动知识分发服务和基于协议的知识共享机制。该部分内含 DDL 推理机，实现知识的映射。

11.4　Web 技术的演化

20 世纪 90 年代初伯纳斯·李提出 HTML、HTTP 和万维网（World Wide Web，Web），为全世界的人们提供了一个方便的信息交流和资源共享平台，将人们更好地联系在一起。由于应用的广泛需求，Web 技术飞速发展，Web 技术的演化路线图如图 11.7 所示（Spivack，2008）。图中横坐标表示社会连接语义，即人和人之间的连接程度；纵坐标表示信息连接语义，即信息之间的连接程度；带箭头的虚线表示 Web 技术的演化过程，包括 PC 时代、Web 1.0、Web 2.0、Web 3.0 和 Web 4.0。

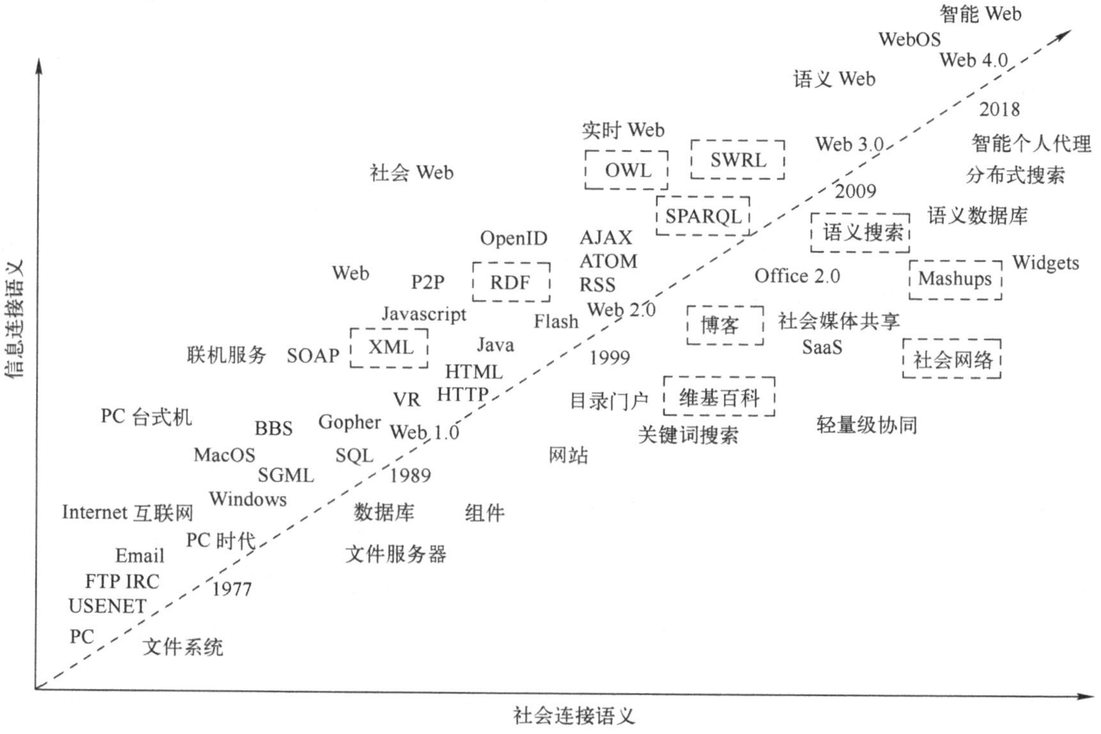

图 11.7　Web 技术的演化路线图

1. Web 1.0

Web将互联网上高度分布的文档通过链接联系起来，形成一个类似于蜘蛛网的结构。文档是Web最核心的概念之一。它的外延非常广泛，除了包含文本信息外，还包含音频、视频、图片和文件等网络资源。

Web组织文档的方式称为超文本（Hypertext），连接文档之间的链接称为超链接（Hyperlink）。超文本是一种文本，与传统文本不同的是对文本的组织方式。传统文本采取的是一种线性的文本组织方式，而超文本的组织方式则是非线性的。超文本将文本中的相关内容通过链接组织在一起，这很贴近人类的思维模式，从而方便用户快速浏览文本中的相关内容。

Web的基本架构可以分为客户端、服务器以及相关网络协议3个部分。服务器承担了很多烦琐的工作，包括对数据的加工和管理、应用程序的执行以及动态网页的生成等。客户端主要通过浏览器来向服务器发出请求，服务器在对请求进行处理后，向浏览器返回处理结果和相关信息。浏览器负责解析服务器返回的信息，并以可视化的方式呈现给用户。支持Web正常运转的常见协议如下。

1）编址机制：URL是Web上用于描述网页和其他资源地址的一种常见标识方法。URL描述了文档的位置以及传输文档所采用的应用级协议，如HTTP、FTP等。

2）通信协议：HTTP是Web中最常用的文档传输协议，是一种基于请求-响应范式的、无状态的传输协议。它能将服务器中存储的超文本信息高效地传输到客户端的浏览器中。

3）超文本标记语言：Web中的绝大部分文档都是采用HTML编写的。HTML是一种简单、功能强大的标记语言，具有良好的可扩展性，并且与运行的平台无关。HTML通常由浏览器负责解析，根据HTML描述的内容，浏览器可以将信息可视化地呈现给用户。此外，HTML中还内嵌了对超链接的支持，在浏览器的支持下，用户可以快速地从一个文档跳转到另一个文档中。

2. Web 2.0

2001年秋天互联网公司泡沫的破灭标志着互联网的一个转折点。许多人断定互联网被过分炒作，事实上网络泡沫和相继而来的股市大衰退看起来像是所有技术革命的共同特征。股市大衰退通常标志着蒸蒸日上的技术已经开始占领中央舞台。O'Reilly公司副总裁的多尔蒂（Dale Dougherty）呼吁“Web 2.0”的行动，2003年之后互联网走向Web 2.0时代（O'Reilly，2005）。Web 2.0是对Web 1.0的继承与创新，在使用方式、内容单元、内容创建、内容编辑、内容获取和内容管理等方面Web 2.0较之于Web 1.0有很大的改进。

（1）博客

博客（Blog）又称为网络日志，由Weblog缩写而来。博客的出发点是用户织网，发表新知识，链接其他用户的内容，博客网站对这些内容进行组织。博客是一种简易的个人信息发布方式。任何人都可以注册，完成个人网页的创建、发布和更新。

博客的模式充分利用网络的互动和更新即时的特点，让用户以最快的速度获取最有价值的信息与资源。用户可以发挥无限的表达力，即时记录和发布个人的生活故事和闪现的灵感。用户还可以文会友，结识和汇聚朋友，进行深度交流沟通。博客分为基本的博客、小组博客、家庭博客、协作式博客、公共社区博客和商业、企业、广告型的博客等。

博客大致可以分成两种形态：个人创作、将个人认为有趣的或有价值的内容推荐给读者。博客由于张贴内容的差异、现实身份的不同而有各种称谓，如政治博客、记者博客和新闻博客等。

（2）维基

维基（Wiki）是一种多人协作的写作工具，Wiki 站点可以由多人维护，每个人都可以发表自己的意见，或者对共同的主题进行扩展和探讨。Wiki 是一种超文本系统，这种超文本系统支持面向社区的协作式写作，同时也包括一组支持这种写作的辅助工具。可以对 Wiki 文本进行浏览、创建和更改，而且其运行代价远比 HTML 文本小。Wiki 系统支持面向社区的协作式写作，为协作式写作提供必要帮助。Wiki 的写作者自然构成一个社区，Wiki 系统为这个社区提供简单的交流工具。Wiki 具有使用方便及开放的特点，有助于在社区内共享知识。

Wiki 一词来源于夏威夷语的“wee kee wee kee”，原本是“快点快点”的意思，这里特指维基百科。Wiki 著名的例子是维基百科（Wikipedia），由威尔士（Wales J.）、桑格（Sanger L.）等于 2001 年 1 月 15 日开始创建。截至 2009 年初，维基百科在世界上拥有超过 250 种语言的版本，共有超过 6 万名的使用者贡献了超过 1000 万个条目。2008 年 4 月 4 日，维基百科条目数第一的英文维基百科（http://en.wikipedia.org）已有 231 万个条目。中文维基百科于 2002 年 10 月 24 日正式成立，截至 2008 年 4 月 4 日，中文维基百科已拥有171 446 个条目。

百度百科（http://baike.baidu.com）开始于 2006 年 4 月。截至 2023 年 4 月，百度百科已经收录了超 2700 万个词条，参与词条编辑的网友超过 770 万人，几乎涵盖了所有已知的知识领域。

（3）混搭

混搭（Mashup）指整合互联网上多个资料来源或功能，以创造新服务的互联网应用程序。常见的混搭方式除了图片外，一般利用一组开放编程接口（Open API）取得其他网站的资料或功能，例如，Amazon、Google、Microsoft 和 Yahoo 等公司提供的地图、影音及新闻等服务。由于对一般使用者来说，撰写程序调用这些功能并不容易，所以一些软件设计人员开始制作程序产生器，替使用者生成代码，然后网页制作者就可以很简单地以复制-粘贴的方式制作出混搭的网页。例如，一个用户要在自己的博客上加上一段视频，一种方便的做法就是将这段视频上传至 YouTube 或其他网站，然后取回嵌入码，再贴回自己的博客。

（4）社会化书签

社会化书签（Social Bookmark）又称为网络收藏夹，是普通浏览器收藏夹的网络版，提供便捷、高效且易于使用的在线网址收藏、管理和分享功能。它可以让用户把喜爱的网站随时加入自己的网络书签中。人们可以用多个标签而不是分类来标识和整理自己的书签，并与他人共享。用户收藏的超链接可以供许多人在互联网上分享，因此也有人称之为网络书签。

社会化书签服务的核心价值在于分享。每个用户不仅能保存自己看到的信息，还能与他人分享自己的发现。每一个人的视野和视角是有限的，再加上空间和时间分割，一个人所能接触到的东西是片面的。知识分享可以大大减低所有参与用户获得信息的成本，使用户更加轻松地获得更多数量、更多角度的信息。保存用户在互联网上阅读到的有收藏价值的信息，并做必要的描述和注解，积累形成个人知识体系。人们通过知识分类，可以更快结交到具有相同兴趣和特定技能的人，形成交流社区，通过交流和分享互相增强知识，满足沟通、表达等社会性需要。社会化书签可以满足个人收藏、展示的性格需求。

Web 2.0 赢得了人们普遍的关注，软件开发者和最终用户使用 Web 的方式发生了变化。对 Web 1.0 应用来说，用户和 Web 之间的交互方式仅限于内容的发布和获取，而对 Web 2.0 应用来说，用户和 Web 之间的交互方式从内容的发布和获取，已经扩展到对 Web 内容的参与创作、贡献以及丰富的交互。在 Web 2.0 中，用户的作用将越来越大，他们提供内容，并建立起不同内容之间的相互关系，而且还利用各种网络工具和服务来创造新的价值。Web 2.0 的特色可以概括为以下4点：

1）用户广泛参与。Web 2.0改变了过去用户只能从网站获取信息的模式，鼓励用户向网站提供新内容，对网站的建设和维护做出直接贡献。当前，很多Web 2.0应用都支持用户直接向网站中发布新的内容，如博客、Wiki等。

2）新的应用开发模式。Web 2.0倡导了一种新的应用开发模式，即由用户通过重用并组合Web上的不同组件来创建新的应用。当前流行的混搭就是这样一类技术，它可以让用户利用网站提供的API和服务进行二次开发。

3）利用集体智慧。Web应用的创建和内容的丰富将不再仅依赖于开发人员的智慧，用户的知识也会对应用构建产生直接影响，集体智慧将扮演越来越重要的角色。Wiki是这类应用的典型代表，其目的是依赖大众的智慧来完善Wiki网站的内容建设。因此，它又被看作一种人类知识的网络系统。

4）具有社会性特点。社会性是人类的根本属性。人存在各种各样的社会性需求，如交友、聊天互动等。当前，Web 2.0应用也越来越具有社会性特点。例如，Facebook这类社交网站的主要功能就是提供向好友推荐、邀请好友加入服务等。社会性为网站带来了更丰富的内容，对用户产生了巨大的吸引力。

3. Web 3.0

Radar网络公司的Spivack N认为，互联网的发展以十年为一个周期。在互联网的头十年，发展重心放在互联网的后端即基础架构上，编程人员开发出用来生成网页的协议和代码语言。在第二个十年，重心转移到了前端，Web 2.0时代就此拉开帷幕。现在，人们使用网页作为创建其他应用的平台。他们还开发聚合应用，并且尝试让互联网体验更具互动性的诸多方法。Web 3.0的重心重新转移到后端。编程人员会完善互联网的基础架构，以支持Web 3.0浏览器的高级功能。一旦这个阶段告一段落，我们将迈入Web 4.0时代（见图11.7）。重心又将回到前端，我们会看到成千上万的新程序使用Web 3.0作为基础。

Web 3.0最本质的特征在于语义的精确性。实质上Web 3.0是语义Web系统，实现更加智能化的人与人和人与机器的交流功能，是一系列应用的集成。它的主要特点是：

1）网站内的信息可以直接和其他网站相关信息进行交互，能通过第三方信息平台同时对多家网站的信息进行整合使用。

2）用户在互联网上拥有自己的数据，并能在不同网站上使用。

3）完全基于Web，用浏览器就可以实现复杂的系统程序才具有的功能。

Web 3.0将互联网本身转化为一个泛型数据库，具有跨浏览器、超浏览器的内容投递和请求机制，运用人工智能技术进行推理，运用3D技术搭建网站甚至虚拟世界。Web 3.0会为用户带来更丰富、相关度更高的体验。Web 3.0的软件基础将是一组应用编程接口（API），API是一组让开发人员可以开发能充分利用某一组资源的应用程序。

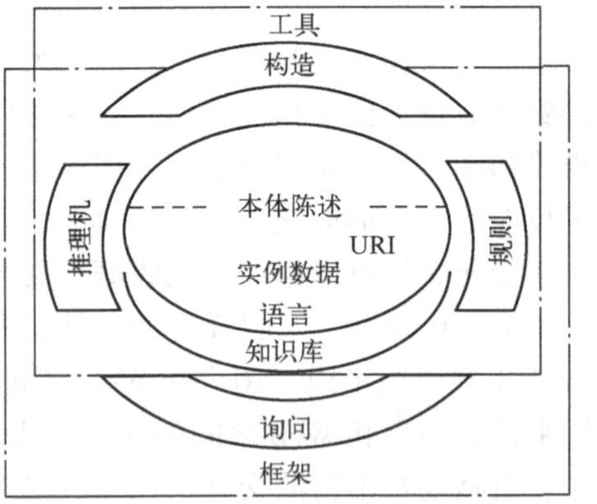

图11.8　语义Web的主要组件和相关的工具

BBN技术公司的赫贝勒（Hebeler J.）等给出了语义Web的主要组件和相关的工具（Hebeler et al.，2009）。如图11.8所示，语义Web的核心组件包括语义Web陈述、统一资源标识符（URI）、语义 Web 语言、本体和实例数据，形成了相互关联的语义信息。工具可以分为 4 类：建造工具用于语义 Web 应用程序的构建和演化、询问工具用于语义 Web 上的资源探查（Explore）、推理机负责为语义 Web 添加推理功能、规则引擎可以扩展语义 Web 的功能。语义框架最终将这些工具打包成一个集成套件。

4. Web 4.0

Web 4.0 将是智能 Web。在云平台的基础设施上，通过跨媒体、分布式搜索，高效地获取所需知识。

11.5 Web 挖掘

Google 报告指出，互联网上的 Web 文档已超过 1 万亿个，Web 已经成为各类信息资源的聚集地。在这些海量的、异构的 Web 信息资源中，蕴含着具有巨大潜在价值的知识。人们迫切需要能够从 Web 上快速、有效地发现资源和知识的工具，提高在 Web 上检索信息、利用信息的效率。

Web 知识发现已经引起学术界、工业界和社会学界的广泛关注，也是语义 Web 和 Web 科学发展的重要基础。Web 挖掘是指从大量 Web 文档的集合 C 中发现隐含的模式 p。如果将 C 看作输入，将 p 看作输出，那么 Web 挖掘的过程就是从输入到输出的一个映射 ξ：$C \to p$。

Web 知识发现（挖掘）是从知识发现发展而来，但是 Web 知识发现与传统的知识发现相比有许多独特之处。首先，Web 挖掘的对象是海量、异构、分布的 Web 文档。我们认为以 Web 作为中间件对数据库进行挖掘，以及对 Web 服务器上的日志、用户信息等数据展开的挖掘工作，仍属于传统的数据挖掘的范畴。其次，Web 在逻辑上是一个由文档节点和超链构成的图，因此 Web 挖掘所得到的模式既可能是关于 Web 内容的，也可能是关于 Web 结构的。此外，由于 Web 文档本身是半结构化或无结构的，且缺乏机器可理解的语义，而数据挖掘的对象局限于数据库中的结构化数据，并利用关系表格等存储结构来发现知识，因此有些数据挖掘技术并不适用于 Web 挖掘，即使可用也需要建立在对 Web 文档进行预处理的基础上。这样，开发新的 Web 挖掘技术以及对 Web 文档进行预处理以得到关于文档的特征表示，便成为 Web 挖掘的研究重点。

在逻辑上，可以把 Web 看作位于物理网络上的一个有向图 $G=(N,E)$，其中节点集 N 对应于 Web 上的所有文档，而有向边集 E 则对应于节点之间的超链。对节点集做进一步的划分，$N=\{N_l,N_{nl}\}$。所有的非叶节点 N_{nl} 是 HTML 文档，其中除了包括文本以外，还包含了标记以指定文档的属性和内部结构，或者嵌入了超链以表示文档间的结构关系。叶节点 N_l 可以是 HTML 文档，也可以是其他格式的文档，例如 PostScript 等文本文件，以及图形、音频等媒体文件。如图 11.9 所示，N 中每个节点都有一个 URL，其中包含了关于节点所位于的 Web 站点和目录路径的结构信息。

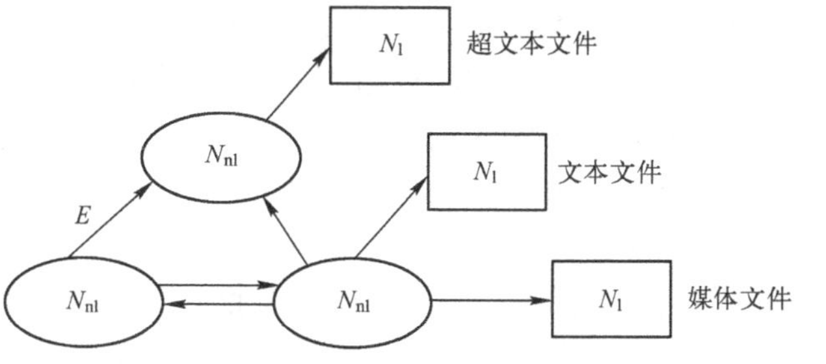

图 11.9　Web 的逻辑结构

Web 上信息的多样性决定了 Web 知识发现的多样性。按照处理对象的不同，一般将 Web 知识发现分为 3 大类：

Web 内容发现（Web Content Discovery）、Web 结构发现（Web Structure Discovery）和 Web 使用发现（Web Usage Discovery）（Liu，2006）。Web 知识发现也常称为 Web 挖掘，挖掘任务分类如图 11.10 所示。

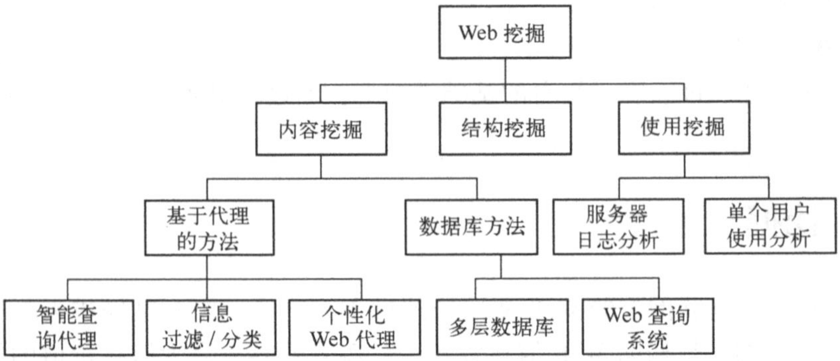

图 11.10　Web 知识发现的分类

11.5.1　Web 内容挖掘

Web 内容挖掘是指对 Web 上大量文档集合的内容进行总结、分类、聚类、关联分析，以及利用 Web 文档进行趋势预测等，是从 Web 文档内容或其描述中抽取知识的过程。Web 上的数据既有文本数据，也有声音、图像、图形和视频数据等多媒体数据；既有无结构的自由文本，也有用 HTML 标记的半结构的数据和来自于数据库的结构化数据。根据处理的内容可以分为两个部分，即文本挖掘和多媒体挖掘。Web 文本挖掘和通常意义上的平面文本挖掘的功能和方法相似，但是也有其自身特点。Web 文本挖掘的对象除了平面的无结构的自由文本外，还包含有半结构化的 HTML 文本。Web 文本挖掘是以计算语言学、统计数理分析为理论基础，结合机器学习和信息检索技术，从大量的文本数据中发现和提取隐含的、事先未知的知识，最终形成用户可理解的、有价值的信息和知识的过程。

文本摘要是指从文档中抽取关键信息，用简洁的形式对文档内容进行摘要或解释。这样，用户不需要浏览全文就可以了解文档或文档集合的总体内容。文本摘要在有些场合十分有用，例如，搜索引擎在向用户返回查询结果时，通常需要给出文档的摘要。目前，绝大部分搜索引擎采用的方法是简单地截取文档的前几行。

文本分类是指按照预先定义的主题类别，为文档集合中的每个文档确定一个类别。这样，用户不仅能够方便地浏览文档，而且可以通过限制搜索范围来使文档的查找更为容易。目前，Yahoo 通过人工来对 Web 上的文档进行分类，这大大影响了索引的页面数目（Yahoo 索引的覆盖范围远远小于 Alta-Vista 等搜索引擎）。利用文本分类技术可以对大量文档进行快速、有效的自动分类。目前，文本分类的算法有很多种，比较常用的有 TFIDF 和 Naive Bayes 等方法。

文本聚类与分类的不同之处在于，聚类没有预先定义好的主题类别，它的目标是将文档集分成若干类，要求同一类内文档内容的相似度尽可能大，而不同类间的相似度尽可能小。Hearst 等的研究已经证明了“聚类假设”，即与用户查询相关的文档通常会聚类得比较靠近，而远离与用户查询不相关的文档。因此，可以利用文本聚类技术将搜索引擎的检索结果划分为若干类，用户只需要考虑那些相关的类，大大缩小了所需要的浏览结果数量。目前有多种文本聚类算法，大致可以分为两种类型：以 G-HAC 等算法为代表的层次凝聚法以及以 k-means 等算法为代表的平面划分法。

关联分析是指从文档集合中找出不同词语之间的关系。布林（Brin S.）提出了一种从大量文档中发现一对词语出现模式的算法，并用来在 Web 上寻找作者和书名的出现模式，从而发现了数千本在 Amazon 网站上找不到的新书籍。加拿大西蒙·弗雷泽大学王克等以 Web 上的电影介绍作为测试文档，通过使用 OEM 模型从这些半结构化的页面中抽取词语项，进而得到一些关于电影名称、导演、演员和编剧的出现模式。

分布分析与趋势预测是指通过对 Web 文档的分析，得到特定数据在某个历史时刻的情况或将来的取值趋势。费尔德曼（Feldman）等使用多种分析模式对路透社的两万多篇新闻进行了发现，得到主题、国家、组织、人和股票交易之间的相对分布，揭示了一些有趣的趋势。维特里希（Wvthrich）等通过分析 Web 上出版的权威性经济文章，对每天的股票市场指数进行预测，取得了良好的效果。需要说明的是，Web 上的文本发现和通常的文本发现的功能和方法比较类似，但是 Web 文档中的标记，例如<Title>、<Heading>等蕴含了额外的信息，我们可以利用这些信息来提高 Web 文本发现的性能。

互联网规模和覆盖面的迅速增长带来了信息超载的问题，大量信息同时呈现使得用户无法从中获取对自己有用的部分，信息使用效率反而降低。推荐系统作为一种信息过滤的重要手段，是当前解决信息量超载问题的非常有潜力的方法。推荐系统利用电子商务网站向客户提供商品信息和建议，帮助用户决定应该购买什么产品，模拟销售人员帮助客户完成购买过程。

推荐系统有 3 个组成要素：推荐候选对象、用户和推荐方法。用户可以向推荐系统主动提供个人偏好信息或推荐请求，或者用户不提供，而是推荐系统主动采集。推荐系统可以使用不同的推荐策略进行推荐，如将采集到的个性化信息和对象数据进行计算得到推荐结果，或者直接基于已建模的知识数据库进行推荐。推荐系统将推荐结果返回给用户使用。

目前，根据推荐方法对推荐系统进行分类，主流的推荐方法包括基于内容推荐、协同过滤推荐、基于知识推荐和组合推荐。

1）基于内容的推荐。基于内容的推荐是指根据用户选择的对象，推荐其他类似属性的对象，这属于 Schafer 划分中的方法。不需要依据用户对对象的评价意见，对象使用通过特征提取方法得到的对象内容特征来表示，系统基于用户所评价对象的特征，学习用户的兴趣，从而考查用户资料与待预测项目相匹配的程度。

2）协同过滤推荐。协同过滤推荐技术是推荐系统中最为成功的技术之一。大量论文和研究都属于这一类。在日常生活中，我们往往会利用朋友的推荐来进行一些选择。协同过滤正是把这一思想运用到推荐系统中来，即基于其他用户对某一内容的评价向目标用户进行推荐。基于协同过滤的推荐系统可以说是从用户的角度进行推荐的，并且是自动的，也就是说，用户所获得的推荐是系统从用户购买或浏览等行为中隐式获得的，不需要用户主动去查找适合自己兴趣的推荐信息，如填写一些调查表格等。其另外一个优点是对推荐对象没有特殊的要求，能够处理非结构化的复杂对象，如音乐、电影等。

3）基于知识的推荐。基于知识的推荐在某种程度上可以看成是一种推理技术。它不是建立在用户需要和偏好基础上推荐的，而是利用针对特定领域的规则，进行基于规则和实例的推理。效用知识是一种关于一个对象如何满足某一特定用户的知识，因而能够解释需求和推荐的关系，用于推荐系统。效用知识在推荐系统中必须以机器可读的方式存在。

4）组合推荐。组合推荐的一个最重要原则就是通过组合后应能避免或弥补各自推荐技术的弱点。

11.5.2 Web 结构挖掘

Web 结构包括页面内部的结构以及页面之间的结构，Web 的组织结构、Web 文档结构及其链接关系中蕴藏着大量潜在的、有价值的信息。Web 结构挖掘主要是从 Web 组织结构和链接关系中推导信息、知识。通常的 Web 搜索引擎等工具仅将 Web 看作一个平面文档的集合，而忽略了其中的结构信息。Web 结构挖掘的目的在于揭示蕴含在这些文档结构信息中的有用模式。

文档之间的超链接反映了文档之间的某种联系，例如包含、从属等。超链接中的标记文本（Anchor）对链宿页面也起到了概括作用，这种概括在一定程度上比链宿页面作者所做的概括（页面的标题）要更为客观、准确。1998 年，布林和佩奇（Page L.）在第七届国际万维网大会上提出了 PageRank 算法（Page et al.，1999），该算法通过综合考虑页面的引用次数和链源页面的重要性来判断链宿页面的重要性，从而设计出能够查询与用户请求相关的"权威"页面的搜索引擎，由此创立了搜索引擎 Google 公司。

在互联网上，如果一个网页被很多其他网页所链接，说明它受到普遍的承认和信赖，那么它的排名就高。这就是 PageRank 算法的核心思想。当然 Google 的 PageRank 算法实际上要复杂得多。Google 的两个创始人佩奇和布林把这个问题变成一个二维矩阵相乘的问题，并且用迭代的方法解决了这个问题。他们先假定所有网页的排名是相同的，并且根据这个初始值，算出各个网页的第一次迭代排名，然后根据第一次迭代排名算出第二次的排名。并从理论上证明了无论初始值如何选取，这种算法都保证了网页排名的估计值能收敛到其真实值。值得一提的是，这种算法是完全没有任何人工干预的。PageRank 算法于 2001 年 9 月被授予美国专利。

在第 9 届 ACM-SIAM 离散算法研讨会上，克兰伯格（Kleinberg J.）提出了 HITS 算法（Kleinberg，1998）。该算法的研究工作启发了 PageRank 算法的诞生。HITS 算法的主要思想是网页的重要程度是与所查询的主题相关的。HITS 算法是基于主题来衡量网页的重要程度，相对不同主题，同一网页的重要程度也是不同的。例如，Google 对于主题"搜索引擎"和主题"智能科学"的重要程度是不同的。HITS 算法使用了两个重要的概念：权威网页（Authority）和中心网页（Hub）。例如，Google、Baidu、Yahoo、bing、Sogou、Soso 等这些搜索引擎相对于主题"搜索引擎"来说就是权威网页，因为这些网页会被大量的超链接所指向。这个页面链接了这些权威网页，则这个页面可以称为主题"搜索引擎"的中心网页。HITS 算法发现，在很多情况下，同一主题下的权威网页之间并不存在相互的链接。所以，权威网页通常都是通过中心网页发生关联的。HITS 算法描述了权威网页和中心网页之间的一种依赖关系：一个好的中心网页应该指向很多好的权威网页，而一个好的权威网页应该被很多好的中心网页所指向。

每个 Web 页面并不是原子对象，其内部有或多或少的结构。斯珀蒂斯（Spertus E.）对 Web 页面的内部结构做了研究，提出了一些启发式规则，并用于寻找与给定的页面集合 $\{P_1, \cdots, P_n\}$ 相关的其他页面（Spertus，1998）。Web 页面的 URL 可能会反映页面的类型，也可能会反映页面之间的目录结构关系。Spertus 提出了与 Web 页面 URL 有关的启发式规则，并用于寻找个人主页，或者寻找改变了位置的 Web 页面的位置。

11.5.3 Web 使用挖掘

Web 使用挖掘通过挖掘 Web 日志记录，来发现用户访问 Web 页面的模式。通过分析和探讨 Web 日志记录中的规律，可以识别电子客户的潜在客户，增强对最终用户的因特网信息服务的质量和交付，并改进 Web 服务器系统的性能。

Web 服务器的 Weblog 项通常保存了对 Web 页面的每一次访问的（Web）日志项，包括所请求的 URL、发出请求的 IP 地址和时间戳。Weblog 数据库提供了有关 Web 动态的丰富信息，因此研究复杂的 Weblog 挖掘技术是十分重要的。20 世纪 90 年代末期，陈（Chen M. S.）和曼尼拉（Mannila H.）等提出了将数据挖掘运用于 Web 日志领域，从用户的日志中挖掘出用户的访问行为。经过多年的发展，如今数据挖掘在 Web 上已经取得进展和应用。

目前，Web 使用挖掘的主要研究热点集中在日志数据预处理、模式分析算法的研究（比如关联规则算法、聚类算法）、网页推荐模型、网站个性化服务与自适应网站的构建以及结果可视化研究等。文献（Chen et al.，1996）提出的最大前向引用路径（Maximal Forward Reference），将用户会话分割到事务层面，在事务的基础上进行用户访问模式的挖掘。IBM Watson 实验室采用文献（Chen et al.，1996）的思想，构建了日志挖掘系统 SpcedTracer（Wu et al.，1998）。该系统首先重建用户访问路径识别用户会话，在此基础上进行数据挖掘。

Perkowitz 等提出自适应网站（Adaptive Web Site）的概念（Perkowitz et al.，1998），指出用户理想的网站是一个自适应的，从网站的主页开始，不同用户在浏览网站时，整个网站的内容像是专门根据他的兴趣而定制的一样。目前，对网站个性化服务的探索仍然是 Web 使用挖掘的一个热点研究方向，国外已经出现不少的原型系统，例如 PageGather、Personal、WebWatcher、WebPersonalizer 和 Websift 等。

WUM 是一个被较多人熟知的系统，主要是用于分析用户的浏览行为，并提出一种类似于 SQL 的数据挖掘语言 MINT，根据用户要求挖掘满足要求的结果（Srivasmva et al.，2000）。WUM 主要包括两个模块：聚合服务和 MINT 处理器。聚合服务主要是将采集来的用户日志组成事务，再将事务转换为序列。MINT 处理器主要是从聚合数据中抽取出用户感兴趣的、有用的模式与信息。WebMiner 系统提出了一种 Web 挖掘的体系结构，用聚类的方法将 Web 日志划分为不同的事务，并采用关联规则和序列模式对结果进行分析。Webtrend 是一个具有商业应用价值的日志挖掘系统，能够统计每个页面用户访问的频度以及时间分布，还能统计出有关联关系的页面。

随着 Web 使用挖掘技术的不断成熟，在数据采集、数据预处理、模式发现和模式分析等方面不断有新的改进算法被提出。根据 Weblog 数据提供了什么样的用户访问、什么样的 Web 页面的信息，Weblog 信息可以与 Web 内容和 Web 链接结构挖掘集成起来，用于 Web 页面的等级划分、Web 文档的分类和多层次 Web 信息库的构造。

11.6 搜索引擎

11.6.1 搜索引擎原理

大型互联网搜索引擎的数据中心一般运行数千台甚至数十万台计算机，而且每天向计算机集群里添加数十台机器，以保持与网络发展的同步。搜集机器自动搜集网页信息，平均速度每秒数十个网页，检索机器则提供容错的可缩放的体系架构以应对每天数千万甚至数亿的用户查询请求。企业搜索引擎根据不同的应用规模，从单台计算机到计算机集群都可以进行部署。

搜索引擎一般的工作过程是：首先对互联网上的网页进行搜集，然后对搜集来的网页进行预处理，建立网页索引库，实时响应用户的查询请求，并对查找到的结果按某种规则进行排序后返回给用户。搜索引擎的重要功能是能够对互联网上的文本信息提供全文检索。

搜索引擎通过客户端程序接收来自用户的检索请求，现在最常见的客户端程序就是浏览器，实际上它也可以是一个用户开发的简单得多的网络应用程序。用户输入的检索请求一般是关键词或者是用逻辑符号连接的多个关键词，搜索服务器根据系统关键词字典，把搜索关键词转化为 wordID，然后在标引库（倒排文件）中得到 docID 列表，对 docID 列表中的对象进行扫描并与 wordID 进行匹配，提取满足条件的网页，然后计算网页和关键词的相关度，并根据相关度的数值将前 K 篇结果（不同的搜索引擎每页的搜索结果数不同）返回给用户，其工作流程如图 11.11 所示。

图 11.12 描述了一般搜索引擎的系统架构，其中包括页面搜索器、索引器、检索器和索引文件等部分，下面对其中的主要部分的功能实现进行介绍。

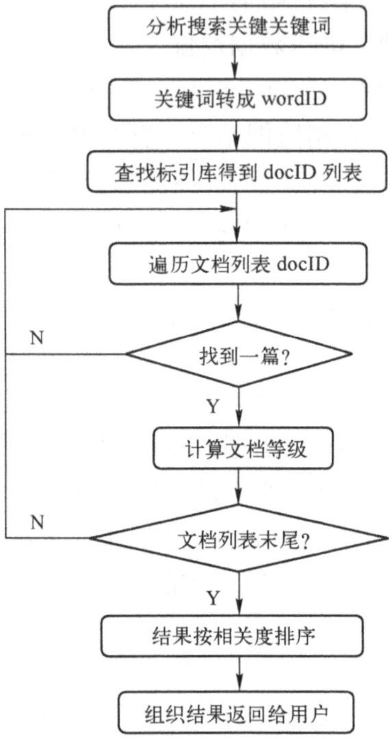

图 11.11　搜索引擎的工作流程

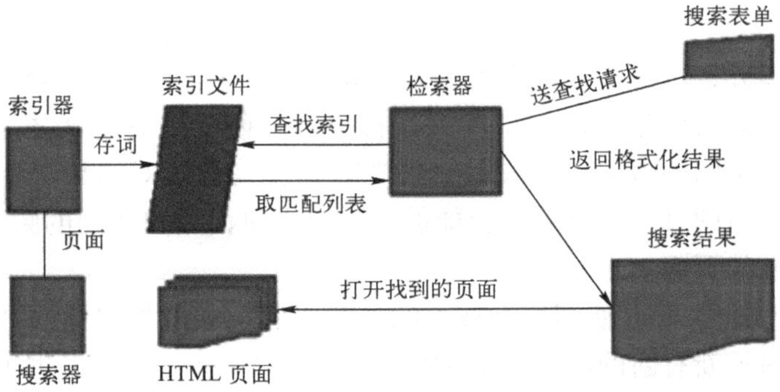

图 11.12　搜索引擎的系统架构

1. 搜索器

搜索器的功能是在互联网中漫游，发现并搜集信息，它搜集的信息类型多种多样，包括 HTML 页面、XML 文档、Newsgroup 文章、FTP 文件、字处理文档和多媒体信息等。搜索器是一个计算机程序，其实现常常采用分布式和并行处理技术，以提高信息发现和更新的效率。商业搜索引擎的搜索器每天可以搜集几百万甚至更多的网页。搜索器一般要不停地运行，要尽可能多、尽可能快地搜集互联网上的各种类型的新信息。因为互联网上的信息更新很快，所以还要定期更新已经搜集过的旧信息，以避免死链接和无效链接。另外，因为 Web 信息是动态变化的，所以搜索器、分析器和索引器要定期更新数据库，更新周期通常约几周甚至几个月。索引数据库越大，更新也越困难。

由于互联网上的信息太多，即使功能再强大的搜索器也不可能搜集到互联网上的全部信息。因此，搜索器采用一定的搜索策略对互联网进行遍历并下载文档，例如，一般采用以宽度优先搜索策略为主、线性搜索策略为辅的搜索策略。

在搜索器实现时，系统中维护一个超链队列，或者堆栈，其中包含一些起始 URL，搜索器从这些 URL 出发，下载相应的页面，并从中抽取出新的超链加入到队列或者堆栈中，上述过程不断重复直到队列或者堆栈为空。为了提高效率，搜索引擎将 Web 空间按照域名、IP 地址或国家域名进行划分，使用多个搜索器并行工作，让每个搜索器负责一个子空间的搜索。为了便于将来扩展服务，搜索器应能改变搜索范围。

2. 分析器

对搜索器搜集来的网页信息或者下载的文档一般要首先进行分析，以用于建立索引，文档分析技术一般包括分词（有些仅从文档某些部分抽词，如 Altavista）、过滤（使用停用词表 Stoplist）、转换（有些对词条进行单复数转换、词缀去除和同义词转换等工作），这些技术往往与具体的语言以及系统的索引模型密切相关。

3. 索引器

索引器的功能是对搜索器所搜索的信息进行分析处理，从中抽取出索引项，用于表示文档以及生成文档库的索引表。索引项有元数据索引项和内容索引项两种：元数据索引项与文档的语意内容无关，如作者名、URL、更新时间、编码、长度和链接流行度等；内容索引项是用来反映文档内容的，如关键词及其权重、短语和单字等。内容索引项可以分为单索引项和多索引项（或称短语索引项）两种。单索引项对于英文来讲是英语单词，比较容易提取，因为单词之间有天然的分隔符（空格）；对于中文等连续书写的语言，必须进行词语的切分。在搜索引擎中，一般要给单索引项赋予一个权值，以表示该索引项对文档的区分度，同时用来计算查询结果的相关度。使用的方法一般有统计法、信息论法和概率法。短语索引项的提取方法有统计法、概率法和语言学法。

为了快速查找到特定的信息，建立索引数据库是一种常用的方法，即将文档表示为一种便于检索的方式并存储在索引数据库中。索引数据库的格式是一种依赖于索引机制和算法的特殊数据存储格式。索引的质量是 Web 信息检索系统成功的关键因素之一。一个好的索引模型应该易于实现和维护、检索速度快、空间需求低。搜索引擎普遍借鉴了传统信息检索中的索引模型，包括倒排文档、矢量空间模型和概率模型等。例如，在矢量空间索引模型中，每个文档 d 都表示为一个范化矢量 $\boldsymbol{V}(d)=(t_1,w_1(d);\cdots;t_i,w_i(d);\cdots;t_n,w_n(d))$。其中，$t_i$ 为词条项，$w_i(d)$ 为 t_i 在 d 中的权值，一般被定义为 t_i 在 d 中出现频率 $tf_i(d)$ 的函数。

索引器的输出是索引表，它一般使用倒排形式（Inversion List），即由索引项查找相应的文档。索引表也可能记录索引项在文档中出现的位置，以便检索器计算索引项之间的相邻或接近关系（Proximity）。索引器可以使用集中式索引算法或分布式索引算法。当数据量很大时，必须实现实时索引（Instant Indexing），否则就无法跟上信息量急剧增加的速度。索引算法对索引器的性能（如大规模峰值查询时的响应速度）有很大的影响。一个搜索引擎的有效性在很大程度上取决于索引的质量。

4. 检索器

检索器的功能是根据用户的查询在索引库中快速检出文档，进行文档与查询的相关度评价，对将要输出的结果进行排序，并实现某种用户相关性反馈机制。检索器常用的信息检索模型有集合理论模型、代数模型、概率模型和混合模型等多种，可以查询到文本信息中的任意字词，无论出现在标题还是正文中。

检索器从索引中找出与用户查询请求相关的文档，采用与分析索引文档相似的方法来处理用户查询请求。例如，在矢量空间索引模型中，用户查询 q 首先被表示为一个范化矢量 $\boldsymbol{V}(q)=(t_1,w_1(q);\cdots;t_i,w_i(q);\cdots;t_n,w_n(q))$，然后按照某种方法来计算用户查询与索引数据库中每个文档之间的相关度，而相关度可以表示为查询矢量 $\boldsymbol{V}(q)$ 与文档矢量 $\boldsymbol{V}(d)$ 之间的夹角余弦，最后将相关度大于阈值的所有文档按照相关度递减的顺序排列并返还给用户。当然搜索引擎的相关度判断并不一定与用户的需求完全吻合。

5. 用户接口

用户接口的作用是为用户提供可视化的查询输入和结果输出界面，方便用户输入查询条件、显示查询结果以及提供用户相关性反馈机制等，其主要目的是方便用户使用搜索引擎，高效率、多方式地从搜索引擎中得到有效的信息。用户接口的设计和实现必须基于人机交互的理论和方法，以适应人类的思维和使用习惯。

在查询界面中，用户按照搜索引擎的查询语法制定待检索词条及各种简单或高级检索条件。简单接口只提供用户输入查询串的文本框，复杂接口可以让用户对查询条件进行限制，如逻辑运算（与、或、非）、相近关系（相邻、NEAR）、域名范围（如 edu、com）、出现位置（如标题、内容）、时间信息和长度信息等。目前一些公司和机构正在考虑制定查询选项的标准。

在查询输出界面中，搜索引擎将检索结果展现为一个线性的文档列表，其中包含文档的标题、摘要、快照和超链等信息。由于检索结果中相关文档和不相关文档相互混杂，用户需要逐个浏览以找出所需文档。

11.6.2　知识图谱

知识图谱（Knowledge Graph），也被称为知识域可视化或知识域映射地图，是显示科学知识的发展进程与结构关系的一系列各种不同的图形。它用可视化技术描述知识资源及其载体，挖掘、分析、构建、绘制和显示知识及它们之间的相互联系。2012 年 5 月 17 日，谷歌官方博客发布了谷歌知识图谱智能化搜索功能。知识图谱秉承语义网的宗旨，优化搜索结果，使其成为具有语义性的知识库系统（Singhal，2012）。谷歌推出的知识图谱智能化搜索功能，其目标就是对搜索结果进行系统的知识整理，使每个用户查询的关键词都能映射到知识库的概念上。

知识图谱知识库的建立是整个智能搜索的核心，涉及很多关键技术：首先是知识图谱中实体及实体间关系的建立。据 2020 年 6 月 22 日报道，谷歌知识图谱已经收录了 700 亿条语句，描述了 10 亿个实体，涵盖了广泛的主题，而且这两个数字会随着信息的增长而不断增加。为了防止不常用的知识数据的爆炸式增长，谷歌的知识图谱在 Freebase 的原始数据模式的基础上剔除了一些自定义的数据模式，并加入了从谷歌查询词记录中抽取出的实体概念。用户的真实查询记录可以帮助谷歌很好地理解用户真正关注哪些实体，以及对于每个实体，用户真正感兴趣的属性。其次，实体抽取不是一件易事。抽取是指从无结构或半结构的 Web 文档中提取结构化的信息，并将其关联到某个实体概念（例如地址、电话号码、价格、股票号码等）。一个实体的所有信息分散在多个 Web 文档中，如何剔除噪声，排除歧义，将所有相关的可靠信息链接到同一个实体存在很大挑战。谷歌采用多种机器学习算法对实体进行链接匹配。最后，需要很好地组织和存储抽取的实体与关系信息，使其能够被迅速地访问或操作。为达到此目的，谷歌用 MapReduce 将所有实体进行索引，并使用自然语言处理工具对其进行处理。

知识图谱智能化搜索在现有搜索结果的基础上额外提供了更详细的结构化信息，其目的是使用户仅通过一步搜索就可以得到想获取的所有知识，从而减少了浏览其他网站的麻烦。互联网新闻博客 Mashable 称谷歌知识图谱搜索将永远改变搜索功能。它举例描述了未来的搜索：当用户查询“美国最深的十个湖”时，搜索引擎不仅能理解这个查询问题，而且能够理解湖是水的一种形态，告诉用户每个湖的深度、表面积、温度甚至盐度（Ulanoff，2012）。

与谷歌知识图谱搜索类似，微软在必应（Bing）的基础上提供了 Satori（Gallagher，2012），如图 11.13 所示，致力于从无结构化的 Web 文档中抽取数据构建结构化的知识库，并且在此之上提供结构化数据的搜索功能。与谷歌的人物、地点等实体抽取和搜索不同，Satori 着重从电子商务和旅游等网站上抽取与动作相关的属性。例如，对于“乐队”实体，相关属性包括购买音乐、查找歌词和索取音乐会门票等；对于“饭店”实体，相关属性包括查看菜单、浏览评价以及下订单等。

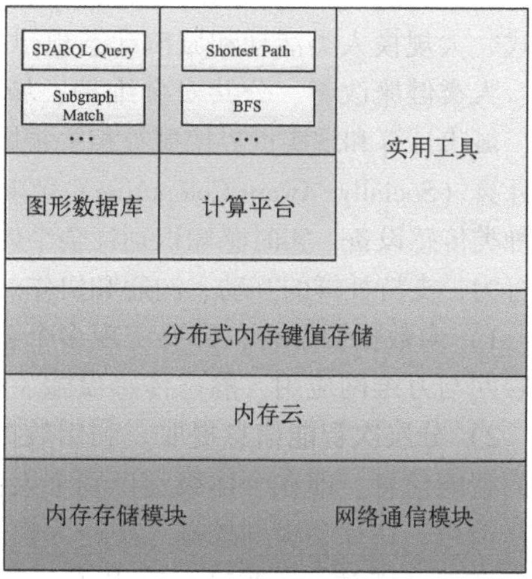

图 11.13　微软必应（Bing）的 Satori 实体引擎

与基于关键词匹配的传统网络搜索引擎相比，图谱搜索能够支持更自然、复杂的查询输入，并针对查询直接给出答案。与搜索引擎关键词自动补足功能类似，图谱搜索会在用户输入时同步预测用户搜索意图，并根据用户选择进行查询扩展。

11.7　集体智能

11.7.1　引言

集体智能（Collective Intelligence），有的称为集体智慧，也有的称为群体智能，它是一种共享的或者集体的智能，是从许多个体的合作与竞争中涌现出来的，并没有集中的控制机制。集体智能在细菌、动物、人类以及计算机网络中形成，并以多种形式的协商一致的决策模式出现。

集体智能的规模有大有小，可能有个体集体智能、人际集体智能、成组集体智能、活动集体智能、组织集体智能、网络集体智能、相邻集体智能、社团集体智能、城市集体智能、省级集体智能、国家集体智能、区域集体智能、国际组织集体智能以及全人类集体智能等，这些都是在特定范围内的群体所反映出来的智慧。

集体智能的形式可以是多种多样的，有对话型集体智能、结构型集体智能、基于学习的进化型集体智能、基于通信的信息型集体智能、思维型集体智能、群流型集体智能、统计型集体智能和相关型集体智能（Tovey，2008）。

Don Tapscott 和 Anthony D. Williams 认为，集体智能是大规模协作，为了实现集体智能，需要存在四项原则，即开放、对等、共享以及全球行动（Tapscott et al.，2008）。开放就是要放松对资源的控制，通过合作来让别人分享想法和申请特许经营，这将使产品获得显著改善并得到严格检验。对等是利用自组织的一种形式，对于某些任务来说，它可以比等级制度工作得更有效率。越来越多的公司已经开始意识到，通过限制其所有的知识产权，导致他们关闭了所有可能的机会。而分享一些则使得他们可以扩大其市场，并且能够更快地推出产品。通信技术的进步已经促使全球性公司、全球一体化的公司没有地域限制，而有全球性的联系，使他们能够获得新的市场、理念和技术。

11.7.2 社群智能

社群智能（Social and Sommunity Intelligence）是从社会感知中挖掘和理解个人和群体活动模式、大规模人类活动和城市动态规律，把这些信息用于各种创新性的服务，包括社会关系管理、人类健康改善、公共安全维护、城市资源管理和环境资源保护等。社群智能是在社会计算、城市计算和现实世界挖掘等相关领域发展基础上提出来的。从宏观角度讲，它隶属于社会感知计算（Socially-Aware Computing）范畴。社会感知计算是通过人类生活空间逐步大规模部署的多种类传感设备，实时感知识别社会个体行为，分析挖掘群体社会交互特征和规律，辅助个体社会行为，支持社群的互动、沟通和协作。社群智能主要侧重于智能信息挖掘，具体功能包括：

1）多数据源融合，即要实现多个多模态、异构数据源的融合。综合利用三类数据源，即互联网与万维网应用、静态传感设施、移动及可携带感知设备，来挖掘“智能”信息。

2）分层次智能信息提取。利用数据挖掘和机器学习等技术从大规模感知数据中提取多层次的智能信息，即在个体级别识别个人情境信息，在群体（Group）级别提取群体活动及人际交互信息，在社会级别挖掘人类行为模式、社会及城市动态变化规律等信息。

文献（郭斌等，2011）给出了社群智能的基本体系架构（见图11.14），可以分为5层。感知层负责从3种信息源来获取原始数据；由于这些原始数据极有可能暴露用户的行踪和隐私，数据处理之前需要通过数据匿名保护层进行匿名化的工作；混合学习层采用各种机器学习和数据挖掘算法将原始感知数据转换为高级特征或情境信息；语义推理层与混合学习层相辅相成，通过基于专家知识明确设定好的逻辑规则对不同的特征或情境信息做进一步的集成，并最终得到社群智能信息；应用层包含大量的社群智能应用程序，它们可以从社群智能库中查询自己需要的信息来提供各种创新服务。

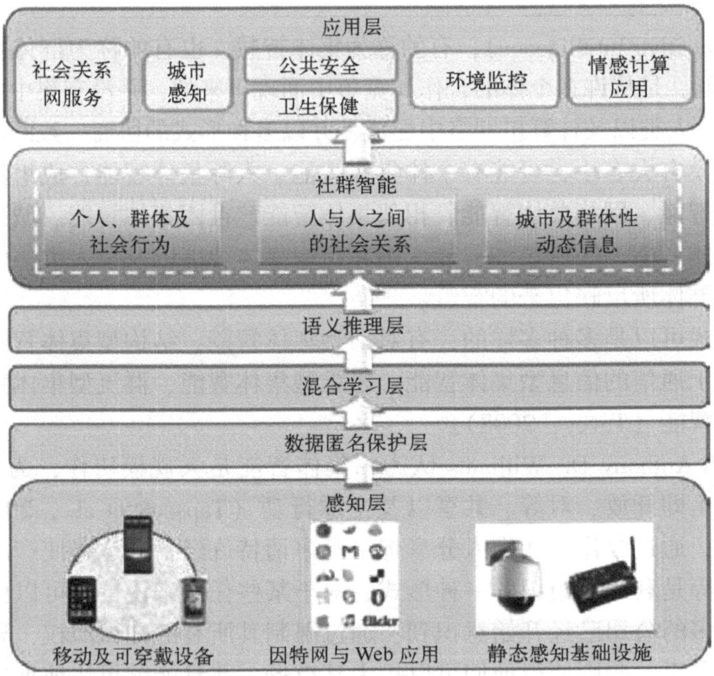

图11.14 社群智能的基本体系架构

社群智能为开发一系列社会应用提供了可能。从用户角度来看，它可以开发各种社会关系网络服务来促进人与人之间的交流。从社会和城市管理角度来看，它可以实时感知现实世界的变化情况来为城市管理、公共卫生和环境监测等多个领域提供智能决策支持。作为一个新的研究领域，社群智能在感知、数据管理和智能信息抽取等多个方面都面临着新的问题和挑战。

11.7.3　集体智能系统

集体智能系统一般是复杂的大系统，甚至是复杂的巨系统。20 世纪 90 年代，钱学森提出了“开放的复杂巨系统（Open Complex Giant System，OCGS）”的概念（钱学森等，1990），并提出“从定性到定量的综合集成法”作为处理开放的复杂巨系统的方法论，着眼于人的智慧与计算机的高性能两者相结合，以思维科学（认知科学）与人工智能为基础，用信息技术和网络技术构建“综合集成研讨厅（Hall for Workshop of Metasynthetic Engineering）”的体系，以可操作平台的方式处理与开放的复杂巨系统相联系的复杂问题（戴汝为，2006）。随着互联网的广泛普及，这种综合集成研讨厅可以是以互联网为基础的集体智能系统。

20 世纪 90 年代以来，多智能体系统迅速发展，为构建大型复杂系统提供了良好的技术途径。作者将智能体技术和网格结构有机结合起来，开发了智能体网格智能平台（Agent Grid Intelligence Platform，AGrIP）（Shi et al.，2006）。AGrIP 由底层集成平台 MAGE、中间软件层和应用层构成（见图 11.15）。该平台创建协同工作环境，提供知识共享和互操作，成为开发大规模复杂的集成智能系统的良好工具。

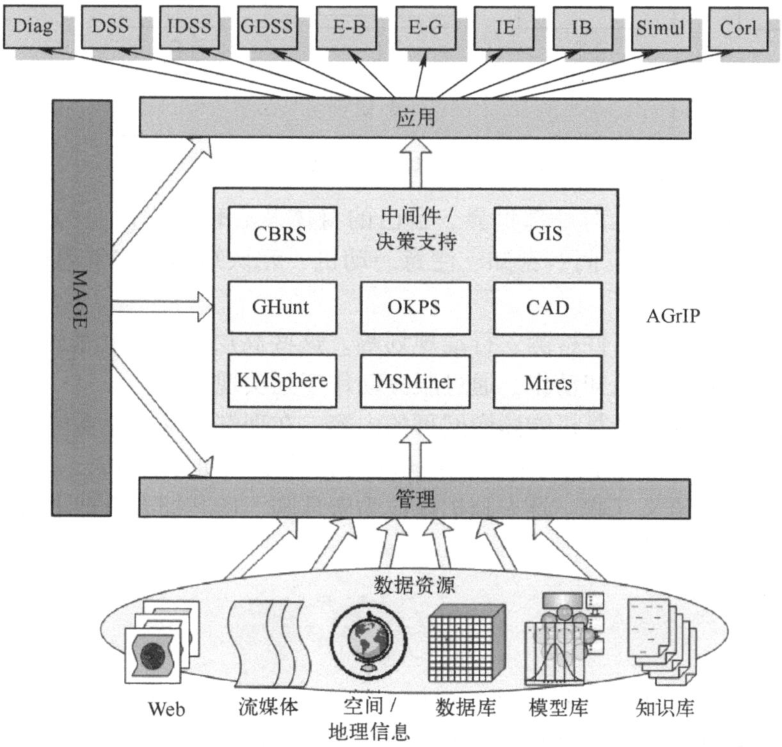

图 11.15　智能体网格智能平台 AGrIP

11.7.4　全球脑

人脑是由神经网络（硬件）和心智系统（软件）构成的智能系统。互联网已成为人们共享全球信息的基础设施。在互联网的基础上通过全球心智模型（World Wide Mind，WWM）就可实现全球脑（World Wide Brain，WWB）。

全球心智模型 WWM 如图 11.16 所示，它是由心智模型 CAM 和 World Wide Web 构成的。心智模型 CAM 分为记忆、意识和高级认知行为 3 个层次（Shi et al.，2010）。在心智模型 CAM 中，按照信息记忆的持续时间长短，记忆包含 3 种类型：长时记忆、短时记忆和工作记忆。记忆的功能是保存各种类型的信息。长时记忆中保存抽象的知识，如概念、行为和事件等。短时记忆存储当前世界（环境）的知识或信念，以及系统拟实现的目标或子目标。工作记忆存储一组从感知器获得的信息，如照相机拍摄的视觉信息、从 GPS 获得的特定信息，这些记忆的信息用于支持 CAM 的认知活动。

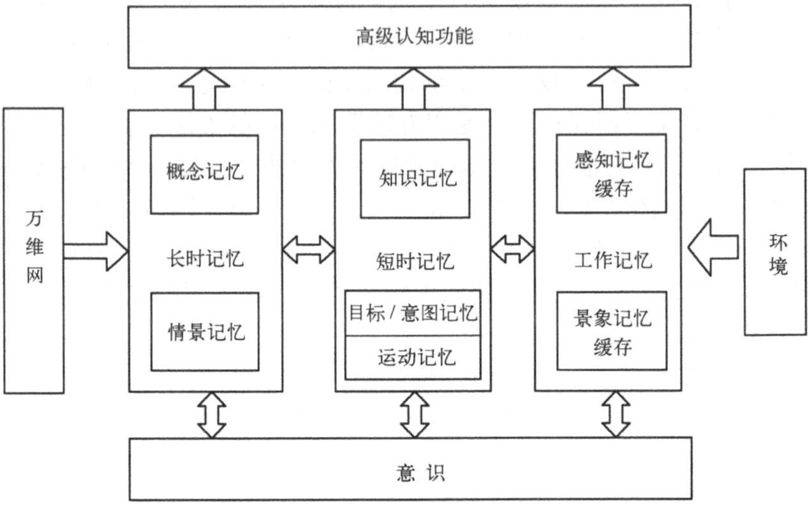

图 11.16　全球心智模型 WWM

意识是一种主观体验，是对外部世界、自己的身体及心理过程体验的整合。在心智模型 CAM 中，意识是由全局工作空间、觉知、注意、动机、元认知和内省学习模块构成的（史忠植，2015）。

高层认知功能部分包括事件检测、行动规划等。这些高层次认知功能的执行由 CAM 的记忆与意识的组件提供基本的认知动作，通过服务动作序列实现。

互联网通过语义互联，计算机能读懂网页的内容，在理解的基础上支持用户的互操作。这种互操作性是通过语义来保证的，而互操作的环境是异质、动态、开放、全球化的 Web。这样，就可以通过互联网语义互联，将人脑扩展成为全球脑，使其拥有全球丰富的信息和知识资源，为科学决策提供强大的支持。

11.8　小结

2015 年 3 月 5 日，我国首次提出“互联网+”行动计划。“互联网+”代表一种新的经济形态，即充分发挥互联网在生产要素配置中的优化和集成作用，将互联网的创新成果深度融合于经济社会各领域中，提升实体经济的创新力和生产力，形成更广泛的以互联网为基础设施和实现工具的经济发展新形态。“互联网+”行动计划将重点促进以云计算、物联网和大数据为代表的新一代信息技术与现代制造业、生产性服务业等的融合创新，发展壮大新兴业态，打造新的产业增长点，为大众创业、万众创新提供环境，为产业智能化提供支撑，增强新的经济发展动力，促进国民经济提质增效升级。由此可见，互联网和大数据成为新一代信息技术的标志。

本章主要研究语义 Web、本体知识管理、Web 技术、Web 挖掘、搜索引擎和集体智能等。语义 Web 关系到机器之间的对话，使得网络更加智能化。语义 Web 技术的演化，依赖于人工智能的进展。在过去几十年的人工智能研究中，人们一直沿着“模拟脑”的方向做出努力，分别从智能系统的结构、功能和行为三个基本侧面展开对智能的研究。这样，便先后形成了模拟大脑抽象思维功能的符号智能学说、模拟大脑结构的神经网络学说以及模拟智能系统行为的感知-行为系统学说。

由于社会的迫切需要，呼唤着智能科学与技术在理论上取得突破，在应用上广泛普及。智能科学是脑科学、认知科学和人工智能等的交叉学科，研究智能的理论和技术。智能科学不仅要进行智能的功能仿真，而且要研究智能的机理（史忠植，2006）。脑科学从分子水平、细胞水平和行为水平研究自然智能机理，建立脑模型，揭示人脑的本质。认知科学是研究人类感知、学习、记忆、思维和意识等人脑心智活动过程的科学。人工智能研究用人工的方法和技术，模仿、延伸和扩展人的智能，实现机器智能。

互联网已经成为各类信息资源的聚集地，在这些海量的、异构的 Web 信息资源中，蕴含着具有巨大潜在价值的知识。Web 挖掘能够从 Web 上快速、有效地发现知识、获取信息，有效地利用信息。构建互联网知识图谱和数据关联是当前热门的研究课题。

从许多个体的合作与竞争中涌现出来的集体智能是互联网智能的特色。为了实现集体智能，需要开放、对等、共享以及全球行动。可以认为，集体智能是解决真实世界复杂问题的有效途径（史忠植，2011）。

习题

1. 举例说明 RDF 的格式。RDF Schema 的含义是什么？
2. OWL 有哪几种类型？请说明它与 XML、RDF 的关系。
3. 设计本体的基本准则是什么？给出构建本体的基本步骤及其要点。
4. 构建从网页获取本体的系统。
5. 构建从关系数据库获取本体的系统。
6. 什么是本体知识管理？本体知识管理的基本功能是什么？
7. 试比较 Protégé 和 KAON 的异同和优缺点。
8. 给出知识管理系统 KMSphere 的基本结构和各部分的主要功能。
9. 分别以 Cyc 和 e-Science 为例，说明构建大规模知识系统的途径。
10. Web 挖掘分为哪几类？每类挖掘的主要功能是什么？
11. 概述 PageRank 算法的核心思想，用 Java 编程语言编写实现 PageRank 算法的程序。
12. 试比较 PageRank 算法与 HITS 算法的基本原理和优缺点。
13. 扼要说明搜索引擎的工作流程。
14. 请给出 Web 技术演化过程，比较各种 Web 类型的主要特点。
15. 试从方法论和技术途径说明如何实现集体智能系统？
16. 社群智能是什么？设计构建社群智能的基本体系架构。
17. 给出心智模型 CAM 的系统结构，说明各部分的主要功能。
18. 如何构建全球脑？它的现实意义是什么？

第12章　类脑智能

通过脑科学、认知科学与人工智能领域的交叉合作，促进智能科学在基础性、引领性、创新性研究的发展，解决认知科学和信息科学发展中的重大基础理论问题，创新类脑智能前沿领域的研究。本章重点概述类脑智能的最新进展，提出类脑智能的发展路线图。

12.1　类脑智能概述

智能科学的研究表明，类脑计算是实现人类水平的人工智能的途径。类脑计算是基于神经形态工程，借鉴人脑信息处理方式，打破冯·诺依曼架构束缚，研究具有自主学习能力的超低功耗新型计算系统，适合实时处理非结构化信息，增强人类感知世界、适应世界和改造世界的智力活动能力。

20世纪60年代以来，冯·诺依曼体系结构是计算机体系结构的主流。在经典的计算机中，将数据处理的地方与数据存储的地方分开，存储器和处理器被一个在数据存储区域和数据处理区域之间的数据通道，或者说总线分开。固定的通道能力表明任何时刻只有有限数量的数据可以被“检查”和处理。处理器为了在计算时存储数据，配置有少量寄存器。在完成全部必要计算之后，处理器通过数据总线将结果再写回存储器，还是利用数据总线。通常，这个过程不会造成问题。为了使固定容量的总线上流量最小，大多数现代处理器在扩大寄存器的同时使用缓存，以在靠近计算点的地方提供临时的存储。如果一个经常重复进行的计算需要多个数据片段，处理器会将它们一直保存在该缓存内，而访问缓存比访问主存储器快得多、有效得多。然而，高速缓存的架构对这种模拟脑的计算挑战不起作用。即使是相对简单的脑也是由几十亿个突触联结的几千万个神经元组成，因此，要模拟这样庞大的相互联系的脑需耗费与计算机主存储器容量一样大的高速缓存，这会导致机器立即无法使用。现有计算机技术发展存在下列问题：

1）摩尔定律表明，未来10~15年内器件将达到物理微缩极限。

2）受限于总线的结构，在处理大型复杂问题上编程困难且能耗高。

3）在复杂多变实时动态分析及预测方面不具有优势。

4）不能很好地适应“数码宇宙”的信息处理需求。每天所产生的海量数据，有80%的数据是未经任何处理的原始数据，而绝大部分的原始数据半衰期只有3小时。

5）经过长期努力，计算机的运算速度达到千万亿次，但是智能水平仍很低下。

我们要向人脑学习，研究人脑信息处理的方法和算法，发展类脑计算成为当今迫切需求。目前，国际上非常重视对脑科学的研究。2013年1月28日，欧盟启动了旗舰“人类大脑计划（Human Brain Project）”，10年内投入10亿欧元的研发经费（Abbott et al.，2013）。目标是用超级计算机多段多层完全模拟人脑，帮助理解人脑功能。2013年4月2日，美国总统奥巴马宣布一项重大计划，历时10年左右、总额10亿美元的研究计划“运用先进创新型神经技术的大脑研究（Brain Research through Advancing Innovative Neurotechnologies，BRAIN）”，目标是研究数十亿神经元的功能，探索人类感知、行为和意识，希望找出治疗阿尔茨海默病（老年性痴呆）等与大脑有关疾病的方法。

IBM承诺出资10亿美元用于其认知计算平台Watson的商业化。Google收购了包括波士顿动力在内的 9 家机器人公司和 1 家机器学习公司。高通量测序之父罗思伯格（Rothberg J.）和耶鲁大学教授许田成立了新型生物科技公司，结合深度学习和生物医学技术研发新药和诊断仪器技术。

随着欧美等国相继启动各种人脑计划，中国也将全面启动自己的脑科学计划。“中国脑计划”开展脑认知原理的基础、脑重大疾病和类脑人工智能的研究。类脑计算和人工智能研究是“中国脑计划”的重要组成部分，将以类脑人工智能研发与产业化为核心，从“湿”“软”“硬”和“大规模服务”这 4 个方向展开。具体包括：构建脑科学大数据和脑模拟平台，解析大脑认知和信息处理机制，即通常意义上的生物实验（湿）；发展类脑人工智能核心算法，研发类脑人工智能软件系统，如深度学习算法就是一个特例（软）；设计类脑芯片和类脑机器人，研发类脑人工智能硬件系统，从各种智能可穿戴设备到工业和服务机器人（硬）；开展类脑技术在包括脑疾病在内的重症疾病的早期诊断、新药研发以及智能导航、智能专业芯片、公共安全、智慧城市、航空航天新技术、文化传播等领域的应用研究，推动新技术产业化（大规模服务）。“中国脑计划”已获国务院批示，并被列为“事关我国未来发展的重大科技项目”之一。类脑智能研究将借鉴脑的多尺度结构及其认知机制，提出并实现受脑信息处理机制启发的智能框架、算法与系统。

12.2 大数据智能

大数据本质上是人类社会数据积累从量变到质变的必然产物，是在信息高速公路基础上的进一步升级和深化，提升人工系统智能水平的重要途径，对人类社会的发展具有极其重大的影响和意义。

大数据是一个体量特别大、数据类别特别多的数据集，并且这样的数据集无法用传统软件工具对其内容进行抓取、管理和处理。大数据首先是数据体量（Volumes）大，一般在 10TB 规模左右，但在实际应用中，很多企业用户把多个数据集放在一起，已经形成了 PB 级的数据量。其次是数据类别（Variety）多，数据来自多种数据源，数据种类和格式日渐丰富，包括半结构化和非结构化数据。再次是数据处理速度（Velocity）快，在数据量非常庞大的情况下，也能够做到数据的实时处理。最后一个特点是数据真实性（Veracity）高，企业越发需要有效的信息之力以确保其真实性及安全性。大数据是需要新处理模式才能具有更强的决策力、洞察发现力和流程优化能力的海量、高增长率和多样化的信息资产。

美国政府在 2012 年 3 月正式启动“大数据研究和发展”计划，该计划涉及美国国防部、美国国防部高级研究计划局、美国能源部、美国国家卫生研究院、美国国家科学基金和美国地质勘探局 6 个联邦政府部门，宣布投资 2 亿多美元，用以大力推进大数据的收集、访问、组织和开发利用等相关技术的发展，进而大幅提高从海量复杂的数据中提炼信息和获取知识的能力与水平。该计划并不是单单依靠政府，而是与产业界、学术界以及非营利组织一起，共同充分利用大数据所创造的机会。这也是继 1993 年 9 月美国政府启动“信息高速公路”计划后，国家层面在信息领域又一次发力。联合国也发布了《大数据促发展：挑战与机遇》的白皮书。全球范围内对大数据的关注达到了前所未有的热度，各类计划如雨后春笋般纷纷破土而出。

2015 年 3 月 9 日，百度董事长兼 CEO 李彦宏在全国政协会议上发言，建议设立国家层面的“中国大脑”计划，以智能人机交互、大数据分析预测、自动驾驶、智能医疗诊断、智能无人机、军事和民用机器人技术等为重要研究领域，支持企业搭建人工智能基础资源和公共服务平台，面向不同研究领域开放平台资源。

随着云计算、云存储和物联网等技术广泛应用，人们通过搜索引擎等获取信息，寻找知识，构建知识图；人类的各种社会互动、沟通，社交网络和传感器也正在生成海量数据；商业自动化导致海量数据存储，但用于决策的有效信息又隐藏在数据中，如何从数据中发现知识，大数据挖掘技术应运而生。

认知计算（Cognitive Computing）是指模仿人类大脑的计算系统，利用计算模型模仿人类思维过程，让计算机像人一样思维。认知计算涉及使用数据挖掘、模式识别和自然语言处理的自学习系统，以模仿人类大脑的工作方式。认知计算的目标是创建能自动解决问题的信息技术系统，而无须人的援助。认知计算系统利用机器学习算法，通过挖掘反馈给它们的信息数据不断获取知识。该系统完善寻找模式和处理数据的方法，使它们成为有能力预见新的问题和建模可能的解决方案。

12.3　欧盟人脑计划

人脑是世界上最复杂的物资，是人的智能、意识等一切高级精神活动的生理基础（史忠植等，1990）。2005年7月，IBM公司和瑞士洛桑理工学院宣布开展蓝脑工程研究（Markram，2006），对理解大脑功能和机能失调取得了进展，并且提供了在精神健康和神经病理探索解决棘手问题的方法。2006年末，蓝脑工程已经创建了大脑皮质功能柱的基本单元模型。2008年，IBM公司使用蓝色基因巨型计算机，模拟具有5500万神经元和5000亿个突触的老鼠大脑。IBM公司从美国国防部先进研究项目局（Defense Advanced Research Projects Agency，DARPA）得到490万美元的资助，研制类脑计算机。与IBM Almaden研究中心和IBM T. J. Wason研究中心一起，斯坦福大学、威斯康星-麦迪逊大学、康奈尔大学、哥伦比亚大学医学中心和加州大学默塞德分校都参加了该项计划研究。

2007年以来，从针对小鼠和大鼠脑皮质规模的早期工作开始，IBM项目组的模拟在规模方面一直保持稳步增长。2009年5月，在与劳伦斯伯克利（Lawrence Berkeley）国家实验室的合作中，IBM项目组使用黎明蓝色基因（Dawn Blue Gene/P）超级计算机系统，获得了最新的研究结果（见图12.1）。该研究成果充分利用了超级计算机系统的存储能力，是具有价值的猫

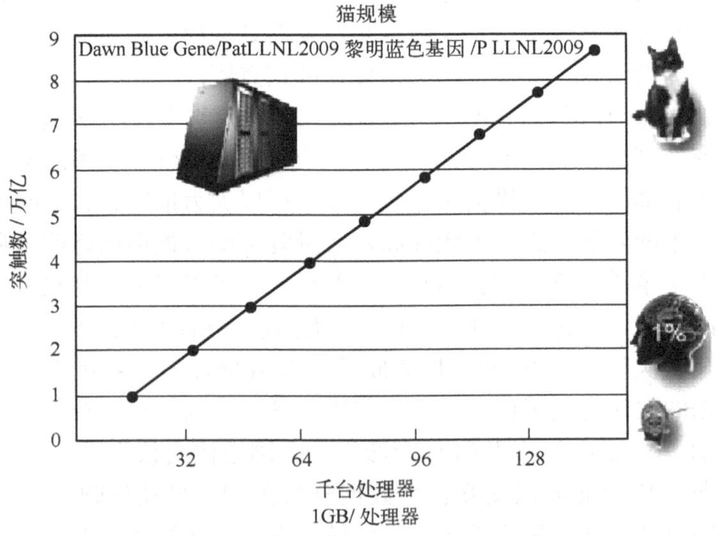

图12.1　利用C2的可伸缩脑皮质模拟

科-规模脑皮质模拟（大致相当于人脑规模的 4.5%）的里程碑（Ananthanarayanan et al., 2009）。这些模拟网络展示了神经元通过自组织形成可重现且具有锁时特性的非同步分组（Ananthanarayanan et al., 2007）。

2013 年 1 月 28 日，欧盟委员会宣布“未来和新兴技术（FET）旗舰项目”的竞选结果，人脑计划（Human Brain Project，HBP）在 10 年内获得 10 亿欧元的科研资助。

人脑计划项目希望通过打造一个综合的基于信息通信技术的研究平台来研发出最详细的人脑模型。在瑞士洛桑联邦理工学院的马克拉姆（Markram H.）的协调下，来自 23 个国家（其中 16 个是欧盟国家）的大学、研究机构和工业界的 87 个组织将通力合作，用计算机模拟的方法研究人类大脑是如何工作的。该研究有望促进人工智能、机器人和神经形态计算系统的发展，奠定医学进步的科学和技术基础，有助于神经系统及相关疾病的诊疗及药物测试。

人脑计划旨在探索和理解人脑运行过程，研究人脑的低能耗、高效率运行模式及其学习功能、联想功能、创新功能等，通过信息处理、建模和超级计算等技术开展人脑模拟研究，应用超级计算技术开展人脑诊断和治疗、人脑接口和人脑控制机器人研究以及开发类似人脑的高效节能超级计算机等（Markram et al., 2011）。

人脑计划分为 5 个方面，每个方面都是以现有工作为基础，进一步开展研究的（HBP Sub）。

1. 数据

采集筛选过的、必要的战略数据来绘制人脑图谱并设计人脑模型，同时吸引项目外的研究机构来贡献数据。当今的神经认知科学已经积累了海量实验数据，大量原创研究带来了层出不穷的新发现。即便如此，构建多层次大脑图谱和统一的大脑模型所需的绝大部分核心知识依然缺失。因此，人脑计划的首要任务是采集和描述筛选过的、有价值的战略数据，而不是进行漫无目的的搜寻。人脑计划制定了数据研究的 3 个重点：

1）老鼠大脑的多层级数据。此前研究表明，对老鼠大脑的研究成果同样适用于所有的哺乳类动物。因此，对老鼠大脑组织的不同层级间关系的系统研究将会为人脑图谱和模型提供关键参考。

2）人脑的多层级数据。老鼠大脑的研究数据在一定程度上可以为人脑研究提供重要参考，但显然两者存在根本区别。为了定义和解释这些区别，人脑计划的研究团队采集关于人类大脑的战略数据，并尽可能积累到已有的老鼠大脑数据的规模，以便于对比。

3）人脑认知系统结构。弄清大脑结构和大脑功能之间的联系是 HBP 的重要目标之一。HBP 会把三分之一的研究重点放在负责具体认知和行为技能的神经元结构上，从其他非人类物种同样具备的简单行为一直到人类特有的高级技能，例如语言。

2. 理论

如果缺乏统一、可靠的理论基础，我们很难解决神经科学在数据和研究方面碎片化的问题。因此，HBP 应包含一个专注于研究数学原理和模型的理论研究协调机构，这些模型用来解释大脑不同组织层级与它们在实现信息获取、信息描述和信息储存功能之间的内在关系。作为这个协调机构的一部分，人脑计划应建立一个开放的“欧洲理论神经科学研究机构（European Institute for Theoretical Neuroscience）”，以吸引更多项目外的优秀科学家参与其中，并充当创新性研究的孵化器。

3. 信息与通信技术平台

建立一套综合的信息与通信技术平台（Information and Communications Technology Platforms，ICT）系统，为神经认知学家、临床研究者和技术开发者提供服务以提高研究效率。建议组建 6 大平台，即神经信息平台、人脑模拟平台、高性能计算平台、医疗信息平台、神经形态计算平台和神经机器人平台。

1）神经信息平台。人脑计划的神经信息平台将为神经科学家提供有效的技术手段，使他们更加容易地对人脑结构和功能数据进行分析，并为绘制人脑的多层级图谱指明方向。此平台还包含神经预测信息学的各种工具，这有助于对描述大脑组织不同层级间的数据进行分析并发现其中的统计性规律，也有助于对某些参数值进行估计，而这些值很难通过自然实验得出。在此前的研究中，数据和知识的缺乏往往成为我们系统认识大脑的一个重要障碍，而上述技术工具的出现使这一难题迎刃而解。

2）人脑模拟平台。人脑计划会建立一个足够规模的人脑模拟平台，旨在建立和模拟多层次、多维度的人脑模型，以应对各种具体问题。该平台将在整个项目中发挥核心作用，为研究者提供建模工具、工作流和模拟器，帮助他们从老鼠和人类的大脑模型中汇总出大量且多样的数据来进行动态模拟。这使“计算机模拟实验”成为可能，而在只能进行自然实验的传统实验室中是无法做到这一点的。借助平台上的各种工具可以生成各种输入值，而这些输入值对于人脑计划中的医学研究（疾病模型和药物效果模型）、神经形态计算和神经机器人研究至关重要。

3）高性能计算平台。人脑计划的超级计算平台将为建立和模拟人脑模型提供足够的计算能力。其不仅拥有先进的百亿亿次级超级计算技术，还具备全新的交互计算和可视化性能。

4）医疗信息平台。人脑计划的医疗信息平台需要汇集来自医院档案和私人数据库的临床数据（以严格保护病人信息安全为前提）。这些功能有助于研究者定义出疾病在各阶段的“生物签名”，从而找到关键突破点。一旦研究者拥有了客观的、有生物学基础的疾病探测和分类方法，他们将更容易找到疾病的根源，并相应地研发出有效治疗方案。

5）神经形态计算平台。人脑计划的神经形态计算平台将为研究者和应用开发者提供所需的硬件和设计工具来帮助他们进行系统开发，同时还会提供基于大脑建模的多种设备及软件原型。借助此平台，开发者能够开发出许多紧凑的、低功耗的设备和系统，而这些正在逐渐接近人类智能。

6）神经机器人平台。人脑计划的神经机器人平台为研究者提供开发工具和工作流，使他们可以将精细的人脑模型连接到虚拟环境中的模拟身体上，而以前他们只能依靠人类和动物的自然实验来获取研究结论。该平台为神经认知学家提供了一种全新的研究策略，帮助他们洞悉隐藏在行为之下的大脑的各种多层级的运作原理。从技术角度来说，该平台也将为开发者提供必备的开发工具，帮助他们开发一些有接近人类潜质的机器人，而以往的此类研究由于缺乏这个“类大脑”化的中央控制器，这个目标根本无法实现。

4. 应用

人脑计划的第 4 个主要目标是可以成功地体现出神经认知科学基础研究、临床科研和技术开发带来的各种实用价值。

1）统一的知识体系原则。HBP 项目中的“人脑模拟平台”和“神经机器人平台”会对负责具体行为的神经回路进行详尽解释，研究者可利用它们来实施具体应用，例如，模拟基因缺陷的影响、分析大脑不同层级组织细胞减少的后果，建立药物效果评价模型。并最终得到一个可以将人类与动物从本质上区分开来的人脑模型，例如，该模型可以表现出人类的语言能力。这些模型将使我们对大脑的认识发生质的变化，并且可以立即应用于具体的医疗和技术开发领域。

2）对大脑疾病的认识、诊断和治疗。研究者可充分使用医疗信息平台、神经形态计算平台和人脑模拟平台来发现各种疾病演变过程中的生物签名，并对这些过程进行深入分析和模拟，最终得出新的疾病预防和治疗方案。这项工作将充分体现出 HBP 项目的实用价值。新诊断技术在疾病还未造成不可逆的危害前，就能提前对其进行诊断，并针对每位患者的实际情况研发相应的药物和治疗方案，实现“个人定制医疗”，这将最终有利于患者治疗并降低医疗成本。对疾病更好地了解和诊断也会优化药物研发进程，更好地筛选药物测试候选人和临床测试候选人，这无疑有益于提高后期的实验成功率，降低新药研发成本。

3）未来计算技术。研究者可以利用人脑计划的高性能计算平台、神经形态计算平台和神经机器人平台来开发新兴的计算技术和应用。高性能计算平台将会为他们配备超级计算资源，以及集成了多种神经形态学工具的混合技术。借助神经形态计算平台和神经机器人平台，研究者可以打造出极具市场应用潜力的软件原型。这些原型包括家庭机器人、制造机器人和服务机器人，它们虽然看起来不显眼，但却具备强大的技术能力，包括数据挖掘、机动控制、视频处理和成像以及信息通信等。

5. 社会伦理

考虑到人脑计划的研究和技术带来的巨大影响，该项目会组建一个重要的社会伦理小组，来资助针对人脑计划项目对社会和经济造成的潜在影响的学术研究，该小组会在伦理观念上影响人脑计划研究人员，管理和提升他们的伦理道德水平和社会责任感，其首要任务是在具有不同方法论和价值观的利益相关者和社会团体之间展开积极对话。

人脑计划的路线图如图 12.2 所示（Waldrop，2012）。

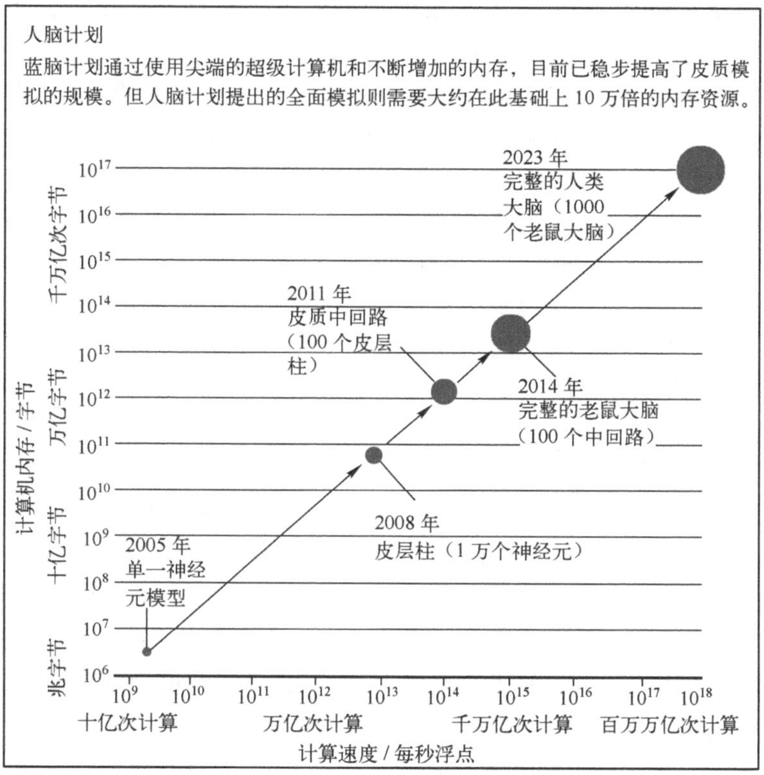

图 12.2 人脑计划的路线图

12.4 美国脑计划

2013 年 4 月 2 日，美国白宫正式宣布“通过推动创新性神经技术进行脑研究（Brain Research through Advancing Innovative Neurotechnologies, BRAIN)”的计划，简称“脑计划”。该计划被认为可与人类基因组计划相媲美，以探索人类大脑工作机制，绘制脑活动全图，针对无法治愈的大脑疾病开发新疗法。

美国“脑计划”公布后，国家卫生研究院随即成立“脑计划”工作组。“脑计划”工作组提出了9个资助领域：统计大脑细胞类型；建立大脑结构图；开发大规模神经网络记录技术；开发操作神经回路的工具；了解神经细胞与个体行为之间的联系；把神经科学实验与理论、模型和统计学等整合；描述人类大脑成像技术的机制；为科学研究建立收集人类数据的机制；知识传播与培训。

人脑图谱是21世纪科学的极大挑战。人脑连接体项目（Human Connectome Project，HCP）将阐明大脑功能和行为背后的神经通路，是应对这一挑战的关键因素。解密这个惊人的复杂的连接图将揭示什么是我们人类独有的，并使每个人都各不相同。

该研究项目（WU-Minn HCP Consortium）由华盛顿大学、明尼苏达大学和牛津大学领导，其目标是使用无创性影像学的尖端技术，创建1200位健康成人（双胞胎和他们的非孪生兄弟姐妹）的综合人脑回路图谱，这将会产生大脑连通性的宝贵信息，揭示与行为的关系、遗传和环境因素对大脑行为个体差异的贡献（Van Essen，2013）。华盛顿大学的范·埃森（Van Essen）实验室开发了连接组工作台，这将提供灵活、用户方便访问和免费提供存储在ConnectomeDB数据库的海量数据，并在开发其他脑图谱分析方法方面发挥带头作用。连接组工作台的beta版本已经发布在网站上(www.humanconnectome.org)。

美国波士顿大学认知和神经系统学院长期以来开展脑神经模型的研究。早在1976年格罗斯伯格(Grossberg S)提出了自适应共振理论(ART)（Grossberg，1976）。自顶向下期望控制预测性编码和匹配，以此有利于集中注意力，使同步化和增益调节注意特征表象，并且引发能有效抵制彻底遗忘的快速学习。实现快速稳定学习而不致彻底遗忘的目标通常被归结为稳定性/可塑性两难问题（Grossberg，1980）。稳定性/可塑性两难问题是每一个需要快速而且稳定学习的脑系统必须要解决的问题。我们希望找到一个在所有脑系统中运行的相似的原理，这个原理可以基于整个生命过程中不断变化的条件做出不同的反应来稳定学习不断增长的知识。ART预设人类和动物的感知和认知的一些基本特征就是解决大脑稳定性/可塑性两难问题的部分答案。尤其是，人类是一种有意识的生物，可以学习关于世界的预期并且对将要发生的事情做出推断。人类还是一种注意力型的生物，会将数据处理的资源集中于任何时候有限数量的可接收信息上。人类怎么会既是有意识的又是注意型的生物？这两种处理程序是相关联的吗？稳定性/可塑性两难问题以及运用共振状态的解决方案提供了一种理解这个问题的统一框架。

ART假设在使得我们快速而稳定地学习这个不断变化世界这一过程的机制，以及使得我们学习关于这个世界的推测、验证关于它的假设和将注意力集中于我们感兴趣的信息上这一过程的机制之间，有着密切的联系。ART还提出，要解决稳定性/可塑性两难问题，只有共振状态可以驱动快速的新学习过程，这也是这个理论名称的由来。

最近的ART模型，被称作LAMINART，开始展示ART的预测可能在丘脑皮质回路中得以具体化（Grossberg，2003）。LAMINART模型使得视觉发展、学习、感知组织、注意和三维视觉的性质一体化。然而，它们没有将学习的峰电位动力学、高阶特异性丘脑核和非特异性丘脑核、规律性共振和重置的控制机制，以及药理学调制包含在内。

2008年，格罗斯伯格等提出了同步匹配适应共振理论（Synchronous Matching Adaptive Resonance Theory，SMART）模型（Grossberg et al.，2008），该模型提供了大脑是怎样协调多级的

丘脑和皮质进程来快速学习、稳定记忆外界的重要信息。并展示了自底向上和自顶向下的通路是如何一起工作并通过协调学习、期望、专注、共振和同步这几个进程来完成上述目标的。特别地，SMART 模型解释了怎样通过大脑细微回路，尤其是在新皮层回路中的细胞分层组织来实现专注学习的需求，以及它们是怎样和第一层（比如外侧膝状体、LGN）与更高层（比如枕核），还有非特异性丘脑核相互作用的。

SMART 模型超越 ART 和 LAMINART 模型的地方在于说明了这些特征怎样自然地在 LAMINART 结构中共存。特别是 SMART 解释和模拟了：浅层皮质回路可能是怎样与特异性初级和较高级丘脑核以及非特异性丘脑核相互作用，从而控制用于调控认知学习和抵制彻底遗忘的动态缓冲学习记忆的匹配或不匹配的过程；峰电位动力学怎样被包含在振动频率可以提供附加的可用来控制认知导向的诸如匹配和快速学习的动作的同步共振中；基于乙酰胆碱的过程怎样有可能使得被预测的警觉控制的性质具体化，这个性质只利用网络上本地的计算信号控制经由对不断变化的环境数据敏感的方式来学习识别类的共性规律。

SMART 模型首次从原理上将认知与大脑振动联系起来，特别是在 γ 和 β 频域，这是从一系列皮质和皮质下结构中得到的记录。SMART 模型表明 β 振动为什么可以成为调制的自顶向下的反馈和重置的标志。SMART 模型发展了早前的模拟工作，解释了当调制的自顶向下的期望与连贯的自底向上的输入类型相匹配时，γ 振动是怎样产生的。这样一个匹配使得细胞更有效地越过它们的激励阈值来激发动作电位，进而导致在共享自顶向下的激发调制的细胞中局域 γ 频率同步的整体性增强。

SMART 模型还将不同的振动频率与峰电位时序相关的突触可塑性(Spike Timing-Dependent Plasticity,STDP)联系在一起。在突触前和突触后细胞的平均激励周期在 10~20 ms 时，也就是在 STDP 学习的窗口中时，学习情景更易被限制在匹配条件下，这与实验结果相符。这个模型预测 STDP 将进一步加强相关的皮质和皮质下区域的同步兴奋度，在快速学习规律中的乱真的同步化对长期记忆权值的影响可以被匹配状态下的同步共振阻止或者快速反转。在匹配状态下被放大的 γ 振动，通过将突触前激动压缩进狭窄的时域窗口，将有助于激动传遍皮质等级结构。这个预测与观察到的外侧膝状体(Lateral Geniculate Nucleus)成对的突触前激励对在视觉皮层中产生突触后兴奋的效果在激动间隔增加时快速降低是相一致的。

不同的振荡频率与匹配/共振（γ 频率）和不匹配/重置（β 频率）一起，将这些频率联系起来，不仅为选择学习，更为发现支持新学习的皮质机制提供依据。

在美国国家科学基金会的资助下，波士顿大学认知和神经系统学院成立了教育、科学和技术学习卓越中心（CELEST）。在 CELEST，计算模型的设计者、神经科学家、心理学家和工程师，与来自哈佛大学、麻省理工学院、布兰迪斯大学和波士顿大学的认知和神经系统部门的研究人员进行交流协作，研究有关脑如何计划、组织、通信和记忆等基本原理，特别是应用学习和记忆的脑模型，构建低功耗、高密度的神经芯片，实现越来越复杂的大规模脑回路，并解决具有挑战性的模式识别问题。

波士顿大学认知和神经系统学院设计了一种软件称为 MoNETA（Modular Neural Exploring Traveling Agent，模块化的神经探索搜索主体）（Versace et al.，2010），它是一个芯片上的大脑。MoNETA 将运行在美国加利福尼亚惠普实验室研发的类脑（Brain Inspired）微处理器上，其工作原理正是那些把哺乳动物与无智商的高速机器区别开来的最基本原则。MoNETA 正好是罗马神话中记忆女神的名字“莫内塔”，会做其他计算机从未做过的事情。它将感知周围的环境，决定哪些信息是有用的，然后将这些信息加入逐渐成形的现实结构中；而且在一些应用中，它会制定计划以保证自身的生存。换句话说，MoNETA将具有如同蟑螂、猫以及人所具有的动机。MoNETA与其他人工智能的区别在于，它不需要显式地编程，像哺乳动物的脑一样具有适应性和效用性，可以在各种各样的环境下进行动态学习。

12.5 脑模拟系统 Spaun

人类的大脑是一个高度复杂的器官，如果科学家要构建出一个人工大脑模型，那么首先得知道我们大脑的工作原理，具体来说就是要先了解大脑里每一个部分负责的运算任务，以及这些运算功能在神经网络系统上的实现原理。2012年11月，*Science*发表伊莱亚史密斯（Eliasmith C.）等的文章（Eliasmith et al.，2012），该文章介绍了一种大规模的人体大脑模型，如图12.3所示。这种大脑模型能够模拟各种复杂的人类行为，这一成果标志着科学家在人工智能研究领域又前进了一大步。

伊莱亚史密斯等开发的图12.3所示的大脑仿真模型叫作语义指针结构统一网络（Semantic Pointer Architecture Unified Network），简称Spaun系统。该系统能够观察图像，并使用配套的模型手臂做出相应的动作。伊莱亚史密斯等开发的这套Spaun系统可以完成8种各不相同的任务，在所有这8种任务中都会包含对各种图形（主要是数字图形）的介绍，以及根据图形做出相应的动作（用人工臂画出“看到”的数字）。在这些任务中既包括简单的图像识别任务，也包括记忆性的任务（按照看到数字的先后顺序重新写一遍），还包括强化学习任务（比如赌博任务）和更加复杂的认知任务（类似于智商测试题一类的任务）。Spaun系统会依靠它所拥有的那250万个神经元细胞来完成这些测试，这些神经元细胞按照人类大脑的组成方式形成了多个子系统，这些子系统分别对应了人类大脑的不同区域，最后这些子系统之间又互相联系起来，具备了大脑最基本的功能（Machens，2012）。

Spaun系统的认知装置实际上包括两个相互交叉的组成部分，它们分别是相当于人类大脑前额皮质区的记忆工作系统和相当于人类大脑基底神经节和丘脑的动作选择系统（Eliasmith，2013）。这套动作选择系统控制着人工大脑当前的状态，同时也部分受到了强化学习理论和当前流行的基底神经节模型的启发。Spaun系统的记忆工作系统采用了一套全新的算法，这套算法借鉴了计算神经科学领域的神经系统算法和来自数学心理学领域的卷积记忆理论。这套神经系统算法使Spaun系统拥有了一个网络化的信息存储机制，而卷积记忆理论又使Spaun系统可以将以往的信息和最新接收的信息有效地结合在一起。所以Spaun系统可以有效地做出重复行为，比如写出一列数字中的第一个数字和最后一个数字。

在Spaun系统里对应前额皮质区的那些子系统起到了连接抽象运算、符号运算和单个神经元细胞活动的作用。关于卷积记忆功能，伊莱亚史密斯等做了一个非常有意思的预测，他们估计神经元细胞激活的速率（在单位时间内出现的动作电位的平均数量）会随着不断的连续完成记忆工作而逐渐加快。

在Spaun系统的每一个模块中，实际的信息都是通过大量被激活的神经细胞来完成处理的。而在生理条件下借助神经网络开展的高水平的运算与依靠单个神经元细胞开展的低水平的运算之间的这种联系在Spaun系统中是依靠所谓的“神经工程架构（Neural Engineering Framework）”来重建的（Eliasmith et al.，2003），这套神经工程架构系统尤其善于在活化的神经网络里完成任意数学矢量运算（Arbitrary Mathematical Vector Operation）。这套系统假定信息会按照神经激活速度线性地被读取，然后以非线性的方式将信息转换成神经活动功能。这样每一个

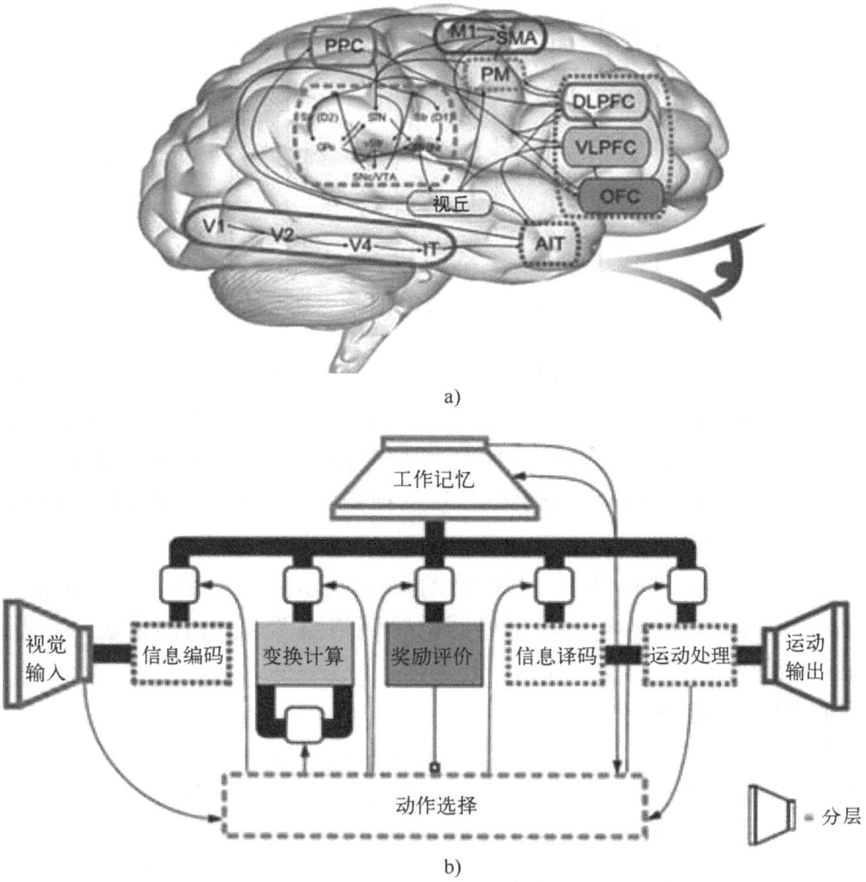

图 12.3　Spaun 的大脑仿真模型

子系统里处理的信息都会被分配给每一个神经元细胞，这种模式也非常符合大脑电生理研究工作得到的结论，比如我们的大脑对不同的感觉刺激（输入）信号或运动输出信号的响应速度是不一样的。

12.6　中国脑科学计划

蒲慕明等的文章（Poo et al.，2016）介绍了中国脑科学计划的愿景。中国脑科学计划以阐释人类认知的神经基础（认识脑）为主体和核心（一体），同时展现“两翼”：其中一翼是大力加强预防、诊断和治疗脑重大疾病的研究（保护脑）；另一翼是在大数据快速发展的时代背景下，受大脑运作原理及机制的启示，通过计算和系统模拟推进人工智能的研究（模拟脑），如图 12.4 所示。

1. 脑认知原理

理解人类的认知过程是理解自然的终极挑战。它不仅需要描述不同层次的认知现象，从行为到神经系统到神经环路，再到细胞和分子，还需要对不同层次现象之间因果联系的机制进行理解。由于脑成像技术和分子细胞生物学的迅速发展，在宏观和微观层面上对大脑的理解已取得了很大进展。然而，在介观层面上，我们的认识存在着巨大的差距。我们很少知道神经环路是如何从不同脑区的特定类型的神经元聚集起来的，以及特定的神经环路是如何在认知过程和

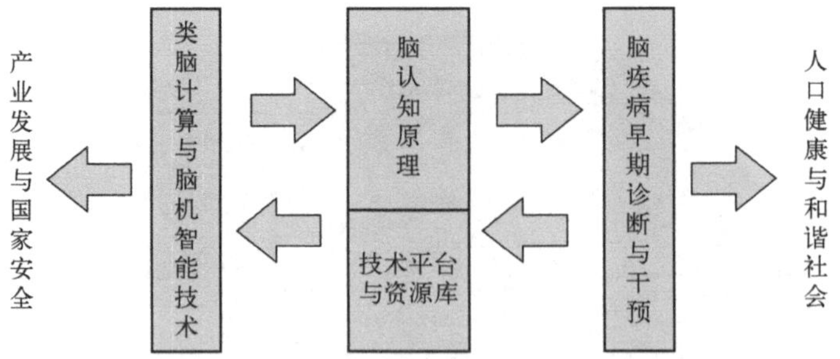

图 12.4　中国脑科学计划愿景图

行为中发挥其信号处理功能的。对大脑介观层次的理解，必须确定所有神经元的类型。近年来，单细胞 RNA 测序技术的发展，加快了细胞类型识别的步伐，即根据不同的蛋白质表达谱对神经元进行分类。结合日本脑计划项目对猕猴的研究重点，中国脑科学计划项目对猕猴的认知研究具有重要意义，介观结构和功能定位的猕猴神经回路需要通过单细胞 RNAseq 和单神经元连接分析进行细胞类型识别。

中国科学院自动化研究所蒋田仔领导的脑网络组研究团队，从事脑网络组图谱（Brainnetome Atlas）研究。2016 年公布了最新的脑网络组图谱，该图谱包括 246 个精细脑区亚区，以及脑区亚区间的多模态连接模式。

2. 脑疾病的早期诊断与干预

据估计，目前我国 14 亿人口中约有 1/5 患有慢性神经精神疾病或神经退行性疾病。中国脑科学计划的目的是研究脑部疾病的致病机制，并制定有效的诊断和治疗方法，这些脑疾病包括发育障碍（如自闭症和精神发育迟滞）、神经精神疾病（如抑郁和成瘾）和神经退行性疾病（如阿尔茨海默病和帕金森病）。现在迫切需要减少与这些疾病有关的日益增加的社会负担，然而，鉴于目前的治疗大多无效，这就需要在症状出现的前驱阶段进行早期诊断，采取早期干预措施来制止或延缓疾病的进展。早期诊断受益于在分子、细胞和神经环路水平上揭示疾病病理生理学的研究。鉴于大多数脑疾病常因共同的神经回路损害而表现出重叠症状，因此对特定脑功能的定量分析将为识别高危人群提供宝贵的信息。早期诊断和干预方法的研究需要从健康和高危人群中收集纵向数据。这只能通过科学家、临床医生和公共卫生组织之间的精心组织来实现。我国由于人口众多，几乎所有的脑疾病都是世界上最大的患者人群，迫切需要早期诊断和干预。随着生活水平的提高、公共卫生体系的不断完善、政府对全民医疗的坚定承诺，中国脑科学计划有着良好的条件，能够组织大规模的旨在有效地进行早期诊断和干预的方案。

3. 类脑智能研究

人脑是目前唯一的真正的智能系统，能够以极低的能量消耗来应对不同的认知功能。学习大脑的信息处理机制显然是建立更强大的人工智能的一个很有希望的方法。大脑是进化而成的一个高效能系统，其结构和基本机制可能为未来计算基础设施的设计提供启示。中国脑计划项目旨在更好地了解脑部的多层次机制和原理，并有望促进神经科学家和人工智能研究人员之间的深入和密切合作。认知计算模型和大脑启发的芯片将是智能分支的主要焦点。在过去几十年里，人工智能取得了显著成就，包括最近的深度学习模式，均部分地受到神经科学的启发。中国脑科学计划项目将把重点放在开发认知机器人上，将其作为整合大脑的计算模型和设备平台。目标是建立与人类高度互动并在不确定环境中有适当反应的智能机器人，具备通过互动学习解决各种问题的技能，以及传递和推广从不同任务获得的知识的能力，甚至与其他机器人分享所学知识。

完全了解人脑的结构和功能是神经科学的一个有吸引力但却很遥远的目标。然而，神经科学对大脑的有限认识对于解决我们社会面临的一些紧迫问题已经很有帮助。中国脑科学计划的目标是在基础和应用神经科学之间取得平衡，在这一平衡中，一些科学家将探求大脑的秘密，而其他人可能会应用已有的知识来预防和治疗脑部疾病，以及开发类脑智能技术。

12.7 神经形态芯片

计算机的“冯·诺依曼架构”与“人脑架构”的本质不同是，人脑的信息存储和处理，是通过突触这一基本单元来实现的，因而没有明显的界线。正是人脑中的千万亿个突触的可塑性——各种因素和各种条件经过一定的时间作用后引起的神经变化（可变性、可修饰性等），使得人脑的记忆和学习功能得以实现。

模仿人类大脑的理解、行动和认知能力，成为重要的仿生研究目标，近期该领域的最新成果就是推出了神经形态芯片。《麻省理工科技评论》（*MIT Technology Review*）2014 年 4 月 23 日刊出了“2014 十大突破性科学技术”的文章，高通（Qualcomm）公司的神经形态芯片（Neuromorphic Chips）名列其中。

神经形态芯片的研究已有 20 多年的历史。1989 年，加州理工学院米德（Mead C.）在文献（Mead，1989）中给出了神经形态芯片的定义：“模拟芯片不同于只有二进制结果（开/关）的数字芯片，可以像现实世界一样得出各种不同的结果，可以模拟人脑神经元和突触的电子活动。”然而，米德本人并没有完成模拟芯片的设计。

语音处理芯片公司 Audience 公司，对神经系统的学习性和可塑性、容错、免编程以及低能耗等特征进行了研究，研发出基于人的耳蜗而设计的神经形态芯片，可以模拟人耳抑制噪声，应用于智能手机。Audience 公司也由此成为行业内领先的语音处理芯片公司。

高通（Qualcomm）公司的“神经网络处理器”与一般的处理器工作原理不同。从本质上讲，它仍然是一个由硅晶体材料构成的典型计算机芯片，但是能够完成“定性”功能，而非“定量”功能。高通开发的软件工具可以模仿大脑活动，处理器上的“神经网络”按照人类神经网络传输信息的方式而设计，它可以允许开发者编写基于“生物激励”程序。高通设想其“神经网络处理器”可以完成“归类”和“预测”等认知任务。

高通公司给其“神经网络处理器”起名为“Zeroth”。Zeroth 的名字起源于“第零原则”。“第零原则”规定，机器人不得伤害人类个体，或者因不作为致使人类个体受到伤害。高通公司研发团队一直致力于开发一种突破传统模式的全新计算架构。他们希望打造一个全新的计算处理器，模仿人类的大脑和神经系统，使终端拥有大脑模拟计算驱动的嵌入式认知——这就是 Zeroth。“仿生式学习”“使终端能够像人类一样观察和感知世界”和“神经处理单元（NPU）的创造和定义”是 Zeroth 的三个目标。关于“仿生式学习”，高通公司是通过基于神经传导物质多巴胺的学习（又名“正强化”）来完成的，而非编写代码实现。

IBM 公司自 1956 年创建第一台人脑模拟器（512 个神经元）以来，就一直在从事对类脑计算机的研究，模仿了突触的线路组成、基于庞大的类神经系统群开发的神经形态芯片也就自然而然地进入了其视野。其中，IBM 第一代神经突触（Neurosynaptic）芯片用于“认知计算机”的开发。尽管“认知计算机”无法像传统计算机一样进行编程，但可以通过积累经验进行学习，发现事物之间的相互联系，模拟大脑结构和突触可塑性。

2008年，在美国国防高级研究计划局（DARPA）的资助下，IBM的“自适应可变神经可塑可扩展电子设备系统”项目（SyNAPSE）第二阶段项目则致力于创造既能同时处理多源信息又能根据环境不断自我更新的系统，实现神经系统的学习性和可塑性、容错、免编程以及低能耗等特征。项目负责人莫得哈（Modha D.）认为，神经芯片将是计算机进化史上的又一座里程碑。

2011年，IBM首先推出了单核含256个神经元、256×256个突触和256个轴突的芯片原型。当时的芯片原型已经可以处理像玩Pong游戏这样复杂的任务。不过相对来说还是比较简单，从规模上来说，这样的单核脑容量仅相当于昆虫大脑的水平。

经过3年的努力，IBM在复杂性和使用性方面取得了突破。2014年8月8日，IBM在*Science*刊物上公布仿人脑功能的TrueNorth微芯片（Merolla et al.，2014），如图12.5所示。这款芯片能够模拟神经元、突触的功能以及其他脑功能执行计算，擅长完成模式识别和物体分类等烦琐任务，而且功耗还远低于传统硬件。该芯片由三星电子负责生产，拥有54亿个晶体管，是传统PC处理器的4倍以上。它的核心区域内密密麻麻地挤满了4096个处理核心，产生的效果相当于100万个神经元和2.56亿个突触。目前，IBM已经使用了16块芯片开发了一台神经突触超级计算机。

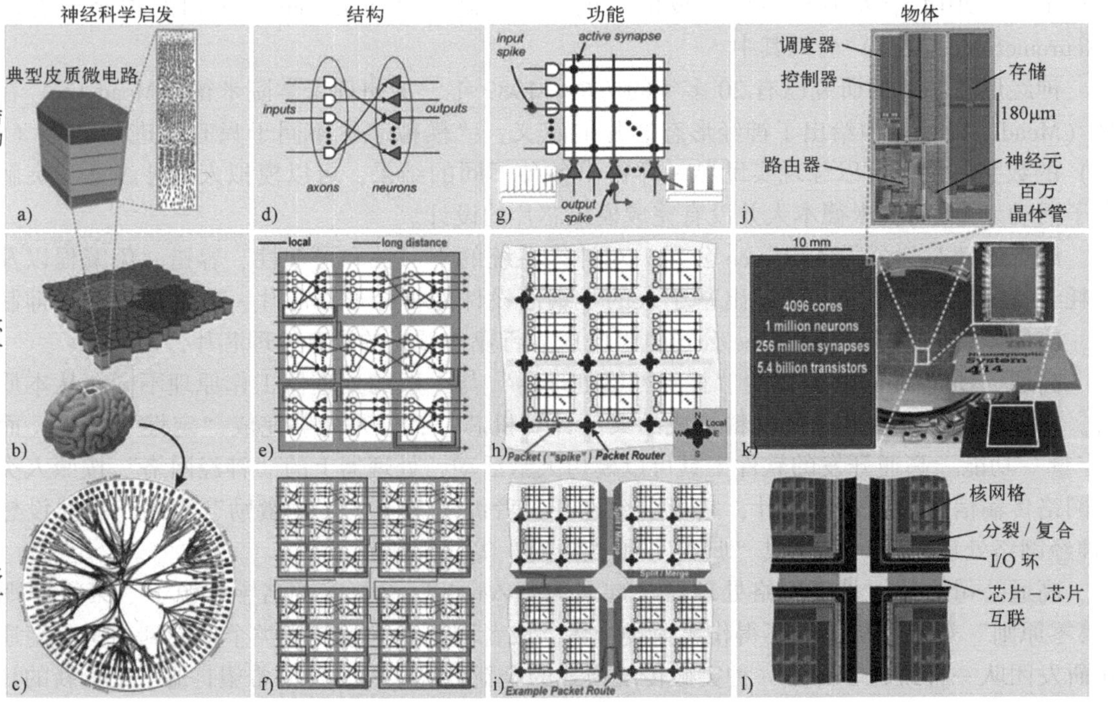

图12.5　IBM的TrueNorth微芯片

TrueNorth的4096个核心之间使用了类似于人脑的结构，每个核心包含约120万个晶体管，其中负责数据处理和调度的部分只占据少量晶体管，而大多数晶体管都被用作数据存储以及与其他核心沟通方面。在这4096个核心中，每个核心都有自己的本地内存，它们还能通过一种特殊的通信模式与其他核心快速沟通，其工作方式非常类似于人脑神经元与突触之间的协同，只不过，化学信号在这里变成了电流脉冲。IBM把这种结构称为“神经突触内核架构”。

IBM使用软件生态系统，将众所周知的算法，如卷积网络、液态机器、受限玻耳兹曼机、隐马尔可夫模型、支持向量机、光学流量和多模态分类通过离线学习加到系统结构中。现在这些算法在 TrueNorth 中运行无须改变。

英国 ARM 公司自 2003 年开始研制类脑神经网络的硬件单元，称为 SpiNNaker（Spiking Neural Networks Architecture）；2011 年，正式发布了包含 18 个 ARM 核的 SpiNNaker 芯片；2013 年，开发了基于 UDP 的 Spiking 接口，可以用于异质神经形态系统的通信；2014 年，与滑铁卢大学合作，支持 Spaun 模型的硬件计算。

德国海德堡大学在 FACTS 项目的基础上，在 Proactive FP7 的资助下，2011 年启动了为期 4 年的 BrainScales 项目（Schemmel et al.，2010），在 2013 年，加入欧盟“人类大脑计划”。在 2013 年 6 月 17 号的莱比锡世界超级计算机大会上，人脑研究项目协调人之一，德国海德堡大学麦耶教授（Meier K.）介绍了德国科学家取得的研究进展。麦耶宣布，神经形态系统将出现在硅芯片上或硅圆片上。这不仅是一种芯片，而是一个完整的硅圆片，在上面目前集成了 20 万个神经元和 500 万个突触。这个硅圆片的大小也就是像一个略大些的盘子。这些硅圆片就是未来欧盟人脑研究项目要开发的类似人脑的新型计算机系统结构的基石。

12.8　类脑智能路线图

通过脑科学、认知科学与人工智能领域的交叉合作，促进智能科学在基础性、引领性、创新性研究的发展，解决认知科学和信息科学发展中的重大基础理论问题，带动我国经济、社会乃至国家安全所涉及的智能信息处理关键技术的发展，为防治脑疾病和脑功能障碍、提高国民素质和健康水平等提供理论依据，并为探索脑科学中的重大基础理论问题做出贡献。

2013 年 10 月 29 日，在中国人工智能学会“创新驱动发展——大数据时代的人工智能”高峰论坛上，作者描绘了智能科学发展“路线图”（史忠植，2013）：2020 年，实现初级类脑计算，目标是计算机可以完成精准的听、说、读、写；2035 年，进入高级类脑计算阶段，计算机不但具备“高智商”，还将拥有“高情商”；2049 年，智能科学与纳米技术结合，实现心智模型 CAM 的神经形态计算机，具有全意识，进入超脑计算。

类脑智能路线图的具体内容和研究所面临的挑战可参阅史忠植的《心智计算》（史忠植，2015）。

习题

1. 什么是大数据？它的理论基础什么？能否具有统一的数据结构？
2. 什么是认知计算？请给出 IBM 沃森系统处理问题的步骤。
3. 欧盟人脑计划研究主要分为哪 5 个方面？
4. 美国波士顿大学认知和神经系统学院设计了一种软件称为 MoNETA，它的神经科学基础是什么？
5. 加拿大伊莱亚史密斯等研制了脑模拟系统 Spaun，请给出 Spaun 的大脑仿真模型，并阐述编码和译码的机理。
6. 什么是神经形态芯片？实现神经形态芯片有哪些途径？
7. 如何实现人类水平的人工智能？
8. 展望人工智能的发展，提出类脑智能路线图分为初级类脑计算、高级类脑计算和超脑计算，你的想法是什么？

参考文献

[1] 蔡自兴．基于功能/行为集成的自主式移动机器人进化控制体系结构［J］．机器人，2000，22（3）：170-175.

[2] 戴汝为．社会智能科学［M］．上海：上海交通大学出版社，2006.

[3] 董振东，董强，郝长伶．知网的理论发现［J］．中文信息学报，2007，21（4）：3-9.

[4] 冯志伟．计算语言学基础［M］．北京：商务印书馆，2001.

[5] 郭斌，张大庆，於志文，等．数字脚印与“社群智能”［J］．中国计算机学会通讯，2011，7（3）：53-59.

[6] 李德毅，杜鹢．不确定性人工智能［M］．2版．北京：国防工业出版社，2014.

[7] 李航．统计学习方法［M］．2版．北京：清华大学出版社，2019.

[8] 刘亚，艾海舟，徐光佑．基于主运动分析的野外视觉侦察系统：运动目标检测、跟踪及全景图的生成［J］．机器人，2001，23（3）：250-256.

[9] 陆汝钤．人工智能：上、下册［M］．北京：科学出版社，2002.

[10] 钱学森，于景元，戴汝为．一个科学新领域：开放的复杂巨系统及其方法论［J］．自然杂志，1990，13（1）：3-10.

[11] 史忠植．知识工程［M］．北京：清华大学出版社，1988.

[12] 史忠植．逻辑-对象知识模型［J］．计算机学报，1990，13（10）：787-791.

[13] 史忠植．智能主体及其应用［M］．北京：科学出版社，2000.

[14] 史忠植．知识发现［M］．2版．北京：清华大学出版社，2011.

[15] 史忠植．高级人工智能［M］．3版．北京：科学出版社，2011.

[16] 史忠植．智能科学［M］．3版．北京：清华大学出版社，2019.

[17] 史忠植．神经网络［M］．北京：高等教育出版社，2009.

[18] 史忠植．智能科技创新驱动发展：从大数据到智能科学［C］．创新驱动发展：大数据时代的人工智能高峰论坛，深圳，2013.

[19] 史忠植．心智计算［M］．北京：清华大学出版社，2015.

[20] 史忠植，余志华．认知科学和计算机［M］．北京：科学普及出版社，1990.

[21] 席裕庚．动态不确定环境下广义控制问题的预测控制［J］．控制理论与应用，2000，17（5）：665-670.

[22] 杨强．GDPR 对 AI 的挑战和基于联邦迁移学习的对策［J］．北京：中国人工智能学会通讯，2018，8：1-8.

[23] 俞士汶．计算语言学概论［M］．北京：商务印书馆，2003.

[24] 张钹，张铃．问题求解的理论与应用［M］．北京：清华大学出版社，1990.

[25] 智能科学与人工智能［EB/OL］．http://www.intsci.ac.cn/.

[26] 周志华，王珏．机器学习及其应用［M］．北京：清华大学出版社，2007.

[27] 钟义信．高等人工智能原理：观念·方法·模型·理论［M］．北京：科学出版社，2014.

[28] 朱志刚，徐光佑，林学訚，等．多尺度全覆盖视觉导航方法［J］．机器人，1998，20（4）：266-272.

[29] ABBOTT A，SCHIERMEIER Q. Graphene and virtual brain win billion-euro competition［J］. Nature，2013，493：585-586.

[30] ALAMI R，CLODIC A，MONTREUIL V，et al. Toward human-aware robot task planning［C］. AAAI Spring Symposium：To Boldly Go Where No Human-Robot Team Has Gone Before，Stanford，2006.

[31] ALBUS J S，BEKEY G A，Holland J H，et al. A proposal for a decade of the mind initiative［Z］. Science，2007.

[32] ALBUS J S, MECAIN H G, LUMIA R. NASA/NBS standard reference model for telerobot control system architecture (NASREM) [Z]. NBS Technical Note, 1988.

[33] ALLEN J. 自然语言理解 [M]. 刘群，张华平，骆卫华，等译 . 2 版 . 北京：电子工业出版社，2005.

[34] ANANTHANARAYANAN R, ESSER S K, SIMON H D, et al. The cat is out of the bag: cortical simulations with 109 neurons and 1013 synapses [C]. Proceedings of the ACM/IEEE Conference on Supercomputing, Portland, 2009.

[35] ANANTHANARAYANAN R, MODHA D S. Anatomy of a cortical simulator [C]. Proceedings of the ACM/IEEE Conference on Supercomputing, Reno, 2007.

[36] ANDRIEU C, DE FREITAS N, DOUCET A, et al. An introduction to MCMC for machine learning [J]. Machine Learning, 2003, 50 (1): 5-43.

[37] AYACHE N, LUSTMAN F. Fast and reliable passive trinocular stereovision [C]. Proceedings of the International Conference in Computer Vision, London, 1987.

[38] BAR-COHEN Y, HANSON D, MAROM A. 机器人革命：即将到来的机器人时代 [M]. 潘俊，译 . 北京：机械工业出版社，2015.

[39] BELLMAN R E. An introduction to artificial intelligence: can computers think? [M]. San Francisco: Boyd & Fraser Publishing Company, 1978.

[40] BERNERS-LEE T. Semantic Web: XML2000 [EB/OL]. (2000-12-06) [2023-08-01]. http://www.w3.org/2000/Talks/1206-xml2k-tbl/.

[41] BERNERS-LEE T, HALL W, HENDLER J A, et al. A framework for web science [J]. Foundations and Trends in Web Science, 2006, 1 (1): 1-130.

[42] BERNERS-LEE T, HENDLER J, LASSILA O. The semantic web [J]. Scientific American, 2001, 281 (5): 29-37.

[43] BEZDEK J C. On the relationship between neural networks, pattern recognition and intelligence [J]. International Journal of Approximate Reasoning, 1992, 6 (2): 85-107.

[44] BEZDEK J C. What is computational intelligence?//Computational intelligence imitating life [A]. New York: IEEE Press, 1994.

[45] BONABEAU E, DORIGO M, THERAULAZ G. Inspiration for optimization from social insect behavior [J]. Nature, 2000, 406 (6791): 39-42.

[46] BONASSO R. Integrating reaction plans and layered competences through synchronous control [C]. Proceedings of IJCAI, Sydney, 1991.

[47] BORST W. Construction of engineering ontologies for knowledge sharing and reuse [D]. Enschede: University of Twente, 1997.

[48] BRATMAN ME. Intentions, plants, and practical reason [M]. Cambridge: Harvard University Press, 1987.

[49] BRATMAN M, ISRAEL D, POLLACK M. Plan and resource-bounded practical reasoning [J]. Computational Intelligence, 1988, 4: 349-355.

[50] BROOKS R. A robust layered control system for a mobile robot [J]. IEEE Journal of Robotics and Antomation, 1986, 2 (1): 14-23.

[51] BROOKS RA. Intelligent without representation [J]. Artificial Intelligence, 1991a, 47: 139-159.

[52] BROOKS R A. Intelligence without reasoning [C]. Proceedings of IJCAI, Sydney, 1991b.

[53] BUCHANAN B, SHORTLIFFE E H. Experiments of the stanford heuristic programming project [M]. Reading, MA: Addison-Wesley, 1984.

[54] CARBONELL J G. Analogy in problem solving//MICHALSKI R S, CARBONELL J G, MITCHELL T M. Machine learning: an artificial intelligence approach [A]. San Francisco: Morgan Kaufmann Publisher, 1986.

[55] CHARNIAK E, MCDERMOTT D. Introduction to artificial intelligence [M]. Reading, MA: Addison-

Wesley, 1985.

[56] CHEN M S, PARK J S, YU P S. Data mining for path traversal patterns in a web environment [C]. Proceedings of 16th IEEE International Conference on Distributed Computing Systems, Hongkong, 1996.

[57] CHRISTIANO P F, JAN L K, Tom B, et al. Deep reinforcement learning from human preferences//Part of advances in neural information processing systems 30 [A]. NIPS, Los Angeles, 2017.

[58] COHEN P R, LEVESQUE H J. Intention is choice with commitment [J]. Artificial Intelligence, 1990, 42: 213-261.

[59] CONNELL J. SSS: A hybrid architecture applied to robot navigation [C]. Proceedings of IEEE ICRA, Nice, 1992.

[60] COLORNI A, DORIGO M, MANIEZZO V. Distributed optimization by ant colonies [C]. Proceedings First European Conference on Artificial Life, Cambridge, 1991.

[61] DAI W Y, YANG Q, XUE G R, et al. Boosting for transfer learning [C]. Proceedings of the Twenty-Fourth International Conference on Machine Learning, Corvallis, 2007.

[62] DASGUPTA D, ATTOH O N. Immunity based systems: a survey [C]. Proceedings of IEEE International Conference on Systems, Man, and Cybernetics, Orlando, 1997.

[63] DAVIES J. Semantic web technology: trends and research [M]. Hoboken: John Wiley and Sons Ltd, 2006.

[64] DE KLEER J. An assumption-based TMS [J]. Artificial Intelligence, 1986, 28: 127-162.

[65] DE KLEER J. A comparison of ATMS and CSP techniques [C]. Proceedings of IJCAI, Menlo Park, 1989.

[66] DECKER K S, LESSER V R. Designing a family of coordination algorithms [C]. Proceedings of the First International Conference on Multi-Agent Systems, San Francisco, 1995.

[67] DEMPSTER A P. The Dempster-Shafer calculus for statisticians [J]. International Journal of Approximate Reasoning, 2008, 48: 265-377.

[68] DENEUBOURG J L, GOSS S, FRANKS N, et al. The dynamics of collective sorting: robot-like ants and ant-like robots [C]. Proceedings of the 1st International Conference on Simulation of Adaptive Behavior: From Animals to Animats, Cambridge, 1991.

[69] DOI M, SUZUKI K, HASHIMOTO S. Integrated communicative robot "BUGNOID" [C]. Proceedings of 11th IEEE International Workshop on Robot and Human Interactive Communication, Berlin, 2002.

[70] DOITSIDIS L, VALAVANIS K P, TSOURVELOUDIS N C. Fuzzy logic based autonomous skid steering vehicle navigation [C]. Proceedings of the IEEE International Conference on Robotics and Automation, Piscataway, 2002.

[71] DORIGO M, GAMBARDELLA L. Ant colony system: a cooperative learning approach to the traveling salesman problem [J]. IEEE Transactions on Evolutionary Computation, 1997, 1 (1): 53-66.

[72] DOYLE J. A truth maintenance system [J]. ArtificialIntelligence, 1979, 12 (3): 231-272.

[73] DUDA R O, HART P E, NILSSON N J. Subjective Bayesian methods for rule-based inference systems [C]. AFIPS Conference Proceedings of the National Computer Conference, New York, 1976.

[74] ELIASMITH C. How to build a brain: a neural architecture for biological cognition [M]. London: Oxford Press, 2013.

[75] ELIASMITH C, ANDERSON C H. Neural engineering: computation, representation, and dynamics in neurobiological systems [M]. Cambridge: The MIT Press, 2003.

[76] ELIASMITH C, STEWART T C, CHOO X, et al. Large-scale model of the functioning brain [J]. Science, 2012, 338: 1202-1205.

[77] FARMER J D, PACKARD N H, PERELSON A. The immune system, adaptation, and machine learning [J]. Physica D, 1986, 22 (1-3): 187-204.

[78] FAYYAD U, PIATETSKY-SHAPIRO G, SMYTH P. From data mining to knowledge discovery in databases [J].

AI Magazine, 1996: 37-54.

[79] FERBER J, CARLE P. Actors and agents as reflective concurrent objects: a mering IV perspective [J]. IEEE Transactions on Systems, Man, and Cybernetics, 1991, 21 (6): 1420-1436.

[80] FIKES R, NILSSON N J. STRIPS: a new approach to the application of theorem proving to problem solving [J]. Artificial Intelligence, 1971, 2 (3/4): 189-208.

[81] FILLMORE C J. The case for case//BACH E, HARMS R T. Universals in linguistic theory [A]. New York: Holt, Rinehart, and Winston, 1968.

[82] FIPA [EB/OL]. http://www. fipa. org/.

[83] FREUND Y, SCHAPIRE R E. A decision theoretic generalization of on-line learning and an application to boosting [J]. Journal of Computer and System Sciences, 1997, 55 (1): 119-139.

[84] FU K S. Syntactic methods in pattern recognition [M]. New York: Academic Press, Inc. , 1974.

[85] FU K S. Syntactic pattern recognition and application [M]. Englewood Cliffs, NJ: Prentice Hall Inc. , 1982.

[86] GALLAGHER S. How Google and Microsoft taught search to understand the web [EB/OL]. (2012-08-07) [2023-08-01]. http://arstechnica. com/information-technology/2012/06/inside-the-arc hitecture-of-googles-knowledge-graphand-microsofts-satori/.

[87] GASSER L, BRAGANZA C, HERMAN N. Implementing distributed AI systems using MACE//BOND A H, GASSER L. Readings in distributed artificial intelligence [A]. San Francisco: Morgan Kaufmann Publisher, 1988.

[88] GAT E. Reliable goal-directed reactive control for real-world autonomous mobile robots [D]. Blacksburg: Virginia Polytechnic Institute and State University, 1991.

[89] GENESERETH M R, THIELSCHER M. General game playing. synthesis lectures on artificial intelligence and machine learning [M]. San Rafael: Morgan & Claypool Publishers, 2014.

[90] GESU V. A distributed architecture for autonomous navigation of robots [C]. Proceedings of the 15' IEEE International Workshop on Computer Architectures for Machine Perception, Padova, 2000.

[91] GMYTRASIEWICZ P J, DURFEE E H, WEHE D K. A decision-theoretic approach to coordinating multi-agent interactions [C]. IJCAI, Sydney, 1991.

[92] GOERTZEL B, GARIS H D, PENNACHIN C, et al. OpenCogBot: achieving generally intelligent virtual agent control and humanoid robotics via cognitive synergy//SHI Z Z. Progress of advanced intelligence [A]. Beijing: Tsinghua University Press, 2010, 2: 47-58.

[93] GROSSBERG S. Adaptive pattern classification and universal recoding: Ⅰ. Parallel development and coding of neural detectors [J]. Biological Cybernetics, 1976, 23: 121-134.

[94] GROSSBERG S. How does a brain build a cognitive code?[J]. Psychological Review, 1980, 87: 1-51.

[95] GROSSBERG S. Laminar cortical dynamics of visual form perception [J]. Neural Networks 2003, 16 (5-6): 925-931.

[96] GROSSBERG S. Consciousness CLEARS the mind [J]. Neural Networks, 2007, 20 (9): 1040-1053.

[97] GROSSBERG S. Foundations and new paradigms of brain computing: past, present, and future [C]. AI * IA, Palermo, 2011.

[98] GROSSBERG S, MASSIMILIANO V. Spikes, synchrony, and attentive learning by laminar thalamocortical circuits [J]. Brain research, 2008, 1218: 278-312.

[99] GROSZ B J. Collaborative systems: 1994 AAAI presidential address [J]. AI Magazine, 1996, 2 (17): 67-85.

[100] GROSZ B J, HUNSBERGER L. The dynamics of intentions in collaborative intentionality [J]. Cognitive Systems Research (Special Issue on Cognition, Joint Action and Collective Intentionality), 2005, 7: 2-3.

[101] GRUBER T R. A translation approach to portable ontology specifications [J]. Knowledge Acquisition, 1993, 5 (2): 199-220.

[102] GUTOWITZ H. Complexity-seeking ants [C]. Proceedings of the Third European Conference on Artificial Life, Granada, 1993.

[103] HANSEN LK, SALAMON P. Neural network ensembles [J]. IEEE Transactions on Pattern Analysis and Machine Intelligence, 1990, 12 (10): 993-1001.

[104] HARARI Y N. 人类简史：从动物到上帝 [M]. 林俊宏，译. 北京：中信出版社, 2022.

[105] HAYES-ROTH B. Agents on stage: advancing the state of the art of AI [C]. IJCAI, Montreal, 1995 (1): 967-971.

[106] HBP Sub [EB/OL]. https://www.humanbrainproject.eu/en/.

[107] HEBB D O. The organization of behavior: a Neuropsychological theory [M]. New York: Wiley, 1949.

[108] HEBELER J, FISHER M, BLACE R, et al. Web 3.0 与 Semantic Web 编程 [M]. 唐富年，唐荣年，译. 北京：清华大学出版社, 2009.

[109] HEWITT C. Open information systems semantics for distributed artificial intelligence [J]. Artificial Intelligence, 1991, 47 (1-3): 79-106.

[110] HEWITT C, LIEBERMAN H. Design issues in parallel architecture for artificial intelligence [R]. MIT AI Memo 750, 1983.

[111] HINTON G E. Training products of experts by minimizing contrastive divergence [J]. Neural Computation, 2002, 14: 1771-1800.

[112] HINTON G E. A practical guide to training restricted Boltzmann machines [R]. UTML TR 2010-003, 2010.

[113] HINTON G E. Deep learning [C]. 29th AAAI Conference on Artificial Intelligence, Austin, 2015.

[114] HINTON G E, OINDERO S, TEN Y W. A fast learning algorithm for deep belief nets [J]. Neural Computation, 2006, 18 (7): 1527-1554.

[115] HINTON G E, SALAKHUTDINOV R R. Reducing the dimensionality of data with neural networks [J]. Science, 2006, 313 (5786): 504-507.

[116] HINTON G, SEJNOWSKI T, ACKLEY D. Boltzmann machines: constraint satisfaction networks that learn [R]. Carnegie-Melon Technical Report, CMU-CS-84-U9, 1984.

[117] HITZLER P, KROTSZSCH M. 语义 Web 技术基础 [M]. 俞勇，译. 北京：清华大学出版社, 2012.

[118] HOLLAND J H. Adaptation in natural and artificial systems [M]. Michigan: University of Michigan Press, 1975.

[119] HONG J, LEE W, LEE B, et al. An efficient production algorithm for multihead surface mounting machines using the biological immune algorithm [J]. International Journal for Fuzzy Systems, 2000, 2 (1): 45-53.

[120] HOPFIELD J J. Neural networks and physical systems with emergent collective computational abilities [J]. Proceedings of the National Academy of Sciences of the USA, 1982, 79: 2554-2558.

[121] HOPFIELD J J, TANK D W. Neural computation of decisions in optimization problems [J]. Biological Cybernetics, 1985, 52 (14): 141-152.

[122] JANET J A. The essential visibility graph: an approach to global motion planning for autonomous mobile robots [C]. Proceedings of IEEE International Conference on Robotics and Automation, Nagoya, 1995.

[123] JENNINGS NR. Commitments and conventions: the foundation of coordination in multi-agent system [J]. The Knowledge Engineering Review, 1993, 8 (3): 233-250.

[124] JENNINGS N J. An agent-based approach for building complex software systems [J]. Communications of the ACM, 2001, 44 (4): 35-41.

[125] KENNEDY J, EBERHART R. Particle swarm optimization [C]. Proceedings of IEEE International Conference on Neural Networks, Washington, 1995.

[126] KENNEDY J, EBERHART R C. Swarm intelligence [M]. San Francisco: Morgan Kaufmann Publisher, 2001.

[127] KHATIB O. Real-time obstacle avoidance for manipulators and mobile robots [J]. The International Journal of

Robotics Research, 1986, 5 (1): 90-98.

[128] KLEINBERG J. Authoritative sources in a hyperlinked environment [C]. Proceedings of 9th ACM-SIAM Symposium on Discrete Algorithms (SODA), San Francisco, 1998.

[129] KOHONEN T. Self-organized formation of topologically correct feature maps [J]. Biological Cybernetics, 1982, 43: 59-69.

[130] KOHONEN T, KASHI S. Self-organization of a massive document collection [J]. IEEE Transactions on Neural Networks, 2000, 11 (3): 67-70.

[131] KOLP M. Orgallizational multi-agent architectures: a mobile robot example [C]. Proceedings of AAMAC, Bologna, 2002.

[132] KRAUS S, EPHRATI E, LEHMANN D. Negotiation in a non-cooperative environment [J]. Journal of Experimental and Theoretical Artificial Intelligence, 1991, 1: 255-281.

[133] KRAUS S, WILKENFELD J, ZLOTKIN G. Multiagent negotiation under time constraints [J]. Artificial Intelligence, 1995, 75 (2): 297-345.

[134] KURZWELL R. Age of intelligent machines [M]. Cambridge: The MIT Press, 1990.

[135] LAIRD J E, KINKADE KEEGAN R, MOHAN SHIWALI, et al. Cognitive robotics using the soar cognitive architecture [C]. CogRob 2012—The 8th International Cognitive Robotics Workshop, Toronto, 2012.

[136] LANGTON C G. Artificial life. Vol I [M]. Reading, MA: Addison-Wesley, 1989.

[137] LECUN Y, BOSER B, DENKER J S, et al. Handwritten digit recognition with a back-propagation network [C]. Proceedings of Advances in Neural Information Processing Systems, Denver, 1989.

[138] LECUN Y, BOTTOU L, BENGIO Y, et al. Gradient-based learning applied to document recognition [J]. Proceedings of the IEEE, 1998, 86 (11): 2278-2324.

[139] LENAT D B. Cyc: A Large-scale investment in knowledge infrastructure [J]. Communications of the ACM, 1995, 38 (11): 32-38.

[140] LENAT D, WITBROCK M, BAXTER D, et al. Harnessing Cyc to answer clinical researchers' ad hoc queries [J]. AI Magazine, 2010, 31 (3): 13-32.

[141] LESSER V R. A retrospective view of FA/C distributed problem solving [J]. IEEE Transactions on Systems, Man and Cybernetics, 1991, 21 (6): 1347-1362.

[142] LESSER V R, CORKILL D D. The distributed vehicle monitoring testbed: a tool for investigating distributed problem solving networks [J]. Artificial Intelligence, 1983: 15-33.

[143] LEVESQUE H, GERHARD L. Cognitive Robotics//VAN HARMELEN F, LIFSCHITZ V, PORTER B. Handbook of knowledge representation [A]. Amsterdam: Elsevier, 2007.

[144] LICKLIDER J C R, CLARK W. On-line man computer communication [C]. Proceedings of the Spring Joint Computer Conference, New York, 1962.

[145] LINDENMAYER A. Mathematical models for cellular interaction in development [J]. Journal of Theoretical Biology, 1968, 18: 280-315.

[146] LINDSAY R, BUCHANAN B G, FEIGENBAUM E A, et al. Applications of artificial intelligence for organic chemistry: the dendral project [M]. New York: McGraw Hill, 1980.

[147] LIU B. Web 数据挖掘 [M]. 俞勇，薛贵荣，韩定一，译. 2 版. 北京：清华大学出版社，2013.

[148] LUGER G E. 人工智能：复杂问题求解的结构和策略 [M]. 郭茂祖，刘扬，玄萍，等译. 6 版. 北京：机械工业出版社，2010.

[149] LUMER E, FAIETA B. Diversity and adaption in populations of clustering ants [C]. Proceedings of the Third International Conference on Simulation of Adaptive Behaviour: From Animals to Animats 3, Cambridge, 1994.

[150] MAES P. The dynamics of action selection [C]. Proceedings of IJCAI, Detroit, 1989.

[151] MACHENS C K. Building the human brain [J]. Science, 2012, 338 (6111): 1156-1157.

[152] MARKRAM H. The blue brain project [J]. Nature Reviews Neuroscience, 2006, 7: 153-160.

[153] MARKRAM H, MEIER K, LIPPERT T, et al. Introducing the human brain project [J]. Procedia CS, 2011, 7: 39-42.

[154] MCCARTHY J. Circumscription: a form of non-monotonic reasoning [J]. Artificial Intelligence, 1980, 13 (1-2): 27-39.

[155] MCCARTHY J. The future of AI: a manifesto [J]. AI Magazine, 2005, 26 (4): 39.

[156] MCCARTHY J. From here to human-level AI [J]. Artificial Intelligence, 2007, 171: 1174-1182.

[157] MCCARTHY J, MINSKY M L, ROCHESTER N, et al. A proposal for the Dartmouth summer research project on artificial intelligence [J]. AI Magazine, 2006, 27: 12-14.

[158] MCCLELLAND J L, RUMELHART D E. Parallel distributed processing: explorations in parallel distributed processing [M]. Cambridge: The MIT Press, 1986.

[159] MCCULLOCH W S, PITTS W. A logic calculus of the ideas immanent in nervous activity [J]. Bulletin of Mathematical Biophysics, 1943, 5: 115-133.

[160] MEAD C. Analog VLSI and neural systems [M]. Reading, MA: Addison-Wesley, 1989.

[161] MEROLLA P A, ARTHUR J V, ALVAREZ-ICAZA R, et al. A million spiking-neuron integrated circuit with a scalable communication network and interface [J]. Science, 2014, 345 (6197): 668-672.

[162] MILLER G A, BECKWITH R, FELLBAUMC, et al. Introduction to WordNet: an on-line lexical database [J]. International Journal of Lexicography, 1990, 3 (4): 235-244.

[163] MINSKY M. A framework for representing knowledge//WINSTON PH. The psychology of computer vision [A]. New York: McGraw-Hill, 1975.

[164] MINSKY M. The society of mind [M]. New York: Simon & Schuster, 1985.

[165] MINSKY M, PAPERT S. Perceptrons [M]. Cambridge: The MIT Press, 1969.

[166] MORAVEC H. 机器人 [M]. 马小军, 时培涛, 译. 上海: 上海科学技术出版社, 2001.

[167] MORAVEC H P. Visual mapping by a robot rover [C]. Proceedings of the 6th International Joint Conference on Artificial Intelligence, Tokyo, 1979: 599-601.

[168] NEWELL A, SIMON H A. Computer simulation of human thinking [J]. Science, 1961, 134: 2011-2017.

[169] NEWELL A, SIMON H A. Computer science as empirical inquiry: symbols and search [J]. Communications of the Association for Computing Machinery, 1976, 19 (3): 113-126.

[170] NEWELL A, LAIRD J E, ROSENBLOOM P S. SOAR: an architecture for general intelligence [J]. Artificial Intelligence, 1987, 33 (1): 1-64.

[171] NILSSON N J. Principles of artificial Intelligence [M]. Berlin: Springer, 1982.

[172] NILSSON N J. Artificial intelligence: a new synthesis [M]. San Francisco: Morgan Kaufmann Publisher, 1998.

[173] NILSSON N J. The quest for artificial intelligence: a history of ideas and achievements [M]. Cambridge: Cambridge University Press, 2010.

[174] NILSSON N J. Understanding beliefs [M]. Cambridge: The MIT Press, 2014.

[175] O'REILLY T. What is web 2.0. Design patterns and business models for the next generation of goftware [EB/OL]. (2005-09-30) [2023-08-01]. http://oreilly.com/web2/archive/what-is-web-20.html.

[176] PAGE L, BRIN S, MOTWANI R, et al. The pagerank citation ranking: bringing order to the web [R]. Technical Report, Stanford InfoLab, 1999.

[177] PAN S J, YANG Q. A survey on transfer learning [J]. IEEE Transaction on Data Engineering, 2010, 22 (10): 1345-1359.

[178] PIAGGIO M. HEIR: a non hierarchical architecture for intelligent robots [C]. ATAL, Paris, 1998.

[179] PIAGET J. 发生认识论原理 [M]. 王宪钿, 等译. 北京: 商务印书馆, 1972.

[180] POO M M, DU J L, IP N Y, et al. China brain project: basic neuroscience, brain diseases, and brain-in-

spired computing [J]. Neuron, 2016, 92 (3): 591-596.

[181] QUILLIAN M R. Word concepts: a theory and simulation of some basic semantic capabilities [J]. Behavioural Science, 1967, 12: 410-430.

[182] QUINLAN J R. Induction of decision tree [J]. Machine Learning, 1986, 1 (1): 81-106.

[183] QUINLAN J R. C4.5: Programs for machine learning [M]. San Francisco: Morgan Kaufmann Publisher, 1993.

[184] RADFORD A, KARTHIK N, TIM S, et al. Improving language understanding with unsupervised learning [R]. OpenAI Technical Report, 2018.

[185] RAM A, ARKIN R, BOONE G. Using genetic algorithms to learn reactive control parameters for autonomous robotic navigation [J]. Adaptive Behavior, 1994, 2 (3): 277-304.

[186] RAO A S, GEORGEFF MP. An abstract architecture for rational agents [C]. Proceedings of the 3rd International Conference on Principles of Knowledge Representation and Reasoning, Cambridge, 1992.

[187] REITER R. On closed world data bases//GALLAIRE H, MINKER J. Logic and data bases [A]. New York: Plenum, 1978.

[188] REITER R. A logic for default reasoning [J]. Artificial Intelligence, 1980, 13 (1-2): 81-132.

[189] ROBINSON J A. A machine-oriented logic based on the resolution principle [J]. Journal of the ACM, 1965, 12 (1): 23-41.

[190] ROONEY B. The social robot architecture: towards sociality in a real world domain [C]. Towards Intelligent Mobile Robots, Bristol, 1999.

[191] ROSENBLATT F. The perceptron: a probabilistic model for information storage and organization in the brain [J]. Phychological Review, 1958, 65: 386-408.

[192] ROSENBLATT J. DAMN: A distributed architecture for mobile navigation [D]. Pittsburgh: Carnegie Mellon University, 1997.

[193] ROSENSCHEIN J S, GENESERETH M R. Deals among rational agents [C]. Proceedings of Ninth International Joint Conference on Artificial Intelligence, Los Angeles, 1985.

[194] RUMELHART D E, MCCLELLAND J L, the PDP Research Group. Parallel distributed processing: explorations in the microstructure of cognition, volumes 1 and 2 [M]. Cambridge: The MIT Press, 1986.

[195] RUSSELL S, NORVIG P. 人工智能：一种现代方法 [M]. 殷建平，祝恩，刘越，等译. 3 版. 北京：清华大学出版社, 2013.

[196] SALTON G, WONG A, YANG C S. A vector space model for automatic indexing [J]. Communications of the Association for Computing Machinery, 1975, 18 (11): 613-620.

[197] SARIDIS G. Toward the realization of intelligent controls [J]. Proceedings of the IEEE, 1979, 67 (4): 1115-1133.

[198] SCHANK R C. Conceptual dependency: a theory of natural language understanding [J]. Cognitive Psychology, 1972, 4 (3): 532-631.

[199] SCHANK R C, ABELSON R P. Scripts, plans, goals and understanding: an inquiry into human knowledge structures [M]. Hillsdale, NJ: L. Erlbaum, 1977.

[200] SCHANK R C. Dynamic memory: a theory of learning in computers and people [M]. New York: Cambridge University Press, 1982.

[201] SCHAPIRE R E. The strength of weak learnability [J]. Machine Learning, 1990, 5 (2): 197-227.

[202] SCHEMMEL J, BRÜDERLE D, MEIER K, et al. A wafer-scale neuromorphic hardware system for large-scale neural modeling [C]. ISCAS, Paris, 2010: 1947-1950.

[203] SEARLE J. Minds, brain and programs [J]. Behavioral and Brain Sciences, 1980, 3 (3): 417-457.

[204] SEARLE J. Minds: a brief introduction [M]. New York: Oxford University Press, 2004.

[205] SHAFER G. A mathematical theory of evidence [M]. Princeton: Princeton University Press, 1976.
[206] SHANNON C E. A mathematical theory of communication [J]. Bell System Technical Journal, 1948, 27: 379-423, 623-656.
[207] SELLMANN M. Intelligent decisions [C]. 29th AAAI Conference on Artificial Intelligence, Austin, 2015.
[208] SHI Z Z. Hierarchical model of human mind [C]. PRICAI, Seoul, 1992.
[209] SHI Z Z. Principles of machine learning [M]. Beijing: International Academic Publishers, 1992.
[210] SHI Z Z. On intelligence science and recent progresses [C]. ICCI, Beijing, 2006.
[211] SHI Z Z. On intelligence science [J]. International Journal on Advanced Intelligence, 2009, 1 (1): 39-57.
[212] SHI Z Z. Research on brain-like computer [C]. International Conference on Brain Informatics, Beijing, 2009.
[213] SHI Z Z. Foundations of intelligence science [J]. International Journal of Intelligence Science, 2011, 1 (1): 8-16.
[214] SHI Z Z. Advanced artificial intelligence [M]. Singapore: World Scientific Publishing Co. , 2011.
[215] SHI Z Z. Intelligence science [M]. Singapore: World Scientific Publishing Co. , 2012.
[216] SHI Z Z. Intelligence science is the road to human-level artificial intelligence [C]. IJCAI, Workshop on Intelligence Science, Beijing, 2013.
[217] SHI Z Z, DONG M K, JIANG Y C, et al. A logic foundation for the semantic web [J]. Science in China, Series F, Information Sciences, 2005, 48 (2): 161-178.
[218] SHI Z Z, MA G, YANG X, et al. Motivation learning in mind model CAM [J]. International Journal of Intelligence Science, 2015, 5 (2): 63-71.
[219] SHI Z Z, WANG X F. A mind model CAM: consciousness and memory model [C]. Proceedings of Cognitive Science, ICCS, Kuching, 2010.
[220] SHI Z Z, WANG X F. A mind model CAM in intelligence science [J]. International Journal of Advanced Intelligence, 2011, 3 (1): 119-129.
[221] SHI Z Z, WANG X F, YANG X. Cognitive memory systems in consciousness and memory model [C]. IEEE WCCI, Beijing, 2014.
[222] SHI Z Z, WANG X F, YUE J P. Cognitive cycle in mind model CAM [J]. International Journal of Intelligence Science, 2011, 1 (2): 25-34.
[223] SHI Z Z, YUE J P, MA G. A cognitive model for multi-agent collaboration [J]. International Journal of Intelligence Science, 2014, 4 (1): 1-6.
[224] SHI Z Z, YUE J P, ZHANG J H. Mind modeling in intelligence science [C]. IJCAI WIS, Beijing, 2013.
[225] SHI Z Z, ZHANG H J, DONG M K. MAGE: multi-agent environment [J]. ICCNMC, Shanghai, 2003.
[226] SHI Z Z, ZHANG J H, YANG X, et al. Computational cognitive models for brain-machine collaborations [J]. IEEE Intelligent Systems, 2014: 24-31.
[227] SHI Z Z, ZHANG J H, YUE J P, et al. A cognitive model for multi-agent collaboration [J]. International Journal of Intelligence Science, 2014, 4 (1): 1-6.
[228] SHI Z Z, ZHANG J H, YUE J P, et al. A motivational system for mind model CAM [C]. AAAI Symposium on Integrated Cognition, Virginia, 2013.
[229] SHI Z Z, ZHANG S. Case-based introspective learning [C]. IEEE ICCI, Irvine, 2005.
[230] SHI Z Z, ZHOU H, WANG J. Applying case-based reasoning to engine oil design [J]. Artificial Intelligence in Engineering, 1997, 11: 167-172.
[231] SHOHAM Y. Agent-oriented programming [J]. Artificial Intelligence, 1993, 60: 51-92.
[232] SHOHAM Y, TENNENHOLTZ M. On social laws for artificial agent societies: off-line design [J]. Artificial Intelligence, 1995, 73 (1-2): 231-252.
[233] SHORTLIFFE E H, BUCHANAN BG. A model of inexact reasoning in medicine [J]. Mathematical Biosci-

ences, 1975, 23: 351-359.

[234] SHORTLIFFE E H. Computer-based medical consultations: MYCIN [M]. New York: Elsevier/North Holland, 1976.

[235] SHORTLIFFE E H. The future of biomedical informatics: a perspective from academia [J]. Studies in Health Technology and Informatics, 2012, 180: 19-24.

[236] SIMON H A. Why should machines learning?//MICHALSKI R S, CARBONELL J G, MITCHELL TM. Machine learning: an artificial intelligence approach [A]. Wellsboro, PA: Tioga, 1983.

[237] SINGHAL A. Introducing the knowledge graph: things, not strings [EB]. Official Google Blog, 2012.

[238] SMITH R G. The contract-net protocol: high-level communication and control in a distributed problem solver [J]. IEEE Transaction on Computers, 1980, C-29 (12): 1104-1113.

[239] SMOLENSKY P. Information processing in dynamical systems: Foundations of harmony theory//RUMELHART D E, McCLELLAND J L. Parallel distributed processing [A]. Cambridge: The MIT Press, 1986.

[240] SPERTUS E. ParaSite: mining the structural information on the world-wide web [D]. Cambridge: MIT, 1998.

[241] SPIVACK N. Web3. 0: The third generation web is coming [J]. Lifeboat Foundation Scientific Advisory Board, 2006: 2-5.

[242] SRIVASMVA J, COOLEY R, DESPHANDE M, et al. Web usage mining, discovery and applications of usage patterns from web data [J]. SIGKDD Explorations, 2000, 1 (2): 12-23.

[243] STEELS L. Cooperation between distributed agents through self-organization [C]. European Workshop on Modeling Autonomous Agents in a Multi-agent World, Saint-Quentin en Yvelines, 1990.

[244] STEIN F, MEDIONI G. Map-based localization using the panoramic horizon [C]. Proceedings of the IEEE International Conference on Robotics and Automation, Nice, 1992.

[245] STOJANOV G. Petita96: a case study in developmental robotics [C]. Proceedings of the first International Workshop on Epigenetic Robotics, Lund, 2001.

[246] STONE P, VELOSO M. Task decomposition, dynamic role assignment, and low-bandwidth communication for real time strategic teamwork [J]. Artificial Intelligence, 1999, 110 (2): 241-273.

[247] SUTSKEVER I, TIELEMANT T. On the convergence properties of contrastive divergence [J]. Journal of Machine Learning Research—Proceedings Track, 2010, 9: 789-795.

[248] SYCARA K P, ZENG D J. Coordination of multiple intelligent software agents [J]. International Journal of Cooperative Information Systems, 1996, 5 (2&3): 181-212.

[249] TAPSCOTT D, WILLIAMS A D. Wikinomics: how mass collaboration changes everything [M]. London: Penguin Group, 2008.

[250] TIELEMAN T. Training restricted Boltzmann machines using approximations to the likelihood gradient [C]. Proceedings of the 25th International Conference on Machine Learning, Helsinki, 2008: 1064-1071.

[251] TIELEMAN T, HINTON G. Using fast weights to improve persistent contrastive divergence [C]. Proceedings of the 26th Annual International Conference on Machine Learning, New York, 2009.

[252] TOVEY M. Collective intelligence [M]. Oakton: Earth Intelligence Network, 2008.

[253] TURING A M. On computable numbers with an application to the Entscheidungs problem [C]. Proceedings of London Maths. Soc., 1936, 2 (42): 230-265.

[254] TURING A. Computing machinery and intelligence [J]. Mind, 1950, 59: 433-460.

[255] ULANOFF L. Google knowledge graph could change search forever [EB/OL]. (2012-02-13) [2023-08-01]. http://mashable. com/2012/02/13/google-knowledge-graph-change-search.

[256] VALIANT L G. A theory of the learnable [J]. Communications of the ACM, 1984, 27 (11): 1134-1142.

[257] VAN ESSEN D. The human connectome project: progress and perspectives [C]. IJCAI Workshop on Intelligence Science, Beijing, 2013.

[258] VAPNIK V N. 统计学习理论的本质 [M]. 张学工，译. 北京：清华大学出版社，2000.

[259] VAPNIK V N, GOLOWICH S, SMOLA A. Support vector method for function approximation, regression estimation, and signal processing//MOZER M, JORDAN M, PETSCHE T. Neural information processing systems [A]. Cambridge: The MIT Press, 1997.

[260] VASWANI A, NOAM SHAZEER, NIKI PARMAR, et al. Attention is all you need [J]. Advances in Neural Information Processing Systems, 2017: 5998-6008.

[261] VERSACE M, CHANDLER B. The brain of a new machine [J]. IEEE Spectrum, 2010: 28-35.

[262] WALDROP M M. Computer modelling: brain in a box [J]. Nature, 2012, 482: 456-458.

[263] WATKINS C, DAYAN P. Q-learning [J]. Machine Learning, 1989, 8: 279-292.

[264] WENG J. Learning in image analysis and beyond: development [C]. Visual Communication and Image Processing, New York, 1998.

[265] WENG J. Autonomous mental development by robots and animals [J]. Science, 2001, 291 (5504): 599-600.

[266] WENG J. Developmental robotics: theory and experiments [J]. International Journal of Humanoid Robotics, 2004, 1 (2): 199-236.

[267] WENG J. Autonomous programming for general purposes: theory [J]. International Journal of Humanoid Robotics, 2020, 17 (4): 1-36.

[268] WIENER N. Cybernetics, or control and communication in the animal and the machine [M]. Cambridge: The Technology Press; New York: John Wiley & Sons, Inc. , 1948.

[269] WINOGRAD T. Understanding natural language [M]. New York: Academic Press, 1972.

[270] WINOGRAD T, FERNANDO F. Understanding computers and cognition: a new foundation for design [M]. Norwood, NJ: Ablex, 1986.

[271] WOODS W A. Transition network grammars for natural language analysis [J]. Communications of the ACM, 1970, 13 (10): 591-606.

[272] WOOLDRIDGE M J, JENNINGS N R. Intelligent agents [M]. Berlin: Springer, 1995.

[273] WU L L, YU P, BALLMAN A. Spcedtraccr: a web usage mining and analysis tool [J]. IBM System Journal, 1998, 37 (1): 89-105.

[274] YACHIDA M, KITAMURA Y, KIMACHI M. Trinocular vision: new approach for correspondence problem [C]. Proceedings of 8th Intentional Conference on Pattern Recognition, Paris, 1986: 1041-1044.

[275] ZADEH L A. Fuzzy sets [J]. Information and Control, 1965: 338-353.

[276] ZADEH L A. Fuzzy logic=computing with words [J]. IEEE Transactions on Fuzzy Systems, 1996 (4): 103-111.

[277] ZLOTKIN G, ROSENSCHEIN J S. Negotiation and task sharing among autonomous agents in cooperative domains [J]. IJCAI, 1989: 912-917.

[278] ZLOTKIN G, ROSENSCHEIN J S. Incomplete information and deception in multi-agent negotiation [J]. IJCAI, 1991a: 225-231.

[279] ZLOTKIN G, ROSENSCHEIN J S. Cooperation and conflict resolution via negotiation among autonomous agents in noncooperative domains [J]. IEEE Transactions on Systems, Man, and Cybernetics, 1991b, 21 (6): 1317-1324.